景观生态安全格局规划
理论、方法与应用

欧定华　夏建国　姚兴柱　刘　涛　王昌全　高雪松　等　编著

科学出版社
北　京

内 容 简 介

改革开放以来，中国城镇化、工业化飞速发展，经济发展与生态保护之间的矛盾愈演愈烈。本书以构建从空间上有效平衡经济发展与生态保护矛盾关系的景观生态安全格局为出发点，首先介绍了景观生态安全格局规划的基本理论，包括规划目的和意义、规划理论和进展、规划思路和框架；然后阐述了景观生态安全格局规划的基本方法，包括规划数据获取方法、数据处理方法、数量化分析方法及空间优化决策方法；最后以景观变化明显、人地矛盾尖锐、环境问题突出的龙泉驿区为规划案例研究区，进行了景观生态安全格局规划理论和方法的应用实践。

本书系统阐述了景观生态安全格局规划理论、方法与应用，为构建区域生态安全格局和地方政府落实国家生态文明建设战略提供了理论支撑和方法参考，可供土地科学、城乡规划、景观生态等领域的科技工作者和高校师生参考，也可供自然资源、生态环境等政府部门管理人员和从事国土规划、城乡规划、景观规划等工作的规划、技术人员参考。

图书在版编目(CIP)数据

景观生态安全格局规划理论、方法与应用/欧定华等编著. —北京：科学出版社，2019.8

ISBN 978-7-03-062027-9

Ⅰ. ①景… Ⅱ. ①欧… Ⅲ. ①景观–生态安全–研究 Ⅳ. ①Q149

中国版本图书馆 CIP 数据核字(2019)第 163512 号

责任编辑：席 慧 马程迪/责任校对：严 娜
责任印制：张 伟/封面设计：铭轩堂

科学出版社 出版
北京东黄城根北街 16 号
邮政编码：100717
http://www.sciencep.com
北京凌奇印刷有限责任公司 印刷
科学出版社发行 各地新华书店经销
*
2019 年 8 月第 一 版 开本：787×1092 1/16
2022 年 1 月第三次印刷 印张：22
字数：550 000

定价：88.00 元
(如有印装质量问题，我社负责调换)

序

20 世纪 80 年代以来，快速城市化成为人类社会发展的显著特征，伴随着城市规模的不断扩大和城市人口数量的快速增长，城市扩张模式粗放、管理方式滞后、公共服务体系失衡，这些在不断加剧生态环境的压力，加之不合理的自然资源开发利用和经济发展模式，改变了原有的生存环境，人与自然的相互依赖关系变成了对立的关系，致使自然生态环境遭受严重破坏，出现了气候变暖、臭氧层破坏、酸雨区扩展、水土流失、土地沙漠化、森林减少、草场退化、大气污染、水污染、土壤污染等一系列区域性或全球性的生态安全问题，极大制约了区域可持续发展。

改革开放以来，中国社会经济建设取得了举世瞩目的斐然成就。但是，在这个过程中，相对滞后的生态环保观念和粗放的经济发展模式，致使原本脆弱的生态环境更趋恶化，植被退化、土地沙化、水土流失、环境污染等生态环境问题日益凸显，严重影响到了区域生态安全，受到社会各界的广泛关注。2012 年 11 月，中国共产党第十八次全国人民代表大会首次将生态文明建设纳入中国特色社会主义事业“五位一体”总体布局，翌年 9 月习近平总书记在哈萨克斯坦纳扎尔巴耶夫大学发表演讲时提出：“我们既要绿水青山，也要金山银山。宁要绿水青山，不要金山银山，而且绿水青山就是金山银山。”生动形象地表达了党和政府大力推进生态文明建设的鲜明态度和坚定决心，全国上下兴起了生态文明建设热潮。在生态文明建设过程中，部分地区积极开展了城市森林公园打造、城市绿道建设、道路景观打造等建设，有效地推动了生态环境建设，但从区域生态安全格局构建的视角出发，应该立足空间开发利用格局，把地区生态安全格局作为一个系统工程进行统筹规划，以促进生活、生产、生态协同发展和人与自然和谐共生，避免生态保护进入盲目保护和低效保护的误区。而随着社会、经济的发展进步，人们对生态环境服务福祉提升提出了新的更高的要求，未来一段时期将是我国全面提升经济发展质量、实现生态文明建设的关键时期，离开经济发展抓生态保护是“缘木求鱼”，脱离生态保护抓经济发展更是“竭泽而渔”，怎样从空间上妥善处理好经济发展与生态保护二者之间的矛盾关系，成为这一时期我国生态文明建设亟须回应的首要命题。

生态安全格局作为沟通生态系统服务和人类社会发展的桥梁，目前被视为是区域生态安全保障和人类福祉提升的关键环节。而景观生态安全格局规划则是实现生态安全格局空间配置的重要手段，成为当前缓解生态保护与经济发展之间矛盾的重要途径之一，能够为区域社会经济发展提供更加契合实际的生态安全理论和实践支撑。但是，目前学术界对景观生态安全格局规划理论、方法与应用的研究还不够深入、不够全面，尤其是以平衡经济发展与生态保护矛盾关系为切入点，系统阐述景观生态安全格局规划理论、方法与应用的学术著作更是鲜见报道。《景观生态安全格局规划理论、方法与应用》一书顺应这一时代背景，在全面介绍景观生态安全格局规划相关理论和方法的基础上，将经济建设与生态保护矛盾尖锐的龙泉驿区作为规划案例，以空间上有效平衡经济发展与生态保护矛盾关系为规划目标，进行景观生态安全格局规划理论、方法的应用实践，具有重要的理论价值和现实意义。

《景观生态安全格局规划理论、方法与应用》着重于方法论的探讨，针对中国当前生态文明建设面临的现实问题，提出了国土空间开发利用格局优化的有效路径，为构建区域尺度的生态文明建设空间格局优化提供了典型范例，也为坚持在发展中保护、在保护中发展提供了理论和实践基础。

是为序。

四川省人大常委会委员、农业与农村委员会主任委员，
四川农业大学原党委书记，教授、博士生导师

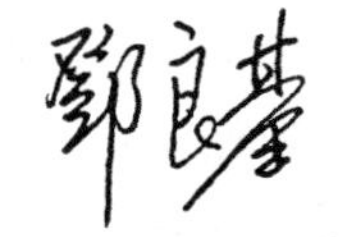

2018 年 7 月 20 日于成都

前　言

世界各国在实现现代化进程中，落后的生态环保观念和粗放的经济发展模式，致使自然生态环境遭到了严重破坏，气候变暖、臭氧层破坏、大气污染等全球性生态环境问题引起了人类社会的广泛关注。改革开放以来，中国城镇化、工业化飞速发展，取得了举世瞩目的成绩，中华民族因此实现了从“站起来”到“富起来”的伟大飞跃。但是，一些地方在快速推进城镇化和工业化进程中没有妥善处理好经济发展与生态保护的关系，致使区域人口快速聚集增加、经济飞速发展、城镇无序蔓延、工业区大幅度扩张，导致部分地区陆地生态系统结构和功能遭到严重破坏，出现了工业“三废”（废水、废气、固体废弃物）污染、森林植被锐减、乡村景观破碎化、生物多样性下降、水土资源短缺等较为严重的生态环境问题。然而，当今中国正值实现中华民族伟大复兴的中国梦的关键历史时期，我们既不可能离开经济发展抓生态保护，更不可能脱离生态保护抓经济发展，因此如何有效协调经济发展与生态保护的矛盾关系，成为当前摆在中华民族面前的现实问题。

自中国共产党第十八次全国人民代表大会提出生态文明建设战略以来，部分地区生态环境得以局部改善，但总体恶化趋势未能得到根本遏制，生态安全形势依然严峻，生态保护压力依然巨大。追根溯源，除了由于环境问题日积月累的破坏性释放日益突发外，主要还是我们在城乡规划、土地规划等规划编制过程中没有从空间布局上把区域生态安全格局作为一个复杂系统工程进行统筹规划，简单地将城市森林公园打造、城市绿道建设、道路景观打造等同于生态安全格局规划，导致部分地区生态保护进入盲目保护和低效保护的误区，不但没解决经济发展和生态保护的矛盾冲突，而且产生了过度利用和低效利用的新问题。怎样从空间上协调经济发展和生态保护的关系，成为当今科研和实践领域亟待解决的重大课题。研究表明，景观生态安全格局规划是实现区域生态安全的基本保障和重要途径，能够有效化解生态保护与经济发展之间的矛盾。但是，目前学术界对景观生态安全格局规划理论、方法与应用的研究还不深入，尤其是以平衡经济发展与生态保护矛盾关系为切入点，系统阐述景观生态安全格局规划理论、方法与应用的专著更是鲜见报道。为此，本书在全面介绍景观生态安全格局规划相关理论和方法的基础上，以经济建设与生态保护矛盾尖锐的龙泉驿区为规划案例研究区，以空间上有效平衡经济发展与生态保护矛盾关系为规划目标，进行景观生态安全格局规划理论、方法的应用实践，为落实国家生态文明建设战略提供理论和技术支撑。

本书立足国情，联系实际，系统阐述了景观生态安全格局规划的基本理论和方法，详细介绍了部分理论和方法的应用示范典型案例。共 2 篇 11 章：上篇为理论与方法篇，由第 1～5 章组成。其中，第 1 章论述了景观生态安全格局规划的目的和意义、规划的理论和进展、规划的思路和框架；第 2 章介绍了景观生态安全格局规划的数据获取方法；第 3 章介绍了景观生态安全格局规划的数据处理方法；第 4 章介绍了景观生态安全格局规划的数量化分析方法；第 5 章介绍了景观生态安全格局规划的空间优化决策方法。下篇为应用示范案例篇，由第 6～11 章组成。其中，第 6 章介绍了研究区域生态环境现状，分析了该区域存在的生态环境问题和面临的生态安全挑战；第 7 章介绍了研究区域景观类型划分方法，论述了该区域景观格局现状特征；第 8 章论述了研究区域景观格局变化特征，阐述了该区域景观格局变化驱动力；第 9 章论述了研究区域景观格局变化潜力，模拟了该区域景观动态变化趋势；第 10 章论述了研究区域生态安全时空动态变化特征，预测了该区域未来生态安全空间变化状况；第 11 章基于第 7～10 章研究成果和研究区域景观适宜性评价结果，进行多情景景观格局数量结构和空间布局的耦合优化，确定了研究区域最佳景观生态安全格局空间布局方案。

本书由欧定华、夏建国总体设计并拟定章节内容。第 1 章由欧定华、夏建国、王昌全撰写，第 2 章由欧定华、姚兴柱、王昌全、邓欧平撰写，第 3 章由欧定华、姚兴柱、刘涛、周伟撰写，第 4 章由欧定华、夏建国、高雪松、凌静撰写，第 5 章由欧定华、刘涛、夏建国、高雪松撰写，第 6～11 章由欧定华撰写。全书由欧定华整编统稿。

本书在写作过程中参考和借鉴了国内外一些专家、学者公开发表的研究成果，在此谨向相关作者致以诚挚的谢意。同时，研究生朱灵莉、陈晚璐、杜鑫、马黛玉，本科生欧晓芳、刘沛参与了书稿插图绘制和文字校对，科学出版社编辑团队为本书的出版做了大量工作，在此一并表示感谢。

景观生态安全格局规划是规划领域的新事物，涉及面广，有许多地方还需要进一步深入研究。虽然本书凝聚了编著者多年的研究成果和实践经验，同时也集成了大量相关学科比较成熟的理论、方法和技术，但限于编著者水平，书中难免有不足之处，敬请读者不吝斧正。

欧定华

2018 年 7 月 16 日于成都

目　录

下篇　景观生态安全格局规划的龙泉驿案例

上 篇

景观生态安全格局规划的理论与方法

第1章 绪　论

1.1 景观生态安全格局规划的目的和意义

人类在实现现代化进程中，城市无序蔓延扩张和土地利用开发不合理，陆地生态系统结构和功能遭到严重破坏，致使区域气候、水文过程、生物地球化学循环、生物多样性发生了巨大变化(Gao et al.，2010)，进而出现了气候变暖、臭氧层破坏、酸雨区扩展、水土流失、土地沙漠化、森林减少、草场退化、大气污染、水污染、土壤污染等一系列区域性或全球性的生态环境问题，成为当今人类社会普遍关注的焦点。改革开放以来，中国城市化成就斐然，城镇化率从1978年的17.9%攀升至2016年的57.35%。受城市化聚集效应和辐射效应驱动，中心城市规模迅速扩大并向周围地区快速扩张，对其周边区域社会经济发展产生了积极影响。但是，落后的生态环保观念和粗放的经济发展模式，致使一些地区自然生态环境遭到了严重破坏，产生了一系列生态环境问题，如自然资源过度开发利用导致的生态破坏，城市无序蔓延、工业快速发展和农业用地过度开发利用引起的“三废”污染(废气、废水、固体废弃物污染)和环境影响，特别是土壤污染、土壤自净化能力下降、森林资源减少、景观破碎化、生物多样性降低问题尤为突出(Liu and Chang，2015)。然而，中国正值工业化中后期和城市化加速发展时期，离开经济发展抓生态保护是“缘木求鱼”，脱离生态保护抓经济发展更是“竭泽而渔”。因此，如何处理好区域生态保护与经济发展之间的关系成为当前摆在国人面前的现实问题。

中国共产党第十八次全国人民代表大会首次将生态文明建设纳入中国特色社会主义事业“五位一体”总体布局，提出了以解决生态环境领域突出问题为导向，以提高资源利用效率、改善环境质量、保障国家生态安全为重点，以推动形成人与自然和谐发展为目标的现代化建设新格局，举国上下兴起了生态文明建设热潮。一些地方加大生态恢复和环境保护力度，使生态环境得以局部改善，但总体恶化趋势未能得到根本遏制，生态安全形势依然严峻、环保压力依然巨大。追根溯源，除了由于环境问题日积月累的破坏性释放日益突发外，主要还是在制定区域总体规划、城镇空间规划、土地利用布局规划等过程中，没有从空间布局上把地区生态安全格局作为一个复杂系统工程进行统筹规划，把城市森林公园打造、城市绿道建设、道路景观打造简单等同于生态安全保护规划，导致部分地区生态保护进入盲目保护和低效保护误区，不但没解决经济发展和生态保护的矛盾冲突，而且产生了过度利用和低效利用的新问题，既开发了本应保护的资源，又浪费了大量可供开发利用的空间。中国学术界对景观生态安全格局规划理论与方法的研究不够深入，集成应用“3S”技术①和空间优化决策模

① 遥感技术(remote sensing，RS)、地理信息系统(geographical information system，GIS)、全球定位系统(global positioning system，GPS)三个技术名词英文缩写中最后一个单词首字母的统称

型，从景观格局优化角度系统地进行景观生态安全格局规划理论、方法和应用的综合研究还少见报道。因此，以景观格局优化为视角，系统开展景观生态安全格局规划理论、方法和应用研究，可以进一步增强国内景观生态安全格局规划基础理论探讨的系统性和方法应用的创新性，为构建从空间上有效平衡经济发展与生态保护矛盾关系的生态安全格局提供理论支撑和方法参考，具有重要的理论价值和现实意义。

1.2 景观生态安全格局规划的理论和进展

景观生态安全格局规划理论多源于景观生态学、景观生态规划学和地理科学，其基础理论主要包括斑块-廊道-基质空间镶嵌体理论、格局-过程相互作用原理及其尺度效应、景观地域分异理论、景观生态系统论、景观可持续发展理论和人地关系协调理论。景观生态安全格局规划的实践研究主要包括景观生态安全格局规划支撑理论和景观生态安全格局规划方法两方面(欧定华等，2015)，其中景观生态安全格局规划支撑理论包括景观生态分类、景观格局演变与动态模拟、生态安全评价与预测预警、景观适宜性评价等，景观生态安全格局规划方法主要包括多准则数量优化法、空间分析技术方法、情景分析法、人工智能优化法和综合优化法等。

1.2.1 景观生态安全格局规划的基本概念

1. 景观的科学内涵

不同学科对景观有着不同的理解。19 世纪初，现代植物学和自然地理学先驱洪堡把景观作为地理术语提出，认为景观是由气候、水文、土壤、植被等自然要素和文化现象组成的地理综合体(肖笃宁，1991)。随着地理学上对景观的研究不断深化，地理学界主要形成了类型方向和区域方向两种景观理解。其中，类型方向上把景观抽象为地貌、气候、土壤、植被等一般概念，并基于此将整个地球表面称为景观壳(俞孔坚，1987)；区域方向上则把景观理解为一定分类等级的单位，它在地带性和非地带性两方面都是同质的，且由地方性地理系统的复杂综合体在其范围内形成有规律、相互联系的区域组合(伊萨钦科，1987)。但是，随着经典西方地理学、生态学和地球科学等交叉学科的发展，景观的内涵又缩小到作为“地形”同义语来刻画地壳的自然地理特征、生态特征和地貌特征。目前，地理学界对景观较为一致的理解为：景观是由各个在生态上和发生上共轭地、有规律地结合在一起的最简单的地域单元组成的复杂地域系统，是各要素相互作用的自然地理过程总体，并且这种相互作用决定了景观动态。

20 世纪 30 年代，德国生物地理学家 Troll 把景观概念引入生态学，形成了景观生态学。Troll 不仅把景观看作人类生活环境中视觉所触及的空间总体，而且将地圈、生物圈和智慧圈看作这个整体的有机组成部分(傅伯杰，1985)。德国著名学者 Buchwald 继承发展了这种系统景观思想，把景观理解为地表某一空间的综合特征，包括景观结构特征、景观流、景观像、景观功能及其历史发展，认为景观是一个多层次的生活空间，是一个由地圈和生物圈组成的、相互作用的系统(傅伯杰等，2011)。著名景观生态学家 Forman 和 Godron(1986)将景观定义为由相互作用的生态系统镶嵌构成，并以类似形式重复出现，具有高度空间异质性的区域。在此基础上，Wilson 和 Forman(1995)将景观定义为空间上镶嵌出现和紧密联系的生态系统组合，在更大尺度区域中，景观是互不重叠且对比性强的基本结构单元，其主要特征是可辨识性、空间重复性和异质性。当前，生态学界对景观的定义可概括为狭义和广义两种。其中，狭义景观是指在几十千米至几百千米范围内，由不同类型生态系统所组成的、具有重复性格局的异质性地理单元(Wilson and Forman，1995)；广义景观则包括出现在从微观到宏观不同尺度上，具有异质性或斑块性的空间单元(Pickett and Cadenasso，1995)。

总体而言，地理学上对景观的理解主要关注气候、地貌、土壤、植被等景观要素特征和景观形成过程，产生了没有空间尺度限制的类型学派和代表发生上最具一致性的某个地域或地段的区域学派。而景观生态学上则视景观为地方尺度上、具有空间可量测性的异质性空间单元，同时也接受了地理学中景观的类型含义。综合上述观点，可将景观理解为：①景观由不同空间单元镶嵌组成，具有异质性；②景观是具有明显形态特征与功能联系的地理实体，其结构与功能具有相关性和地域性；③景观既是生物栖息地，又是人类生存环境；④景观是处于生态系统之上、区域之下的中间尺度，具有尺度性；⑤景观具有经济、生态和文化多重价值，表现为综合性。

本书所指景观与生态学领域中的狭义景观类似，即景观是由不同生态系统或不同土地利用方式或不同土地单元组成的镶嵌体(Wilson and Forman，1995；肖笃宁等，2010)，在镶嵌体内部存在着一系列生态过程。从内容上分，景观过程有生物过程(如某一地段内植物生长、有机物分解和养分循环利用过程，水的生物自净过程，生物群落演替过程)、非生物过程(如物质的能流和信息流)和人文过程(包括人的空间运动，人类的生产和生活过程及与之相关的物流、能流和价值流)；从空间上分，景观过程可分为垂直过程和水平过程，其中垂直过程发生在某一景观单元或生态系统内部，而水平过程则发生在不同景观单元或生态系统之间。

2. 景观生态与景观生态安全

生态是指生物在一定自然环境下生存和发展的状态，也指生物的生理特性和生活习性。简言之，生态就是指一切生物的生存状态，以及它们之间和它们与环境之间的紧密关系。景观生态是不同尺度上景观的空间格局、动态变化、系统功能、生态学过程及其相互作用所产生的自然效应组合，强调空间格局、生态学过程与尺度之间的相互作用，以及生态系统结构和功能与人类活动的相互整合(邬建国，2007)。

学术界对生态安全概念的认识尚未达成共识，众多学者从生态系统服务、生态系统健康、生态风险、区域生态安全等不同角度对生态安全概念进行了大量研究(王耕等，2007)，概括起来大致存在广义和狭义两种理解。其中，广义的生态安全是指人的生活、健康、安全、基本权利、生活保障来源、必要资源、社会秩序和人类适应环境变化能力等方面不受威胁的状态，它包括由自然、经济和社会生态安全组成的一个复合人工生态安全系统(于成学，2013)；狭义的生态安全是指自然和半自然生态系统的安全，即生态系统完整性和健康的整体水平反映(肖笃宁等，2002)。广义生态安全反映了复合生态系统生态安全的范畴，从生态安全涉及的范围尺度上可分为全球生态安全、区域生态安全和微观生态安全等若干层次；从生态安全的客体尺度上可包括生物细胞、组织、个体、种群、群落、生态系统、生态景观、生态区、陆地/海洋生态及人类生态，它涉及的内容既广泛又具体，在生态安全研究中具有一定影响力，为大多数研究者所接受，适合区域尺度上的生态安全研究(王耕等，2007)。景观生态安全属广义生态安全范畴，是指在一定时间尺度和景观空间尺度范围内，在自然与人类活动的干扰下，生态环境条件及所面临的生态环境问题不对人类生存和持续发展构成威胁，并且自然-经济-社会复合生态系统的脆弱性能够不断得到改善的状态(高长波等，2006)。

3. 区域生态安全格局与景观生态安全格局

随着生态安全研究的深化，发现仅靠生态安全(风险)评价提出的对策难以应对日益复杂的区域生态安全问题，还需要通过一系列技术方法将这些恢复措施和管理对策落实到空间地域上，才能有针对性地解决生态环境问题。为此，马克明等(2004)提出了区域生态安全格局概念，将其定义为针对区域生态环境问题，在干扰排除的基础上，能够保护和恢复生物多样性、维持生态系统结构和过程的完整性、实现对区域生态环境问题有效控制和持续改善的区域性空间格局。其实，在文献资料中关于生态安全格局的提法很多，常见的有国土生态安全格局(俞孔坚等，2009)、区域生态安全格局(俞孔坚等，2012)、城市生态安全格局(杨青生等，2013)、土地利用生态安全格局(蒙吉军等，2012)、耕地生态安全格局(赵宏波，2014)、景观生态安全格局(王让虎等，2014)、自然生态安全格局(赵清等，2009)、水文安全格局(俞孔坚和王思思，2009)、地质灾害安全格局(俞孔坚和王思思，2009)、生物保护安全格局(俞孔坚和王思思，2009)、文化遗产安全格局(俞孔坚和王思思，2009)、人文景观生态安全格局(俞孔坚和王思思，2009)等。这些概念实质上反映了不同角度、不同尺度下的生态安全格局，它们之间的逻辑关系可用图 1-1 简要描述。

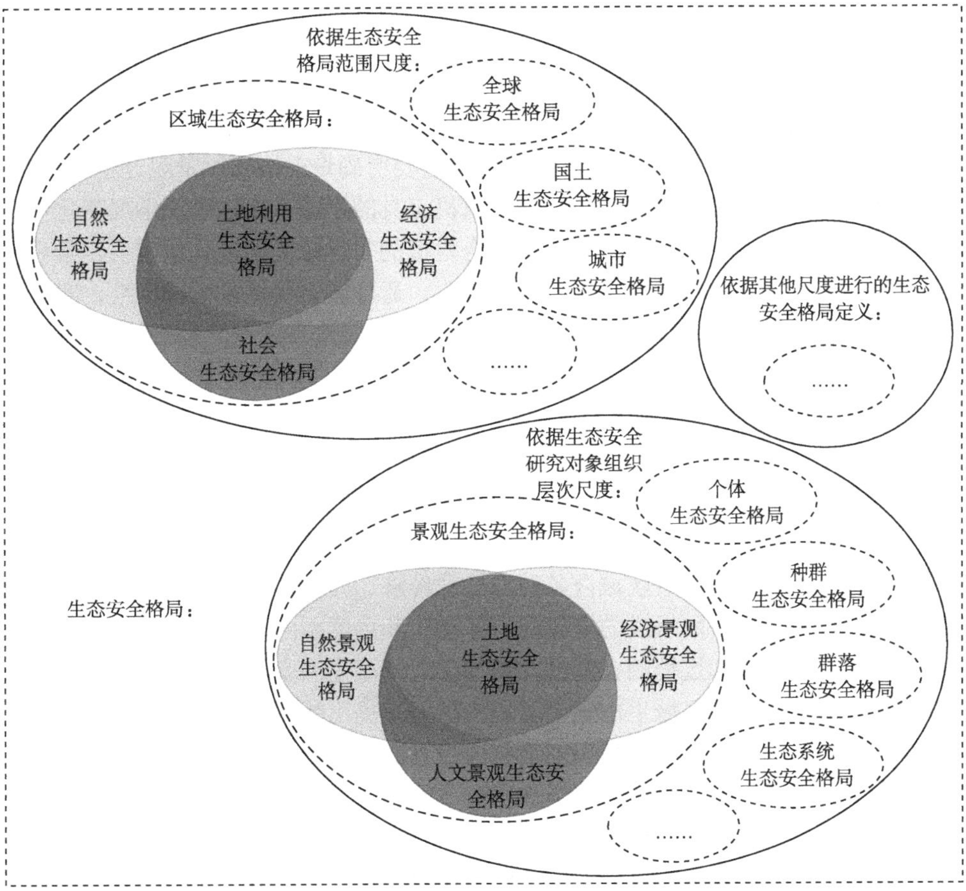

图 1-1 生态安全格局相关概念逻辑关系图

从图 1-1 可看出，区域生态安全格局和景观生态安全格局本质上是从不同角度出发对生态安全格局展开的研究，二者涵盖的绝大部分内容是相同或相近的，其核心内容皆为土地生态安全格局。因此，可借鉴区域生态安全格局对景观生态安全格局进行定义，即针对生态环境问题，在干扰排除的基础上，能够保护和恢复生物多样性、维持生态系统结构和过程的完整性，实现对生态环境问题有效控制和持续改善的景观格局(傅伯杰等，2011)。该景观生态安全格局是基于格局与过程相互作用原理寻求解决区域生态环境问题的对策，注重生态环境问题的发生与作用机制(如干扰来源、社会经济驱动、文化伦理影响等)，强调集中解决生物保护、生态系统恢复、景观稳定等问题，重视以上两个方面各要素纵横交织产生的新特点，针对某一尺度格局与过程提出相应解决对策并将所有单项对策进行综合，从宏观、系统的角度提出实现生态安全的综合对策，最后通过景观生态安全格局规划来具体实施。

4. 景观格局优化与景观生态安全格局规划

景观格局优化是在景观生态规划、土地科学和计算机技术的基础上提出来的，是景观生态学研究中的一个难点问题(Wu and Hobbs，2002)。从本质上来讲，景观格局优化是利用景观生态学原理解决土地合理利用问题，通过调查研究取得自然与社会数据，并分析相应景观类型空间合理分布格局，调节景观组分在空间和数量上的分布，使景观综合价值达到最大化，其目标是通过调整优化景观组分、斑块数量和空间分布格局，使各组分之间达到和谐、有序，以改善受胁受损的生态功能，提高景观总体生产力和稳定性，实现区域可持续发展和区域生态安全。由于景观格局优化需要建立在对不同景观类型、景观空间格局与景观过程、功能之间的关系的深入理解基础上，因此景观格局优化首先要明确景观格局对景观过程的影响方式，然后利用景观生态学理论和方法，在数学和计算机工具的协助下建立景观格局变化模拟模型与优化标准，最后再进行生态、经济和社会综合价值的多目标优化。总体来讲，景观格局优化是在对景观格局、功能和过程综合理解的基础上，通过建立优化目标和标准，对各种景观类型在空间和数量上进行优化设计，使景观产生最大效益(生态效益、经济效益和社会效益)和实现生态安全。

区域生态安全格局是一种健康、稳定、可持续的生态安全状态，而区域生态安全格局规划则是维持区域生态安全格局这一理想空间状态的具体实现手段。故可将区域生态安全格局规划定义为人们在面对具体生态环境问题时，积极发挥主观能动性，以景观生态学和景观生态规划原理为基础，按照一定的优化原则和流程，依靠 GIS 空间分析技术、情景分析法、数学模型等空间优化技术方法，对区域内各种自然、经济、人文要素进行安排、设计、组合与布局，得到由点、线、面、网组成的多目标、多层次和多类别的区域性空间优化配置方案，以维持区域生态系统结构和过程的完整性，从而实现区域生态安全格局综合效益的最大化。由于景观生态安全格局是在区域生态安全的研究框架下提出的，与区域生态安全格局具有一致的目标与内涵，因此可参照区域生态安全格局规划概念将景观生态安全格局规划定义为针对生态环境问题，在景观生态学理论和方法指导下，利用 GIS 空间分析、预案研究、数学模型等空间优化决策技术方法，以保护和恢复生物多样性、维持生态系统结构和过程完整性、实现生态环境有效控制和持续改善为目标，对区域内各种景观类型在空间和数量上进行优化设计，获得景观生态预期效益最大化的景观生态安全格局，实质上可以通过景观格局优化来实现景观生态安全格局规划。

1.2.2 景观生态安全格局规划的基础理论

1. 斑块-廊道-基质空间镶嵌体理论

Forman 和 Godron(1986)认为斑块、廊道和基质是组成景观的 3 种结构单元。其中，斑块泛指与周围环境在外貌或性质上不同，并具有一定内部均质性的空间单元，其内部均质性是相对于周围环境而言的。具体而言，斑块可以是植物群落、湖泊、草原、农田或居民区等。不同类型斑块的大小、形状、边界及内部均质程度都会表现出很大的差异。廊道是指景观中与相邻两边环境不同的线性或带状结构，包括农田间的防风林带、河流、道路、峡谷及输电线路等。基质则是指景观中分布最广、连续性最大的背景结构，常见的有森林基质、草原基质、农田基质和城市用地基质等。然而，在实际研究中，有时要准确区分斑块、廊道和基质是很困难的。因为景观结构单元划分总是与观察尺度相联系，所以斑块、廊道和基质的区分往往具有相对性。例如，某一尺度上的斑块可能成为较小尺度上的基质，也可能是较大尺度上廊道的一部分。因此，广义上也可以把基质看作景观中占绝对主导地位的斑块。

景观要素的空间镶嵌似乎有无限可能，如串珠状排列的斑块、小斑块群、相邻的大小斑块、两种彼此相斥且隔离的斑块等。但是，任何一种景观不外乎由斑块、廊道和基质这些基本景观要素构成，景观中任意一点或是落在某一斑块内，或是落在廊道内，或是落在作为背景的基质内，这即为所谓的斑块-廊道-基质空间镶嵌体理论。斑块-廊道-基质模式是在岛屿生物地理学(Wu and Vankat，1995)和群落斑块动态研究(Wu and Levin，1994)基础之上形成和发展起来的，是景观生态学用来描述景观结构的空间语言，普遍适用于荒漠、森林、农业、草原、郊区和建成区等各种景观。无论是在景观生态学中还是在景观生态规划中，斑块-廊道-基质模式都为分析景观结构与功能的关系、改变景观现状、构建和谐景观提供了空间范式，使得景观生态学研究者对景观结构、功能和动态的表述更为形象和具体，而且还有利于考虑景观结构与功能之间的相互关系和比较它们在时间上的变化。因此，在景观生态安全格局规划过程中，应充分考虑景观内部不同斑块、廊道和基质的比例、大小、形状及相互联系，充分把握景观格局与景观过程的相互联系，从而更好地将斑块-廊道-基质模式应用到景观生态安全格局规划中。

2. 格局-过程相互作用原理及其尺度效应

景观格局是景观异质性在空间上的综合表现，是人类活动和环境干扰共同作用的结果，反映了一定社会形态下的人类活动和经济发展状况，包括景观组成单元的类型、数目及空间分布与配置(邬建国，2007)。景观格局的复杂程度与社会发展阶段紧密相连，人口增加、社会重大变革、国家政策变化都会在景观格局上得到体现。

生态过程是景观中生态系统内部和不同生态系统之间物质、能量、信息的流动和迁移转化过程的总称，包括植物生理生态、动物迁徙、种群动态、群落演替、土壤质量演变、干扰传播等在特定景观中构成的物理、化学和生物过程及人类活动对这些过程的影响(吕一河等，2007)。在样地、坡面、小流域等小空间尺度上，有关生态过程的数据采集主要通过实地观测和实验手段来完成；在区域以上大空间尺度上，无法进行所有生态系统类型及其相关生态过程的定位监测和实验，因此多元数据融合和多学科方法综合运用是目前大空间尺度生态过程数据采集的有效途径。

广义尺度是指在研究某一物体或现象时所采用的空间或时间单位，是某一现象或过程在空间和时间上所涉及的范围和发生的频率，分为空间尺度和时间尺度。在景观生态学中，常以粒度和幅度来表达尺度。空间粒度是指景观中可辨识的最小单元所代表的特征长度、面积或体积。时间粒度是指某一现象或事件发生的频率或时间间隔。对空间数据或影像资料而言，其粒度对应像元大小。野外测量生物量的取样时间间隔或某一干扰事件发生的频率，则是时间粒度。幅度是指研究对象在空间上或时间上的持续范围或长度。研究区总面积决定该研究的空间幅度，而研究持续时间则是其时间幅度。景观生态学中的尺度定义与地理学中的比例尺含义不同，大尺度(粗尺度)是指大空间范围或长时间，往往对应于小比例尺、低分辨率；而小尺度(细尺度)则常指小空间范围或短时间，往往对应于大比例尺、高分辨率。

格局、过程和尺度是景观生态学研究的核心内容。景观格局与生态过程存在紧密联系，这是景观生态学的基本理论前提。景观格局决定资源和环境的分布形式及组合，与景观中各种生态过程密切相关，对抗干扰能力、恢复能力、系统稳定性和生物多样性有着深刻影响。格局决定过程，反过来又被过程改变。格局-过程相互作用原理为区域生态安全格局研究奠定了重要理论基础。区域生态安全应该通过优化景观格局来实现，即通过优化调整景观格局，控制有害过程，恢复有利过程，才能实现区域生态安全。现实景观中，格局与过程是不可分割的客观存在。只是为了使问题简化，在研究中有的侧重景观格局及其动态分析，有的侧重生态过程的深入探讨。实际上，景观格局和生态过程之间具有多种多样的相互影响和作用，忽略任何一方，都不能达到对景观特性的全面理解和准确把握(吕一河等，2007)。

长期以来，“过程产生格局，格局作用于过程，格局与过程的相互作用具有尺度依赖性”的认识在景观生态学研究中几乎被视为公理。但事实上，格局与过程的关系及其尺度变异性的表现与景观本身一样复杂。特定的景观空间格局并不必然地与某些特定的生态过程相关联，即便相关也未必是双向互作。例如，一个森林景观可以同时对应着生物生产过程、土壤和养分流失过程、物种的迁入迁出，但景观格局对于这些不同过程可能具有不同的功能含义。空间格局和生态过程的相互作用在不同尺度之间更加复杂，存在于多个尺度上。在小尺度上改变了的反馈关系会引发较大尺度反馈关系的改变，在较大尺度上反馈关系的改变也会影响小尺度上的格局-过程关系，而中尺度空间异质性和传输过程则提供大尺度和小尺度格局过程相互作用的纽带。格局-过程间多尺度的复杂相互作用关系决定了景观时空动态、稳定性、恢复力和生态功能。区域生态安全格局应关注一些更小尺度的格局与过程，只有完成了小尺度格局设计，才能使整体规划有的放矢。

3. 景观地域分异理论

景观地域分异规律是指景观在地球表层按一定层次发生分化并按一定方向有规律分布的现象。按照地域分异因素作用特征可将地域分异规律分为地带性和非地带性两种。其中，地带性地域分异规律的成因是太阳能在地球表层的非均匀分布，具体表现为地球表层自然景观、自然现象和过程由赤道向两极呈有规律的变化；非地带性地域分异规律与地带性相对应，主要成因是地球内能对地表作用的非均衡性，表现为干湿地带性、垂直地带性。地带性和非地带性地域分异规律在地球表层同时发生作用，因此地球表层景观分异是二者综合作用的产物。另外，由于地域分异规律具有尺度效应，因此景观在不同尺度上的分布和演化还要受相应尺度地带性和非地带性变异规律的综合作用。地域分异规律为解析景观空间复杂性提供了理论支持。自然环境因子和人类活动因子是景观空间分异的重要作用因子，景观的自然和人文特征在地形起伏较大的山丘区会随着海拔的变化而变化(孙然好等，2009)。城市景观、文化景观，甚至景观遗传学研究的基因流和基因多样性都不同程度地存在地域分异。可见，地域分异理论在自然、文化、经济等各类景观中都有所体现，是景观生态安全格局研究的重要基础理论。

4. 景观生态系统论

景观生态系统由不同生态系统以斑块镶嵌形式构成，在自然等级系统中处于一般生态系统之上，具有特定结构和功能。任何复杂系统中都不存在绝对部分和绝对整体，任何子系统对它的各组成要素来说是一个独立整体，但对它的上级系统来说，则又是一个部分。因此，景观生态系统是一个完整整体，它的组成斑块也是一个相对独立整体。景观生态系统是一个符合有机关联性原则的开放系统，除各要素间的有机联系外，还与环境之间有着物质、能量、信息交换，而且其有机关联性是随时间而动态变化的。一方面，景观生态系统内部结构及各要素的分布位置、数量会随时间迁移而变化；另一方面，动态性为整个系统同外界进行物质、能量、信息交换提供了保障，使得这种物质、能量、信息交换在系统中相对稳定。地球表层各要素都处于动态变化之中，景观作为地球表层的一部分也必然具有动态性。任何时刻获得的景观信息都是景观在此时的状态表达，因而集成多个时刻景观信息就能反映景观动态。当前，景观动态研究就是通过解译不同时刻遥感影像，获取多期景观类型图进行景观格局动态评价与模拟。景观生态系统中的生物、非生物成分的物质、能量等组成了一个有序的动态综合体，其相关组分间存在着有机联系，这种联系决定了景观生态系统中的生物多样性、物种流趋势、养分分配、能量流方向及景观变化方式和速率。景观生态系统的终极目的是达到整个系统的可持续性。在偶然因素作用下，其异质性会增大，适度的异质性有利于系统向理想境界发展，但过度的异质性则会破坏原本稳定的景观生态系统。总体而言，景观生态系统是以人类为主导的高度复杂系统，除应用一般系统论分析方法和耗散结构理论、协同论、突变论等大系统分析方法进行研究外，还有必要引入和创建综合性更强的复杂系统分析方法进行研究。

5. 景观可持续发展理论

可持续发展是人类深化发展认识的标志。工业革命开始至 20 世纪中叶，发展被认为是物质财富的积累或经济增长的过程；60 年代至 70 年代初期，面对愈发严重的人口剧增、资源短缺、环境污染、生态恶化等全球性问题，人类开始重新审视发展的内涵，认为发展应当是人类与自然环境的协调过程，即人地共生或人地关系协调发展的过程；80 年代以来，随着认识的逐步深化，人类开始认识到要从根本上解决环境问题或人类生存问题，必须转变发展模式和消费模式，走可持续发展之路。1980 年，联合国环境规划署发表了著名的报告——《世界自然保护大纲》，强调环境和发展相互依存的关系，提出“保护自然环境是持续性发展的必要条件之一”。自此，“可持续发展”的概念问世并逐渐传播开来。1987 年，世界环境与发展委员会在《我们共同的未来》中，明确提出了环境和发展的新方法论“可持续发展”，并提出：“可持续发展是既要满足当代人的需求，又不对后代人满足其需求能力构成危害的发展。”强调要重视全球性相互依存关系及经济发展与环境保护之间的相互协调关系。1989 年，联合国发表的《环境署第 15 届理事会关于“可持续发展”的声明》指出：“可持续发展，是指满足当前需要而又不削弱子孙后代满足其发展需要之能力的发展，而且决不包含侵犯国家主权的含义。”该观念得到了世界各国的普遍认可，成为国际社会公认的发展思路。近 10 多年来，可持续发展理论风靡全球，并逐步由理论探讨转变为决策实践。由于人们对传统发展方式所引发的生态退化、环境污染和资源耗竭问题的广泛关注，从而引发了人类对现有经济增长方式的反思，构建人类命运共同体是人类走可持续发展道路的重大举措。

区域可持续发展系统，实质上是由区域人口、资源、环境和发展要素耦合而成的复合系统，具有复杂性、开放性、非线性和自组织性的特点(毛汉英和余丹林，2001)。可持续发展的核心是要求在严格控制人口规模与提高人口素质、保护生态环境、保障资源永续利用前提下实现经济社会的协调发展(图 1-2)。因此，要求区域发展，一方面要具备适宜的产业经济、健康的生态环境、适当的人口规模和稳定的政策制度；另一方面要改变传统的以“高投入、高消耗、高污染”为特征的生产模式和消费模式，实施清洁生产和文明消费，节约资源和减少废物，以提高经济活动中的综合效益。景观是一种具有宜人价值的特殊资源类型，它不仅为人类提供了食物来源，还为人类提供了居住场所。大地景观中各种景观体都是资源，树立景观资源观既是景观生态安全格局规划的核心，也是实现景观资源可持续开发利用的可靠保障。传统资源观狭隘地将水、生物、矿产、土地、人力、资本和技术看作资源，忽略了为所有生命体提供基本环境的景观资源。其实，景观是可供人类开发利用的综合资源，具有效用、功能、美学、娱乐和生态等多重价值属性，是经济发展、社会建设和环境保护的基础。

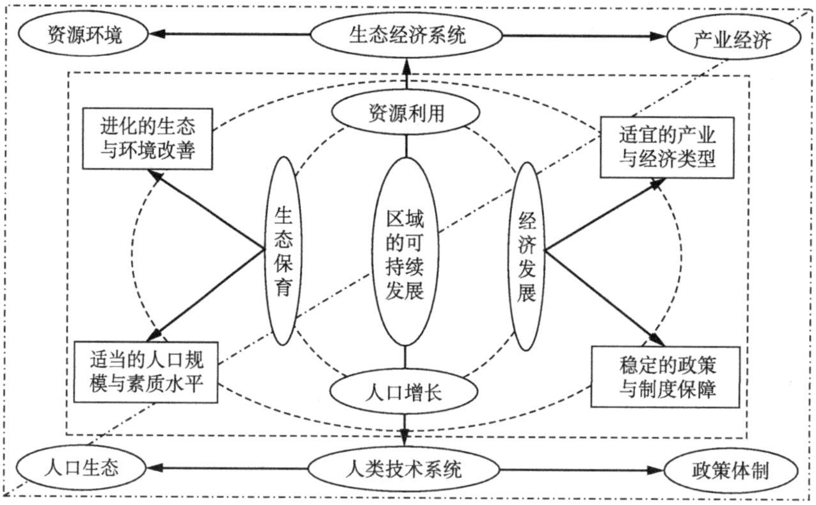

图 1-2　区域可持续发展的理论诠释模式(刘彦随和郑伟元，2008)

可持续发展理论强调公平性原则、持续性原则和共同性原则。其中，公平性原则是可持续发展的重要前提，强调国际公平、区际公平、代际与代内公平；持续性原则的核心是人类的经济建设和社会发展不能超越资源环境承载能力；共同性原则强调可持续发展所表现的公平性和持续性都是共同的，实现这一总目标必须采取全球共同的联合行动。可持续发展理论认为，人类任何时候都不能以牺牲生态环境为代价去换取经济的一时发展，也不能为了今天的发展而损害明天的发展。可持续发展的关键在于正确处理好人口、资源、环境和发展的关系，建立良性、协调发展的“人口-资源-环境-经济发展”系统。景观资源可持续利用，是制定可持续景观生态安全格局规划的思想基础，为实现经济与社会、资源与环境的协调可持续发展提供新的思路和途径。景观是一种全新资源，在开发利用过程中要采取可持续利用方式和方法，通过全面系统的景观格局优化，构建合理的景观生态安全格局，把促进景观可持续发展的政策措施落实到具体空间范围上，严格按照规划合理利用适宜开发的景观，并对不适宜开发的景观划定生态红线予以强制保护，确保实现区域景观资源得到有效保护和可持续利用。

6. 人地关系协调理论

自地球上出现人类以来，就开始形成了人类与其赖以生存和发展的环境之间的关系，这种关系是客观存在的客体与主体之间的关系。随着人类生产和社会的发展，人地系统及其关系也在不断变化中。在人类社会早期，由于社会生产力水平十分低下，人类生活很大程度上依赖于自然界的供给；随着技术进步、生产力水平的提高，人类活动范围的广度和深度不断增大，人类不再完全依赖自然环境，而是开始利用、改造自然环境，驱使环境向有利于自身发展和满足各项需求的方向演化，当代人对环境的影响和改变已经达到前所未有的程度。目前，地球上没有受到人类活动干扰的纯自然环境微乎其微，地球整个表面都已成为人类活动的场所。不仅如此，高度发达的科学技术已经使人类活动的触角深入地壳深处和浩瀚的宇宙。因此，先前作为人类生活环境的自然界基本上已被社会化和人文化。

人地关系研究先后经历了环境决定论、人地相关论、适应论、人类生态论、文化景观论、唯生产论、非决定论等发展阶段。目前，人地关系地域系统理论及其内容框架主要包括6个方面：①人地关系地域系统的形成过程、结构特点和发展趋势；②人地系统中各子系统的相互作用强度分析、潜力估算、后效评价、风险分析等；③人地系统间的物质能量传递、机理功能、结构和调控途径；④区域人口承载力、土地生态承载力分析；⑤建立一定地域人地系统的动态仿真模型，结合系统内各要素的相互作用、结构和潜力分析，预测特定地域系统的演变趋势；⑥人地相关系统地域差异规律及地域类型分析等(毛良祥，2004)。

“协调”一词来源于古希腊文“harmonia”，原意为联系、匀称、融洽、和谐、协调。恩格斯在《自然辩证法》一书中指出：“理论自然科学把自己的自然观尽可能地制成一个和谐的整体。”这里指出的和谐原理揭示了自然界对立统一的规律，反映了自然界作为一个整体的本质特征，可看作是协调理论中早期的权威论述。中国古代、西方近代有关人地关系的论述中也包含了协调人地关系的积极因素，较典型的有土地利用的“因地制宜”思想和“人地相关论”。

协调论以对立统一规律和世界物质统一性原理作为坚实的哲学基础。人类是地球环境演化到一定阶段的产物，这个论断已经在人体组成与环境化学成分之间存在的相关性研究中得到佐证。人类要想维持自身与生态环境的这种奇妙关系，防止由于人类活动造成环境突变而殃及自身，就必须遵循人地协调论，协调人与环境的关系。

在人地系统中，自然环境本身是有机的统一体，是一个自组织的系统，这个系统在不断提高其内部有序性的过程中获得整体发展。自然界的熵减原理是其组织结构整体优化发展。目前，自然环境的发生、发展除受自然规律的支配外，人类活动已成为影响自然界的关键外在因素。作为人地系统中的人，具有自然和社会的双重属性，既是生产者，又是消费者，既是建设者，又是破坏者。从某种意义上讲，人类是环境的塑造者，在人地系统中居主导地位。

人地协调既不是以减少人类利益的方式保护自然环境，而消极被动地限制人类行为，也不是以损害自然价值的方式满足人类的无限需求，而是要求人类在利用自然资源时必须树立整体观念、系统观念和全局观念，在利用中有效保护，在保护中合理开发。由于当前人地系统严重失调，全球性资源、环境问题日益加剧，人类必须遵循自然规律，全面实施“人口、资源、环境、社会经济”协调统一发展战略，协调人地关系，重建人地系统平衡状态，趋利避害，引导环境向有利于人类发展的方向进化。

当前，区域经济可持续发展面临诸多需要解决的环境问题，诸如人口密度过大、绿地减少、空气污染、水环境恶化、噪声污染等。究其根源主要还是在制定相关规划过程中，没有把地区生态安全格局作为一个复杂系统工程进行统筹规划。可持续景观生态安全格局规划实质上是一种克服人类社会经济活动和生态环境保护盲目性及主观随意性的科学决策活动，其主要任务是依据生态环境承载能力，对人类经济、社会活动规定相应的刚性约束和需求，调控人类自身活动，协调人地关系。在进行区域景观生态安全格局规划过程中，要以人地关系协调理论为指导，既要发挥人的主观能动性，又要遵循自然规律，按照因地制宜、效益最优、动态平衡的原则，合理安排各类景观的结构和布局，协调、构建合理的人地空间格局关系，促进区域全面协调可持续发展。

1.2.3　景观生态安全格局规划的研究进展

1. 景观生态分类

景观生态分类是根据景观生态系统内部水热状况、物质能量交换形式、自然要素、人类活动的差异，按照一定原则、依据、指标，把一系列相互区别、各具特色的景观生态类型进行个体划分和类型归并，揭示景观内部格局、分布规律、演替方向的分类思想(李振鹏等，2004；肖笃宁等，2010)，是进行景观格局分析、景观评价、景观规划设计、区域生态安全格局规划的基础和前提，也是景观生态学理论与实践结合的重要环节。

国内外对景观生态分类的研究主要包括景观生态分类理论、景观生态分类方法、景观生态分类制图 3 个方面。在景观生态分类理论研究上，国外最初对土地生态分类进行了较为广泛的研究，Wilson 和 Forman(1995)直接把土地利用现状等同于景观类型，并划分了城郊、水田、草地、森林、湖沼和工业景观 6 种景观类型，但这种划分并不能充分反映实际存在的景观类型；Zonneveld(1995)认为景观等级划分在底层等级应体现内部高度一致性，到高层等级至少应有一种特性是一致的，并基于此把景观类型划分为生态元、土地相、土地系统、主要景观 4 个等级，这一分类实际上反映了土地生态类型。国内早期对景观生态分类理论的研究受苏联景观分类思想影响，在土地分类方面的研究较多，如林超和李昌文(1980)在研究北京山区的土地类型时，借鉴苏联的分类理论和方法，把地方、限区和相作为土地分类单位。2000 年以来，中国在景观生态分类研究方面取得了大量成果，如韩荡(2003)以城市建设活动对景观的“干扰”程度和景观抗“干扰”能力为依据，将城市景观划分为建设、旅游休闲、农业、环境、水体和城市发展六大类景观；师庆东等(2014)提出了景观带、景观区、景观类、景观型 4 级景观分类体系，该分类体系的最大特点是将人工景观指标引入景观发生学分类。在景观生态分类方法研究上，早期景观生态分类主要采取整体、反复、综合 3 种重叠方法，近年来注重将“3S”技术与数学方法(模型)相结合进行景观生态分类，如 Bastian(2000)利用 GIS 对景观单元进行分类制图研究；Scheller 和 Mladenoff(2007)基于空间相互作用、树木种群动态、生态系统过程 3 个生态标准开发了一套森林景观生态分类仿真模型；Coops 等(2009)基于多源遥感影像数据获取综合指标开展生态土地分类；王桥和王文杰(2006)将 1km 分辨率的 NOAA AVHRR 和 30m 分辨率的 Landsat TM 影像提取的土地利用数据作为中国生态分类遥感分区等级体系的一级分区指标，并通过遥感影像光谱特征对比进行分区结果检验。另外，一些相关学科的研究方法也被引入景观生态分类中，如二元指示种分析法(Ozkan and Mert，2011)、多变量聚类方法(Coops et al.，2009)、模糊聚类方法(Zhang et al.，2013)、模糊逻辑

(Nadeau et al.，2004)、神经网络(Dronova et al.，2012)、小波变换(李双成等，2008)等。在景观生态分类制图研究上，随着全球变化和环境问题的出现，景观生态分类制图及应用研究引起了人们的高度重视，Udvardy(1975)依据地理学要素和顶极群落编制了世界生物地理省图，被人与生物圈计划采纳；Bailey(1996)绘制了美国、北美洲、世界大陆和海洋生态区图；中国在 20 世纪 80 年代初编制了《中国 1∶100 万土地资源图》，21 世纪初拟定了中国生态地理区域系统(郑度，2008)。

总体上看，目前尚缺乏对景观生态分类的统一认识，分类指标各不相同，不同尺度上参与景观生态分类的各因子的分级标准也未统一，景观生态分类结果的可靠性验证研究较为薄弱。因此，深化景观生态分类概念、指标体系构建理论研究，加强“3S”技术在景观生态分类中的应用及强化遥感信息景观生态分类结果可靠性探讨将成为国内景观生态分类研究的重要内容。

2. 景观格局演变与动态模拟

(1)景观格局演变　景观格局一直处于变化之中，这是景观内部、外部各种因素在不同时空尺度上作用的结果(张秋菊等，2003)。识别景观格局变化驱动因子并探究其驱动机制是深入理解地表景观格局演变，实现对景观格局变化过程控制的必要条件。景观格局变化驱动因子识别方法有定性、定量和半定量研究 3 种。定性方法以对驱动因子的罗列、排序或描述等为特征，在国内应用较广泛(李传哲等，2009；郗凤明等，2010；王千等，2011)，但近年来有向定量化研究发展的趋势。例如，刘明和王克林(2008)应用灰色关联分析法和主成分分析法甄别了洞庭湖流域景观格局变化的驱动因子；邵洪伟(2008)应用主成分分析、聚类分析方法对深圳景观格局演变驱动因子进行了多层次动态分析。景观格局演变驱动因子定量研究在国外起步较早，Rudel 等(2005)利用加权的普通最小二乘法(ordinary least square，OLS)回归对 1990～2005 年全球森林景观变化影响因子进行了甄别；Jaimes 等(2010)利用地理加权回归方法探索了 1993～2000 年墨西哥森林景观变化驱动力。综合来看，定性分析方法虽对机制探讨较深入，但过于主观，缺乏说服力；定量分析方法则由于景观格局变化过程的非线性、环境的异质性和驱动因子的随机性导致可信度不高、解释力不强，于是有研究者将模糊认知图等半定量方法应用到景观格局变化驱动力分析中，取得了较好效果。例如，Kasper(2009)基于模糊认知图，发展了一种识别和量化景观格局变化驱动力间关系的方法，并成功应用到巴西亚马孙区域案例研究中。

开展景观格局演变研究还需在识别出驱动因子的基础上找出驱动因子间的相互关系及驱动因子与景观格局变化间对应的因果关系。国内早期景观格局演变分析研究主要针对单个研究区域景观格局变化进行定性描述或简单定量分析，缺乏不同区域及不同区域尺度、不同时间段、不同时间尺度的对比分析、定量研究和因子相互作用机理探讨。随着“3S”技术的进步，关于景观格局演变分析的定量研究和机理探讨的报道逐渐增多。例如，范强等(2013)采用景观生态学和元胞自动机-马尔可夫(cellular automaton-Markov，CA-Markov)模型模拟方法，系统分析了 1998～2009 年研究区域景观格局时空演变特征，并对 2020 年景观格局情景进行了模拟预测；孙才志和闫晓露(2014)利用美国地质勘探局长时间序列遥感影像数据提取下辽河平原近 30 年来各景观类型的空间分布信息，并根据各景观类型面积增长和消退演变规律，运用 logistic 回归模型分析不同时间段下景观格局演变驱动机制。国外的研究多致力于比较分析、系统分析及半定量化尝试，如 Hayes 和 Robeson(2009)应用移动窗口法分析了 2002 年新墨西哥州波尼尔火灾对景观格局变化空间变异特征的影响，Navarro-Cerrillo 等(2013)运用景观格局分析软件FRAGSTAT对西班牙南部马拉加州立公园（安达卢西亚）的蒙特斯林区和邻近的农业区（瓜达尔梅迪纳流域）的地中海松1956～1999年的景观空间格局变化进行了分析。

总体来看，国内外对景观格局变化驱动因子识别和驱动机制的研究，尚没有形成相对成熟的研究范式。学者在研究时拘泥于个案本身，缺乏对某一类相似景观格局变化驱动力的归纳，较少进行跨时空对比研究，驱动因子的定量识别分析相对缺乏。在驱动机制综合分析上，对各驱动因子间的相互作用关系探讨不够深入，常忽视景观格局本身对驱动因子的自适应和反馈作用。因此，加强跨时空景观格局演变对比分析，深入开展驱动机制定量分析研究，尝试进行多学科综合的景观格局驱动力探讨，将会成为景观格局演变驱动机制研究的重点和难点。

(2)景观格局动态模拟　景观格局动态模拟有助于弄清景观结构、功能和过程之间的关系，是预测未来景观结构变化的有效工具，也可为区域生态安全格局规划提供有力支撑。模型是进行景观格局动态变化模拟预测的有效手段，目前应用广泛的有马尔可夫(Markov)模型、元胞自动机(cellular automaton，CA)模型和CA-Markov模型。

国际上在景观动态变化研究中非常重视开发和应用系统模型。Childress等(2002)开发了生态动态模拟（ecological dynamics simulation, EDYS）模型，对大尺度土地管理进行了模拟研究；Ward等(2000)、Syphard等(2005)运用元胞自动机模型进行了大量景观格局动态变化情况模拟预测研究；Clarke和Gaydos(1998)运用元胞自动机模型对美国旧金山海湾地区及华盛顿-巴尔的摩走廊的城市扩张情况进行了模拟和预测。国内景观格局动态模拟研究起步较晚，是在借鉴国外研究成果基础上发展起来的，如李晖等(2009)、李利红和张华国(2013)借助RS和GIS技术手段并通过模型对各自研究区景观格局动态变化进行了初步预测模拟。随着研究技术手段和数学模型方法的不断更新，“3S”技术、预测模型在国内景观格局动态变化模拟中得到广泛应用，如刘进超(2009)借助“3S”技术和景观指数分析软件对农村居民点景观格局进行了动态分析，并利用CA-Markov模型对研究区2010年农村居民点景观格局状况进行了预测研究；黄超(2011)应用CA-Markov模型对福州市2014年景观格局进行了动态模拟。

纵观国内外研究，随着地理信息科学和计算机技术的发展，景观动态演变预测模拟模型得到了长足发展，特别是CA-Markov模型，它综合了CA和Markov模型的优点，有利于实现研究对象时空演变信息的精确挖掘，在区域景观格局动态变化趋势模拟方面取得了良好效果。但是，CA-Markov模拟必须基于栅格数据，矢量数据转换为栅格所导致的面积变化是CA-Markov模型模拟最主要的误差来源。虽然压缩栅格单元大小可以减小误差，但是会给计算机硬件和软件系统的计算负载带来指数级增长。因此，如何减小矢栅数据格式转换给景观格局演变模拟带来的影响值得深入研究。

3. 生态安全评价与预警

(1)生态安全评价　生态安全评价是对特定时空范围内生态安全状况的定性或定量描述，是主体对客体需要之间价值关系的反映，是建立生态安全预警系统并进行环境管理的基础。生态安全评价流程通常包括评价指标体系构建、评价标准确定、评价模型构建及生态安全表征，其评价指标体系构建和评价方法探讨是生态安全评价研究的主要内容。

1)生态安全评价指标体系。国外生态安全评价指标体系研究经过几十年的发展已相对完善，形成了包括“压力-状态-响应”(pressure-state-response，P-S-R)、“驱动力-状态-响应”(driving force-state-response，D-S-R)、“驱动力-压力-状态-影响-响应”(driving force-pressure-state-impact-response，D-P-S-I-R)在内的比较系统的概念框架模型。20 世纪 80 年代末，生态风险评价在一些研究中开始出现，但其内容侧重生物生态毒理研究，尺度一般限于单一种群或者群落(孙洪波等，2009)。随着风险评价尺度的扩大，传统的概念模型已不能满足景观水平涉及多风险源、多压力因子、多风险影响的评价要求，不同国家和机构结合实际构建了适合自己的风险评价框架体系。比较有代表的生态风险评价框架有 3 类：第 1 类是美国模式，该框架是在美国国家科学研究委员会提出的风险评价框架基础上发展起来的，后经多次修改完善于 1998 年正式提出，为生态风险评价“三步法”框架，即问题提出、分析和风险表征，目前美国大部分生态风险评价仍然以此法作为研究标准；第 2 类是澳大利亚模式，澳大利亚的风险评价框架强调定性与定量相结合，并通过考虑风险忍受性、风险得失、风险的可接受程度来确定主要风险，该评价框架把生态风险评价分为简单评价、利用改进 EIL_{soil} 模型进行风险表征、运用计算机模型量化暴露水平 3 个层次；第 3 类是欧洲模式，欧洲生态风险评价研究较成熟的国家是英国和荷兰，主要特点是强调考虑社会意见或需求，以预防为主，并建立风险评价指标，用数值来表示可接受的风险大小(孙洪波等，2009)。近年来，为适应大尺度生态风险评价需要，国外研究者提出了系统的针对区域尺度生态风险评价的概念框架模型，常见的有因果分析法、相对生态风险评价法、等级动态框架法及生态等级风险评价法。其中，因果分析法是在野外数据充足情况下对压力-响应关系进行因果联系回顾性分析，然后进行预测评价，不足之处在于无法将区域生态风险动态纳入评价体系之中，如 Schipper 等(2008)通过因果权重半定量法对压力与响应之间的作用关系进行打分评定；相对生态风险评价法由 Landis 和 Wiegers 在 20 世纪 90 年代提出，最大特点是着重于将多重风险源、多重压力、多种生境与综合生态影响联系起来，强调区域的空间异质性，具有较强的实用性，如 Hayes 和 Landis(2004)对华盛顿西北部海滨区域进行的生态风险评价，Obery 和 Landis(2002)对考德鲁斯河(Codorus Creek)流域进行的区域多风险源生态风险评价；等级动态框架法由 Colnar 和 Landis 在 2007 年提出，是一个可以用于区域尺度风险评价的概念框架，具有较强的实用性，如 Landis 等(2004)关于太平洋鲱鱼种群在美国华盛顿 Cherry Point 水生保护区的生态风险评价；生态等级风险评价法是在缺乏野外观察数据的情况下进行风险评价的有效方法，适合复合生态系统的生态风险评价，如 Moraes 等(2002)对巴西热带雨林自然保护区进行的区域生态风险评价。

国内生态安全评价在 2000 年以后才进入快速发展时期，其评价指标体系主要包括单因子评价指标和多因子综合评价指标。单因子评价指标主要针对以环境污染和毒理危害为内容的风险评价和微观生态系统的质量与健康评价，如傅和玉(2001)将特定农药不同剂量下害虫与天敌的活率比作为农药生态安全性指标，陈卓全(2004)通过对植物挥发性气体的实验研究分析了植物挥发性气体对周围环境和人类健康安全的影响。多因子综合评价指标不仅包括生物与资源环境方面的因素，还包括生命保障系统对社会经济及人类健康的作用，如林彰平和刘湘南(2002)将土壤类型、风力、农药施用量、植被覆盖率、生物多样性指数、保护区面积率、水域面积率、农田灌溉率等生态指标及环境指标作为生态安全评价指标；陈浩等(2003)在分析荒漠化成因基础上，构建了包括土壤、植被、水分、风力等环境因子在内的指标体系，评价了荒漠化地区的生态安全状况。另外，有研究者还在 P-S-R、D-S-R、D-P-S-I-R 等概念框架基础上进行了大量指标体系构建尝试，如左伟等(2003)结合 P-S-R 和 D-S-R 概念框架构建了“驱动力-压力-状态-污染暴露-响应”(driving force-pressure-state-exposure-response，D-P-S-E-R)生态环境系统服务概念框架，扩展了原模型中压力模块含义；吕川(2011)结合研究区生态环境问题实际，对 D-P-S-I-R 框架模型进行内容扩展和改进，从驱动力、生态系统压力、生态环境状态、生态系统响应和人文响应 5 个方面出发，构建了适合农业生态安全评价的农业驱动力-压力-状态-影响-响应指标体系框架模型。

2)生态安全评价方法。国外生态风险评价方法主要包括物理方法、数学方法、综合方法及计算机模拟技术方法。其中，生态风险评价物理方法是早期生态风险评价方法，主要包括熵值法和暴露-反应法。熵值法的数据和标准易于获得，且成本低、便于操作，可在生态环境管理初期通过设定适合物种的污染物标准浓度来进行生态风险管理，缺点是评价结果为半定量，属于一种低水平的风险评价，且由于不同物种对不同污染物之间敏感度的差异，对标准浓度的设定具有潜在的不准确性(周婷，2009)。针对这些问题，有研究者对熵值法进行了改进，在结果定量化上取得了很大进步，如 Hakanson(1980)通过实验分析不同区域环境中污染物含量来评价风险大小。暴露-反应法是依据受体在不同剂量化学污染物的暴露条件下产生的反应建立暴露-反应曲线或模型，再根据暴露-反应曲线或模型估计受体处于某种暴露浓度下产生的效应，这些效应可能是物种的死亡率、产量的变化、再生潜力变化等的一种或数种。暴露-反应法可用于估测某种污染物的暴露浓度产生某种效应的数量，暴露-反应曲线可以估测风险，方便确定不同条件下排污生态效应产生的可能性及范围，不足之处是针对单一物种建立的暴露-反应曲线或模型只能反映污染物对单一被评价物种的危害效应，而无法反映对整个环境的危害程度，并且对一些非化学性毒物因子也很难做出较好的暴露-反应曲线进行准确估测(周婷，2009；张思锋，2010)。生态风险评价数学方法主要包括模糊评价法、概率风险分析方法、灰色系统理论、马尔可夫预测法及机理模型，由于生态风险本身具有模糊性、不确定性等特点，故数学方法在国外生态风险评价中得到广泛应用。例如，Heuvelink 和 Burrough(1993)基于模糊集合论的模糊分类法，通过建立模糊包络模型来预测物种的潜在分布区，判断生境被外来物种入侵的风险程度；Ayres 等(2003)在判断生态系统特征的基础上，将生态过程划分为若干阶段，使用联合非线性概率模型对不同类型和不同等级的生态风险做出评估。常见的生态风险综合方法有因子权重法(Burton et al.，2002)，多媒体、多途径、多受体暴露风险评估(multi-media，multi-pathway，multi-receptor exposure and risk assessment，3MRA)方法(Martin et al.，2003)。因子权重法应用广泛，既可单独用于回顾性评价、原因分析，也可以用于生态风险评价的整个过程，如 Wallcer 等(2001)对农业用地和居住用地扩大对区域生态系统所产生的水体污染、富营养化、水文变化、动植物生境退化、农业生态系统中有益昆虫种群的减少、牧草地杂草竞争增加、居住地美学价值的丧失等可能风险进行的评价。随着计算机科学、应用数学、地理信息科学的快速发展，人工神经网络模型、蒙特-卡罗模拟法、GIS/RS 技术及专门计算机软件也应用到生态风险评价应用研究中。例如，Kooistra 等(2001)在研究荷兰莱茵河支流瓦尔河沿岸洪泛区生态风险时，利用 GIS 技术将土壤污染物空间分异引入区域生态风险评价中；Gaines 等(2004)综合运用了 GIS 和 RS 技术进行萨凡纳河生态风险研究；Lu 等(2003)集成 CALTOX、CHEMS-1、Ecosys4 等大量参考模型，基于生态风险评价(ecological risk assessment，ERA)框架开发了一套计算机模拟工具，并成功运用到风险评价中。

国内生态安全评价方法主要有数学模型法、生态足迹模型法、景观生态模型法、数字地面模型法。常见的生态安全评价数学模型有综合指数法、层次分析法、灰色关联法、主成分投影法、模糊综合法、物元评判法及复合评价模型，其中，综合指数法应用最广，它体现了生态安全评价的综合性、整体性和层次性，但易将问题简单化，难以反映系统本质，如尤飞和薛文平(2013)开展的大连市自然资源生态安全评价；层次分析法有利于评价指标优化归类，所需定量化数据较少，但随意性较大，难以准确反映评价领域实际情况，如孟优等(2014)以新疆生产建设兵团为例进行的干旱区绿洲生态安全评价；灰色关联法根据因素间的相似或相异程度来衡量因素间的关联度，克服了传统数理统计方法的局限性，适应尚未统一的生态安全系统，但分辨系数的确定带有一定主观性，影响了评价结果的精确性，如吴晓(2014)进行的山地城市生态安全动态评价；主成分投影法是一种多指标决策综合评价法，该方法目前只能对计算结果排序，无法确定评价对象等级，导致决策者无法根据排序结果进行科学决策，如董伟等(2008)对长江上游水源涵养区进行的生态安全评价；模糊综合法考虑了生态安全系统内部关系的错综复杂及模糊性，但模糊隶属函数的确定及指标参数的模糊化会掺杂人为因素并丢失有用信息，如高升和孙会荟(2013)开展的平潭岛生态安全动态评价及驱动力分析研究；物元评判法克服了人为因素对分析、评价和预测结果的干扰，但在定性指标量化方面还有待深入探索，如马红莉(2014)、黄辉玲和罗文斌(2010)在各自研究区进行的土地生态安全评价；复合评价模型虽能克服单一模型缺陷，但各模型之间的耦合难度较大，常见复合评价模型有模糊综合评价-层次分析-主成分分析模型、多级模糊综合评价-灰色关联优势分析模型、模糊-变权模型、层次分析-变权-模糊-灰色关联复合模型等(刘红等，2006)。生态足迹模型法应用在以人类需求与生态承载力关系研究为基础的评价项目中，是评价生态系统持续性及安全性的一种简单可行方法，但由于过于简单化与静态化，在生态安全定量评估中还未得到广泛运用，如黄海等(2013)基于生态足迹的土地生态安全评价研究。景观生态模型法主要用于项目景观生态安全分析评价，它将生态安全评估、预测、预警 3 个环节统一起来，构成生态安全研究完整体系，有着巨大的发展前景，如朱卫红等(2014)基于“3S”技术对图们江流域湿地生态安全的评价与预警研究。数字地面模型法能充分利用遥感技术便捷的信息数据获取优势和 GIS 强大的空间数据分析处理功能，进行区域生态环境系统安全综合评价，是目前应用研究的热点，如李璇琼等(2013)在 RS 和 GIS 支持下开展的县域生态安全评价。

3)生态安全评价的趋势。纵观国内外研究，国外生态安全评价已涉及生态系统内部复杂关系探讨，注重从微观角度确定评价指标，生态模型广泛应用于不同尺度生态系统安全评价，探讨重点多在全球或国家层面上，忽略了地方或区域的环境压力与安全的关系研究，对区域生态安全评价指标体系和评价方法的研究有待深化。国内生态安全评价研究已从最初简单定性描述发展为现今精确定量评价，但目前构建的一些评价指标对生态系统或区域环境的长期动态变化缺乏说服力，有些则过于强调人类社会经济活动影响而忽略了自然生态灾害的压力，因此急需研究制定一套适合中国国情的生态安全评价指标体系构建准则。生态安全评价方法以综合指数法、层次分析法、主成分投影法、灰色关联法等传统方法为主，对生态足迹模型法、复合评价模型和人工智能方法的应用研究较为薄弱，并且缺乏对模型基本参数的校正及模型可信度、准确性的评价。

(2) 生态安全预警　目前开展的生态安全评价大多是静态评价，不能反映区域生态安全格局动态变化过程，也不能作为生态安全格局构建的基础。生态安全预警是在生态安全评价和预警理论基础上对生态环境质量变化的动态评价，是对危机或危险状态的一种预前信息警报或警告，可以弥补传统生态安全评价不能揭示生态环境质量长期动态变化状况的不足，对维护区域生态安全具有重要意义。

国外有关生态安全预警的研究内容集中体现在生态预报上。Clark 等(2001)将生态预报定义为预测生态系统状态、生态系统服务和自然资本的一种过程；美国环境与自然资源委员会生态系统分会将生态预报定义为预测生物的、化学的、物理的及人类活动引起的变化对生态系统及其组成的影响。可见，国外生态预报是一门综合科学，涉及范围可以是小样地，也可以是区域到大陆乃至整个地球，预测周期可从几年到几十年甚至长达几百年，其研究主要包括实践应用和生态预报模型构建两方面。在实践应用研究方面，Brown 等(2013)运用机械-经验（mechanistic-empirical）方法对切萨皮克湾生态系统进行了短期预报研究；Ricciardi 等(2012)对 *Hemimysis anomala* 入侵北美的生态影响进行了预测探讨；在生态预报模型构建研究方面，Banet 和 Trexler(2013)对长期监测数据缺乏条件下空间替代时间研究方法的可靠性进行实证检验，结果显示空间替代时间研究方法预测效果在误差范围之内，表明该方法是可行的；Cook 等(2010)通过案例论证分析了气候数据的不确定性对气候变化生态反应模型预测效果的影响；Record 等(2010)运用遗传算法对桡脚类动物种群动态预测计算模型进行了改进研究。

国内生态安全预警研究集中在预警指标体系构建和预测预警方法探讨两个方面。在预警指标体系构建上，研究者主要基于“自然-社会-经济”人工复合生态系统理论和 P-S-R 等概念框架模型构建生态安全预警指标体系，如赵雪雁(2004)从资源、环境与生态、人口、社会经济 4 个方面构建了西北干旱区城市化进程中的生态预警指标体系；沈静等(2007)参考 D-P-S-R 概念模型构建了崇明城镇生态安全预警指标体系等。在生态安全预警方法上，比较常见的有灰色 GM(1,1)模型、BP 神经网络、情景分析法、系统动力学方法、能值分析法和可拓分析法，其中灰色 GM(1,1)模型(蒙晓等，2012)、BP 神经网络(李华生和徐瑞祥，2005)、情景分析法(沈静等，2007)、系统动力学方法(韩奇等，2006)因预测能力强，在生态安全预警研究中应用较为广泛。此外，常见的生态安全预警警度划分方法有两种：一种是把生态安全预警分为不良状态预警、负向演化预警和恶化速度预警 3 种模式，该模式在国内运用较多(刘邵权等，2001；王瑞玲和陈印军，2007)；另一种是把等分原理作为警度和指示灯划分标准的依据，并用红、橙、黄、蓝、绿 5 种状态指示灯代表 5 个不同警度生态系统状况(徐美等，2012)。

纵观国内外研究，国外生态安全预警研究尺度偏微观，对生态预报模型构建方法及其预报精准性、实用性的探讨更为深刻；国内生态安全预警研究尺度偏宏观，预测预警方法多从国内外相近行业预测方法中直接引用借鉴，对方法预测效果的探讨较为肤浅，一些预测方法对生态安全变化预测预警准确性较低。为此，可以尝试将神经网络、GM(1,1)模型等预测效果较好的数学模型与“3S”技术结合进行生态安全预警，并通过实证研究或长期定位监测来检验模型预测准确性，校核模型产生的预报误差，不断提高预测预警的精度和准确性。

4. 景观适宜性评价

国内外适宜性评价研究主要以土地适宜性评价为主，专门针对景观适宜性评价的研究报道则较少。实际上，景观适宜性评价与土地适宜性评价联系相当紧密，它是在吸纳土地适宜性评价原理方法、整合景观生态学基本理论的基础上，对土地适宜性评价理论方法的扩展和革新。

国外景观适宜性评价研究始于 20 世纪 70 年代，其评价方法主要包括“千层饼”法(叠加分析法）及其演化产生的逻辑规则组合法。"千层饼"法与土地适宜性评价方法中的权重指数和法如出一辙，其思想都是通过多因素叠加区别适宜性等级；逻辑规则组合法则是为了克服"千层饼"法难以确定各评价指标权重的缺陷而演化产生的，该方法运用生态因子逻辑规则建立适宜性分析准则来进行景观适宜性判别，不需要通过确定生态因子的权重就可直接进行适宜性分区（杨少俊等，2009）。早在20世纪80年代景观规划思想就已引入中国，但迄今为止其研究主要还是集中在土地适宜性评价、生物物种生态适宜性评价等方面，专门针对景观适宜性评价的研究实践特别少，一些学者开展景观适宜性评价研究所采用的理论方法大部分来自国内外相关领域比较成熟的理论方法，如刘虹（2008）借鉴国内外的乡村景观评价理论和方法，构建风景名胜区村落景观评价体系，对风景名胜区村落景观适宜性进行了评价分析；廖谌婳（2012）采取GIS空间分析技术与层次分析法、多因素综合评价法、叠加分析法等传统方法相结合的评价方法，对矿区农田景观生态适宜性进行了评价研究。近几年，随着GIS技术的发展，模糊数学方法（杨海波等，2010）、人工神经网络（祝伟民，2009）等人工智能方法的引入，为景观适宜性评价研究的发展起到了积极的促进作用。

总体来看，国内外景观和土地适宜性评价应用较多的方法有权重指数和法、"千层饼"法、模糊综合评价法、层次分析法等传统方法及模糊数学方法、人工神经网络、遗传算法、元胞自动机等现代人工智能方法。将GIS空间分析技术与人工智能方法结合进行景观适宜性定量评价及评价结果空间可视化表达将成为当前和将来一段时间景观适宜性评价研究的热点。

5. 景观生态安全格局规划方法

空间规划决策方法是景观生态安全格局规划的核心内容，也是研究者关注的焦点，纵观国内外研究，空间规划决策方法主要包括多准则数量优化法、空间分析技术方法、情景分析法、人工智能决策方法和综合优化法5种。

第一，多准则数量优化法主要包括线性规划、非线性规划、多目标规划、动态规划、图论与网络流等经典最优化技术方法及系统动力学模型方法，这些方法在土地利用结构优化中应用广泛，如Makowski等（2000）以欧盟农用地面临的主要污染问题为导向，以氮流失量最小为规划目标，建立了农业土地利用结构优化模型；Gabriel等（2006）采用多目标优化模型对马里兰州蒙哥马利郡土地利用结构进行了优化研究；Sadeghi等（2009）以最小的土壤侵蚀、最大的经济效益为目的，利用多目标线性规划技术，对伊朗克尔曼沙汗省布里门特流域土地利用方式进行了优化配置。系统动力学模型能够从宏观上反映土地利用系统的复杂行为，可用来模拟不同情景条件下的土地利用方案，如杨莉等（2009）运用系统动力学模型原理对黔西县土地利用数量结构变化进行仿真模拟；李秀霞等（2013）利用系统动力学多目标规划（system dynamics-multi-objective programming，SD-MOP）模型，对2020年吉林省西部土地利用结构进行仿真模拟优化研究。

第二，空间分析技术方法能够实现空间数据和非空间数据的一体化处理，在空间规划中应用广泛（Hanafi-Bojd et al.，2012；Kaundinya et al.，2013）。空间优化模型是空间分析技术方法的核心，常见的有景观格局优化模型和元胞自动机两种。其中，景观格局优化模型主要运用生态学理论设计一些关键点、线、面或其空间组合来维持生态系统结构和过程的完整性，实现对区域生态环境的有效控制和持续改善，如Seppelt和Voinov（2002）基于空间显式景观模型建立了一种土地利用类型优化技术方法，用于确定以综合效益最大为目标的最优土地利用类型分布。国内学者也对此进行了大量研究，如李晶等（2013）建立最小阻力模型（minimum cumulative resistance，MCR）对位于农牧交错带的鄂尔多斯市准格尔旗土地利用生态安全格局进行了构建研究；孙立和李俊清（2008）在景观格局分析的基础上形成北京市自然保护区分布格局“三区二带”的规划理念；刘吉平等（2009）基于保护生物多样性的地理学方法（a geographic approach to protect biological diversity，GAP 分析）提出扩大保护区面积、建立廊道和设立微型保护地块的规划措施。元胞自动机是时间、空间和状态皆离散，空间相互作用及因果关系皆局部的网格动力学模型。国内外研究者围绕 CA 模型展开了大量探讨和应用研究，如 Mathey 等（2008）在 CA 进化算法中整合了时间和空间目标，探索了一种协同演化 CA 模型；刘小平等（2007）利用元胞的“生态位”适宜度来制定概率转换规则，并结合 GIS 进行土地可持续利用规划；王汉花和刘艳芳（2009）提出基于多目标线性规划与 CA 模型的土地利用优化配置模型 MOP-CA。

第三，情景分析法自 1970 年提出以来，其应用研究就一直十分活跃，如 Rotter 等（2005）采用情景规划法进行区域土地利用情景变化分析；Pallottinoa 等（2005）采用情景规划法来确定水资源管理情景中的情景过程和参数；易征等（2009）运用情景分析法对长江上游主要经济活动带未来 20 年城市及工业用水效率进行了分析；李玮等（2010）基于情景分析法预测了不同情景下汤逊湖 2010 年和 2020 年主要污染物[COD、NH_3-N、总氮（TN）、总磷（TP）]排放结果等。情景分析法在空间规划中的应用研究较少，但它能够针对不同状态目标为决策者提供多个相对最优规划方案的优势，弥补了传统空间规划结果单一的缺陷，必将在空间规划研究中拥有广阔应用前景。近年来，国内学者尝试将情景分析法应用到土地利用规划、区域生态安全格局规划、城市建设用地拓展规划等研究中，取得了不少成果，如张丁轩等（2013）运用小区域范围土地利用变化和影响（the conversion of land use and its effects at small regional extent，CLUE-S）模型对 2020 年武安市的趋势发展情景、耕地保护情景、生态安全情景 3 种情景方案土地利用变化情况进行预测模拟和比较分析；蒙吉军等（2012）借助多目标优化模型和 GIS 空间分析技术，构建了生态安全和经济安全两种情景下鄂尔多斯市土地利用生态安全格局方案；俞孔坚和王思思（2009）在北京市生态安全综合格局研究基础上，提出无生态安全格局、底线生态安全格局、满意生态安全格局、理想生态安全格局 4 种城镇空间发展预景。

第四，人工智能决策方法重点研究基于模拟智能过程、智能结构、模糊思维和随机思维的一系列智能方法在规划中的应用，目的在于克服传统优化技术方法的不足，提高人们处理高维、非线性复杂决策问题的能力，从而使决策质量、效果、效率得到根本性改善和提高。目前比较常见的人工智能决策方法有遗传算法、人工神经网络、模糊决策方法、蒙特卡罗方法等，人工智能决策方法在空间规划领域也有一定的应用和实践，Zhang 和 Gui（2010）运用人工神经网络技术对城市规划用地进行预测；宗跃光等（2004）利用蒙特卡罗方法探讨疾病区域时空变化特征，并据此提出防御对策；武鹏（2008）运用模糊决策方法进行城乡居民点空间合并规划。

第五，综合优化法是将不同优化模型有机结合，综合各模型优点寻求解决问题的最优方法，这种模型既能满足数量结构的优化，又能实现空间格局优化，常见的有 CLUE-S 模型和集成模型。其中，CLUE-S 模型是荷兰瓦赫宁根大学 Verburg 等在 CLUE 模型基础上发展起来的，由非空间模块和空间模块两部分组成，基本原理是在综合分析土地利用空间分布概率适宜图、土地利用变化规则和研究初期土地利用分布现状图的基础上，根据总概率大小对土地利用需求进行空间分配。CLUE-S 模型可以全面考虑自然和人文因子，具有综合性、开放性、空间性、竞争效率性等特点，已在国内外多个地区土地利用和覆被变化(Britz et al.，2011；陆汝成等，2009)、土地利用环境效应(Chen et al.，2009；Trisurat et al.，2010)、土地利用政策研究(Banse et al.，2011；周锐等，2011)中得到广泛应用。另外，部分研究者还对 CLUE-S 模型进行了适用性探讨和改进研究，如 Batisani 和 Yarnal(2009)对区县尺度及以下的土地利用变化进行模拟和比较分析，结果表明 CLUE-S 模型更适合区县尺度土地利用变化模拟；吴桂平等(2010)运用 Autologistic 回归模型对 CLUE-S 模型驱动因子计算方法进行了改进，解决了空间统计分析问题中固有的空间自相关效应影响。集成模型可以弥补单一模型在某些环节上的不足，是进行区域生态安全构建的有效途径，如何春阳等(2004)结合系统动力学(system dynamics，SD)模型与 CA 模型建立了土地利用情景变化动力学模型(land use scenarios dynamics model，LUSD)，模拟中国北方 13 省未来 20 年土地利用变化情景；邱炳文和陈崇成(2008)集成灰色预测模型、CA 模型、多目标决策模型(multi-criterion decision-making，MCDM)、GIS 技术，建立了土地利用变化预测模型 GCMG；杨励雅等(2008)融合遗传算法、模拟退火算法和动态惩罚函数法，建立了在土地及人口约束下的土地利用形态和交通结构的组合优化模型；徐昔保等(2009)耦合 GIS、CA 模型和 GA 遗传算法，构建了两种情景下的城市土地利用优化模型(urban land-use optimization model，ULOM)。

总体上看，多准则数量优化法虽理论成熟、应用广泛，但在应用中对生态安全格局过程、因果反馈关系做了很多假设，易导致结果偏离实际，同时对生态安全格局空间优化不足，无法将模拟结果进行空间可视化表达。空间分析技术方法实现了从定性到定量、由静态到动态、由单一模型到多种模型的综合，能够对生态安全格局进行时空动态过程模拟，但常见的空间优化模型还存在景观格局优化模型构建理论薄弱、CA模型应用空间尺度难确定等问题。情景分析法解决了传统空间规划决策结果单一的不足，能为决策者提供多种备选方案，符合空间规划决策工作实际，具有广阔应用前景。人工智能决策方法在空间规划决策中应用相对缺乏，但人工智能对复杂问题的处理优势，使其能帮助决策者更加深刻地认识问题本质，有助于制定更为科学的空间布局优化方案，具有较大的应用推广价值。综合优化法是进行区域生态安全格局规划的有效途径，其中 CLUE-S 模型能综合土地利用变化各驱动因子对不同时空尺度下的土地利用变化进行预测模拟，但该模型模拟尺度较大，在范围较大区域的空间优化模拟中，模型可运行的模拟底图分辨率有时达数百米，而且模型还对模拟土地类型总数和模拟底图栅格数也存在限定，因此构建模拟精度高且适合中国实际的生态安全格局空间优化模型是未来研究的重点。

6. 景观生态安全格局规划的展望

目前，国内外关于景观生态分类、景观格局演变与动态模拟、生态安全评价与预测预警、景观生态安全格局规划方法的相关研究成果较为丰富，为开展景观生态安全格局规划奠定了一定理论基础，具有重要指导作用，但仍然有一些值得深入研究的方面。

第一，目前学术界对景观分类尚缺乏统一认识，分类指标各不相同，分类结果可靠性验证较为薄弱。因此，深化景观分类概念、指标体系构建理论研究，加强“3S”技术在景观分类中的应用及强化遥感技术景观分类结果可靠性探讨将成为景观分类研究的重点。

第二，国内外对景观格局变化驱动因子的识别研究尚没有形成相对成熟的研究范式，较少进行跨时空对比研究，驱动因子的定量识别分析相对缺乏，对各驱动因子间的相互作用关系探讨不够深入。因此，跨时空景观格局演变分析、驱动机制定量研究及多学科综合景观格局驱动因子探讨是景观格局演变驱动机制研究的难点。

第三，模型是进行景观格局动态变化模拟预测的有效手段，CA-Markov 模型综合了 CA 模型和 Markov 模型优点，有利于实现时空演变信息的精确挖掘，在区域景观格局动态变化趋势模拟中拥有较大应用前景。

第四，国内生态安全预测预警方法多从国内外相近行业预测方法中引用借鉴，对方法预测效果的探讨不深，一些预测方法预测准确度较低，尝试将 RBF 神经网络等预测效果较好的模型与“3S”技术结合进行生态安全预测预警，并通过实证研究或长期定位监测来检验模型预测准确性是生态安全评价与预测研究的重要方向。

第五，国内外景观适宜性评价应用较多的方法有“千层饼”法、层次分析法等传统方法，以及模糊数学方法、人工神经网络、遗传算法、元胞自动机等现代人工智能方法，尝试将 GIS 空间分析技术与人工智能方法结合进行景观适宜性定量评价和评价结果的空间可视化表达是未来景观适宜性评价研究的重点。

第六，景观生态安全格局规划不仅要对景观类型数量结构进行优化，还要对景观空间布局进行调整，涉及因素多、优化难度大，目前还没有通用模型和方法，创新应用粒子群优化算法(particle swarm optimization，PSO)、遗传算法等现代智能算法构建模拟精度高且适合区域实际的景观格局优化模型是未来景观生态安全格局规划研究的有益尝试和探索。

1.3　景观生态安全格局规划的思路和框架

1.3.1　景观生态安全格局规划的思路

1. 景观生态安全格局规划的目标

景观生态安全格局规划是为了探寻一种能从空间上有效平衡经济发展与生态保护矛盾关系的区域生态安全格局，即借助优化理论与方法，对区域内自然、经济、人文等多种要素进行合理配置，获得使区域经济、社会、生态综合效益最大化的景观生态安全格局，从而切实避免区域生态保护进入盲目、低效保护误区。本书首先对景观生态安全格局规划的数据获取、数据处理、数量化分析和空间优化决策方法进行全面介绍，然后以龙泉驿区为规划案例研究区，在系统开展景观分类与景观格局现状分析、景观格局变化特征与驱动因子分析、景观格局变化潜力与动态模拟、区域生态安全评价与变化趋势预测研究基础上，创新提出一种景观格局空间优化模型与算法，尝试通过利用该模型与算法对规划案例研究区经济发展、生态保护、统筹兼顾 3 种情景景观格局空间布局进行优化来构建最佳景观生态安全格局，增强国内景观生态安全格局规划基础理论探讨的系统性和方法应用的创新性，为区域编制生态建设与环境保护规划、土地利用规划、城镇空间规划及构建生态文明建设空间战略奠定理论基础和提供方法参考。

2. 景观生态安全格局规划的内容

景观生态安全格局规划是解决当今中国经济发展与环境保护矛盾冲突的有效途径，其规划内容涉及景观生态分类、景观格局演变分析、景观生态适宜性评价、景观格局演变动态模拟、生态安全预测预警、生态安全需求预测、多情景模式构建和总体规划目标确定、生态安全格局规划方案编制、多种规划方案比选、方案试点效果监测与评价、规划实施与执行监管、生态安全标准修订、本轮规划方案修编和新一轮规划方案编制等多个方面(欧定华等，2015)。

本书应用示范部分，以龙泉驿区为规划案例研究区，着重对景观分类与景观格局现状分析、景观格局变化特征与驱动因子分析、景观格局变化潜力与动态模拟、区域生态安全评价与变化趋势预测、案例研究区景观生态安全格局规划等景观生态安全格局规划关键环节进行应用示范研究，其具体内容如下。

1) 景观分类与景观格局现状分析。结合规划案例研究区遥感影像特征、土地利用/土地覆被状况，以地貌类型、土地利用/土地覆被类型为依据，构建景观分类体系，分别应用迭代自组织数据分析技术(iterative self-organizing data analysis technique，ISODAT)遥感影像非监督分类法、快速无偏有效统计树(quick unbiased efficient statistical tree，QUEST)决策树分类法进行地貌类型、土地利用/土地覆被类型划分和精度评价，探寻出最适合规划案例研究区地貌类型、土地利用/土地覆被类型划分的技术方法，获得不同时期景观类型划分结果，在此基础上对规划案例研究区景观格局现状进行深入分析，找准该地区当前景观格局现状存在的问题。

2) 景观格局变化特征与驱动因子分析。探讨规划案例研究区近22年(1992～2014年)景观格局变化特征和原因，把握景观变化规律和特点，在此基础上，参考相关研究成果，从自然驱动因子和人文驱动因子两个方面选取指标构建景观格局变化驱动因子指标体系，对2000～2007年、2007～2014年两个时期规划案例研究区不同景观类型格局变化驱动因子进行分析，识别出区域景观格局变化的影响因子，揭示景观格局变化驱动因子的变化特点和规律。

3) 景观格局变化潜力与动态模拟。根据景观格局变化驱动因子分析结果和相关研究成果选择恰当驱动因子模拟景观变化潜力，基于Markov模型景观转移概率矩阵和多层感知人工神经网络(multi-layer perceptrons-artificial neural network，MLP-ANN)模型景观变化潜力图构建一种全新的Ann-Markov-CA复合模型，对规划案例研究区2021年和2028年景观格局变化进行模拟预测，弄清景观变化特点和原因，把握景观变化趋势和转移规律。

4) 区域生态安全评价与变化趋势预测。根据景观格局变化驱动因子分析结果和国内外相关研究成果，基于P-S-R概念模型建立规划案例研究区生态安全评价指标体系，在GIS空间分析方法中嵌入综合评价指数模型，对2000～2014年规划案例研究区生态安全空间状况进行评价，弄清过去14年(2000～2011年、2012～2014年)区域生态安全空间分布状况及变化特征，揭示其变化原因，在此基础上集成径向基函数(radial basis function，RBF)神经网络模型和克里格插值法，新构建一种生态安全空间变化趋势预测方法，对2015～2028年规划案例研究区生态安全空间变化过程进行预测，探索其未来一段时期生态安全空间分布特点、变化趋势，提出有针对性的区域生态风险防控举措。

5) 案例研究区景观生态安全格局规划。根据景观分类与景观格局现状分析、景观格局变化特征与驱动因子分析、景观格局变化潜力与动态模拟、区域生态安全评价与变化趋势预测、景观适宜性评价研究成果，构建经济发展、生态保护、统筹兼顾三种情景景观格局数量优化模型，计算得到目标年不同时期各情景景观优化面积，在此基础上基于PSO算法原理创新提出一种景观格局空间优化模型与算法，优化得到三种情景景观格局空间布局，并通过比较分析确定未来规划案例研究区有效平衡经济发展与生态保护矛盾关系的最佳景观生态安全格局规划方案。

3. 景观生态安全格局规划的方法

景观生态安全格局规划方法包括数据获取方法、数据处理方法、数量化分析方法和空间优化决策方法。其中，数据获取方法主要有野外调查方法、实验研究方法、定位观测方法和遥感监测方法；数据处理方法主要涉及遥感影像处理、纸质地图数字化、社会经济统计数据空间化、实验监测数据空间化处理方法和技术；数量化分析方法主要是一些常见的数理统计分析方法、空间计量回归分析方法和综合评价方法；空间优化决策方法主要包括数量优化模型、空间优化模型、智能优化算法和 CLUE-S 综合优化模型。本书应用示范部分，规划案例研究区景观生态安全格局规划的主要研究方法有如下几种。

1）文献资料法。通过查阅、收集、整理、分析国内外文献资料，掌握景观生态安全格局规划研究的相关背景资料。

2）实地调查法。以遥感影像和土地利用变更图鉴为基础资料，对规划案例研究区进行景观野外调查，掌握规划案例研究区景观类型和土地利用现状，找出规划案例研究区生态环境和生态安全存在的问题，为景观格局变化、景观生态安全格局规划等提供基础资料。

3）定性分析法。主要对规划案例研究区自然环境、自然资源、社会经济环境及目前存在的主要生态环境问题进行定性分析，为规划案例研究区景观生态安全格局规划模型构建、方法选择等提供科学依据。

4）定量分析法。本书在 ESRI ArcGIS10.0、ENVI4.8/5.1、ERDAS IMAGINE9.2、MAPGIS6.7、SPSS Clementine12.0、IDRISI Selva、OpenGeoDa、IBM SPSS Statistics19 等应用软件及 MATLAB R2007b、Python2.6 等编程软件支持下，主要运用了以下定量分析方法开展规划案例研究区景观生态安全格局规划研究。

a. QUEST 决策树分类法。QUEST 算法是常见的数据挖掘算法，在遥感影像分类中的应用较为广泛。本研究主要应用 QUEST 决策树分类法进行遥感影像土地利用/土地覆被类型划分。

b. 空间回归模型。空间回归模型能利用研究对象空间分布信息，充分分析数据空间属性，较好地揭示景观格局变化影响因素及其时空分布，在国内已广泛应用于空间分布预测模拟、影响因素识别分析等领域。本研究主要应用空间回归模型对景观格局变化驱动因子进行识别分析。

c. Ann-Markov-CA 复合模型。本研究分别将 Markov 模型建立的景观转移概率矩阵和 MLP-ANN 模型求得的景观变化潜力图作为 CA 模型元胞数量和空间转化规则，建立 Ann-Markov-CA 复合模型对规划案例研究区景观格局变化趋势进行模拟。

d. RBF 神经网络。RBF 神经网络是 Moody 和 Darken 于 20 世纪 80 年代末提出的一种以函数逼近理论为基础的前馈网络，它模拟了人脑中局部调整、相互覆盖接收域的神经网络结构，具有训练速度快、能收敛到全局最优点等特点。本研究应用 RBF 神经网络模型对规划案例研究区生态安全空间变化趋势进行预测。

5）logistic 回归模型。logistic 回归模型是对二分类因变量进行回归分析时最为普遍应用的多元量化分析方法，具有构建简单、非线性、不受空间尺度限制等优点。本研究应用 binary logistic 回归模型对规划案例研究区景观适宜性进行评价。

6）序列二次规划算法（sequential quadratic programming，SQP）。序列二次规划算法是求解中小规划约束最优化问题的一种有效算法，本研究应用序列二次规划算法求解不同情景景观格局数量优化模型，获得目标年各情景各景观优化面积。

7）PSO 粒子群优化算法。PSO 是一种进化算法，能对多维非连续决策空间进行并行处理，具有搜索速度快、结构简单、易于实现的特点，已成功应用到商场选址、土壤样点布局、土地利用优化等领域。本研究基于 PSO 原理，构建了一种全新的景观格局优化理论模型与求解算法，实现规划案例研究区不同情景景观格局空间布局的优化。

此外，在规划案例研究区景观生态安全格局规划中，还使用到了 ISODATA 遥感影像非监督分类法、普通最小二乘法(ordinary least square，OLS)线性回归分析模型、层次分析法、熵权法、综合评价法、GIS 地统计分析法等其他定量分析方法，具体可参见本书后续章节相应部分。

1.3.2　景观生态安全格局规划的框架

1. 景观生态安全格局规划的理论框架

在明晰景观生态安全格局规划内涵的基础上，综合集成现行景观生态学理论、景观生态规划原理和空间规划决策技术方法，可以将景观生态安全格局规划理论框架概括为 14 个主要步骤(图 1-3)。

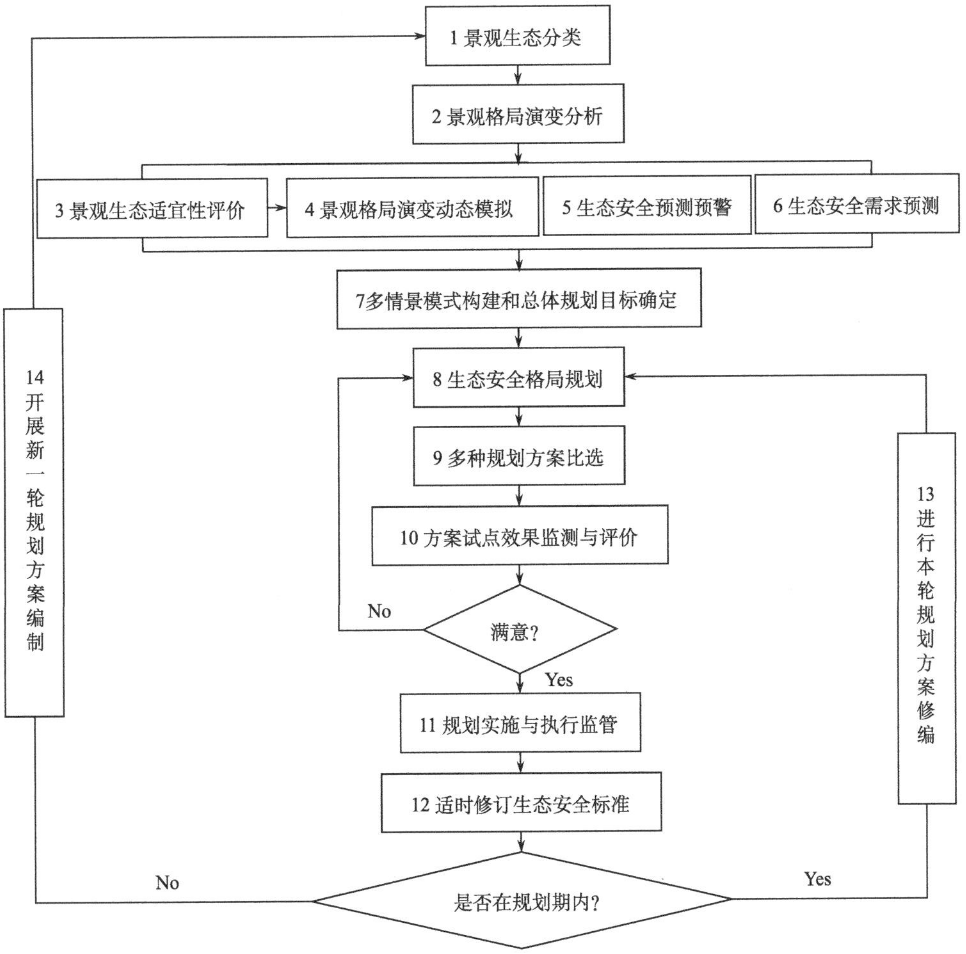

图 1-3　景观生态安全格局规划的理论框架

第 1 步：景观生态分类。构建区域景观生态分类体系，采取遥感影像景观生态分类提取方法将区域自然要素综合体划分为具有等级体系的景观类型，制作景观生态类型分布图。

第 2 步：景观格局演变分析。采用 FRAGSTATS 软件计算区域景观类型指数和景观水平指数，分析一定时期内区域景观格局演变过程、规律和特征，再运用景观格局分析模型对区域景观格局及其影响因素进行空间自相关性分析和空间统计分析，从而确定区域景观格局变化驱动因子。

第 3 步：景观生态适宜性评价。综合运用 GIS 空间分析技术和人工智能方法对区域不同景观类型的适宜性进行评价，形成不同景观类型适宜性分级图集。

第 4 步：景观格局演变动态模拟。在第 2 步和第 3 步成果基础之上，运用 MCE-CA-Markov（multi criteria evaluation-cellular automaton-Markov）集成模型对区域景观格局演变趋势进行预测，得到规划目标年区域景观格局模拟预测图。

第 5 步：生态安全预测预警。首先基于 P-S-R 概念模型建立区域生态安全动态评价指标体系，采取组合赋权法确定指标权重，运用综合指数法对规划区多年生态安全度进行评价，得到多期生态安全警度等级分布图，在此基础上运用 RBF 神经网络对区域生态安全警度变化趋势进行预测模拟，得到规划目标年区域生态安全警度模拟预测图。

第 6 步：生态安全需求预测。通过区域人口规模、经济发展、生态环境敏感性、生态系统服务功能等方面的综合分析，利用数学模型预测确保规划目标年区域生态安全所需的各景观生态类型面积，为进行生态安全格局规划提供基础数据。

第 7 步：多情景模式构建和总体规划目标确定。结合区域经济发展、城镇总体规划、土地利用规划、产业发展规划、政策调控措施等实际，吸纳规划、环保、农业、国土等领域专家意见，根据第 3～6 步成果合理构建多种情景预案，并确定不同情景下区域生态安全格局规划目标。

第 8 步：生态安全格局规划。按照第 7 步制定的规划目标，在第 2～6 步成果基础上，结合实际选择 CLUE-S 模型法、MCR 模型或多目标优化模型与 GIS 空间分析相结合的方法对区域不同情景下生态安全格局进行优化配置，得到不同情景区域生态安全格局优化规划方案。

第 9 步：多种规划方案比选。从生态环境安全、社会经济发展等多个角度对不同情景的区域生态安全格局优化规划方案进行评析，确定适合规划区的最优生态安全格局规划方案。

第 10 步：方案试点效果监测与评价。对第 9 步确定的规划方案进行试点，动态监测方案实施效果，并对监测结果进行综合评价，若实施效果符合规划目标，则开始第 11 步的工作，否则将按第 8、9 步的流程对生态安全格局规划方案进行优化调整，直到评价结果满意才能开始第 11 步的工作。

第 11 步：规划实施与执行监管。从政府管理、政策制定、公众参与等角度提出区域生态安全格局规划执行方案和监管意见。

第 12 步：适时修订生态安全标准。区域生态安全格局规划目标不是静止的，随着生态安全新问题的产生和社会经济发展新需求的提出，需要重新制定生态安全标准，若新标准出台时间尚在本轮区域生态安全格局规划期内，则开始第 13 步的工作，否则进行第 14 步的工作。

第 13 步：进行本轮规划方案修编。以新标准为规划目标，按照第 8～11 步的流程开展区域生态安全格局规划修编。

第 14 步：开展新一轮规划方案编制。按照第 1～11 步的流程开展新一轮区域生态安全格局规划方案编制。

2. 景观生态安全格局规划的技术路线

在国内外景观分类、景观格局演变、生态安全评价、景观适宜性评价、景观生态安全格局规划等相关理论研究的基础上，根据上文提出的景观生态安全格局规划的理论框架（图 1-3），可以制定出规划案例研究区景观生态安全格局规划的技术路线（图1-4）：以景观生态学理论、景观生态规划原理为基础，利用相关行业软件从遥感影像、数字高程模型（digital elevation model，DEM）数据、气象数据、土壤数据和相关社会经济数据中提取信息，结合规划案例研究区生态环境和社会经济状况，首先借鉴国内权威土地利用/土地覆被分类系统（GB/T 21010—2007《土地利用现状分类》），构建规划案例研究区景观分类体系，进行景观格局现状分析；然后对 1992～2014 年景观格局变化特征及驱动力进行分析，并在 ESRI ArcGIS 和 IDRISI Selva 软件支持下，建立 Ann-Markov-CA 复合模型，探讨规划案例研究区 1992～2014 年景观格局变化潜力及 2021 年、2028 年景观变化趋势；在此基础上基于 P-S-R 模型构建区域生态安全评价指标体系，评价 2000～2011 年、2013～2014 年生态安全空间状况，同时对 2015～2028 年规划案例研究区生态安全变化趋势进行预测并进行各类景观适宜性评价；最后基于 PSO 粒子群优化算法原理和 MATLAB 矩阵运算理论，创新提出景观格局空间优化模型与算法，通过对经济发展、生态保护、统筹兼顾情景景观空间布局的优化来构建最优的区域景观生态安全格局规划方案。从而为进一步丰富和完善景观生态安全格局的理论和方法，为区域编制主体功能区规划、生态建设与环境保护规划、土地利用规划、城镇空间规划及构建生态文明建设空间格局战略提供依据和方法参考。

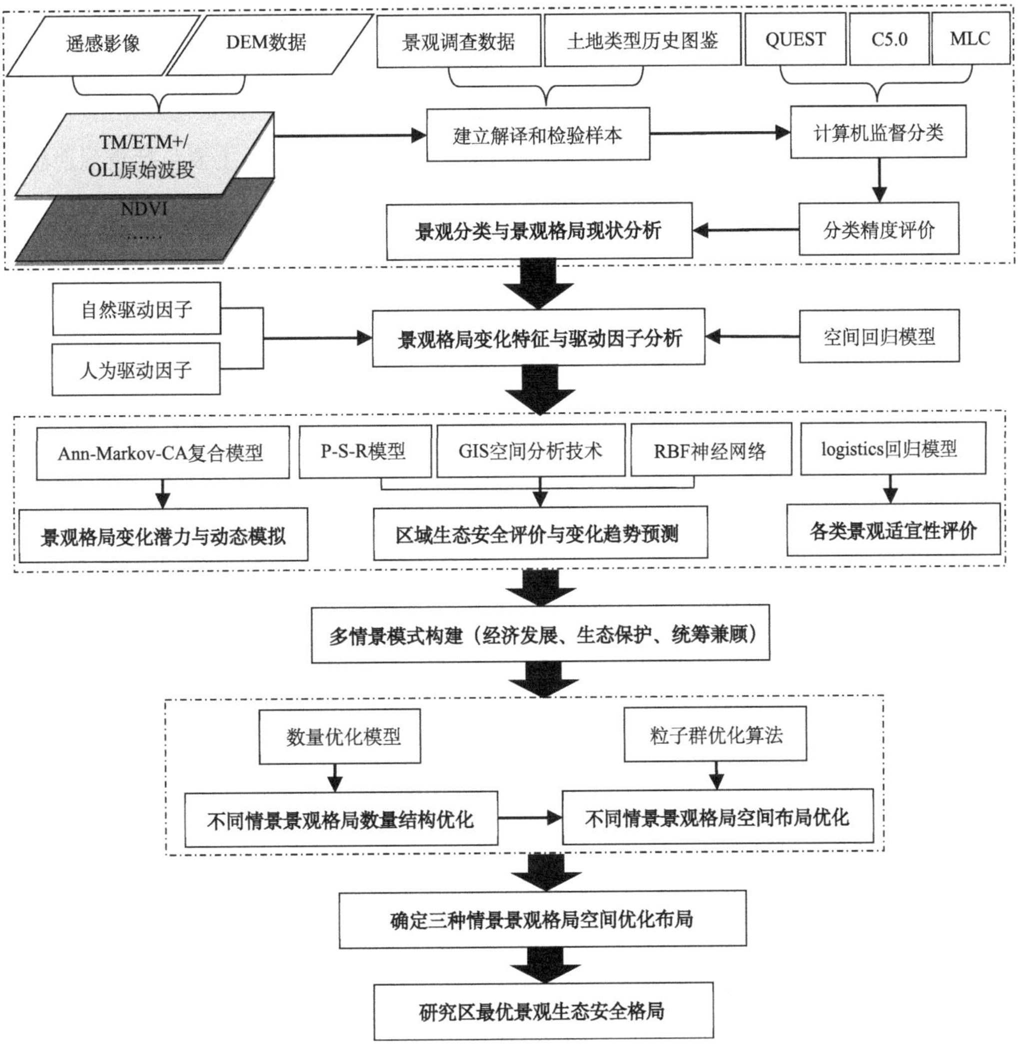

图 1-4 景观生态安全格局规划的技术路线

第2章 景观生态安全格局规划的数据获取方法

数据是规划编制的基础，没有数据支撑的规划形同无源之水、无本之木。因此，数据获取方法和手段在规划编制中显得非常重要。景观生态安全格局规划是景观生态学的一个新兴的研究分支，目前国内尚没有针对该分支的系统性的理论专著，其数据获取方法多源自景观生态学、地理学、土壤学、地理信息科学等，因而导致景观生态安全格局规划的数据获取方法多而杂，缺乏必要的系统性。本章主要介绍景观生态安全格局规划中常用到的数据获取方法，包括野外调查方法、实验研究方法、定位观测方法和遥感监测方法，同时详细介绍了规划案例研究区遥感影像、ASTER GDEM 等主要数据的获取方法。

2.1 野外调查

野外调查是景观生态安全格局规划数据获取中不可缺少的方法，主要包括景观遥感野外调查、自然环境野外调查、生态系统野外调查和社会经济实地调查。

2.1.1 景观遥感野外调查

景观遥感野外调查是指以景观生态学理论为指导，利用遥感技术，将景观作为一个系统进行调查，其主要调查过程包括辅助资料收集与整理、遥感影像初判和初步图例制作、遥感影像初步解译和综合分析、景观遥感野外调查与采样。

1. 辅助资料收集与整理

在进行景观遥感野外调查前，首先应收集地形图和土地利用现状图、土壤类型图、地质图、植被类型图等专题地图，查阅调查区及周边地区的地理学和生态学文献资料并加以分析研究，如果调查工作由一个小组来完成，那么每位调查人员还要针对性地研究与其专业相关的图件、文献等资料，这些资料对提高岩石、土壤、植物等样品采集的针对性非常重要。最后，还应该编制景观遥感野外调查实施方案，对景观野外调查的工作内容、技术路线、成果要求、责任分工、时间进度、资金安排等进行统筹谋划和精心策划，为有序推进景观野外调查提供行动指南，通常在确定野外调查时间和工作进展时，要充分考虑当地地形的复杂程度和植被覆盖状况等影响调查进展的决定因素，合理确定调查时间和工作进展。

2. 遥感影像初判和初步图例制作

本阶段的关键性工作主要如下。

1)对遥感影像进行快速浏览。以对卫片、航片或其他遥感影像镶嵌体的初步研究为基础，将规划区分成几个主要的景观单元。这里所提到的镶嵌体初步研究，不要求必须有一个完整的由摄影测量所控制的镶嵌体，把航片简单排列起来也可以达到初步分析的目的，值得注意的是，山区由于高差导致的地物位移，会影响航片排列研究。如果已经有了相应尺度的地形图，就可以不用严格控制镶嵌图。在对大面积区域进行调查时，大量的航片应该有序排放，以便在分析、解译和野外工作时易于查询。

2) 影像分析和影像数据处理。首先选择有代表性的成对立体的卫片或航片进行分析，这些卫片或航片将作为初步图例的基础，然后对所有卫片、航片和多时相影像进行几何纠正、图像增强等图像处理工作。

3) 初步图例准备。为下一阶段的卫片、航片或其他遥感影像解译设计一个概括性的初步图例。对卫片、航片影像特征的分析及对各种影像地物的初步分类，可以提高图像解译的客观性，避免“已知的”解译信息先入为主，影响影像分析。本阶段主要研究的对象是在质地、阴影和颜色上有着一定差别的图像，最好是三维立体图像，而不是野外实际情况。如果使用的是彩色航片，还应特别注意航片颜色差异，且不如卫片均匀。

分析过程必须由所有参加调查的地貌、植被、土地覆盖/土地利用、土壤等方面的调查人员共同完成。一般在景观调查开始时就可以解译出一些植被或土地利用类型，不需要在影像上取得集中的证据来勾绘景观单元，不同学科的调查人员应该核对一下彼此的分析结果，并达成一致意见。分析工作的最终结果就是：①有序的卫片、航片等遥感影像档案；②为初步航片解译图例所建立的主要单元和符号框架(肖笃宁等，2010)。

3. 遥感影像初步解译和综合分析

本阶段的工作主要在卫片、航片或其他遥感影像上完成，一般在正式野外工作之前进行。调查人员要调动所有关于地形、植被结构和人类文化建筑方面的知识，思考遥感影像的景观生态学意义。在对卫片、航片和其他遥感图片的解译过程中，最初的解译不必太具“整体性”。相反，应该用不同的颜色、线型(点线、断线)等区分出不同类型的线条和边界(肖笃宁等，2010)。例如，①蓝色表示流水；②红色表示景观边界；③黄色表示道路，黄色为半透明状，不会把图像弄模糊，切忌在定位时用黑色；④绿色表示植被，以及在解译阶段发现土地利用与自然景观不一致的那类边界，这些有可能是暂时性的或周期性的，在野外工作结束后，再决定这些线条是视作人造景观边界，还是应该忽略，或者作为一种特殊的界线保留在图上，或者需要根据其他植被覆盖或土地利用图来重新勾绘这些线；⑤棕色表示(流域)分水岭和其他线状地貌要素，或者一些暂时无法确定的景观边界；⑥其他颜色或线型表示一些可能有意义的特殊地物，如自然迁徙或牧场迁移路线之类的景观之间的生态流路径。与任何制图工作一样，要时刻不忘比例尺问题。卫片和航片应该有合适的比例尺，比成图比例尺稍大更好。解译的细节部位，乃至最终对地物的制图综合，也要有相应的比例，这在航片解译和景观调查中是最困难的。细节太多或太少都不合适，细节太少会降低调查成果图的质量，而细节太多又会花费过多的时间和成本，对于景观调查来说也是一个质量问题，即整体不应该被不必要地分割开。

解译是在许多张不同的航片上分别进行的，可以通过扫描数字化手段将这些分布在不同航片上的解译信息分别进行数字化，然后通过叠加组合制成一张镶嵌图，在此基础上通过编辑、修改和综合逐步勾画出调查区景观整体构架。

4. 景观遥感野外调查与采样

景观调查的野外工作主要是对野外采样点的描述，包括土壤、植被、地貌、土地利用类型与地质、水文、动物及其他相关属性信息，以获得精确而可靠的资料来描述图像解译单元，进而将它们转化成景观类型(肖笃宁等，2010)。

在实际景观调查中不可能进行彻底随机采样，否则会导致样品总量过大而难以处理，然而采样数量的减少又往往会导致最重要的小面积景观的采样数量不足，而影响其分类解译。解决办法就是以图像解译结果为基础，进行分层采样。这在统计上也是一个可靠的过程，因为分类中要用到的植被和土壤属性不能直接在影像上看到，但可以在解译单元内进行随机采样。对于那些不需要统计处理的地貌形态和植被结构描述，则没必要进行分区随机采样。

在对只有几百平方千米的小面积区域进行景观详查时，所有上述问题就显得不那么重要了。这时甚至有必要逐个检查制图单元，特别是当与自然保护有关的详细植物情况非常重要时，就更应如此。对采样点的总数没有严格的规定，这要根据每次调查所涉及的区域特征来判断。如果规划区域在景观类型上已经有了合理的分类，对这些属性的采样时间就可以大大缩短。除了那些能对景观进行正确描述的数据之外，还需要收集一些补充数据。可以以图像解译为基础，也可以通过野外直接观测来收集，特别是通过对道路、流动路径、动物、土地利用等方面的观察来收集。

2.1.2　自然环境野外调查

自然环境是环绕在生物周围的各种自然因素的总和，如大气、水、其他物种、土壤、岩石矿物、太阳辐射等。在景观生态安全格局规划中，自然环境野外调查主要包括地质环境调查、地形地貌调查、水文调查、气候调查、土壤调查和环境污染调查。

1. 地质环境调查

地质环境与条件是大地景观形成的基本动力，地质过程是生态过程中最为重要的过程之一。区域工程地质条件包括岩土工程地质分类及其特征、冻土类型、冻土结构和地下冰、冻土地貌及外动力地质现象、水文地质条件、新构造运动与地震。区域地质环境调查是对一定地区内的岩石、构造、矿产、地下水、地貌等地质情况进行各有侧重的调查，包括按标准图幅进行的区域地质调查和对选定区域进行的综合性或专项性区域地质调查，具体包括以下 3 个方面(范弢和杨世瑜，2009；王云才，2014)。

1)矿产地质调查。主要包括石油、天然气、煤层气等地质调查。

2)水文地质和工程地质调查。主要包括区域的或者土地整治、土地规划区的水文地质和工程地质调查；大中型城市、重要能源和工业基地、县以上农田(牧区)的重要供水水源地的地质调查；地质情况复杂的铁路干线，大中型水库、水坝，大型水电站、火电站、核电站、抽水蓄能电站，重点工程的地下储库、洞(硐)室，主要江河的铁路、公路特大桥梁，地铁、6km 以上的长隧道，大中型港口码头、通航建筑物工程等国家重要工程建设项目的水文地质和工程地质调查。

3)环境地质灾害调查。主要包括地下水污染区域、地下水人工补给、地下水环境背景、地方病区等水文地质情况调查；地面沉降、地面塌陷、地面开裂及滑坡崩塌、泥石流等地质灾害调查；建设工程引起的地质环境变化的专题调查，重大工程和经济区的环境地质调查等。

2. 地形地貌调查

地貌是景观格局的基本框架，直接决定地表景观的总体特征。地貌类型主要包括坡地、河流、熔岩、冰川、冻土、荒漠、火山、黄土地貌及大地构造地貌、褶曲构造地貌、断层构造地貌等。调查内容如下(叶公强，2002；王云才，2014)。

1)典型地貌类型调查。主要调查有重要代表性的地貌类型的发育、成因、特征、分布与组合、资源与环境特征，人类活动和人类需要对自然地貌的改造和对地貌资源的利用，以及由此产生的地貌的发育、新地貌的形成、产生的环境地貌及地貌对国民经济建设的影响等问题。

2) 区域地貌综合调查。主要包括地貌形成因素和地貌动力的调查、地貌类型的调查、地貌组成物质的调查。

3) 地貌发育史调查。确定地貌发育过程与演变，测定地貌发育年龄，分析地貌发育史，从构造运动和外力过程调查地貌发育的历史过程，包括调查分析不同时期新构造运动的形式、速度、幅度及其在地貌形成中的作用。

4) 地貌条件调查。不同地貌条件对土地利用、工程建设、农业生产等通常有明显的影响。一般着重从形态、地表组成物质和灾害性地貌、景观地貌等方面，评述其对人类生产和生活的影响，分析其有利条件和不利条件。

5) 调查地貌之间的相互关系。地貌是在一定自然条件下形成的，随着时间的推移而发生变化，因此地貌既有新生性，也有继承性，它们之间有一定的成因关系。

3. 水文调查

在自然地理环境中，水的变化、运动等各种现象的发生、发展及其相互关系和规律称为水文。水体是指以一定形态存在于自然地理环境中的水的总称，如大气中的水，地表上的河流、冰川、湖泊、沼泽和海洋中的水，地下水，生物有机体中的水等。水文调查内容如下（肖长来等，2005；王云才，2014）。

1) 河流水情要素调查。调查河流水量、河道冲淤、风、潮汐、结冰、植物、支流的汇入、人工建筑物、地壳升降等影响河流的因素。调查 5 年、10 年、20 年、25 年、50 年、100 年以内最大瞬时水位及其径流量、最大日径流量、最大月径流量、最大年径流量、平均日径流量、平均月径流量、平均年径流量等流速和流量。分析确定河水化学组成、性质、时空分布变化及其同环境之间的相互关系，以及河水温度年变化与冰情。调查河流雨水补给、融水补给、湖泊和沼泽水补给、地下水补给等类型及其变化。调查了解影响防洪、灌溉、航运、发电、城市供水及群众生命财产安全的河川径流的运动变化情况。

2) 湖泊和沼泽调查。调查湖泊的成因、湖水温度和化学成分、湖水运动与水量、沼泽的成因、沼泽所属类型（低位沼泽、中位沼泽、高位沼泽）、沼泽的水文特征（沼泽水的存在形式、沼泽水量、沼泽水的运动、沼泽的温度、冻结和解冻、沼泽水质特征）、沼泽的利用改造状况等。

3) 地下水调查。地下水是埋藏在地面以下，土壤、岩石等多孔介质中的气态、固态、液态等各种状态的水。地下水调查主要是指调查地下水的蓄水构造与岩石的水理性质、地下水来源、地下水的理化性质、地下水的化学性质、地下水的类型（上层滞水、潜水、承压水）、特殊地下水和泉情况（地下热水情况、矿水及矿水成分、肥水成因及成分、泉水与井水）。

4. 气候调查

气候是景观野外调查的重点，其调查的主要内容如下（叶公强，2002；王云才，2014）。

1) 降水调查。气候所属区的调查，降水日数、降水量的空间分布和季节变化、降水量调查，降水强度调查（最大日降水量、暴雨量）。

2) 风情调查。主要调查年平均风速，最大风速，各级风速出现的频率、类型、风向、风压。

3) 气温调查。主要调查平均气温、极端气温、初终霜日期和无霜期长短。

其他气象要素调查包括气压、空气湿度、云（平均云量、云量频率、云状和云高）、日照和日射、地温(不同深度的平均地温、土壤冻结和解冻日期及最大冻土深度)、积雪(积雪深度，积雪的初、终期和积雪日数，积雪密度)、天气现象(调查各种现象的日数，天气现象的频率和持续时间，天气现象的初、终期和初期间日数)。

5. 土壤调查

土壤是地球陆地表面由矿物质、有机质、水、空气和生物组成的具有肥力并能生长植物的疏松表层，既是连接生物圈与岩石圈的重要环节，又是景观的重要组成部分，与植物景观具有内在的密切联系。土壤调查，就是调查各个土壤个体或土壤群体，了解它们的分布特点、相互之间的联系、土壤剖面的形态特征、利用现状、各种有利和不利因素及它们发生、演变过程中环境条件的变迁等,其调查内容主要包括土壤类型调查和土壤资源调查(黄昌勇,2000;叶公强，2002；王云才，2014)。

1)土壤类型调查。土壤类型调查是在观察、记载土壤剖面形态、性状的基础上，划分土壤类型，并将调查区内所分布的土壤类型变化，标识在地形图或航片、卫片上，经过归纳与综合制成土壤图。在景观野外调查中，通常分地带性土壤、隐地带性土壤和非地带性土壤三大类展开土壤类型调查。其中，地带性土壤包括热带森林土壤(如砖红壤)、热带草原土壤(如燥红土)、亚热带森林土壤(如红、黄壤)、温带森林土壤(如棕壤)、温带湿草原土壤(如湿草原土)、温带典型草原土壤、温带干草原土壤、荒漠土壤(如荒漠土)、寒带森林土壤(如灰化土)、苔原土壤(如冰沼土)；隐地带性土壤指水成土壤、盐成土壤和钙成土壤；非地带性土壤指冲积土、石质土和粗骨土、风沙土及火山灰土。

2)土壤资源调查。土壤资源调查是通过了解土壤资源现状，弄清土壤生产能力和存在的问题，搞清限制农业生产的因素，为合理利用土壤和有效改造土壤提供依据。着重了解调查区土壤资源特点、土壤资源价值、土壤资源与人类文明的关系、土壤资源丧失与退化、土壤侵蚀、土地荒漠化、土壤沙化、土壤污染、土壤的改良与资源保护等情况。

6. 环境污染调查

环境污染是导致景观生态破坏的重要因素，通常具有破坏程度严重、破坏面大、影响长远的特点。环境污染主要包括空气污染、水污染、土壤污染等类型(关连珠，2007；王云才，2014)。

1)空气污染调查。包括空气构成及大气组成比重调查，空气悬浮微粒调查，金属熏烟、黑烟、酸雾、落尘等粒状污染物状况调查，空气中氨气、硫化氢、硫化甲基、硫醇类、甲基胺类气体含量调查。

2)水污染调查。包括水体外观、水温、味、色度、浊度、固体物等物理性参数调查，pH、溶氧量、生化需氧量、总有机碳、氮、磷酸盐、硫氯盐、电导度、油脂、重金属、农药、清洁剂、放射性物质等化学性参数调查，病原体、大肠菌类、水生物等生物性指标调查。

3)土壤污染调查。对有机物质、重金属、放射性元素、污泥、矿渣、粉煤灰及肠寄生虫、大肠杆菌、结核杆菌等有害微生物进行调查。

4)植物污染物含量调查。植物中某种有害元素或污染物的量通常与土壤中相应毒害物的量呈比例关系。因此，可以以土壤中污染物的含量作为植物体污染指标。

5)生物指标调查。调查生物对土壤污染物的反应，主要通过调查了解植物生长发育情况、生态变迁程度、土壤微生物种类和数量变化、人食受污染植物后的健康状况来间接推断土壤环境受污染程度。

2.1.3 生态系统野外调查

生态系统是指在一定地区内，生物通过连续的能量和物质交换，与其生存的环境不可分割地相互联系、相互作用，共同形成一个统一的整体。例如，森林、草原、荒漠、冻原、沼泽、河流、海洋、湖泊、农田和城市等。在景观生态安全格局规划中，生态系统野外调查主要包括物种调查、种群调查、群落调查和生态系统调查。

1. 物种调查

物种简称“种”，是生物分类的基本单位，是互交繁殖的相同生物形成的自然群体，与其他相似群体在生殖上相互隔离，并在自然界占据一定的生态位。物种调查主要包括物种种数调查统计、单个物种规模调查、物种生活习性调查、物种空间分布调查、种内关系调查、物种多样性调查、物种丰富度调查、物种相对多度调查、乡土物种及外来种入侵调查、物种均匀度(生物量、盖度)调查、物种濒危状况与灭绝速率及其原因调查、濒危物种保护措施调查、物种地理分布和分布区的自然条件调查、某一物种的数量与分布调查、生境特征调查、优势种与劣势种分布面积调查、群落物种组成和地理成分调查(王云才，2014)。

2. 种群调查

种群是生物景观中最小的景观单元。种群调查内容主要包括以下 4 个方面(刘荣堂，1997；牛翠娟，2007；王云才，2014)。

1) 种群基本特征调查。调查种群大小、种群密度、种群年龄结构和性别比、种群出生率与死亡率、种群生命表和生存曲线及种群环境容纳量。

2) 种群数量动态及调节情况调查。调查种群增长的有利与不利条件(环境、气候、人为因素)、种群的衰落和灭亡情况等。

3) 种群的种内关系调查。调查种群内个体的空间分布、种内竞争与自疏情况、种群的社会等级及分工情况。

4) 种群的种间关系调查。调查种间正相互作用、负相互作用和种间关系类型。其中，种间正相互作用是指原始合作、偏利共生、互利共生；种间负相互作用是指竞争、捕食、寄生(合作竞争)和种间协同进化。

3. 群落调查

群落是景观生态安全格局规划最基本的生态单元之一。群落调查内容包括以下 5 个方面(刘荣堂，1997；牛翠娟，2007；王云才，2014)。

1) 群落组成调查。主要调查物种组成性质，群落成员优势种、建群种、亚优势种、伴生种、偶见种或罕见种等在某个群落中的情况，以及群落生活型组成情况。

2) 物种组成的密度、多度、盖度、频度、高度、重量、体积等数量特征调查。

3) 群落外貌、群落的水平结构、群落的垂直结构、群落的时间结构、群落交错区及边缘区、对群落结构有影响的相关因素等群落结构情况调查。

4) 群落演替状况调查。机体论认为任何一个植物群落都要经历一个从先锋阶段到相对稳定的顶级阶段的演替过程。群落演替情况调查主要包括群落演替阶段、演替类型、对群落演替有影响的相关因素的调查。

5) 生物多样性与群落稳定性调查。主要是指对遗传多样性、物种多样性、生态系统多样性等生物多样性及时间因子、空间异质性因子、气候稳定因子、竞争因子、捕食因子、生产力因子等群落多样性影响因子的调查。

4. 生态系统调查

生态系统在空间上镶嵌形成的水平特征是景观生态安全格局规划的核心，生态系统调查内容主要包括以下 4 个方面(刘荣堂，1997；牛翠娟，2007；王云才，2014)。

1)生态系统中的能量流动情况调查。根据能量流动的起点、生物成员取食方式及食性的不同，生态系统中的食物链可分为捕食食物链、腐食食物链、寄生食物链、混合食物链、特殊食物链等几种类型。生态系统能量流动情况调查是指摸清各食物链、食物网及营养级的具体情况，从而了解生态系统中的能量流动的渠道与大概情况。

2)生态系统中的物质循环情况调查。根据物质循环路径，从整个生物圈观点出发，可将生物地球化学循环分为气相型循环和沉积型循环两种类型。其中，气相型循环的贮存库主要是大气圈和水圈，其循环类型包括氧、二氧化碳、水、氮、氯、氟等循环；沉积型循环的贮存库主要是岩石圈和土壤圈，其循环类型包括磷、钙、钾、钠、镁、铁、锰、碘、铜、硅等循环。

3)生态系统的信息传递情况调查。首先应了解生态系统中的信息类型，进一步着重调查植物间的信息传递情况和动物间的信息传递情况。

4)生态系统的结构状况调查。主要包括生态系统的层次结构调查和生态系统的时空形态结构调查。

2.1.4　社会经济实地调查

科学制定景观生态安全格局规划，除了要实地调查规划区域的自然生态环境状况外，还要对规划区域的政治、经济、社会、文化等进行详细了解。社会经济实地调查的内容一般包括人口调查、聚落调查、产业调查、政策调查。

1. 人口调查

人群是整体人文生态系统的关键，是干扰自然景观并创造性形成新景观的主体，人口调查对理解景观过程与格局具有重要意义。人口调查内容包括年末总人口、出生人数、分性别人口数、自然增长率、总和生育率、人口年龄构成、人口平均预期寿命、婴儿死亡率、人均国内生产总值、城镇居民家庭人均可支配收入、农村居民家庭人均纯收入、城镇就业人员、城镇私营企业从业人员和个体劳动者、城镇登记失业率、职工平均工资、城乡居民储蓄存款余额、社会消费品零售总额、医疗机构病床数、卫生技术人员、学龄儿童入学率、人口密度等。值得注意的是，人口调查除了要调查收集上述指标的当期数据，还要调查收集以上指标的历年数据。

2. 聚落调查

聚落是人类活动的中心，既是人们居住、生活、休息和活动的场所，也是人们进行生产的场所。聚落有城市和乡村两种基本形态。聚落调查内容包括以下 6 个方面(王云才，2014)。

1)调查某地区聚落起源和发展，以及水源、交通、土壤、耕作、地形、自然资源等自然、社会、经济、文化对聚落发展的影响。

2)调查聚落所在地的土壤、水源、地形、交通、自然资源等地理条件和聚落产生的自然、历史、社会和经济原因。

3) 调查聚落的组成要素、聚落个体的平面形态、聚落的分布形态、聚落形态的演变、自然地理因素(地形和气候)及人文因素(历史、民族、人口、交通、产业)对聚落形态的影响。

4) 调查聚落在不同历史时期所形成的建筑风格和聚落内部结构，分析聚落经济活动对聚落内部结构的影响，研究在平原、山地、沿海、城郊等不同环境条件下聚落内部的组成要素和布局。

5) 城市聚落与乡村聚落比较。调查聚落人口的文化素质、生活方式差异及人口从事的职业、人口规模上的差异、乡村和城市景观差异等。

6) 调查聚落内部交通状况、民居特点、生活习俗、历史、文化、宗教信仰、生活水平、就业就医条件、教育环境、经济发展水平、占地大小及主要经济活动等。

3. 产业调查

国民经济行业分类是划分全社会经济活动的基础性分类，目前国际上涉及经济活动的分类标准主要有三项：一是联合国统计司制定的《所有经济活动的国际标准行业分类》(ISIC)，这项标准是生产性经济活动的国际基准分类，目前国际上采用的是 2006 年发布的 ISIC 修订本第 4 版。ISIC 按照生产要素的投入、生产工艺、生产技术、产出特点及产出用途等因素，将经济活动划分为 21 个门类、88 个大类、238 个中类和 419 个小类，是按照国际可比的标准化方法开展数据收集、整理和分析的重要工具。二是欧盟统计局建立的欧盟产业分类体系(NACE)，目前采用的是 2006 年修订发布的 NACE2.0 版本，包含 21 个门类、88 个大类、272 个中类、615 个小类。三是由美国、加拿大和墨西哥联合建立的北美产业分类体系(NAICS)，该分类将经济活动划分为 5 个层次，前 4 层为统一分类，第 5 层为三个国家各自设定的细分类。现行的北美产业分类体系每 5 年修订一次，最新的 2017 年版分类中包含 20 个门类、99 个大类、312 个中类、713 个小类，美国的细类 1069 个。我国《国民经济行业分类》是依据 ISIC 基本原则建立的国家统计分类标准，根据 GB/T 4754—2017《国民经济行业分类》体系，我国国民经济行业分为门类、大类、中类和小类 4 个层次，共有 20 个门类、97 个大类、473 个中类、1380 个小类。产业调查内容主要包括以下两类。

1) 产业结构调查。调查第一、二、三产业的总体发展规模、结构和效益状况，掌握各行业的区域分布、组织形式、经济构成、行业构成、规模类型、劳动力等生产要素的配置情况。

2) 经济结构特点。调查法人单位中公有经济数量和非公有经济数量，调查企业法人中私营企业数量、集体企业数量、股份合作企业数量和国有企业数量，调查三次产业结构内部比重和各行业就业状况、存在的问题等。

4. 政策调查

虽然社会管理政策不直接构成景观本身，但是可以通过对资源、环境、社会、经济政策的影响，间接作用于自然景观环境和社会经济景观格局的形成过程。社会管理政策调查的主要内容如下(王云才，2014)。

1) 社会管理目标和任务调查。社会管理的核心是社会政策，社会政策是政府调节社会的主要手段和基本措施，是指政府为管理社会公共事务、实现公共利益而制定的公共行为规范、行为准则和活动策略，其调查内容主要包括社会发展、社会安定、社会公正、社会民主、社会诚信和社会福祉。

2) 各级政府经济管理工作调查。主要调查了解经济社会发展战略、中长期规划和年度计划、国民经济发展和重大经济结构调整目标和措施，宏观经济政策、产业政策、价格政策、投资政策的制定与实施等。

3）社会政策调查。社会政策是国家为解决社会问题所采取的原则和方针，其调查内容主要包括工业政策、农业政策、财税政策、环保政策、教育政策、住房政策和社会保障政策等。

2.2 实验研究

实验是生态学研究的基本途径，对生态学理论的检验和发展至关重要。20 世纪 80 年代后期，实验研究途径开始应用于景观生态学，但与野外调查和模型途径相比，发展相对缓慢，这主要是由研究对象的系统变量复杂难控，实验单元内部均质性、结构与功能一致性难以保证，随机事件和外来因素的干扰难以控制，很多表现为概率事件的生态过程无法取样等多种因素综合所致。目前，景观生态学实验方法可分为野外观测比较实验、操作性实验、计算机模拟实验三类。景观生态实验方法主要从种群、群落和生态系统实验中借鉴并发展而来的。从空间范畴来看，景观生态实验包含斑块、斑块边缘、景观、斑块-景观 4 种，其对应的生物群体组织水平、实验设计所涉及的问题和解决方法都有所不同。实验模型系统途径来源于生态系统实验，由于它有对自然因素更多的保留和对实验变量的足够控制，因此更加适合于景观生态学实验研究。

2.2.1 景观生态实验方法

景观生态实验方法分为野外观测比较实验、操作性实验和计算机模拟实验三类。其中，野外观测比较实验是目前应用较多的方法；操作性实验设计更严密，结果更可靠，但受现实条件的限制更大；计算机模拟实验是克服实验条件困难的一个替代途径，并对理论的检验与发展特别有用。

1. 野外观测比较实验

野外观测比较实验的基本特征是，选取环境梯度上或某一生态过程中的不同点，就实验对象进行对比观测，以检验环境梯度或生态过程对观测指标效应的显著性，不需要进行实验操作，环境梯度值或生态过程观测因子值即对实验单元的“处理”水平。野外观测比较实验的关键在于对比观测取样的可比性，即确保随机重复的取样或测量在时空中的散布格局适合要检验的假设，是测量性实验设计中最严格的一步。

观测比较实验方法的优点包括(沈泽昊，2004)：①取样在空间尺度和对象的选择上有较大余地，减轻了管理和实验成本限制；②实验时间约束小，可以避免因实验和观测时间不足而得出错误结论；③实验条件受人为操控影响小，对自然状况有比较好的代表性；④对大尺度、低频率现象和过程来说，观测比较实验可能是目前唯一可行的研究途径。其缺点包括(沈泽昊，2004)：①缺乏处理前观测和空间上可靠的对照；②受空间异质性影响而无法重复；③难以排除非观测因子的影响和多因子间的交互作用。这些缺点降低了野外观测比较实验结果统计推断的可靠性。

2. 操作性实验

在操作性实验中，不同的实验单元要接受两种以上的不同“处理”，对实验单元的“处理”分配是随机的。由于采用对照、重复、实验操作的随机性和分散安排实验单元等手段来控制偏差和随机误差，因此操作性实验得到的结论比观测性实验更可靠。

操作性实验设计的特点主要包括(沈泽昊，2004)：①实验单元要求均质性和一致性，实验结果的差异可直接归因于处理效果；②不同实验单元接受不同的处理；③每一种处理的实验单元有足够重复；④可通过时空对照来排除外来因素的干扰；⑤采用随机或分散安排处理实验单元；⑥实验设计的景观大小适合研究对象的时空尺度；⑦处理后有充足的取样时间确保观测到实验的滞后效应。

景观水平上的操作性实验将受到以下几方面的限制(沈泽昊，2004)：①实验单元内部和彼此之间的空间异质性难以保证有效的重复；②在野外很难控制多个独立变量；③研究对象的尺度过大可能会给实验操作带来无法克服的困难。

3. 计算机模拟实验

由于大尺度野外调查或实验操作面临的实际困难，计算机模拟实验成为一种正在兴起的有效的景观生态实验方法。计算机模拟实验是指通过经验研究构建景观生态统计模型或机理模型，利用野外观测数据对模型参数体系赋值，然后改变模型边界条件、运算规则或模型结构，模拟预测不同情景的实验结果(Liang and Xie，2001)。

计算机模拟实验在生态学中应用前景很广，其主要优点是可以对理论上存在而操作上难以实现的各种可能性集中进行实验探讨，非常有利于理论探索，并大大降低了实验成本。因此，计算机模拟实验特别适合于对干扰扩散、种子散布等生态过程及大规模景观动态、气候变化或生境碎裂化过程中的森林动态等问题进行实验性模拟预测。模拟实验以演绎为方法论基础，实验结果的可靠性依赖于模型逻辑结构的严密性和所包含的生态机理的复杂程度，模型参数体系与赋值的合理性取决于野外观测和实验研究的基础。由于模型复杂的结构和参数体系，其在不同景观类型之间的可移植性较差。

2.2.2　景观生态实验设计尺度

景观生态实验涉及斑块、景观两个尺度水平，以及斑块、斑块边缘(或廊道、景观过渡带)、景观、斑块-景观 4 类空间范畴。观测的生态过程或生态响应涉及个体、种群、复合种群、群落、生态系统等多个生物学组织层次。

1. 斑块实验

斑块实验检验的斑块特征包括空间特征和功能特征。其中，斑块空间特征实验以群落结构类似的生境斑块为实验单元，实验变量是面积、周长/面积、形状等斑块形态属性。采用操作或比较观测方式检验斑块空间属性对生物个体行为(如迁移等)、种群动态(如侵入、遗传结构变化、局部灭绝)和群落演替特征的影响(Collinge and Palmer，2002)。此类实验的关键是区分斑块面积和形状的生态效应。

斑块功能特征实验采用系统思想，运用黑箱方法，观测系统的输入和输出。实验设计的特点是比较不同结构类型的斑块，或进行实验干扰前后的对照观测，如 Carpenter 等(1995)提出的成对集水区方法，从生物多样性、生产力和养分收支、水土流失等系统整体性参量测定比较不同类型斑块的功能和动态。以哈伯德布鲁克(Hubbard Brook)实验林为代表的生态系统实验研究是斑块“功能”实验的先驱(Bormann and Likens，1979)，这种实验设计考虑了实验操作的对照，但忽略了集水区内部的空间异质性和对照实验单元之间的差异，而且实验重复常常不充分。

2. 斑块边缘实验

斑块边缘或过渡带的环境梯度较大，水平方向的生态过程(如物流、能流和有机体流等)较强，与边缘格局特征的相互作用显著，是生态学理论探讨的热点，加之此类地段的空间尺度小，便于实验控制，因此斑块边缘成为目前景观生态学实验研究的重点对象。然而，目前对斑块边缘的实验仍以比较观测为主，操作性实验比例较少(Mcgarigal and Cushman，2002)。

斑块边缘实验考察的实验变量主要是边缘的形态特征(如形状、生境梯度或对比度)和功能特征(如可进入性、可穿越性等)。而斑块边缘实验主要从动物个体行为、种群统计、生境边缘种、干扰扩散、外来种入侵、地表地下径流中的养分运移等角度，检验边界对物流、能流、有机体流产生的边缘效应，包括阻隔、过滤、通道、庇护等作用。

3. 景观实验

生境碎裂化、复合种群动态等一些重要的生态过程属于景观水平的过程。斑块和斑块边缘实验不足以认识这些过程与景观整体特征之间的相互影响及机理，因而景观水平的实验研究不可缺少。但由于受到一些条件限制，迄今此类实验研究仍较少。

景观水平的实验主要用于检验景观异质格局特征对动植物种群、复合种群动态的影响。格局异质性实验变量主要有斑块或廊道的统计特征、斑块或基质的连接度、格局尺度的地统计学指标、景观空间构型等。生物响应变量则主要包括个体行为、种群及复合种群动态、群落物种多样性及生态系统功能等。景观水平实验主要检验不同物种对生境碎裂化过程的响应差异、复合种群的局部灭绝和救援效应、廊道作用、捕食关系等理论，以及自然或人为过程带来的干扰及其生物响应。景观水平实验设计方式主要有利用自然景观和设计人工景观两种，对生物响应的观测可利用景观中现有的动植物物种或引进实验种群，干扰、降水、生境碎裂化等景观水平生态过程则一般作为实验处理加入。

4. 斑块-景观实验

多尺度研究对景观生态学的理论发展，尤其是对尺度推绎法则的建立极为重要。斑块-景观实验以斑块为实验单元，观测的自变量包括对象斑块周围特定“邻体”距离之内的景观结构特征(McGarigal and Cushman，2002)。但是，斑块-景观水平的实验非常少见。

斑块-景观实验的重点在于检验和比较不同生物学组织水平(个体、种群、复合种群、群落)对不同尺度空间异质性和尺度效应本身的响应，以及生物在不同组织水平上的行为机理。例如，Dooley 和 Bower(1998)通过比较两块 20hm^{2}的碎裂化和未碎裂化景观中，草地鼠种群的密度、种群生长速率、存活和补充等，以检验生境碎裂化的生态后果，并根据 0.06hm^2、0.25hm^2、1.0hm^2 三种大小斑块中的统计特征检验碎块规模效益，结果表明不同碎裂化程度的景观之间差异显著，不同大小斑块之间没有显著统计差异，虽然种群生境丧失达 72%，但斑块中仍然有一些个体在繁殖中获益，如此巨大的生境碎裂化个体和种群效应差别说明在检验大尺度生境改变的种群响应时采用等级实验设计是非常有必要的。

2.2.3 景观生态实验模型系统

由于景观实验操作的局限性，采用微景观和小型实验物种来减小实验的空间尺度成为一种有效的替代途径，即实验模型系统(experimental model system，EMS)途径。由于 EMS 能较好地满足操作性实验的要求，对检验景观生态学的理论假说具有重要意义，因而越来越受到研究人员的重视。

1. 实验模型系统的概念与特征

实验模型系统即在相对小但足以进行实验的尺度上操作、控制空间镶嵌体，用以模拟和检验景观水平格局与过程的实验设计，这种实验通常设计在实验室或户外控制条件下进行，具有半自然的性质。EMS 一方面可以满足对真实自然景观过程的反映，另一方面通过尺度的“缩微”和系统结构的简化，可以很方便地对实验单元进行独立重复和有效控制，这种实验又称为微景观实验(邬建国，2007)。

EMS 的实验思想源于生态系统实验研究中的“微宇宙”概念，20 世纪初即开始应用于湖沼学研究，比较有代表性的 EMS 实验有 Gause(1934)的草履虫竞争排斥实验、Odum(1957)对银泉生态系统能量动态的研究及 Huffaker(1958)的空间捕食模型实验，而“生物圈 2 号”则是同一实验思想在大尺度的尝试(Allen，1991)。

实验模型系统是理论与自然现实之间的桥梁，这种实验设计的优点主要包括：①通过简化和缩微，可以实现对观测变量和处理的操作；②易于重复；③对环境变量的准确控制。

2. 实验模型系统的发展趋势

实验模型系统途径在景观生态学中的应用始于 20 世纪 80 年代。Waliens 和 Milne(1989)在美国新墨西哥州草原群落中的甲虫实验是最早、最有影响力的微景观生态学实验研究，该研究选择 10 块有不同植被镶嵌格局的 5m×5m 样方，详细记录了一种甲虫在不同样方中的运动，并用分维值量化不同样方的格局异质性，研究结果表明甲虫的运动轨迹和速度明显受景观格局及其分形结构的影响。Robinson 和 Holt 从 1984 年起，在撂荒地上利用割草机维持由不同大小、形状的草丛斑块构成的异质景观，以研究生境破碎化和斑块空间格局对一些动植物种群动态、群落结构与功能的影响(Robinson et al.，1992)。Grime 等(1987)曾应用控制实验研究了土壤异质性、放牧和菌根等因子对模型系统区系多样性的影响。

20 世纪 90 年代以来，随着研究的深入推进和技术快速发展，采用 EMS 途径的研究迅速增加，其发展趋势表现为：①“回归”自然。早期实验很多在实验室内进行，而现在更多的实验回到野外进行，以便包括不同的生态系统类型，更好地反映现实的景观过程和格局特征。②实验对象个体和种类范围增大。早期实验中，原生动物和节肢动物是首选的实验对象。而今，在自然干扰、生境碎裂化等景观过程的实验研究中，鸟类、小型哺乳动物和植物等成为最常见的实验对象。③尺度扩展与多尺度的结合。实验设计的尺度正在从斑块向景观整体及多尺度发展，观测变量涉及个体行为、局部种群和复合种群动态、群落结构及生态系统功能特征，大尺度和多尺度的实验设计更是当前主要的技术趋势。④景观生态过程的扩展。已有的过程研究以个体行为和种群动态为主，而关于景观格局和生态系统过程(如物质和能量在镶嵌体中的运动)相互关系的研究日益受到关注。

综上所述，尽管 EMS 途径研究仍然不能彻底解决由尺度带来的理论难题(如根据小尺度研究结果作跨尺度外推的策略和可靠性；简化的人工控制系统对真实景观中环境条件、格局与过程的代表性；较大尺度上野外实验的“假重复”或无重复问题)，但是该实验途径为对生物行为机制的推断提供了有用的经验数据，在不同的景观和物种中得到了广泛应用。EMS 途径研究代表了非实验研究与理论模型推演之间的经验系统，在景观模型的发展、参数化和验证中起到了重要的作用。因此，逐渐成为景观生态学实验研究的一种重要实验手段。

2.3 定位观测

生态系统长期定位观测是为了揭示生态系统结构、功能变化规律而采用的一种研究方法，是景观生态安全格局规划的重要数据获取途径。通过在自然或人工生态系统的典型地段建立生态系统定位观测站，在长期固定样地上，对生态系统的组成、结构、生物生产力、养分循环、水分循环和能量平衡等进行长期观测，进而揭示生态系统发生、发展、演替的内在机制，阐明自然状态或人为活动干扰下的动态变化格局与过程，为景观生态安全格局规划奠定基础。目前，全世界已有 90 多个不同空间尺度和不同观测对象的生态网络。在全球尺度上，有全球环境监测系统(GEMS)、国际长期生态研究网络(ILTER Network)、全球陆地观测系统(GTOS)、全球气候观测系统(GCOS)等;在区域尺度上，有东南亚农业生态系统网络(SUAN)、欧洲森林生态系统研究网络(EFERN)、欧洲全球变化研究网络(ENRICH)等；在国家尺度上，有美国长期生态研究网络(LTER Network)、英国环境变化网络(ECN)、加拿大生态监测和评估网络(EMAN)、中国陆地生态系统定位观测研究网络(CTERN)等。这些网络在了解资源环境问题、促进生态学发展、引发人类对全球变化的关注等方面发挥了重要作用。景观生态安全格局规划涉及气象、土壤、水分、生物等长时期的生态系统定位监测内容，其中常规气象观测和土壤理化性质测定成果在景观生态安全格局规划中的应用最为普遍，本书着重就这两种观测手段做一简要介绍。

2.3.1 常规气象观测

气象观测是研究测量、观察地球大气理化特性和大气现象的方法与手段的一门学科，属大气科学的分支学科，包括地面气象观测、高空气象观测、大气遥感探测和气象卫星探测等，有时统称为大气探测。常规气象观测是指运用常规观测仪器和方法进行的气象观测。

1. 观测内容

在生态系统典型区域内通过对风、温、光、湿、气压、降水等常规气象因子进行系统、连续观测，获得具有代表性、准确性和比较性的气象资料，了解典型区域气象因子的变化规律，揭示影响景观生态系统的关键气象因子，为研究景观对气候的响应提供基础数据。常规气象观测指标共有 9 类 21 个(表 2-1)。

表 2-1 常规气象观测指标及单位*

指标类型	观测指标	单位
天气现象	风、雨、雪、雾、沙尘、能见度	WMO 电报代码、m
大气降水	降雨量	mm
	强度	mm/h
风	风速	m/s
	风向	°
气压	气压	hPa
空气温湿度	最低气温及其出现时间	℃
	最高气温及其出现时间	年月日时分秒
	定时温度	℃
	相对湿度	%

续表

指标类型	观测指标	单位
地表温度	地表定时温度	℃
	地表最高温度及其出现时间	℃
	地表最低温度及其出现时间	年月日时分秒
土壤温度	土壤温度	℃
蒸发	蒸发量	mm
辐射	日照时数	h
	总辐射	W/m^2
	净辐射	W/m^2
	长波辐射	W/m^2
	紫外辐射	
	光合有效辐射	W/m^2

*LY/T 1952—2011《森林生态系统长期定位观测方法》

2. 观测方法

按照不同的观测方式，可将常规气象观测分为人工观测和自动观测，其中人工观测又可以分为人工目测和人工器测。进行气象长期定位观测研究，首要的是科学布设观测场地，选址上要求能够反映区域较大范围的气象特征，四周空旷，地处城市上风口，符合气象法、环境保护条例、QX/T45—2007《地面气象观测规范》等相关法律法规和行业规范；观测场地要有准确的经纬度和海拔，浅草下垫面，铺设小路和围栏，且满足 QX4—2000《气象台(站)防雷技术规范》等行业标准。其次是要合理布局观测仪器，做到北高南低、东西成行、南北成列、互不影响，仪器设备要求准确可靠、结构简单、牢固耐用、使用维护简便，而且要严格按照 QX/T61—2007《地面气象观测规范》进行仪器安装调试，确保将误差控制在允许范围内。紧接着是要明确观测指标范围、分辨率和采样频率(表 2-2)。最后将传感器接入数据采集器，并按表 2-3 设置数据采集器后即可开始数据采集。

表 2-2　观测指标范围、分辨率和采样频率*

观测指标		测量范围	分辨率	平均时间	采样频率	平均方法
风、雨、雪、雾、沙尘、能见度		0.16～8mm	0.005mm	1min	0～1000Hz	累计
大气降水	降雨量	0.005～250mm	0.005mm	1min	0～1000Hz	累计
	强度	0.005～250mm/h				
风速		0.3～0.75m/s	0.05m	3s	1 次/s	滑动平均法
风向		0°～360°	1°	3s	1 次/s	矢量平均法
气压		300～1100hPa	0.1hPa	1min	6 次/min	滑动平均法
空气温度		–30～+70℃	0.1℃	1min	6 次/min	滑动平均法
相对湿度		0～100%	1%	1min	6 次/min	滑动平均法
地表温度		–30～+50℃	0.1℃	1min	6 次/min	滑动平均法
土壤温度		–30～+100℃	0.1℃	1min	6 次/min	滑动平均法

续表

观测指标	测量范围	分辨率	平均时间	采样频率	平均方法
蒸发量	0～100mm	0.1mm	1min	6 次/min	滑动平均法
总辐射	0～2000W/m^2	1W/m^2	1min	6 次/min	滑动平均法
净辐射	–200～+1500W/m^2	1W/m^2	1min	6 次/min	滑动平均法
光合有效辐射	0～500W/m^2	1W/m^2	1min	6 次/min	滑动平均法
长波辐射	0～2000W/m^2	1W/m^2	1min	6 次/min	滑动平均法
紫外辐射	UVA：0～100W/m^2 UVB：0～0.7W/m^2	–10%＜ 绝对误差 ＜10%	1min	6 次/min	滑动平均法

*LY/T 1952—2011《森林生态系统长期定位观测方法》

表 2-3　数据采集器性能指标和仪器设置*

数据采集器	性能指标	设置
通道分辨率	24bit AD 转换	按表 2-2 观测指标采样要求选择通道，连接传感器
模拟通道	16 个差分模拟通道精度：±0.01%	
计数通道	4 个计数通道；32bit	
脉冲通道	8 个	
带电通道	2 个；0～1 A AC/DC，0～10 A AC/DC	
测量速率	1s～60min	按表 2-2 观测指标采样要求设置通道参数
存储速率	1s～1d	建立瞬时数据文件、定时数据文件和极值数据文件
内存	8M，16 个通道 10min 平均值可存储 360d，SD 卡	选择存储媒介
通信协议	FTP、http、TELNET	设置通信方式
数据输出	FTP、SD 卡、TELNET	Web 浏览器功能：查看原始数据；查看 10min 平均值；查看 30min 内的极值；查看日期和时间
内部时钟	内部电池供电时钟，年份检测，DCF 77 无线电时钟同步或 GPS 系统同步	时界、日界、对时按照地面气象观测规范(QX/T 61—2007)执行

*LY/T 1952—2011《森林生态系统长期定位观测方法》

3. 数据处理

连接数据采集器的通信口和计算机，可查看、下载数据采集器内存中的数据文件。数据文件名由年、月、日组成，如 20180131。数据存储在 SD 卡中，通过直接读取 SD 卡，或通过 Ethernet，采用 FTP 或 Http 查看数据，也可通过 GPRS 远程传输数据到用户端。从数据采集器下载的数据文件一般包括瞬时值、每日逐时逐日数据。系统软件设置后还可自动计算散射辐射，日照时数，蒸散量的逐时、逐日数据。

2.3.2　土壤理化性质测定

通过对景观生态系统的土壤理化性质的长期连续观测，了解景观格局中各生态系统土壤发育状况及其理化性质的空间异质性，分析生态系统中土壤与植被和环境因子之间的相互影响过程，为了解景观格局中生态系统各生态学过程与土壤之间的相互作用，认识土壤在景观格局各生态系统中的功能提供科学依据。

1. 观测内容

土壤理化性质观测内容包括土壤物理性质和化学性质。其中，土壤物理性质包括土壤层次、厚度、颜色、湿度、结构、机械组成、质地、密度、含水量、总孔隙度、毛管孔隙度、非毛管孔隙度等；土壤化学性质包括土壤 pH、阳离子交换量、变换性钙和镁(盐碱土)、变换性钾和钠、交换性酸量(酸性土)、交换盐基总量、碳酸盐量(盐碱土)、有机质、水溶性盐分总量、全氮、碱解氮、亚硝态氮、全磷、有效磷、全钾、速效钾、缓效钾、全镁、有效镁、全钙、有效钙、全硫、有效硫等。

2. 观测与采样方法

(1) *样地设置*　在选择样地之前，要充分调查了解实验地区的地形、水文、森林类型、农业生产等基本情况，制定采样区基本信息表(表 2-4)。样地设置要符合以下 4 个条件：①具有完善的保护制度，可以确保观测长期进行，避免人为干扰或破坏；②区域内部具有典型优势种群；③具有代表性的生态系统，并且该生态系统能够体现景观异质性；④观测地带宽阔，切忌跨越道路、沟谷和山脊等设置样地。

表 2-4　采样区基本信息表

采样区编号	坡度	坡向	海拔/m	水系	年降雨量/mm	年平均温度/℃	土壤类型	植被	地形地貌	公路交通

观测单位：　　　　　　　　　　　　　　　　　　观测员：

在确定采样区之后，根据景观类型面积的大小、地形、土壤水分、肥力等特征，在区域内坡面上部、中部、下部与等高线平行各设置一条样线，在样线上选择具有代表性的地段，设置 0.1～1hm²样地。

(2) *采样点设置*　不同区域土壤空间变异性较大，因此需要合理确定采样点数量，以反映土壤空间变异性，其采样点数量计算公式为

$$n = \frac{t^2 S^2}{d^2} \tag{2-1}$$

式中：n 为采样点数；t 为在设定自由度和概率时的值；S 为方差，它可以由全距 R，按公式 $S^2 = (R/4)^2$ 求得；d 为允许误差。

一般来说，采样点有三种布设方法(图 2-1)。

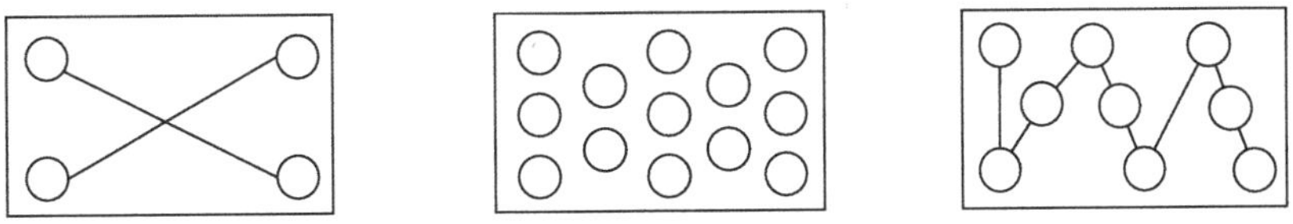

(a) 对角线采样法　(b) 棋盘式采样法　(c) 蛇形采样法

图 2-1　采样点布设示意图

1）对角线采样法：样地平整、肥力较均匀的样地宜用此法，采样点不少于 5 个。

2）棋盘式采样法：样地平整，而肥力不均匀的样地宜用此法，采样点不少于 40 个。

3）蛇形采样法：地势不太平坦、肥力不均匀的样地按此法采样，在样地间曲折前进来分布样点，采样点数根据面积大小确定。

（3）采样工具　小土铲、土钻、铁锹、十字镐、剖面刀、钢卷尺、GPS、地质罗盘仪、数码相机、便携式土壤紧实度分析仪、样品袋、环刀、铝盒、土壤筛、塑料布、记号笔、枝剪、样品标签、采样记录表、瓷盘、浓度比为 1∶3 的盐酸溶液、混合指示剂、背包等。

（4）样品采集方法　土壤样品的采集步骤如下[①]。

第 1 步：土壤剖面开挖。一般将土壤剖面挖掘成一个 0.8m×1.0m 的长方形，通常坡地上顺坡挖掘，坡上面为观测面；平整地将长方形较窄的向阳面作为观测面，观测面植被不应被破坏，挖出的土壤应按层次放在剖面两侧，以便按原来层次回填。剖面深度一般要求达到母质层，土层较厚的挖掘到 1.0～1.5m 处即可。剖面一端垂直削平，另一端挖成梯形，以便观察记载。

第 2 步：土壤剖面特征观测。首先观察土壤剖面的层次、厚度、颜色、湿度、结构、紧实度、质地、植物根系分布等特征；然后自上而下划分土层，进行剖面特征观察和记载，并将其作为土壤基本性质的资料及分析结果审查时的参考。土壤剖面特征观测的内容包括如下几点。

1）土壤层次。以土壤发生层次由上而下划分为 A_0、A_1、A_2、B、C 等。其中，A_0 为枯枝落叶层，主要是未分解或半分解的有机物质；A_1 为腐殖质层，腐殖质与矿物质结合，颜色深暗，团粒结构，疏松多孔；A_2 为灰化层，由于淋溶作用生成的灰白色层次，粉砂质无结构；B 为淀积层，聚积上面淋溶下来的物质；C 为母质层，根据实际情况还可以划分为不同的亚层。

2）土层厚度。枯枝落叶层，单独测量其厚度，以下采取连续记载法，如腐殖质层为 20cm，下部的灰化层为 10cm，记为 20～30cm，直到底层。

3）土壤颜色。在光线一致的情况下，选用潮湿土壤进行颜色判断，一般采取门塞尔土壤比色卡比色，也可按土壤颜色三角表进行描述。颜色描述以次要颜色在前，主要颜色在后的方式，如"黄棕色"是以棕色为主色，黄色为次色。颜色深浅还可以冠以暗、淡等形容词，如浅黄、暗棕等，具体见图 2-2。

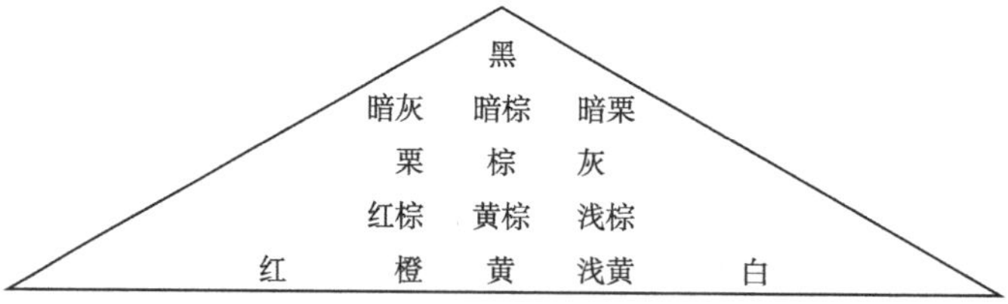

图 2-2　土壤颜色三角表

4）土壤湿度。土壤湿度野外划分标准见表 2-5。

① LY/T 1952—2011《森林生态系统长期定位观测方法》

表 2-5　土壤湿度野外划分标准

土壤	干	稍湿	润	潮	湿
砂性土	无湿的感觉，土壤松散	稍有潮的感觉，土块一触即散	有湿的感觉，可捏成团，放手不散	握后掌纹有湿痕，可以成团，但不能任意变形	捏时出水
壤性土	无湿的感觉，多成块，成团可以捏碎	微有湿的感觉，土块捏时易碎	有明显湿的感觉，用手滚压可成型，但落地就碎	能成团成条，落地不碎	粘手，可成型，但易变形
黏性土	无湿的感觉，土块较大，坚硬难碎	微有湿的感觉，土块压时易碎	有明显湿的感觉，用手滚压可成型，但开裂	能搓成粗条，但有裂痕，搓成细条即断	黏而韧，能成团成条，不开裂，表面滑润

5) 土壤结构。应根据土壤结构形态逐层描述。观测时，用土铲将土块挖出，用手轻捏使其散碎，观测碎块的大小和形状。具体分类见表 2-6。

表 2-6　土壤结构分类

结构类型	结构形状	直径(厚度)/mm	结构名称
立方体状	形状不规则，表面不平整	>100	大块状
		50<直径(厚度)≤100	块状
		5<直径(厚度)≤50	碎块状
	形状较规则，表面较平整	>5	核状
	棱角尖锐	≤5	粒状
	形状近圆形，表面光滑，大小均匀	1～10	团状
柱体	纵轴明显大于横轴		
板状	呈水平层状	>5	板状
		≤5	片状
单粒状	土粒不胶结，呈分散单粒状		

6) 土壤紧实度。采用便携式土壤紧实度仪测定土壤紧实度，该仪器既可以直接测量土壤紧实度，也可以随时将采样数据存储到主机上，并通过接口与计算机连接，利用专门软件将数据导出，该数据传输软件具有存储功能，内置 GPS，可实时显示测量点的经纬度信息，利用测量点位置数据即可在计算机中绘制土壤紧实度空间分布图。便携式土壤紧实度仪的结构由主机、不锈钢测量杆、GPS 接收机、电池、软件、数据线组成，其工作原理为：当对系统施加压力后，探头尖端与土壤接触，并感受到压力，系统将这一压力信号采集，并通过内置的标定曲线，将压力转化成土壤紧实度，即压强值。系统内置的采集器可将数据存储起来，通过标准接口可将数据传输到计算机。

7) 土壤机械组成。首先将采集的土样平铺在遮阴处风干，然后放入土壤筛中按粒径大小分级，并记录每级土样的重量，将粒径≤0.25mm 的土样利用比重法、吸管法或激光粒径粒形分析仪继续按粒径大小分级。土壤机械组成分类标准见表 2-7。

8) 土壤质地。土壤质地野外测定方法见表 2-8。

表 2-7　土壤机械组成分类标准

命名组	名称	颗粒组成		
		砂粒（1～0.05mm）含量/%	粗粉粒（0.05～0.01mm）含量/%	黏粒（< 0.01mm）含量/%
砂土	粗砂土	>70		
	细砂土	60<含量≤70		≤30
	面砂土	50<含量≤60		
壤土	砂粉土	>20	>40	
	粉土	≤20		
	粉壤土	>20	≤40	≤30
	黏壤土	≤20		
	砂黏土	>50		>30
黏土	粉黏土			30<含量≤35
	壤黏土			35<含量≤40
	黏土			>40

表 2-8　土壤质地野外测定方法

土壤机械组成	在放大镜观察下各种成分的分量	用手搓时的特征	湿润状态时的特征	在湿润状态时可以捻成的形状	在湿润状态按压
黏土		用手捻时有滑腻感，干时很硬，用小刀在上面可划出细而光滑的条纹		湿时可揉成细泥条，弯成小环	压挤时，无裂痕
重壤土	完全看不到砂粒	感觉不到有砂粒存在，土块很难压碎	有黏性与可塑性，发黏，能涂抹	可以揉成长条并可将其弯成环状	搓成球状后，压之可成饼，但边缘部分有小裂痕
中壤土	除粉砂外有少量的砂粒（10%～15%）		黏性与可塑性均属于中等	可以揉成长条但不能弯曲成环	搓成球后可以压成饼状，但边缘部分有裂痕
轻壤土	小砂粒很多（20%～30%）	明显感觉到有砂粒存在，土块比较容易压碎	黏性与可塑性很小	不能搓成长条	搓成的球，可以压成饼，但裂痕很多
砂壤土	砂粒占 50%	明显感觉到砂粒存在，土块不难压碎	没有黏性与黏度	搓不成条	搓成的球，按之即碎散
砂土	砂粒是其主要成分			湿时不能揉成土团，干时呈分散状况	不能搓成球形

9）石砾含量。根据石砾面积占剖面面积的百分比进行分级。石砾含量≤20%为“少量”级；20%<石砾含量≤50%为“中量”级；50%<石砾含量≤70%为“多量”级；石砾含量>70%为“粗骨层”级。

10）根量。根据根系在剖面上的密集程度分为五级。根量>50%为“盘结”级；25%<根量≤50%为“多量”级；10%<根量≤25%为“中量”级；根量≤10%为“少量”级；土体中无根系出现为“无根系”级。

11）土壤侵入体。砖块、瓦块、塑料、煤渣等土壤中掺杂的其他物质。

12）新生体。在土壤形成过程中，由于水分上下运动和其他自然作用，某些矿物盐类或细小颗粒在土壤内某些部分聚集，形成的土壤新生体，一般包括盐结皮、盐霜、锈斑、锈斑铁盘、铁锰结核、假菌丝、石灰结核、眼状石灰斑等。应明确记载新生体的类型、颜色、大小、数量和分布情况等。

13) 碳酸钙。在野外将浓度比为 1∶3 的盐酸溶液滴入土壤，根据有无泡沫或产生的泡沫强弱予以记录。

14) pH。在野外用混合指示剂在瓷盘上进行速测。

第 3 步：分层采集土样。应按先下后上的原则采取土样，以免混杂土壤。为克服层次间的过渡现象，采样时应在各层的中部采集，采集的土样供土壤化学性质测定。

第 4 步：土样杂质清理。将同一层状多样点采集的质量大致相当的土样置于塑料布上，剔除石砾、植被残根等杂物，混匀后利用四分法将多余的土壤样品弃除，一般保留 1kg 左右土样为宜。

第 5 步：土样装袋。土袋内外附上标签，标签上记载样方号、采样地点、采集深度、采集日期和采集人等。

第 6 步：土壤物理性质测定。用环刀在各层取原状土样，测定密度、孔隙度等土壤物理性质。

第 7 步：土壤回填。观察和采样结束后，按原来层次回填土壤。

(5) 采样时间和频率　采样时间和频率取决于研究目的和分析项目，如土壤全量养分（全氮、有机质、全磷、全钾、全钙等），一般一年分析一次；有效养分（有效磷、钾、氮等），实验初期每季一次，以后每年采样一次；质地较轻的砂土应增加采样频率。

3. 数据处理

将采集的土壤样品带回实验室进行分析，获得土壤理化性质数据。具体的实验分析方法和数据处理方法可参考《土壤农化分析》（鲍士旦，2000）、HJ/T 166—2004《土壤环境监测技术规范》、LY/T 1275—1999《森林土壤水化学分析》等相关文献资料，这里不再赘述。

2.4　遥感监测

遥感技术已经广泛应用于资源评估、环境监测、生态安全预警、城乡规划、景观变化模拟、土地利用/土地覆被变化预测等领域，其中遥感监测是景观生态安全格局规划数据获取的有效途径，所获得的卫星遥感影像是景观生态安全格局规划的主要数据源。

2.4.1　遥感监测概述

广义的遥感可定义为遥远的感知，即泛指一切无接触的远距离探测，包括对电磁场、力场、机械波（声波、地震波）等的探测。狭义的遥感可定义为应用探测仪器，不与探测目标相接触，从远处把目标的电磁波特性记录下来，通过分析，揭示出物体的特征性质及其变化的综合性探测技术。物体具有反射、吸收和发射电磁波的能力，不同物体由于物理性质、化学组成和空间结构不同，所反射、吸收和发射的电磁波的波长、强度、能量的组合特征也不相同（傅伯杰等，2011）。对地球科学而言，所谓遥感技术，就是指下垫面地表目标反射和发射的电磁辐射被航空或航天设备携带的各种传感器记录下来，形成遥感数据的技术（Campbell，1987）。传感器记录的遥感数据，通常表现为遥感影像。在消除了传感器本身的光电系统特征、太阳高度、地形及大气条件等引起的光谱失真之后，遥感影像的灰度值主要取决于下垫面景观及其组分对光谱反射和吸收的特征，成为解释目标性质和现象很有价值的数据源（赵英时等，2003）。

空间分辨率、光谱分辨率和时间分辨率为遥感影像三大基本特征。其中，空间分辨率是指依据遥感影像可以识别出的最小目标物的大小，影像的空间分辨率越高，地物识别能力越强；光谱分辨率是指传感器所选用的波段数量及其各个波段所处的波长位置和波长间隔，光谱分辨率越高，地物识别能力也越强；遥感传感器，特别是卫星搭载的传感器，具有按照一定的时间周期对同一地区进行重复观测的能力，这种重复观测的最小时间间隔称为时间分辨率。

根据传感器接受电磁波的范围，可以将遥感分为可见光遥感、红外遥感和微波遥感。而按照传感器功能的不同和电磁波能量的来源，遥感可以分为被动式遥感和主动式遥感。其中，被动式遥感的传感器主要接受地面物体反射太阳光的能量和地物自身发射出来的能量，如可见光、近红外遥感等；主动式遥感往往是从传感器本身先发出足量的电磁波，然后接收由地物对其反射回来的能量，如雷达探测仪就是一种主动式传感器。由于被动式遥感接收的是地物对太阳光的反射，在较大程度上受到气象因素的限制，在阴天获取的资料往往较差，而在夜间根本无法进行遥感探测。主动式遥感突破了被动式遥感对气象条件的限制，可以全天候进行遥感探测。此外，根据搭载传感器的飞行器的高度，还可以将遥感分为航空遥感和航天遥感两类，前者是飞机搭载传感器，后者是人造卫星搭载传感器(傅伯杰等，2011)。

相对于传统地面观测，遥感监测具有下列优点(陈俊和宫鹏，1998)。

1)增大了观测范围，特别是以前许多无人到达的地区，遥感技术可以探测那里的地表及其环境资源特征，大大地拓展了人类的视野。

2)能够提供大范围空间信息，如一幅 Landsat TM 影像的覆盖范围达到 185km×185km，一幅 SPOT 影像的覆盖范围达到 60km×60km。

3)为大面积重复观测提供了可能，自然界中任何自然现象均处于动态变化中，遥感，特别是航天遥感，具有周期重复观测地球的能力，为地表多时段对比研究和动态分析提供了基础。

4)拓宽了人类观测地球的光谱分辨能力。一般人类眼睛的光谱识别范围为 0.4～0.761μm，而摄影胶片的敏感范围为 0.3～0.9μm，使人眼的光谱视域加宽到原来看不到的紫外和近红外波段。如果利用其他对电磁波敏感的传感器，可以使光谱范围增大到从 X 射线(波长为 0.1nm 级)到微波(波长在数十厘米)。目前使用的对温度敏感的热红外传感器不受昼夜限制，可以对不同地物的表面温度进行成像(光谱范围在 10.4～12.4μm)。微波雷达不仅不受昼夜光照条件的限制，还可以穿透云层全天候成像。

5)能够提供高空间分辨率的地表观测资料。一般的航空像片的空间分辨率可以达到厘米级或毫米级，人眼在野外观测中往往难以注意到这样的空间细节，如 Landsat TM 影像的空间分辨率可以达到 80m，而 SPOT 图像的空间分辨率则可以达到 10m。

2.4.2　遥感数据来源

遥感数据资源丰富，常见的如航空遥感数据、地球资源卫星数据、海洋卫星数据、气象卫星数据等。景观生态安全格局规划中使用的遥感数据通常来自地球资源卫星，包括美国陆地卫星(Landsat)数据、法国地球观测实验卫星(SPOT)数据、美国空间影像公司的 IKONOS 卫星数据、美国 Digital Globe 公司的 QuickBird 卫星数据、中巴地球资源卫星(CBERS)数据、日本地球资源卫星(JERS)数据和印度遥感卫星(IRS)数据。目前，高分辨率遥感数据可以通过商业公司和相关科研机构购买，中低分辨率遥感数据可以通过美国地质调查局(United States Geological Survey, USGS)、马里兰大学全球土地覆盖数据库、地理空间数据云等网站免费获取。DEM 是用一组有序数值阵列形式表示地面高程的一种实体地面模型，在测绘、水文、气象、地貌、地质、土壤、工程建设等领域有着广泛的应用，DEM 数据主要通过遥感影像提取构建，中低分辨率的 DEM 数据可以从美国航空航天局(National Aeronautics and Space Administration，NASA)、地理空间数据云等网站免费获取。

1. 遥感影像来源

自从 1972 年美国发射成功第一颗地球资源卫星，标志着地球遥感新时代开始以来，美国先后发射了一系列的陆地资源卫星，包括陆地卫星 1～7 号，其中 Landsat MSS 分辨率为 79m; Landsat TM 包括 7 个波段，分辨率除第 6 波段为 120m 外，其他均为 30m；Landsat ETM+包括 8 个波段，热红外波段的分辨率为 60m，全色波段的分辨率为 15m，其余波段的分辨率均为 30m。此外，还有法国发射的 SPOT 卫星载有高分辨率的传感器(分辨率为 20m，全色波段为 10m)，印度发射的 IRS 卫星(全色波段的分辨率为 6.25m)，其他更高空间分辨率的卫星也相继问世。

目前，常见中分辨率卫星有 Landsat TM、Landsat ETM+、SPOT4、ASTER 等，高分辨率卫星有 IKONOS、SPOT5、QuickBird、FORMOSAT Ⅱ、EROS-B、CartoSAT-1(P5)、ALOS、北京一号小卫星、KOMPSAT-2、地球资源卫星-2B 星、GEOEye-1、RapidEye 等。明冬萍等(2008)指出不能完全依据空间分辨率高低来选择遥感数据，而要依据研究目的、结合区域实际情况选择遥感影像。通常，高分辨率遥感影像数据适合范围较小的区域，中分辨率遥感影像数据适合大范围宏观演变研究(张廷斌等，2006)。对于动态演变研究，最理想的数据源是同一季相、同一地区的多时相遥感影像，这可减少因季节差异而导致的伪变化信息。大部分高分辨率遥感影像是在近几年发展起来的，缺乏长时序监测数据，不能进行长期动态模拟研究，而美国陆地卫星发射时间早，数据年代久远、完整、连续且容易获取，因此本书规划案例研究区选择 Landsat TM/ETM+和 Landsat 8 OLI 影像作为研究影像数据来源。

Landsat 5 由美国航空航天局于 1984 年 3 月 1 日发射升空，自发射以来，工作状态良好，实现了地球影像的连续获得，其携带的主要传感器为改进型主题成像仪(thematic mapper，TM)。TM 影像数据包含 7 个波段，波段 1～5 和波段 7 空间分辨率为 30m，波段 6 空间分辨率为 120m，南北和东西扫幅宽度均为 185km(表 2-9)。

表 2-9　Landsat TM 影像波段特征

波段号	波段名称	波长范围/μm	分辨率/m	主要生态学应用
Band1	蓝(blue)	0.45～0.52	30	识别水体、土壤及植被，识别针叶与阔叶林植被，识别人为的(非自然)地表特征
Band2	绿(green)	0.52～0.60	30	测量植被绿光反射峰值，识别人为的(非自然)地表特征
Band3	红(red)	0.63～0.69	30	检测叶绿素吸收，识别植被类型，识别人为的(非自然)地表特征
Band4	近红外(NIR)	0.76～0.90	30	识别植被类型及生物量，识别水体和土壤湿度
Band5	中红外(SWIR 1)	1.55～1.75	30	识别土壤湿度及植物含水量，识别雪和云
Band6	热红外(TIR)	10.40～12.50	120	识别植物受胁迫程度、土壤湿度，测量地表热量
Band7	中红外(SWIR 2)	2.09～2.35	30	区别矿物及岩石类型，识别植被含水量

Landsat 7 于 1999 年 4 月 15 日由 NASA 发射升空，2003 年 5 月 31 日，其携带的增强型主题成像仪(enhanced thematic mapper，ETM+)机载扫描行校正器(scan lines corrector，SLC)

发生故障，致使之后获取的图像产生异常，需要采用 SLC-off 模型校正才能使用。Landsat 7 在空间分辨率和光谱特性等方面与 Landsat 5 基本保持一致。ETM+影像包括 8 个波段，波段 1～5 和波段 7 空间分辨率为 30m，波段 6 空间分辨率为 60m，波段 8 空间分辨率为 15m，南北扫描范围约为 170km，东西扫描范围约为 183km(表 2-10)。

表 2-10　Landsat ETM+影像波段特征

波段号	波段名称	波长范围/μm	分辨率/m	主要生态学应用
Band1	蓝(blue)	0.45～0.52	30	识别水体、土壤及植被，识别针叶与阔叶林植被，识别人为的(非自然)地表特征
Band2	绿(green)	0.52～0.60	30	测量植被绿光反射峰值，识别人为的(非自然)地表特征
Band3	红(red)	0.63～0.69	30	检测叶绿素吸收，识别植被类型，识别人为的(非自然)地表特征
Band4	近红外(NIR)	0.76～0.90	30	识别植被类型及生物量，识别水体和土壤湿度
Band5	中红外(SWIR 1)	1.55～1.75	30	识别土壤湿度及植物含水量，识别雪和云
Band6	热红外(TIR)	10.40～12.50	60	识别植物受胁迫程度、土壤湿度，测量地表热量
Band7	中红外(SWIR 2)	2.09～2.35	30	区别矿物及岩石类型，识别植被含水量
Band8	全色(Pan)	0.52～0.90	15	得到的是黑白图像，分辨率为 15m，用于增强影像分辨率

2013 年 2 月 11 日，NASA 发射了 Landsat 8 卫星，并于 2013 年 5 月 30 日开始向全球提供影像数据免费下载服务。Landsat 8 卫星携带有 OLI(operational land imager)和 TIRS(thermal infrared sensor)共 2 个成像仪。其中，OLI 陆地成像仪有 9 个波段，包括 ETM+传感器所有波段，为避免大气吸收特征，OLI 对波段进行了重新调整，比较大的调整是 OLI Band5(0.85～0.88μm)排除了 0.825μm 处水汽吸收特征；OLI 全色波段(Band8)范围更窄，可在全色影像上更好区分植被和无植被特征；此外，与 ETM+相比，其新增了深蓝波段(主要用于海岸带观测)和短波红外波段(可用于云检测)，近红外(Band5)和短波红外(Band9)与 MODIS 对应波段接近。TIRS 成像仪有 2 个热红外波段，空间分辨率均为 100m。成像宽幅为 185km×185km。波段参数详见表 2-11。

表 2-11　Landsat 8 OLI 影像波段特征

传感器	波段号	波段	波长范围/μm	空间分辨率/m	辐射分辨率/m
OLI	Band1	深蓝(coastal)	0.43～0.45	30	12
	Band2	蓝(blue)	0.45～0.51	30	12
	Band3	绿(green)	0.53～0.59	30	12
	Band4	红(red)	0.64～0.67	30	12
	Band5	近红外(NIR)	0.85～0.88	30	12
	Band6	短波红外(SWIR 1)	1.57～1.65	30	12
	Band7	短波红外(SWIR 2)	2.11～2.29	30	12
	Band8	全色(Pan)	0.50～0.68	15	12
	Band9	卷云(cirrus)	1.36～1.38	30	12
TIRS	Band10	热红外(TIRS 1)	10.60～11.19	100	12
	Band11	热红外(TIRS 2)	11.50～12.51	100	12

本书根据研究内容和目的，结合规划案例研究区实际，在综合考虑遥感影像分辨率、数据时序性、数据获取难易程度等因素基础上，选择 7 期 Landsat 5 TM 影像、6 期 Landsat 5 ETM+ 影像和 2 期 Landsat 8 OLI 影像作为规划案例研究区遥感数据源(表 2-12)，规划案例研究中所使用的遥感影像数据通过美国地质调查局(USGS)网站或马里兰大学全球土地覆盖数据库(global land cover facility，GLCF)镜像站点(http://www. landcover. org/)下载获取。

表 2-12 规划案例研究区 Landsat TM/ETM+/OLI 影像特征

拍摄日期	影像类型	数据来源	图像质量	采用波段
1992/08/16	TM	GLCF	无云	B1(blue)，B2(green)，B3(red)，B4(NIR)，B5(SWIR 1)，B7(SWIR 2)
2000/05/02	TM	GLCF	无云	B1(blue)，B2(green)，B3(red)，B4(NIR)，B5(SWIR 1)，B7(SWIR 2)
2001/03/26	ETM+	USGS	无云	B1(blue)，B2(green)，B3(red)，B4(NIR)，B5(SWIR 1)，B7(SWIR 2)
2002/10/07	ETM+	GLCF	无云	B1(blue)，B2(green)，B3(red)，B4(NIR)，B5(SWIR 1)，B7(SWIR 2)
2003/04/25	TM	USGS	无云	B1(blue)，B2(green)，B3(red)，B4(NIR)，B5(SWIR 1)，B7(SWIR 2)
2004/12/07	TM	USGS	无云	B1(blue)，B2(green)，B3(red)，B4(NIR)，B5(SWIR 1)，B7(SWIR 2)
2005/03/05	ETM+	GLCF	无云	B1(blue)，B2(green)，B3(red)，B4(NIR)，B5(SWIR 1)，B7(SWIR 2)
2006/05/19	TM	USGS	有云	B1(blue)，B2(green)，B3(red)，B4(NIR)，B5(SWIR 1)，B7(SWIR 2)
2007/05/06	TM	GLCF	无云	B1(blue)，B2(green)，B3(red)，B4(NIR)，B5(SWIR 1)，B7(SWIR 2)
2008/04/30	ETM+	USGS	有条带	B1(blue)，B2(green)，B3(red)，B4(NIR)，B5(SWIR 1)，B7(SWIR 2)
2009/03/24	TM	USGS	无云	B1(blue)，B2(green)，B3(red)，B4(NIR)，B5(SWIR 1)，B7(SWIR 2)
2010/03/19	ETM+	USGS	有条带	B1(blue)，B2(green)，B3(red)，B4(NIR)，B5(SWIR 1)，B7(SWIR 2)
2011/11/09	TM	USGS	无云	B1(blue)，B2(green)，B3(red)，B4(NIR)，B5(SWIR 1)，B7(SWIR 2)
2013/04/20	OLI	USGS	无云	B2(blue)，B3(green)，B4(red)，B5(NIR)，B6(SWIR 1)，B7(SWIR 2)
2014/08/13	OLI	USGS	无云	B2(blue)，B3(green)，B4(red)，B5(NIR)，B6(SWIR 1)，B7(SWIR 2)

2. DEM 数据来源

高级星载热发射和反射辐射计(advanced spaceborne thermal emission and reflection radiometer，ASTER)是搭载在美国地球观测系统(earth observing system，EOS)卫星计划 TERRA 卫星上的高分辨率多光谱传感器，由可见光和近红外子系统 VNIR(3 个波段)、短波红外子系统 SWIR(6 个波段)、热红外子系统 TIR(5 个波段)3 个子系统组成，各子系统分辨率分别为 15m、30m、90m。ASTER GDEM 是采用全自动化方法对 150 万景 ASTER 存档数据进行处理后生成的，数据覆盖范围为北纬 83°到南纬 83°的所有陆地区域，覆盖面积占地球陆地表面的 99%。ASTER GDEM 分片基本单元为 1°×1°，每个 GDEM 分片包含两个压缩文件、一个 DEM 文件和一个质量评估(quality assessment，QA)文件。例如，文件 ASTGTM2_ N29E103.zip 包含数字高程文件 ASTGTM2_N29E103_ dem.tif 和质量评估文件 ASTGTM2_ N29E103_num.tif 两个压缩文件。DEM 文件中每个像素记录高程值，QA 文件中像素值有正、负之分，正值表示用于生成 ASTER GDEM 每个栅格点高程的 ASTER DEM 影像数据，负值表示用于代替 ASTER GDEM 中异常值的参考数据源，不同参考数据源用不同负值表示。目前 ASTER GDEM 数据最新版本为第二版(ASTER GDEM V2)，这一版数据比第一版数据有较大改善，其分辨率为 1″(约 30m)，高程基准为 EGM96，地理坐标和投影坐标为 WGS84。本书规划案例研究区数字高程模型采用 ASTER GDEM V2 数据，从 NASA 网站下载获得。

第3章 景观生态安全格局规划的数据处理方法

景观生态安全格局规划涉及的数据类型较多，既有自然生态环境实验、监测数据，又有社会经济统计数据。一般情况下，所获取的数据都需要经过处理后方可使用。数据处理方法较多，由于景观生态安全格局规划兴起时间较晚，目前尚未形成特定的数据处理方法，多采用地理学、地理信息科学中常用的数据处理方法和技术。本章主要介绍景观生态安全格局规划中常用的遥感影像处理、纸质地图数字化处理、社会经济统计数据空间化处理、实验监测数据空间化处理的方法和技术，同时详细介绍了规划案例研究区归一化植被指数、纹理测度等影像特征信息，以及坡度、坡度变率、坡向、坡向变率、地表粗糙度、地形曲率等常用地形因子的提取方法和技术。

3.1 遥感影像处理

借助计算机进行景观遥感影像分类处理，一般包括遥感影像预处理、训练样区的 GPS 辅助定位与创建、遥感影像分类、分类结果后处理、分类精度评价 5 个方面。

3.1.1 遥感影像预处理

进行遥感影像分类时，首先需要进行影像预处理，从中提取尽可能多的有用信息。遥感影像预处理一般包括大气校正、几何校正、波段比值、主成分分析、植被成分、缨帽变换、条带消除、质地分析、坐标转换、影像裁剪等。通常 USGS 网站发布的遥感数据已经进行过几何校正和地形校正处理，所以本书着重介绍大气校正、波段比值、主成分分析、缨帽变换、条带消除、坐标转换、影像裁剪等常用的遥感影像预处理方法。

1. 大气校正

USGS 和 GLCF 网站下载的 Landsat TM/ETM+/OLI 影像均进行了系统辐射校正、地面控制点几何校正和 DEM 地形校正，通常可直接使用，但为了消除大气中水蒸气、氧气、二氧化碳、甲烷和臭氧等对地物反射的影响及对大气分子与气溶胶散射的影响，在应用中需要对 Landsat TM/ETM+和 Landsat OLI 遥感影像进行大气校正。这里以规划案例研究区影像处理为例，简要介绍应用 ENVI4.8 和 ENVI5.1 进行 Landsat TM/ETM+和 Landsat OLI 遥感影像大气校正的步骤。

Landsat TM/ETM+遥感影像大气校正步骤如下。

第 1 步：辐射定标。首先利用 ENVI4.8 辐射定标功能（Landsat calibration）对遥感影像每个波段进行传感器定标，并将单位换算为 μW/(cm²·nm·sr)；然后通过波段组合功能（layer stacking）将定标后的单波段数据融合成多波段数据；最后利用存储格式调整功能［Convert Data（BSQ，BIL，BIP）］将其转化为大气校正模块能够识别的 BIL 多波段影像数据。

第 2 步：大气校正模块参数设置。首先将遥感影像各波段波长按照规定格式存储为*.txt

文件，在大气校正模块中打开第 1 步准备的辐射定标数据时一并导入；然后根据影像数据自带*.txt 文件或*.met 文件记录的相关参数和 DEM 数据，输入影像中央经纬度(如 E104.5°，N30.3°)、传感器类型(Landsat 5 或 Landsat 7)、地面平均海拔(如 0.4576km)、拍摄日期和时间等相关数据信息；最后在大气校正模块主界面中将大气模型选为 Mid-Latitude Summer、初始能见度设置为 40，将高光谱设置(hyperspectral settings)选项中 kt_upper_channel 设置为 Band7，kt_lower_channel 设置为 Band1，将高级设置(advanced settings)选项中 Tile Size 设置为 200MB、Use Adjacency Correction 设置为 No。

第 3 步：执行 FLAASH 大气校正模块，即可得到研究区域所在整幅 TM/ETM+影像大气校正结果图。

由于 Landsat OLI 影像数据发布时间较晚，之前研发的 ENVI4.8 软件没有包含 Landsat OLI 数据辐射定标功能，因此运用 ENVI5.1 对 OLI 影像进行辐射定标和大气校正，其主要步骤如下。

第 1 步：辐射定标。为了与 TM/ETM+影像在波段组合上保持一致，首先选择与 TM/ETM+影像 B1(blue)、B2(green)、B3(red)、B4(NIR)、B5(SWIR 1)、B7(SWIR 2)相对应的 2～7 波段(blue、green、red、NIR、SWIR 1、SWIR 2)作为 OLI 影像组合波段，并将 OLI 影像 2～7 波段 Data 值除以 100，然后运用 ENVI5.1 波段组合功能(layer stacking)将 2～7 波段融合成为 ENVI 标准格式的多波段数据，再运用 ENVI5.1 进行影像辐射定标。

第 2 步：编辑波谱响应函数。运用 ENVI5.1 波谱响应函数编辑功能(start new plot window)，从 OLI 波谱响应函数文件中选择 blue、green、red、NIR、SWIR 1、SWIR 2 等影像待校正波段，并将其另存为新波谱响应函数(Landsat 8_Oli_New.sli)。

第 3 步：大气校正模块参数设置。选择传感器类型为 UNKNOWN-MSI，在高光谱设置(hyperspectral settings)中选择第 2 步编辑而成的新波谱响应函数 Landsat 8_Oli_New.sli，其他参数设置与 Landsat TM/ETM+大气校正参数设置一致。

第 4 步：执行 FLAASH 大气校正模块，即可得到研究区域所在整幅 OLI 影像大气校正结果图。

2. 波段比值

波段比值是最早的遥感影像分类预处理技术之一，计算波段比值可以增强波段之间的波谱差异，消除由地形因素(如坡度和坡向)引起的地物反射光谱的空间变异，增强植被和土壤辐射的差异。用一个波段除以另一个波段生成一幅能提供相对波段强度的图像，该图像增强了波段之间的波谱差异(邓书斌，2010)。波段比值已被广泛应用于植被盖度和生物量的评估中，最常用的是植被指数，MSS 数据常采用波段 7(R_7)和波段 5(R_5)计算植被指数[式(3-1)]，而 Landsat TM 影像常采用波段 4(R_4)和波段 3(R_3)计算植被指数[式(3-2)]。

$$\mathrm{TVI}_1=\sqrt{\frac{R_7-R_5}{R_7+R_5}+0.5} \tag{3-1}$$

$$\mathrm{TVI}_1=\sqrt{\frac{R_4-R_3}{R_4+R_3}+0.5} \tag{3-2}$$

式中，TVI_1 为植被指数。

3. 主成分分析

由于地形因素(坡度、坡向)的差异，以及各波段光谱本身的重叠，多光谱图像的各波段之间经常是高度相关的，它们的像元亮度(DN 值)及显示出来的视觉效果往往很相似。例如，MSS 影像的波段 4 和波段 5，波段 6 和波段 7 间就存在较高的线性相关性。如果只对原始的波段数据进行分析处理，势必会造成对许多重复数据的处理，从而浪费大量的人力、物力和财力。主成分分析就是一种去除波段之间的多余信息、将多波段的图像信息压缩到比原波段更有效的少数几个转换波段的方法。一般情况下，第一主成分包含所有波段中 80%的方差信息，前三个主成分包含了所有波段中 95%的信息量(邓书斌，2010)。由于各波段之间不相关，主成分可以生产更多颜色、饱和度更好的彩色合成图像。主成分分析通过降低空间维数，在数据信息的损失最低的前提下，消除或减少波段数据的重复，既降低波段间的相关性，同时还能提升计算机分类速度。相关研究证实，使用影像前三个主成分，能够使计算机分类速度提高 4 倍(都业军，2008)。

4. 缨帽变换

缨帽变换即坎斯-托马斯变换(Kauth-Thomas transformation，K-T 变换)，又称缨子帽变换(tasselled cap transformation)，是根据多光谱遥感中土壤、植被等信息在多维光谱空间中的信息分布结构对图像做的经验性线性正交变换，最早是由 Kauth 和 Thomas(1976)用 MSS 数据研究农作物和植被生长过程中发现并提出的。使用缨帽变换可以对 Landsat MSS、Landsat TM 或 Landsat ETM+数据进行变换。对于 Landsat MSS 数据，缨帽变换对原始数据进行正交变换，把它们变换到一个四维空间中，包括土壤亮度指数 SBI、“绿度”植被指数 GVI、“黄度”指数 YVI，以及与大气影响密切相关的 non-such 指数 NSI(主要为噪声)(赵英时等，2003)。对于 Landsat TM 数据，缨帽变换结果由亮度、绿度与第三分量 3 个因子组成(苏琦等，2010)。其中，亮度和绿度相当于 MSS 缨帽中的 SBI 和 GVI，第三分量与土壤特征及湿度有关。对于 Landsat ETM+数据，缨帽变换生成亮度、绿度、湿度、第四分量(噪声)、第五分量和第六分量 6 个输出波段，这种类型变换对定标后的反射率数据的效果要比灰度值数据更好。

5. 条带消除

条带噪声是影像中具有一定周期性、方向性且呈条带状分布的一种特殊噪声。这种噪声是卫星传感器光、电器件在反复扫描地物的成像过程中，受扫描探测元正反扫描相应差异、传感器机械运动和温度变化等影响，使拍摄的影像呈现间隔均匀的条带(有横向和纵向两种)(蒋耿明等，2003)。简而言之，就是拍摄影像的卫星传感器出现故障，从而导致周期性的影像记录错误。条带噪声会影响影像的识别效果和分类精度，通过消除条带，可以提高遥感影像的判读性，从而也能增加分类的准确性。条带消除处理属于数字图像处理范畴，在遥感影像预处理中，是针对 Landsat MSS 数据(每 6 行出现一次)和 Landsat MSS 数据(每 16 行出现一次)中的周期性扫描行条带，对原始数据计算每 n 行的平均值，并将每行归一化为各自的平均值，以达到去除扫描条带的目的。关于条带噪声消除处理的研究较多，如傅里叶变化滤波、直方图匹配、矩匹配法等(杜艺等，2014)。一些应用广泛的遥感影像处理软件 ENVI、ERDAS 中都自带去条带处理功能。尤其是 ENVI 软件，除自带条带消除功能外，还可以自行开发或利用别人开发的条带处理补丁进行去条带处理。常见的去条带补丁有 Landsat_gapfill、TM_destripe 等，其中 Landsat_gapfill 补丁应用广泛且效果较好，可通过互联网获取，使用时将下载获取的 Landsat_gapfill.sav 文件拷贝到 ENVI 软件“…\Exelis\ENVI51\extensions”目录下即可运行使用。

6. 坐标转换

USGS 和 GLCF 网站获取的遥感影像坐标系为 WGS84 坐标系，其地理坐标和投影坐标参数为：参考椭球体为 WGS84(长半轴 6 378 137.0m、短半轴 6 356 752.3m、扁率为 1/298.257)，大地基准面为WGS84，地图投影类型为通用横轴墨卡托投影(UTM)。规划案例研究区行政边界数据来源于龙泉驿区第二次全国土地调查成果，坐标系为西安 80 坐标系，其地理坐标和投影坐标参数为：参考椭球体为 IAG-75(长半轴 6 378 140.0m、短半轴 6 356 755.3m、扁率为 1/298.257)，大地基准面为西安 80，地图投影类型为高斯-克吕格投影(Gauss-Kruger projection)。因此，要准确从遥感影像、DEM 等数据上提取研究范围内相关数据，必须将规划案例研究区行政边界数据平面坐标与遥感影像平面坐标进行统一，即涉及不同参考椭球、不同投影类型坐标之间的转换。目前，常用的方法是应用 ESRI ArcGIS10.0 投影变换功能(projection and transformation)或通过公共点计算转换参数来实现坐标转换，但 ESRI ArcGIS10.0 未包含亚洲地区 WGS84 与西安 80 坐标之间的互转参数，其转换精度不高，试验验证其误差约 86m。而且，《中华人民共和国测绘法》《测绘管理工作国家秘密范围的规定》等相关法规规定不同坐标系之间的相互转换参数属测绘成果保密范围，因此通常无法获得规划案例研究区 WGS84 坐标与西安 80 坐标的互换参数来计算所需公共点坐标。鉴于此，有必要探讨 WGS84 坐标与西安 80 坐标之间的其他转换途径。研究表明，在东西距离或南北距离不大于 30km 的地区，可通过 1 个公共点求得坐标转换三参数来实现坐标转换(吴信才，2004)，其实质是通过求解两种不同坐标系之间平面坐标和高程坐标的平移距离来实现坐标转换。由于规划案例研究区东西距离和南北距离皆小于 30km，因此本书基于以上结论提出一种小区域 WGS84 平面坐标与西安 80 平面坐标的转换方法，主要步骤如下。

第 1 步：准备基础遥感影像。准备一幅规划案例研究区西安 80 坐标系高分辨率遥感影像(简称 IMAGE1)，数据格式为 GeoTIFF，一幅 WGS84 坐标系遥感影像(简称 IMAGE2)，数据格式为 GeoTIFF。

第 2 步：采集公共点西安 80 坐标。首先在 ArcMap 中打开 IMAGE1，将制图空间保存为文档 1，并应用 ArcCatalog 建立与 IMAGE1 坐标参考一致的点图层西安 80_Point；然后启动 Editor 工具在 IMAGE1 上均匀绘制若干点元素(图 3-1)；最后在西安 80_Point 图层属性表中添加横坐标 x 和纵坐标 y 两个属性，并利用横坐标 x 或纵坐标 y 属性列 Calculate Geometry 工具批量获得西安 80_Point 图层所有点元素横、纵坐标值，即为公共点西安 80 平面坐标。

第 3 步：编制公共点 WGS84 坐标采集中介图。首先在 ArcMap 中将文档 1(包含 IMAGE1 影像层和西安 80_Point 点图层)存储为一幅 TIFF 图像；然后利用 Photoshop 进行边缘裁剪处理后，形成公共点 WGS84 坐标值采集所需中介图(简称 IMAGE3)，该图既无坐标信息也无投影信息，只是将公共点西安 80 坐标值采集点位和影像 IMAGE1 融合在一幅 TIFF 图像上，旨在为公共点 WGS84 坐标值采集建立参考标志。

第 4 步：定义中介图地理坐标信息。应用 ENVI5.1 Classic 几何校正模块(Map/Registration/Select GCPs:image to image)，以 IMAGE2 为校正基准影像，根据 IMAGE2 和 IMAGE3 上相同位置明显地物特征点(如道路交叉点、独立建筑物中心等)选取控制点(误差指标 RMS 值控制在 1 个像素内)，采用 Warp File(as Image Map)方式对 IMAGE3 进行几何校正，使 IMAGE3 与 IMAGE2 具有相同地理坐标参考和投影坐标信息。

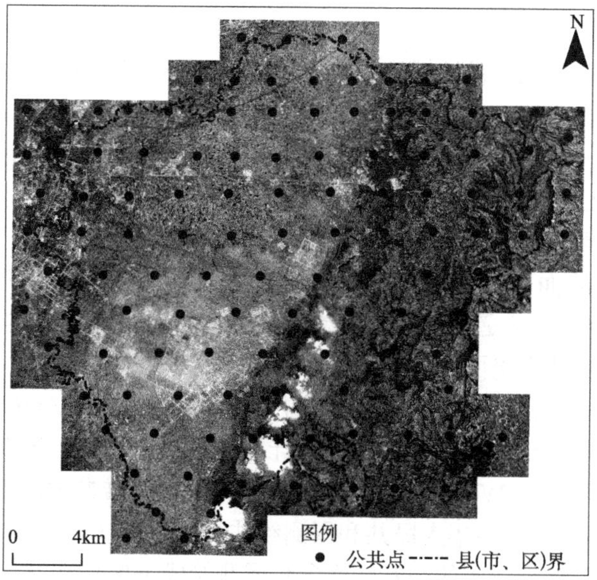

图 3-1　坐标转换参数计算公共点分布示意图

第 5 步：采集公共点 WGS84 坐标。首先把经过几何校正的 IMAGE3 导入 ArcMap 并将制图空间保存为文档 2；然后应用 ArcCatalog 建立与 IMAGE3 地理坐标和投影坐标一致的点图层 WGS84_Point 并将其导入文档 2，启动 Editor 工具并依据 IMAGE3 上公共点西安 80 坐标值采集点位和编码顺序在图层 WGS84_Point 上绘制点元素；最后按第 2 步点元素平面坐标提取方法采集公共点 WGS84 平面坐标值。

第 6 步：计算西安 80 坐标与 WGS84 坐标间转换参数。根据第 2 步中采集的公共点西安 80 坐标和第 5 步中采集的公共点 WGS84 坐标，应用式(3-3)即可计算出西安 80 坐标系与 WGS84 坐标系之间横、纵坐标的平移参数($\Delta x = 130.073\,800\,000\,081\text{m}$，$\Delta y = -1\,374.532\,401\,861\,15\text{m}$)。

$$\begin{cases} \Delta x = \dfrac{1}{n}\sum_{i=1}^{n}[(x_{\text{WGS84}})_i - (x_{\text{XIAN80}})_i] \\ \Delta y = \dfrac{1}{n}\sum_{i=1}^{n}[(y_{\text{WGS84}})_i - (y_{\text{XIAN80}})_i] \end{cases} \tag{3-3}$$

式中：Δx 为横坐标平移距离(m)；Δy 为纵坐标平移距离(m)；$(x_{\text{XIAN80}})_i$、$(y_{\text{XIAN80}})_i$ 分别为第 i 个西安 80 坐标系公共点横、纵坐标值(m)；$(x_{\text{WGS84}})_i$、$(y_{\text{WGS84}})_i$ 分别为第 i 个 WGS84 坐标系公共点横、纵坐标值(m)；i 为西安 80 坐标系和 WGS84 坐标系公共点编号，$i = 1, 2, \cdots, n$，n 为参与坐标转换参数计算的公共点个数。

第 7 步：进行规划案例研究区行政边界平面坐标转换。应用 ESRI ArcGIS 定义投影命令(define projection)将规划案例研究区行政边界由西安 80 坐标系批量转化为 WGS84 坐标系，具体方法为首先在 Define Projection 命令中选择规划案例研究区行政边界矢量图并将其坐标系设置为西安 80 坐标系，然后对坐标系参数中的 False_Easting 和 False_Northing 值进行修改[式(3-4)]，运行命令即可将规划案例研究区行政边界矢量图坐标从西安 80 坐标系转换为 WGS84 坐标系。

$$\begin{cases} \text{False\_Easting}_{\text{new}} = \text{False\_Easting}_{\text{old}} + \Delta x \\ \text{False\_Northing}_{\text{new}} = \text{False\_Northing}_{\text{old}} + \Delta y \end{cases} \tag{3-4}$$

式中：$\text{False\_Easting}_{\text{new}}$、$\text{False\_Northing}_{\text{new}}$ 分别为转换成 WGS84 坐标应输入的横向和纵向参数值；$\text{False\_Easting}_{\text{old}}$、$\text{False\_Northing}_{\text{old}}$ 分别为西安 80 坐标系原有横向、纵向参数值；Δx、Δy 的含义同式(3-3)。

第 8 步：定义规划案例研究区行政边界投影参数。第 7 步中只实现了规划案例研究区行政边界矢量图坐标空间平移，其投影参数仍然是西安 80 坐标系参数，所以需要对其投影信息进行重新定义。本书应用 ESRI ArcGIS 定义投影命令(define projection)将规划案例研究区行政边界矢量图坐标系参数定义为 WGS84 坐标系参数，即将地理坐标系(geographic coordinate system)定义为 WGS84 坐标系(WGS 1984.prj)、投影坐标系(projected coordinate system)定义为通用横轴墨卡托投影(WGS 1984 UTM Zone 48N.prj)，到此即完成规划案例研究区行政边界矢量图从西安 80 坐标系到 WGS84 坐标系的转换。

7. 影像裁剪

USGS 和 GLCF 网站提供的 Landsat TM/ETM+/OLI 影像存档数据将全球分为 1～233 列、1～248 行，用户根据列(path)、行号(row)下载得到的是规划案例研究区所在整幅遥感影像。因此，通常需要依据规划案例研究区边界对下载遥感影像进行裁剪。本书首先将规划案例研究区行政边界矢量数据坐标统一为 WGS84 坐标，然后运用 ESRI ArcGIS10.0 掩模裁剪功能从下载遥感数据上裁剪得到规划案例研究区遥感影像(图 3-2)。

3.1.2 训练样区的 GPS 辅助定位与创建

要准确解译遥感影像，需要在遥感影像上均匀选取各景观类型的解译标志，建立准确的训练样区和检验样区。在遥感影像非监督分类过程中，训练样区可以辅助解译人员进行分析结果归类；而在遥感影像监督分类过程中，训练样区主要用于提取各类的特征参数以进行各景观类型模拟。一般情况下，在选取训练样区前都要进行遥感解译野外调查，以往在遥感解译野外考察中主要依据地形图进行样地定位，近年来，随着 GPS 技术的飞速发展和大范围的普及推广，遥感解译野外调查都采用 GPS 进行调查样地定位。

GPS 定位的基本原理为(詹长根等，2011)：地面接收机能够在任何地点、位置、气象条件下进行连续观测，而且在时钟的控制下，测出卫星信号到达接收机的时间 Δt，进而确定卫星与接收机之间的距离 ρ，其计算公式为

$$\rho = c\Delta t + \sum \delta_i \tag{3-5}$$

式中：c 为信号传播速度；$\sum \delta_i$ 为相关改正数之和。

实质上，GPS 定位是把卫星看成移动控制点，通过测量星站距离进行空间距离后方交会，从而确定地面接收机位置。

如图 3-3 所示，假设卫星点 A、B、C 的瞬时位置已知，则接收机位置坐标计算公式为

$$\begin{cases} \rho_{\text{A}}^2 = (x - x_{\text{A}})^2 + (y - y_{\text{A}})^2 + (z - z_{\text{A}})^2 \\ \rho_{\text{B}}^2 = (x - x_{\text{B}})^2 + (y - y_{\text{B}})^2 + (z - z_{\text{B}})^2 \\ \rho_{\text{C}}^2 = (x - x_{\text{C}})^2 + (y - y_{\text{C}})^2 + (z - z_{\text{C}})^2 \end{cases} \tag{3-6}$$

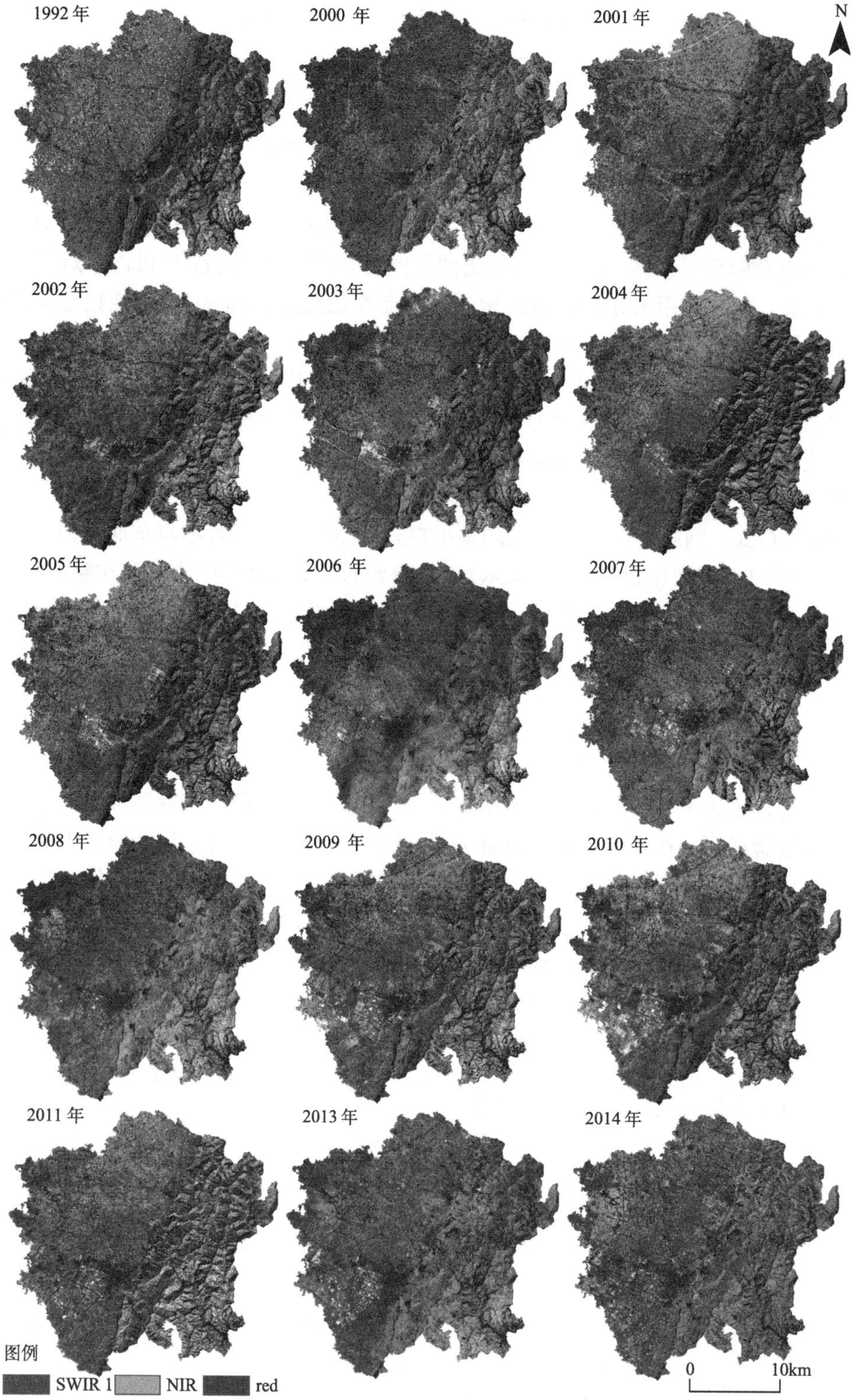

图 3-2　规划案例研究区遥感影像

式中：x_A、y_A、z_A 为卫星点 A 的空间直角坐标；x_B、y_B、z_B 为卫星点 B 的空间直角坐标；x_C、y_C、z_C 为卫星点 C 的空间直角坐标。

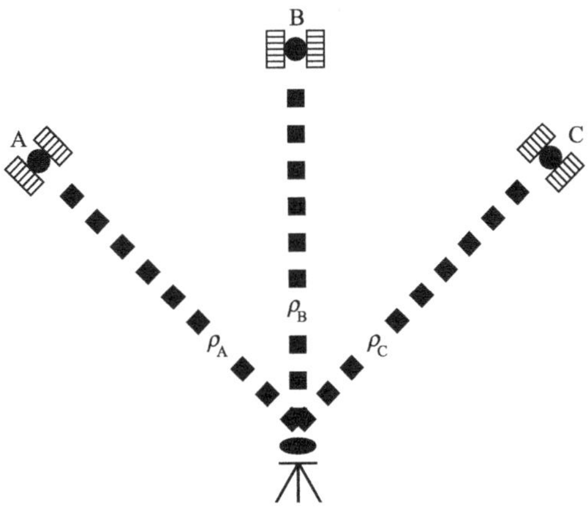

图 3-3　GPS 定位原理示意图

在开展规划案例研究区景观遥感解译工作中，充分利用 GPS 技术进行训练样区和检验样区的定位和建立，将 Google Earth 高分辨率影像(通过绿色软件 Google Earth Pro 下载获取)作为野外考察工作地图，运用手持 GPS 定位并建立各景观类型的遥感影像解译标志。为提高工作效率，以土地利用/土地覆盖类型繁杂、变化幅度较大的柏合、大面、十陵、西河、洪安、黄土、洛带、同安等坝区街镇，以及山泉、万兴等部分山区镇乡为主要调查区，进行详细的景观类型野外考察。通过实地拍摄典型景观类型照片、面访农户等方式，摸清楚 20 世纪 90 年代至今规划案例研究区人类活动、农业种植结构调整、土地利用/土地覆被变化等情况，明白不同时期遥感影像不同光谱特征与实际景观格局类型间的对应关系，在此基础上借助专题辅助数据，建立了规划案例研究区遥感影像解译标志，定义了训练样区和检验样区。

3.1.3　遥感影像分类

遥感影像计算机分类是根据像元特征值，将任一像元划归最合适的类的过程。主要包括非监督分类和监督分类两种方法。一般而言，监督分类精度比非监督分类精度高。

1. 非监督分类

非监督分类是根据分类区域尽可能有的景观类型数，给定分类类型数，遥感影像处理软件将根据 TM/ETM+/OLI 影像各波段光谱数据特征，自动地、等距离地划分出给定的景观类型。非监督分类常被用来了解各种景观类型的遥感影像颜色、纹理等特征，为监督分类中训练区的采集提供依据。

(1) *ISODATA 非监督分类法*　ISODATA 算法被称为“迭代自组织数据分析算法”。在 ISODATA 非监督分类方法中，不仅可以通过调整样本所属类别完成样本的聚类分析，还可以自动地根据一定的规则进行类别的“合并”和“分裂”操作，从而得到比较合理的聚类结果。因此，ISODATA 是目前应用最为广泛的非监督分类方法之一。ERDAS、ENVI 等常用遥感影像处理软件中均提供了 ISODATA 方法进行遥感影像的非监督分类。

ISODATA 算法是一种典型的逐步趋近算法，主要步骤是聚类、集群的分裂与合并等处理，详细步骤如下(邵振峰，2009；闫利，2010；赵宇明等，2013)。

第 1 步：设定 N (所要求的类别数)、I (允许迭代的次数)、T_n (每类集群中样本的最小数目)、T_s (集群分类标准，每个类的分散程度的参数)、T_c (集群合并标准，即每两个类中心的最小距离)等控制参数。

第 2 步：聚类处理。在已经选定的初始类别参数基础上，按任一种距离判别函数进行分裂判别，从而获得每个初始类别的集群成员，与此同时，对每一类集群累计其成员总数、总亮度、各类的均值及方差。

第 3 步：类别的取消处理。对上次趋近后的各类样本总数 n_i 进行检查，若 $n_i < T_n$，表示该类不可靠，删除该类，同时修改类别数 $N_i = N_i - 1$，返回第 2 步。

第 4 步：判断迭代是否结束。若此迭代次数已达到指定的次数或者该次迭代所算得的各类中心与上次迭代结果差别很小，则趋近结束。此时各聚类类别的有关参数将作为基准类别参数，并用于构建最终的判别函数。否则，继续进行后续各步。

第 5 步：类别的分裂处理。判断当前得到的每一类的最大标准差分量是否超过限值，如果某类超过限值，而且满足下列条件之一者，则该类需要进行分裂处理。

$$\begin{cases} N_i < \dfrac{N}{2} \\ \bar{\sigma}_i > \sigma \end{cases} \tag{3-7}$$

式中：$\bar{\sigma}_i = \dfrac{1}{n}\sum_{j=1}^{n}\sigma_{ij}$；$\sigma = \dfrac{1}{N_i}\sum_{i=1}^{N_i}\bar{\sigma}_i$。

当分类过程结束后，则返回第 2 步进行下一次迭代。如果在本步骤中没有做分裂处理，则转入下一步进行合并处理。

第 6 步：类别的合并处理。首先对已有的类别计算每两类中心间的距离 D_{ik}，然后将所有计算的距离与距离限值进行比较，若 $D_{ik} < T_c$，则将这两类合并为一类。

在迭代过程中，每次合并后类别的总数不应小于指定的类别 N 的一半，同时在同一次迭代中已经参与合并处理的原类别不再与其他类别合并。合并处理完毕后返回下一步进行下一次迭代。ISODATA 算法的实质是以初始类别为“种子”进行自动迭代距离的过程，该方法自动地进行类别的“合并”和“分裂”，相应的各类别参数也在不断的聚类调整中逐渐确定，并最终完成非监督分类。

(2) K-means 非监督分类法　K-means 聚类算法属于非监督分类中的一个重要算法，样本所属的类别是未知的，只是根据特征将样本分类，且类别空间也是根据需要人为选定的。该算法将输入的 m 个数据对象划分为 K 个聚类，并且同一聚类中的对象相似度较高，不同聚类中的对象相似度较小。算法的思想是以空间中的 K 个点为中心进行聚类，对最靠近它们的对象归类。通过迭代的方法逐次更新聚类中心，直到得到最好的聚类结果。换言之，先在空间对象中随机选择 K 个点作为 K 个类的初始中心，根据与这 K 个中心距离的远近将所有的样点归为这 K 个类。然后利用均值等方法更新这 K 个中心，接着再次根据远近归类所有的点。通过这样不断迭代的方式最终就能将所有的点分为 K 个聚类。这里中心点的更新主要是利用均值。当迭代达到一定次数，或者中心点变化小于给定阈值就可以停止迭代。

K-means 聚类算法的核心思想是最小化所有样本到所属类别中心的欧氏距离和，采用迭代方式实现收敛。假设训练样本为 $\{x^{(1)}, x^{(2)}, \cdots, x^{(m)}\}, x^{(i)} \in R^n$，则算法具体步骤如下。

第 1 步：选取 K 个聚类中心，分别为 $\mu_1, \mu_2, \cdots, \mu_k \in R^n$。

第 2 步：计算每一个样本 i 到各聚类中心的欧氏距离，并将距离最小的样本划归到所属类别 $c^{(i)}$，计算公式为

$$c^{(i)} = \arg\min_j \| x^{(i)} - \mu_j \|^2 \tag{3-8}$$

第 3 步：更新每一类的中心 μ_j，计算公式为

$$\mu_j = \sum_{i=1}^{m} x^{(i)}\Big|_{c^{(i)}=j} \Big/ \sum_{i=1}^{m} 1\Big|_{c^{(i)}=j} \tag{3-9}$$

式中：$\sum_{i=1}^{m} x^{(i)}\Big|_{c^{(i)}=j}$ 为类别 j 中所有样本特征和；$\sum_{i=1}^{m} 1\Big|_{c^{(i)}=j}$ 为类别 j 中的样本个数。

第 4 步：不断重复第 2 步、第 3 步，直到畸变函数 $J(c,\mu)$ 收敛，即所有样本到其类别中心的欧氏距离的平方和小于某一阈值，函数表达式为

$$J(c,\mu) = \sum_{i=1}^{m} \| x^{(i)} - \mu_{c^{(i)}} \|^2 \tag{3-10}$$

为了将 J 调整到最小，假设当前条件下 J 没有达到最小，那么可以通过固定每一个类别的中心 μ，调整每一个样本的所属类别 $c^{(i)}$ 来减小 J，也可以通过固定每一个样本的所属类别 $c^{(i)}$，调整类别中心来减小 J 的值。理论上，可以有多组 u、c 值使得 J 最小，但实际应用中一般较少出现。J 为非凸函数，所以最后收敛的点有可能是全局最优，也有可能是局部最优，说明 K-means 对初始条件比较敏感，可多次给定不同的初始条件计算 J 值，最后选择最小的那一组作为最终结果。

2. 监督分类

监督分类是在地面调查和前人研究成果基础上，在遥感影像图上，均匀地选取各景观类型的训练区，计算机先统计训练区内遥感影像特征，然后把这些训练区的数据特征传递给判别函数，判别函数再根据这些参数，判断某一个像元应该属于哪一个景观类型，从而完成对整个影像的分类解译。常见的监督分类算法有最小距离分类法、马氏距离分类法和最大似然分类法。

(1) 最小距离分类法　最小距离分类法是根据各像元与训练样本中各类别在特征空间中的距离大小来决定其类别。如图 3-4 所示，在以波段 1 光谱值为横坐标、波段 2 光谱值为纵坐标组成的特征空间中，类别 A、B、C 训练样本形成了三个类别集群类别 A、B 和 C，其在两个波段的均值位于三个集群的中心。现有一个未知像元 x，根据其光谱亮度值计算其与类别 A、B、C 集群中心的距离远近，由于像元 x 在特征空间中距类别 B 最近，因此将 x 划分为类别 B。这就是最小距离分类法的基本原理(袁金国，2006；闫利，2010)。

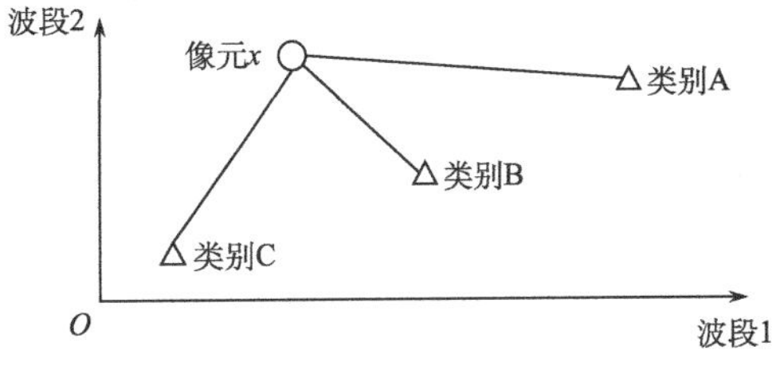

图 3-4　最小距离分类法原理示意图(闫利，2010)

最小距离分类法的光谱距离是基于欧氏距离计算的，具体计算公式为

$$\mathrm{SD}_{xc} = \sqrt{\sum_{i=1}^{n} (\mu_{ci} - X_{xi})^2} \tag{3-11}$$

式中：n 为波段总数；μ_{ci} 为类别 c 训练样本中各像元在波段 i 中的光谱平均值；X_{xi} 为像元 x 在波段 i 中的光谱值；SD_{xc} 为像元 x 与类别 c 的光谱距离。

最小距离分类法原理简单，主要缺点是此方法没有考虑不同类别内部方差的不同，从而

造成一些类别在其边界上的重叠，引起分类误差，导致分类精度不高，但计算速度快，可以在快速浏览分类概况中使用。

(2) 马氏距离分类法　马氏距离分类法与最小距离分类法相似，不同之处是协方差矩阵不一样，马氏距离定义考虑了变量间(样本)相关性的影响，是一种更广义的距离定义，等式中已经计算了方差与协方差，因此内部变化较大的聚类组将产生内部变化同样较大的类，反之亦然。马氏距离计算公式为

$$D = (\boldsymbol{X} - \boldsymbol{M}_c)^{\mathrm{T}} (\mathbf{cov}_c^{-1}) (\boldsymbol{X} - \boldsymbol{M}_c) \tag{3-12}$$

式中：D 为马氏距离；c 为某一特定类；$\boldsymbol{X}$ 为像元 x 的光谱特征向量；$\boldsymbol{M}_c$ 为类别 c 训练样本的平均光谱特征向量；$\mathbf{cov}_c$ 为类别 c 训练样本中像素的协方差矩阵。

马氏距离分类法充分考虑了类别的内部变化，在必须考虑统计指标的场合，比最小距离分类法更适用。但是，如果在训练样本中像素的分布离散程度较高，则协方差矩阵中就会出现大值，容易产生分类误差。

(3) 最大似然分类法　最大似然分类法是通过计算每个像素对于各类别的归属概率，把该像素分到归属概率最大的类别的方法。最大似然分类法假定训练区地物的光谱特征和自然界大部分随机现象一样，近似服从正态分布，按正态分布规律用贝叶斯决策规则进行判别，从而得到分类结果。根据特征空间概念可知，地物点可以在特征空间找到相应特征点，并且同类地物在特征空间形成一个从属于某种概率分布的集群。由此，可以把某种特征向量 $\boldsymbol{X}$ 落入某类集群 w_i 的条件概率 $P(w_i/\boldsymbol{X})$ 当成分类概率判别函数，把 $\boldsymbol{X}$ 落入某集群的条件概率最大的类当成 $\boldsymbol{X}$ 的类别，这种判别规则就是贝叶斯决策规则(袁金国，2006；闫利，2010；林剑等，2011)。假设，同类地物在特征空间服从正态分布，根据贝叶斯公式，类别 w_i 的概率密度函数为

$$P(w_i/\boldsymbol{X}) = \frac{P(\boldsymbol{X}/w_i)P(w_i)}{P(\boldsymbol{X})} \tag{3-13}$$

式中：$P(w_i)$ 为先验概率，即在被分类的图像中类别 w_i 出现的概率；$P(\boldsymbol{X}/w_i)$ 为类别 w_i 的似然概率，表示在 w_i 这一类中出现 $\boldsymbol{X}$ 的概率。所有属于 w_i 的像元出现的概率密度确定后，就可以画出 w_i 的概率分布曲线，有多少类别就有多少条分布曲线。由此可知，只要有一个已知的训练区域，用这些已知类别的像元做统计就可以求出平均值及方差、协方差等特征参数，从而可以求出总体的先验概率。在不知道训练区域的情况下，也可以认为所有的 $P(w_i)$ 相同。$P(w_i/\boldsymbol{X})$ 为 $\boldsymbol{X}$ 属于 w_i 的概率，也称为后验概率。$P(\boldsymbol{X})$ 为任意类别中 $\boldsymbol{X}$ 出现的概率：

$$P(\boldsymbol{X}) = \sum_{i=1}^{m} P(\boldsymbol{X}/w_i)P(w_i) \tag{3-14}$$

从式(3-14)中可以看出 $P(\boldsymbol{X})$ 与类别 w_i 无关，是一个公共因子，在比较大小时不起作用，因此做判别时可将 $P(\boldsymbol{X})$ 去除，则判别函数可表示为

$$g_i(\boldsymbol{X}) = P(\boldsymbol{X}/w_i)P(w_i) \quad (i = 1, 2, \cdots, m) \tag{3-15}$$

最大似然分类法分类中所采用的判别函数是每个像元值属于每一类别的概率。实际计算中，常常对判别函数 $g_i(\boldsymbol{X})$ 进行对数变换，其数学表达形式为

$$g_i(\boldsymbol{X}) = \ln P(w_i) - \frac{1}{2}\ln|\boldsymbol{S}_i| - \frac{1}{2}(\boldsymbol{X} - \boldsymbol{M}_i)^{\mathrm{T}} S_i^{-1} (\boldsymbol{X} - \boldsymbol{M}_i) \tag{3-16}$$

式中：$P(w_i)$为每一类w_i在图像中的概率。在事先不知$P(w_i)$值的情况下，可以认为所有的$P(w_i)$都相同，即$P(w_i)=1/m$，m为类别数。$\boldsymbol{S}_i$为第i类的协方差矩阵，$\boldsymbol{M}_i$为该类的均值向量，这些数据来源于训练组产生的分类统计文件。对于任何一个像元值$\boldsymbol{X}$，其在哪一类中的$g_i(\boldsymbol{X})$最大，就属于哪一类，即相应判别规则为：若所有可能的$P(w_i)=1/m$，$j=1,2,\cdots,m$，$j\neq i$，则有$g_i(\boldsymbol{X})>g_j(\boldsymbol{X})$，则$\boldsymbol{X}$属于$w_i$类。

应用最大可能性判别规则，再加上贝叶斯的使平均损失最小的原则，表明$g_i(\boldsymbol{X})$是一组理想的判别函数。但是，当总体分布不符合正态分布时，其分类可靠性将下降，此时不宜采用最大似然分类法。此外，应用最大似然分类法进行遥感影像分类时，由于需要对每一个像元的分类进行大量的计算，因而耗时较长。

3. 决策树分类

分类技术是数据挖掘的重要分支，常见的分类挖掘方法有决策树算法、神经网络、贝叶斯网络、k-最近邻方法、关联规则方法等。其中，决策树算法以其易于理解、易于转换成IF-THEN分类规则、效率高等优点，被广泛应用于分类、预测、规则提取等多个领域，特别是在Quinlan于1986年提出ID3算法以后，决策树算法在机器学习、知识发现领域得到进一步广泛应用与发展，其算法流程如下(朱明，2008；蔡丽艳，2013)。

第 1 步：创建一个结点N。

第 2 步：若该结点中的所有样本均为同一类别D，则返回N作为一个叶结点并标志为类别D。

第 3 步：若attribute_list (可供归纳的候选属性集)为空，则返回N作为一个叶结点并标记为该结点所含样本中类别个数最多的类别。

第 4 步：从attribute_list选择一个信息增益最大的属性test_attribute并将结点N标记为test_attribute。

第 5 步：对于test_attribute中的每一个已知取值a_i，准备划分结点N所包含的样本集。

第 6 步：根据test_attribute = a_i条件，从结点N产生相应的一个分支，以表示该测试条件。

第 7 步：设S_i为test_attribute=a_i条件所获得的样本集合，若S_i为空，则将相应叶结点标记为该结点所含样本中类别个数最多的类别，否则将相应叶结点标志为Generate_decision_tree (S_i,attribute_list-test_attribute)的返回值。

算法终止条件如下。

1)给定结点的所有样本属于同一类(第 2 步)。

2)没有剩余属性可以用来进一步划分样本(第 3 步)。

3)没有样本满足test_attribute = a (第 7 步)。

目前，较为成熟的决策树算法有ID3、C4.5、C5.0、CART、QUEST、PUBLIC、SLIQ、SPRINT等。其中，ID3算法是最为经典的决策树算法，其他很多算法都是从ID3算法衍生而来，因此这里首先介绍ID3算法，然后再介绍C4.5、C5.0、QUEST等几种常见衍生算法。

(1) *ID3 算法*　ID3算法以信息增益作为决策属性判别能力的度量和属性选择标准，进行决策结点属性选择，对每个非叶子节点测试时，能获得关于被测试例子最大的类别信息。使用该属性将训练样本集分成子集后，系统熵值最小，非叶子节点到各个后代叶节点的平均路径最短，生成的决策树平均深度较小，分类速度和准确率得以提升。ID3 算法的目标是使

用一系列测试来将训练集迭代地划分为多个子集，使得每个子集中的对象尽量属于同一个类，其基本概念包括(邵峰晶和于忠清，2003；朱明，2008；蔡丽艳，2013)：①决策树的每个内部节点对应样本的一个非类别属性，该节点的每棵子树代表这个属性的取值范围和一个子区间(子集)，一个叶节点代表从根节点到该叶节点的路径对应的样本所属的类别。②决策树的每个内部节点都与具有最大信息量的非类别属性相关联。③一般用熵衡量一个内部节点的信息量，在信息论中，熵的定义为，设U是论域，$\{X_1,\cdots,X_n\}$是U的一个划分，其上有概率分布$P_1=P(X_i)$，则称$H(X)=-\sum_{i=1}^{n}P_i\log P_i$为信息源$X$的信息熵，其中对数底数取2，当某一$P_i$为零时，则可以理解为$0\cdot\log 0=0$。条件熵的定义为，设$Y=\begin{Bmatrix}Y_1 & Y_2 & \cdots & Y_n\\ q_1 & q_2 & \cdots & q_n\end{Bmatrix}$是一个信息源，即$\{Y_1,\cdots,Y_n\}$是$U$的另一个划分，$p(Y_j)=q_j$，$\sum_{j=1}^{n}q_j=1$，则已知信息源$X$是信息源$Y$的条件熵$H(Y|X)$，其定义为$H(Y|X)=\sum_{i=1}^{n}P(X_i)H(Y|X_i)$，其中$H(Y|X)=\sum_{i=1}^{n}P(Y_j|X_i)\log P(Y_j|X_i)$为事件$X_i$发生时信息源$Y$的条件熵。

应用ID3算法进行分类时，每个实体用多个特征来描述，每个特征限于在一个离散集中取互斥的值，其基本原理为(邵峰晶和于忠清，2003；朱明，2008；蔡丽艳，2013)：设$E=F_1\times F_2\times\cdots\times F_n$是$n$维有穷向量空间，其中$F_i$是有穷离散符号集。$E$中的元素$e=\{V_1,V_2,\cdots,V_n\}$称为样本空间例子，其中$V_j\in F_i\ (j=1,2,\cdots,n)$。为易于理解，假定样本例子仅有两个类别，则在这种两个类别的归纳任务中，将PE和NE称为概念的正例和反例。假设向量空间E中的正、反例集的大小分别为P、N，则ID3算法有两个实现假设：①在向量空间E上的一棵正确的决策树对任意样本集的分类概率同E中的正、反例的概率一致；②根据信息熵定义，一棵决策树对一个样本集做出正确分类，所需要的信息熵为

$$I(P,N)=-\frac{P}{P+N}\log\frac{P}{P+N}-\frac{N}{P+N}\log\frac{N}{P+N} \tag{3-17}$$

如果选择属性A作为决策树的根，A取V个不同值$\{A_1,A_2,\cdots,A_v\}$，利用属性A可以将E划分为V个子集$\{E_1,E_2,\cdots,E_v\}$，其中$E_i(1\leqslant i\leqslant V)$包含了$E$中的属性$A$取$A_i$值的样本数据，假设$E_i$中含有$P_i$个正例和$n_i$个反例，那么子集$E_i$所需要的期望信息是$I(p_i,n_i)$，以属性$A$为根，则期望熵为

$$E(A)=\sum_{i=1}^{V}\frac{p_i+n_i}{P+N}I(p_i,n_i) \tag{3-18}$$

式中：$I(p_i,n_i)=\frac{p_i}{p_i+n_i}\log\frac{p_i}{p_i+n_i}-\frac{n_i}{p_i+n_i}\log\frac{n_i}{p_i+n_i}$。

以A为根的信息增益为

$$\mathrm{Gain}(A)=I(P,N)-E(A) \tag{3-19}$$

ID3算法以$\mathrm{Gain}(A)$最大的属性A^*为根节点，对A^*的不同取值对应的E的V个子集E_i递归调用上述过程生成A^*子节点$B_1,B_2,\cdots,B_v$。

(2) C4.5 算法　C4.5 算法的核心原理与 ID3 相同，只不过在实现方法上做了更好的改进，增加了采用“增益比例”选择分裂属性、连续型属性处理、样本属性值空缺处理、规则产生、交叉验证等新功能。

1) 熵和信息增益率。设数据划分 D 为类标记的元组的训练集。假定类标号属性有 m 个不同值，定义 m 个不同的 $C_i(i=1,2,\cdots,m)$ 类。设 $C_{i,d}$ 是 D 中 C_i 类的元组的集合，$|D|$ 和 $|C_{i,d}|$ 分别是 D 和 $C_{i,d}$ 中元组的个数。对 D 中的元组分类所需的期望信息为

$$\text{Info}(D)=-\sum_{i=1}^{m}p_i\log_2(p_i) \tag{3-20}$$

式中：p_i 为 D 中任意元组属于类 C_i 的概率，用 $|C_{i,d}|/|D|$ 估计。Info(D) 又称为 D 的熵。

假设用属性 A 划分 D 中的元组，那么属性 A 具有 v 个不同值 $\{a_1,a_2,\cdots,a_v\}$，D 可以被属性 A 划分为 v 个子集 $\{D_1,D_2,\cdots,D_v\}$，其中 D_j 包含 D 中的元组，在 A 上具有值 a_j，则属性 A 的信息熵为

$$\text{Info}_A(D)=\sum_{j=1}^{v}\frac{|D_j|}{|D|}\times\text{Info}(D_j) \tag{3-21}$$

信息增益为原来的信息需求与新的信息需求之间的差，计算公式为

$$\text{Gain}(A)=\text{Info}(D)-\text{Info}_A(D) \tag{3-22}$$

属性 A 具有 v 个不同值 $\{a_1,a_2,\cdots,a_v\}$，其可以将 D 划分为 v 个子集 $\{D_1,D_2,\cdots,D_v\}$，其中 D_i 包含 D 中的样本，这些样本在 A 上具有 A_i。假如以属性 A 的值为基准对样本进行分割，则初始信息量 SplitInfo_A 为

$$\text{SplitInfo}_A(D)=-\sum_{j=1}^{v}\frac{|D_j|}{|D|}\times\log_2\left(\frac{|D_j|}{|D|}\right) \tag{3-23}$$

信息增益率为信息增益与初始信息量的比值：

$$\text{GainRatio}(A)=\frac{\text{Gain}(A)}{\text{SplitInfo}(A)} \tag{3-24}$$

将信息增益率作为属性选择标准，虽然克服了信息增益度量缺点，但由于算法偏向于选择值较集中的属性，从而导致所选属性不一定是对分类最重要的属性(邵峰晶和于忠清，2003；蔡丽艳，2013)。

2) 样本连续型属性处理。C4.5 算法在 ID3 算法基础上，增加了连续型属性和属性值空缺情况的处理，对树剪枝和生成规则也增加了成熟的方法。ID3 算法只能有效处理离散值属性，C4.5 算法则既可以处理离散属性，也可以处理连续属性。其中，连续型属性处理步骤如下(邵峰晶和于忠清，2003；蔡丽艳，2013)。

第 1 步：根据属性值，对数据集进行排序。

第 2 步：用不同阈值对数据集进行动态划分。

第 3 步：当输出改变时，即可确定一个阈值。

第 4 步：将两个实际值的中点作为一个阈值。

第 5 步：将所有样本划分成两个部分。

第 6 步：得到所有可能的阈值、增益及增益率。

第 7 步：每个属性会有两个取值，其中一个属性值小于阈值，另一个属性值大于或等于阈值。

3) 样本属性值空缺处理。ID3 算法以所有属性值都已经确定为前提假设，但在实际搜集样本时，经常会遇到样本数据不完整、人为导致的输入数据误差等问题，导致一个数据集中会有某些样本缺少一些属性值。因此，C4.5 算法在计算期望信息熵时，只计算那些已知测试属性值的样本，然后乘以这些样本在当前结点的训练集中的比例作为整个训练集的期望信息熵。在计算划分信息熵时，把那些丢失测试属性值的样本作为一个新的类别对待，单独计算期望信息熵。在划分训练集时，先将正常样本按一般算法划分为几个子集，然后把那些丢失测试属性值的样本按一定概率分布到各个子集中，子集中丢失测试属性值的样本与有测试属性值的样本保持一定的比例关系。在对丢失测试属性值的未知事例分类时，首先将该事例通过所有的分支，然后将结果进行合并，使其成为在类上的概率分布而不是某一个类，最后将具有最大概率的类作为最终结果(蔡丽艳，2013)。

(3) *C5.0 算法* C5.0 算法是 C4.5 算法的一个商业版本，广泛应用于 KNIME、Weka、RapidMiner、Clementine 等数据挖掘软件中，遗憾的是该算法的精确算法没有公开。C5.0 算法主要针对大数据集进行分类，其决策树归纳与 C4.5 算法相近，只是对生成规则进行了进一步的改进，测试结果表明 C5.0 算法在内存占用方面的性能改善了大约 90%，运行比 C4.5 算法快 5.7～240 倍，而且生成的规则更加准确。C5.0 算法还采用推进方法改进了预测精度，一些数据集上的测试结果表明，C5.0 算法的误差率远低于 C4.5 算法的 50%。

(4) *QUEST 算法* QUEST 全称为 quick unbiased efficient statistical tree，是 Loh 和 Shih 在 1997 年提出的一种二元分类的决策树算法。其基本思想主要涉及分支变量和分割值的确定问题，但它将分支变量选择和分割点选择以不同的策略进行处理。一方面，既要适用于连续型和离散型变量；另一方面，还要考虑其他一般决策树算法更倾向选择那些具有更多潜在分割值的预测变量。QUEST 算法在特征变量选择上基本无偏差，同时还可以在特征空间中通过多个变量构成的超平面来区别类别成员和非类别成员，而且对定类属性采用同 CHAID 算法类似的卡方检验方法，对定矩属性则采用 F 检验方法，选择对应 P 值最小且小于显著性水平的特征变量作为最佳分类变量。QUEST 算法运算速度和分类精度皆优于其他决策树方法(Jiang et al.，2015；LöW et al.，2015)，其构建流程如下(李旭等，2017)。

第 1 步：首先进行预测变量的选择，依次对所有的预测变量 X 和目标变量 Y 的相关性进行分析，若 X 为离散变量，使用卡方检验计算 X 与 Y 的关联强度，并求出归入该类的概率值 P；若 X 是有序的或者连续的变量，则利用方差分析计算 P 值。

第 2 步：将所有变量的 P 值与预先设定的界值 α/M 进行比较，α 为用户预设的显著水平，为(0，1)，M 为预测变量总数，如果均小于界值，就选择最小的一个 P 值作为分支变量；如果均大于界值，则当 X 为连续或者有序变量时，利用 Levene 方差的齐性检验计算 P 值，并且在 P 值小于界值的时刻，选择最小的一个 P 值作为分支变量，若方差的齐性检验 P 值均大于阈值，就选择第 1 步中 P 值最小的变量作为分支变量。

第 3 步：如果选出的分支变量为离散型分类变量，需经过变换，使不同 X 取值的目标变量 Y 取值的差异最大化，并且计算其最大判别坐标。

第 4 步：如果 Y 为多分类，就计算每一类 Y 取值对应的 X 值的均数，再使用聚类分析方法将这些类别合并为两大类，即将多类类别简化为二类判别问题。

第 5 步：利用二次判别分析方法最终明确分割点的位置，获得所选预测变量 X 原始取值，从而构建分类规则。

3.1.4　分类结果后处理

无论是监督分类、非监督分类，还是决策树分类，都是按照遥感影像光谱特征进行的聚类分析，分类结果通常很难满足应用要求。因此，对分类结果需要进行一系列处理，才能得到理想的分类结果，这些处理过程统称为分类后处理，一般包括小图斑去除处理、聚类处理、过滤处理和分类重编码。

1. 小图斑去除处理

应用监督分类、非监督分类或决策树分类得到的结果图中，往往包括许多面积很小的图斑。无论是从专题制图的角度，还是从实际应用的角度，都有必要消除这些小图斑。目前，常用的处理方法是 Majority/Minority 分析法，该分析方法采用类似于卷积滤波的方法将较大类别中的虚假像元归到该类中，定义一个变换核尺寸，用变换核中占主要地位（像元素最多）的像元类别代替中心像元类别，如果使用次要分析（minority analysis），则用变换核中占次要地位的像元类别代替中心像元类别。

2. 聚类处理

聚类处理是应用形态学算子将邻近的类似分类区域聚类并合并。分类图像经常缺少空间连续性（分类区域中存在斑点或空洞）。低通滤波虽然可以用来平滑这些图像，但是类别信息常常会被邻近类别的编码干扰，聚类处理解决了这个问题，其具体做法是：首先将被选的分类用一个扩大操作合并到一起，然后指定变换核大小对分类图像进行侵蚀操作。

3. 过滤处理

过滤处理可以解决分类图像中出现的孤岛问题。过滤处理使用斑点分组方法来消除这些被隔离的分类像元。类别筛选方法通过分析周围的 4 个或 8 个像元，判定一个像元是否与周围的像元同组。如果一类中被分析的像元数少于输入的阈值，这些像元就会从该类中被删除，删除的像元归为未分类的像元。

4. 分类重编码

分类重编码主要是针对非监督分类而言的。由于在非监督分类过程中，完全按照像元灰度值通过聚类获得分类结果，其类别及专题属性等还需要进行分类后处理，即分类重编码。分类重编码首先将专题分类图像与原始图像进行重叠对照，判断每个分类的专题属性，然后对类似的分类通过图像重编码进行合并，并定义分类名称和颜色。

3.1.5　分类精度评价

利用数学公式加先验知识做分类，只能尽可能接近自然特性，却不可能全部符合实际，因此在完成遥感影像分类解译后，完全有必要进行分类结果检验，计算分类错误概率大小，即进行后期分类精度评价。在进行计算机分类结果准确性分析时，通常情况下无法检核整幅分类图的每个像元是否分类正确，而是采用选取有代表性的检验区的方法对分类误差进行估计，选择检验区的方式一般有监督分类的训练区、指定的同质检验区和随机选取检验区 3 种（闫利，2010）。检验区确定后，就可选取检验样本，构建混淆矩阵，计算分类结果图的相应指标进行分类精度评价，常用的分类精度评价指标有总体分类精度、Kappa 系数、错分误差、漏分误差、制图精度和用户精度。

其中，总体分类精度等于被正确分类的像元总和除以总像元数，其计算公式为

$$\mathrm{OA}=\sum_{i=j=1}^{n} a_{ij}/\mathrm{Cell}_{co}\quad (i=1,2,\cdots,n;j=1,2,\cdots,n) \tag{3-25}$$

式中：OA 为总体分类精度；a_{ij} 为混淆矩阵的元素；i，j 分别为混淆矩阵的行数和列数，且 $i=j$；n 为混淆矩阵的阶数；Cell_{co} 为所有真实参考源的像元总数。

Kappa 系数是通过把所有真实参考的像元总数乘以混淆矩阵对角线的和，减去某类中真实参考像元数与该类中被分类像元总数之积后，再除以像元总数的平方减去某类中真实参考像元总数与该类中被分类像元总数之积对所有类别求和的结果，其计算公式为

$$K=\frac{\sum_{i=j=1}^{n} a_{ij}\sum_{i=1}^{n}\sum_{j=1}^{n} a_{ij}-\sum_{i=1}^{n} a_{ij}\sum_{j=1}^{n} a_{ij}}{(\sum_{i=1}^{n}\sum_{j=1}^{n} a_{ij})^2-\sum_{i=1}^{n} a_{ij}\sum_{j=1}^{n} a_{ij}}\quad (i=1,2,\cdots,n;j=1,2,\cdots,n) \tag{3-26}$$

式中：K 为Kappa 系数；a_{ij}、i、j、n 的含义同式(3-25)。

错分误差指被分为用户感兴趣的类而实际属于另一类的像元，其计算公式为

$$\mathrm{CO}=\sum_{j=1}^{n} a_{ij}(j\neq i)/\mathrm{Cell}_{ai}\quad (i=1,2,\cdots,n;j=1,2,\cdots,n) \tag{3-27}$$

式中：CO为错分误差；a_{ij}、i、j、n 的含义同式(3-25)；Cell_{ai} 为 ai 类真实参考像元总数。

漏分误差是指本身属于地表真实分类，但没有被分到相应类别的像元数，其计算公式为

$$\mathrm{OM}=\sum_{i=1}^{n} a_{ij}(i\neq j)/\mathrm{Cell}_{aj}\quad (i=1,2,\cdots,n;j=1,2,\cdots,n) \tag{3-28}$$

式中：OM 为漏分误差；a_{ij}、i、j、n 的含义同式(3-25)；Cell_{aj} 为 aj 类真实参考像元总数。

制图精度(生产者精度)是指整个图像的像元正确分为某类的像元数与某类真实参考像元总数的比，其计算公式为

$$\mathrm{PA}=1-\mathrm{CO}=a_{ij}(i=j)/\sum_{j=1}^{n} a_{ij}\quad (i=1,2,\cdots,n;j=1,2,\cdots,n) \tag{3-29}$$

式中：PA 为制图精度(生产者精度)；a_{ij}、i、j、n 的含义同式(3-25)；CO的含义与式(3-27)相同。

用户精度是指正确分为某类的像元总数与整个图像的像元分为某类的像元总数的比，其计算公式为

$$\mathrm{UA}=1-\mathrm{OM}=a_{ij}(i=j)/\sum_{i=1}^{n} a_{ij}\quad (i=1,2,\cdots,n;j=1,2,\cdots,n) \tag{3-30}$$

式中：UA 为用户精度；a_{ij}、i、j、n 的含义同式(3-25)；OM 的含义与式(3-28)相同。

3.1.6　基础地理信息提取

基础地理信息主要是指通用性强、共享需求大，几乎为所有与地理信息有关的行业采用并作为统一空间定位和进行空间分析的基础地理单元，主要由自然地理信息中的地形、地貌、水系、植被及社会地理信息中的居民地、交通、境界、特殊地物、地名等要素构成。本节主要介绍景观生态安全格局规划中经常用到的归一化植被指数等影像特征信息和坡度、坡向等常用地形因子的提取。

1. 影像特征信息提取

将遥感影像不同特征变量作为影像分类基础数据源，可减少地物同物异谱、异物同谱现象，从而大大提高分类精度(吴健生等，2012；白秀莲等，2014)。为此，在规划案例研究区遥感影像解译中，提取了 1 个归一化植被指数(NDVI)、8 个常用纹理测度[均值(mean)、方差(variance)、协同性(homogeneity)、对比度(contrast)、相异性(dissimilarity)、信息熵(entropy)、二阶矩(second)、相关性(correlation)]，作为规划案例研究区景观类型划分的基础数据。

(1) *归一化植被指数*　　利用卫星不同波段探测数据组合而成的，能反映植物生长状况的指数称为植被指数。植物叶面在可见光红光波段有很强的吸收特性，在近红外波段有很强的反射特性，这是植被遥感监测的物理基础，通过这两个波段测值的不同组合可得到不同的植被指数，如比值植被指数、归一化植被指数、差值环境植被指数、绿度植被指数、增强型植被指数等。不同植被指数用途迥异，其中归一化植被指数是反映土地覆被状况的一个重要指标，在植被分类中应用特别广泛。Landsat TM/ETM+/OLI 影像归一化植被指数可按式(3-31)进行计算。本书应用 ESRI ArcGIS10.0 栅格计算功能根据式(3-31)计算规划案例研究区归一化植被指数(图 3-5)。

$$NDVI=(NIR-Red)/(NIR+Red) \tag{3-31}$$

式中：NDVI 为归一化植被指数，取值范围为[−1,1]；NIR 、Red 分别为 TM/ETM+/OLI 影像近红外波段和红波段反射率。

(2) *常见纹理测度*　　许多遥感影像包含的区域以亮度变化为特征，而不仅仅局限于亮度值。纹理是指图像色调作为等级函数在空间上的变化。被定义为纹理清晰的区域，灰度等级相对于不同纹理的地区一定是比较接近的。ERDAS、ENVI 等专门的遥感图像处理软件中都有纹理分析功能，其中 ENVI 软件可以支持基于概率统计或二阶概率统计的纹理滤波。本书应用 ENVI5.1 二阶概率统计滤波纹理分析模块(co-occurrence measures)，基于第一主成分分量计算得到规划案例研究区各时期遥感影像均值(mean)、方差(variance)、协同性(homogeneity)、对比度(contrast)、相异性(dissimilarity)、信息熵(entropy)、二阶矩(second)、相关性(correlation)共 8 个常用纹理测度。图 3-6 所示为分别以均值、协同性、相异性作为红、绿、蓝三波段显示的规划案例研究区各时期遥感影像纹理特征空间分布图。

2. 常用地形因子提取

应用 ESRI ArcGIS10.0 栅格数据裁剪工具从 DEM 数据上裁剪得到规划案例研究区 DEM 数据，在此基础上利用 ESRI ArcGIS10.0 空间分析工具基于 DEM 数据计算得到规划案例研究区的坡度、坡度变率、坡向、坡向变率、地表粗糙度、地形曲率共 6 个基础地形因子图(图 3-7)。其中，坡度是指地表陡缓程度，通常把坡面垂直高度 h 和水平距离 l 的比叫作坡度(坡比)；

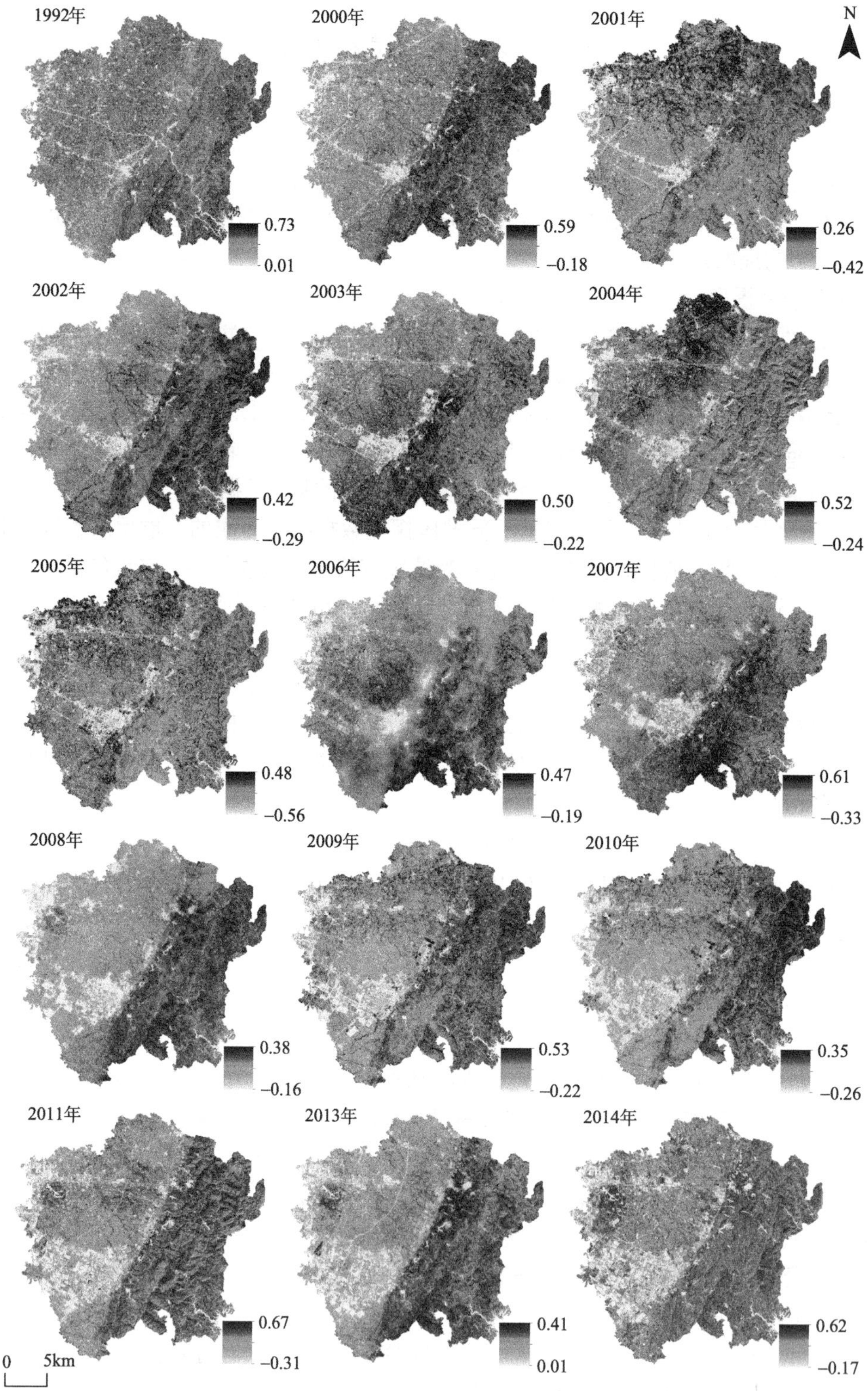

图 3-5　规划案例研究区不同时期归一化植被指数图

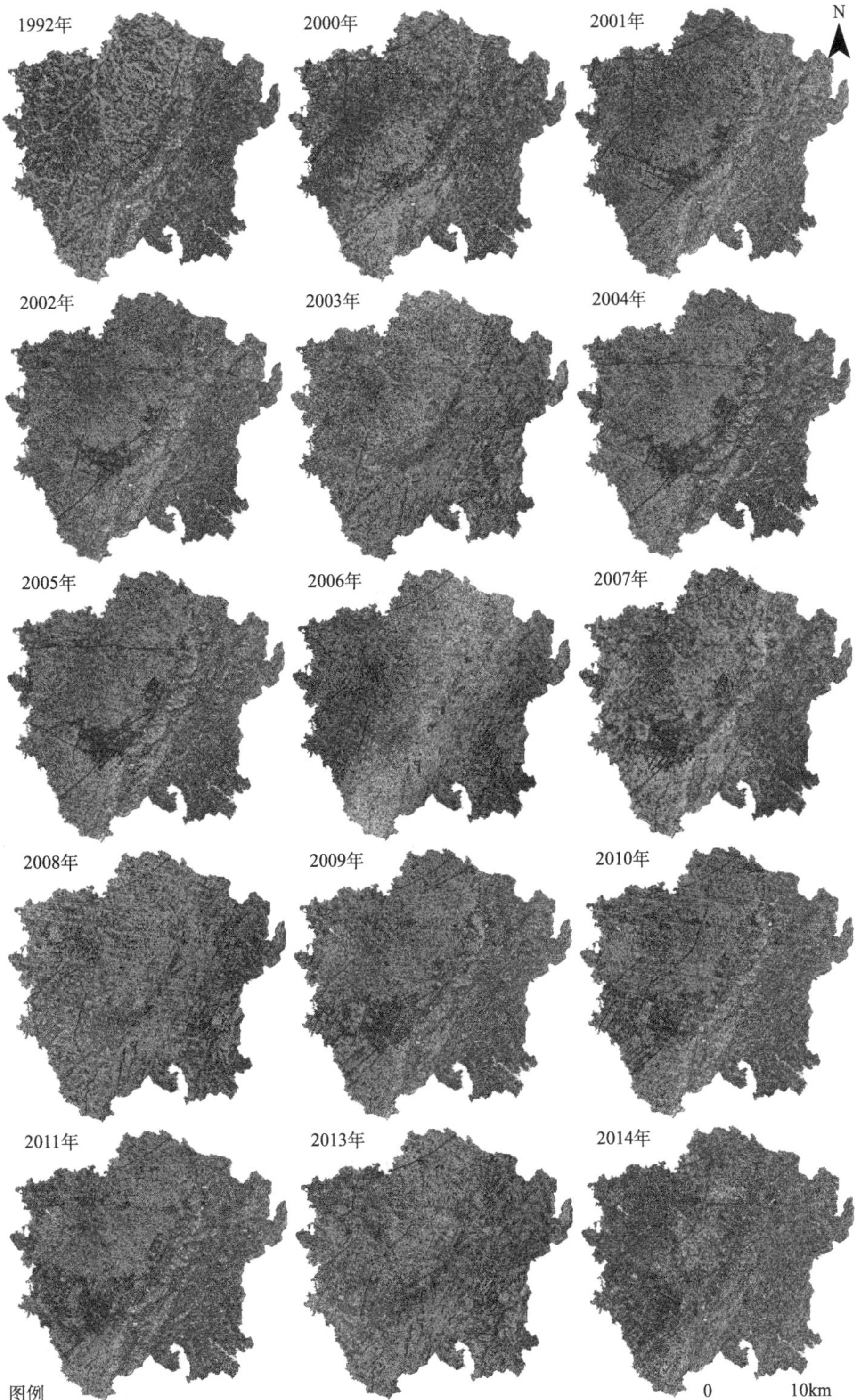

图 3-6　规划案例研究区不同时期遥感影像常见纹理特征空间分布图

坡度变率是依据坡度求算原则，在所提取的坡度值的基础上对地面每一点再求算一次坡度，即坡度的坡度，坡度是地面高程的变化率的求解，因此坡度变率表征了地面高程相对于水平面变化的二阶导数，在一定程度上可以很好地反映剖面曲率信息；坡向为坡面法线在水平面上的投影方向，如前所述坡度为斜面倾角的正切值，假定为 *AO*/*OB*，则 *AB* 为斜边，那么 *AB* 在水平面的投影的方位角就是坡向(0°～360°)；坡向变率是指在地表坡向提取基础上，对坡向变化率值的二次提取，即坡向的坡度，是等高线弯曲程度的指标，可以反映地表所有的山脊线、山谷线；地表粗糙度是反映地表起伏变化与侵蚀程度的指标，通常定义为地表单元曲面面积与投影面积之比；地形曲率分为平面曲率和剖面曲率，其中平面曲率是指地面任一点位地表坡向的变化率，即坡向的坡度，而剖面曲率是指地面任一点位地表坡度的变化率，即坡度的坡度。

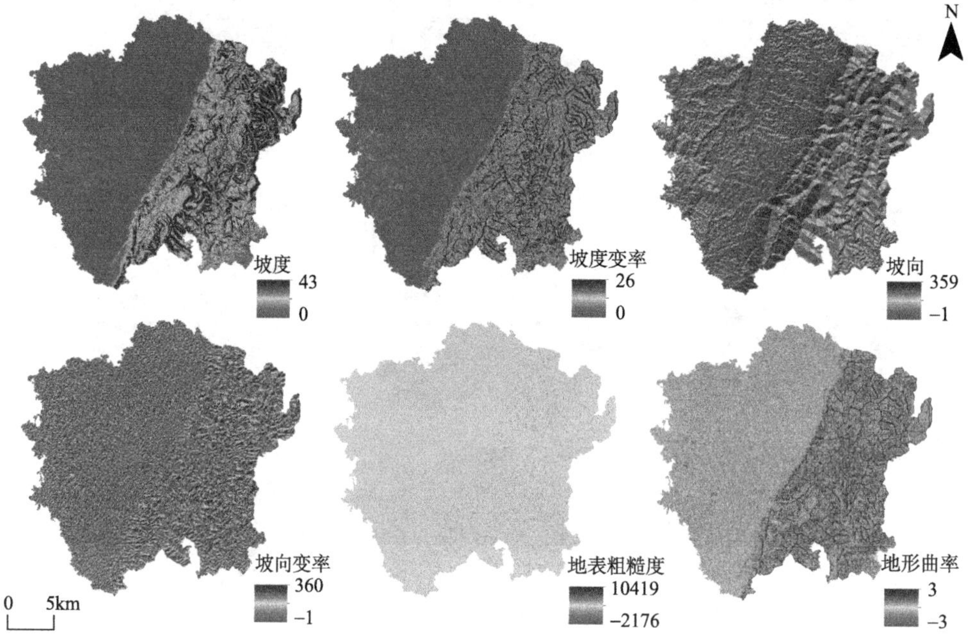

图 3-7　规划案例研究区基础地形因子空间分布图

3.2　纸质地图数字化处理

纸质地图数字化是指将传统纸质或其他材料上的地图(模拟信号)转换为计算机可识别的数字地图(数字信号)的过程，以便于计算机存储、分析和输出。在景观生态安全格局规划中，经常需要将收集到的土壤图、植被图、地质图等纸质图件进行数字化处理，将其转化成为计算机能够识别和处理的数字地图，以便于借助专业软件进行景观安全格局研究。地图数字化主要有手扶跟踪数字化和扫描数字化两种方式。伴随着计算机硬件和软件技术的发展，地图扫描数字化作为基础地理信息数据来源的重要手段，其应用越来越广泛，已经成为地图数字化的主流(余晓红，2001)。地图扫描数字化包括栅格式数字化和矢量化数字化。栅格式数字化的实质就是将线划地图扫描输入计算机而得到的像素地图；矢量化数字化就是指将栅格图像转换为矢量图像的过程。

3.2.1　扫描数字化的基本流程

扫描数字化过程可以分为原图扫描、扫描栅格地图纠正、纠正后地图的矢量化、数据编辑处理、地图制作输出 5 个步骤(张前勇等，2001)。

1. 原图扫描

为了得到效果理想的扫描地图，在扫描前要整理好图幅，尽量使图面清洁，检查内图廓线应光滑、清晰，否则应重新描绘内图廓线，以便于在后续进行图幅纠正处理时，能准确找到图廓控制点。另外，在地形图扫描前，要进行扫描仪初始化，并进行预扫，将各扫描参数调到最佳状态，从而使地图达到理想效果，经成功扫描后所得的地图，为使其文件较小，可将其存储为*.jpg 格式文件。

2. 扫描栅格地图纠正

图纸在扫描过程中不可避免地会存在系统误差和偶然误差。图纸本身的横纵方向不等比例收缩，图纸摆放方向与扫描方向存在角度偏差，扫描滚筒在扫描过程中产生位移等，都会导致图纸扫描误差。因此，在地图矢量化前必须对其进行伸缩改正和图片倾斜改正，甚至有时对地图进行重新拼接，从而使扫描地图达到满意效果。

扫描地图的纠偏及改正是一项十分复杂的工作，但可以通过专业软件来实现，目前常用的软件有 Photoshop、Geoscan、ESRI ArcGIS、MapGIS、AutoCAD 等。以 ESRI ArcGIS 为例，其扫描地图配准纠正步骤如下。

第 1 步：定义投影坐标系。

第 2 步：打开需要进行配准纠正的扫描图件。

第 3 步：在图中均匀选择公路交会处、标志性建筑物等长久不易变化的特殊点和公里网格交点作为扫描地图纠正控制点，一般控制点要均匀分布且越多纠正效果越好。

第 4 步：利用 Georeferencing 工具，在扫描图上精确找到一个控制点，然后鼠标右击输入该点实际坐标。

第 5 步：增加所有控制点后，检查 RMS 值是否达到精度要求(一般要求 RMS 小于一个像元的 1/2)，如果 RMS 值较大，就需要删除误差大的控制点，再重新选择新的控制点，增删控制点直到 RMS 值满足精度要求。

第 6 步：利用 Georeferencing 工具中 Update Display 命令进行地图配准纠正。

第 7 步：利用 Georeferencing 工具中 Rectify 命令将纠正后的地图保存，即得到纠正后的扫描栅格地图。

3. 纠正后地图的矢量化

通过扫描地图校正和正确的矢量化方法选择后，就可正式开展地图矢量化工作。目前，能实现栅格地图矢量化的软件很多，如 Mapinfo、MapGIS、ESRI ArcGIS、ENVI、Geoscan 等，其中 Geoscan 是经实践证明较为理想的矢量化软件，该软件矢量化速度快，得到的地图线条平滑、点位精确，矢量化效果较好。

将栅格式数字图转化为矢量化数字图后，此时二者还同时存在于同一个文件中，经过地图要素编辑(包括数据的添加、删除、修改，图形的分割、连接、显示、放大、选取，以及线划、符号、注记和图廓整饰处理等)，检查无误后，就可将最早调入的扫描地图文件删除，保存地图，就生成了正式的用于输出的绘图数据文件。

4. 数据编辑处理

经过原图扫描、扫描栅格地图纠正、纠正后地图的矢量化工作，虽然可以得到矢量格式的数字地图，但经矢量化的数字图中的数据还比较混乱，就是一幅杂乱的数字堆图。为便于数据提取、分析和编辑，必须借助 MapGIS、ESRI ArcGIS、南方 CASS 等专业软件进行数据编辑处理，给不同地物赋予属性，矢量化数字图分成不同的数据信息块，分别保存在不同的图层中，便于以后分类提取数据信息。

5. 地图制作输出

对处理形成的数字化图进行最后检查校对，确认无误后即可制作成地图输出，其输出的数字地图产品包括：①数据文件，在进行最终的数据文件输出时，尽量使用*.dwg、*.shp 等通用文件格式，以便于数据交流；②打印纸图，矢量化数字地图可以任意比例尺经绘图仪输出，一般视用户的要求而定；③屏幕显示地图，可以通过光盘刻录机、绘图仪、打印机、显示器等设备来实现。

3.2.2　扫描数字化的数据质量控制

地图扫描数字化的误差主要来源于工作底图、图纸变形、扫描仪器误差、地图几何纠正误差、操作误差和软件误差(孟亚宾和李淼，2006)，因此可以从地图扫描质量、地图处理误差、空间数据质量 3 个方面控制扫描数字化的数据质量。

1. 地图扫描质量控制

一方面，保证原图质量。GB/T 17160—1997《1∶500、1∶1000、1∶2000 地形图数字化规范》规定：工作底图一般应为聚酯薄膜图，其变形应≤0.02%；图廓点位误差≤0.15mm，图廓边长误差≤0.2mm，图廓对角线误差≤0.3mm，公里网点间距误差≤0.2mm；工作底图上的地物、地貌、水系、植被等要素应表示清楚正确；图廓点公里网点及等级平面控制点点位误差≤0.12mm，图廓边长误差值≤0.2mm，对角线误差不超过 0.3mm，点状要素平面位移中误差≤±0.25mm，线状、面状要素平面位移中误差≤±0.3mm。另一方面，选取恰当的扫描分辨率。提高扫描分辨率可以提高扫描图质量，但是图像数据量也会随之成倍增长，导致计算机内存溢出和处理时间延长，因此在扫描分辨率和数据质量之间应采取折中的方案。一般情况下，对于图面负载量比较少的平地地图，采用分辨率 300DPI 即可满足精度要求，对等高线非常密集的山区地图，扫描分辨率应达到 500DPI，方可确保 DRG 图像质量(孟亚宾和李淼，2006)。

2. 地图处理误差控制

首先，检查几何纠正精度。几何校正完以后，由图廓理论坐标生成图廓线、公里网线，检查几何纠正精度，并将几何纠正精度控制在 0.10mm 以内(孟亚宾和李淼，2006)。其次，进行图纸定向。采用 4 个图廓点定向时，定向精度不能大于 0.10mm；采用 9 个点定向时，定向精度不能大于 0.13mm，最大不能超过 0.15mm(曾衍伟，2004)。然后，控制屏幕数字化误差。要求在放大条件下进行数字化采集，将数字化误差控制在 1 个像素以内，采点密度控制在 0.2mm 内，结合距离控制在 0.02mm 内，悬挂距离控制在 0.007mm 内，细化距离控制在 0.07mm 内，纹理级距离控制在 0.01mm 内。最后，控制接边误差(曾衍伟，2003)。接边时，几何位置误差控制指标为：当相邻图幅对应要素之间的距离小于 0.3mm 时，可移动其中一个要素使两者结合；在 0.3～0.6mm 时，两个要素各自移动一半进行结合；若距离大于 0.6mm，则按一般制图原则接边，并在文档资料中记录(孟亚宾和李淼，2006)。

3. 空间数据质量控制

通过矢量化采集的空间数据，质量控制主要体现在元数据质量控制、几何数据质量控制、拓扑数据质量控制和属性数据质量控制 4 个方面(孟亚宾和李淼，2006)。

1) 元数据质量控制。元数据是描述地理数据内容、质量、状况和其他特征的数据，是关于数据的数据，又称为地理信息描述数据或诠释数据。元数据的质量控制主要包括数据完整性检查、时间精度检查、数据说明和文档资料检查等。

2) 几何数据质量控制。在地图数字化过程中，不可避免地会出现空间点位丢失或重复、线段过长或过短、区域标识点遗漏等问题。为此，可采用目视检查、逻辑检验和图形检验等方法进行检查与处理。

3) 拓扑数据质量控制。拓扑是反映空间要素和要素类之间关系的数据模型或格式，用来保证空间数据的完整性。规则拓扑关系的建立是空间分析的基础，拓扑关系的质量直接关系到空间分析的正确性和可靠性。因此，拓扑数据在 GIS 中有着十分重要的地位。在拓扑数据质量控制中，可以通过建立拓扑关系规则来进行拓扑数据一致性控制。拓扑关系规则是用户指定的空间数据必须满足的拓扑关系约束，如要素之间的相邻关系、连接关系、覆盖关系、相交关系等。

4) 属性数据质量控制。主要检查属性数据是否有遗漏现象，属性数据的值是否在值域范围之内，相邻图幅同一地物的属性值是否相同等逻辑不一致误差，属性数据质量控制可以通过软件进行批量处理检查。

3.3　社会经济统计数据空间化处理

社会经济统计数据是以行政区划为单元收集的，反映该行政区内的社会、经济等特征属性的平均水平或总量水平的统计数据，可以分为和值变量型统计数据和均值变量型统计数据两种类型(闫庆武和卞正富，2007)。其中，和值变量型统计数据是指反映一个行政单元的社会、经济等属性的总量水平的一类统计指标，如国内生产总值(gross domestic product，GDP)、土地总面积、总人口等；均值变量型统计数据是指反映一个行政单元的社会、经济等属性的平均水平的一类统计指标，一般由两种和值变量型统计数据经过复合计算而来，如人口密度、人均粮食产量、人均国内生产总值等。在景观生态安全格局规划中，很多时候需要将以行政区为统计单元的社会经济统计数据与以网格为记录单元的自然生态环境数据进行叠加分析，这就需要将两类不同统计单元的数据统一到同一地理单元，即需要进行社会经济统计数据的空间化处理。所谓社会经济统计数据的空间化是指将以行政区域为单元的社会经济统计数据按照一定的原则，采用某种技术手段合理地分配到一定尺寸的规则地理格网上的过程，以便与自然生态环境数据交叉、集成使用。目前，社会经济统计数据的空间化研究主要集中在人口数据空间化(廖一兰等，2007)、GDP 数据空间化(杨妮等，2014)和其他属性数据空间化(蔡福等，2005；姚永慧等，2006)等。其中，研究成果最为丰硕的是人口数据空间化，较成熟的方法有面插值法和统计模型法两类。本书以人口数据空间化为例，对这两种空间化方法做一简要介绍。

3.3.1 面插值法

在景观生态安全格局规划中，通常需要将社会经济统计数据内插到不同的地理空间单元上，这种将属性数据从源区域向目标区域转换的过程就称作面插值法。根据插值过程中是否使用辅助数据又可以把面插值分为无辅助数据面插值和有辅助数据面插值两类。其中，无辅助数据面插值法中应用广泛的有点插值法、面积权重内插法、Pycnophylactic 插值法；有辅助数据面插值法中应用广泛的是分区密度图插值法。

1. 点插值法

点插值法较多，根据插值过程中是使用整个插值区域的样点数据值，还是使用一个大区域中较小区域内的已知样点数据值，可把点插值法分为全局点插值法和局部点插值法两类；根据是否能保证创建的插值表面经过所有的采样点，又可以把点插值法分为精确性点插值法和非精确性点插值法两类。

Martin(1989)提出的基于质心的插值法是点插值法的一个典型例子，广泛应用于统计数据的空间化中。该方法首先在源区域上叠加一个网格图，假定每一个普查单元的人口集中在普查单元的质心，质心的数值等于普查单元的人口密度。在每一个质心上方定位一个窗口，然后为窗口下面的网格分配人口。窗口的宽度随着插值区域内质心点分布密度的变化而变化。每一个网格相对于每一个普查单元的质心都有一个人口权重值，该值由网格到质心点的距离和窗口宽度确定，所有质心的人口密度与网格对应的人口权重的乘积之和就是该网格的人口数。

每一种点插值法都有自身优缺点，没有一种方法在所有的应用中都表现为最优。原始数据的质量尤其是采样点的密度、空间排列和表面复杂性严重影响插值的结果。实际应用中究竟选择哪一种方法主要取决于使用的数据情况、要求达到的插值精度和计算机能够承受的计算量。通常情况下，精确性点插值法由于其简单性、灵活性和可信赖性而比非精确性点插值法有更为广泛的应用(潘志强和刘高焕，2002)。

2. 面积权重内插法

面积权重内插法是一种简单且直观的社会经济统计数据空间化方法，它是根据目标区域(图 3-8 中 a、b 组成的矩形区域)内各源区域(图 3-8 中 A、B 两块区域)所占面积的百分比来确定目标区域属性值的一种方法，由于该方法是根据目标区域确定源区域的权重，因此称为面积权重内插法。面积权重内插法的前提是假定区域人口均匀分布，首先在源数据区域叠加目标数据区域，然后确定每个源数据区域落在某一目标区域的面积比例，最后根据面积比例分配属性值，计算公式为

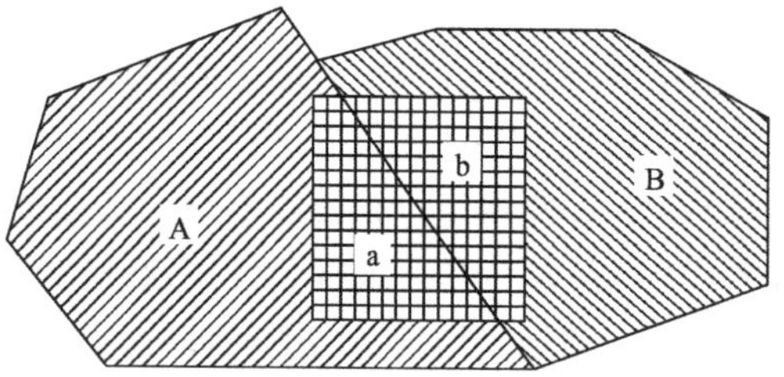

图 3-8 面积权重内插法

$$P_t = \sum_s P_s(A_{st} / \sum_t A_{st}) \tag{3-32}$$

式中：P_s 为源区域的人口值；P_t 为目标区域的人口值；A_{st} 为源区域和目标区域叠加后的面积。该方法简单明了，所需要数据少，缺点是需要假定人口在每一个源区域内部都是均匀分

布的，然而在现实世界中，这种均匀分布的现象极少发生。

3. Pycnophylactic 插值法

Tober(1979)提出的 Pycnophylactic 插值法是使用最广泛的无辅助数据的面插值法。该方法假定一个光滑密度函数的变量保持一致，相邻源区域影响平滑的条件是，通过使每个网格数值接近它周围 4 个邻近网格平均值，从而达到最小化估计表面曲率的目的，其他平滑条件根据应用类型而定。插值过程为：首先为每一个叠加在源区域上的网格单元分配一个平均密度，然后小幅度修改每一个网格单元的数值，使其接近平滑条件要求的数值。为了保持区域内变量的一致性，必须对源区域内所有网格的人口数反复进行增减调整，以便使插值前后源区域的人口数保持不变，最后的结果是一个光滑的人口密度表面。该方法的特点是：①平滑前后源区域的人口数保持一致，即变量一致性；②不要求人口普查单元中人口分布的均质性，但单元边界处人口数的较大变化会影响插值效果，因此边界处的人口数差别不应太大(田永中等，2004)。

最初的 Pycnophylactic 插值法使用规则网格表达人口普查数据的空间分布格局。Rash(2001)对该插值法进行扩展，使用不规则三角网(triangulated irregular network，TIN)代替规则网格。基于 TIN 的 Pycnophylactic 插值消除了源区域向规则网格转化的误差，尤其对于大范围和高分辨率的源区域，更能显示出其优越性。但是基于 TIN 的 Pycnophylactic 插值不如基于规则网格的 Pycnophylactic 插值容易实现。Lam(1983)认为如果待求变量是平滑的，用 Pycnophylactic 插值法可以产生较好的插值结果。

4. 分区密度图插值法

分区密度图插值法最早由 Wright 提出(李素和庄大方，2006)。该方法首先对插值区域进行土地利用分类，然后把土地利用单元作为目标区域，假设人口在土地利用单元上是均匀分布的，利用辅助数据通过回归分析估计目标区域平均人口密度，在此基础上通过式(3-33)计算源区域人口数。

$$P_i = \sum P_{ij} = \sum A_{ij} D_j \tag{3-33}$$

式中：P_i 为源区域 i 中的总人口；P_{ij} 为子区域 ij 中的人口，即源区域 i 中土地利用类型 j 中的人口；A_{ij} 为源区域 i 中土地利用类型 j 的面积；D_j 为土地利用类型 j 中的平均人口密度；A_{ij} 可以通过土地利用类型图和源区域矢量图进行叠加操作求得。

虽然分区密度图插值法实现起来简单，但是忽略了每种土地利用类型中人口分布的差异性。如果考虑这种差异，必须进一步对居住区进行详细的土地利用分类，把每一种土地利用类型和相应的人口密度结合起来。确定不同土地利用类型中的人口密度的方法有预定义人口密度统计方法(Mennis，2003)、回归分析(廖顺宝和李泽辉，2003)、均质性假设法(Harvey，2002)。其中，均质性假设法是一种很独特的处理不同土地利用类型内部人口密度的方法，该方法基于 TM 像元尺度估计人口，按照式(3-34)给源区域中的居住区像元分配一个相同的人口数。

$$P_{ij} = P_i / n \quad (i = 1, 2, \cdots, n) \tag{3-34}$$

式中：P_{ij} 为最初分配到源区域 i 中第 j 个像元的人口数，源区域 i 中的总人口为 P_i；n 为源区域 i 中被分类为居住区的像元的数量。因为有多个源区域，且每个源区域都有不同人口数量的居住区像元，所以可以在人口数和居住区像元值之间建立一个普通最小二乘回归方程拟合得到相应的回归系数，再根据式(3-35)调整每个像元的人口数。

$$P_{ij}(\mathrm{adj}) = \hat{P}_{ij} + \hat{r} \tag{3-35}$$

式中：$\hat{P}_{ij}$ 为回归估计值；$\hat{r} = (\sum_{j=1}^{n} P_{ij} - \hat{P}_{ij}) / n$。公式得到的结果是经过纠正后的每个像元的人口数，这个数值比最初分配给每个像元的人口数更加接近于回归直线。如果继续对调整数值进行迭代运算，R^2 的数值将会继续单调增加，但增加幅度会逐渐减小，当其达到预先定义的阈值时，迭代过程就会停止。

3.3.2 统计模型法

人口估计统计模型法最早开始于 20 世纪 50 年代，最初的目的是弥补人口普查成本高、效率低、工作量大的缺点。根据统计模型中自变量的不同可以把统计模型法分为建成区面积估计法、土地利用密度法、居住单元估计法、图像像元特征估计法及自然和社会经济特征综合估计法(李素和庄大方，2006)。

1. 建成区面积估计法

建成区面积估计法的基本思路是通过建立城市面积和城市人口之间的数量关系来模拟人口空间分布，适合于 50 万～250 万人口的大城市人口数据的空间插值。受生物学异速增长规律的启发，Nordbeck(1965)研究了大量美国城市中城市面积和人口数量之间的关系，得出建成区面积与人口的 b 次方成正比的结论。

Tobler(1969)使用航空照片研究了世界上许多城市的人口和城市面积之间的关系，发现如果假定城市在形状上可以看作圆形的，并且城市的形状不随时间的变化而显著变化，城市半径和城市人口的相关系数可以达到 0.87 以上。

虽然城乡边界难以确定，但是陆地卫星影像的出现和图像处理技术的进步为研究人口和城市面积之间的关系提供了基础支撑。Lo 和 Welch(1977)使用 1972～1974 年的 MSS 影像对中国 200 万～500 万人口的 10 个大城市进行研究，发现城市人口和城市面积之间的相关系数达到了 0.82 以上。

近年来，一些研究者将城市灯光作为衡量城市人口数量的重要指标。Lo(2002)使用 DMSP 图像对中国 35 个城市进行研究，发现灯光强度与非农业人口数量之间的相关系数达到了 0.91。

2. 土地利用密度法

人口数据与土地利用类型，特别是耕地和居民点的关系最为密切。一个地区的总人口可以根据式(3-36)进行计算(李素和庄大方，2006)：

$$P = \sum_{j} A_j D_j \tag{3-36}$$

式中：P 为人口估计总数；A_j 为土地利用类型 j 的面积；D_j 为土地利用类型 j 的人口密度，通过回归分析得到。该公式与前面介绍的分区密度图方法中的函数式相似，但目的不同。分区密度图法是在保持源区域人口数不变的前提下，在区域内部重新分配人口，而土地利用密度法是为了计算人口数难统计地区的总人口，或者是为了计算两次人口普查之间的总人口。

土地利用类型面积可以通过遥感影像解译获取。人口估计的精度主要取决于各土地利用类型的分类精度。不同土地利用类型的人口可以通过回归模型估计，也可以通过样点调查或者普查区统计得到。土地利用密度法适用于城市和农村地区，其人口估计精度主要取决于土地利用分类的详细程度和分类精度。

3. 居住单元估计法

一个地区的总人口可以通过计算居住单元的总数量与居住在每一个居住单元中的人口数量之间的乘积得到，也可以根据不同类型的居住单元具有不同的人口密度得到。每一种居住单元的人口密度可以通过抽样调查或者根据统计数据计算得到，而一个地区居住单元的总数量可以通过遥感影像估计得到。Porter(1956)是应用居住单元估计法进行人口估计的先驱，他通过地面调查获得了利比里亚不同类型居住单元的人口密度。以往没有自动提取居住区建筑物的有效方法，主要依靠人工解译从航空照片上提取居住单元，然后计算居住单元的数量。随着高空间分辨率卫星影像的出现和特征提取技术的进步，可以自动从卫星图像上提取居住单元，为居住单元估计法的应用提供了有力的技术支持。借助这些高分辨率的遥感数据和建筑物自动提取技术，通过居住单元数量进行人口估计已经变成一种快速、可行的方法。居住单元估计法适合于农村人口估计，因为农村建筑物分散，有利于借助航片或卫片进行提取处理。

4. 图像像元特征估计法

人口密度除与遥感影像上提取出来的特征相关以外，还可以直接与遥感影像像元的波谱反射率建立联系。Hsu(1973)首次使用遥感影像像元值建立人口估计多元回归模型，但是这种人口估计方法直到 Iisaka 和 Hegedus(1982)在估计日本东京人口分布密度中才首次实现，其研究表明 MSS 影像 4、6、7 波段在一定空间单元内的平均波谱值与人口密度强烈相关。Lo(1995)采用相同的方法，使用较高分辨率的 SPOT 影像对香港地区进行了类似研究，发现人口密度与最小人口普查单元内所有 SPOT 影像像元的两个波段的各自平均波谱值之间具有较高的相关系数。Webster(1996)认为仅依靠波谱值不能有效区别不同人口密度的地区，因而在建立回归模型时把大量来自 TM 影像的波谱信息和纹理信息相结合，最后发现纹理信息对于房屋密度的预测能力比波谱信息更强。Harvey(2002)除利用纹理信息进行预测外，还把波段与波段之间的比值、波段差与波段和的比值等大量来自波谱转换的变量引入人口估计的多元回归模型中。此外，也有一些研究人员使用图像纹理分析对像元进行分类，将不同类别的像元数与人口密度联系起来，这与通过土地利用推断人口数的方法类似。Chen(2002)使用均质性纹理估计把居住区像元分成不同的均质性等级，然后在每个均质性等级的像元数和房屋密度之间建立数量关系进行空间分布预测模拟。

5. 自然和社会经济特征综合估计法

除上文提到的从遥感影像上提取像元特征进行人口空间插值模拟外，许多其他自然和社会经济特征也可以用于人口插值估计。Lanscan 全球人口工程就是一个很典型的例子(Jerome et al.，2000)。在这项工程中，来自夜间图像的光能量，从各种遥感影像上提取的土地覆盖数据和人口统计信息、地形信息和道路网络信息等其他信息都被合并在一个模型中，用于 1km×1km 分辨率上的人口估计。Liu 和 Clarke(2002)研究发现城市地区的总人口与距离中心商业区的距离、交通网络系统的便捷性、城市的坡度和居住区最早建立的时间等有关。廖顺宝和孙九林(2003)根据第 5 次人口普查数据，对青海、西藏各市县平均人口密度与海拔、土地利用、主要道路、河流水系的相关性进行了分析，并提出了一种基于多源数据融合技术的人口统计数据空间化方法，对青海、西藏两省(自治区)的人口空间分布进行了模拟，获得了 1km×1km 分辨率的栅格人口密度图。刘纪远等(2003)运用基于格点的人口密度空间分布模拟模型，使用净第一性生产力、数字高程、城市规模及其空间分布和交通基础设施空间分布等数据集，模拟了中国人口密度的空间分布规律。总体来说，随着模型复杂性的增加，精度和鲁棒性也随之增加。但值得注意的是，虽然应用多变量方法进行人口估计的总体精度有所提高，但是其变量选择必须具有一定理论基础。

3.4　实验监测数据空间化处理

在景观生态安全格局规划研究中，除了要收集规划区社会经济统计资料外，还要采集区域土壤、植物、水体等样品进行室内化验，以及定点设置监测站对降水、气温、光照等自然生态环境因子进行长期监测。通常这些实验检测数据和定点监测数据都是以离散点的形式存在的，只有在这些采样点和监测站上才有较为准确的数值，而其他未采样点上均没有数值。然而，景观生态安全格局规划应用中需要将这些点状数据转化为面状数据，以便于与遥感影像、数字高程模型等地理空间数据进行集成应用，这就需要通过样点或站点的数值来推算未采样点或未设站点的值。这个过程实质上就是实验监测数据的空间化处理过程，即空间插值过程。插值结果将生成一个连续的表面，在这个连续表面上可以得到每一点的值。常见的空间插值运算生成表面的方法有反距离权重插值、样条函数插值和克里格插值。

3.4.1　反距离权重插值

根据地理第一定律“两个物体的相似性随它们间的距离增大而减小”的基本假设，已知样点值对未知样点值的预测影响具有局部性，其影响随距离增加而减小(蔡福等，2005)。显然，远离预测样点的实测样点对预测样点值的影响会小一些。若一个实测样点太远，则它可能处在与预测样点非常不同的地区，就不能用它来对未知样点进行预测，否则就会产生预测偏差。因此，参与未知样点值预测的实测样点数目应该随着样品的分布及表面特性而变。如果这些待预测样点是相对均匀分布且表面特性在整个景观上没有变化的，那么就可以用相邻的实测样点来预测，考虑到距离关系，相近点的实测样点值要比较远点实测样点值有更大的权重，这即是反距离权重插值法的理论基础。

反距离权重插值法是利用被预测区域点周围的实测值来预测未采样点的值。实测点离预测点越近，则对插值的结果影响越大。反距离权重插值法假定实测点对预测结果的影响随着离预测点距离的增加而减少，以插值点与样本点间的距离为权重进行加权平均，离插值点越近的样本点赋予的权重越大，反之则越小，该方法总的公式为

$$z^*(x_0)=\sum_{i=1}^{n}\lambda_i z(x_i) \tag{3-37}$$

式中：$z^*(x_0)$为点x_0处的预测值；$z(x_i)$为点i处的实测值；n为预测点周围实测点的数目；λ_i为分配给每个实测点的权重，这些权重随着距离的增大而减小。

反距离权重插值法中权重的计算公式为

$$\lambda_i=d_{i0}^{-p}/\sum_{i=1}^{N}d_{i0}^{-p}\quad 且\quad \sum_{i=1}^{N}\lambda_i=1 \tag{3-38}$$

式中：d_{i0}为预测点x_0与每一个实测点x_i间的距离；幂指数p为实测值对预测值的影响程度，也就是说，当实测点和预测点间的距离增加时，实测点对预测点的影响呈指数级降低，权重的总和为1。

最优幂值 p 是由最小的预测均方根误差(root mean square error，RMSE)决定的。RMSE 是通过交互检验取得的统计值。在交互检验中，每一个采样点的实测值被用来与该点的预测值相比较。对同一组数据可给出不同的幂值，得出不同的均方根误差。最小的均方根误差 RMSE 对应于相应的最优幂值。

权重与距离呈反比例关系。当距离增加时，权重迅速减小，减小的程度取决于幂指数 p 的值。若 $p=0$，则每一个权重是一样的，预测值是所有实测值的平均值，当 p 增加时，相距较远的点的权重就迅速减小；若 p 值非常大，则紧靠预测点的较少的几个实测值才可以影响插值结果。p 的取值范围一般为 1～3，2 最为常用。由于反距离权重插值法只考虑距离进行权重分配，因此邻近实测点的贡献往往很大，从而造成空间分布的多点中心现象(史舟和李艳，2006)。

用反距离权重插值法计算生成的插值面依赖于幂参数 p 的选择和研究样区的确定。反距离权重插值法是精确插值方法，插值面上最大值和最小值只可能出现在采样点，并等于实测的最大值和最小值，并且假定所研究的面受局部变异的驱动，如果样品数据在整个面上是均匀分布的，没有明显地聚集在一起，且不存在特异值，则其插值效果较好。

3.4.2　样条函数插值

二元样条函数指，在分块范围内按一定规则用相邻数据点连线将块分割成若干个多边形分片，然后将每个分片上的数据点展铺成一张光滑的数学曲面，并使相邻分片间保持连续光滑的拼接，涉及的多项式称为样条函数。二元三次样条函数的数学模型为

$$z=f(x,y)=\sum_{i=0}^{3}\sum_{j=0}^{3}C_{ij}x^{i}y^{i} \tag{3-39}$$

写成矩阵形式为

$$z=\begin{pmatrix}1 & x & x^2 & x^3\end{pmatrix}\begin{pmatrix}C_{00} & C_{01} & C_{02} & C_{03}\\ C_{10} & C_{11} & C_{12} & C_{13}\\ C_{20} & C_{21} & C_{22} & C_{23}\\ C_{30} & C_{31} & C_{32} & C_{33}\end{pmatrix}\begin{pmatrix}1\\ y\\ y^2\\ y^3\end{pmatrix} \tag{3-40}$$

设分块范围内的数据点按单位边长正方形格网结点排列，一个单位边长的正方形为一个分片(图 3-9)。取分片的左下角点为该分片平面直角坐标系统的原点，分片内任一点 P 的平

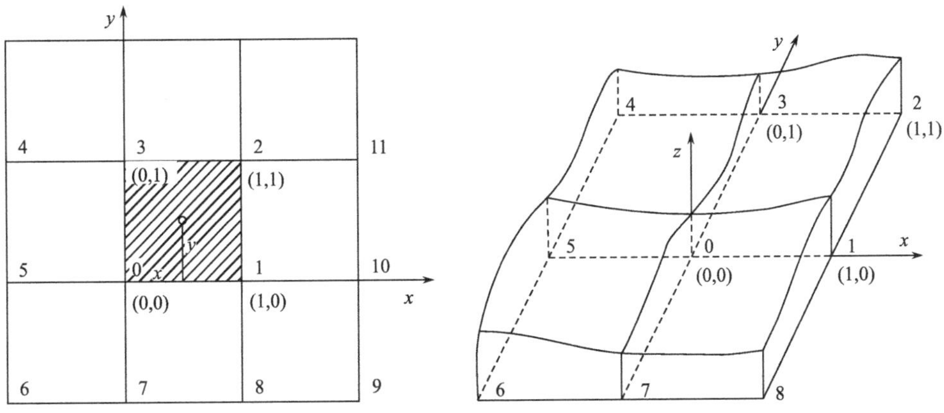

图 3-9　样条函数内插示意图(郑春燕等，2011)

面直角坐标为 $0 \leqslant x_P \leqslant 1$，$0 \leqslant y_P \leqslant 1$。为确保曲面在相邻分片上连续且光滑，还必须满足弹性材料力学条件：①相邻分片拼接处在 z 轴和 y 轴方向的斜率应保持连续；②相邻分片拼接处的扭矩也要保持连续。拼接后整个分块的逼近面就是二元三次样条函数曲面(郭达志，2002；郑春燕等，2011)。

由于每个分片仅有 4 个格网结点信息(x,y,z)，只能列出 4 个方程，而函数待定系数为 16 个，因此其余 12 个方程只能根据上述力学条件建立。在这 12 个线性方程建立中，沿 z 轴方向的斜率 R 、沿 y 轴方向的斜率 S 和扭矩 T 可由式(3-41)求得

$$R=\frac{\partial z}{\partial x},\quad S=\frac{\partial z}{\partial y},\quad T=\frac{\partial^2 z}{\partial y \partial x} \tag{3-41}$$

图 3-9 中斜线填充的分片的 4 个数据点的三维坐标分别是 $0(0,0,z_0)$，$1(1,0,z_1)$，$2(1,1,z_2)$，$3(0,1,z_3)$。以 0 点为例，所建立的 4 个方程为

$$z_0=C_{00}，\quad R_0=\left.\frac{\partial z}{\partial x}\right|_0=\frac{z_1-z_5}{2}，\quad S_0=\left.\frac{\partial z}{\partial y}\right|_0=\frac{z_3-z_7}{2}，\quad T_0=\left.\frac{\partial^2 z}{\partial y \partial x}\right|_0=\frac{1}{2}\left(\frac{z_2-z_4}{2}-\frac{z_8-z_6}{2}\right) \tag{3-42}$$

同理，可以分别建立以 1、2、3 为顶点的共 12 个上述类型的方程。

用分片 4 个角点的 z 值(如高程、土壤有机质含量等)，以及由各相关数据点 z 值计算得到两个方向的斜率和扭矩数值组成一个 4×4 的常数矩阵 $\boldsymbol{A}$，其表达式为

$$\boldsymbol{A}=\begin{pmatrix} z_0 & S_0 & z_3 & S_3 \\ R_0 & T_0 & R_3 & T_3 \\ z_1 & S_1 & z_2 & S_2 \\ R_1 & T_1 & R_2 & T_2 \end{pmatrix} \tag{3-43}$$

根据斜率 R、S 和扭矩 T 及二元三次样条函数的定义，可得到式(3-44)：

$$\begin{cases} R=\dfrac{\partial z}{\partial x}=(0\quad 1\quad 2x\quad 3x^2)C(1\quad y\quad y^2\quad y^3)^{\mathrm{T}} \\ R=\dfrac{\partial z}{\partial y}=(1\quad x\quad x^2\quad x^3)C(0\quad 1\quad 2y\quad 3y^2)^{\mathrm{T}} \\ T=\dfrac{\partial^2 z}{\partial y \partial x}=(0\quad 1\quad 2x\quad 3x^2)C(0\quad 1\quad 2y\quad 3y^2)^{\mathrm{T}} \end{cases} \tag{3-44}$$

把分片的 4 个角点的平面直角坐标代入该点，得到式(3-45)：

$$\begin{pmatrix} z_0 & S_0 & z_3 & S_3 \\ R_0 & T_0 & R_3 & T_3 \\ z_1 & S_1 & z_2 & S_2 \\ R_1 & T_1 & R_2 & T_2 \end{pmatrix}=\begin{pmatrix} 1 & 0 & 0 & 0 \\ 0 & 1 & 0 & 0 \\ 1 & 1 & 1 & 1 \\ 0 & 1 & 2 & 3 \end{pmatrix}\boldsymbol{C}\begin{pmatrix} 1 & 0 & 0 & 0 \\ 0 & 1 & 0 & 0 \\ 1 & 1 & 1 & 1 \\ 0 & 1 & 2 & 3 \end{pmatrix}^{\mathrm{T}} \tag{3-45}$$

通过求解方程(3-45)，可以得到系数矩阵 $\boldsymbol{C}$，把系数矩阵 $\boldsymbol{C}$ 代入式(3-39)，即可建立二元三次样条函数模型。因此，对于分片中任意一点，只要把它的平面直角坐标(x_P, y_P)代入该函数式就可求出其相应的 z 值(郭达志，2002；郑春燕等，2011)。

样条函数可用于精确的局部内插，同时也适用于变化平缓的表面插值，如海拔、地下水

位高度、污染浓度等。如果一个面在短距离内有很大变化，则样条函数会产生较大的估计误差，此时就不适合使用样条函数进行插值。

3.4.3　克里格插值

克里格插值法最初被 Krige 称为权重移动平均法，Matheron 于 1963 年将其命名为 Kriging。克里格插值法是建立在变异函数理论及结构分析基础之上，对有限区域内区域化变量的取值进行无偏最优估计的一种方法，实质上是利用区域化变量的原始数据和变异函数的结构特点，对未采样点的区域化变量的取值进行线性无偏、最优估计。如果区域化变量存在空间相关性，那么就适合用克里格插值法进行预测模拟。

1. 区域化变量

一个区域内所有点的样品数据的实测值就是一个区域化值，相应的函数 $z(x), x \in D$ 就是一个区域化变量。因此，区域化变量就是指与空间位置和分布相关的变量(Pannatier，1996)，地统计学就是要研究这个函数的行为特征。整体上可以认为这个函数来自于空间域 D 内所有点 x 处所建立的具有无限个参数的随机变量组，即随机函数 $Z(x)$。

在实际应用中，通常将区域化变量 $z(x)$ 视为随机函数 $Z(x)$ 进行研究。设采样点个数为 n，则观测值可表示为 $z(x_i), i=1,2,\cdots,n$。因此，区域化变量可定义为 $z(x), x \in D$。数据集 $\{z(x_i), i=1,2,\cdots, n\}$ 是来自于随机函数 $Z(x)$ 的一个特定实现，即区域化变量 $z(x)$ 的样品实测值的集合。

在概率论中，区域化变量 $z(x)$ 是随机函数 $Z(x)$ 的一个实现。在特定点 x_0 处的区域化值 $z(x_0)$ 是随机变量 $Z(x_0)$ 的一个具体实现，而随机变量 $Z(x_0)$ 则是无限随机变量族 $Z(x)$ 中的一员。大写字母 Z 表示随机变量，小写字母 z 表示区域化值或实测值，点 x_0 是区域内任意一点。

2. 协方差函数

(1) *协方差函数的概念*　　在随机函数中，当只有一个自变量 x 时称为随机过程，而随机过程 $Z(t)$ 在时间 t_1 和 t_2 处的两个随机变量 $Z(t_1)$、$Z(t_2)$ 的二阶混合中心矩定义为随机过程的协方差函数，记为 $\mathrm{cov}\{Z(t_1),Z(t_2)\}$ (王政权，1999；杨晓华等，2008)，即

$$\mathrm{cov}\{Z(t_1),Z(t_2)\}=E\{Z(t_1)-EZ(t_1)\}\{Z(t_2)-EZ(t_2)\} \tag{3-46}$$

有时 $\mathrm{cov}\{Z(t_1),Z(t_2)\}$ 也简记为 $\mathrm{cov}(t_1,t_2)$ 或 $C(t_1,t_2)$。式(3-46)也可用式(3-47)表示，即

$$\mathrm{cov}(t_1,t_2)=E\{Z(t_1)Z(t_2)\}-\{EZ(t_1)EZ(t_2)\} \tag{3-47}$$

当随机函数依赖于多个自变量时，$Z(x)=Z(x_u,x_v,x_w)$ 称为随机场。而随机场 $Z(x)$ 在空间点 X 和 $X+h$ 处的两个随机变量 $Z(x)$ 和 $Z(x+h)$ 的二阶混合中心矩定义为随机场 $Z(x)$ 的自协方差函数，即

$$\mathrm{cov}\{Z(x),Z(x+h)\}=E[Z(x)Z(x+h)]-E[Z(x)]E[Z(x+h)] \tag{3-48}$$

随机场 $Z(x)$ 的自协方差函数有时简称为协方差函数。一般来说，该函数是一个依赖于空间点 x 和向量 $\boldsymbol{h}$ 的函数。当 $\boldsymbol{h}=0$ 时，协方差函数变为

$$\mathrm{cov}(x, x+0)=E[Z(x)]^2-\{E[Z(x)]\}^2 \tag{3-49}$$

当先验方差函数 var[Z(x)] 不依赖于 x 时，简称方差，即

$$\mathrm{var}[Z(x)]=E[Z(x)]^2-[EZ(x)]^2=D^2(x) \tag{3-50}$$

(2) 协方差函数的计算公式　设 $Z(x)$ 为区域化随机变量，并满足二阶平稳条件，h 为两样本点空间分隔距离，$Z(x_i)$ 和 $Z(x_i+h)$ 分别是 $Z(x)$ 在空间位置 x_i 和 x_i+h 上的观测值 $[i=1,2,\cdots,N(h)]$，根据协方差函数的定义式(3-48)，计算协方差函数的公式为

$$C^{\#}(h)=\frac{1}{N(h)}\sum_{i=1}^{N(h)}[Z(x_i)-\overline{Z(x_i)}][Z(x_i+h)-\overline{Z(x_i+h)}] \tag{3-51}$$

式中：$N(h)$ 为分隔距离为 h 时的样本对总数；$\overline{Z(x_i)}$ 和 $\overline{Z(x_i+h)}$ 分别为 $Z(x_i)$ 和 $Z(x_i+h)$ 的样本平均数。一般情况下，$\overline{Z(x_i)}\neq\overline{Z(x_i+h)}$（特殊情况下可以认为二者近似相等）。如果 $\overline{Z(x_i)}=\overline{Z(x_i+h)}=m$（常数），则式(3-51)可改写为

$$C^{\#}(h)=\frac{1}{N(h)}\sum_{i=1}^{N(h)}[Z(x_i)Z(x_i+h)]^2-m^2 \tag{3-52}$$

3. 变异函数

(1) 变异函数的概念　变异函数又称为变差函数或变异矩。在一维条件下，当空间点 x 在一维 x 轴上变化时，区域变量 $Z(x)$ 在点 x 和 $x+h$ 处的值 $Z(x)$ 与 $Z(x+h)$ 差的方差的一半即为区域化变量 $Z(x)$ 在 x 轴方向上的变异函数（王政权，1999；秦昆，2010），记为 $\gamma(x,h)$，其数学表达式为

$$\begin{aligned}\gamma(x,h)&=\frac{1}{2}\mathrm{var}[Z(x)-Z(x+h)]^2\\&=\frac{1}{2}E[Z(x)-Z(x+h)]^2-\frac{1}{2}\{E[Z(x)]-E[Z(x+h)]\}^2\end{aligned} \tag{3-53}$$

假如符合二阶平稳假设条件，则任意 h 为

$$E[Z(x+h)]=E[Z(x)] \tag{3-54}$$

因此，式(3-53)可简化为

$$\gamma(x,h)=\frac{1}{2}E[Z(x)-Z(x+h)]^2 \tag{3-55}$$

式中：变异函数 $\gamma(x,h)$ 依赖于自变量 x 和 h。当变异函数仅依赖于 h 而与位置 x 无关时，$\gamma(x,h)$ 可改写成 $\gamma(h)$，其数学表达式为

$$\gamma(h)=\frac{1}{2}E[Z(x)-Z(x+h)]^2 \tag{3-56}$$

式中：$\gamma(h)$ 为半变异函数，$2\gamma(h)$ 为变异函数，两者在使用时没有本质差别。

(2) 变异函数的计算公式　设 $Z(x)$ 为区域化随机变量，满足二阶平稳和本征假设；h 为两样本点空间分隔距离；$Z(x_i)$ 和 $Z(x_i+h)$ 分别是区域化变量 $Z(x)$ 在空间位置 x_i 和 x_i+h 上的观测值 $[i=1,2,\cdots,N(h)]$。根据变异函数的定义式(3-56)，可推导出变异函数 $\gamma^{\#}(h)$ 的计算公式为

$$\gamma^{\#}(h)=\frac{1}{2N(h)}\sum_{i=1}^{N(h)}[Z(x_i)-Z(x_i+h)]^2 \tag{3-57}$$

针对不同的空间分隔距离 h，可以根据式(3-51)和式(3-57)计算出 $C^{\#}(h)$ 和 $\gamma^{\#}(h)$ 值，再分别以 h 为横坐标，$C^{\#}(h)$ 或 $\gamma^{\#}(h)$ 为纵坐标绘制协方差函数曲线图或变异函数曲线图，直观形象地展示区域化变量 $Z(x)$ 的空间变异特点（王政权，1999）。

实际上，理论变异函数模型 $\gamma(h)$ 事先是不知道的，常从有效的空间取样数据中去估计，对不同的 h 值可计算出一系列不同的 $\gamma^{\#}(h)$ 值。因此，需要用一个理论模型去拟合这一系列的 $\gamma^{\#}(h)$ 值，这些模型主要包括有基台值模型、无基台值模型和孔穴效应模型。其中，基台值模型包括球状模型、指数模型、高斯模型、线性有基台模型和纯块金效应模型；无基台值模型包括幂函数模型、线性无基台值模型、抛物线模型(秦昆，2010)。

4. 克里格空间插值

克里格插值法包括线性预测克里格法、非线性预测克里格法和协同克里格法 3 类。其中，线性预测克里格法分为普通克里格法、简单克里格法和泛克里格法；非线性预测克里格法分为对数正态克里格法、指示克里格法、析取克里格法；协同克里格法分为普通协同克里格法和简单协同克里格法。在这些克里格方法中，普通克里格法假定采样点值不存在潜在的全局趋势，只用局部的因素就可以很好地估测未知值；析取克里格法是一种非线性的克里格插值法，有严格的参数，对决策非常有用。本节主要介绍景观生态安全格局规划中常用到的普通克里格法和析取克里格法，其余的克里格插值法可以参见有关文献资料(王政权，1999；史舟和李艳，2006；秦昆，2010；张景雄，2010)。

(1) 普通克里格法　普通克里格法包括点状普通克里格法(王政权，1999；史舟和李艳，2006；秦昆，2010)和块段普通克里格法(王政权，1999；史舟和李艳，2006)。

1) 点状普通克里格法。假定 $Z(x)$ 是满足本征假设的一个随机过程，且有 n 个观测值 $z(x_i)$，$i=1,2,\cdots,n$。若要预测未知采样点 x_0 处的值，则线性预测值 $Z^*(x_0)$ 可以表示为

$$Z^*(x_0)=\sum_{i=1}^{n}\lambda_i Z(x_i) \tag{3-58}$$

克里格插值法是在使预测无偏并有最小方差的基础上去确定最优的权重值。该方法是在满足以下两个条件的前提下实现未知样点的线性无偏最优估计的。

a. 无偏性条件：

$$E[Z^*(x_0)-Z(x_0)]=0 \tag{3-59}$$

b. 最优条件：

$$\mathrm{var}[Z^*(x_0)-Z(x_0)]=\min \tag{3-60}$$

利用式(3-58)替换式(3-59)的左边部分，有

$$E[Z^*(x_0)-Z(x_0)]=E[\sum_{i=1}^{n}\lambda_i Z(x_i)-Z(x_0)]=\sum_{i=1}^{n}\lambda_i E[Z(x_i)]-E[Z(x_0)] \tag{3-61}$$

根据本征假设 $E[Z(x_i)]=E[Z(x_0)]=m$，以及式(3-61)的推导，式(3-61)可简化为

$$\sum_{i=1}^{n}\lambda_i E[Z(x_i)]-E[Z(x_0)]=\sum_{i=1}^{n}\lambda_i m-m=m(\sum_{i=1}^{n}\lambda_i-1)=0 \tag{3-62}$$

显然，要使式(3-62)成立，则必须满足以下条件：

$$\sum_{i=1}^{n}\lambda_i=1 \tag{3-63}$$

在本征假设条件下，式(3-60)左边的式子可以表示为

$$\begin{aligned}\operatorname{var}[Z^*(x_0)-Z(x_0)] &= E\{[Z^*(x_0)-Z(x_0)]^2\} \\ &= E\{[\sum_{i=1}^{n}\lambda_i Z(x_i)-Z(x_0)]^2\} \\ &= 2\sum_{i=1}^{n}\lambda_i\gamma(x_i,x_0)-\sum_{i=1}^{n}\sum_{j=1}^{n}\lambda_i\lambda_j\gamma(x_i,x_j)\end{aligned} \tag{3-64}$$

式中：$\gamma(x_i,x_j)$为数据点x_i和x_j之间的半方差值；$\gamma(x_i,x_0)$为数据点x_i和预测点x_0之间的半方差值。

无论采取哪种克里格插值法进行预测，都会有一个预测方差$\sigma^2(x_0)$的问题。可以通过拉格朗日乘子φ，根据权重和等于 1 这一条件，找到使预测方差最小的权重。

定义一个辅助函数$f(\lambda_i,\varphi)$，其数学表达式为

$$f(\lambda_i,\varphi)=\operatorname{var}[Z^*(x_0)-Z(x_0)]-2\varphi\left(\sum_{i=1}^{n}\lambda_i-1\right) \tag{3-65}$$

分别对辅助函数的权重λ_i和拉格朗日乘子φ求一阶导数并使其等于 0，则对任意$i=1,2,\cdots,n$有

$$\begin{aligned}\frac{\partial f(\lambda_i,\varphi)}{\partial\lambda_i}&=0\\ \frac{\partial f(\lambda_i,\varphi)}{\partial\varphi}&=0\end{aligned} \tag{3-66}$$

则普通克里格的预测方程组为

$$\begin{aligned}\sum_{i=1}^{n}\lambda_i\gamma(x_i,x_j)+\varphi(x_0)&=\gamma(x_j,x_0)\\ \sum_{i=1}^{n}\lambda_i&=1\end{aligned} \tag{3-67}$$

这是一个$n+1$阶线性方程组，通过该公式可以得到λ_i，将其代入克里格预测公式，可以得到预测方差：

$$\sigma^2(x_0)=\sum_{i=1}^{n}\lambda_i\gamma(x_i,x_0)+\varphi \tag{3-68}$$

如果预测点x_0恰好是其中的一个实测点x_j，则当$\lambda(x_j)=1$且其他所有的权重等于 0 时，$\sigma^2(x_0)$值最小。实际上，将权重代入式(3-58)时，$\sigma^2(x_0)=0$，预测值$z(x_0)$就是实测值$z(x_j)$。因此，点状普通克里格是精确的克里格插值方法。

2) 块段普通克里格法。假如预测一块段B的值，那么根据其值的纬度(一维、二维、三维)，可以将这一块段视为一条线、一个平面或者一个立体面。克里格法对块段B的预测值依然是数据的简单线性加权。

$$Z^*(B)=\sum_{i=1}^{n}\lambda_i Z(x_i) \tag{3-69}$$

预测方差为

$$\begin{aligned}\operatorname{var}[Z^*(B)]&=E[\{Z^*(B)-Z(B)\}^2]\\ &=2\sum_{i=1}^{n}\lambda_i\bar{\gamma}(x_i,B)-\sum_{i=1}^{n}\sum_{j=1}^{n}\lambda_i\lambda_j\gamma(x_i,x_j)-\bar{\gamma}(B,B)\end{aligned} \tag{3-70}$$

式中：$\bar{\gamma}(x_i,B)$ 是第 i 个样点与块段 B 之间的平均半方差值，以数学积分形式表示为

$$\bar{\gamma}(x_i,B)=\frac{1}{|B|}\int_B \gamma(x_i,x)\mathrm{d}x \tag{3-71}$$

式中：$\gamma(x_i,x)$ 为样点 x_i 和用来描述块段 B 的点 x 之间的半方差值。

$$\overline{\gamma}(B,B)=\frac{1}{|B|^2}\int_B\int_B \gamma(x_i,x')\mathrm{d}x\mathrm{d}x' \tag{3-72}$$

式中：$\gamma(x_i,x)$ 为样点 x_i 和掠过块度 B 的 x' 之间的半方差值。在点状克里格法中，$\bar{\gamma}(B,B)$ 变为 $\gamma(x_0,x_0)=0$。

块段普通克里格法的方程组为

$$\begin{cases}\sum_{i=1}^{n}\lambda_i\gamma(x_i,x_j)+\varphi(B)=\gamma(x_j,B)\\ \sum_{i=1}^{n}\lambda_i=1\end{cases} \tag{3-73}$$

预测方差为

$$\sigma^2(B)=\sum_{i=1}^{n}\lambda_i\bar{\gamma}(x_i,B)+\varphi(B)-\bar{\gamma}(B,B) \tag{3-74}$$

(2) 析取克里格法　析取克里格法提供了另外一种对由连续性数据转化得到的指示变量进行预测的方法。最常见的析取克里格法是高斯析取克里格法，其假设条件为：①$z(x)$ 是一个平均值为 μ、方差为 σ^2、协方差为 $C(h)$ 的存在，其变异函数有基台值；②预测目标点及其邻域内的样点的分布是已知的并在整个研究范围内是稳定的；③如果 $Z(x)$ 是正态分布且其过程是二阶平稳的，那么可以假定每个点对应的双变量分布也是正态的；④每一对变量有同样的双变量密度，密度函数由空间自相关系数决定。这些假定条件使期望可以用自相关系数来表达。此外，假如任意两个位置 x_i 和 x_j 上的观测值 z_i 和 z_j 两值之间的中间任意值总存在于两个位置之间，那么通常采用高斯模型模拟这一扩散过程。实际应用中，许多对象属性数据不能完全满足正态分布要求，因此在析取克里格分析之前常采用厄米多项式展开法进行正态分布转换(王政权，1999；史舟和李艳，2006)。

1) 厄米多项式。厄米多项式具有与正态分布相关的特性，可以用 Rodrigues 方程定义为

$$H_n(y)=\frac{1}{\sqrt{n!}g(y)}\frac{\mathrm{d}^n g(y)}{\mathrm{d}y^n} \tag{3-75}$$

式中：n 为多项式的阶，取 $0,1,\cdots$；$1/\sqrt{n!}$ 为标准化因子；$g(y)$ 为标准正态分布的概率密度，其数学表达式为

$$g(y)=\frac{1}{\sqrt{2\pi}}\mathrm{e}^{-y^2/2} \tag{3-76}$$

当 $n=0$ 和 $n=1$ 时，厄米多项式为

$$\begin{aligned}&H_0(y)=1\\&H_1(y)=-y\\&H_2(y)=(y^2-1)/\sqrt{2}\end{aligned} \tag{3-77}$$

采用递归关系可以将高阶多项式表达为

$$H_{n+1}(y) = -\frac{1}{\sqrt{n+1}} y H_n(y) - \sqrt{\frac{n}{n+1}} H_{n-1}(y) \tag{3-78}$$

因此，对一个标准的正态分布，该多项式可以计算到任何阶。

除了 $H_0(y)$ 为常数，等于1以外，其他多项式的平均值为

$$E\{H_n[Y(x)]\} = \int_{-\infty}^{+\infty} H_n(y)\ g(y)\ \mathrm{d}y = 0 \tag{3-79}$$

与此同时，标准化因子的方差为

$$\operatorname{var}\{H_n[Y(x)]\}=E\{\{H_n[Y(x)]\}^2\} = 1 \tag{3-80}$$

当 $P \neq n \geqslant 0$ 时，标准正态变量的厄米多项式为正交，其数学表达式为

$$\operatorname{cov}\{H_p[Y(x)],\ H_n[Y(x)]\}=E\{H_p[Y(x)]H_n[Y(x)]\} = 0 \tag{3-81}$$

对于 $Y(x)$ 的任何函数都可用厄米多项式展开来表示，其数学表达式为

$$f[Y(x)] = f_0 + f_1 H_1[Y(x)] + f_2 H_2[Y(x)] + \cdots = \sum_{n=0}^{\infty} f_n H_n[Y(x)] \tag{3-82}$$

利用厄米多项式的正交特性，可以推导出厄米多项式的系数为

$$f_n = E\{f[Y(x)]H_n[Y(x)]\} = \int_{-\infty}^{+\infty} f(y) H_n(y) g(y) \mathrm{d}y \tag{3-83}$$

2）正态分布转换。把任意数据分布形式的变量 $Z(x)$ 转化为标准正态分布形式 $Y(x)$，有

$$Z(x) = \Phi[Y(x)] \tag{3-84}$$

可以利用上文介绍的厄米多项式展开来实现转化，其数学表达式为

$$Z(x) = \Phi[Y(x)] = f_0 + f_0 H_1[Y(x)] + f_2 H_2[Y(x)] + \cdots \tag{3-85}$$

要确定式(3-85)中厄米多项式转换系数 f_n，首先要有足够多的样本数据，将其进行升序排列为 $z_1 < z_2 < z_3 < \cdots < z_l$，其相对频数可表示为 $p_1 < p_2 < p_3 < \cdots < p_l$，且有 $\sum_{i=1}^{l} p_i = 1$，其累积频率为

$$\begin{cases} F(z_1) = P[Z(x) < z_1] = 0 \\ F(z_2) = P[Z(x) < z_2] = p_1 \\ F(z_3) = P[Z(x) < z_3] = p_1 + p_2 \\ \qquad \vdots \\ F(z_i) = P[Z(x) < z_i] = \sum_{j=1}^{i-1} p_j \\ \qquad \vdots \\ F(z_l) = P[Z(x) < z_l] = 1 - p_l \end{cases} \tag{3-86}$$

这些累积频率相当于对应的标准正态分布：

$$F(z_i) = G(y_i) \tag{3-87}$$

因此有

$$F(z_{i+1}) - F(z_i) = G(y_{i+1}) - G(y_i) \tag{3-88}$$

且

$$\begin{aligned} &\mathrm{Prob}[z_i \leqslant Z(x) < z_{i+1}] = \mathrm{Prob}[y_i \leqslant Y(x) < y_{i+1}] \\ &\mathrm{Prob}[Z(x) = z_i] = \mathrm{Prob}[y_i \leqslant Y(x) < y_{i+1}] \end{aligned} \tag{3-89}$$

简而言之，当$Y(x)$落在y_i和y_{i+1}之间时，$Z(x) = z_i$。然后就可以确定转换系数：

$$f_0 = E\{\Phi[Y(x)]\} = E[Z(x)] = \sum_{i=1}^{N} p_i z_i \tag{3-90}$$

$$\begin{aligned} f_k &= E\{Z(x)H_n[Y(x)]\} = \int_{-\infty}^{+\infty} \Phi(y)H_n(y)g(y)\mathrm{d}y \\ &= \sum_{i=1}^{l}\int_{y_i}^{y_{i+1}} z_i H_n(y)g(y)\mathrm{d}y \\ &= \sum_{i=1}^{l} z_i\left[\frac{1}{\sqrt{n}}H_{n-1}(y_{i+1})g(y_{i+1}) - \frac{1}{\sqrt{n}}H_{n-1}(y_i)g(y_i)\right] \\ &= \sum_{i=1}^{l}(z_{i-1} - z_i)\frac{1}{\sqrt{n}}H_{n-1}(y_i)g(y_i) \end{aligned} \tag{3-91}$$

式中：当i=0 时，$g(y_0)=g(-\infty)=0$；当$i=l$时，$g(y_{l+1})=g(+\infty)=0$。

3）析取克里格（王政权，1999；史舟和李艳，2006）。相关系数为ρ的双变量标准正态分布的$Y(x)$和$Y(x+h)$点对之间的数学期望为

$$E\{H_n[Y(x+h)] \mid Y(x)\} = \rho^n(h)H_n[Y(x)] \tag{3-92}$$

Y在x和$x+h$处的函数的协方差为

$$\begin{aligned} \mathrm{cov}\{H_p[Y(x)],\ H_n[Y(x+h)]\} &= E\{H_p[Y(x)],\ H_n[Y(x+h)]\} \\ &= E\{H_p[Y(x)]E\{H_n[Y(x+h)]Y(x)\}\} \\ &= \rho^n(h)E\{H_p[Y(x)]H_n[Y(x)]\} \end{aligned} \tag{3-93}$$

当$p = n$时：

$$\mathrm{cov}\{H_n[Y(x)],\ H_n[Y(x+h)]\} = \rho^n(h) \tag{3-94}$$

$H_n[Y(x)]$的空间协方差为$\rho^n(h)$，此时$Y(x)$为标准正态变量。相关系数$\rho(h)(h \neq 0)$必定为−1～+1；当n增加时，$\rho^n(h)$迅速接近 0，且$H_n[Y(x)]$逐渐变得没有空间相关性，即空间结构趋于纯块金效应。

当$p \neq n \geqslant 0$时，双变量标准正态点对之间的厄米多项式为正交，见式(3-82)，不同阶的多项式之间没有空间相关性，任何对厄米多项式都是空间独立的，即它们是双变量正态模型的独立因子，需要对其进行单独插值，此时析取克里格预测公式为

$$\hat{Z}_{\mathrm{DK}} = f_0 + f_1\hat{H}_1^K[Y(x)] + f_2\hat{H}_2^K[Y(x)] + \cdots \tag{3-95}$$

如果在预测点x_0的邻域内有m个点参与插值计算，则厄米多项式的表达式为

$$\hat{H}_n^K[Y(x_0)] = \sum_{i=1}^{m}\lambda_{ni}H_n[Y(x_i)] \tag{3-96}$$

将式(3-96)代换到式(3-95)中即可实现预测。在式(3-96)中，λ_{ni}是克里格权重，可以假定平均值已知，然后用简单克里格预测公式来计算该权重值：

$$\sum_{i=1}^{m}\lambda_{ni}\operatorname{cov}\{H_n[Y(x_j)],\ H_n[Y(x_i)]\}=\operatorname{cov}\{H_n[Y(x_j)],\ H_n[Y(x_0)]\},\forall j \tag{3-97}$$

或用式(3-98)表示：

$$\sum_{i=1}^{m}\lambda_{ni}\rho^n(x_i-x_j)=\rho^n(x_j-x_0),\forall j \tag{3-98}$$

当厄米多项式$H_n(Y(x))$的相关系数$\rho^n(h)$快速趋于纯块金效应，未知点的克里格估值也趋于其平均值 0。理论上，式(3-95)中的系数f_n是不能忽略的，但是实际计算析取克里格预测值时，通常只考虑前面一部分的多项式，一般不超过 12 个。

$H_n(Y(x))$的克里格预测方差为

$$\sigma_n^2(x_0)=1-\sum_{i=1}^{m}\lambda_{ni}\rho^n(x_i-x_0) \tag{3-99}$$

$f[Y(x)]$的析取克里格预测结果方差为

$$\operatorname{var}(f[Y(x)]-f_{\mathrm{DK}}[Y(x)])=\sum_{i=1}^{\infty}f_n^2\sigma_n^2(x_0) \tag{3-100}$$

4)条件概率(王政权，1999；史舟和李艳，2006)。只要用厄米多项式对某一目标点进行预测，就可以估计该点的真值超过关键阈值z_c的概率。等式$Z(x)=\Phi[Y(x)]$表示z_c在标准正态尺度上有一等价值y_c，其指示变量一样。

$$\Omega[Z(x)\leqslant z_c]=\Omega[Y(x)\leqslant y_c] \tag{3-101}$$

式中：$\Omega[Y(x)>y_c]$的互补部分为$\Omega[Y(x)\leqslant y_c]$，因此第$n$阶厄米系数是

$$f_n=\int_{-\infty}^{+\infty}\Omega[y\leqslant y_c]H_n(y)g(y)\mathrm{d}y=\int_{-\infty}^{y_c}H_n(y)g(y)\mathrm{d}y \tag{3-102}$$

当$n=0$时，厄米系数为

$$f_0=G(y_c) \tag{3-103}$$

当n大于零时，厄米系数为

$$f_n=\frac{1}{\sqrt{n}}H_{n-1}(y_c)\ g(y_c) \tag{3-104}$$

指示变量可以展开表达为

$$\Omega[Y(x)\leqslant y_c]=G(y_c)+\sum_{n=1}^{\infty}\frac{1}{\sqrt{n}}H_{n-1}(y_c)g(y_c)H_n[Y(x)] \tag{3-105}$$

相应的指示变量的析取克里格预测值的计算公式为

$$\hat{\Omega}_{\mathrm{DK}}[Y(x_0)\leqslant y_c]=G(y_c)+\sum_{n=1}^{m}\frac{1}{\sqrt{n}}H_{n-1}(y_c)g(y_c)\hat{H}_n^K[Y(x_0)] \tag{3-106}$$

式中：m为较小的数目。当n增大时，$\hat{H}_n^K[Y(x_0)]$迅速接近于 0。这同$\hat{\Omega}_{\mathrm{DK}}[Z(x_0)\leqslant z_c]$一致。反之，如果要得到大于$z_c$的概率，则相应的计算公式为

$$\begin{aligned}\hat{\Omega}_{\mathrm{DK}}[Z(x_0)>z_c]&=\hat{\Omega}_{\mathrm{DK}}[Y(x_0)>y_c]\\&=1-G(y_c)-\sum_{n=1}^{m}\frac{1}{\sqrt{n}}H_{n-1}(y_c)g(y_c)\hat{H}_n^K[Y(x_0)]\end{aligned} \tag{3-107}$$

第4章 景观生态安全格局规划的数量化分析方法

规划是对事物未来整体性、长期性、基本性问题的思考和考量，是一门定性分析与定量分析相结合的学科。在规划编制过程中，定性分析与定量分析不是彼此孤立的，而是相辅相成的。定性分析是定量分析的基本前提，没有定性的定量是一种盲目的、毫无价值的定量；而定量分析使定性更加科学、准确，可以促使定性分析得出广泛而深入的结论。马克思曾说："一种科学只有在成功地运用数学时，才算达到了真正完善的地步。"因此，在景观生态安全格局规划中，除了要熟练应用定性分析方法进行方案编制外，还要使用定量分析方法对一些规划指标、影响因素等规划要素进行科学计算与预测。景观生态安全格局规划的数量化分析方法较多，本章就规划研究中经常用到的数理统计分析方法、空间计量回归分析方法和综合评价方法做一详细介绍。

4.1 数理统计分析方法

数理统计分析方法在自然科学、工程技术、管理科学及人文社会科学中得到了越来越广泛和深刻的应用，在数据的获取与处理、抽样、数据分析、假设检验、定量预测等方面取得了丰富的成果。在景观生态安全格局规划中，数理统计分析方法是最基础的数量化分析方法。本书主要介绍规划中常用到的相关分析、线性回归模型、非线性回归模型、logistic 回归模型和因子分析的基础理论。

4.1.1 相关分析

相关分析是度量各个变量间的相互关系和联系强度的数理统计分析方法，前提是待测的两个或多个变量具有相关关系，目的是计算出表示两个或两个以上变量间相关程度的度量指标。在景观生态安全格局规划中，所涉及的绝大多数要素变量之间都具有相关关系，因而相关分析在景观生态安全格局规划中得到了广泛应用。

1. 相关程度的测度

(1) 线性相关程度的测度　两个要素间的直线相关的测度指标包括相关程度和相关方向。相关程度主要度量两要素间的相互关系是否密切。相关方向分为正相关和负相关两种，其中正相关表示两个要素间呈同方向变化的相关，也就是 y 随 x 的增大而变大，或者 y 随 x 减小而变小；负相关表示两个要素间呈反方向变化的相关，即 y 随 x 的增大而变小，或者随 x 的减小而变大。度量直线相关程度和方向的指标称为相关系数，是反映两个变量间密切程度的指标，一般用 r 表示，其计算公式为

$$r=\frac{\sum(x_i-\overline{x})(y_i-\overline{y})}{\sqrt{\sum(x_i-\overline{x})^2(y_i-\overline{y})^2}}=\frac{l_{xy}}{\sqrt{l_{xx}l_{yy}}} \tag{4-1}$$

式中：$l_{xx}=\sum x^2-\frac{1}{n}(\sum x)^2$，$l_{yy}=\sum y^2-\frac{1}{n}(\sum y)^2$，$l_{xy}=\sum xy-\frac{1}{n}\sum x\sum y$。$r\in[-1,1]$，当$r=1$时，表明两变量为完全正相关；当$r=-1$时，表明两变量为完全负相关；当$r=0$时，表明两变量之间完全无关系；当$|r|\to 1$ 时，表明两变量之间关系密切；当$|r|\to 0$ 时，表明两变量之间相关程度较低。换言之，当相关系数$|r|$越大时，两变量相关程度越密切；当相关系数$|r|$越小时，两变量的相关程度越差。

(2) 简单非线性相关程度的测度　如果两变量之间呈非线性相关，常常用相关指数R进行测度，计算公式为

$$R=\sqrt{1-\frac{\sum(y_i-\hat{y}_i)^2}{\sum(y_i-\overline{y})^2}} \tag{4-2}$$

式中：$\hat{y}_i$为回归值(或理论值)。$R\in[0,1]$，当$R=1$时，两变量完全相关；当$R=0$时，两变量完全无关系；当$R\to\max$时，相关程度密切；当$R\to\min$时，相关程度差。

(3) 多要素相关与相关矩阵

1) 多要素相关矩阵。

设原始矩阵为

$$\begin{pmatrix} x_{11} & x_{12} & \cdots & x_{1n} \\ x_{21} & x_{22} & \cdots & x_{2n} \\ \vdots & \vdots & & \vdots \\ x_{m1} & x_{m2} & \cdots & x_{mn} \end{pmatrix} \tag{4-3}$$

则两两要素之间的相关程度的计算公式为

$$r_{ij}=\frac{\sum(x_{ik}-\overline{x}_i)(x_{jk}-\overline{x}_j)}{\sqrt{\sum(x_{ik}-\overline{x}_i)^2\sum(x_{jk}-\overline{x}_j)^2}} \tag{4-4}$$

计算出两两要素间的相关系数，便可以得到相关系数矩阵：

$$\begin{pmatrix} r_{11} & r_{12} & \cdots & r_{1m} \\ r_{21} & r_{22} & \cdots & r_{2m} \\ \vdots & \vdots & & \vdots \\ r_{m1} & r_{m2} & \cdots & r_{mm} \end{pmatrix} \tag{4-5}$$

式中：矩阵为实对称矩阵，其对角线上的元素均为 1；相关系数r_{ij}的计算公式与简单相关系数r的计算公式本质相同，因而其值的性质亦相同。

2) 偏相关系数计算公式。因为景观是一种多要素系统，所以一个景观要素的变化必然会导致其他要素随之变化，因而要素间存在着不同程度的相关关系。当测度某一个要素与另一个要素的相关程度时，将其他要素的影响视为常数，而单独度量这两个要素间的相关关系时，称为偏相关。度量偏相关程度和方向的统计量称为偏相关系数。

设有三个要素或变量x_1,x_2,x_3，其两两要素之间单相关系数矩阵为

$$\boldsymbol{R}=\begin{pmatrix} r_{11} & r_{12} & r_{13} \\ r_{21} & r_{22} & r_{23} \\ r_{31} & r_{32} & r_{33} \end{pmatrix}=\begin{pmatrix} 1 & r_{12} & r_{13} \\ r_{21} & 1 & r_{23} \\ r_{31} & r_{32} & 1 \end{pmatrix} \tag{4-6}$$

由于相关矩阵 **R** 是对称矩阵，因此只需要计算出 3 个单相关系数 r_{12}, r_{13}, r_{23} 即可，称为零级相关系数。3 个变量间的偏相关系数有 3 个，即 $r_{12\cdot3}, r_{13\cdot2}, r_{23\cdot1}$（下标圆点后面的数字表示保持不变的变量，如 $r_{23\cdot1}$ 即表示 x_1 保持不变），称为一级偏相关系数。如果有 4 个变量相关，则有 6 个偏相关系数，即 $r_{12\cdot34}, r_{13\cdot24}, r_{14\cdot23}, r_{23\cdot14}, r_{24\cdot13}, r_{34\cdot12}$，称为二级偏相关系数。变量多于 4 个时，则可类推。一级偏相关系数可以用单相关系数公式来计算；二级偏相关系数可以用一级偏相关系数来计算。其中，一级偏相关系数的计算公式为

$$r_{12\cdot3} = \frac{r_{12} - r_{13}r_{23}}{\sqrt{(1-r_{13}^2)(1-r_{23}^2)}} \tag{4-7}$$

$$r_{13\cdot2} = \frac{r_{13} - r_{12}r_{23}}{\sqrt{(1-r_{12}^2)(1-r_{23}^2)}} \tag{4-8}$$

$$r_{23\cdot1} = \frac{r_{23} - r_{12}r_{13}}{\sqrt{(1-r_{12}^2)(1-r_{13}^2)}} \tag{4-9}$$

二级偏相关系数的计算公式为

$$r_{12\cdot34} = \frac{r_{12\cdot3} - r_{14\cdot3}r_{24\cdot3}}{\sqrt{(1-r_{14\cdot3}^2)(1-r_{24\cdot3}^2)}} \tag{4-10}$$

$$r_{13\cdot24} = \frac{r_{13\cdot2} - r_{14\cdot2}r_{34\cdot2}}{\sqrt{(1-r_{14\cdot2}^2)(1-r_{34\cdot2}^2)}} \tag{4-11}$$

$$r_{14\cdot23} = \frac{r_{14\cdot2} - r_{13\cdot2}r_{43\cdot2}}{\sqrt{(1-r_{13\cdot2}^2)(1-r_{43\cdot2}^2)}} \tag{4-12}$$

$$r_{23\cdot14} = \frac{r_{23\cdot1} - r_{24\cdot1}r_{34\cdot1}}{\sqrt{(1-r_{24\cdot1}^2)(1-r_{34\cdot1}^2)}} \tag{4-13}$$

$$r_{24\cdot13} = \frac{r_{24\cdot1} - r_{23\cdot1}r_{43\cdot1}}{\sqrt{(1-r_{23\cdot1}^2)(1-r_{43\cdot1}^2)}} \tag{4-14}$$

$$r_{34\cdot12} = \frac{r_{34\cdot1} - r_{32\cdot1}r_{42\cdot1}}{\sqrt{(1-r_{32\cdot1}^2)(1-r_{42\cdot1}^2)}} \tag{4-15}$$

式中：$r_{12\cdot34}$ 为在 x_3 和 x_4 两个变量保持不变时，x_1 和 x_2 的偏相关系数，依此类推。偏相关系数的分布区间在−1～+1。当 $r_{12\cdot3}$ 等于正值时，表示在 x_3 固定不变的条件下，x_1 与 x_2 之间为正相关；反之，当 $r_{12\cdot3}$ 等于负值时，表示在 x_3 固定不变的条件下，x_1 与 x_2 之间为负相关。偏相关系数的绝对值越大，表示其偏相关程度越大(例如，当 $|r_{12\cdot3}|=1$ 时，表示在 x_3 固定不变条件下，x_1 与 x_2 之间完全相关；当 $|r_{12\cdot3}|=0$ 时，表示在 x_3 固定不变的条件下，x_1 与 x_2 之间完全无关)。偏相关系数的绝对值必定小于或等于由同一系列资料所求得的复相关系数，即 $R_{1\cdot23} \geqslant |r_{12\cdot3}|$(王洪芬，2001；于俊年，2014)。

3) 复相关系数计算公式。实际上，一个要素的变化往往受多个要素的综合影响，而单相关或偏相关分析不能反映各要素的综合影响，因此需要用复相关分析来度量。复相关分析是研究几个要素同时与某一个要素之间的相关关系的统计分析法，用复相关系数进行测度。复相关系数可以通过单相关系数和偏相关系数间接求取，也可以采用回归法和行列式法计算。

设因变量为 y，自变量为 $x_1,x_2,\cdots,x_k$，则 y 与 $x_1,x_2,\cdots,x_k$ 的复相关系数记为 $R_{y\cdot 12\cdots k}$，计算公式为

$$R_{y\cdot 12\cdots k}=\sqrt{1-(1-r_{y1}^2)(1-r_{y2\cdot 1}^2)\cdots[1-r_{yk\cdot 12\cdots(k-1)}^2]} \tag{4-16}$$

复相关系数的分布区间为 0～1，即 $0\leqslant R_{y\cdot 123}\leqslant 1$。复相关系数值越大，则变量间的相关程度越密切。复相关系数等于 1 时为完全相关，等于 0 时则表示完全不相关。复相关系数必定大于或至少等于单相关系数的绝对值。

2. 相关系数的显著性检验

为了判定相关系数是否有意义，还需要对相关系数进行显著性检验，即对相关系数的精度进行检验。不同相关系数的检验方法也有所不同。

(1) 简单线性相关系数的显著性检验　　简单线性相关系数 r 的检验步骤如下(王洪芬，2001)。

第 1 步：计算出相关系数 r。

第 2 步：给定显著性水平 α，按 $n-2$ 通过查找相关系数临界值 r_α 表，查出相应临界值 r_α。

第 3 步：比较 $|r|$ 与 r_α 的大小。当 $|r|\geqslant r_\alpha$ 时，则说明两变量在 α 水平上达到显著性。若 $|r|<r_\alpha$，则说明两变量在 α 水平上没有达到所要求的精度。若需要继续研究二者的关系，可以修改显著性水平 α，重新查表获取临界值 r_α 进行比较。

(2) 偏相关系数的显著性检验　　一般采用 t 检验法进行偏相关系数的显著性检验，计算公式为

$$t=\frac{r_{12\cdot 34\cdots m}}{\sqrt{1-r_{12\cdot 34\cdots m}^2}}\sqrt{n-m-1} \tag{4-17}$$

式中：$r_{12\cdot 34\cdots m}$ 为偏相关系数；n 为样本容量；m 为自变量个数。

根据式(4-17)计算出偏相关系数后，通过查 t 分布表，可以得到不同显著水平的临界值 t_α。若 $t>t_\alpha$，则表示偏相关显著；若 $t<t_\alpha$，则偏相关系数不显著。

(3) 复相关系数的显著性检验　　通常采用 F 检验方法对复相关系数进行显著性检验，其计算公式为

$$F=\frac{R_{y\cdot 12\cdots k}^2}{1-R_{y\cdot 12\cdots k}}\left(\frac{n-K-1}{K}\right) \tag{4-18}$$

式中：n 为样本容量；K 为自变量个数。

根据式(4-18)计算出复相关系数后，再通过查 F 检验临界值 F_α 表，可以查得不同显著性水平的临界值 F_α。若 $F>F_{0.01}$，则表示复相关系数在信度 $\alpha=0.01$ 水平上达到显著性；若 $F_{0.05}\leqslant F\leqslant F_{0.01}$，则表示复相关系数在信度 $\alpha=0.05$ 水平上达到了显著性，而在信度 $\alpha=0.01$ 水平上没有达到显著性。

计算出相关系数并经显著性检验证明其相关程度显著后，就可以对要素间的数量关系做进一步的回归分析，即求出表达其数量关系的回归模型进行相应的预测分析。

4.1.2　回 归 分 析

回归分析是研究一个变量(被解释变量)关于另一个或另一些变量(解释变量)的具体依

赖关系的计算方法和理论，是应用极其广泛的数理统计分析方法之一，可以用于景观生态安全格局规划中景观面积、人口数量、GDP 等相关指标和参数的统计推测。传统回归分析模型包括一元线性回归模型、一元非线性回归模型、多元线性回归模型和多元非线性回归模型。此外，在景观生态安全格局规划中，当因变量是二分类变量时，常常使用 logistic 回归模型进行统计分析。

1. 一元线性回归模型

(1) 一元线性回归模型的建立　　首先确定一元线性回归模型为直线型，然后就可以确定线性回归方程的两个参数 a 与 b。假设有两个变量 x 和 y，其 x 为自变量，y 为因变量。假设一元线性回归模型结构为

$$y_i = a + bx_i + \varepsilon_i \tag{4-19}$$

式中：a、b 为待定参数；(x_1,y_1)，(x_2,y_2)，…，(x_n,y_n) 为 n 组观测数据 $(i=1,2,\cdots,n)$；ε_i 为随机变量。通常采用最小二乘法估计参数 a 和 b。

若用 (x_i, y_i) 表示 n 组统计资料，任意一条回归直线的方程为

$$\hat{y}_i = a + bx_i \tag{4-20}$$

式中：$\hat{y}_i$ 为回归值或理论值。将每个 x_i 值代入式(4-20)即可计算出 $\hat{y}_i$ 值，通常实际值与理论值之间存在偏差 δ_i，则 $\delta_i = y_i - \hat{y}_i = y_i - a - bx_i$，而 n 个统计值与理论值的差的总和为 $\sum\delta_i = \sum(y_i - \hat{y}_i)$。采用最小二乘法使差的平方和达到最小，即令 $Q = \sum\delta_i^2 = \sum(y_i - a - bx_i)^2$。如果要使 $Q = \sum(y_i - a - bx_i)^2 \to \min$，则只需分别求 a、b 的偏导数，并令其等于零即可，即

$$\begin{cases} \dfrac{\partial Q}{\partial a} = -2\sum(y_i - a - bx_i) = 0 \\ \dfrac{\partial Q}{\partial b} = -2\sum(y_i - a - bx_i)x_i = 0 \end{cases} \tag{4-21}$$

$$\begin{cases} \sum(y_i - a - bx_i) = \sum y_i - na - b\sum x_i = 0 \\ \sum(y_i - a - bx_i)x_i = \sum x_i y_i - a\sum x_i - b\sum x_i^2 = 0 \end{cases} \tag{4-22}$$

整理，得正规方程组：

$$\begin{cases} na + (\sum x_i)b = \sum y_i & ① \\ (\sum x_i)a + (\sum x_i^2)b = \sum x_i y_i & ② \end{cases} \tag{4-23}$$

解正规方程组(4-23)，即可求得参数 a 和 b。求解方法有代数法和矩阵法。其中，代数法求解过程简单，不再赘述，这里着重介绍便于在计算机上求解的矩阵法，其求解过程如下。

1) 将正规方程组用矩阵形式表达为

$$\begin{pmatrix} n & \sum x_i \\ \sum x_i & \sum x_i^2 \end{pmatrix}\begin{pmatrix} a \\ b \end{pmatrix} = \begin{pmatrix} \sum y_i \\ \sum x_i y_i \end{pmatrix} \tag{4-24}$$

2) 令系数矩阵为 $\boldsymbol{A}$、参数矩阵为 $\boldsymbol{b}$、常数项矩阵为 $\boldsymbol{B}$，则矩阵等式(4-24)可简写为

$$\boldsymbol{Ab} = \boldsymbol{B} \tag{4-25}$$

式中：$\boldsymbol{A}=\begin{pmatrix}1 & 1 & \cdots & 1\\ x_1 & x_2 & \cdots & x_n\end{pmatrix}\begin{pmatrix}1 & x_1\\ 1 & x_2\\ \vdots & \vdots\\ 1 & x_n\end{pmatrix}=\boldsymbol{X}^{\mathrm{T}}\boldsymbol{X}$；$\boldsymbol{B}=\begin{pmatrix}1 & 1 & \cdots & 1\\ x_1 & x_2 & \cdots & x_n\end{pmatrix}\begin{pmatrix}y_1\\ y_2\\ \vdots\\ y_n\end{pmatrix}=\boldsymbol{X}^{\mathrm{T}}\boldsymbol{Y}$。

3）通过矩阵运算，可以求得参数矩阵$\boldsymbol{b}=\boldsymbol{A}^{-1}\boldsymbol{B}=(\boldsymbol{X}^{\mathrm{T}}\boldsymbol{X})^{-1}\boldsymbol{X}^{\mathrm{T}}\boldsymbol{Y}$，当参数$a$、$b$求出后，便可写出回归模型：$\hat{y}=a+bx$。

（2）一元线性回归模型的检验　在用回归模型进行预测之前，需要验证回归模型是否符合变量x和y之间的客观规律，预测精度能达到多少，即要对变量x和y之间的线性关系进行统计检验。

1）回归模型估计误差。由线性回归模型所估计的$\hat{y}$值常常与实测值y不一致，反映在散点图上的实测值y和由x值所估计的$\hat{y}$值通常不吻合，而散布在回归直线附近，这种差异就是由于用线性回归模型由x值估计$\hat{y}$值时所产生的误差，称为回归方程估计误差。

如果将估计值$\hat{y}$视作各个x值对应的各个y值的均值，并以标准差的形式来估计其误差的大小，则称为标准估计误差，亦称剩余标准差，记作S，其计算公式为

$$S=\sqrt{\frac{\sum(y-\hat{y})^2}{n-2}} \tag{4-26}$$

标准估计误差是一个非常重要的量，由于它的单位和y的单位相同，因此在实际问题中便于比较和检验，只要比较S与允许的偏差就行了。因此，标准估计误差是检验回归效果的重要指标，也是衡量回归模型预测精度的重要指标。当$S\to\max$时，回归模型的预测效果差；当$S\to\min$时，回归模型的预测效果好（张超和杨秉赓，1985）。

2）回归模型的显著性检验。n次统计值$y_1, y_2, \cdots, y_n$之间的差异可以用统计值y_i与其算术平均值$\bar{y}$的离差平方和来表示，称为总离差平方和，记为

$$S_{总}=L_{yy}=\sum(y_i-\bar{y})^2 \tag{4-27}$$

每一个离差都可以分解成：

$$y_i-\bar{y}=(y_i-\hat{y}_i)+(\hat{y}_i-\bar{y}) \tag{4-28}$$

将式（4-28）两边同时取平方，再求和得

$$\sum(y_i-\bar{y})^2=\sum(y_i-\hat{y}_i)^2+\sum(\hat{y}_i-\bar{y})^2+2\sum(y_i-\hat{y}_i)(\hat{y}_i-\bar{y}) \tag{4-29}$$

可证明$\sum(y_i-\hat{y}_i)(\hat{y}_i-\bar{y})=0$。因此，式（4-29）为$\sum(y_i-\bar{y})^2=\sum(y_i-\hat{y}_i)^2+\sum(\hat{y}_i-\bar{y})^2$，即因变量$y$的总的离差平方和可以分解为可以解释的平方和$\sum(\hat{y}_i-\bar{y})^2$和不能由回归方程来解释的平方和$\sum(y_i-\hat{y}_i)^2$。$Q=\sum(y_i-\hat{y}_i)^2$为随机误差，是统计值离开回归直线$\hat{y}_i$的残差平方和，称为剩余平方和。$U=\sum(\hat{y}_i-\bar{y})^2$称为回归平方和，反映在$y_i$的总变差中由$x$与$y$的线性关系而引起$y$值的变化部分。因此，有

$$S_{总}=U+Q \tag{4-30}$$

式中：$U=b\times\sum(x_i-\bar{x})(y_i-\bar{y})=bL_{xy}$；$Q=L_{yy}-U=L_{yy}-bL_{xy}$。

由此可见，回归模型的效果取决于U和Q的大小，或者说是取决于U在总平方和L_{yy}中所占的比值U/L_{yy}大小，其值越大，回归模型效果越好；反之，则回归模型效果越差。假如

将等式 $b = L_{xy} / L_{xx}$ 和等式 $U = bL_{xy}$ 代入该比例，则可以得到

$$\frac{U}{L_{yy}} = \frac{bL_{xy}}{L_{yy}} = \frac{L_{xy}^2}{L_{xx} \cdot L_{yy}} = r^2 \tag{4-31}$$

进一步推导可以得到：$U = r^2 L_{yy}$，$Q = (1 - r^2) L_{yy}$。

由此可知，利用相关系数也能计算回归平方和与剩余平方和，因而可根据相关系数来判定回归效果的好坏。相关系数的绝对值越大，回归平方和就越大，剩余平方和就越小，故回归效果越好。此外，每个平方和都有一个自由度与之联系。正如总平方和可分解成回归平方和与剩余平方和一样，总平方和的自由度 $f_{总}$ 也等于回归平方和的自由度 f_U 与剩余平方和的自由度 f_Q 之和，即

$$f_{总} = f_U + f_Q \tag{4-32}$$

在回归分析中，$f_{总} = N - 1$，而 f_U 则对应于自变量的个数，因此在这里 $f_U = 1$，故 $f_Q = N - 2$。这种把平方和与自由度同时进行分解，并用 F 检验对整个回归方程进行显著性检验的方法，称为方差分析，表 4-1 所示为一元线性回归方程方差分析表。

表 4-1　一元线性回归方程方差分析表（王洪芬，2001）

变差来源	平方和	自由度	方差	F
回归（因素 X）	$U = \sum(\hat{y}_i - \bar{y})^2 = bL_{xy}$	1	$S_U^2 = U/1$	$F = \dfrac{U/1}{Q/(n-2)}$
剩余（随机因素）	$Q = \sum(y_i - \hat{y}_i)^2 = L_{yy} - bL_{xy}$	$n-2$	$S_Q^2 = Q/(n-2)$	
总和	$S_{总} = L_{yy} = \sum(y_i - \bar{y})^2$	$n-1$		

计算出 F 值后，可通过查 F 分布表得到给定显著水平 α 下的临界值 F_α。当 $F \geqslant F_\alpha$ 时，回归模型有效，反之则说明所建立的回归模型无意义。

2. 一元非线性回归模型

(1) 一元非线性回归模型的建立　在实际问题中，两要素之间除了存在线性关系外，还大量存在非线性关系，目前应用较普遍的模拟两要素之间非线性关系的模型有幂函数型、指数函数型、对数函数型、S 形曲线型。本书重点介绍前 3 种模型的构建过程（张超和杨秉赓，1985；王洪芬，2001）。

1) 幂函数型：

$$y = ax^b \tag{4-33}$$

将式 (4-33) 两边同时取自然对数，可得 $\ln y = \ln a + b \ln x$；令 $Y = \ln y$，$A = \ln a$，$X = \ln x$，即可将非线性问题转化为线性问题来处理，则幂函数模型可以变换为线性回归模型：

$$Y = A + bx \tag{4-34}$$

式中：$b = \left(\sum XY - \dfrac{\sum X \sum Y}{n} \right) \Big/ \left(\sum X^2 - \dfrac{(\sum X)^2}{n} \right)$，$A = \bar{Y} - b\bar{X}$。$A$ 求出后，取反对数就可以得到 a，然后就可以确定待建立的回归模型 $\hat{y} = ax^b$。

2) 指数函数型：

$$y = a\mathrm{e}^{bx} \tag{4-35}$$

同样，将式(4-35)两边同时取自然对数，可以得到 $\ln y = \ln a + bx$；令 $Y = \ln y$，$A = \ln a$，则式(4-35)可转化为 $Y = A + bx$，即将指数函数模型转化为线性模型进行处理。

3)对数函数型：两个地理要素之间的非线性关系呈对数函数型，其表达式为

$$y = a + b\ln x \tag{4-36}$$

令 $X = \ln x$，则式(4-36)可直接化为直线方程，即

$$y = a + bX \tag{4-37}$$

式中：$b = \left(\sum Xy - \frac{\sum X \sum y}{n}\right) \Big/ \left(\sum X^2 - \frac{(\sum X)^2}{n}\right)$；$a = \overline{y} + b\overline{X} = \overline{y} + b\overline{\ln x}$。当 a 及 b 求出后，就可以确定回归模型 $\hat{y} = a + b\ln x$。

(2)一元非线性回归模型的检验　可以采用相关指数和剩余标准差检验非线性回归模型的效果。其中，相关指数的计算公式为

$$R^2 = 1 - \frac{\sum (y_i - \hat{y}_i)^2}{\sum (y_i - \overline{y}_i)^2} = 1 - \frac{Q}{L_{yy}} \tag{4-38}$$

式中：$Q = \sum (y_i - \hat{y}_i)^2$ 为残差平方和，若一个回归模型效果好，则总希望 Q 越小越好，当 $Q \to 0$ 时，即 $R^2 \to 1$，回归模型效果最好；当 $Q \to L_{yy}$ 时，即 $R^2 \to 0$，回归模型效果最差。

剩余标准差与一元线性回归模型检验方法一样，其计算公式为

$$S = \sqrt{\frac{\sum (y_i - \hat{y}_i)^2}{n-2}} = \sqrt{\frac{Q}{n-2}} \tag{4-39}$$

式中：S 值越小表明回归模型效果越好；反之，S 值越大表明回归模型效果越差。

3. 多元线性回归模型

(1)二元线性回归模型的建立　设因变量 y 受两个自变量 x_1，x_2 的显著影响，并且因变量与自变量之间呈线性相关关系，则对应的数学表达式为

$$y = b_0 + b_1 x_1 + b_2 x_2 \tag{4-40}$$

那么，用回归分析法建立的回归模型应该为

$$\hat{y} = b_0 + b_1 x_1 + b_2 x_2 \tag{4-41}$$

式中：b_0 为常数项；b_1, b_2 为 y 对 x_1, x_2 的回归系数。从解释几何上来看，式(4-41)表示一个平面，因此也称为 y 对 x_1, x_2 的回归平面。

与一元线性回归模型建立方法相同，首先利用最小二乘法求得参数 b_0, b_1, b_2，即令 $Q(b_0, b_1, b_2) = \sum_{\alpha=1}^{n} (y_\alpha - \hat{y}_\alpha)^2 = \sum_{\alpha=1}^{n} (y_\alpha - b_0 - b_1 x_{\alpha 1} - b_2 x_{\alpha 2})^2$，要使 $Q \to \min$，则对该式分别求 b_0、b_1、b_2 的偏导数，并令偏导数等于零即可，即

$$\begin{cases} \dfrac{\partial Q}{\partial b_0} = -2\sum (y_\alpha - b_0 - b_1 x_{\alpha 1} - b_2 x_{\alpha 2})(-1) = 0 \\ \dfrac{\partial Q}{\partial b_1} = -2\sum (y_\alpha - b_0 - b_1 x_{\alpha 1} - b_2 x_{\alpha 2})(-x_{\alpha 1}) = 0 \\ \dfrac{\partial Q}{\partial b_2} = -2\sum (y_\alpha - b_0 - b_1 x_{\alpha 1} - b_2 x_{\alpha 2})(-x_{\alpha 2}) = 0 \end{cases} \tag{4-42}$$

式(4-42)可以写成

$$\begin{cases}\sum y_\alpha - nb_0 - b_1\sum x_{\alpha1} - b_2\sum x_{\alpha2} = 0\\ \sum x_{\alpha1}y_\alpha - b_0\sum x_{\alpha1} - b_1\sum x_{\alpha1}^2 - b_2\sum x_{\alpha1}x_{\alpha2} = 0\\ \sum x_{\alpha2}y_\alpha - b_0\sum x_{\alpha2} - b_1\sum x_{\alpha1}x_{\alpha2} - b_2\sum x_{\alpha2}^2 = 0\end{cases} \tag{4-43}$$

整理得正规方程组:

$$\begin{cases}nb_0 + \sum x_{\alpha1}b_1 + \sum x_{\alpha2}b_2 = \sum y_\alpha & ①\\ \sum x_{\alpha1}b_0 + \sum x_{\alpha1}^2 b_1 + \sum x_{\alpha1}x_{\alpha2}b_2 = \sum x_{\alpha1}y_\alpha & ②\\ \sum x_{\alpha2}b_0 + \sum x_{\alpha1}x_{\alpha2}b_1 + \sum x_{\alpha2}^2 b_2 = \sum x_{\alpha2}y_\alpha & ③\end{cases} \tag{4-44}$$

解正规方程组(4-44)，即可求得参数 b_0, b_1, b_2。求解方法有代数法和矩阵法。其中，矩阵法求解过程如下。

1)将方程组(4-44)用矩阵形式表达为

$$\begin{pmatrix} n & \sum x_{\alpha1} & \sum x_{\alpha2}\\ \sum x_{\alpha1} & \sum x_{\alpha1}^2 & \sum x_{\alpha1}x_{\alpha2}\\ \sum x_{\alpha2} & \sum x_{\alpha1}x_{\alpha2} & \sum x_{\alpha2}^2\end{pmatrix}\begin{pmatrix} b_0\\ b_1\\ b_2\end{pmatrix} = \begin{pmatrix}\sum y_\alpha\\ \sum x_{\alpha1}y_\alpha\\ \sum x_{\alpha2}y_\alpha\end{pmatrix} \tag{4-45}$$

2)令系数矩阵为 $\boldsymbol{A}$、参数矩阵为 $\boldsymbol{b}$、常数项矩阵为 $\boldsymbol{B}$，则式(4-45)可简化为

$$\boldsymbol{A}\boldsymbol{b} = \boldsymbol{B} \tag{4-46}$$

式中：$\boldsymbol{A} = \begin{pmatrix} n & \sum x_{\alpha1} & \sum x_{\alpha2}\\ \sum x_{\alpha1} & \sum x_{\alpha1}^2 & \sum x_{\alpha1}x_{\alpha2}\\ \sum x_{\alpha2} & \sum x_{\alpha1}x_{\alpha2} & \sum x_{\alpha2}^2\end{pmatrix} = \begin{pmatrix} 1 & 1 & \cdots & 1\\ x_{11} & x_{21} & \cdots & x_{n1}\\ x_{12} & x_{22} & \cdots & x_{n2}\end{pmatrix}\begin{pmatrix} 1 & x_{11} & x_{12}\\ 1 & x_{21} & x_{22}\\ \vdots & \vdots & \vdots\\ 1 & x_{n1} & x_{n2}\end{pmatrix} = \boldsymbol{X}^{\mathrm{T}}\boldsymbol{X}$，显然，系数矩阵 $\boldsymbol{A}$ 为对称矩阵；$\boldsymbol{B} = \begin{pmatrix}\sum y\\ \sum x_1 y\\ \sum x_2 y\end{pmatrix} = \begin{pmatrix} 1 & 1 & \cdots & 1\\ x_{11} & x_{21} & \cdots & x_{n1}\\ x_{12} & x_{22} & \cdots & x_{n2}\end{pmatrix}\begin{pmatrix} y_1\\ y_2\\ \vdots\\ y_n\end{pmatrix} = \boldsymbol{X}^{\mathrm{T}}\boldsymbol{Y}$；$\boldsymbol{b} = \begin{bmatrix} b_0\\ b_1\\ b_2\end{bmatrix}$。因此，$\boldsymbol{b} = \boldsymbol{A}^{-1}\boldsymbol{B} = (\boldsymbol{X}^{\mathrm{T}}\boldsymbol{X})^{-1}\boldsymbol{X}^{\mathrm{T}}\boldsymbol{Y}$。求出各参数，即可写出回归模型:

$$\hat{y} = b_0 + b_1 x_1 + b_2 x_2 \tag{4-47}$$

二元线性回归模型的效果检验与一元线性回归模型相同，不再赘述。

(2) 多元线性回归模型的建立　设变量 y 受 k 个变量 $x_1, x_2, \cdots, x_k$ 影响，而且呈线性关系，经观测得到 n 组数据(y_α; $x_{\alpha1}, x_{\alpha2}, \cdots, x_{\alpha k}$)($\alpha$=1,2,$\cdots$,$n$)。设其数学模型为

$$y_\alpha = \beta_0 + \beta_1 x_{\alpha1} + \beta_2 x_{\alpha2} + \cdots + \beta_k x_{\alpha k} + \varepsilon_\alpha \tag{4-48}$$

式中：$\beta_0, \beta_1, \cdots, \beta_k$ 为待定参数；ε_α 为随机变量。仍然采用最小二乘法估计 β 值，则回归模型为

$$\hat{y} = b_0 + b_1 x_1 + b_2 x_2 + \cdots + b_k x_k \tag{4-49}$$

式中，b_0 为常数项；$b_1, b_2, \cdots, b_k$ 为偏回归系数。偏回归系数是指当其他自变量都固定时，该自变量每变化一个单位而使 y 平均改变的数值。模型(4-49)在几何上表示一个超平面，所以

也称为 y 对 $x_1,x_2,\cdots,x_k$ 的回归平面。根据最小二乘法原理，如果要使 $Q=\sum_\alpha(y_\alpha-\hat{y}_\alpha)^2=\sum_\alpha[y_\alpha-(b_0+b_1x_{\alpha1}+b_2x_{\alpha2}+\cdots+b_kx_{\alpha k})]^2$（$\alpha$=1,2,$\cdots$,$n$ 为观测数据的序号）达到最小，那么则分别对式(4-49)中 $b_0,b_1,\cdots,b_k$ 求偏导数，并令其导数等于零，即

$$\begin{cases}\dfrac{\partial Q}{\partial b_0}=-2\sum_\alpha(y_\alpha-\hat{y}_\alpha)=0\\ \dfrac{\partial Q}{\partial b_j}=-2\sum_\alpha(y_\alpha-\hat{y}_\alpha)x_{\alpha j}=0\quad(j=1,2,\cdots,k)\end{cases}\tag{4-50}$$

将式(4-50)展开整理后得正规方程组：

$$\begin{cases}nb_0+(\sum_\alpha x_{\alpha1})b_1+(\sum_\alpha x_{\alpha2})b_2+\cdots+(\sum_\alpha x_{\alpha k})b_k=\sum_\alpha y_\alpha\\ (\sum_\alpha x_{\alpha1})b_0+(\sum_\alpha x_{\alpha1}^2)b_1+(\sum_\alpha x_{\alpha1}x_{\alpha2})b_2+\cdots+(\sum_\alpha x_{\alpha1}x_{\alpha k})b_k=\sum_\alpha x_{\alpha1}y_\alpha\\ (\sum_\alpha x_{\alpha2})b_0+(\sum_\alpha x_{\alpha2}x_{\alpha1})b_1+(\sum_\alpha x_{\alpha2}^2)b_2+\cdots+(\sum_\alpha x_{\alpha2}x_{\alpha k})b_k=\sum_\alpha x_{\alpha2}y_\alpha\\ \qquad\vdots\\ (\sum_\alpha x_{\alpha k})b_0+(\sum_\alpha x_{\alpha k}x_{\alpha1})b_1+(\sum_\alpha x_{\alpha k}x_{\alpha2})b_2+\cdots+(\sum_\alpha x_{\alpha k}^2)b_k=\sum_\alpha x_{\alpha k}y_\alpha\end{cases}\tag{4-51}$$

解正规方程组(4-51)，即可求得参数 $b_0,b_1,b_2,\cdots,b_k$。求解方法有代数法和矩阵法。其中，矩阵法求解过程如下。

1)将方程组(4-51)用矩阵形式表达为

$$\begin{pmatrix}n&\sum_\alpha x_{\alpha1}&\sum_\alpha x_{\alpha2}&\cdots&\sum_\alpha x_{\alpha k}\\ \sum_\alpha x_{\alpha1}&\sum_\alpha x_{\alpha1}^2&\sum_\alpha x_{\alpha1}x_{\alpha2}&\cdots&\sum_\alpha x_{\alpha1}x_{\alpha k}\\ \sum_\alpha x_{\alpha2}&\sum_\alpha x_{\alpha2}x_{\alpha1}&\sum_\alpha x_{\alpha2}^2&\cdots&\sum_\alpha x_{\alpha2}x_{\alpha k}\\ \vdots&\vdots&\vdots&&\vdots\\ \sum_\alpha x_{\alpha k}&\sum_\alpha x_{\alpha k}x_{\alpha1}&\sum_\alpha x_{\alpha k}x_{\alpha2}&\cdots&\sum_\alpha x_{\alpha k}^2\end{pmatrix}\begin{pmatrix}b_0\\b_1\\b_2\\\vdots\\b_k\end{pmatrix}=\begin{pmatrix}\sum_\alpha y_\alpha\\ \sum_\alpha x_{\alpha1}y_\alpha\\ \sum_\alpha x_{\alpha2}y_\alpha\\ \vdots\\ \sum_\alpha x_{\alpha k}y_\alpha\end{pmatrix}\tag{4-52}$$

2)令系数矩阵为 $\boldsymbol{A}$、参数矩阵为 $\boldsymbol{b}$、常数项矩阵为 $\boldsymbol{B}$，则式(4-52)可简化为

$$\boldsymbol{Ab}=\boldsymbol{B}\tag{4-53}$$

式中：

$$\boldsymbol{A}=\begin{pmatrix}n&\sum_\alpha x_{\alpha1}&\sum_\alpha x_{\alpha2}&\cdots&\sum_\alpha x_{\alpha k}\\ \sum_\alpha x_{\alpha1}&\sum_\alpha x_{\alpha1}^2&\sum_\alpha x_{\alpha1}x_{\alpha2}&\cdots&\sum_\alpha x_{\alpha1}x_{\alpha k}\\ \sum_\alpha x_{\alpha2}&\sum_\alpha x_{\alpha2}x_{\alpha1}&\sum_\alpha x_{\alpha2}^2&\cdots&\sum_\alpha x_{\alpha2}x_{\alpha k}\\ \vdots&\vdots&\vdots&&\vdots\\ \sum_\alpha x_{\alpha k}&\sum_\alpha x_{\alpha k}x_{\alpha1}&\sum_\alpha x_{\alpha k}x_{\alpha2}&\cdots&\sum_\alpha x_{\alpha k}^2\end{pmatrix}=$$

$$\begin{pmatrix} 1 & 1 & 1 & \cdots & 1 \\ x_{11} & x_{21} & x_{31} & \cdots & x_{N1} \\ x_{12} & x_{22} & x_{32} & \cdots & x_{N2} \\ \vdots & \vdots & \vdots & & \vdots \\ x_{1k} & x_{2k} & x_{3k} & \cdots & x_{Nk} \end{pmatrix}\begin{pmatrix} 1 & x_{11} & x_{12} & \cdots & x_{1k} \\ 1 & x_{21} & x_{22} & \cdots & x_{2k} \\ 1 & x_{31} & x_{32} & \cdots & x_{3k} \\ \vdots & \vdots & \vdots & & \vdots \\ 1 & x_{N1} & x_{N2} & \cdots & x_{Nk} \end{pmatrix} = \boldsymbol{X}^{\mathrm{T}}\boldsymbol{X},$$

显然，$\boldsymbol{A}$ 为对称矩阵；$\boldsymbol{B}=\begin{pmatrix} \sum_{\alpha} y_{\alpha} \\ \sum_{\alpha} x_{\alpha 1} y_{\alpha} \\ \sum_{\alpha} x_{\alpha 2} y_{\alpha} \\ \vdots \\ \sum_{\alpha} x_{\alpha k} y_{\alpha} \end{pmatrix}=\begin{pmatrix} 1 & 1 & 1 & \cdots & 1 \\ x_{11} & x_{21} & x_{31} & \cdots & x_{N1} \\ x_{12} & x_{22} & x_{32} & \cdots & x_{N2} \\ \vdots & \vdots & \vdots & & \vdots \\ x_{1k} & x_{2k} & x_{3k} & \cdots & x_{Nk} \end{pmatrix}\begin{pmatrix} y_1 \\ y_2 \\ y_3 \\ \vdots \\ y_n \end{pmatrix}=\boldsymbol{X}^{\mathrm{T}}\boldsymbol{Y}$；$\boldsymbol{b}=\begin{pmatrix} b_0 \\ b_1 \\ \vdots \\ b_k \end{pmatrix}$。

3）通过矩阵运算，即可求得系数矩阵 $\boldsymbol{b}=\boldsymbol{A}^{-1}\boldsymbol{B}=(\boldsymbol{X}^{\mathrm{T}}\boldsymbol{X})^{-1}\boldsymbol{X}^{\mathrm{T}}\boldsymbol{Y}$，当参数 $b_0,b_1,b_2,\cdots,b_k$ 求出后，便可写出回归模型：$\hat{y}=b_0+b_1x_1+b_2x_2+\cdots+b_kx_k$。

（3）多元线性回归模型的显著性检验　从一元线性回归分析中得知，观测值 $y_1,y_2,\cdots,y_n$ 之间的差异由变量 x 的取值不同和其他随机因素引起。为了从 y 的总的变差中把它们区分开，就需要对回归模型进行方差分析，即将 y 的总离差平方和 L_{yy} 分解成回归平方和 U 和剩余平方和 Q 两部分，即

$$L_{yy}=U+Q \tag{4-54}$$

在多元线性回归分析中，回归平方和 U 表示 k 个自变量对 y 的变差的总影响，其计算公式为 $U=\sum(\hat{y}-\bar{y})^2=\sum_{i=1}^{k} b_i L_{iy}$；而剩余平方和计算式则为 $Q=\sum(y-\hat{y})^2=L_{yy}-U$。从 U 和 Q 的计算公式可知，回归平方和越大，则剩余平方和越小，线性关系越密切，回归效果越好，方程的预测精度就越高。各个平方和的自由度的确定原则为：①总平方和 L_{yy} 的自由度为 $n-1$；②回归平方和的自由度等于自变量的个数 k；③剩余平方和的自由度等于 $n-k-1$。剩余平方和除以它的自由度，称为方差（均方），即

$$S^2=\frac{Q}{n-k-1} \tag{4-55}$$

其剩余标准差则为

$$S=\sqrt{\frac{Q}{n-k-1}} \tag{4-56}$$

在多元线性回归问题上，对整个回归进行显著性检验时，通常用 F 检验法。F 值就等于回归方差和剩余方差的比，即

$$F=\frac{U/k}{Q/(n-k-1)}=\frac{U}{k\cdot S^2} \tag{4-57}$$

当 F 值计算出来后，查 F 分布表进行显著性检验。F 分布表中有两个自由度，f_1 表示回归平方和（或回归方差）的自由度 k，f_2 表示剩余平方和（或剩余方差）的自由度 $n-k-1$。

有时把回归平方和(或分子)的自由度称为第一自由度，而把剩余平方和(或分母)的自由度称为第二自由度。在进行检验时，首先列出多元线性回归方差分析表，然后查F分布表。在F分布表中列有三种不同显著性水平的α值和与其相应的自由度数，可分别记作$F_{0.10}(k,n-k-1)$，$F_{0.05}(k,n-k-1)$，$F_{0.01}(k,n-k-1)$，将这三种具有不同显著性水平的F_α临界值与表 4-2 中计算出来的F值进行比较，若$F \geqslant F_{0.10}(k,n-k-1)$，则可认为此线性回归是高度显著的(或称在 0.01 水平上显著)，并可在F值右上角打上 3 个星号“***”；若$F_{0.05}(k,n-k-1) \leqslant F \leqslant F_{0.01}(k,n-k-1)$，则反映线性回归在 0.05 水平上显著，并在$F$值右上角打上 2 个星号“**”；若$F_{0.10}(k,n-k-1) \leqslant F \leqslant F_{0.05}(k,n-k-1)$，则称线性回归在 0.10 水平上显著，并在$F$值右上角打上 1 个星号“*”；若$F < F_{0.10}(k,n-k-1)$则称线性回归不显著，它表示$y$与$k$个自变量的线性关系不密切(张超和杨秉赓，1985；王洪芬，2001)。

表 4-2　多元线性回归方差分析表(王洪芬，2001)

变差来源	平方和	自由度	方差	F 检验
回归	$U=\sum(\hat{y}-\bar{y})^2=b_iL_{iy}$	k	U/k	$F=\dfrac{U}{kS^2}$
剩余	$Q=\sum(y-\hat{y})^2=L_{yy}-U$	$n-k-1$	$S^2=Q/(n-k-1)$	
总和	$L_{yy}=\sum(y-\bar{y})^2=\sum y^2-\frac{1}{n}(\sum y)^2$	$n-1$		

4. 多元非线性回归模型

在景观生态安全格局规划中，除部分问题是线性关系外，还有大部分问题属于非线性关系。因此，需要进一步研究多元非线性回归模型的建立方法。在实际工作中，有些回归曲线经过变量变换后可化为直线处理，但是有些曲线则不能化为直线进行处理，如二次多项式就不能通过变量变换转化为直线，但可将其转化为二元线性回归模型，再按多元线性回归分析方法处理。以此类推到包括多个自变量的任意多项式$y=b_0+b_1x+b_2x^2+\cdots+b_kx^k$，也可以通过变量变换转化为多元线性回归模型。若令$x_1=x,x_2=x^2,\cdots,x_k=x^k$，则该任意多项式可转化为$y=b_0+b_1x_1+b_2x_2+\cdots+b_kx_k$，此式即为$k$元线性回归模型。因此，同$k$元线性回归模型建立方法相同，求出参数$b_0,b_1,b_2,\cdots,b_k$，并可写出回归模型：$\hat{y}=b_0+b_1x+b_2x^2+\cdots+b_kx^k$。这种方法可以处理绝大部分非线性回归问题，在回归分析中占有重要地位，其原因是任何函数都可在较小区间内用多项式来逐步逼近。因此，在分析某一要素与其他要素的定量关系时，可以不用了解y与x的确切关系，而直接用多项式回归进行分析与计算(张超和杨秉赓，1985；王洪芬，2001)。

5. logistic 回归模型

(1) logistic 函数　　假设连续反应变量y_i^*代表事件发生可能性，其值域为$[-\infty,+\infty]$。当该变量值跨越临界点c(如$c=0$)便导致事件发生，即当$y_i^*>0$时，$y_i=1$；当$y_i^*\leqslant 0$时，$y_i=0$。其中，y_i为实际观察的反应变量，取值为 1 表示事件发生，取值为 0 表示事件未发生。

如果反应变量y_i^*和自变量x_i之间存在线性关系：

$$y_i^*=\alpha+\beta x_i+\varepsilon_i \tag{4-58}$$

那么可以得到

$$P(y_i=1|x_i) = P[(\alpha+\beta x_i+\varepsilon_i)>0]=P[\varepsilon_i>(-\alpha-\beta x_i)] \tag{4-59}$$

为构造一个累积分布函数，必须改变式(4-59)中不等号的方向。假设式(4-58)中误差项 ε_i 为 logistic 分布或标准正态分布，则可以根据 logistic 分布和正态分布对称特性，将式(4-59)改写为

$$P(y_i=1|x_i) = P[\varepsilon_i\leqslant(\alpha+\beta x_i)]=F(\alpha+\beta x_i) \tag{4-60}$$

式中，F 为 ε_i 的累积分布函数。如果 ε_i 为 logistic 分布，即为 logistic 回归模型；如果 ε_i 为标准正态分布，即为 probit 模型。在标准 logistic 分布中，平均值为 0，方差取值为 $\pi^2/3\approx3.29$，因此对累积分布函数化简可得到 logistic 函数，其数学表达式为

$$P(y_i=1|x_i) = P[\varepsilon_i\leqslant(\alpha+\beta x_i)]=1/1+e^{-\varepsilon_i} \tag{4-61}$$

当 ε_i 趋于负无穷时，logistic 函数表达式为

$$P(y_i=1|x_i)=\lim_{\varepsilon_i\to-\infty}1/(1+e^{-(-\infty)})=1/(1+e^{\infty})=0 \tag{4-62}$$

当 ε_i 趋于正无穷时，logistic 函数表达式为

$$P(y_i=1|x_i)=\lim_{\varepsilon_i\to\infty}1/(1+e^{-(\infty)})=1/(1+e^{-\infty})=1 \tag{4-63}$$

因此，无论 ε_i 取何值，logistic 函数取值均为 0～1，这一性质保证了 logistic 模型估计的概率不会大于 1 或小于 0。logistic 函数的另一个性质是：当 ε_i 自 $-\infty$ 开始向右移动增加时，函数值先缓慢增加，然后迅速增加，之后增加速度又逐渐减缓，最后当 ε_i 趋近 $+\infty$ 时，函数值趋近于 1。这一特性表明，ε_i 的作用大小对于某个实例发生某一事件的可能性是变化的，在 ε_i 值很小时其作用也很小，然而在中间阶段对应的可能性增加很快。但是在 ε_i 值增加到一定程度以后，可能性就保持在几乎不变的水平，说明 ε_i 在函数接近 0 或 1 时的作用要小于当函数处于中间阶段时的作用。这种非线性函数形式有助于解决线性概率模型所不能解决的问题。

(2) logistic 函数模型　为获得 logistic 回归模型，将 logistic 函数式表达为

$$P(y_i=1|x_i) = \frac{1}{1+e^{-(\alpha+\beta x_i)}} \tag{4-64}$$

实质上，该公式即为当 ε_i 取值为 $(\alpha+\beta x_i)$ 时的累积分布函数。其中，ε_i 被定义为一系列影响事件发生概率的因素的线性函数，即

$$\varepsilon_i=\alpha+\beta x_i \tag{4-65}$$

式中：x_i 为自变量；α 和 β 分别为回归截距和回归系数。为便于表述，这里以一元回归为例。然而，同样的原则也适用于多元回归。

如果事件发生的条件概率为 $P(y_i=1|x_i)=P_i$，那么 logistic 回归模型为

$$P_i=\frac{1}{1+e^{-(\alpha+\beta x_i)}}=\frac{e^{\alpha+\beta x_i}}{1+e^{\alpha+\beta x_i}} \tag{4-66}$$

式中：P_i 为第 i 个实例发生事件的概率，是一个由解释变量 x_i 构成的非线性函数。但是，这个非线性函数可以被转变为线性函数，其转换过程如下。

首先，定义不发生事件的条件概率为

$$1-P_i=1-\left(\frac{e^{\alpha+\beta x_i}}{1+e^{\alpha+\beta x_i}}\right)=\frac{1}{1+e^{\alpha+\beta x_i}} \tag{4-67}$$

因此，事件发生概率与事件不发生概率之比为

$$P_i/(1-P_i)=\mathrm{e}^{\alpha+\beta x_i} \tag{4-68}$$

这个比值称为事件发生比，简称 odds。因为$0<P_i<1$，所以 odds 一定为正值，且没有上界。将 odds 取自然对数可以得到一个线性函数：

$$\ln[P_i/(1-P_i)]=\alpha+\beta x_i \tag{4-69}$$

式(4-69)将logistic 函数做了自然对数转换，这称作 logit 形式，也称作 y 的 logit，即logit（y）。logit（y）对于其参数而言是线性的，且依赖于 x 取值，其值域为负无穷至正无穷。另外，从式(4-69)中还可以看出，当 odds 从1减少到0时，logit（y）取负值且绝对值越来越大；当 odds 从1增加到正无穷时，其取正值且值越来越大。因此，不需要担心概率估计值会超过概率值域的问题。logit 模型的系数 α 和 β 可以按照一般回归系数来解释。如果一个变量的作用会增加对数发生比(log odds)，那么也会增加事件发生概率，反之亦然(王济川和郭志刚，2001)。

尽管线性回归分析的原则也应用于 logistic 回归模型，但二者是完全不同的。首先，线性回归的结果变量(或称因变量、反应变量)与其自变量之间的关系是线性的，而 logistic 回归中结果变量与自变量之间的关系是非线性的；其次，在线性回归中，通常假设对应自变量 x_i 的某个值，因变量 y_i 的观测值有正态分布，但 logistic 回归的因变量的观测值 y_i 却为二项分布；最后，在 logistic 回归模型中不存在线性回归模型中的残差项。

当有 m 个自变量时，式(4-66)可扩展为

$$P_i=\frac{\mathrm{e}^{\alpha+\sum_{k=1}^{m}\beta_k x_{ki}}}{1+\mathrm{e}^{\alpha+\sum_{k=1}^{m}\beta_k x_{ki}}} \tag{4-70}$$

相应的 logistic 回归模型形式为

$$\ln\left(\frac{P_i}{1-P_i}\right)=\alpha+\sum_{k=1}^{m}\beta_k x_{ki} \tag{4-71}$$

式中：$P_i=P(y_i=1|x_{1i},x_{2i},\cdots,x_{ki})$，为在给定系列自变量 $x_{1i},x_{2i},\cdots,x_{ki}$ 的值时的事件发生概率。当获得了各个实例的观测自变量 $x_1\sim x_k$ 值构成的样本，并同时拥有其事件发生与否的观测值时，就能使用这些信息来分析和描述在特定条件下事件的发生比及发生概率。

(3) logistic 回归模型的参数估计　　可采用最大似然法或迭代法进行 logistic 回归模型参数估计。最大似然估计的基本思路是先建立似然函数，然后求使得似然函数达到最大的参数估计值。

对 n 个已知样本 $y_1,y_2,\cdots,y_n$，其观测值的似然函数为

$$L(\theta)=\prod_{i=1}^{n}P_i^{y_i}(1-P_i)^{1-y_i} \tag{4-72}$$

根据最大似然原理，要求出使似然函数 $L(\theta)$ 达到最大值的参数 α 和 β 值，然而，使似然函数 $L(\theta)$ 最大化的实际过程是非常困难的，一般通过使似然函数的自然对数变换式(即 $\ln[L(\theta)]$)最大的方法，而不直接对似然函数本身求最大值。以式(4-69)为例，其 logistic 回归模型的对数似然函数为

$$
\begin{aligned}
\ln[L(\theta)] &= \ln\left[\prod_{i=1}^{n} P_i^{y_i}(1-P_i)^{(1-y_i)}\right] \\
&= \sum_{i=1}^{n}[y_i\ln(P_i)+(1-y_i)\ln(1-P_i)] \\
&= \sum_{i=1}^{n}\left[y_i\ln\left(\frac{P_i}{1-P_i}\right)+\ln(1-P_i)\right] \\
&= \sum_{i=1}^{n}\left[y_i\ln(\alpha+\beta x_i)+\ln\left(1-\frac{e^{\alpha+\beta x_i}}{1+e^{\alpha+\beta x_i}}\right)\right] \\
&= \sum_{i=1}^{n}[y_i\ln(\alpha+\beta x_i)-\ln(1+e^{\alpha+\beta x_i})]
\end{aligned}
\tag{4-73}
$$

为了估计能使 $\ln[L(\theta)]$ 最大的总体参数 α 和 β 值，首先分别对 α 和 β 偏导数并令其为 0，即

$$
\begin{cases}
\dfrac{\partial\ln[L(\theta)]}{\partial\alpha}=\displaystyle\sum_{i=1}^{n}\left[y_i-\frac{e^{\alpha+\beta x_i}}{1+e^{\alpha+\beta x_i}}\right] \\
\dfrac{\partial\ln[L(\theta)]}{\partial\beta}=\displaystyle\sum_{i=1}^{n}\left[y_i-\frac{e^{\alpha+\beta x_i}}{1+e^{\alpha+\beta x_i}}\right]x_i
\end{cases}
\tag{4-74}
$$

式(4-74)称为似然方程，如果模型中有 k 个变量，那么就有 $k+1$ 个联立方程来估计 α 和 $\beta_1,\beta_2,\cdots,\beta_k$ 值。对于 logistic 回归模型而言，由于式(4-74)是 α 和 β 值的非线性函数，所以导致其求解十分困难，通常借助计算机程序，通过 Newton-Raphson 迭代方法求解方程组，从而得出参数的最大似然估计值。

(4) logistic 回归模型的假设检验　　常用的检验方法有似然比检验和 Wald 检验。其中，似然比检验的基本思想是比较在两种不同假设条件下，对数似然函数值的差别大小。检验的零假设为两种条件下的对数似然函数值无显著差别，具体步骤如下(杜强等，2014)。

第 1 步：拟合不包含待检验因素的 logistic 模型，求对数似然函数值 $\ln L_0$。

第 2 步：拟合包含待检验因素的 logistic 模型，求新的对数似然函数值 $\ln L_1$。

第 3 步：比较两个对数似然函数值的差异，若两个模型分别包含 l 个自变量和 p 个自变量，记似然比统计量 G 的计算公式为 $G=2(\ln L_p-\ln L_l)$。在零假设成立的条件下，当样本含量 n 较大时，G 统计量近似服从自由度为 $v=p-l$ 的 χ^2 分布；如果只是对一个回归系数(或一个自变量)进行检验，则 $v=1$。

Wald 检验：用 μ 检验或 χ^2 检验，推断各参数 β_j 是否为 0，其中 $\mu=b_j/S_{b_j}$，$\chi^2=b_j/S_{b_j}$，S_{b_j} 为回归系数标准差。

4.1.3　因 子 分 析

因子分析是主成分分析方法(任雪松和于秀林，2011)的推广，属于多元分析中处理降维的一种统计方法，即用少数几个因子去描述多个具有错综复杂关系的变量，把联系比较紧密的变量归为同一个类别，同一个类别中的变量受某个共同因素的影响而高度相关，这个共同因素也称为公共因子。因子分析与主成分分析既有联系又有区别：①主成分分析是把具有一定相关性的初始变量经过线性变换处理重新组合成一组不相关的指标，而因子分析则是根据

变异的累计贡献率，通过公因子提取、载荷矩阵旋转、因子得分计算，把错综复杂的诸多变量综合为少数几个公因子进行统计分析；②主成分分析只是通常的变量变换，而因子分析需要构造因子模型；③主成分分析中主成分个数和变量个数要求相同，而因子分析则可以构造尽可能少的公因子，从而产生一个简单的模型。

1. 因子分析的数学模型

因子分析的基本思想是通过对变量的相关系数矩阵内部结构的研究，找出能控制所有变量的少数几个随机变量(一般不可观测，通常称为因子)去描述多个变量之间的相关关系。然后，根据相关性的大小把变量分组，使得同组内的变量之间的相关性较高，不同组的变量相关性较低。因子分析的正交因子模型为

$$\begin{cases} X_1 = a_{11}F_1 + a_{12}F_2 + \cdots + a_{1m}F_m + \varepsilon_1 \\ X_2 = a_{21}F_1 + a_{22}F_2 + \cdots + a_{2m}F_m + \varepsilon_2 \\ \quad\vdots \\ X_p = a_{p1}F_1 + a_{p2}F_2 + \cdots + a_{pm}F_m + \varepsilon_p \end{cases} \tag{4-75}$$

该模型的矩阵表达形式为

$$\begin{pmatrix} X_1 \\ X_2 \\ \vdots \\ X_p \end{pmatrix} = \begin{pmatrix} a_{11} & a_{12} & \cdots & a_{1m} \\ a_{21} & a_{22} & \cdots & a_{2m} \\ \vdots & \vdots & & \vdots \\ a_{p1} & a_{p2} & \cdots & a_{pm} \end{pmatrix} \begin{pmatrix} F_1 \\ F_2 \\ \vdots \\ F_m \end{pmatrix} + \begin{pmatrix} \varepsilon_1 \\ \varepsilon_2 \\ \vdots \\ \varepsilon_p \end{pmatrix} \tag{4-76}$$

式中：$(X_1, X_2, \cdots, X_p)^{\mathrm{T}}$ 为可实测的 p 个指标所构成的 p 维随机向量，用矩阵 $\boldsymbol{X}$ 表示；$(F_1, F_2, \cdots, F_p)^{\mathrm{T}}$ 为不可观测的向量，称为 $\boldsymbol{X}$ 的公共因子或潜因子，即前面所说的综合变量，可以理解为在高维空间中互相垂直的 m 个坐标轴，用矩阵 $\boldsymbol{F}$ 表示；a_{ij} 为因子载荷，是第 i 个变量在第 j 个公共因子上的负荷，如果把变量 $\boldsymbol{X}_i$ 看成 m 维因子空间中的一个向量，则 a_{ij} 表示 $\boldsymbol{X}_i$ 在坐标轴 F_j 上的投影，用矩阵 $\boldsymbol{A}$ 表示因子载荷矩阵，则式(4-76)可以简记为

$$\underset{(p\times1)}{\boldsymbol{X}} = \underset{(p\times m)}{\boldsymbol{A}}\ \underset{(m\times1)}{\boldsymbol{F}} + \underset{(p\times1)}{\boldsymbol{\varepsilon}} \tag{4-77}$$

式中：$\boldsymbol{\varepsilon}$ 为 $\boldsymbol{X}$ 的特殊因子，通常理论上要求 $\boldsymbol{\varepsilon}$ 的协方差阵是对角阵，$\boldsymbol{\varepsilon}$ 中包括了随机误差。此外，公式还需满足以下条件。

1) $m \leqslant p$ 。

2) $\mathrm{cov}(\boldsymbol{F}, \boldsymbol{\varepsilon}) = 0$，即 $\boldsymbol{F}$ 与 $\boldsymbol{\varepsilon}$ 不相关。

3) $D(\boldsymbol{F}) = \begin{pmatrix} 1 & & & 0 \\ & 1 & & \\ & & \ddots & \\ 0 & & & 1 \end{pmatrix} = \boldsymbol{I}_m$，即 $F_1, F_2, \cdots, F_m$ 不相关，且方差皆为 1，

$D(\boldsymbol{\varepsilon}) = \begin{pmatrix} \sigma_1^2 & & & 0 \\ & \sigma_2^2 & & \\ & & \ddots & \\ 0 & & & \sigma_p^2 \end{pmatrix} = \boldsymbol{I}_m$，即 $\varepsilon_1, \varepsilon_2, \cdots, \varepsilon_p$ 不相关，且方差不同。

由模型满足条件可知：$F_1,F_2,\cdots,F_m$ 是不相关的，若 $F_1,F_2,\cdots,F_m$ 相关，则 $D(\boldsymbol{F})$ 就不是对角阵，这时的模型称为斜交因子模型。类似的，Q 型因子分析数学模型为

$$\begin{cases} X_{(1)} = a_{11}F_1 + a_{12}F_2 + \cdots + a_{1m}F_m + \varepsilon_1 \\ X_{(2)} = a_{21}F_1 + a_{22}F_2 + \cdots + a_{2m}F_m + \varepsilon_2 \\ \quad\vdots \\ X_{(n)} = a_{n1}F_1 + a_{n2}F_2 + \cdots + a_{nm}F_m + \varepsilon_n \end{cases} \tag{4-78}$$

此时，$X_{(1)},X_{(2)},\cdots,X_{(n)}$ 表示 n 个样品。因子分析的目的就是通过模型 $\boldsymbol{X}=\boldsymbol{AF}+\boldsymbol{\varepsilon}$，以 $\boldsymbol{F}$ 代替 $\boldsymbol{X}$，由于 $m<p,m<n$，从而达到简化变量维数的预期。因子分析和主成分分析有很多相似之处，在求解过程中，二者都是从一个协方差阵(或相似系数阵)出发，但二者又有区别，主成分分析模型实质上是一种变换，而因子分析模型是描述原指标 $\boldsymbol{X}$ 的协方差阵 $\sum$ 结构的一种模型。当 $m=p$ 时，就不能考虑 ε，此时，因子分析也对应于一种变量变换。但在实际应用中，m 都小于 p，且为经济起见总是越小越好。另外，在主成分分析中，每个主成分相应的系数 a_{ij} 是确定的，与此相反，在因子分析中，每个因子的相应系数不是唯一的，即因子载荷阵不是唯一的。若 $\boldsymbol{\Gamma}$ 为任一个 $m\times m$ 阶正交阵，则因子模型 $\boldsymbol{X}=\boldsymbol{AF}+\boldsymbol{\varepsilon}$ 可写成 $\boldsymbol{X}=(\boldsymbol{A\Gamma})(\boldsymbol{\Gamma}^{\mathrm{T}}\boldsymbol{F})+\boldsymbol{\varepsilon}$，仍满足约束条件，即 $D(\boldsymbol{\Gamma}^{\mathrm{T}}\boldsymbol{F})=\boldsymbol{\Gamma}^{\mathrm{T}}D(\boldsymbol{F})\,\boldsymbol{\Gamma}=\boldsymbol{I}_m$，$\mathrm{cov}(\boldsymbol{\Gamma}^{\mathrm{T}}\boldsymbol{F},\boldsymbol{\varepsilon})=\boldsymbol{\Gamma}^{\mathrm{T}}\mathrm{cov}(\boldsymbol{F},\boldsymbol{\varepsilon})=0$，所以，$\boldsymbol{\Gamma}^{\mathrm{T}}\boldsymbol{F}$ 是公共因子，$\boldsymbol{A\Gamma}$ 也是因子载荷阵。因子载荷的不唯一性看似是不利的，但是当因子载荷阵的结构不够简化时，可对 $\boldsymbol{A}$ 进行变换以达到简化目的(苏为华，2005；任雪松和于秀林，2011)。

2. 因子分析模型的求解

因子分析模型求解的一般步骤如下(苏为华，2005；任雪松和于秀林，2011；杜强等，2014)。

第 1 步：原始数据标准化。

假设有 n 个样品，p 个变量，那么可以得到 $n\times p$ 个原始资料矩阵：

$$\boldsymbol{X}=\begin{pmatrix} x_{11} & x_{12} & \cdots & x_{1p} \\ x_{21} & x_{22} & \cdots & x_{2p} \\ \vdots & \vdots & & \vdots \\ x_{n1} & x_{n2} & \cdots & x_{np} \end{pmatrix} \tag{4-79}$$

将原始资料矩阵 $\boldsymbol{X}$ 标准化，并简记为 $x_{ij}(i=1,2,\cdots,n;j=1,2,\cdots,p)$。

第 2 步：建立变量的相关系数阵 $\boldsymbol{R}=(r_{ij})_{p\times p}$。其中，$r_{ij}$ 的计算公式为

$$r_{ij}=\frac{\sum\limits_{a=1}^{n}(x_{ai}-\overline{x}_i)(x_{aj}-\overline{x}_j)}{\sqrt{\sum\limits_{a=1}^{n}(x_{ai}-\overline{x}_i)^2\sum\limits_{a=1}^{n}(x_{aj}-\overline{x}_j)^2}}=\frac{1}{n}\sum_{a=1}^{n}x_{ai}x_{aj} \tag{4-80}$$

若做 Q 型因子分析，则建立样品相似系数阵 $\boldsymbol{Q}=(Q_{ij})_{n\times n^*}$。其中，$Q_{ij}$ 的计算公式为

$$Q_{ij}=\frac{\sum\limits_{a=1}^{p}x_{ia}x_{ja}}{\sqrt{\sum\limits_{a=1}^{p}x_{ia}^2\sum\limits_{a=1}^{p}x_{ja}^2}}\quad(i,j=1,2,\cdots,n) \tag{4-81}$$

以下步骤类似，只是将相关阵 $\boldsymbol{R}$ 改成相似阵 $\boldsymbol{Q}$ 即可。

第 3 步：求 $\boldsymbol{R}$ 的特征根及其相应的单位特征向量，分别记为 $\lambda_1 \geqslant \lambda_2 \geqslant \cdots \geqslant \lambda_p > 0$ 和 $u_1, u_2, \cdots, u_p$，记为

$$\boldsymbol{U} = \left(u_1, u_2, \cdots, u_p\right) = \begin{pmatrix} u_{11} & u_{12} & \cdots & u_{1p} \\ u_{21} & u_{22} & \cdots & u_{2p} \\ \vdots & \vdots & & \vdots \\ u_{p1} & u_{p2} & \cdots & u_{pp} \end{pmatrix} \tag{4-82}$$

根据累计贡献率的要求，如 $\sum_{i=1}^{m} \lambda_i / \sum_{i=1}^{p} \lambda_i \geqslant 85\%$，取前 m 个特征根及其相应的特征向量写出因子载荷矩阵：

$$\boldsymbol{A} = \begin{pmatrix} a_{11} & a_{12} & \cdots & a_{1m} \\ a_{21} & a_{22} & \cdots & a_{2m} \\ \vdots & \vdots & & \vdots \\ a_{p1} & a_{p2} & \cdots & a_{pm} \end{pmatrix} = \begin{pmatrix} u_{11}\sqrt{\lambda_1} & u_{12}\sqrt{\lambda_2} & \cdots & u_{1m}\sqrt{\lambda_m} \\ u_{21}\sqrt{\lambda_1} & u_{22}\sqrt{\lambda_2} & \cdots & u_{2m}\sqrt{\lambda_m} \\ \vdots & \vdots & & \vdots \\ u_{p1}\sqrt{\lambda_1} & u_{p2}\sqrt{\lambda_2} & \cdots & u_{pm}\sqrt{\lambda_m} \end{pmatrix} \tag{4-83}$$

第 4 步：对 $\boldsymbol{A}$ 进行因子旋转。

因子旋转的依据是因子模型的不唯一性。如前所述，设 $\boldsymbol{\Gamma}$ 是一个正交矩阵，由于 $\boldsymbol{\Gamma}\boldsymbol{\Gamma}^{\mathrm{T}} = \boldsymbol{I}$，因此因子模型 $\boldsymbol{X} = \boldsymbol{AF} + \boldsymbol{\varepsilon}$ 与 $\boldsymbol{X} = (\boldsymbol{A\Gamma})(\boldsymbol{\Gamma}^{\mathrm{T}}\boldsymbol{F}) + \boldsymbol{\varepsilon}$ 等价，而后者的载荷矩阵为 $\boldsymbol{A\Gamma}$，公共因子为 $\boldsymbol{\Gamma}^{\mathrm{T}}\boldsymbol{F}$。于是，如果模型 $\boldsymbol{X} = \boldsymbol{AF} + \boldsymbol{\varepsilon}$ 不容易解释，那么做一个正交变换 $\boldsymbol{\Gamma}$，把模型变为 $\boldsymbol{X} = (\boldsymbol{A\Gamma})(\boldsymbol{\Gamma}^{\mathrm{T}}\boldsymbol{F}) + \boldsymbol{\varepsilon}$，然后在新模型中寻找因子的合理解释。最常用的因子旋转方法为方差最大化正交旋转。

第 5 步：计算因子得分。

在所建立的因子模型中，已将总体中的原有变量分解为公共因子与特殊因子的线性组合：$X_i = a_{i1}F_1 + a_{i2}F_2 + \cdots + a_{im}F_m + \varepsilon_i (i = 1, 2, \cdots, p)$。由于公共因子能反映原始变量的相关关系，用公共因子代表原始变量更有利于描述研究对象的特征，因而需要反过来将公共因子表示成原有变量的线性组合：$F_j = b_{j1}X_1 + b_{j2}X_2 + \cdots + b_{jp}X_p (j = 1, 2, \cdots, m)$，称为因子得分函数，用它对每个样品计算公共因子的估计值，即因子得分。获得因子得分函数的关键是求解估计参数 $\hat{b}_j = (\hat{b}_{j2}, \hat{b}_{j2}, \cdots, \hat{b}_{jp})$，常用的估计方法为汤姆孙回归法。

4.2 空间计量回归分析方法

景观生态安全格局规划使用的数据绝大部分是空间数据，即便是人口、GDP 等社会经济统计数据通常也要采用相应方法将其转化为空间数据进行分析处理。空间数据具有空间自相关性、空间异质性、尺度依赖性等特征。其中，空间自相关性是空间数据的最主要特征，是指距离越邻近的空间单元间的同一属性值越相似。全局空间回归模型和局部空间回归模型是以空间自相关为前提的最常用的空间计量回归分析方法，二者可以充分挖掘数据空间信息，进行景观生态安全时空格局影响因素及其空间变异性分析。

4.2.1　空间自相关性分析

空间自相关性(空间依赖性)是指在截面数据中位于某一空间单元上的观测与位于其他空间单元上的观测相关。空间依赖意味着空间上的观测值缺乏独立性，其相关强度及模式由绝对位置(格局)和相对位置(距离)共同决定。Tobler(1970)地理学第一定律指出，每件事物都是相关的，空间上距离近的事物比远的事物关联程度更强。Goodchild(1986)补充解释为，如果空间相邻事物有相似属性，即认为相邻事物之间存在正空间自相关，反之，若空间相邻的事物有相异的属性，则认为相邻事物之间存在负的自相关，零意味着相邻事物之间不存在空间相关性。

1. 空间自相关性

空间自相关性度量方法包括全局空间自相关和局部空间自相关。全局空间自相关可以描述现象的整体分布情况，判断该现象在特定区域内是否存在聚集特征，但是不能确定聚集位置。局部空间自相关用来测度局部空间聚集性，能够明确聚集位置和探测空间异常。度量全局空间自相关的统计量有全局 Moran's Ⅰ 统计量、全局 Geary C 统计量等。度量局部空间自相关的统计量有局部 Moran's Ⅰ 统计量、局部 Geary C 统计量、G 统计量和 Moran 散点图等。其中，提出最早且应用最广的是 Moran's Ⅰ 统计量(Moran，1948)。全局 Moran's Ⅰ 统计量 MI 的计算公式为

$$\mathrm{MI}=\frac{\sum_{i=1}^{N}\sum_{j=1}^{N}w_{ij}(Y_i-\overline{Y})(Y_j-\overline{Y})}{S^2\sum_{i=1}^{N}\sum_{j=1}^{N}w_{ij}} \tag{4-84}$$

式中：N 为空间单位个数；$S^2=\frac{1}{N}\sum_{i=1}^{N}(Y_i-\overline{Y})^2$；$\overline{Y}$ 为变量 Y 的平均值；Y_i 和 Y_j 分别为变量 Y 在配对空间单元 i 和 j 上的取值；w_{ij} 为空间权重矩阵 $\boldsymbol{W}$ 中的第 (i,j) 个元素。Moran's Ⅰ 指数在 $(-1,1)$，大于 0 表示各地区间为空间正相关，数值越大，正相关的程度越强；小于 0 则表示空间负相关；等于 0 表示各地区之间无关联。Moran's Ⅰ 值近似服从均值为 $E(I)$ 和方差为 $V(I)$ 的正态分布，根据空间数据的分布特征可以得到

$$E(I)=-\frac{1}{N-1} \tag{4-85}$$

$$V(I)=\frac{N^2w_1+Nw_2+3w_0^2}{w_0^2(N^2-1)}-E^2(I) \tag{4-86}$$

式中：$w_0=\sum_{i=1}^{N}\sum_{j=1}^{N}w_{ij}$；$w_1=\frac{1}{2}\sum_{i=1}^{N}\sum_{j=1}^{N}(w_{ij}+w_{ji})^2$；$w_2=\sum_{i=1}^{N}(w_{i\cdot}+w_{\cdot j})$。$w_{i\cdot}$ 和 $w_{\cdot j}$ 分别为空间权重矩阵第 i 行之和与第 j 列之和。近似服从标准正态分布的 Moran's Ⅰ 形式为

$$z=\frac{I-E(I)}{\sqrt{V(I)}}\sim N(0,1) \tag{4-87}$$

局部 Moran's Ⅰ 统计量 $\mathrm{MI}_i(d)$ 的计算公式为

$$\mathrm{MI}_i(d)=Z_i\sum_{j\neq i}^{N}w_{ij}^{*}Z_j \tag{4-88}$$

式中：Z_i和Z_j是经过标准差标准化的观测值；w_{ij}^{*}为标准化之后的空间权重矩阵元素。

2. 空间权重矩阵

全局 Moran's I 指数和局部 Moran's I 指数的计算都要依赖空间权重矩阵。空间权重直接影响 Moran's I 指数值。当然，除了计算 Moran's I 指数需要使用空间权重矩阵外，空间权重矩阵在空间回归模型中的应用更多。空间回归模型引入空间滞后因子刻画空间相关性。但是，截面数据中的空间单元往往存在不规则性的空间分布，此时空间滞后因子同样需要依赖于空间权重矩阵$\boldsymbol{W}$的设置来实现。在空间回归模型中，空间权重矩阵$\boldsymbol{W}$充当非常重要的角色，权重因子的设定将直接影响空间效应估计结果的正确性与精确性。Lee(2007)在证明极大似然估计量的渐近性时指出，估计量的渐近性依赖于空间权重矩阵的设定，常常需要对权重因子施加一定约束。

虽然空间权重矩阵在空间相关性分析和空间回归分析中有着重要的地位，但是空间权重的确定仍然存在困难和争议(Bavaud，1998)。一般情况下，空间权重值随着距离的增加而减少，随着区域公共边界长度的增加而增加。此外，空间权重值要反映空间对象之间的可达性。由于对距离、相互作用和假设关系等因素的认识有限，当前仍然没有一个普遍接受的针对不同问题的空间关系表达方式。效果好的权重矩阵要能充分反映特定现象的空间属性。现实中，空间权重矩阵的应用与问题紧密相关，不同研究目的所使用的空间权重定义可能会有很大的差异。

空间权重矩阵$\boldsymbol{W}$为一个$N\times N$矩阵，其中N表示空间单元数量。在区域分析中，由于$n\times n$维的$\boldsymbol{W}$包含了关于区域i和区域j之间相关的空间连接的外生信息，因此该矩阵的选择设定是外生的，不需要用模型估计，只需通过权值计算即可。$\boldsymbol{W}$中元素w_{ij}表示区域i和区域j在空间上相连的原因，$\boldsymbol{W}$对角线上元素w_{ij}为 0。为消除区域间的外在影响，权值矩阵被标准化成行元素之和为 1 的标准矩阵。

常见的空间权重矩阵定义包括二进制连接空间权重矩阵(Moran，1948)、基于距离的空间权重矩阵(Moran，1948)、带阻力非标准化的空间权重矩阵(French，1963)、Queen 空间权重矩阵(Berry and Marble，1968)、K最近点空间权重矩阵(Berry and Marble，1968)、Dacey 空间权重矩阵(Berry and Marble，1968)、Cliff-Ord 空间权重矩阵(Cliff and Ord，1981)、一般可达性空间权重矩阵(Bodson and Peeters，1975)、资源可利用性空间权重矩阵(Hoede，1979)、阈值空间权重矩阵(Van Dam and Weesie，1991)、基于距离衰减函数的空间权重矩阵(Anselin，1992)、按资源获取难易度定义的空间权重矩阵(Snijders，1996)。其中，二进制连接空间权重矩阵、Queen 空间权重矩阵突出空间单元间的直接相邻性；基于距离的空间权重矩阵、K最近点空间权重矩阵、阈值空间权重矩阵则突出空间单元间距离的作用；带阻力非标准化的空间权重矩阵表示网络对象之间的交互作用，因需要预先设定两个对象之间的阻力，而导致这种空间权重矩阵在实际使用时较困难；一般可达性空间权重矩阵突出空间单元之间的不同连接方式；按资源可利用性空间权重矩阵是一种带资源限制的权重矩阵，在使用时需要预先知道相互作用的对象之间的资源；Cliff-Ord 空间权重矩阵和 Dacey 空间权重矩阵突出空间单元之间的潜在相互影响。

在空间权重矩阵设定方式中，应用最多的有二元邻近矩阵、基于观测的地理距离设置两种方式。其中：①二元邻近矩阵又可以分为一阶邻近矩阵和高阶邻近矩阵。一阶邻近矩阵假定两个地区有共同边界时空间关联才会发生，即当相邻地区 i 和 j 有共同的边界用 l 表示，否则以 0 表示，有 Rook 邻近和 Queen 邻近两种计算方法(Anselin and Moreno，2003)。Rook 邻近以仅有共同边界来定义“邻居”（又称“邻域”），而 Queen 邻近则除了共同边界邻居外还包括共同顶点的邻居。可见，基于 Queen 邻近的空间矩阵常常与周围地区具有更加紧密的关联结构。当然，如果假定区域间公共边界的长度不同，其空间作用的强度也不一样，则可以通过将共有边界的长度纳入权值计算中，从而使这种连接指标更加准确。二阶邻近矩阵表达邻近地区的相邻地区的空间信息，当使用时空数据并假设随着时间推移产生空间溢出效应时，非常适合采用这种类型的空间权值矩阵。在高阶邻近矩阵的设定下，特定地区的初始效应不仅会影响其邻近地区，而且随着时间的推移还会影响其邻近地区的相邻地区。②基于观测的地理距离设置是指设定 $\boldsymbol{W}$ 中主对角线上元素 w_{ij} 为 0，而当两个空间单元 i 和 j 相邻或距离小于某一标准时，则设定其对应的非主对角上的元素 $w_{ij}=1$，或以其逆距离为权重，即 $w_{ij}=1/d_{ij}$。由空间单元之间的共同边界长度与距离决定的权重因子 $w_{ij}=b_{ij}^{\alpha}/d_{ij}^{\beta}$ 称为“Cliff-Ord 权重”(Cliff and Ord，1981)，其中 b_{ij} 表示共同边界长度，d_{ij} 表示空间距离，通过参数 α、β 的不同选择构造不同的权重矩阵。

4.2.2　全局空间回归模型

空间回归模型包括空间滞后模型(spatial lag model，SLM)和空间误差模型(spatial error model，SEM)。其中，空间滞后模型的空间滞后项由空间权重矩阵与因变量乘积构成，并作为模型解释变量之一；空间误差模型的空间滞后项由空间权重矩阵与误差项乘积构成，并作为误差项的解释变量，但不作为因变量的解释变量。

1. 空间滞后模型

在空间滞后模型中，空间相关性通过在回归模型中引入空间滞后因子 $\boldsymbol{WY}$ 作为解释变量来刻画。因其与时间序列分析中的自回归类似，所以又称为空间自回归模型。Anselin(1988)提出的包含其他解释变量的混合空间自回归模型表达式为

$$\boldsymbol{Y}=\rho\boldsymbol{WY}+\boldsymbol{X\beta}+\boldsymbol{\varepsilon} \tag{4-89}$$

式中：$\boldsymbol{Y}$ 为 $N\times1$ 维因变量向量；$\boldsymbol{X}$ 为包含 K 个解释变量的 $N\times K$ 维向量；$\boldsymbol{WY}$ 为空间滞后因子；$\boldsymbol{\varepsilon}$ 为 $N\times1$ 维误差向量；$\boldsymbol{W}$ 为 $N\times N$ 维空间权重矩阵；$\boldsymbol{\beta}$ 为解释变量系数；ρ 为空间自相关系数。假设误差服从均值为零、方差为 σ^2 的独立同分布($i\cdot i\cdot d$)，且与解释变量 $\boldsymbol{X}$ 不相关，即 $E(\boldsymbol{X}^{\mathrm{T}}\boldsymbol{\varepsilon})=0$。在空间滞后模型中，参数 $\boldsymbol{\beta}$ 反映了自变量对因变量的影响，空间滞后因变量 $\boldsymbol{WY}$ 是一内生变量，反映了空间距离对区域行为的作用。

当空间自相关效应存在时（$\rho\neq0$），则空间滞后因子 $\boldsymbol{WY}$ 与误差项 $\boldsymbol{\varepsilon}$ 相关，即

$$\begin{aligned}&E[(\boldsymbol{WY})\ \boldsymbol{\varepsilon}^{\mathrm{T}}]\\&=E\{\boldsymbol{W}[(\boldsymbol{I}_N-\rho\boldsymbol{W})^{-1}\boldsymbol{X\beta}+(\boldsymbol{I}_N-\rho\boldsymbol{W})^{-1}\boldsymbol{\varepsilon}]\boldsymbol{\varepsilon}^{\mathrm{T}}\}\\&=(\boldsymbol{I}-\rho\boldsymbol{W})^{-1}\sigma^2\boldsymbol{I}_N\neq0\end{aligned} \tag{4-90}$$

很明显，解释变量与误差项相关，即出现变量内生性问题，不再适合采用普通最小二乘法估计模型参数。

2. 空间误差模型

在空间误差模型中，空间相关的存在不影响回归模型的结构，但是此时误差项存在着类似于空间滞后模型的结构，其表达式为

$$\boldsymbol{Y}=\boldsymbol{X\beta}+\boldsymbol{\varepsilon},\ \ \boldsymbol{\varepsilon}=\lambda\boldsymbol{W\varepsilon}+\boldsymbol{\xi} \tag{4-91}$$

式中：λ 为空间自相关系数；$\boldsymbol{\xi}$ 为回归误差模型的误差项，假设其服从均值为零、方差为 σ^2 的独立同分布（$i\cdot i\cdot d$）。

由于空间误差模型与时间序列中的序列相关问题类似，因此也被称为空间自相关模型。回归模型中不存在解释变量与误差项的相关问题，因此式(4-91)的 OLS 估计量是无偏的，但是却无效，因为回归误差项 $\boldsymbol{\varepsilon}$ 存在自相关。

$$\begin{aligned}E(\boldsymbol{\varepsilon\varepsilon}^{\mathrm{T}})&=E[(\boldsymbol{I}_N-\lambda\boldsymbol{W})^{-1}(\boldsymbol{I}_N-\lambda\boldsymbol{W}^{\mathrm{T}})^{-1}\boldsymbol{\xi\xi}^{\mathrm{T}}]\\&=[(\boldsymbol{I}_N-\lambda\boldsymbol{W})^{-1}(\boldsymbol{I}_N-\lambda\boldsymbol{W}^{\mathrm{T}})^{-1}]\sigma^2\end{aligned} \tag{4-92}$$

式中：当 $\lambda\neq0$ 时，$[(\boldsymbol{I}-\lambda\boldsymbol{W})(\boldsymbol{I}-\lambda\boldsymbol{W}^{\mathrm{T}})]^{-1}$ 非单位矩阵，主对角线以外存在非零元素，即误差项 $\boldsymbol{\varepsilon}$ 各观测单元之间存在相关性，这导致了 OLS 估计的非有效性。参考时间序列分析原理，空间误差模型(4-92)同样可以构造成移动平均模型，即

$$\boldsymbol{\varepsilon}=\lambda\boldsymbol{W\xi}+\boldsymbol{\xi} \tag{4-93}$$

该模型存在与模型(4-91)相同的回归误差自相关问题，而且还存在着回归误差的异方差，因而 OLS 估计方法同样不适用。

3. 空间滞后模型与空间误差模型的选择

由于事先无法根据先验经验判断 SLM 和 SEM 模型是否存在空间依赖性，有必要构建一种判别准则，以决定哪种空间模型更加符合实际。一般可以根据拉格朗日乘子(LM-lag 和 LM-error)、稳健拉格朗日算子(Robust LM-lag 和 Robust LM-error)的显著性来判断 SLM 和 SEM 模型哪个更适合，其判别准则为：在空间依赖性的检验中，如果 LM-lag 较 LM-error 在统计上更加显著，且 Robust LM-lag 显著而 Robust LM-error 不显著，则可以断定适合的模型是空间滞后模型；反之，如果 LM-error 比 LM-lag 在统计上更加显著，且 Robust LM-error 显著而 Robust LM-lag 不显著，则可以断定空间误差模型是恰当的模型(Anselin and Florax，1995)。除了拟合优度 R^2 检验以外，常用的检验准则还有自然对数似然函数值(log likelihood，LogL)、似然比率(likelihood ratio，LR)、赤池信息量准则(Akaike information criterion，AIC)、施瓦茨准则(Schwartz criterion，SC)。对数似然值越大，AIC 和 SC 值越小，模型拟合效果越好。这些指标也可以用来比较 OLS 估计的经典线性回归模型和 SLM、SEM 模型，似然值的自然对数最大的模型拟合效果最好。

4. 空间截面回归模型的估计

由于空间相关性和空间异质存在违背传统回归分析的经典假设。将空间相关设定在解释变量中的空间滞后模型，由于解释变量与误差存在相关，因此 OLS 估计结果有偏且无效；然而，将空间相关设定在回归模型误差项中的空间误差模型，却避免了“内生性解释变量”问题，但 OLS 估计结果虽无偏但仍无效。估计这类空间回归模型的方法主要有(拟)极大似然估计和矩估计方法等。

(1)(拟)极大似然估计　Ord(1975)最早将极大似然原则用于空间回归模型估计。Lee(2004)引入(拟)极大似然方法到空间计量经济学领域。极大似然估计假设误差项服从正态

分布，即 $\boldsymbol{\varepsilon} \sim N(0,\sigma^2 \boldsymbol{I}_N)$ 或 $\boldsymbol{\xi} \sim N(0,\sigma^2 \boldsymbol{I}_N)$；当误差项不服从正态分布，而仅服从独立同分布时，即 $\boldsymbol{\varepsilon} \sim iid(0,\sigma^2 \boldsymbol{I}_N)$ 或 $\boldsymbol{\xi} \sim iid(0,\sigma^2 \boldsymbol{I}_N)$，其估计方法则为(拟)极大似然法。在构造(拟)似然函数时，必须考虑雅可比项。SLM 模型的雅可比项为

$$\boldsymbol{J} = \frac{\partial \boldsymbol{\varepsilon}}{\partial \boldsymbol{Y}} = \boldsymbol{I} - \rho \boldsymbol{W} \tag{4-94}$$

SEM 模型的雅可比项为

$$\boldsymbol{J} = \frac{\partial \boldsymbol{\xi}}{\partial \boldsymbol{Y}} = \boldsymbol{I} - \lambda \boldsymbol{W} \tag{4-95}$$

应用极大似然估计方法进行模型参数估计的过程如下(邓明，2014)。

首先，考虑空间滞后模型的对数似然函数：

$$\begin{aligned} \ln L(\boldsymbol{\theta}) = & -\frac{N}{2}\ln(2\pi) - \frac{N}{2}\ln(\sigma^2) \\ & -\frac{1}{2\sigma^2}(\boldsymbol{Y} - \rho\boldsymbol{WY} - \boldsymbol{X\beta})^{\mathrm{T}}(\boldsymbol{Y} - \rho\boldsymbol{WY} - \boldsymbol{X\beta}) + \ln|\boldsymbol{I}_N - \rho\boldsymbol{W}| \end{aligned} \tag{4-96}$$

式中：$\boldsymbol{\theta}$ 为参数向量，$\boldsymbol{\theta} = (\boldsymbol{\beta}^{\mathrm{T}}, \rho)^{\mathrm{T}}$。参数 $\boldsymbol{\beta}$ 和 σ^2 的估计式为

$$\hat{\boldsymbol{\beta}}_{ML}(\rho) = (\boldsymbol{X}^{\mathrm{T}}\boldsymbol{X})^{-1}\boldsymbol{X}^{\mathrm{T}}(\boldsymbol{I}_N - \rho\boldsymbol{W})\boldsymbol{Y} \tag{4-97}$$

$$\hat{\sigma}^2_{ML}(\rho) = \frac{1}{N}(\boldsymbol{Y} - \rho\boldsymbol{WY} - \boldsymbol{X}\hat{\boldsymbol{\beta}}_{ML})^{\mathrm{T}}(\boldsymbol{Y} - \rho\boldsymbol{WY} - \boldsymbol{X}\hat{\boldsymbol{\beta}}_{ML}) \tag{4-98}$$

明显，参数估计量 $\hat{\boldsymbol{\beta}}_{ML}(\rho)$ 和 $\hat{\sigma}^2_{ML}(\rho)$ 均依赖于待估空间自相关系数 ρ。$\hat{\boldsymbol{\beta}}_{ML}(\rho)$ 可以重新表示为

$$\begin{aligned} \hat{\boldsymbol{\beta}}_{ML}(\rho) &= (\boldsymbol{X}^{\mathrm{T}}\boldsymbol{X})^{-1}\boldsymbol{X}^{\mathrm{T}}(\boldsymbol{I}_N - \rho\boldsymbol{W})\boldsymbol{Y} \\ &= (\boldsymbol{X}^{\mathrm{T}}\boldsymbol{X})^{-1}\boldsymbol{X}^{\mathrm{T}}\boldsymbol{Y} - \rho(\boldsymbol{X}^{\mathrm{T}}\boldsymbol{X})^{-1}\boldsymbol{X}^{\mathrm{T}}\boldsymbol{WY} \\ &= \hat{\boldsymbol{\beta}}_{\mathrm{OLS.1}} - \hat{\rho}_{\mathrm{OLS.2}} \end{aligned} \tag{4-99}$$

式中：$\hat{\boldsymbol{\beta}}_{\mathrm{OLS.1}}$ 和 $\hat{\rho}_{\mathrm{OLS.2}}$ 分别是模型 $\boldsymbol{Y} = \boldsymbol{X\beta} + \mathbf{e}_0$ 和 $\boldsymbol{WY} = \boldsymbol{X\beta} + \mathbf{e}_L$ 的最小二乘估计量，因此有 $\hat{\sigma}^2_{ML}(\rho) = \frac{1}{N}(\boldsymbol{Y} - \rho\boldsymbol{WY} - \boldsymbol{X}\hat{\boldsymbol{\beta}}_{ML})^{\mathrm{T}}(\boldsymbol{Y} - \rho\boldsymbol{WY} - \boldsymbol{X}\hat{\boldsymbol{\beta}}_{ML}) = \frac{1}{N}(\mathbf{e}_0 - \rho\mathbf{e}_L)^{\mathrm{T}}(\mathbf{e}_0 - \rho\mathbf{e}_L)$。

根据 Ord(1975)的研究可得

$$|\boldsymbol{I}_N - \rho\boldsymbol{W}| = \prod_{i=1}^{N}(1 - \rho\omega_i) \tag{4-100}$$

式中：$\omega_i (i = 1,2,\cdots,N)$ 为权重矩阵 $\boldsymbol{W}$ 的特征值。将 $\hat{\boldsymbol{\beta}}_{ML}(\rho)$ 和 $\hat{\sigma}^2_{ML}(\rho)$ 的展开式和式(4-100)代入式(4-96)的对数似然函数可以得到一个集中对数似然函数：

$$\begin{aligned} \ln L(\boldsymbol{\theta}) = & -\frac{N}{2}\ln(2\pi) - \frac{1}{2} \\ & -\frac{N}{2}\ln\left[\frac{1}{N}(\mathbf{e}_0 - \rho\mathbf{e}_L)^{\mathrm{T}}(\mathbf{e}_0 - \rho\mathbf{e}_L)\right] + \sum_{i=1}^{N}(1 - \rho\omega_i) \end{aligned} \tag{4-101}$$

最后，通过对式(4-101)进行极大化求解，即可得到空间自相关系数的极大似然估计量

$\hat{\rho}_{ML}$，将其代入$\hat{\boldsymbol{\beta}}_{ML}(\rho)$和$\hat{\sigma}^2_{ML}(\rho)$就可以求得参数$\hat{\boldsymbol{\beta}}_{ML}$和$\hat{\sigma}^2_{ML}$(Anselin，1980)。空间误差模型的参数估计与空间滞后模型的参数估计类似，不再赘述。

(2)矩估计方法　矩估计主要包括工具变量法和广义矩估计。矩估计不同于极大似然估计方法,对误差的正态分布没有硬性要求。空间滞后模型的主要问题是空间滞后因子$\boldsymbol{WY}$与误差项ε相关，即解释变量内生性。矩估计方法通过选择与误差项不相关的工具变量参与模型估计，从而得到参数的一致估计量。

对空间滞后模型(4-89)做如下变换：

$$\boldsymbol{Y}=\boldsymbol{Z\theta}+\boldsymbol{\varepsilon} \tag{4-102}$$

式中：$\boldsymbol{Z}=[\boldsymbol{WY},\boldsymbol{X}]$，$\boldsymbol{\theta}=[\rho,\boldsymbol{\beta}^{\mathrm{T}}]^{\mathrm{T}}$。选择一组外生变量$\boldsymbol{Q}(N\times p,p\geqslant k+1)$，并基于$\boldsymbol{Q}$获得变量$\boldsymbol{Z}$的工具变量：

$$\hat{\boldsymbol{Z}}=\boldsymbol{Q}(\boldsymbol{Q}^{\mathrm{T}}\boldsymbol{Q})^{-1}\boldsymbol{Q}^{\mathrm{T}}\boldsymbol{Z}\;;\quad \boldsymbol{Z}=\boldsymbol{Q}\gamma+\boldsymbol{u}\;;\quad \boldsymbol{u}=N(0,\sigma^2) \tag{4-103}$$

将式(4-103)代入式(4-102)并进行 OLS 估计得到

$$\hat{\boldsymbol{\theta}}_{IV}=(\hat{\boldsymbol{Z}}^{\mathrm{T}}\hat{\boldsymbol{Z}})^{-1}\hat{\boldsymbol{Z}}^{\mathrm{T}}\boldsymbol{Y}=[\hat{\boldsymbol{Z}}^{\mathrm{T}}\boldsymbol{Q}(\boldsymbol{Q}^{\mathrm{T}}\boldsymbol{Q})^{-1}\boldsymbol{Q}^{\mathrm{T}}\boldsymbol{Z}]\boldsymbol{Z}^{\mathrm{T}}\boldsymbol{Q}(\boldsymbol{Q}^{\mathrm{T}}\boldsymbol{Q})^{-1}\boldsymbol{Q}^{\mathrm{T}}\boldsymbol{Y} \tag{4-104}$$

Kelejian 和 Robinson(1993)专门推导出了综合空间滞后模型和空间误差模型两种空间结构的混合模型的广义矩估计参数估计量：

$$\hat{\boldsymbol{\theta}}_{IV}=[\boldsymbol{Z}^{\mathrm{T}}\boldsymbol{Q}(\boldsymbol{Q}^{\mathrm{T}}\hat{\Omega}\boldsymbol{Q})^{-1}\boldsymbol{Q}^{\mathrm{T}}\boldsymbol{Z}]\boldsymbol{Z}^{\mathrm{T}}\boldsymbol{Q}(\boldsymbol{Q}^{\mathrm{T}}\hat{\Omega}\boldsymbol{Q})^{-1}\boldsymbol{Q}^{\mathrm{T}}\boldsymbol{Y} \tag{4-105}$$

式中：$\hat{\Omega}$为误差项$\boldsymbol{\varepsilon}$的协方差矩阵的一致估计量。

Kelejian 和 Robinson(1993)指出，工具变量法可以获得一致估计量，但参数的有效性依赖于工具变量的选择,其选择方法包括:①选择因变量$\boldsymbol{Y}$的预测值$\hat{\boldsymbol{Y}}$构造空间滞后因子$\boldsymbol{W}\hat{\boldsymbol{Y}}$；②选择空间滞后外生变量；③以解释变量$\boldsymbol{X}$的一阶及其高阶空间滞后作为外生变量族。

4.2.3　局部空间回归模型

OLS 模型只是对参数进行“平均”或“全域”估计，不能反映参数在不同空间的空间非稳定性(苏方林，2007)。由于横截面数据在空间上表现出复杂性、自相关性和变异性，因此基于该类数据建立的回归模型的解释变量对被解释变量的影响在不同区域之间可能存在差异。假定区域之间的经济行为在空间上具有异质性的差异可能更加符合现实。地理加权回归模型(geographical weighted regression，GWR)是分析空间异质性问题的有效方法。

在 GWR 模型中，特定区位的回归系数不再是利用全部信息获得的假定常数，而是利用邻近观测值的子样本数据信息进行局域回归估计而得，并且是随着空间上局域地理位置变化而变化的变数，GWR 模型可以表示为(吴玉鸣和李建霞，2006；邓明，2014)

$$y_i=\beta_0(u_i,v_i)+\sum_{j=1}^{k}\beta_j(u_i,v_i)x_{ij}+\varepsilon_i \tag{4-106}$$

式中：β_j系数的下标j表示与观测值联系的$m\times1$阶待估计参数向量，是关于地理位置(u_i,v_i)的$k+1$元函数。GWR 可以对每个观测值估计出k个参数向量的估计值。ε是第i个区域的随机误差，满足零均值、同方差、相互独立等球形扰动假定。

实际上，上述模型可以表示为在每个区域都有一个对应的估计函数，其对数似然函数为

$$
\begin{aligned}
\ln L &= L[\beta_0(u,v),\cdots,\beta_k(u,v)\mid M] \\
&= -\frac{1}{2\sigma^2}\sum_{i=1}^{n}[y_i-\beta_0(u_i,v_i)-\sum_{j=1}^{k}\beta_k(u_i,v_i)\ x_i]^2+\alpha
\end{aligned} \tag{4-107}
$$

式中：α 为常数，$M=[y_i,x_{ij},(u_i,v_i)\ i=1,2,\cdots,n;j=1,2,\cdots,k]$。由于极大似然法的解的不唯一性，其并不适合该模型的求解。因此，Tibshirani 和 Hastie (1987) 提出了局域求解法，其原理与方法如下。

对第 s 空间位置 $[(u_s,v_s)\ s=1,2,\cdots,n]$，取任意一个与其位置邻近的空间位置 (u_0,v_0)，构造一个简单的回归模型：

$$
y_i=\gamma_0+\sum_{j=1}^{k}\gamma_j x_{ij}+\varepsilon_i \tag{4-108}
$$

式中：每个 γ_j 为常数且为 GWR 模型中 $\beta_j(u_s,v_s)$ 的近似值。

通过考虑与点 (u_0,v_0) 相邻近的点来校正经典回归模型中的解。基本方法是采用加权最小二乘法寻找合适的解，使得式 (4-109) 最小：

$$
\sum_{i=1}^{n}W(d_{0i})(y_i-\gamma_0-\sum_{j=1}^{k}\gamma_j x_{ij})^2 \tag{4-109}
$$

式中：d_{0i} 为位置 (u_0,v_0) 和 (u_i,v_i) 之间的空间距离；$W(d_{0i})$ 为空间权重。令 $\hat{\gamma}_j$ 为 $\hat{\beta}_j(u_s,v_s)$ 的估计值，可得 GWR 模型在空间位置 (u_s,v_s) 上的估计值 $\{\hat{\beta}_0(u_s,v_s),\hat{\beta}_1(u_s,v_s),\cdots,\hat{\beta}_k(u_s,v_s)\}$。对式 (4-109) 求 γ_j 的一阶偏导数，并令其等于 0，可得

$$
\hat{\gamma}_j=(\boldsymbol{X}^{\mathrm{T}}\boldsymbol{W}_0^2\boldsymbol{X})^{-1}(\boldsymbol{X}^{\mathrm{T}}\boldsymbol{W}_0^2\boldsymbol{Y}) \tag{4-110}
$$

式中：$\boldsymbol{W}_0$ 为 $[W(d_{01},),W(d_{02},),\cdots,W(d_{0n})]$ 的对角线矩阵。显然，$\hat{\beta}_j(j=1,2,\cdots,k)$ 的 GWR 估计值随空间权值矩阵 $\boldsymbol{W}_{ij}$ 的变化而变化。因此，$\boldsymbol{W}_{ij}$ 的选择至关重要，一般由观测值的经纬度坐标决定。常用的空间距离权值计算方法有高斯距离权值法、指数距离权值法和三次方距离权值法三种 (邓明，2014)。

4.3　综合评价方法

综合评价由评价者、评价对象、评价指标体系、指标权重、评价模型、评价结果六大要素组成，其评价步骤有明确评价目标、确定被评价对象、组织评价小组、构建评价指标体系、设置权重系数、选择或设计评价方法、选择和建立评价模型、评价结果分析共 8 步。其中，评价指标体系构建、评价指标数据处理、评价指标权重确定及综合指数计算是综合评价的关键环节。

4.3.1　评价指标体系构建

目前，绝大多数评价指标体系都是在遵循全面性、独立性、可行性等构建原则的基础上，采用经验确定法构建的，其评价指标的确定受研究人员个人经验的影响较大，具有较强的主观随意性。本书重点介绍几种评价指标确定的数学方法。

1. 条件广义方法极小法

当用一个指标代表 n 个指标来评价某事物时，无论这个指标代表性有多强，都不可能把 n 个指标的评价信息反映出来，那么反映不完全的部分就是这个指标作为代表而产生的误差。选取的指标越具有代表性，这个误差就越小，重复这一过程，就可以选出若干个代表性指标，并使代表性误差控制在最小范围内。假设给定 p 个指标 $x_1,x_2,\cdots,x_p$ 的 n 组观察数据，则相应的全部数据的矩阵表达式为

$$\boldsymbol{X}=\begin{pmatrix} x_{11} & x_{12} & \cdots & x_{1p} \\ x_{21} & x_{22} & \cdots & x_{2p} \\ \vdots & \vdots & & \vdots \\ x_{n1} & x_{n2} & \cdots & x_{np} \end{pmatrix}\begin{matrix} \leftarrow \text{第一个样本} \\ \leftarrow \text{第二个样本} \\ \vdots \\ \leftarrow \text{第}n\text{个样本} \end{matrix} \tag{4-111}$$

式中：每行代表一个样本的观测值，$\boldsymbol{X}$ 为 n 行 p 列矩阵，利用 $\boldsymbol{X}$ 的数据，可以算出变量 x_i 的均值 $\overline{x}_i$ 、方差 s_{ii} 和协方差 s_{ij} 。由 s_{ii} 、 s_{ij} 形成的矩阵 $\underset{p\times p}{\boldsymbol{S}}=(s_{ij})$，称为 $x_1,x_2,\cdots,x_p$ 这些指标的方差、协方差矩阵或简称为样本的协方差，用 $\underset{p\times p}{\boldsymbol{S}}$ 的行列式值 $|S|$ 表示 p 个指标变化的状况，称为广义方差，因为 $p=1$ 时 $|S|=|s_{11}|=$ 变量 x_1 的方差，所以可以将其看成是方差的推广。可以证明，当 $x_1,x_2,\cdots,x_p$ 相互独立时，广义方差 $|S|$ 达到最大；当 $x_1,x_2,\cdots,x_p$ 线性相关时，广义方差 $|S|$ 的值是0。因此当 $x_1,x_2,\cdots,x_p$ 既不独立又不线性相关时，广义方差的大小反映了它们内部的相关性。

将样本协方差阵 $\underset{p\times p}{\boldsymbol{S}}=(s_{ij})$ 分块表示，即将 p 个指标 $x_1,x_2,\cdots,x_p$ 分成 $(x_1,x_2,\cdots,x_{p_1})$ 和 $(x_{p_1+1},x_{p_1+2},\cdots,x_p)$ 两部分，分别记为 $x_{(1)}$ 与 $x_{(2)}$ ，即(朱钰等，2012)

$$\boldsymbol{x}=\begin{pmatrix} x_1 \\ x_2 \\ \vdots \\ x_p \end{pmatrix}=\begin{pmatrix} x_{(1)} \\ x_{(2)} \end{pmatrix}\begin{matrix} p_1\times 1 \\ p_2\times 1 \end{matrix}, p_1+p_2=p \tag{4-112}$$

$$\boldsymbol{S}=\begin{pmatrix} s_{11} & s_{12} \\ s_{21} & s_{22} \end{pmatrix}\begin{matrix} p_1 \\ p_2 \end{matrix} \tag{4-113}$$
$$\quad p_1 \quad\; p_2$$

式中：s_{11}、s_{22} 分别为 $x_{(1)}$ 与 $x_{(2)}$ 的协方差。给定 $x_{(1)}$ 后，在正态分布前提下，可以推导出 $x_{(2)}$ 对 $x_{(1)}$ 的条件协方差矩阵：

$$S(x_{(2)}\mid x_{(1)})=s_{22}-s_{21}s_{11}^{-1}s_{12} \tag{4-114}$$

式(4-114)表示当 $x_{(1)}$ 已知时，$x_{(2)}$ 的变化状况。显然，当 $x_{(1)}$ 已知，如果 $x_{(2)}$ 的变化很小，表示 $x_{(2)}$ 所能反映的信息在 $x_{(1)}$ 中几乎都可以得到，那么 $x_{(2)}$ 这部分指标就可以删除，这即为条件广义方差最小删除法(胡永宏和贺思辉，2000；朱钰等，2012)。

将 $x_1,x_2,\cdots,x_p$ 分成两部分，$x_1,x_2,\cdots,x_{p-1}$ 看成 $x_{(1)}$ ，x_p 看成 $x_{(2)}$ ，用式(4-114)可以计算出 $S(x_{(2)}\mid x_{(1)})$，记为 t_p ，识别 x_p 是否应删去。类似的，也可以将 x_i 看成 $x_{(2)}$ ，余下的 $(p-1)$ 个看成 $x_{(1)}$ ，计算出 $S(x_{(2)}\mid x_{(1)})$ 值，记为 t_i ，于是就可以得到 $t_1,t_2,\cdots,t_p$ 这 p 个值。p 个值中

t_i 值最小的变量即为考虑删除变量，当然这与自己所选临界值 C 值有关，一般认为小于 C 值的变量可以删除，反之则不宜删去。删去后，对余下的变量，重复以上过程直到没有可删的变量为止，这样就选出了既有代表性又不重复的指标集。

2. 极大不相关法

若 x_1 与 $x_2,x_3,\cdots,x_p$ 之间相互独立，表明 x_1 无法用其他指标代替，可以作为代表性指标保留，所以在指标构建中所保留的指标与其余指标的相关性应该是越小越好，这种指标确定方法就是极大不相关方法，其基本原理如下。

首先，利用 $\underset{p\times p}{\boldsymbol{S}}=(s_{ij})$，计算出样本的相关矩阵 $\boldsymbol{R}$：

$$\boldsymbol{R}=(r_{ij}),r_{ij}=s_{ij}/\sqrt{s_{ii}s_{ij}}\quad(i,j=1,2,\cdots,p)\tag{4-115}$$

式中：r_{ij} 为 x_i 与 x_j 的相关系数，表示 x_i 与 x_j 的线性相关程度。

然后，计算变量 x_i 与余下的 $p-1$ 个变量之间的线性相关程度，即复相关系数 ρ_i，计算过程为：①先将 $\boldsymbol{R}$ 分块，如要计算 $\boldsymbol{R}_p$，就将其表达为 $\boldsymbol{R}=\begin{pmatrix}\boldsymbol{R}_{-p} & \boldsymbol{r}_p\\ \boldsymbol{r}_p^{\mathrm{T}} & 1\end{pmatrix}\begin{matrix}p-1\\1\end{matrix}$（$\boldsymbol{R}_{-p}$ 表示除去 x_p 的相关阵，$\boldsymbol{R}$ 中的主对角元素 $r_{ii}=1,i=1,2,\cdots,p$），于是有 $\boldsymbol{\rho}_p^2=\boldsymbol{r}_p^{\mathrm{T}}\boldsymbol{R}_{-p}^{-1}\boldsymbol{r}_p$。类似的，计算 $\boldsymbol{\rho}_i^2$ 时，将 $\boldsymbol{R}$ 中的第 i 行、第 j 列经置换放在矩阵的最后一行和最后一列，此时 $\boldsymbol{R}=\begin{pmatrix}\boldsymbol{R}_{-i} & \boldsymbol{r}_i\\ \boldsymbol{r}_i^{\mathrm{T}} & 1\end{pmatrix}$，于是有 $\boldsymbol{\rho}_i^2=\boldsymbol{r}_i^{\mathrm{T}}\boldsymbol{R}_{-i}^{-1}\boldsymbol{r}_i$，$i=1,2,\cdots,p$。②计算出 $\boldsymbol{\rho}_1^2,\boldsymbol{\rho}_2^2,\cdots,\boldsymbol{\rho}_p^2$ 后，就可以将 $\boldsymbol{\rho}_i^2$ 大于临界值 D 的变量指标删除。

3. 选取典型指标法

如果初选指标变量较多，那么可以将这些指标先聚类，然后再用条件广义方法极小法和极大不相关法在每一类中选取代表性指标作为这类指标的典型指标。但是，条件广义方法极小法和极大不相关法的计算量都相当大，下面介绍一种用单相关系数选取典型指标的方法，该方法虽然粗略，但是计算简单、方便使用。

假设反映事物同一侧面的或聚为同一类的指标有 n 个，分别为 $a_1,a_2,\cdots,a_n$，那么用单相关系数选取典型指标的具体步骤如下(胡永宏和贺思辉，2000；朱钰等，2012)。

第 1 步：计算 n 个指标之间的相关系数矩阵 $\boldsymbol{R}$，计算公式为

$$\boldsymbol{R}=\begin{pmatrix}r_{11} & r_{12} & \cdots & r_{1n}\\ r_{21} & r_{22} & \cdots & r_{2n}\\ \vdots & \vdots & & \vdots\\ r_{n1} & r_{n2} & \cdots & r_{nn}\end{pmatrix}\tag{4-116}$$

第 2 步：计算每一个指标与其他同类中的另外 $n-1$ 个指标的决定系数的平均值 $\overline{r_i^2}$，计算公式为

$$\overline{r_i^2}=\frac{1}{n-1}\left(\sum_{j=1}^{n}r_{ij}^2-1\right)\quad(i=1,2,\cdots,n)\tag{4-117}$$

则 $\overline{r_i^2}$ 粗略地反映了 a_i 与其他 $n-1$ 个指标的相关程度。

第 3 步：比较 $\overline{r_i^2}$ 的大小。若有 $\overline{r_i^2}=\max\limits_{1\leqslant i\leqslant n} r_i^2$，则可选择 a_k 作为 $a_1,a_2,\cdots,a_n$ 的代表性指标，即此类指标中的典型指标，根据评价需要，还可以采取类似方法从剩余的 $n-1$ 个指标中继续选取典型指标。按照此法，就可以从每一类指标中挑选出各类的代表性指标，进而建立起评价指标体系。

4.3.2　评价指标数据处理

一般而言，评价指标中可能会出现“极大型”指标、“极小型”指标、“居中型”指标和“区间型”指标。其中，极大型指标是指取值越大越好的指标，极小型指标是指取值越小越好的指标，居中型指标是指取值越居中越好的指标，区间型指标是指其取值以落在某个区间内为最佳的指标。如果评价指标体系中既有极大型指标、极小型指标，又有居中型指标或区间型指标，那么就必须在综合评价前将评价指标的类型做一致化处理。否则，无法判断综合评价函数值是取值越大越好，还是取值越小越好，或是越居中越好。虽然指标数据一致化处理消除了各评价指标对总目标的作用趋向不同的影响，但是各个评价指标的量纲、经济意义、表现形式的不同，仍然会导致指标之间不具有可比性，所以必须对其进行无量纲化处理，以便与其他指标综合，得到综合评价结果。目前，无量纲化方法主要包括定量指标无量纲化方法和定性指标无量纲化方法两类。

1. 定量指标无量纲化方法

定量指标无量纲化方法可以大致分为直线型无量纲化方法、折线型无量纲化方法和曲线型无量纲化方法 3 类。其中，直线型无量纲化方法在将指标实际值转化为不受量纲影响的指标评价值时，假定指标评价值随指标实际值呈一定比例的线性变化，是生态安全综合评价中常用的定量指标无量纲化方法，常用的有阈值法、标准化法和比重法 3 种。

(1) 阈值法　阈值法是用指标实际值与阈值相比以得到指标评价值的无量纲化方法，主要公式及特点等见表 4-3，其中 n 为参评单位的个数。

表 4-3　阈值法无量纲化处理的主要公式(胡永宏和贺思辉，2000)

序号	公式	影响评价值因素	评价值范围	特点
1	$y_i=\dfrac{x_i}{\max\limits_{1\leqslant i\leqslant n} x_i}$	$x_i,\max\limits_{1\leqslant i\leqslant n} x$	$\left[\dfrac{\min x_i}{\max x_i},1\right]$	评价值随指标值增大，若指标值均为正，则评价值不可能为零，指标最大值的评价值为 1
2	$y_i=\dfrac{\max x_i+\min x_i-x_i}{\max x_i}$	$x_i,\max x_i,\min x_i$	$\left[\dfrac{\min x_i}{\max x_i},1\right]$	评价值随指标值增大而减小，适合于对逆指标进行无量纲化处理，即无量纲化和指标转化同时进行
3	$y_i=\dfrac{\max x_i-x_i}{\max x_i-\min x_i}$	$x_i,\max x_i,\min x_i$	[0,1]	同上
4	$y_i=\dfrac{x_i-\min x_i}{\max x_i-\min x_i}$	同上	[0,1]	评价值随指标值增大而增大，指标最小值的评价值为零，指标最大值的评价值为 1
5	$y_i=\dfrac{x_i-\min x_i}{\max x_i-\min x_i}k+q$	$x_i,\max x_i,\min x_i,k,q$	$[q,k+q]$	评价值随指标值增大而增大，指标最小值的评价值为 q，指标最大值的评价值为 $k+q$

阈值参数的确定对综合评价结果的影响相当大。阈值差过大，评价结果的区分度就较差；阈值差过小，评价值超出常规范围，不合实际。阈值参数的确定要点包括(胡永宏和贺思辉，

2000；朱钰等，2012)：①阈值参数的确定要以与被评价对象有关的空间范围资料和历史资料为基础。②阈值参数的确定要注意评价对象发展变化趋向，把变化估计数值作为制定时的参考。③阈值参数的确定应具有一定的调节和管理作用，可以把国家(地区、部门)社会经济管理中的规划值、计划值等标准数据作为阈值参数。④阈值参数的确定要以满足多指标综合评价的基本要求为准，假若阈值参数确定对多数被评价对象都是适宜的，那么确定工作就可以被认为是成功的。⑤阈值参数确定中要注意评价结果的反馈和调整。一般情况下，事物发展大多呈正态分布，中等水平的多，特别好和特别差的少，如果阈值参数确定后，评价结果可以达到这种分布，往往说明确定的阈值参数较准确。相反，如果评价结果呈现偏态分布，那么就要考虑是实际情况如此，还是阈值参数确定有问题。

(2) 标准化法　综合评价是要将多组不同的数据进行综合，因而可以借助标准化法来消除数据量纲的影响。标准化公式为

$$y_i = \frac{x_i - \overline{x}}{s} \tag{4-118}$$

式中：$\overline{x} = \frac{1}{n}\sum_{i=1}^{n} x_i$；$s = \sqrt{\frac{1}{n-1}\sum_{i=1}^{n}(x_i - \overline{x})^2}$。

无论指标实际值如何，指标的评价值总是分布在零的两侧。指标实际值比平均值大的，其评价值为正，反之则为负。实际值距平均值越远，则其评价值距零越远。标准化方法与阈值法最大的不同在于：①利用了原始数据的所有信息；②要求样本数据较多；③评价值结果超出[0,1]区间，有正有负。为符合使用习惯，可以将其转化为百分数形式，公式为(胡永宏和贺思辉，2000；朱钰等，2012)

$$y_i = 60 + \frac{x_i - \overline{x}}{10s} \times 100 = 60 + \frac{x_i - \overline{x}}{s} \times 10 \tag{4-119}$$

均值转化为 60，超过均值的转化为 60 以上，反之在 60 以下。这种“百分数”还不同于一般的百分数，因为个别极端数值的转化值可能超出[0，100]区间。

(3) 比重法　比重法是指将指标实际值转化为其在指标值总和中所占的比重，主要公式为

$$y_i = x_i \Big/ \sum_{i=1}^{n} x_i \quad 或 \quad y_i = x_i \Big/ \sqrt{\sum_{i=1}^{n} x_i^2} \tag{4-120}$$

式中：第一个公式适合指标值均为正数的情况，且评价值之和满足 $\sum_{i=1}^{n} y_i = 1$；第二个公式适合于指标值有负值的情况。一般情况下，指标评价值之和不等于 1，而是满足 $\sum_{i=1}^{n} y_i^2 = 1$。

2. 定性指标无量纲化方法

定性指标有名义指标和顺序指标两类。名义指标只是一种分类的表示，这类指标只有代码，无法真正量化；而顺序指标则可以量化，因此也需要对其进行无量纲处理。

如果已经将全部对象按某一属性排序，用 $a>b$ 表示 a 优于 b。共有 n 个对象，用 $a_1,a_2,\cdots,a_n$ 表示，并且假定 $a_1 < a_2 < a_3 < \cdots < a_n$。如何对每个 a_i 赋予一个数值 x_i，以反映这一前后顺序。假设这个顺序反映了某一个难以测量的量，如一个人感觉到的疼痛程度，从无

感觉到有一点痛，到中等疼痛，一直到痛得受不了，可以将这种疼痛程度分为 n 种，记为 $a_1 < a_2 < a_3 < \cdots < a_n$，但是无法测量疼痛的量，只能用比较排序，如果这个量 x 客观存在，且服从正态分布 $N(0,1)$，于是 $a_1 < a_2 < a_3 < \cdots < a_n$ 分别反映了 x 在不同范围内人的感觉，设 x_i 是相应于 a_i 的值，由于 a_i 在全体 n 个对象中占第 i 位，即小于等于它的成员有 i/n，因此，若取 y_i 为正态 $N(0,1)$ 的 i/n 分位数，即 $P(x < y_i) = \dfrac{i}{n}$，$i = 1,2,\cdots,n-1$，那么 $y_1, y_2, \cdots, y_{n-1}$ 将 $(-\infty,+\infty)$ 分成了 n 段(图 4-1)。

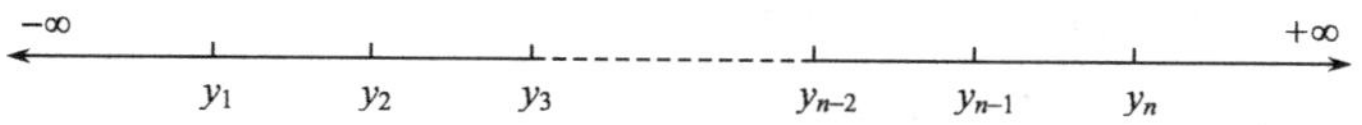

图 4-1　分段示意图

显然，a_i 表示其相应的 x_i 值应在 (y_{i-1}, y_i) 这个区间之内，并根据概率分布从 (y_{i-1}, y_i) 中选取一个作代表，比较简便可行的方法就是选中位数，即 x_i 满足(胡永宏和贺思辉，2000)：

$$P(x < y_i) = \frac{i-1}{n} + \frac{1}{2} \times \frac{1}{n} = \frac{i-0.5}{n} \quad (i = 1,2,\cdots,n) \tag{4-121}$$

式中：x 为 $N(0,1)$ 的分布。利用正态概率表可以查出相应的各个 x_i，这样就把顺序变量定量化了。将该方法稍作推广，就可以处理等级数据的量化问题。

假如对被评价对象已经评出名次的，可计算名次百分，公式为(朱钰等，2012)

$$x\text{名次百分} = 100 - \frac{100}{n}(x\text{名次} - 0.5) \tag{4-122}$$

式中：x 为被评价对象所得名次；n 为全部被评价对象个数；0.5 为由名次与百分数中所占位置的不一致所要求的；$(x-0.5)$ 可以避免最后一名被评对象名次百分为零，确保第一名从 $(100-100/2n)$ 开始，与其他名次均匀地分布在百分位中；$100/n$ 实际上是各名次间相对位置的间隔长度，若 $n=100$，则间隔长度为1，若 $n=50$ 则间隔长度为 2；将间隔长度 $100/n$ 与所占位置 $(x-0.5)$ 相乘反映了该名次在所有被评对象中的地位。由于名次序数与评价得分是逆向变化，因此采用“倒扣”处理，用 100 减去间隔长度与所占位置之积，所得结果就是被评价对象在整体中的相对地位。

在实际工作中，有时只能根据被评价事物的质量划定其所属等级，而不能直接用数量指标来表示，这时也需要对其进行无量纲化处理。当被评价单位较多、评价等级呈正态分布趋势时，可以找出各个等级的百分比在正态分布中所占面积的代表值的位置，把这一位置与平均数的距离用标准差表示出来，作为该等级的标准分数，再由标准分数变成标准百分，从而将评定等级化成标准百分。

4.3.3　评价指标权重确定

进行综合评价时，各评价指标的重要性程度不一样，通常用权数的大小来表征指标的重要性程度，权数大的指标重要性程度大，反之则重要性程度小。权数有绝对数(频数)、相对数(频率)两种表现形式，权数越大，说明评价指标包含的信息越多，区别被评价对象的能力越强；权数越小，表明评价指标包含的信息越少，区别被评价对象的能力越弱。常见的权重确定方法有德尔菲法、层次分析法、熵权法、统计方法等，当然，主成分分析、因子分析等多元统计分析方法也可以用来确定评价指标权重。本章就常用的 3 种评价指标权重确定方法——德尔菲法、层次分析法、熵权法做一简要介绍。

1. 德尔菲法

德尔菲法又称为专家打分法，其特点是能够集中专家意见与经验，确定各指标权数，并在不断反馈和修改中得到比较满意的结果。基本步骤如下(胡永宏和贺思辉，2000；苏为华，2005；朱钰等，2012)。

第 1 步：选择专家。通常选择本专业领域中既有实际工作经验又有较深理论功底的资深专家 10～30 人，而且要征得专家本人同意。

第 2 步：将待定权数的指标、确权规则和相关资料发给各位专家，请他们独立地给出各个评价指标的权值。

第 3 步：回收结果并计算各指标权数的均值与标准差。

第 4 步：将计算结果和补充资料返还给专家，请他们重新确定权数。

第 5 步：重复第 3 步和第 4 步，直到各指标权数与其均值的离差不超过预先给定的标准为止，即以各专家意见基本趋于一致时的各指标权数的均值作为该指标权值。

评价者为了解已经确定权值的把握性大小，还可以运用“带有信任度的德尔菲法”，即在上述第 5 步每位专家给出最后权值的同时，标出各自所给权值的信任度，并求出平均信任度。这样，如果某一指标权值的信任度较高时，使用它的把握就较大；反之，则只能放弃或设法改进。

此外，德尔菲法是“调查、征集意见、汇总分析、反馈、再调查”的一个反复过程。在给专家发调查问卷征询意见时，为便于专家考虑，还可以事先将所选的指标按一定原则排好顺序$(x_1,x_2,\cdots,x_n)$，再让专家填表(表 4-4)。

表 4-4　德尔菲法专家确权相邻指标对比表(胡永宏和贺思辉，2000)

参考指标(1)	参考指标(2)	相对重要性(1)/(2) = g_i	权 ω_i'	归一化权 ω_i
x_1	x_1	1(g_1)	1	ω_1
x_2	x_1	1.2(g_2)	1.2	ω_2
x_3	x_2	⋮	⋮	⋮
⋮	⋮	⋮	⋮	⋮
x_n	x_{n-1}	2.5(g_n)	ω_n'	ω_n
合计	—	—	$\sum\omega_i'$	1

把 x_2 与 x_1 相比，x_3 与 x_2 相比，……，x_n 与 x_{n-1} 相比，相对重要性列在第 3 列，根据第 3 列的值可以计算出 ω_i' 值，该值表示各个指标与 x_1 相比的重要性。由于 x_i 总是与上一个 x_{i-1} 相比，因此 g_i 表示 x_i 与 x_{i-1} 相比的重要性。

$$\omega_i'=\prod_{j=2}^{i} g_i = g_i g_{i-1} g_{i-2} \cdots g_2 \quad (i=2,3,\cdots,n) \tag{4-123}$$

式中：$\omega_1'=g_1=1$。

将 ω_i' 归一化处理可以得到 ω_i 值，计算公式为

$$\omega_i = \omega_i' / \sum_{j=1}^{k} \omega_j' \quad (i = 2,3,\cdots,n) \tag{4-124}$$

当然，也可以只给专家指标变量，让专家自行排序比较。相邻指标之间进行顺序比较，不一定要求后一个比前一个重要(即 $g_i \geqslant 1$)，关键是要求两者便于比较。有时为了方便专家意见的汇总，也可以事先指定一个指标作为专家比较的基准。

2. 层次分析法

层次分析法(analytic hierarchy process，AHP)是定性分析与定量分析相结合的系统分析法，该方法邀请研究领域专家，首先由上到下逐层确定指标间两两比较相对重要性的比值矩阵，计算矩阵标准化特征向量并进行一致性检验，即可得到层次单排序权值；然后，与上一层次指标权值进行加权综合，即可得到层次总排序权值。以此类推，即可逐层计算出具体评价指标的相对重要性权值。

层次分析法综合专家知识经验和数学方法进行定性分析与定量判断，使得权重计算的科学性和准确性大大提高，是目前比较常用的确定指标权重的科学方法，主要分为 4 个步骤：第 1 步，分析系统中各因素之间的关系，建立系统的递阶层次结构；第 2 步，对同一层次的各元素关于上一层中某一准则的重要性进行两两比较，构造两两比较的判断矩阵；第 3 步，由判断矩阵计算被比较元素对于该准则的相对权重；第 4 步，计算各层元素对系统目标的合成权重，并进行排序。

(1) *递阶层次结构的建立*　首先构造一个层次分析的结构模型，把复杂问题条理化、层次化，分解成若干组元素，这些元素又可以按属性分成若干组，形成不同层次。同一层次的元素作为准则对下一层的某些元素起支配作用，同时它又受上一层次元素的支配。层次一般分为以下三类(朱钰等，2012；夏爱生和刘俊峰，2016)。

1) 最高层：这一层次中只有一个元素，它是问题的预定目标，因此也叫作目标层。

2) 中间层：这一层次包括要实现目标涉及的中间环节中需要考虑的准则，该层由若干层次组成，因而有准则和子准则之分，这一层也叫作准则层。

3) 最底层：这一层次包括为实现目标可供选择的各种措施、决策方案等，因此也称为措施层或方案层。

上层元素对下层元素的支配关系所形成的层次结构称为递阶层次结构。当然，上一层元素可以支配下层的所有元素，但也可只支配其中部分元素。递阶层次结构中的层次数与问题的复杂程度及需要分析的详尽程度有关，可不受限制。每一层次中各元素所支配的元素一般不超过 9 个，因为支配的元素过多会给两两比较判断带来困难。层次结构的好坏对问题解决极为重要。

(2) *构造两两比较判断矩阵*　在递阶层次结构中，假设上一层元素 C 为准则，所支配的下一层元素 $u_1, u_2, \cdots, u_n$ 对于准则 C 的相对重要性(权重)可分为以下两种情况(苏为华，2005；朱钰等，2012；夏爱生和刘俊峰，2016)。

1) 如果 $u_1, u_2, \cdots, u_n$ 对 C 的重要性可量化，则其权重可直接确定。

2) 如果 $u_1, u_2, \cdots, u_n$ 对 C 的重要性无法直接定量，而只能定性，那么用两两比较方法确定权重，具体做法为：对于准则 C，元素 u_i 和 u_j 哪一个更重要，重要的程度如何，通常按 1～9 比例标度对重要性程度赋值(表 4-5)。

表 4-5　相对重要性标度含义（苏为华，2005）

标度	含义
1	表示两个元素相比，具有同样重要性
3	表示两个元素相比，前者比后者稍重要
5	表示两个元素相比，前者比后者明显重要
7	表示两个元素相比，前者比后者强烈重要
9	表示两个元素相比，前者比后者极端重要
2,4,6,8	表示上述相邻判断的中间值
倒数	若元素 i 与 j 重要性之比为 a_{ij} ，那么元素 j 与元素 i 重要性之比 $a_{ji}=1/a_{ij}$

对于准则 C ，n 个元素之间相对重要性的比较得到一个两两比较判断矩阵：

$$A=(a_{ij})_{n\times n} \tag{4-125}$$

式中：a_{ij} 为元素 u_i 和 u_j 相对于 C 的重要性的比例标度。

判断矩阵 A 的性质为：$a_{ij}>0, a_{ji}=1/a_{ij}, a_{ii}=1$，由判断矩阵所具有的性质可知，一个 n 个元素的判断矩阵只需要给出其上（或下）三角的 $n(n-1)/2$ 个元素就可以了，即只需做 $n(n-1)/2$ 个比较判断即可。

若判断矩阵 A 的所有元素满足 $a_{ij}\cdot a_{jk}=a_{ik}$ ，则称 A 为一致性矩阵。不是所有的判断矩阵都满足一致性条件，只在特殊情况下才可能满足一致性条件。

(3) 单一准则下元素相对权重的计算及判断矩阵的一致性检验　已知 n 个元素 $u_1,u_2,\cdots,u_n$ 对于准则 C 的判断矩阵为 A ，求 $u_1,u_2,\cdots,u_n$ 对于准则 C 的相对权重 $\omega_1,\omega_2,\cdots,\omega_n$ ，写成向量形式即为 $W=(\omega_1,\omega_2,\cdots,\omega_n)^{\mathrm{T}}$ 。

1) 权重计算方法。单一准则下元素相对权重的计算方法有和法、几何平均法、特征根法、对数最小二乘法和最小二乘法（苏为华，2005；朱钰等，2012）。

a. 和法，指将判断矩阵 A 的 n 个行向量归一化后的算术平均值作为权重向量，即

$$\omega_i=\frac{1}{n}\sum_{j=1}^{n}(a_{ij}/\sum_{k=1}^{n}a_{kj})\quad(i=1,2,\cdots,n) \tag{4-126}$$

计算步骤如下。

第 1 步：将矩阵 A 的元素按行归一化。

第 2 步：将归一化后的各行相加。

第 3 步：将相加后的向量除以 n ，即得权重向量。

类似的还有列和归一化方法计算，即

$$\omega_i=\sum_{j=1}^{n}a_{ij}/n\sum_{k=1}^{n}\sum_{j=1}^{n}a_{kj}\quad(i=1,2,\cdots,n) \tag{4-127}$$

b. 几何平均法，即根法，指将 A 的各个行向量进行几何平均，然后归一化，得到的行向量就是权重向量，即

$$\omega_i=(\prod_{j=1}^{n}a_{ij})^{\frac{1}{n}}/\sum_{k=1}^{n}(\prod_{j=1}^{n}a_{kj})^{\frac{1}{n}}\quad(i=1,2,\cdots,n) \tag{4-128}$$

计算步骤如下。

第 1 步：将矩阵 $\boldsymbol{A}$ 的元素按列相乘得一新向量。

第 2 步：将新向量的每个分量开 n 次方。

第 3 步：将所得向量归一化后即为权重向量。

c. 特征根法，判断矩阵 $\boldsymbol{A}$ 的特征根确定公式为

$$\boldsymbol{AW}=\lambda_{\max}\boldsymbol{W} \tag{4-129}$$

式中：$\lambda_{\max}$ 为 $\boldsymbol{A}$ 的最大特征根；$\boldsymbol{W}$ 为相应的特征向量，所得到 $\boldsymbol{W}$ 经归一化后就可作为权重向量。

d. 对数最小二乘法，即采用拟合方法使残值平方和 $\sum_{1\leqslant i\leqslant j\leqslant n}[\lg a_{ij}-\lg(\omega_i/\omega_j)]^2$ 最小来确定权重向量 $\boldsymbol{W}=(\omega_1,\omega_2,\cdots,\omega_n)^{\mathrm{T}}$。

e. 最小二乘法，即通过使残差平方和 $\sum_{1\leqslant i\leqslant j\leqslant n}[\lg a_{ij}-\lg(\omega_i/\omega_j)]^2$ 最小来确定权重向量 $\boldsymbol{W}=(\omega_1,\omega_2,\cdots,\omega_n)^{\mathrm{T}}$。

2）一致性检验。在计算单准则权重向量时，必须进行判断矩阵一致性检验。在判断矩阵构造中，没有要求判断具有传递性和一致性，即不要求 $a_{ij}\cdot a_{jk}=a_{ik}$ 严格成立。但是，如果出现“甲比乙极端重要，乙比丙极端重要，而丙又比甲极端重要”的判断，则明显违背逻辑推理，而且上述各种计算排序权重向量的方法，在判断矩阵偏离一致性时，其可靠程度将大打折扣，因此必须对判断矩阵进行一致性检验，具体步骤如下(苏为华，2005；朱钰等，2012；夏爱生和刘俊峰，2016)。

第 1 步：计算一致性指标 CI。

$$\mathrm{CI}=\frac{\lambda_{\max}-n}{n-1} \tag{4-130}$$

第 2 步：查找相应的平均随机一致性指标 RI。通常把 1～15 阶正互反矩阵计算 1000 次得到的平均随机一致性指标作为参考标准(表 4-6)。

表 4-6　平均随机一致性指标 RI(朱钰等，2012)

矩阵阶数	1	2	3	4	5	6	7	8
RI	0	0	0.52	0.89	1.12	1.26	1.36	1.41
矩阵阶数	9	10	11	12	13	14	15	
RI	1.46	1.49	1.52	1.54	1.56	1.58	1.59	

第 3 步：计算一致性比例 CR：

$$\mathrm{CR}=\frac{\mathrm{CI}}{\mathrm{RI}} \tag{4-131}$$

当 CR＜0.1 时，认为判断矩阵的一致性是可以接受的；当 CR≥0.1 时，需要对判断矩阵做适当修正。

为讨论判断矩阵的一致性，需要计算矩阵最大特征根 $\lambda_{\max}$，其计算公式为

$$\lambda_{\max}=\sum_{i=1}^{n}\frac{(\boldsymbol{AW})_i}{n\omega_i}=\frac{1}{n}\sum_{i=1}^{n}\frac{\sum_{j=1}^{n}a_{ij}\omega_j}{\omega_i} \tag{4-132}$$

第 4 步：计算各层元素对目标层的总排序权重。第 3 步得到的是一组元素对其上一层中某元素的权重向量。综合评价最终是要得到最低层中各元素对于目标的排序权重，即总排序权重。总排序权重要自上而下地将单准则下的权重进行合成，并逐层进行总的判断一致性检验。

假设 $\boldsymbol{W}^{(k-1)}=(\omega_1^{(k-1)},\omega_2^{(k-1)},\cdots,\omega_{k-1}^{(k-1)})^{\mathrm{T}}$ 表示第 $k-1$ 层上 $nk-1$ 个元素相对于总目标的排序权重向量；$\boldsymbol{P}_j^{(k)}=(p_{1j}^{(k)},p_{2j}^{(k)},\cdots,p_{n_kj}^{(k)})^{\mathrm{T}}$ 表示第 k 层上 nk 个元素对第 $k-1$ 层上第 j 个元素为准则的排序权重向量，其中不受 j 元素支配的元素权重取值为 0。矩阵 $\boldsymbol{P}^{(k)}=(P_1^{(k)},P_2^{(k)},\cdots,P_{n_{k-1}}^{(k)})^{\mathrm{T}}$ 是 $nk\times(nk-1)$ 阶矩阵，表示第 k 层上元素对 $k-1$ 层上各元素的排序，那么第 k 层上元素对总目标的总排序 $\boldsymbol{W}^{(k)}$ 为 $\boldsymbol{W}^{(k)}=(\omega_1^{(k)},\omega_2^{(k)},\cdots,\omega_{n_k}^{(k)})^{\mathrm{T}}=\boldsymbol{P}^{(k)}\cdot\boldsymbol{W}^{(k-1)}$ 或 $\omega_i^{(k)}=\sum_{j=1}^{n_{k-1}}p_{ij}^{(k)}\omega_j^{(k-1)}$ $(i=1,2,\cdots,n)$，一般公式为

$$\boldsymbol{W}^{(k)}=\boldsymbol{P}^{(k)}\boldsymbol{P}^{(k-1)}\cdots\boldsymbol{W}^{(2)} \tag{4-133}$$

式中：$\boldsymbol{W}^{(2)}$ 为第二层上元素的总排序向量，也是单准则下的排序向量。

要从上到下逐层进行一致性检验，假设已经求得 $k-1$ 层上元素 j 为准则的一致性指标 $\mathrm{CI}^{j(k)}$、平均随机一致性指标 $\mathrm{RI}^{j(k)}$、一致性比例 $\mathrm{CI}^{j(k)}$（其中 $j=1,2,\cdots,n_{k-1}$），则 k 层的综合指标为

$$\begin{aligned}\mathrm{CI}^{(k)}&=(\mathrm{CI}_1^{(k)},\cdots,\mathrm{CI}_{n_{k-1}}^{(k)})\cdot\boldsymbol{W}^{(k-1)}\\ \mathrm{RI}^{(k)}&=(\mathrm{RI}_1^{(k)},\cdots,\mathrm{RI}_{n_{k-1}}^{(k)})\cdot\boldsymbol{W}^{(k-1)}\end{aligned} \tag{4-134}$$

当 $\mathrm{CI}^{(k)}<0.1$ 时，递阶层次结构在 k 层水平的所有判断具有整体满意的一致性。

3. 熵权法

熵权法作为客观赋权法，是一种在综合考虑各个因素提供的信息量的基础上，计算一个综合指标的数学方法，主要根据各指标传递给决策者的信息量大小来确定其权数。熵原本是一个热力学概念，现已在工程技术、社会经济等领域得到广泛应用。根据信息论基本原理，信息是系统有序程度的度量，而熵则是系统无序程度的度量。二者绝对值相等，符号相反。

熵权法的基本原理是(李宗尧，2010；刘莉君，2011)：假定研究对象由 n 个样本单位组成，反映样本质量的评价指标有 m 个，分别为 $m_i(i=1,2,\cdots,m)$，实际测出的原始数据矩阵为

$$\boldsymbol{R}=(r_{ij})_{m\times n} \tag{4-135}$$

式中：r_{ij} 为第 j 个样本在第 i 个指标上的得分。对 $\boldsymbol{R}$ 进行标准化，消除指标间不同单位、不同度量的影响，得到各指标的标准化得分矩阵。标准化方法有直线型、折线型和曲线型等。考虑标准化后的数据受 r_{ij}、$\min|r_{ij}|$ 和 $\max|r_{ij}|$ 的影响，采用折线型极值法对原始数据进行标准化。

$$r'_{ij}=\frac{r_{ij}-\min\limits_j|r_{ij}|}{\max\limits_j|r_{ij}|-\min\limits_j|r_{ij}|}\times 100 \tag{4-136}$$

将原始数据矩阵标准化后就可以计算各指标的信息熵。第 i 个指标的熵 H_i 可定义为

$$H_i=-k\sum_{j=1}^{n}f_{i,j}\ln f_{i,j}\quad(i=1,2,\cdots,m;j=1,2,\cdots,n) \tag{4-137}$$

式中：$f_{i,j}=r'_{ij}/\sum_{j=1}^{n}r'_{ij}$，$k=1/\ln n$，并且假定当 $f_{ij}=0$ 时，$f_{ij}\ln f_{ij}=0$。

指标熵值确定后就可确定第 i 个指标的熵权 ω_i，计算公式为

$$\omega_i = (1 - H_i) / (m - \sum_{i=1}^{m} H_i) \tag{4-138}$$

由此可见，如果某个指标的信息熵 H_i 越小，表明其指标值的变异程度越大，提供的信息量也越大，在综合评价中所起的作用也越大，权重也就应该越大。但值得注意的是，虽然熵权越大的指标向决策者提供的有用信息越多，但是不完全代表该指标的重要程度就越大。因此，应该与德尔菲法、层次分析法等指标确权方法相结合，确定最终的指标权重。

4.3.4 综合指数计算

综合评价的最终目的是要给出评价对象的综合评价值，以供决策参考。在确定各个评价指标权重之后，就可以根据评价指标标准化值，采取恰当的方法计算出评价对象的综合指数。常用的综合指数计算方法有加权算数平均法、加权几何平均法、层次分析法和模糊评价法。其中，加权算数平均法和加权几何平均法因计算简便，在综合评价中应用最为广泛。

1. 加权算数平均法

加权算数平均法是最常见的综合指数计算方法。该方法根据每个指标给定的权值，采用加权算术平均值来计算综合指数。假设评价指标值为 $x_1, x_2, \cdots, x_n$，则综合评价值 y 的表达式为(胡永宏和贺思辉，2000；朱钰等，2012)

$$y = \sum_{i=1}^{n} \omega_i x_i, \quad \omega_i \geqslant 0, i = 1, 2, \cdots, n, \ \sum_{i=1}^{n} \omega_i = 1 \tag{4-139}$$

当 $\omega_i = 1/n (i = 1, 2, \cdots, n)$ 时，y 值就是通常所见的算术平均值，如果对 $x_1, x_2, \cdots, x_n$ 中的最大值、最小值都赋以数值为 0 的权，即“去掉一个最高值，去掉一个最低值”的办法，剩下指标的权值全部相等，本质上仍然是一种加权算术平均。

2. 加权几何平均法

在综合评价中，常常会遇到比例型评价指标(如受教育人数占全民人数的比例、贫困人口的比例等)和比值型评价指标[如劳动生产率，用人均产值算，量纲为元 / (人·年)，也可以为万元 / (人·年)，量纲不同，其值亦就不同]。其中，比例型评价指标的比值随单位的选择不同是不会改变的，即是无量纲的，因此加权相加再平均即可；但是，比值型评价指标有量纲，倘若直接对这类数据进行算术平均、加权算术平均综合，那么指标量纲的改变对综合值的影响非常明显，这时就可以用几何平均或加权几何平均来消除这种影响。

一般几何平均的加权形式为(胡永宏和贺思辉，2000；朱钰等，2012)

$$g = \prod_{i=1}^{n} x_i^{\omega_i}$$
$$\omega_i \geqslant 0, i = 1, 2, \cdots, n \text{ 且} \sum_{i=1}^{n} \omega_i = 1 \tag{4-140}$$

式中：g 为指标 $x_1, x_2, \cdots, x_n$ 的几何加权平均；当 ω_i 均相等，即为 $1/k$ 时，就是常见的几何平均。

第 5 章 景观生态安全格局规划的空间优化决策方法

空间优化决策是指采用一定的科学技术、方法和手段，对空间现象进行探索性分析，发现其存在的各种空间问题，并通过空间结构和功能的优化来解决空间结构和功能中存在的问题，是规划人员为了实现某种空间规划目标而对未来一定时期内相关空间结构布局、空间功能安排方向、内容的选择或调整过程。空间优化决策方法是具体的、可以操作的分析方法。本章主要介绍景观生态安全格局规划中常用的空间优化决策方法，包括数量优化模型、空间优化模型、智能优化算法和 CLUE-S 综合优化模型。其中，数量优化模型包括线性规划、非线性规划和多目标规划；空间优化模型包括空间马尔可夫模型、元胞自动机模型和空间耗费距离模型；智能优化算法包括神经网络算法、粒子群算法和遗传算法。

5.1 数量优化模型

在系列客观或主观条件约束下，寻找使某个或多个指标达到最大或最小的决策问题称为优化问题。解决优化问题的方法称为最优化方法，又称为数学规划。最优化问题的数学模型的一般形式为

$$
\begin{gathered}
\text{opt}\ z = f(x) \\
\text{s.t.}\begin{cases}
h_i(x) = 0 \quad (i = 1,2,\cdots,l) \\
g_j(x) \leqslant 0 \quad (j = 1,2,\cdots,m) \\
t_k(x) \geqslant 0 \quad (k = 1,2,\cdots,n) \\
x \in D \subseteq \boldsymbol{R}^*
\end{cases}
\end{gathered}
\tag{5-1}
$$

式中：opt (optimize) 为寻求使目标达到最小 min (minimize) 或最大 max (maximize) 的最优 x 值；s.t. (subject to) 为约束条件。

最优化模型包含决策变量、目标函数和约束条件 3 个要素。在约束条件下所确定的 x 的取值范围称为可行域，满足约束条件的解称为可行解，既能满足约束条件又可以使目标函数 $f(x)$ 达到最大(或最小)的解 x^* 称为最优解，整个可行域上的最优解称为全局最优解，可行域中某个领域上的最优解称为局部最优解，最优解所对应的目标函数值称为最优值。根据优化目标的多少，可以将最优化模型分为单目标规划模型和多目标规划模型。单目标规划模型主要包括线性规划和非线性规划，其中非线性规划按有无约束条件又可以分为无约束优化(这类问题蕴含了重要的寻优计算方法)和约束优化(大部分实际问题都是约束优化问题)。本章将着重介绍线性规划、非线性规划和多目标规划的数学模型和求解方法。

5.1.1 线 性 规 划

线性规划(linear programming，LP)是研究线性约束条件下线性目标函数极值问题的数学

理论和方法，是运筹学中研究较早、发展较快、应用广泛、方法较成熟的一个重要分支，广泛应用于经济分析、经营管理、工程技术等领域。在景观生态安全格局规划中，线性规划为合理利用有限的景观资源做出最优决策提供了科学依据。

1. 线性规划的数学模型

一组非负变量在满足一定的线性约束条件下，使一个线性函数取得极值(极大或极小值)的问题称为线性规划问题，用LP表示，其数学模型的一般形式为

$$S = c_1x_1 + c_2x_2 + \cdots + c_nx_n$$

$$\text{s.t.}\begin{cases} a_{11}x_1 + a_{12}x_2 + \cdots + a_{1n}x_n (\geqslant = \leqslant) b_1 \\ a_{21}x_1 + a_{22}x_2 + \cdots + a_{2n}x_n (\geqslant = \leqslant) b_2 \\ \quad\vdots \qquad\quad \vdots \qquad\qquad\quad \vdots \\ a_{m1}x_1 + a_{m2}x_2 + \cdots + a_{mn}x_n (\geqslant = \leqslant) b_m \\ x_i \geqslant 0, j \in J \subseteq \{1, 2, \cdots, n\} \end{cases} \tag{5-2}$$

式中：b_i、c_j 和 $a_{ij} (i = 1, 2, \cdots, m; j = 1, 2, \cdots, n)$ 均为实常数，符号$(\geqslant = \leqslant)$表示在三种符号中取一种，整个模型表示求一组变量 $x_1, x_2, \cdots, x_n$，在条件 s.t. 约束下，使目标函数 $S = c_1x_1 + c_2x_2 + \cdots + c_nx_n$ 达到极大或极小。上述线性规划的一般模型可以等价地转化为线性规划的标准形式：

$$\min S = c_1x_1 + c_2x_2 + \cdots + c_nx_n$$

$$\text{s.t.}\begin{cases} a_{11}x_1 + a_{12}x_2 + \cdots + a_{1n}x_n = b_1 \\ a_{21}x_1 + a_{22}x_2 + \cdots + a_{2n}x_n = b_2 \\ \quad\vdots \qquad\quad \vdots \qquad\qquad\quad \vdots \\ a_{m1}x_1 + a_{m2}x_2 + \cdots + a_{mn}x_n = b_m \\ x_1 \geqslant 0, x_2 \geqslant 0, \cdots, x_n \geqslant 0 \end{cases} \tag{5-3}$$

式中：b_i、c_j 和 $a_{ij} (i = 1, 2, \cdots, m; j = 1, 2, \cdots, n)$ 均为实常数，且 $b_i \geqslant 0$；$x_j (j = 1, 2, \cdots, n)$ 表示待求解的一组变量。

线性规划标准形式的矩阵表达式为

$$\min S = \boldsymbol{CX}$$

$$\text{s.t.}\begin{cases} \boldsymbol{AX} = \boldsymbol{b} \\ \boldsymbol{X} \geqslant 0 \end{cases} \tag{5-4}$$

式中：$\boldsymbol{C} = (c_1, c_2, \cdots, c_n)$；$\boldsymbol{X} = (x_1, x_2, \cdots, x_n)^{\mathrm{T}}$；$\boldsymbol{A} = (a_{ij})_{m \times n}$；$\boldsymbol{b} = (b_1, b_2, \cdots, b_m)^{\mathrm{T}}$。

实际应用中的线性规划模型往往不是标准形式。但是，在应用单纯形法求解线性规划问题时又需要将其转化为标准形式才能求解。不同形式的线性规划模型转化为标准形式的方法有如下几种(周汉良和范玉妹，1995；范玉妹等，2009)。

(1)将求极大值转化为求极小值。若求 $\max S = \boldsymbol{CX}$，已知 $\boldsymbol{CX}$ 的极大等价于 $-\boldsymbol{CX}$ 的极小，故化为 $\max(-S) = -\boldsymbol{CX}$。

(2)将不等式约束化为等式约束。对于小于等于型不等式 $a_{i1}x_1 + a_{i2}x_2 + \cdots + a_{in}x_n \leqslant b_i$，引进新变量 $y_i \geqslant 0$，将不等式化为 $a_{i1}x_1 + a_{i2}x_2 + \cdots + a_{in}x_n + y_i = b_i$，其中 y_i 称为松弛变量。

(3)将自由变量化为非负变量。如果在线性规划数学模型中，有某个变量 x_k 没有非负的要求，则 x_k 称为“自由变量”，通过变换：$x_k = x_k' - x_k'', x_k' \geqslant 0, x_k'' \geqslant 0$，可以将一个自由变量化

为两个非负变量，或者设法在约束条件和目标函数中消去自由变量。

2. 线性规划模型的求解

线性规划一般应用单纯形法求解，其基本思想就是在保证可行的前提下，先在基本可行解中取一个顶点，判断有没有达到最优，若没有，则转移到另一个目标函数值更小的基本可行解，再判断有没有达到最优，如此逐次转移，直到目标函数值不能再减小，即满足最优性条件 $\boldsymbol{C}-\boldsymbol{C_B}\boldsymbol{B}^{-1}\boldsymbol{A}\geqslant 0$ 时，计算结束，得到最优基本可行解。由此可见，单纯形法实质上是一种具有某种规则的搜索算法。

(1) 典式　单纯形法包括求取基本可行解和迭代求最优解两个阶段。在迭代求最优解过程中，对应于每一个基本可行解，线性规划都有一个典式(周汉良和范玉妹，1995；范玉妹等，2009)。

对于标准形式的线性规划：

$$
\text{(LP)}\quad \begin{aligned}&\min S=\boldsymbol{CX}\\ &\text{s.t.}\begin{cases}\boldsymbol{AX}=\boldsymbol{b}\\ \boldsymbol{X}\geqslant 0\end{cases}\end{aligned} \tag{5-5}
$$

其中，$\boldsymbol{A}=(\boldsymbol{P}_1,\boldsymbol{P}_2,\cdots,\boldsymbol{P}_n)$，假设 $\boldsymbol{B}=(\boldsymbol{P}_1,\boldsymbol{P}_2,\cdots,\boldsymbol{P}_m)$ 是可行基，即 $\boldsymbol{B}^{-1}\boldsymbol{b}\geqslant 0$。记 $\boldsymbol{N}=(\boldsymbol{P}_{m+1},\boldsymbol{P}_{m+2},\cdots,\boldsymbol{P}_n)$，对应 $\boldsymbol{B}$、$\boldsymbol{N}$，记 $\boldsymbol{X_B}=(x_1,x_2,\cdots,x_m)^{\mathrm{T}}$，$\boldsymbol{X_N}=(x_{m+1},x_{m+2},\cdots,x_n)^{\mathrm{T}}$，则有

$$
\boldsymbol{AX}=(\boldsymbol{B},\boldsymbol{N})\begin{pmatrix}\boldsymbol{X_B}\\ \boldsymbol{X_N}\end{pmatrix}=\boldsymbol{BX_B}+\boldsymbol{NX_N}=\boldsymbol{b} \tag{5-6}
$$

解出

$$
\boldsymbol{X_B}=\boldsymbol{B}^{-1}\boldsymbol{b}-\boldsymbol{B}^{-1}\boldsymbol{NX_N} \tag{5-7}
$$

对应于 $\boldsymbol{X_B}$、$\boldsymbol{X_N}$，记 $\boldsymbol{C_B}=(c_1,c_2,\cdots,c_m)$，$\boldsymbol{C_N}=(c_{m+1},c_{m+2},\cdots,c_n)$，则

$$
S=\boldsymbol{CX}=(\boldsymbol{C_B},\boldsymbol{C_N})\begin{pmatrix}\boldsymbol{X_B}\\ \boldsymbol{X_N}\end{pmatrix}=\boldsymbol{C_BX_B}+\boldsymbol{C_NX_N} \tag{5-8}
$$

将式(5-7)代入式(5-8)右边，得

$$
S=\boldsymbol{C_B}\boldsymbol{B}^{-1}\boldsymbol{b}+(\boldsymbol{C_N}-\boldsymbol{C_B}\boldsymbol{B}^{-1}\boldsymbol{N})\boldsymbol{X_N} \tag{5-9}
$$

从而得到与 LP 等价的线性规划：

$$
\begin{aligned}&\min S=\boldsymbol{C_B}\boldsymbol{B}^{-1}\boldsymbol{b}+(\boldsymbol{C_N}-\boldsymbol{C_B}\boldsymbol{B}^{-1}\boldsymbol{N})\boldsymbol{X_N}\\ &\text{s.t.}\begin{cases}\boldsymbol{X_B}=\boldsymbol{B}^{-1}\boldsymbol{b}-\boldsymbol{B}^{-1}\boldsymbol{NX_N}\\ \boldsymbol{X_B}\geqslant 0,\ \boldsymbol{X_N}\geqslant 0\end{cases}\end{aligned} \tag{5-10}
$$

式(5-10)称为 LP 的以 $x_1,x_2,\cdots,x_m$ 为基变量的典式，记为

$$
\begin{aligned}&\boldsymbol{C_B}\boldsymbol{B}^{-1}\boldsymbol{b}=y_{00}\\ &\boldsymbol{C_N}-\boldsymbol{C_B}\boldsymbol{B}^{-1}\boldsymbol{N}=(y_{0m+1},y_{0m+2},\cdots,y_{0n})\\ &\boldsymbol{B}^{-1}\boldsymbol{N}=\begin{pmatrix}y_{1m+1} & y_{1m+2} & \cdots & y_{1n}\\ y_{2m+1} & y_{2m+2} & \cdots & y_{2n}\\ \vdots & \vdots & & \vdots\\ y_{mm+1} & y_{mm+2} & \cdots & y_{mn}\end{pmatrix}\\ &\boldsymbol{B}^{-1}\boldsymbol{b}=(y_{10},y_{20},\cdots,y_{m0})^{\mathrm{T}}\end{aligned} \tag{5-11}
$$

将式(5-11)代入式(5-10)，则 LP 的典式也可以写成：

$$\min S = y_{00} + y_{0m+1}x_{m+1} + y_{0m+2}x_{m+2} + \cdots + y_{0n}x_n$$

$$\text{s.t.}\begin{cases} x_1 + y_{1m+1}x_{m+1} + y_{1m+2}x_{m+2} + \cdots + y_{1n}x_n = y_{10} \\ x_2 + y_{2m+1}x_{m+1} + y_{2m+2}x_{m+2} + \cdots + y_{2n}x_n = y_{20} \\ \vdots \qquad \vdots \qquad \vdots \qquad \vdots \\ x_m + y_{mm+1}x_{m+1} + y_{mm+2}x_{m+2} + \cdots + y_{mn}x_n = y_{20} \\ x_i \geqslant 0, j = 1,2,\cdots,n \end{cases} \tag{5-12}$$

(2) 迭代原理　在典式(5-12)中，假设基本可行解为 $\boldsymbol{X}^0 = (y_{10}, y_{20}, \cdots, y_{m0}, 0, \cdots, 0)^{\mathrm{T}}$，目标函数值为 $S = y_{00}$，则判断 $\boldsymbol{X}^0$ 是否是线性规划（LP）最优解的方法如下(周汉良和范玉妹，1995；范玉妹等，2009)。

1) 若 $y_{0j} \geqslant 0, j = m+1, \cdots, n$，则根据最优性判别定理，$\boldsymbol{X}^0$ 是最优解。

2) 若有某些检验数 y_{0j} 是负的，如设 $y_{0q} < 0$，$m+1 \leqslant q \leqslant n$，这时 $\boldsymbol{X}^0$ 不是最优解。因为取 $x_q = \boldsymbol{\theta} > 0$，其余非基变量仍取 0，即取 $\boldsymbol{X}^1 = (x_1, x_2, \cdots, x_m, 0, \cdots, \theta, \cdots, 0)^{\mathrm{T}}$，代入式(5-12)的目标函数，得 $S = y_{00} + y_{0q}\theta < y_{00}$，即目标函数值可以下降。如果单从目标函数值来看，$\theta$ 越大，S 的下降量越大。但 $\boldsymbol{X}^1$ 还必须满足约束条件。将 $\boldsymbol{X}^1$ 代入式(5-12)的约束方程中，得到 $x_i = y_{i0} - y_{iq}\theta \ (i = 1,2,\cdots,m)$。要使 $\boldsymbol{X}^1$ 可行，就要使下列不等式成立：

$$x_i = y_{i0} - y_{iq}\theta \geqslant 0 \quad (i = 1,2,\cdots,m) \tag{5-13}$$

对式(5-13)而言，有如下结论。

1) 若 $y_{iq} \leqslant 0 \ (i = 1,2,\cdots,m)$，则对 $\forall \theta > 0$，不等式(5-13)都成立，但此时对应的目标函数值 $S = y_{00} + y_{0q}\theta \to -\infty$，当 $\theta \to \infty$ 时，即线性规划（LP）不存在有限最优解。

2) 若有某些 $y_{iq} > 0$，要使不等式成立，即 $y_{iq}\theta \leqslant y_{i0} \ (i = 1,2,\cdots,m)$。当 $y_{iq} < 0$ 时，对 $\forall \theta > 0$，式 (5-13) 自然成立。而当 $y_{iq} > 0$ 时，θ 必须满足 $\theta \leqslant y_{i0} / y_{iq}$。所以只要取 $x_q = \theta = \min\{y_{i0} / y_{iq} \mid y_{iq} > 0\} = y_{p0} / y_{pq} \geqslant 0$，则不等式(5-13)总能成立。

(3) 计算步骤　假设已知（LP）的典式(5-12)所对应的基本可行解为 $\boldsymbol{X}^0 = (y_{10}, y_{20}, \cdots, y_{m0}, 0, \cdots, 0)^{\mathrm{T}}$，相应的目标函数值 $S = y_{00}$，则单纯形法的计算步骤如下(周汉良和范玉妹，1995；徐光辉，1999；范玉妹等，2009)。

第 1 步：设 $\boldsymbol{B} = (\boldsymbol{P}_{J_1}, \boldsymbol{P}_{J_2}, \cdots, \boldsymbol{P}_{J_m})$ 为可行基，这里 $J_1, J_2, \cdots, J_m \in \{1, 2, \cdots, n\}$ 且互异。若 $y_{0j} \geqslant 0$，对所有 $j = 1,2,\cdots,n$，则得最优解：$x_{J_i} = y_{i0} \ (i = 1,2,\cdots,m)$，其余 $x_j = 0$，计算终止。否则，转第 2 步。

第 2 步：设 $q = \min\{j \mid y_{0j} < 0, j = 1,2,\cdots,n\}$，即在负检验数的列中记最小的列数为 q，取第 q 列为主列。若对所有的 $i = 1,2,\cdots,m$，有 $y_{iq} \leqslant 0$，则无有限最优解，计算终止。否则，转第 3 步。

第 3 步：求最小比值 $\theta = \min\{y_{i0} / y_{iq} \mid y_{iq} > 0, 1 \leqslant i \leqslant m\}$，记 $J_p = \min\{J_i \mid y_{i0} / y_{iq} = \theta\}$，则第 p 行为主行。

第 4 步：以 y_{pq} 为主元，用换基计算公式 $y'_{pj} = y_{pj} / y_{pq} \ (j = 0,1,2,\cdots,n)$，$y'_{ij} = y_{ij} - y_{pj} / y_{pq} y_{iq}$ $(i \neq p, j = 0,1,\cdots,n)$ 修改单纯形表，即用新基 $\overline{\boldsymbol{B}} = (\boldsymbol{P}_{J_1}, \cdots, \boldsymbol{P}_{J_{p-1}}, \boldsymbol{P}_q, \boldsymbol{P}_{J_{p+1}}, \cdots, \boldsymbol{P}_{J_m})$ 代替 $\boldsymbol{B}$，得新的基本可行解，返回第 1 步。

5.1.2　非线性规划

线性规划的目标函数和约束条件都是自变量的一次函数。如果一个规划问题的目标函数和约束函数中，至少有一个是自变量的非线性函数，则这种规划问题就称为非线性规划问题，用 NP 表示。非线性规划是运筹学的重要分支之一，可以分为无约束最优化问题和有约束最优化问题。

1. 无约束最优化问题

(1) 无约束最优化问题的数学模型　无约束最优化问题的数学模型可表示为

$$\min f(\boldsymbol{X})$$
$$\text{s.t.}\begin{cases}\boldsymbol{h}(\boldsymbol{X})=0\\ \boldsymbol{g}(\boldsymbol{X})\geqslant 0\end{cases} \tag{5-14}$$

式中：$\boldsymbol{X}=(x_1,x_2,\cdots,x_n)^{\mathrm{T}}$ 为 n 维向量空间 $\mathbb{R}^n$ 中的向量；$f(\boldsymbol{X})$ 为向量 $\boldsymbol{X}$ 的实值函数，称为目标函数；$\boldsymbol{h}(\boldsymbol{X})=[h_1(\boldsymbol{X}),h_2(\boldsymbol{X}),\cdots,h_m(\boldsymbol{X})]^{\mathrm{T}}$；$\boldsymbol{g}(\boldsymbol{X})=[g_1(\boldsymbol{X}),g_2(\boldsymbol{X}),\cdots,g_l(\boldsymbol{X})]^{\mathrm{T}}$。其中，$h_i(\boldsymbol{X})$ 和 $g_j(\boldsymbol{X})(i=1,2,\cdots,m;j=1,2,\cdots,l)$ 都是向量 $\boldsymbol{X}$ 的实值函数。$\boldsymbol{h}(\boldsymbol{X})=0$ 为等式约束，$\boldsymbol{g}(\boldsymbol{X})\geqslant 0$ 为不等式约束。满足所有约束的向量 $\boldsymbol{X}$ 为可行解或容许解。$D=\{\boldsymbol{X}\mid \boldsymbol{h}(\boldsymbol{X})=0,\ \boldsymbol{g}(\boldsymbol{X})\geqslant 0\}$ 为问题[式(5-14)]的约束域、可行域或容许域。

(2) 无约束最优化模型的求解　线性规划问题有统一的数学模型和通用的解法，而非线性规划问题目前还没有适用于各种问题的通用算法，各个方法都有特定的适用范围。无约束机制问题的解法可分为使用导数的方法和使用目标函数值的方法，其中使用导数的方法有梯度法、Newton 法、共轭梯度法等。本章重点介绍梯度法和 Newton 法两种经典无约束最优化模型求解算法(施光燕和董加礼，1999；薛毅，2001；范玉妹等，2009)。

1) 梯度法。设函数 $f(\boldsymbol{X})$ 一阶可微，$\boldsymbol{X}\in R^n$，从 $\boldsymbol{X}$ 出发沿方向 $\boldsymbol{P}$ 下降得最快，取 $\lambda>0$，将 $f(\boldsymbol{X}+\lambda\boldsymbol{P})$ 在 $\boldsymbol{X}$ 处展成一阶 Taylor 展式 $f(\boldsymbol{X}+\lambda\boldsymbol{P})=f(\boldsymbol{X})+\lambda\nabla f(\boldsymbol{X})^T\boldsymbol{P}+o(\lambda)$，即 $f(\boldsymbol{X}+\lambda\boldsymbol{P})-f(\boldsymbol{X})=\lambda\nabla f(\boldsymbol{X})^{\mathrm{T}}\boldsymbol{P}+o(\lambda)=\lambda[\nabla f(\boldsymbol{X})^{\mathrm{T}}\boldsymbol{P}+o(\lambda)/\lambda]$。

当 λ 很小时，左边的符号与 $\nabla f(\boldsymbol{X})^{\mathrm{T}}\boldsymbol{P}$ 是一致的，而且 $\nabla f(\boldsymbol{X})^{\mathrm{T}}\boldsymbol{P}=\|\nabla f(\boldsymbol{X})\|\,\|\boldsymbol{P}\|\cos\theta\geqslant -\|\nabla f(\boldsymbol{X})\|\|\boldsymbol{P}\|$ 表示函数值沿 $\boldsymbol{P}$ 变化的速率，这里 θ 是 $\nabla f(\boldsymbol{X})$ 与 $\boldsymbol{P}$ 的夹角，当 $\theta=\pi$ 时，即 $\boldsymbol{P}$ 取 $-\nabla f(\boldsymbol{X})$ 方向时，$\nabla f(\boldsymbol{X})^{\mathrm{T}}\boldsymbol{P}$ 取负值且最小，这就说明函数在 $\boldsymbol{X}$ 处的负梯度方向 $\boldsymbol{P}=-\nabla f(\boldsymbol{X})$ 为最速下降方向，同时，与 $-\nabla f(\boldsymbol{X})$ 成锐角的方向都是下降方向，即凡满足条件 $\nabla f(\boldsymbol{X})^{\mathrm{T}}\cdot\boldsymbol{P}<0$ 的方向 $\boldsymbol{P}$ 都是函数 $f(\boldsymbol{X})$ 在 $\boldsymbol{X}$ 点的下降方向。

假定经 k 次迭代，获得了第 k 个迭代点 $\boldsymbol{X}^{(k)}$，从 $\boldsymbol{X}^{(k)}$ 出发，选最速下降方向 $-\nabla f(\boldsymbol{X}^{(k)})$ 为搜索方向，即 $\boldsymbol{P}^{(k)}=-\nabla f(\boldsymbol{X}^{(k)})$。为使目标函数值在搜索方向上获得最大下降量，沿 $\boldsymbol{P}^{(k)}$ 进行一维搜索：

$$\min_{\lambda\geqslant 0} f(\boldsymbol{X}^{(k)}+\lambda\boldsymbol{P}^{(k)})=f[\boldsymbol{X}^{(k)}-\lambda_k\nabla f(\boldsymbol{X}^{(k)})] \tag{5-15}$$

自此得到第 $k+1$ 个迭代点 $\boldsymbol{X}^{(k+1)}$，即

$$\boldsymbol{X}^{(k+1)}=\boldsymbol{X}^{(k)}-\lambda_k\nabla f(\boldsymbol{X}^{(k)}) \tag{5-16}$$

式中：λ_k 称为最优步长。令 $k=0,1,2,\cdots$ 就可以得到一个点列 $\boldsymbol{X}^{(0)},\boldsymbol{X}^{(1)},\boldsymbol{X}^{(2)},\cdots$ 其中 $\boldsymbol{X}^{(0)}$ 是初始点。当 $f(\boldsymbol{X})$ 满足一定条件时，点列 $\{\boldsymbol{X}^{(k)}\}$ 必收敛于 $f(\boldsymbol{X})$ 的极小点 $\boldsymbol{X}^*$。这种以 $-\nabla f(\boldsymbol{X}^{(k)})$

为搜索方向的算法称为梯度法(最速下降法)，其迭代步骤如下。

第 1 步：取初始点 $\boldsymbol{X}^{(0)}$，允许误差 $\varepsilon>0$，令 $k=0$。

第 2 步：计算 $\boldsymbol{P}^{(k)}=-\nabla f(\boldsymbol{X}^{(k)})$。

第 3 步：若 $\|\boldsymbol{P}^{(k)}\|\leqslant\varepsilon$ 成立则终止迭代，取 $\boldsymbol{X}^{*}=\boldsymbol{X}^{(k)}$，否则转向第 4 步。

第 4 步：求最优步长 $\lambda_k:\min\limits_{\lambda\geqslant0} f(\boldsymbol{X}^{(k)}+\lambda\boldsymbol{P}^{(k)})=f(\boldsymbol{X}^{(k)}-\lambda_k\boldsymbol{P}^{(k)})$。

第 5 步：令 $\boldsymbol{X}^{(k+1)}=\boldsymbol{X}^{(k)}+\lambda_k\boldsymbol{P}^{(k)}$，置 $k=k+1$，转第 2 步。

2) Newton 法。如果目标函数 $f(\boldsymbol{X})$ 在 $\mathbb{R}^n$ 上具有连续的二阶偏导数，那么可以使用 Newton 法来求解。Newton 法的基本思想是：从 $\boldsymbol{X}^{(k)}$ 到 $\boldsymbol{X}^{(k+1)}$ 的迭代中，在 $\boldsymbol{X}^{(k)}$ 处用与 $f(\boldsymbol{X})$ 最密切的二次函数近似 $f(\boldsymbol{X})$，即取 $f(\boldsymbol{X})$ 在 $\boldsymbol{X}^{(k)}$ 点的 Taylor 展开式的前三项：

$$f(\boldsymbol{X})\approx\varphi(\boldsymbol{X})=f(\boldsymbol{X}^{(k)})+g(\boldsymbol{X}^{(k)})^{\mathrm{T}}(\boldsymbol{X}-\boldsymbol{X}^{(k)})+\frac{1}{2}(\boldsymbol{X}-\boldsymbol{X}^{(k)})^{\mathrm{T}}G(\boldsymbol{X}^{(k)})(\boldsymbol{X}-\boldsymbol{X}^{(k)}) \tag{5-17}$$

令 $\nabla\varphi(\boldsymbol{X})=G(\boldsymbol{X}^{(k)})(\boldsymbol{X}-\boldsymbol{X}^{(k)})+g(\boldsymbol{X}^{(k)})=0$，得

$$G(\boldsymbol{X}^{(k)})(\boldsymbol{X}-\boldsymbol{X}^{(k)})=-g(\boldsymbol{X}^{(k)}) \tag{5-18}$$

若 $f(\boldsymbol{X})$ 的 Hesse 矩阵 $G(\boldsymbol{X}^{(k)})$ 正定，则 $G(\boldsymbol{X}^{(k)})^{-1}$ 存在，由式(5-18)解出 $\boldsymbol{X}=\boldsymbol{X}^{(k+1)}$：

$$\boldsymbol{X}^{(k+1)}=\boldsymbol{X}^{(k)}-G(\boldsymbol{X}^{(k)})^{-1}g(\boldsymbol{X}^{(k)}) \tag{5-19}$$

式中：$\boldsymbol{X}^{(k+1)}$ 表示二次函数 $\varphi(\boldsymbol{X})$ 的极小点。若将其作为 $f(\boldsymbol{X})$ 极小点 $\boldsymbol{X}^{*}$ 的新的近似值，则式(5-19)即为 Newton 法的迭代公式。但是，该迭代公式中没有使用一维搜索。为了保证在远离极小点的地方使算法收敛，取 $\boldsymbol{P}^{(k)}=-G(\boldsymbol{X}^{(k)})^{-1}g(\boldsymbol{X}^{(k)})$ 为迭代方向做一维搜索，这样得到的算法称为阻尼 Newton 法，其迭代步骤如下。

第 1 步：取初始点 $\boldsymbol{X}^{(0)}$，允许误差 $\varepsilon>0$，令 $k=0$。

第 2 步：若 $\|\nabla f(\boldsymbol{X}^{(k)})\|<\varepsilon$ 成立则终止迭代，取 $\boldsymbol{X}^{*}=\boldsymbol{X}^{(k)}$，否则转第 3 步。

第 3 步：令 $\boldsymbol{P}^{(k)}=-\boldsymbol{G}(\boldsymbol{X}^{(k)})^{-1}\boldsymbol{g}(\boldsymbol{X}^{(k)})$。

第 4 步：求 $\lambda_k:\min\limits_{\lambda\geqslant0} f(\boldsymbol{X}^{(k)}+\lambda\boldsymbol{P}^{(k)})=f(\boldsymbol{X}^{(k)}-\lambda_k\boldsymbol{P}^{(k)})$。

第 5 步：令 $\boldsymbol{X}^{(k+1)}=\boldsymbol{X}^{(k)}+\lambda_k\boldsymbol{P}^{(k)}$，置 $k=k+1$，转第 2 步。

2. 约束最优化问题

(1) 约束最优化问题的数学模型　约束最优化问题的数学模型可表示为

$$\min f(\boldsymbol{X})$$
$$\text{s.t.}\begin{cases} g_i(\boldsymbol{X})\geqslant0 & (i=1,2,\cdots,m)\\ h_j(\boldsymbol{X})=0 & (j=1,2,\cdots,p)\end{cases} \tag{5-20}$$

式中：$\boldsymbol{X}=(x_1,x_2,\cdots,x_n)^{\mathrm{T}}$ 为 n 维向量空间 $\mathbb{R}^n$ 中的向量；$f(\boldsymbol{X})$ 为向量 $\boldsymbol{X}$ 的实值函数，称为目标函数；$g_i(\boldsymbol{X})$ 和 $h_j(\boldsymbol{X})$ 都是向量 $\boldsymbol{X}$ 的实值函数；$h_j(\boldsymbol{X})=0$ 称为等式约束；$g_i(\boldsymbol{X})\geqslant0$ 称为不等式约束。

(2) 约束最优化模型的求解　含有等式和不等式约束条件的非线性规划求解非常复杂，其解法可以分为两类：一类方法是直接用原来的目标函数，在可行域上进行搜索，并在保持可行性的条件下求出最优解；另一类方法是将约束问题转化为无约束问题来解。其中，应用最广泛的一种求解方法是罚函数法，基本思路是对违反约束的迭代点，给予一个很大的

目标函数值，迫使这一系列无约束问题的极小值点无限地向可行集(域)逼近或保持在可行集(域)内移动，直到收敛于原来约束问题的极小值点。常用的罚函数法有外点罚函数法(简称外点法)、内点罚函数法(简称内点法)、混合点罚函数法(简称混合点法)3 种(周汉良和范玉妹，1995；施光燕和董加礼，1999；范玉妹等，2009)。

1)外点罚函数法。考虑不含等式约束的非线性规划问题：

$$\min_{x\in R} f(\boldsymbol{X}) \quad R=\{\boldsymbol{X}\mid g_i(\boldsymbol{X})\geqslant 0 \quad (i=1,2,\cdots,m)\} \tag{5-21}$$

构造一个函数：$P(t)=\begin{cases}0 & 当t\geqslant 0时\\ \infty & 当t<0时\end{cases}$，把 $g_i(\boldsymbol{X})$ 视为 t，则当 $\boldsymbol{X}\in R$ 时，$P[g_i(\boldsymbol{X})]=0$ $(i=1,2,\cdots,m)$，当 $\boldsymbol{X}\notin R$ 时，$P[g_i(\boldsymbol{X})]=\infty$ $(i=1,2,\cdots,m)$，即

$$P(g_i(\boldsymbol{X}))=\begin{cases}0 & 当\boldsymbol{X}\in R时\\ \infty & 当\boldsymbol{X}\notin R时\end{cases} \tag{5-22}$$

再构造函数：$\varphi(\boldsymbol{X})=f(\boldsymbol{X})+\sum_{i=1}^{m}P[g_i(\boldsymbol{X})]$，求解无约束极值问题：

$$\min\varphi(\boldsymbol{X}) \tag{5-23}$$

若式(5-23)有极小解 $\boldsymbol{X}^*$，则把约束极值问题[式(5-21)]的求解变为无约束极值问题[式(5-23)]的求解。但是，用上述方法构造的函数 $P(t)$ 在 $t=0$ 处不连续，更没有导数。为了方便求解，将该函数修改为

$$P(t)=\begin{cases}0 & 当t\geqslant 0时\\ t^2 & 当t<0时\end{cases} \tag{5-24}$$

修改后的函数 $P(t)$ 在 $t=0$ 处的导数等于 0，而且 $P(t)$，$\mathrm{d}P(t)/\mathrm{d}t$ 对任意的 t 都连续。当 $\boldsymbol{X}\in R$ 时仍有 $\sum_{i=1}^{m}P[g_i(\boldsymbol{X})]=0$，当 $\boldsymbol{X}\notin R$ 时有 $0<\sum_{i=1}^{m}P[g_i(\boldsymbol{X})]<\infty$，而 $\varphi(\boldsymbol{X})$ 可改写为

$$\varphi(\boldsymbol{X},M)=f(\boldsymbol{X})+M\sum_{i=1}^{m}P[g_i(\boldsymbol{X})] \tag{5-25}$$

因此，问题[式(5-23)]就变为

$$\min\varphi(\boldsymbol{X},M) \tag{5-26}$$

如果原规划问题[式(5-21)]有最优解，则式(5-26)的最优解 $\boldsymbol{X}^*(M)$ 为原问题[式(5-21)]的最优解或近似最优解。若 $\boldsymbol{X}^*(M)\in R$，则 $\boldsymbol{X}^*(M)$ 是原问题的最优解，这是因为对任意的 $\boldsymbol{X}\in R$ 有：

$$f(\boldsymbol{X})+M\sum_{i=1}^{m}P[g_i(\boldsymbol{X})]=\varphi(\boldsymbol{X},M)\geqslant\varphi[\boldsymbol{X}^*(M),M]=f[\boldsymbol{X}^*(M)] \tag{5-27}$$

式中：函数 $\varphi(\boldsymbol{X},M)$ 为罚函数；第二项 $M\sum_{i=1}^{m}P[g_i(\boldsymbol{X})]$ 为惩罚项，M 为罚因子。

实际计算时，先给定一个初始点 $\boldsymbol{X}^{(0)}$ 和初始罚因子 $M_1>0$，求解无约束极值问题 $\min\varphi(\boldsymbol{X},M_1)$，若其最优解 $\boldsymbol{X}^*(M_1)\in R$，则为式(5-21)的最优解；否则，以 $\boldsymbol{X}^*(M_1)$ 为新的初始点，加大罚因子，取 $M_2>M_1$，重新求解 $\min\varphi(\boldsymbol{X},M_1)$。如此循环，或者存在某个 M_k，使

得 $\min\varphi(\boldsymbol{X},M_k)$ 的最优解 $\boldsymbol{X}^*(M_k)\in R$，即式(5-21)的最优解；或者存在 M_k 的一个无穷序列 $0<M_1<M_2<\cdots<M_k<\cdots$，随着 M 值的增大，罚函数中的惩罚项所起的作用增大，$\min\varphi(\boldsymbol{X},M)$ 的最优解 $\boldsymbol{X}^*(M)$ 与约束域 R 的距离越来越近。当 M_k 趋于无穷大时，最优点序列 $\{\boldsymbol{X}^*(M_k)\}$ 就从 R 的外部趋于 R 的边界点，即趋于原问题[式(5-21)]的最优解 $\boldsymbol{X}^*$。外点法的迭代步骤如下。

第 1 步：给定初始点 $\boldsymbol{X}^{(0)}$，取 $M_1>0$（可取 M_1=1），给定 $\varepsilon>0$，置 $k=1$。

第 2 步：求无约束极值问题的最优解 $\boldsymbol{X}^{(k)}:\min\varphi(\boldsymbol{X},M_k)=\varphi(\boldsymbol{X}^{(k)},M_k)$，其中 $\varphi(\boldsymbol{X}^{(k)},M_k)=f(\boldsymbol{X}^{(k)})+M_k\sum\limits_{i=1}^{m}\{\min[0,g_i(\boldsymbol{X}^{(k)})]\}^2$。

第 3 步：若对某一个 $i(1\leqslant i\leqslant m)$ 有 $-g_i(\boldsymbol{X}^{(k)})\geqslant\varepsilon$，则取 $M_{k+1}=CM_k$，其中 $C=5\sim10$，置 $k=k+1$，转第 2 步；否则，终止迭代，取 $\boldsymbol{X}^*=\boldsymbol{X}^{(k)}$。

2) 内点罚函数法。内点罚函数法要求迭代过程始终在可行域内。为此，把初始点取在可行域内，并在可行域的边界上设置一道“障碍”，使迭代点靠近可行域的边界时，给出的新目标函数值迅速增大，从而使迭代点始终留在可行域 R 内。通过函数迭加办法改造原目标函数，使得改造后的目标函数(即障碍函数)具有下列性质：在可行域 R 的内部与边界面较远的地方，障碍函数与原来的目标函数 $f(\boldsymbol{X})$ 尽可能相近，而在接近边界面时可以有任意大的值。显然，满足这种要求的障碍函数的极小值自然不会在 R 的边界上达到，因极小点不在闭集 R 的边界上，因而这种障碍函数具有无约束性质的极值，可用无约束极值法求解。

据此，可将约束规划问题[式(5-21)]转化为序列无约束极小化问题：

$$\min\varphi(\boldsymbol{X},r_k) \tag{5-28}$$

其中：

$$\varphi(\boldsymbol{X},r_k)=f(\boldsymbol{X})+r_k\sum_{i=1}^{m}\frac{1}{g_i(\boldsymbol{X})}\quad(r_k>0) \tag{5-29}$$

式中：$\varphi(\boldsymbol{X},r_k)$ 为障碍函数(或称罚函数)；右端第二项称为障碍项，r_k 为障碍因子，在 R 的边界上至少有一个 $g_i(\boldsymbol{X})=0$ 成立，所以 $\varphi(\boldsymbol{X},r_k)$ 为正无穷大。如果最优点是在 R 的边界上，要使搜索点逐步靠近边界，就需要逐渐缩小障碍因子 r_k，以使障碍作用逐步降低，直至搜索点与极小点的距离在允许的误差范围内。因此，从 R 内部的某一点 $\boldsymbol{X}^{(0)}$ 出发，按无约束极小化方法对式(5-28)进行迭代，使障碍因子 r_k 逐步减小，即 $r_1>r_2>\cdots>r_k>\cdots>0$。由于障碍项所起的作用越来越小，求出式(5-28)的解 $\boldsymbol{X}(r_k)$ 也逐步逼近式(5-21)的极小解 $\boldsymbol{X}^*$。

内点法的迭代步骤如下。

第 1 步：取 $r_1>0$（如取 r_1=1），$\varepsilon>0$。

第 2 步：找出一可行点 $\boldsymbol{X}^{(0)}\in R$，置 $k=1$。

第 3 步：构造障碍函数 $\varphi(\boldsymbol{X},r_k)$，障碍项可取倒数函数，也可取对数函数。

第 4 步：以 $\boldsymbol{X}^{(k-1)}\in R$ 为初始点，求解 $\min\varphi(\boldsymbol{X},r_k)=\varphi(\boldsymbol{X}^{(k)},r_k)$，$\boldsymbol{X}^{(k)}=\boldsymbol{X}(r_k)\in R$。

第 5 步：检验是否满足收敛准则(如 $r_k\sum\limits_{i=1}^{m}1/g_i(\boldsymbol{X}^{(k)})\leqslant\varepsilon$，$|\boldsymbol{X}^{(k)}-\boldsymbol{X}^{(k-1)}|\leqslant\varepsilon$，$|f(\boldsymbol{X}^{(k)})-f(\boldsymbol{X}^{(k+1)})|\leqslant\varepsilon$ 等)，若满足则迭代终止，取 $\boldsymbol{X}^*=\boldsymbol{X}^{(k)}$；否则取 $r_{k+1}<r_k$，置 $k=k+1$，转第 3 步。

3) 混合点罚函数法。混合点罚函数法是用内点罚函数法来处理不等式约束，用外点罚函数法来处理等式约束的一种罚函数法。考虑非线性规划问题[式(5-20)]，混合点法构造的罚函数 $\varphi(\boldsymbol{X},r)$ 的形式为

$$\varphi(\boldsymbol{X},r)=f(\boldsymbol{X})+r\sum_{i=1}^{m}\frac{1}{g_i}(\boldsymbol{X})+(1/\sqrt{r})\sum_{j=1}^{p}[h_j(\boldsymbol{X})]^2 \tag{5-30}$$

其中右边的第二项 $r\sum_{i=1}^{m}\frac{1}{g_i}(\boldsymbol{X})$ 和第三项 $(1/\sqrt{r})\sum_{j=1}^{p}[h_j(\boldsymbol{X})]^2$ 都称为惩罚项，r 称为罚因子。在迭代中 r 形成一个单调递减趋向于零的序列：$r_1>r_2>\cdots>r_k>\cdots,\lim_{k\to\infty}r_k=0$，就把非线性规划[式(5-20)]的求解转化为一系列无约束极值问题 $\min\varphi(\boldsymbol{X},r_k)$ 的求解。具体解法可由外点法和内点法推出，这里不再赘述。

5.1.3　多目标规划

线性规划只研究在满足一定条件下，单一目标函数的问题最优解。然而，在景观生态安全格局规划中，经常会遇到多目标决策问题。例如，在编制景观格局空间布局方案时，既要考虑区域经济效益，又要考虑生态环境效益，同时还要考虑社会效益，各规划目标之间的重要程度不尽相同，而且经济效益、生态效益等一些目标之间时常还会产生难以协调的矛盾。线性规划只擅长于求取某个目标函数的最优解，虽然一些多目标优化问题可以转化为单目标优化问题求解，但若所求取的最优解超过了实际需要，则可能导致约束条件中的某些资源过分的消耗，而且线性规划把各个约束条件同等看待，不合实际。多目标规划可以弥补线性规划的不足，从而使得在景观生态安全格局规划中一些线性规划无法解决的问题得到圆满解决。

1. 多目标规划的数学模型

多目标决策问题最显著的特点是目标的不可共度性和目标间的矛盾性。因此，不能简单地将多个目标归并为单个目标，并使用单目标决策方法去求解多目标问题。一般多目标数学规划模型的标准形式为

$$\begin{aligned}&(\mathrm{VP})\min F(\boldsymbol{X})=[f_1(\boldsymbol{X}),f_2(\boldsymbol{X}),\cdots,f_p(\boldsymbol{X})]^{\mathrm{T}}\ P\geqslant 2\\&\text{s.t.}\begin{cases}g_i(\boldsymbol{X})\geqslant 0 & (i=1,2,\cdots,m)\\h_j(\boldsymbol{X})=0 & (j=1,2,\cdots,l)\end{cases}\end{aligned} \tag{5-31}$$

式中：(VP) $\min F(\boldsymbol{X})$，$\boldsymbol{X}\in R$；$R=\{\boldsymbol{X}\mid g_i(\boldsymbol{X})\geqslant 0,h_j(\boldsymbol{X})=0(i=1,2,\cdots,m;\ j=1,2,\cdots,l)\}$。

由于在实际问题中每个目标的量纲往往是不相同的，因此有必要事先把每个目标规范化。例如，对第 i 个带量纲的目标 $\overline{f_i}(\boldsymbol{X})$，令 $f_i(\boldsymbol{X})=\overline{f_i}(\boldsymbol{X})/\overline{f_i}$，其中 $\overline{f_i}=\max_{x\in R}\overline{f_i}(\boldsymbol{X})$，这样 $f_i(\boldsymbol{X})$ 就是规范化的目标了。假定(VP)中的目标是规范化的。$\min F(\boldsymbol{X})$ 是指对向量形式的 P 个目标 $[f_1(\boldsymbol{X}),f_2(\boldsymbol{X}),\cdots f_p(\boldsymbol{X})]^{\mathrm{T}}$ 求最小，$f_i(\boldsymbol{X}),g_i(\boldsymbol{X}),h_j(\boldsymbol{X})$ 可以是线性函数也可以是非线性函数。

2. 多目标规划模型的求解

多目标规划模型的常用解法是评价函数法，其基本思想是借助几何或应用中的直观效果，构建评价函数 $u[f(x)]$，从而将多目标优化问题转化为单目标优化问题，然后利用单目标优化问题的求解方法求出最优解，并把这种最优解当作多目标优化问题的最优解。简言之，

评价函数法是指如果能够根据决策者提供的偏好信息构造一个实函数 $u[f(x)]$（称为效用函数），使得求满意解等价于求以该实函数为新目标函数的单目标规划问题的最优解。但由于在许多场合下决策者提供的信息不足以确定效用函数、构造实际问题的效用函数相当困难，限制了评价函数法的推广应用。目前，常用的评价函数构造方法有理想点法、线性加权和法、极大极小法等(周汉良和范玉妹，1995；范玉妹等，2009；汪晓银和周保平，2012)。

(1) 理想点法　　先求出每个目标函数在 R 上的最优值：$\min\limits_{X\in R} f_i(\boldsymbol{X}) = f_i^0(i=1,2,\cdots,p)$，令 $f_i(\boldsymbol{X}^i)=f_i^0$ $(i=1,2,\cdots,p)$。一般而言，不可能所有的 $\boldsymbol{X}^i(i=1,2,\cdots,p)$ 都相同，因此 $F^0=(f_1^0,f_2^0,\cdots,f_p^0)^{\mathrm{T}}\notin F(R)$ 是一个达不到的理想点。理想点法是在 R 中求一点 $\boldsymbol{X}^*$，使 $F(\boldsymbol{X}^*)$ 与理想点 F^0 最接近，即当已知理想点 F^0 时，在目标空间 R^p 中引进某种模 $\|\cdot\|$，并考虑在这种模的意义下，在(VP)的约束集合 R 上寻求目标函数 $F(\boldsymbol{X})$ 与理想点 F^0 之间的"距离"尽可能小的解。当给模 $\|\cdot\|$ 赋予不同的意义时，便可得到不同的理想点法。其中最短距离理想点法是将 $\|\cdot\|$ 取做 R^p 中的 $\|\cdot\|_2$ 模，即构造如下的单目标规划问题：

$$\min_{X\in R} h[F(\boldsymbol{X})] = \|F(\boldsymbol{X})-\boldsymbol{F}^0\|_2 = \sqrt{\sum_{i=1}^{p}[f_i(\boldsymbol{X})-f_i^0]^2} \tag{5-32}$$

式中：评价函数 $h[F(\boldsymbol{X})]$ 为 $F(\boldsymbol{X})$ 到 $\boldsymbol{F}^0$ 的距离。当然，评价函数也可以采用其他形式，如 $h[F(\boldsymbol{X})]=\{\sum\limits_{i=1}^{p}[f_i(\boldsymbol{X})-f_i^0]^q\}^{1/q}$，$q\geqslant 1$ 是整数，或 $h[F(\boldsymbol{X})]=\max\limits_{1\leqslant i\leqslant p}|f_i(\boldsymbol{X})-f_i^0|$。

(2) 线性加权和法　　线性加权和法是最常用的评价函数构造方法，该方法按照 p 个目标 $f_i(\boldsymbol{X})(i=1,2,\cdots,p)$ 的重要程度，分别乘以一组权系数 $\lambda_i(i=1,2,\cdots,p)$，然后相加作为目标函数，再对目标函数在(VP)的约束集合 R 上求最优解，即构造如下单目标规划问题：

$$\min_{X\in R} h[F(\boldsymbol{X})] = \sum_{i=1}^{p}\lambda_i f_i(\boldsymbol{X}) = \boldsymbol{\lambda}^{\mathrm{T}}F(\boldsymbol{X}) \tag{5-33}$$

求此单目标问题的最优解，并称之为(VP)在线性加权和意义下的最优解，$\boldsymbol{\lambda}=(\lambda_1,\lambda_2,\cdots,\lambda_p)\in\Lambda^+$ 或 Λ^{2+}。

(3) 极大极小法　　求解极小化的多目标规划(VP)，也就是要在 R 中求出各个目标函数的最大值中的最小值。基于此，极大极小法的评价函数的表达式可以构造为

$$h[F(\boldsymbol{X})] = \max_{1\leqslant i\leqslant p}\{f_i(\boldsymbol{X})\} \tag{5-34}$$

然而，有时在求解单目标规划问题(P)$\cdot\min\limits_{X\in R} h[F(\boldsymbol{X})]=\max\limits_{1\leqslant i\leqslant p}\{f_i(\boldsymbol{X})\}$ 的最优解时，也给每个 $f_i(\boldsymbol{X})$ 配上权系数 λ_i，即考虑 $\min\limits_{X\in R} h[F(\boldsymbol{X})]=\max\limits_{1\leqslant i\leqslant p}\{\lambda_i f_i(\boldsymbol{X})\}$。其中，$\overline{\lambda}=(\lambda_1,\lambda_2,\cdots,\lambda_p)^{\mathrm{T}}\in\Lambda^{2+}$ 或 Λ^+。

此外，通过增加一个变量 t 及 p 个约束，把 $f_j(\boldsymbol{X})$ 的最大值当作变量 t，再求 t 的最小值，可以将(P)转化为通常的单目标规划：

$$\begin{gathered}(\mathrm{P})'\min t \\ f_j(\boldsymbol{X}) \leqslant t \quad (\boldsymbol{X}\in R,\quad j=1,2,\cdots,p)\end{gathered} \tag{5-35}$$

5.2　空间优化模型

数量优化模型只能得到相应景观要素的数值优化结果，然而景观生态安全格局规划的最终结果是要将规划方案以形象直观的规划图展现出来，因此需要借助空间优化模型在数量优化模型基础上进一步进行景观格局空间布局优化。理论上，景观格局空间优化模型不仅可以优化景观要素的数量，还可以对景观要素空间位置和构型做出合理的优化。景观生态安全格局规划中经常使用到的空间优化模型包括空间马尔可夫模型、元胞自动机模型和空间耗费距离模型。

5.2.1　空间马尔可夫模型

传统马尔可夫模型采用转移概率矩阵来模拟景观斑块从一种类型转变为另一种类型的动态规律，该转移概率不考虑空间格局本身的影响。然而，景观空间格局的动态变化具有很强的空间依赖性，采用传统马尔可夫模型分析景观格局动态变化势必产生偏差。因此，在传统马尔可夫模型中，通过空间特征区域化方式分区计算转移概率，把空间信息与概率分布紧密联系起来，扩展出了空间马尔可夫模型，克服了传统马尔可夫模型的局限性。

1. 马尔可夫链模型

具有马尔可夫性质的离散时间随机过程称为马尔可夫链。在有序时序$t_1 < t_2 < \cdots < t_n \in T$上，若随机过程$x(t_1), x(t_2), \cdots, x(t_n)$相应的状态空间$a_1, a_2, \cdots, a_n \in A$满足如下条件(刘耀林，2003；胡宝清，2006；龙子泉，2014)：

$$p\{x(t_n) \leqslant a_n \mid x(t_{n-1}), \cdots, x(t_1)\} = p\{x(t_n) \leqslant a_n \mid x(t_{n-1})\} \tag{5-36}$$

则该过程被称为具有马尔可夫性(或无后效性)，具有此性质的随机过程$x(t)$称为马尔可夫过程(Markov process)，简称马氏过程。过程是指从一种状态转移入另一种状态，随时间变化所做的状态转移，称为状态转移过程。

假定马尔可夫过程$\{x_n, n \in T\}$的参数集T是离散的时间序列，即$T = \{0, 1, \cdots, n\}$，则相应的x_n可能取值的全体组成的状态空间是离散的状态集$A=\{a_1, a_2, \cdots, a_n\}$。

设有随机过程$\{x_n, n \in T\}$，若对于任意的整数$n \in T$和任意的$a_1, a_2, \cdots, a_n \in A$，条件概率满足：

$$p\{x_n = a_n \mid x_1 = a_1, x_2 = a_2, \cdots, x_{n-1} = a_{n-1}\} = p\{x_n = a_n \mid x_{n-1} = a_{n-1}\} \tag{5-37}$$

则称$\{x_n, n \in T\}$为马尔可夫链(Markov chain)，简称马氏链。马氏链是马尔可夫过程的一种特殊情况，它表明事物的状态由过去转变到现在，自现在转变到将来，且无后效性。马尔可夫链预测基于马尔可夫过程，描述的是一个随机时间序列的动态变化过程，此过程只处于一个状态，时刻t以概率P_{ij}处于a_k状态，时刻$t+1$时，又以另一概率处于a_{k+1}状态。根据这一原理求出各种状态下的概率。

由此可见，马尔可夫链的统计特性决定了条件概率：

$$p\{x_n = a_n \mid x_{n-1} = a_{n-1}\} \tag{5-38}$$

如何确定这个条件概率，是马尔可夫链理论中的重要问题之一。

在条件概率$p\{x_n = j \mid x_{n-1} = i\}$中，$x_n = j$表示在$n$时刻系统(或过程)处于状态$j$，故条件

概率 $p\{x_n = j \mid x_{n-1} = i\}$ 表示系统在时刻 $n-1$ 处于状态 i 条件下，在时刻 n 系统转移到状态 j 的概率。它相当于随机移动的质点在时刻 $n-1$ 处于状态 i 条件下，经过一步随机移动转移到状态 j 的概率，记此条件概率为 $p_{ij}(n)$。

$$p_{ij}(n) = p\{x_n = j \mid x_{n-1} = i\} \tag{5-39}$$

一般来说，转移概率 $p_{ij}(n)$ 不仅与 i, j 有关，还与 n 也有关。由系统中各种可能状态的转移概率 p_{ij} 构成的矩阵为

$$\boldsymbol{p} = \left(p_{ij}\right) = \begin{pmatrix} p_{11} & p_{12} & \cdots & p_{1n} \\ p_{21} & p_{22} & \cdots & p_{2n} \\ \vdots & \vdots & & \vdots \\ p_{n1} & p_{n2} & \cdots & p_{nn} \end{pmatrix} \tag{5-40}$$

上述矩阵是马氏链的一步转移概率矩阵。其特点是：每个 p_{ij} 均为非负，即 $p_{ij} \geqslant 0$，且每行元素之和为 1，即 $\sum_j p_{ij} = 1(i, j = 1, 2, \cdots, m)$。

k 步转移概率由 C-K 方程得

$$P_{ij}(k) = \sum_{l \in i} P_{il}(m) P_{lj}(k-m) \tag{5-41}$$

由此确定 k 步转移概率矩阵为

$$\boldsymbol{P}^k = \begin{pmatrix} P_{11}(k) & P_{12}(k) & \cdots & P_{1N}(k) \\ P_{21}(k) & P_{22}(k) & \cdots & P_{2N}(k) \\ \vdots & \vdots & & \vdots \\ P_{N1}(k) & P_{N2}(k) & \cdots & P_{NN}(k) \end{pmatrix} \tag{5-42}$$

反复用 C-K 方程，k 步转移概率可通过一步转移概率 P_{ij} 得到，用矩阵表示即为

$$\boldsymbol{P}(k) = \boldsymbol{P}^k \tag{5-43}$$

式中：P_{ij}、$P_{ij}(k)$ 是马尔可夫概率预测的基础。

记初始概率 $P_j = P(x_0 = j)$，绝对概率 $P_j(k) = P(x_k = j)$，且 $P_j(k) = P_i P_{ij}(k)$，则绝对概率由初始概率和转移概率完全确定，用矩阵表示为

$$\boldsymbol{P}_k = \boldsymbol{P}_0 \boldsymbol{P}(k) = \boldsymbol{P}_0 \boldsymbol{P}^k \tag{5-44}$$

式中：$\boldsymbol{P}_0$ 为初始概率向量；$\boldsymbol{P}^k$ 为绝对概率向量。

由马尔可夫链理论可知，若状态有限，所有状态之间互通，并且状态都是非周期的，则绝对概率向量 $\boldsymbol{P}_n$ 具有以下性质：

$$\lim_{n \to \infty} \boldsymbol{P}_n = \boldsymbol{P} \tag{5-45}$$

式中：$\boldsymbol{P}$ 为绝对概率向量 $P_0, P_1, P_2, \cdots$ 的极限向量。

2. 空间马尔可夫概率模型

空间马尔可夫概率模型是马尔可夫链模型在空间上的扩展，也是景观生态学家用来模拟植被动态和土地利用格局变化的最早、最普遍的模型。由马尔可夫链原理可知，在转化概率矩阵中，p_{ij} 表示时间 t 到 $t+\Delta t$ 系统从状态 j 转变为 i 的概率，对于景观空间优化模型而言，

即为斑块类型 j 转变为斑块类型 i 的概率。在模拟景观动态时，最简单而直观的方法就是把所研究的景观根据其异质性特点分类，并用栅格网表示，每一个栅格细胞属于 m 种景观斑块类型之一。根据两个不同时间(t 和 $t+\Delta t$)的景观图计算从一种类型到另一种类型的转化概率。然后，在整个栅格网上采用这些概率以预测景观格局的变化。具体而言，斑块类型 j 转变为斑块类型 i 的概率就是栅格网中斑块类型 j 在 Δt 时段内转变为斑块类型 i 的细胞数占斑块类型 j 在此期间发生变化的所有细胞总数的比例，即(邬建国，2007)

$$p_{ij} = n_{ij} / \sum_{i=1}^{m} n_{ij} \tag{5-46}$$

但是，这种方法在计算转化概率时不考虑空间格局本身对转化概率的影响，反映的是景观总概率，因此在预测景观中某些斑块类型变化的面积比例时相当准确，但对空间格局的预测误差则很大。最简单的改进办法就是把景观根据其空间特征区域化，然后再分别计算其转化概率。如果区域小到一个栅格细胞，那么空间概率模型则可表示为(邬建国，2007)

$$\boldsymbol{N}_{t+\Delta t}^{rc} = \boldsymbol{P}^{rc}\boldsymbol{N}_{t}^{rc} \tag{5-47}$$

或

$$\begin{pmatrix} n_{1,t+\Delta t}^{rc} \\ \vdots \\ n_{m,t+\Delta t}^{rc} \end{pmatrix} = \begin{pmatrix} p_{11}^{rc} & \cdots & p_{1m}^{rc} \\ \vdots & & \vdots \\ p_{m1}^{rc} & \cdots & p_{mm}^{rc} \end{pmatrix} \begin{pmatrix} n_{1,t}^{rc} \\ \vdots \\ n_{m,t}^{rc} \end{pmatrix} \tag{5-48}$$

式中：$\boldsymbol{N}_{t}^{rc}$ 和 $\boldsymbol{N}_{t+\Delta t}^{rc}$ 分别为 t 和 $t+\Delta t$ 时刻 r 行 c 列栅格细胞位置上的状态向量；$\boldsymbol{P}^{rc}$ 为反映该空间位置上异质性特点的转化概率矩阵。

5.2.2　元胞自动机模型

元胞自动机(cellular automata，CA)又称为细胞自动机，是定义在一个由具有离散、有限状态的元胞组成的元胞空间上的，按照一定局部邻域规则，在离散的时间维上产生复杂结构和行为的离散型的动力学系统。元胞自动机的部件称为“元胞”，每个元胞具有一个状态，状态只能取某个有限状态集中的一个，这些元胞规则地排列在称为“元胞空间”的空间格网上。标准元胞自动机模型具有空间离散、时间离散、状态离散有限和同质性等特征。元胞自动机模型可以在不同程度上把一些重要生态学过程的信息融合到邻域规则中，从而使其成为研究空间格局和过程相互作用的一种有效途径。目前，元胞自动机模型已广泛地应用于景观格局和空间生态学过程的研究中。

1. 元胞自动机的构成

标准元胞自动机最基本的组成单元就是元胞、状态、元胞空间、邻域及规则(图 5-1)。

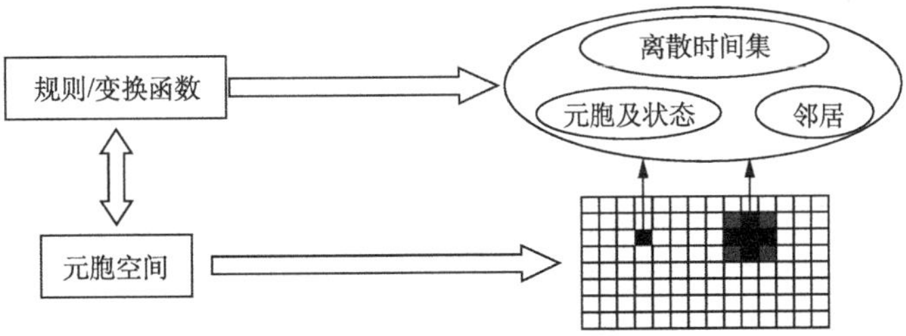

图 5-1　元胞自动机的组成(周成虎等，1999)

(1) 元胞　元胞又可称为单元或基元，是元胞自动机最基本的组成部分。元胞分布在离散的一维、二维或多维欧几里得空间的晶格点上。

(2) 状态　状态可以是 {0,1} 的二进制形式或是 $\{s_0, s_2, \cdots, s_i, \cdots, s_k\}$ 整数形式的离散集，严格意义上，元胞自动机的元胞只能有一个状态变量。

(3) 元胞空间　元胞所分布在的空间网点集合就是这里的元胞空间。

1) 元胞空间的几何划分(胡宝清，2006；喻定权，2008)。理论上，可以是任意维数的欧几里得空间规则划分。目前，研究多集中在一维和二维元胞自动机上。对于一维元胞自动机，元胞空间的划分只有一种，而高维的元胞自动机，元胞空间的划分则可能有多种形式。对于最为常见的二维元胞自动机，二维元胞空间通常可按三角、四方或六边形三种网格排列(图 5-2)。这三种规则的元胞空间划分在构模时各有优缺点。其中，三角网格的优点是拥有相对较少的邻域数目，缺点是在计算机的表达与显示上不方便；四方网格的优点是特别适合在现有计算机环境下表达显示，缺点是不能较好地模拟各向同性的现象；六边形网格的优点是能较好地模拟各向同性的现象，缺点是表达显示困难、复杂。

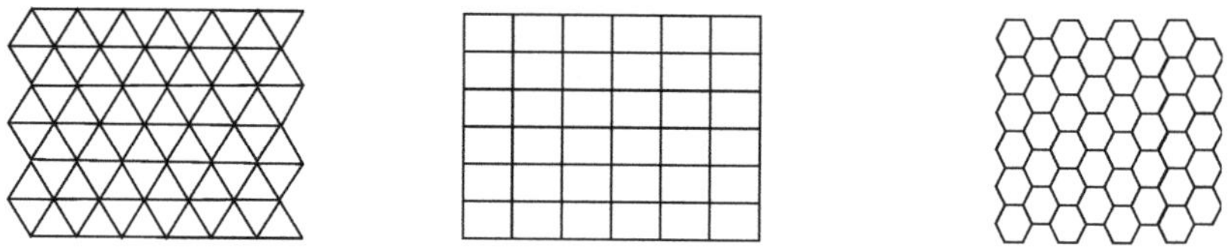

(a) 三角网格　(b) 四方网格　(c) 六边形网格

图 5-2　二维元胞自动机的三种网格划分(胡宝清，2006)

2) 边界条件(胡宝清，2006；喻定权，2008)。理论上，元胞空间通常在各维向上是无限延展的，这有利于理论推理和研究。但在实际应用中，无法在计算机上实现这一理想条件，因此需要定义不同的边界条件。归纳起来，边界条件主要有周期型、反射型和定值型三种类型。有时，为更加客观、自然地模拟实际现象，也有可能在边界实时产生随机值。周期型是指相对边界连接起来的元胞空间。对于一维空间，元胞空间表现为一个首尾相接的“圈”。对于二维空间，上下相接，左右相接，而形成一个拓扑圆环面，形似车胎。周期型空间与无限空间最为接近，因而在理论探讨时，常以此类空间型作为实验。反射型是指在边界外邻域的元胞状态是以边界为轴的镜面反射。定值型是指所有边界外元胞均取某一固定常量。三种边界类型在实际应用中可以相互结合。

3) 构形(胡宝清，2006；喻定权，2008)。在元胞、状态、元胞空间概念基础上，引入另外一个非常重要的概念“构形”。构形是在某个时刻，在元胞空间上所有元胞状态的空间分布组合。在数学上，构形表示为一个多维的整数矩阵。

(4) 邻域　以上的元胞及元胞空间只表示了系统的静态成分，为将“动态”引入系统，必须加入转化规则。在元胞自动机中，这些规则是定义在空间局部范围内的，即一个元胞下一时刻的状态取决于它本身的状态和它的邻域元胞的状态。因而，在指定规则之前，必须定义一定的邻域规则，明确哪些元胞属于该元胞的邻域。在一维元胞自动机中，通常以半径来确定邻域。距离一个元胞内的所有元胞均被认为是该元胞的邻域。以常用的规则四方网格划分为例，二维元胞自动机的邻域定义有 3 种形式(胡宝清，2006；喻定权，2008；杨子雄，2009)。

1) 冯·诺依曼型[图 5-3(a)]。一个元胞的上、下、左、右相邻 4 个元胞为该元胞的邻域。这里，邻域半径 r 为 1，相当于图像处理中的四邻域、四方向。

2) 摩尔型[图 5-3(b)]。一个元胞上、下、左、右、左上、右上、右下、左下相邻 8 个元胞为该元胞邻域。邻域半径 r 同样为 1，相当于图像处理中的八邻域、八方向。

3) 扩展的摩尔型[图 5-3(c)]。将以上的邻域半径 r 扩展为 2 或者更大，即得到所谓扩展的摩尔型邻域。

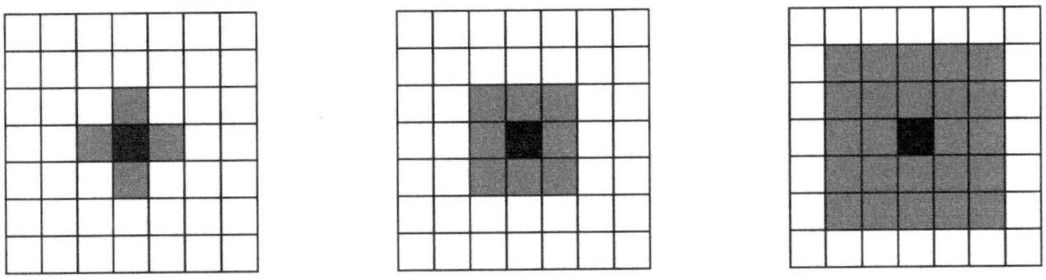

(a) 冯·诺依曼邻域　(b) 摩尔邻域　(c) 扩展的摩尔邻域

图 5-3 常见的元胞自动机邻域类型(喻定权，2008)

(5) 规则　根据元胞当前状态及其邻域状况确定下一时刻该元胞状况的动力学函数，即一个状态转移函数。通常将一个元胞的所有可能状态连同负责该元胞状态变换的规则一起称为一个变换函数，记为 $f: s_i^{t+1} = f(s_i^t, s_N^t)$，$s_N^t$ 为 t 时刻的邻域状态组合，称 f 为元胞自动机的局部映射或局部规则。转化规则通常用 IF、THEN、ELSE 语句表示，这些语句依赖邻域条件描述转化规则。从这个意义上说，转化规则用规则过程替换传统的数学函数的优点是规则反映了现实系统是怎样运动的，能使复杂的系统减少为驱动它们动态性的简单元素(胡宝清，2006；喻定权，2008；杨子雄，2009)。

(6) 时间　元胞自动机在时间维上的变化是离散的，即时间 t 是一个整数值，而且连续等间距。假设时间间距 $d_t = 1$，若 $t = 0$ 为初始时刻，那么 t=1 为其下一时刻。在上述转换函数中，虽然在 $t-1$ 时刻的元胞及其邻域元胞的状态间接影响了元胞在 $t+1$ 的时刻的状态，但是一个元胞在 $t+1$ 的时刻只取决于 t 时刻的该元胞及其邻域元胞的状态(周成虎等，1999；杨子雄，2009)。

由以上对元胞自动机的组成分析，标准的元胞自动机是一个四元组，可以用数学符号表示为

$$A = (L_d, S, N, f) \tag{5-49}$$

式中：A 为一个元胞自动机系统；L 为元胞空间；d 为元胞自动机元胞空间的维数；S 为元胞的有限的、离散的状态集合；N 为一个所有邻域内元胞的组合，即包含 n 个不同元胞状态的一个空间向量，记为 $N = (s_1, s_2, \cdots, s_n)$；$f$ 为一个局部转换函数。

2. 元胞自动机的分类

根据不同的出发点，可以将元胞自动机分成不同种类。其中，Wolfram 基于元胞自动机的动力学行为将元胞自动机归纳为四大类(陈学刚，2005)。

1) 平稳型。自任何初始状态开始，经过一定时间运行后，元胞空间都将趋于一个空间平稳的构形，这里空间平稳即指每一个元胞处于固定状态，不随时间变化而变化。

2) 周期型。经过一定时间运行后，元胞空间趋于一系列简单的固定结构或周期结构。由

于这些结构可看作一种滤波器，故可应用到图像处理中。

3）混沌型。自任何初始状态开始，经过一定时间运行后，元胞自动机都将表现出混沌的非周期行为，通常表现为分形分维特征。

4）复杂型。出现复杂的局部结构，或者说是局部的混沌，其中有些会不断散布。

理论上，元胞自动机可以是任意维数的。那么，按元胞空间的维数分类，元胞自动机通常可以分为如下几类（胡宝清，2006；喻定权等，2008）。

1）一维元胞自动机。元胞按等间隔方式分布在一条向两侧无限延伸的直线上，每个元胞具有有限个状态 $s, s \in S = \{s_1, s_2, \cdots, s_k\}$，定义邻域半径 r，元胞的左右两侧共有 $2r$ 个元胞作为其邻域集合 N，定义在离散时间维上的转换函数 $f: S^{2r+1} \to S$ 可以记为

$$S_i^{t+1} = f(S_{i-r}^t, \cdots, S_{i-1}^t, S_i^t, S_{i+1}^t, \cdots, S_{i+r}^t) \tag{5-50}$$

式中：S_i^t 为第 i 个元胞在 t 时刻的状态。称上述 $A = (S, N, f)$ 三元组（维数 $d = 1$）为一维元胞自动机。

2）二维元胞自动机。元胞分布在二维欧几里得平面上规则划分的网格点上，通常采用正方形细胞组成的栅格网，有时也用由三角形或六边形组成的栅格网，每个栅格网细胞代表一个不能伸缩的、均质的离散性单元，在任何时刻只能处于某一种状态。由于世界上很多现象是二维分布的，还有一些现象可以通过抽象或映射等方法转换到二维空间上，因此多数应用模型都是二维元胞自动机模型。

3）三维元胞自动机。Bays 等通过若干试验性工作，在三维空间上实现了生命游戏，延续和扩展了一维和二维元胞自动机的理论。

4）高维元胞自动机。只是在理论上进行少量的探讨，实际的系统模型较少。

在景观生态安全格局规划中，应用较广泛的是二维元胞自动机模型，模型中的细胞代表模型粒度，即空间分辨率，类似于遥感影像中的像元或地理信息系统中的栅格细胞。简单地说，所谓元胞自动机模型就是由许多这样简单细胞组成的栅格网，其中每个细胞可以具有有限种状态；邻近的细胞按照某些既定规则相互影响，导致局部空间格局的变化；而这些局部变化还可以繁衍、扩展，乃至产生景观水平的复杂空间结构。

5.2.3 空间耗费距离模型

空间耗费距离模型又称为成本距离模型或可达性模型。耗费距离是通过确定物质、能量在不同表面的耗费系数来计算的，所有的耗费距离分析都要输入源和耗费系数，其值的高低表示通过不同表面的难易程度。目前，空间耗费距离模型主要用于政治中心的影响范围划分（Hare，2004）、土地利用优化（Niu et al.，2002）、空间可达性分析（宗跃光等，2009）、道路路径选择（Chen et a1.，2004）等领域。

1. 空间耗费距离概述

距离分析是指根据每一个栅格距其最邻近要素（也称为“源”）的距离进行分析制图，从而反映出每一栅格与其最邻近源的相互关系。距离制图可以获得许多隐藏的空间信息，指导人们进行资源的合理规划和科学利用。在 GIS 空间分析中，距离不再只是单一的代表两点间的直线长度，而是被赋予了更加丰富的内涵。例如，距离函数就是描述两点间距离的一种函数关系。在 ESRI ArcGIS 中，常用的距离制图函数包括直线距离函数、成本距离加权函数和

最短路径函数，距离制图分析中用到的基本概念如下(汤国安和杨昕，2006；宗跃光，2011)。

(1) 源　源是距离分析中的目标或目的地，如居民点、机场等。在空间分析中，用于参与计算的源一般为栅格数据，源所处的栅格被赋予源的相应值，其他栅格没有值。如果表示源的数据是向量数据，则需要先将其转成栅格数据。

(2) 距离函数　距离函数一般包括直线距离函数、成本距离加权函数和最短路径函数。其中，直线距离函数用于量测每一栅格单元到最近源的直线距离，表示每一栅格单元中心到最近源所在栅格单元中心的距离；成本距离加权函数用其他函数因子修正栅格单元到最近源的直线距离，可以计算得到每个栅格单元到距离最近、成本最低源的最小累积耗费成本；最短路径函数是指计算并显示从目标点到源的最短路径或最小成本路径，可以用于城市公共交通线路布局、城市与区域基础设施管网的铺设、最优行进路线选择等相关路径选择和优化问题(图 5-4)。

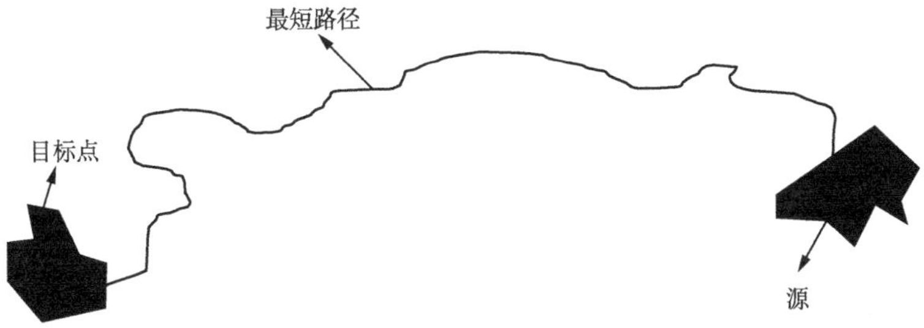

图 5-4　最短路径示意图

(3) 距离方向函数　距离方向函数表示从每一栅格单元出发，沿着最小累积耗费成本路径到达最近源的路线方向。图 5-5 为成本距离加权数据与方向数据的示意图。其中，图 5-5(a)为成本距离加权数据；图 5-5(b)为与图 5-5(a)相对应的方向数据，数字 3、4、5 分别表示不同的方向数值；图 5-5(c)为方向数据示意图。ESRI ArcGIS 将方向分成 8 个部分，分别用整数 1～8 表示。图 5-5(c)中每一个栅格单元被赋予一个方向值(1～8)，表示从当前栅格到最近源的最小成本路径方向。比如栅格值 1 表示指向正东方向，栅格值 4 表示指向西南方向。

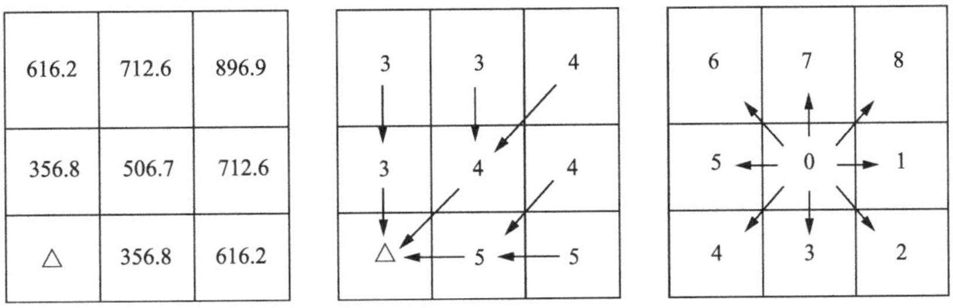

(a) 成本距离加权数据　(b) 方向数据　(c) 方向数据说明

图 5-5　成本距离加权数据与方向数据示意图(宗跃光，2011)

(4) 成本　成本是指实现目标或到达目的地所用的花费，包括时间、物质、能量耗费等。影响成本的因素可以只有一个，也可以有多个。例如，城市公共设施的选址，不仅要考虑区位的适宜性，还要考虑土地利用现状、交通便捷程度等因素。在 ESRI ArcGIS 中，成本用栅格数据表达，栅格值表示通过每一单元的通行成本。

2. 累积耗费距离模型建立

景观的物质循环和景观流是控制景观功能稳定的决定性因素。景观功能的空间作用受自然、经济、社会状况和景观空间格局的影响。在景观尺度上，景观流的运行需要通过克服一定阻力来实现。因此，在分析景观空间差异时，要基于不同景观功能的需要考虑相关驱动与限制因子的空间分布，并结合功能会随着距离衰减的空间规律进行量化。耗费距离模型是对现实的一种抽象表达，可以为定量分析景观功能随着格局变化的空间连续过程提供决策依据。景观中存在的一些能够促进景观过程发展的景观组分称为“生态源地”。为反映生态源地景观运行的空间态势，要在耗费距离模型基础上构建累积耗费距离模型来表达景观类型的空间特点。累积耗费距离模型主要考虑生态源地、距离和地表阻力等因子(宗跃光，2011)。

累积耗费距离模型建立在耗费距离方程的基础上。耗费距离方程基于图论的原理，用“节点 / 链”的方式表示每个单元距最近源的最小累积耗费距离，以识别与所选取的源之间的最小耗费方向和路径。在“节点 / 链”的表达方式中，每个单元的中心被当作一个节点，节点与节点之间通过链来联系。把源所在单元赋值为 1，表示其对运动的阻抗最小。每个链接都具有一定的阻抗，其取决于链接所联系的单元的耗费值及其运动方向(Walker and Craighead，1997)。耗费距离方程为

$$C_i = \sum(D_i \times F_j) \quad (i=1,2,\cdots,n; j=1,2,\cdots,m) \tag{5-51}$$

式中：D_i 为从空间某一个景观单元 i 到源的实地距离；F_j 为景观空间中某一景观单元 j 的阻力值；C_i 为景观单元 i 到源的累积耗费距离值；m 、n 分别为基本景观单元总数。

在应用耗费距离方程时，常采用抽象的网格图解法来分析景观空间格局的性质，采用“节点 / 链”的像元表示法表示某一代价表面(图 5-6)。

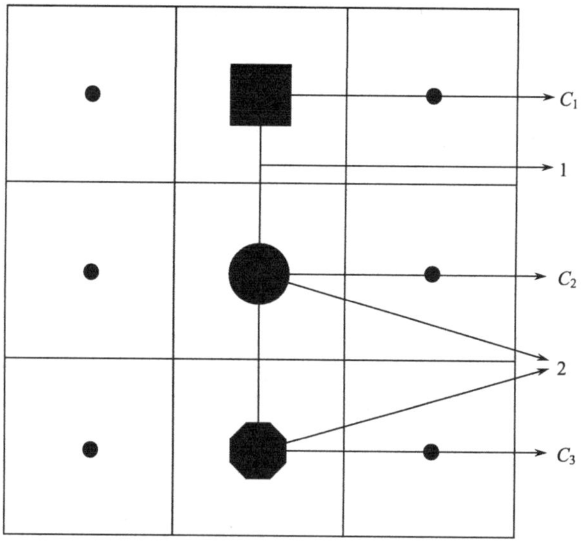

图 5-6　累积耗费距离模型实现示意图(宗跃光，2011)

C_i 为像元 i 的耗费值($i=1,2,3$)；1 为链，其抗阻为$(C_1+C_2)/2$ ；2 为节点

在这种像元表示法中，像元的中心称为节点，每个节点被多条链连接，每条链表示一定大小的阻抗。这种阻抗与该代价表面上各个像元所代表的耗费值和运动方向有关。同样的，将源所在的像元赋值为 1，表示其对运动的阻抗最小。因此，基于“节点 / 链”的像元表示方法，可以计算通过某一代价表面到最近源的累积耗费距离(Walker and Craighead，1997)，方程组为

$$A=\begin{cases}\dfrac{1}{2}\sum\limits_{i=1}^{n}(C_i+C_{i+1}) & \text{(5-52a)}\\ \dfrac{\sqrt{2}}{2}\sum\limits_{i=1}^{n}(C_i+C_{i+1}) & \text{(5-52b)}\end{cases}$$

式中：C_i 为像元 i 的耗费值；C_{i+1} 为沿运动方向上像元 $i+1$ 的耗费值；$i=1,2,\cdots,n$；n 为像元总数；A 为通过某一代价表面到源的累积耗费距离值。当通过某一代价表面沿着像元的垂直方向或者水平方向运动时采用方程组(5-52a)，当通过某一代价表面沿着像元的对角线方向运动时采用方程组(5-52b)。

5.3　智能优化算法

对于简单的函数优化问题，经典算法比较有效且能获得函数的精确最优解，但是对于具有非线性、多极值等特点的复杂函数及组合优化问题而言，经典算法往往无能为力。20 世纪 80 年代以来，一些新颖的优化算法，如人工神经网络、粒子群算法、遗传算法及其混合优化策略等，通过模拟或揭示某些自然现象或过程而得到发展，为解决复杂函数优化问题提供了新的思路和方法。由于这些算法构造的直观性与自然机理，通常被称作智能优化算法。

5.3.1　神经网络算法原理

神经网络是一类模拟人脑神经网络结构及其功能，进行非线性分类和预测的模型，具有自组织、自学习、自适应性、容错能力强等特点，是一种通过训练来学习并具有联想记忆功能的模式识别。景观生态安全格局规划是一个受多因素影响的复杂系统，有时难以用传统方法进行景观要素评价、预测和模拟，从而无法科学地进行景观生态安全格局规划方案编制。然而，神经网络算法能够较好地解决传统方法无法实现的一些空间优化决策问题，成为景观生态安全格局规划空间优化决策的重要方法。

1. BP 神经网络算法原理

(1)BP 算法的多层感知器模型　截至目前，应用最广泛的神经网络是 BP 算法的多层感知器，而在多层感知器中，以单隐层网络的应用最为普遍(图 5-7)。通常将单隐层感知器称为三层感知器，包括输入层、隐层和输出层。

在三层感知器中，输入向量为 $\boldsymbol{X}=(x_1,x_2,\cdots,x_i,\cdots,x_n)^{\mathrm{T}}$，图中 $x_0=-1$ 是为隐层神经元引入阈值而设置的；隐层输出向量为 $\boldsymbol{Y}=(y_1,y_2,\cdots,y_i,\cdots,y_m)^{\mathrm{T}}$，图中 $y_0=-1$ 是为输出层神经元引入阈值而设置的；输出层输出向量为 $\boldsymbol{O}=(o_1,o_2,\cdots,o_k,\cdots,o_l)^{\mathrm{T}}$；期望输出向量为 $\boldsymbol{d}=(d_1,d_2,\cdots,d_k,\cdots,d_l)^{\mathrm{T}}$。输入层到隐层之间的权值矩阵为 $\boldsymbol{V}=(\boldsymbol{V}_1,\boldsymbol{V}_2,\cdots,\boldsymbol{V}_k,\cdots,\boldsymbol{V}_m)^{\mathrm{T}}$，其中

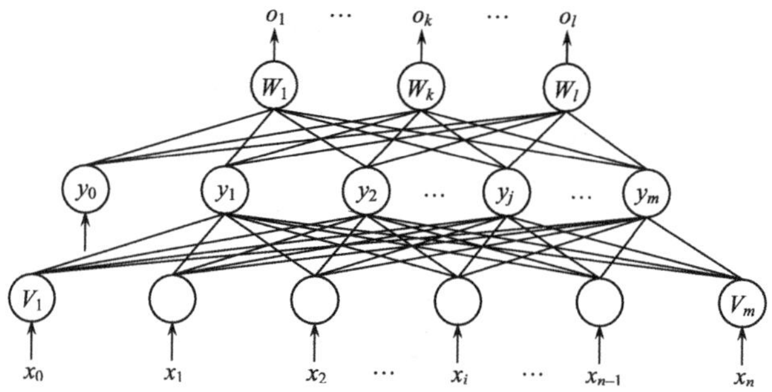

图 5-7　三层 BP 神经网络(韩力群，2006)

列向量 $\boldsymbol{V}_j$ 为隐层第 j 个神经元对应的权向量；隐层到输出层之间的权值矩阵为 $\boldsymbol{W}=(\boldsymbol{W}_1,\boldsymbol{W}_2,\cdots,\boldsymbol{W}_k,\cdots,\boldsymbol{W}_l)$，其中列向量 $\boldsymbol{W}_k$ 为输出层第 k 个神经元对应的权向量。则各层信号之间的数学关系式如下(焦李成，1990；韩力群，2006)。

对于输出层，有

$$o_k=f(\text{net}_k)\quad(k=1,2,\cdots,l)\tag{5-53}$$

$$\text{net}_k=\sum_{j=0}^{m}\omega_{jk}y_j\quad(k=1,2,\cdots,l)\tag{5-54}$$

对于隐层，有

$$y_j=f(\text{net}_j)\quad(j=1,2,\cdots,m)\tag{5-55}$$

$$\text{net}_j=\sum_{i=0}^{n}\upsilon_{ij}x_i\quad(j=1,2,\cdots,m)\tag{5-56}$$

以上两式中，变换函数 $f(x)$ 均为单极性 Sigmoid 函数

$$f(x)=\frac{1}{1+\mathrm{e}^{-x}}\tag{5-57}$$

$f(x)$ 具有连续、可导的特点，且有

$$\frac{\mathrm{d}f(x)}{\mathrm{d}x}=f(x)[1-f(x)]\tag{5-58}$$

式(5-53)～式(5-57)共同构成了三层感知器的数学模型。

(2)*BP 学习算法*　以三层感知器为例介绍 BP 学习算法，然后将所得结论推广到多层感知器。

1)网络误差与权值调整(杨行峻和郑君里，1992；韩力群，2006)。当网络输出与期望输出不相等时，则存在输出误差 E，定义为

$$E=\frac{1}{2}(\boldsymbol{d}-\boldsymbol{O})^2=\frac{1}{2}\sum_{k=1}^{l}(d_k-o_k)^2\tag{5-59}$$

将误差定义式(5-59)展开至隐层，有

$$E=\frac{1}{2}\sum_{k=1}^{l}[d_k-f(\text{net}_k)]^2=\frac{1}{2}\sum_{k=1}^{l}[d_k-f(\sum_{j=0}^{m}\omega_{jk}y_j)]^2\tag{5-60}$$

进一步展开至输入层，有

$$E = \frac{1}{2}\sum_{k=1}^{l}\{d_k - f[\sum_{j=0}^{m}\omega_{jk} f(\text{net}_j)]\}^2 = \frac{1}{2}\sum_{k=1}^{l}\{d_k - f[\sum_{j=0}^{m}\omega_{jk} f(\sum_{i=0}^{n}\upsilon_{ij}x_i)]\}^2 \tag{5-61}$$

由式(5-61)可以看出，网络输入误差是各层权值 ω_{jk}、υ_{ij} 的函数，因此调整权值可改变误差 E 。

显然，调整权值的原则是使误差不断地减小，因此必须使权值的调整量与误差的梯度下降成正比，即

$$\Delta\omega_{jk} = -\eta\frac{\partial E}{\partial\omega_{jk}} \quad (j=0,1,2,\cdots,m; k=1,2,\cdots,l) \tag{5-62a}$$

$$\Delta\upsilon_{ij} = -\eta\frac{\partial E}{\partial\upsilon_{ij}} \quad (i=0,1,2,\cdots,n; j=1,2,\cdots,m) \tag{5-62b}$$

式中：负号为梯度下降，常数 $\eta\in(0,1)$ 为比例系数，在训练中反映了学习速率。可以看出 BP 算法属于 δ 学习规则类，这类算法常称为误差的梯度下降算法。

2) BP 算法推导(杨行峻和郑君里，1992；张立明，1993；韩力群，2006)。式(5-62)仅仅是权值调整思路的数学表达，而不是具体的权值调整计算式。对三层 BP 算法，假定在全部推导过程中，对输出层均有 $j=0,1,2,\cdots,m; k=1,2,\cdots,l;$ 对隐层均有 $i=0,1,2,\cdots,n;$ $j=1,2,\cdots,m$ 。

对于输出层，式(5-62a)可改写成

$$\Delta\omega_{jk} = -\eta\frac{\partial E}{\partial\omega_{jk}} = -\eta\frac{\partial E}{\partial\text{net}_k}\frac{\partial\text{net}_k}{\partial\omega_{jk}} \tag{5-63a}$$

对隐层，式(5-62b)可改写成

$$\Delta\upsilon_{ij} = -\eta\frac{\partial E}{\partial\upsilon_{ij}} = -\eta\frac{\partial E}{\partial\text{net}_j}\frac{\partial\text{net}_j}{\partial\upsilon_{ij}} \tag{5-63b}$$

分别针对输出层和隐层定义一个误差信号，令

$$\delta_k^o = -\frac{\partial E}{\partial\text{net}_k} \tag{5-64a}$$

$$\delta_j^y = -\frac{\partial E}{\partial\text{net}_j} \tag{5-64b}$$

综合应用式(5-54)和式(5-64a)，可将式(5-63a)的权值调整式改写为

$$\Delta\omega_{jk} = \eta\delta_k^o y_j \tag{5-65a}$$

综合应用式(5-56)和式(5-64b)，可将式(5-63b)的权值调整式改写为

$$\Delta\upsilon_{ij} = \eta\delta_j^y x_i \tag{5-65b}$$

由此可见，只要计算出式(5-65)中的误差信号 δ_k^o 和 δ_j^y ，权值调整量的计算推导即可完成。误差信号 δ_k^o 和 δ_j^y 的计算推导如下。

对于输出层，δ_k^o 可展开为

$$\delta_k^o = -\frac{\partial E}{\partial\text{net}_k} = -\frac{\partial E}{\partial o_k}\frac{\partial o_k}{\partial\text{net}_k} = -\frac{\partial E}{\partial o_k}\frac{\text{d}f(\text{net}_k)}{\text{dnet}_k} \tag{5-66a}$$

对于隐层，δ_j^y可展开为

$$\delta_j^y = -\frac{\partial E}{\partial \mathrm{net}_j} = -\frac{\partial E}{\partial y_j}\frac{\partial y_j}{\partial \mathrm{net}_j} = -\frac{\partial E}{\partial y_j}\frac{\mathrm{d}f(\mathrm{net}_j)}{\mathrm{dnet}_j} \tag{5-66b}$$

下面求式(5-66)中网络误差对各层输出的偏导。

对于输出层，利用式(5-59)，可得

$$\frac{\partial E}{\partial o_k} = -(d_k - o_k) \tag{5-67a}$$

对于隐层，利用式(5-60)，可得

$$\frac{\partial E}{\partial y_i} = -\sum_{k=1}^{l}(d_k - o_k)\frac{\mathrm{d}f(\mathrm{net}_k)}{\mathrm{dnet}_k}\omega_{jk} \tag{5-67b}$$

将以上结果代入式(5-66)，并应用式(5-58)，可得

$$\delta_k^o = (d_k - o_k)o_k(1 - o_k) \tag{5-68a}$$

$$\delta_j^y = [\sum_{k=1}^{l}(d_k - o_k)\frac{\mathrm{d}f(\mathrm{net}_k)}{\mathrm{dnet}_k}\omega_{jk}]\frac{\mathrm{d}f(\mathrm{net}_j)}{\mathrm{dnet}_j} = (\sum_{k=1}^{l}\delta_k^o\omega_{jk})y_j(1 - y_j) \tag{5-68b}$$

至此两个误差信号的推导已完成，将式(5-68)代入式(5-65)，得到三层感知器的 BP 学习算法权值调整公式为

$$\begin{cases}\Delta\omega_{jk} = \eta\delta_k^o y_j = \eta(d_k - o_k)o_k(1 - o_k)y_j & (5\text{-}69\text{a})\\ \Delta\upsilon_{ij} = \eta\delta_j^y x_i = \eta(\sum_{k=1}^{l}\delta_k^o\omega_{jk})y_j(1 - y_j)x_i & (5\text{-}69\text{b})\end{cases}$$

对多层感知器而言，假设有 h 个隐层，按前向顺序各隐层节点数分别记为 $m_1, m_2, \cdots, m_h$，各隐层输出分别记为 $y^1, y^2, \cdots, y^h$，各层权值矩阵分别记为 $\boldsymbol{W}^1, \boldsymbol{W}^2, \cdots, \boldsymbol{W}^H, \boldsymbol{W}^{h+1}$，则

输出层权值调整计算公式为

$$\Delta\omega_{jk}^{h+1} = \eta\delta_k^{h+1}y_j^h = \eta(d_k - o_k)o_k(1 - o_k)y_j^h \quad (j = 0,1,2,\cdots,m_h;\ k=1,2,\cdots,l) \tag{5-70a}$$

第 h 隐层权值调整计算公式为

$$\Delta\omega_{ij}^h = \eta\delta_j^h y_j^{h-1} = \eta(\sum_{k=1}^{l}\delta_k^o\omega_{jk}^{h+1})y_j^h(1 - y_j^h)y_i^{h-1} \quad (i = 0,1,2,\cdots,m_{h-1};\ j=1,2,\cdots,m_h) \tag{5-70b}$$

以此类推，则第一隐层权值调整计算公式

$$\Delta\omega_{pq}^1 = \eta\delta_q^1 x_p = \eta(\sum_{r=1}^{m_2}\delta_r^2\omega_{qr}^2)y_q^1(1 - y_q^1)x_p \quad (p = 0,1,2,\cdots,n;\ j=1,2,\cdots,m_1) \tag{5-71}$$

(3) BP 算法的程序实现　标准 BP 算法的计算机程序实现步骤如下(张立明，1993；周继成等，1993；韩力群，2006)。

第 1 步：初始化。对权值矩阵 $\boldsymbol{W}$、$\boldsymbol{V}$ 赋随机数，将样本模式计数器 p 和训练次数计数器 q 置为 1，误差 E 置 0，学习率 η 设为 0～1 的小数，网络训练后达到的精度 $E_{\min}$ 预先设置为一个正的小数。

第 2 步：输入训练样本对，计算各层输出。用当前样本 $\boldsymbol{X}^p$、$\boldsymbol{d}^p$ 对向量数组 $\boldsymbol{X}$、$\boldsymbol{d}$ 赋值，用式(5-55)和式(5-53)计算 $\boldsymbol{Y}$ 和 $\boldsymbol{O}$ 中各分量。

第 3 步：计算网络输出误差。设共有 P 对训练样本，网络对于不同的样本具有不同的误

差 $E^p=\sqrt{\sum_{k=1}^{l}(d_k^p-o_k^p)^2}$，可将全部样本输出误差的平方 $(E^p)^2$ 进行累加再开方，作为总输出误差，也可用诸误差中的最大者 $E_{\max}$ 代表网络的总输出误差，实用中更多采用均方根误差 $E_{\mathrm{RME}}=\sqrt{\frac{1}{P}\sum_{p=1}^{P}(E^p)^2}$ 作为网络的总误差。

第 4 步：计算各层误差信号。应用式(5-68a)和式(5-68b)计算 δ_k^o 和 δ_j^y。

第 5 步：调整各层权值，应用式(5-69a)和式(5-69b)计算 $\boldsymbol{W}$、$\boldsymbol{V}$ 中各分量。

第 6 步：检查是否对所有样本完成一次轮训。若 $p<P$，计数器 p、q 增 1，返回第 2 步，否则转第 7 步。

第7步：检查网络总误差是否达到精度要求。当用 E_{RME} 作为网络的总误差时，若满足 $E_{\mathrm{RME}}<E_{\min}$，则训练结束，否则 E 置 0，p 置 1，返回第 2 步。

2. RBF 神经网络算法原理

(1) 正则化 RBF 网络模型　　假设 $F(\boldsymbol{X})$ 表示逼近函数，y 表示函数的输出(一维的)，$\boldsymbol{X}^p(p=1,2,\cdots,P)$ 表示函数逼近的输入数据，$d^p(p=1,2,\cdots,P)$ 表示函数逼近的期望输出数据。则传统的寻找逼近函数的方法即通过最小化目标函数(标准误差项)实现的计算公式为

$$E_s(\boldsymbol{F})=\frac{1}{2}\sum_{p=1}^{P}(d^p-y^p)^2=\frac{1}{2}\sum_{p=1}^{P}[d^p-F(\boldsymbol{X}^p)]^2 \tag{5-72}$$

式(5-72)表示期望输出与实际输出之间的距离。所谓正则化方法是指在标准误差项基础上增加一个控制逼近函数光滑程度的项，称为正则化项，即

$$E_c(\boldsymbol{F})=\frac{1}{2}\|\boldsymbol{DF}\|^2 \tag{5-73}$$

式中：$\boldsymbol{D}$ 为线性微分算子，表示对 $F(\boldsymbol{X})$ 的先验知识，从而使 $\boldsymbol{D}$ 的选取与所解问题相关。

正则化理论要求最小化的量为

$$E(\boldsymbol{F})=E_s(\boldsymbol{F})+\lambda E_c(\boldsymbol{F})=\frac{1}{2}\sum_{p=1}^{P}[d^p-F(\boldsymbol{X}^p)]^2+\frac{1}{2}\lambda\|\boldsymbol{DF}\|^2 \tag{5-74}$$

式中：第一项取决于所给样本数据，第二项取决于先验信息；λ 为正的实数，称为正则化参数，其值控制着正则化项的相对重要性，从而也控制着函数 $F(\boldsymbol{X})$ 的光滑程度。

使式(5-74)最小的解函数用 $F_\lambda(\boldsymbol{X})$ 表示。当 $\lambda\to 0$ 时，表示该问题不受约束，问题解 $F_\lambda(\boldsymbol{X})$ 完全取决于所给样本；当 $\lambda\to\infty$ 时，表明样本完全不可信，仅由算子 $\boldsymbol{D}$ 所定义的先验光滑条件就足以得到 $F_\lambda(\boldsymbol{X})$。当 λ 在介于上述两个极限之间时，样本数据和先验信息都对 $F_\lambda(\boldsymbol{X})$ 有所贡献。因此，正则化项表示一个对模型复杂性的惩罚函数，曲率过大(光滑程度低)的 $F_\lambda(\boldsymbol{X})$ 通常有着较大的 $\|\boldsymbol{DF}\|$ 值，从而将受到较大的惩罚。

正则化问题的解为

$$F(\boldsymbol{X})=\sum_{p=1}^{P}\omega_p G(\boldsymbol{X},\boldsymbol{X}^p) \tag{5-75}$$

式中：$G(\boldsymbol{X},\boldsymbol{X}^p)$ 为 Green 函数；$\boldsymbol{X}$ 为函数的自变量；$\boldsymbol{X}^p$ 为函数的参数，对应于训练样本数据；ω_p 为权系数，相应的权向量为 $\boldsymbol{W}=(\boldsymbol{G}+\lambda\boldsymbol{I})^{-1}\boldsymbol{d}$，其中 $\boldsymbol{I}$ 为 $P\times P$ 阶的单位矩阵，矩阵 $\boldsymbol{G}$

称为 Green 矩阵。

如果 $\boldsymbol{D}$ 具有平移不变性和旋转不变性，则 Green 函数取决于 $\boldsymbol{X}$ 与 $\boldsymbol{X}^p$ 之间的距离 $G(\boldsymbol{X},\boldsymbol{X})^p = G(\|\boldsymbol{X}-\boldsymbol{X}^p\|)$。显然，Green 函数是一个中心对称的径向基函数。此时，式(5-75)可以表示为

$$F(\boldsymbol{X})=\sum_{p=1}^{P}\omega_p G(\|\boldsymbol{X}-\boldsymbol{X}^p\|) \tag{5-76}$$

基于上述正则化理论(王永骥和涂健，1998；阎平凡和张长水，2000；韩力群，2006；施彦等，2009)的 RBF 网络称为正则化网络。图 5-8 所示为 $N-P-l$ 结构的 RBF 网，即网络具有 N 个输入节点，P 个隐节点，l 个输出节点。其中，P 为训练样本集的样本数量，即隐层节点数等于训练样本数。输入层的任一节点用 i 表示，隐层的任一节点用 j 表示，输出层的任一节点用 k 表示。对各层的数学描述如下：$\boldsymbol{X}=(x_1,x_2,\cdots,x_N)^{\mathrm{T}}$ 为网络输入向量；$\varphi_j(\boldsymbol{X})(j=1,2,\cdots,P)$ 为任一隐节点的"基函数"，通常选用 Green 函数；$\boldsymbol{W}$ 为输出权矩阵，其中 $\omega_{jk}(j=1,2,\cdots,P;\ k=1,2,\cdots,l)$ 为隐层第 j 个节点与输出层第 k 个节点间的突触权值；$\boldsymbol{Y}=(y_1,y_2,\cdots,y_l)^{\mathrm{T}}$ 为网络输出；图中输出层节点中的 $\sum$ 表示输出层神经元采用线性激活函数。

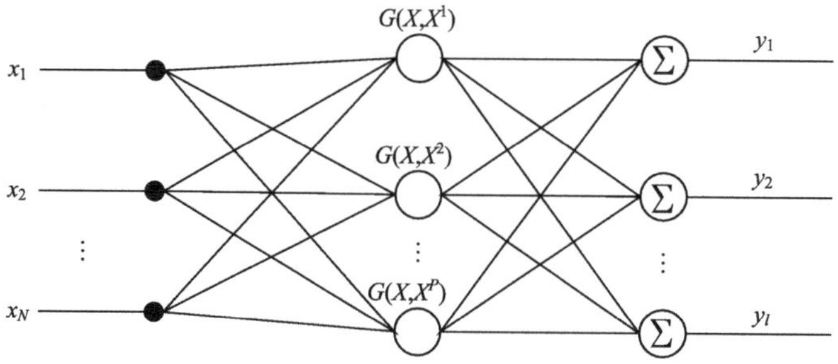

图 5-8 正则化 RBF 网络(施彦等，2009)

(2) 广义 RBF 网络模型　由于正则化网络的训练样本与"基函数"呈一一对应关系。当样本数 P 很大时，实现网络的计算量将非常大，同时权值矩阵也很大，求解网络权值时易产生病态问题。为此，可减少隐节点个数，即 $N<M<P$ (N 为样本维数、P 为样本个数)，从而得到广义 RBF 网络，其基本思想是：用径向基函数作为隐单元的"基"，构成隐含层空间。隐含层对输入向量进行变换，将低维空间的模式变换到高维空间内，使得在低维空间内的线性不可分问题在高维空间内线性可分(韩力群，2006；施彦等，2009)。

图 5-9 所示为 $N-M-l$ 结构的 RBF 网，即网络具有 N 个输入节点，M 个隐节点，l 个输出节点，且 $M<P$。$\boldsymbol{X}=(x_1,x_2,\cdots,x_N)^{\mathrm{T}}$ 为网络输入向量；$\varphi_j(\boldsymbol{X})(j=1,2,\cdots,M)$，为任一隐节点的激活函数，称为"基函数"，一般选用 Green 函数；$\boldsymbol{W}$ 为输出权矩阵，其中 $\omega_{jk}(j=1,2,\cdots,M;\ k=1,2,\cdots,l)$ 为隐层第 j 个节点与输出层第 k 个节点间的突触权值；$\boldsymbol{T}=(T_1,T_2,\cdots,T_l)^{\mathrm{T}}$ 为输出层阈值向量；$\boldsymbol{Y}=(y_1,y_2,\cdots,y_l)^{\mathrm{T}}$ 为网络输出；输出层神经元采用线性激活函数。

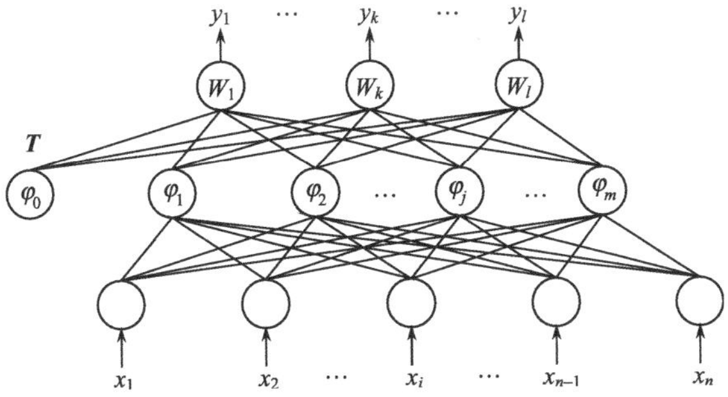

图 5-9　广义 RBF 网络(韩力群，2006)

与正则化 RBF 网络相比，广义 RBF 网络有以下几点不同的特性(韩力群，2006；施彦等，2009)。

1)径向基函数的个数 M 与样本的个数 P 不相等，且 M 通常远小于 P 。

2)径向基函数的中心不再限制在数据点上，而是由训练算法确定。

3)各径向基函数的扩展常数不再统一，其值由训练算法确定。

4)输出函数的线性中包含阈值参数，用于补偿基函数在样本集上的平均值与目标值的平均值之间的差别。

(3)RBF 网络常用学习算法　RBF 网络的学习算法应该解决的问题包括如何确定网络隐节点数、如何确定各径向基函数的数据中心及扩展常数，以及如何修正输出权值。数据中心聚类算法是一种常用的 RBF 网络学习算法，该算法由两个阶段组成。其中，第一阶段为无监督的自组织学习阶段，其任务是用自组织聚类方法为隐层节点的径向基函数确定合适的数据中心，并根据各中心之间的距离确定隐节点的扩展常数，常采用 K-means 聚类算法；第二阶段的任务是用有监督学习算法训练输出层权值，常采用梯度法进行训练。

在聚类确定数据中心位置之前，一般通过试验，先估计中心个数 M ，再确定隐节点数。由于聚类得到的数据中心不是样本数据 $\boldsymbol{X}^p$ 本身，因此用 $c(k)$ 表示第 k 次迭代时的中心。应用 K-means 聚类算法确定数据中心的过程如下(韩力群，2006；施彦等，2009；巩敦卫和孙晓燕，2010)。

第 1 步：初始化。选择 M 个互不相同的向量作为初始聚类中心——$\boldsymbol{c}_1(0),\boldsymbol{c}_2(0),\cdots,\boldsymbol{c}_M(0)$ 。

第 2 步：计算输入空间各样本点与聚类中心点的欧氏距离 $\|\boldsymbol{X}^p - c_j(k)\|$ $(p=1,2,\cdots,P;$ $j=1,2,\cdots,M)$ 。

第 3 步：相似匹配。令 j^* 表示竞争获胜隐节点的下标，对每一个输入样本 $\boldsymbol{X}^p$ 根据其与聚类中心的最小欧氏距离确定其归类 $j^*(\boldsymbol{X}^p)$，即当 $j^*(\boldsymbol{X}^p)=\min\limits_{j}\|\boldsymbol{X}^p-\boldsymbol{c}_j(k)\|$ $(p=1,2,\cdots,P)$ 时，$\boldsymbol{X}^p$ 被归为第 j^* 类，从而将全部样本划分为 M 个子集 $\boldsymbol{U}_1(k),\boldsymbol{U}_2(k),\cdots,\boldsymbol{U}_M(k)$，每个子集构成一个以聚类中心为典型代表的聚类域。

第 4 步：更新各类的聚类中心。可采用两种调整方法，一种方法是对各聚类域中的样本取均值，令 $\boldsymbol{U}_j(k)$ 表示第 j 个聚类域，N_j 为第 j 个聚类域中的样本数，则

$$\boldsymbol{c}_j(k+1)=\frac{1}{N_l}\sum_{\boldsymbol{X}\in\boldsymbol{U}_j(k)}\boldsymbol{X} \tag{5-77}$$

另一种方法是采用竞争学习规则进行调整，即

$$c_j(k+1)=\begin{cases}c_j(k)+\eta[\boldsymbol{X}^p-c_j(k)] & (j=j^*)\\ c_j(k) & (j\neq j^*)\end{cases} \tag{5-78}$$

式中：η 为学习率，且$0<\eta<1$。

第 5 步：将k值加 1，转到第 2 步。重复上述过程直到$\boldsymbol{c}_k$的改变量小于要求的值。

各聚类中心确定后，可根据各中心之间的距离确定对应径向基函数的扩展常数。令$\boldsymbol{d}_j=\min\limits_i\|\boldsymbol{c}_j-\boldsymbol{c}_i\|$，则扩展常数取值为

$$\boldsymbol{\delta}_j=\lambda\boldsymbol{d}_j \tag{5-79}$$

式中：λ 为重叠系数。

利用 K-means 聚类算法得到各径向基函数的中心和扩展常数后，接下来就是用有监督学习算法得到输出层的权值，比较简捷的方法是用伪逆法直接计算。设输入为$\boldsymbol{X}^p$时，第j个隐节点的输出为$\varphi_{pj}=\varphi(\|\boldsymbol{X}^p-\boldsymbol{c}_j\|)(p=1,2,\cdots,P;j=1,2,\cdots,M)$，则隐层输出矩阵为$\hat{\boldsymbol{\Phi}}=(\varphi_{pj})_{P\times M}$。若 RBF 网络的待定输出权值为$\boldsymbol{W}=(\omega_1,\omega_2,\cdots,\omega_M)$，则网络输出向量为$F(\boldsymbol{X})=\hat{\boldsymbol{\Phi}}\boldsymbol{W}$。令网络输出向量等于教师信号$d$，则$\boldsymbol{W}$可用$\hat{\boldsymbol{\Phi}}$的伪逆$\hat{\boldsymbol{\Phi}}^+$求出

$$\boldsymbol{W}=\hat{\boldsymbol{\Phi}}^+\boldsymbol{d} \tag{5-80}$$

$$\hat{\boldsymbol{\Phi}}^+=(\hat{\boldsymbol{\Phi}}^{\mathrm{T}}\hat{\boldsymbol{\Phi}})^{-1}\hat{\boldsymbol{\Phi}}^{\mathrm{T}} \tag{5-81}$$

5.3.2 粒子群算法原理

粒子群算法，也称为粒子群优化算法或鸟群觅食算法，是通过模拟鸟群的捕食行为得到的一种进化算法。粒子群算法从随机解出发，通过迭代寻找最优解，并通过适应度来评价解的好坏，通过追随当前搜索到的最优值来寻找全局最优。粒子群算法以其实现容易、精度高、收敛快等优点在约束优化、多目标优化和组合优化中得到了广泛应用，成为景观生态安全格局空间布局优化的重要决策方法。

1. 基本粒子群算法

(1) 基本粒子群算法的原理　设想一群鸟在某个区域随机搜寻食物，假设这个区域只有一处食物源，而所有的鸟都不知道食物的具体位置，但每只鸟知道自己当前位置离食物源的距离，也知道离食物源最近的那一只鸟。在这样的情况下，鸟群找到食物的最简单有效的方法就是搜寻目前离食物源最近的那只鸟的周围区域。PSO 算法就是从这种鸟群觅食策略中得到启示，并用于解决优化问题。在 PSO 算法中，每个优化问题的潜在解都类似搜索空间中的一只鸟，称其为“粒子”。粒子们追随当前群体中的最优粒子，在解空间中不断进行搜索以寻找最优解。PSO 算法首先初始化一群随机粒子(随机解集)，通过不断迭代，且在每一次迭代中，粒子通过跟踪个体极值 pb (pbest) 和全局极值 gb (gbest) 两个极值来更新自己，最终找到最优解。

(2) 基本粒子群算法过程　设有N个粒子，每个粒子定义为D维空间中的一个点，第i个粒子p_i在D维空间中的位置记为$X_i=(x_{i1},x_{i2},\cdots,x_{iD})$ $(i=1,2,\cdots,N)$，粒子p_i的飞翔速度记为V_i，$V_i=(\upsilon_{i1},\upsilon_{i2},\cdots,\upsilon_{iD})$ $(i=1,2,\cdots,N)$。粒子p_i经过第k次迭代后，搜索到的最好位置称为粒子p_i的个体极值，表示为$\mathrm{pb}_i^k=(\mathrm{pb}_{i1}^k,\mathrm{pb}_{i2}^k,\cdots,\mathrm{pb}_{iD}^k)$。在整个粒子群中，某粒子是经过第$k$

次迭代后所有粒子搜索到的最好位置，称为全局极值，表示为 $\mathrm{gb}^k=(\mathrm{gb}_1^k,\mathrm{gb}_2^k,\cdots,\mathrm{gb}_D^k)$。在 PSO 算法进行迭代中，第 i 个粒子 p_i 的速度和位置更新公式为

$$\upsilon_{id}^{k+1}=\upsilon_{id}^k+c_1r_1(\mathrm{pb}_{id}^k-x_{id}^k)+c_2r_2(\mathrm{pb}_d^k-x_{id}^k) \tag{5-82}$$

$$x_{id}^{k+1}=x_{id}^k+\upsilon_{id}^{k+1} \tag{5-83}$$

式中：$i=1,2,\cdots,N$ 为粒子群体中第 i 个粒子 p_i 的序号；$k=1,2,\cdots,m$ 为 PSO 算法的第 k 次迭代；$d=1,2,\cdots,D$ 为解空间的第 d 维；υ_{id}^k 为第 k 次迭代后粒子 p_i 速度的第 d 维分量值；x_{id}^k 为第 k 次迭代后粒子 p_i 在 D 维空间中位置的第 d 维分量值；pb_{id}^k 为第 k 次迭代后，粒子 p_i 历史上最好位置的第 d 维分量值；gb_d^k 为第 k 次迭代后，全体粒子历史上处于最好位置的粒子的第 d 维分量值；r_1、r_2 为介于[0，1]的随机数；c_1、c_2 为学习因子，是非负常数，分别调节向 PB_i^k 和 GB^k 方向飞行的步长，学习因子使粒子具备自我总结和向群体中优秀粒子学习的能力，恰当的学习因子可以加快算法收敛且不易陷入局部最优；$x_{id}\in[-x_{\max d},x_{\max d}]$ 为根据实际问题将解空间限制在一定的范围；$\upsilon_{id}\in[-\upsilon_{\max d},\upsilon_{\max d}]$ 为根据实际问题将粒子飞行速度限定在一定范围，其中，$\upsilon_{\max d}=\rho x_{\max d}$。

基本粒子群算法的流程如下(段晓东等，2007；李丽和牛奔，2009；李人厚和王拓，2013)。

第 1 步：初始化种群(共 N 个粒子)，给每个粒子随机赋予初始位置和初始速度，从初始位置开始，不断迭代寻找到全体粒子中最好的位置，并将 i 初始化为 1、将 k 初始化为 0。

第 2 步：计算粒子 p_i 的适应度。

第 3 步：当粒子 p_i 在第 $k(k\geqslant1)$ 次迭代时发现一个好于之前所经历的最好位置时，则将该位置记入 PB_i^k，如果这个位置也是群体中迄今为止搜索到的最优位置，则将此位置记入 GB^k。

第 4 步：将 PB_i^k 与粒子 p_i 当前位置向量之差随机加入下一代速度向量中，同时将 GB^k 与粒子 p_i 当前位置向量之差随机加入下一代速度向量中，并根据式(5-82)和式(5-83)更新粒子 p_i 的速度和位置。

第 5 步：如果粒子群中还有粒子的速度和位置没有更新，则置 $i=i+1$，转第 2 步，否则转第 6 步。

第 6 步：检查结束条件，如果算法达到设定的迭代次数或满足寻优误差，则算法结束，否则置 $i=1$，$k=k+1$，返回第 2 步继续进行搜索。

(3) 带惯性权重的粒子群算法　用式(5-82)迭代计算 υ_{id}^{k+1} 时，如果仅考虑粒子先前的速度 υ_{id}^k，即 $\upsilon_{id}^{k+1}=\upsilon_{id}^k(d=1,2,\cdots,D)$，则粒子将以当前速度飞行，直至达到解空间边界，从而很难找到最优解。如果仅考虑反映粒子自身到目前为止最好位置信息和整个粒子群迄今为止最好位置信息对 υ_{id}^{k+1} 的影响，即 $\upsilon_{id}^{k+1}=c_1r_1(\mathrm{pb}_{id}^k-x_{id}^k)+c_2r_2(\mathrm{gb}_d^k-x_{id}^k)$，那么当粒子自身到达目前为止最好位置，且是整个粒子群迄今为止最好位置时，粒子将不再飞行，直到粒子群出现一个新的最好位置代替此粒子，粒子又开始飞行。于是，每个粒子始终都将向它自身最好位置和群体最好位置方向飞去。此时，粒子群算法搜索空间随着进化而收缩。在此情况下，PSO 算法更多地显示其局部搜索能力。为优化基本 PSO 算法搜索性能，在速度进化方程中引入惯性权重系数 ω，从而平衡全局搜索和局部搜索作用，即(段晓东等，2007；李人厚和王拓，2013)

$$\upsilon_{id}^{k+1}=\omega\upsilon_{id}^k+c_1r_1(\mathrm{gb}_{id}^k-x_{id}^k)+c_2r_2(\mathrm{gb}_d^k-x_{id}^k) \tag{5-84}$$

式中：ω 为惯性权重系数。称式(5-83)与式(5-84)构成的方程组为标准 PSO 算法，也称为带

惯性权重的 PSO 算法。基本 PSO 算法是标准 PSO 算法中惯性权重系数 ω=1 的特殊情况。惯性权重系数 ω 的不同取值使粒子保持不同运动惯性。如果 ω 较大，则速度 υ_{id}^k 的影响也较大，能够快速搜索到以前未达到的区域，整个算法的全局搜索能力加强；若 ω 较小，则速度 υ_{id}^k 的影响也较小，主要在当前解附近搜索，局部搜索能力加强。显然，理想情况是算法开始阶段应设定较大的 ω 取值，能够使 PSO 算法在开始时探索较大区域，较快地定位最优解的大致位置，随后逐渐减小 ω 取值，使粒子速度减慢，以便精细地进行局部搜索。可见，对 ω 进行合适的动态设定，可以加快 PSO 算法收敛速度，提高 PSO 算法性能，常用的自适应改变惯性权重系数为

$$\omega=\omega_{\max}-\frac{k}{k_{\max}}(\omega_{\max}-\omega_{\min}) \tag{5-85}$$

式中：$\omega_{\max}$ 为最大惯性权重；$\omega_{\min}$ 为最小惯性权重；k 为当前迭代次数；$k_{\max}$ 为设定的最大迭代次数。这样设定，意味着将惯性权重看作迭代次数的函数，使 ω 线性度减小。但是，线性递减惯性权值 ω 并非万能的，它只对某些问题有效。

(4) 带收缩因子的粒子群算法　研究证实，采用收缩因子的方法可以保证 PSO 算法收敛(Clerc and Kennedy，2002)。收缩因子 ξ 是关于参数 c_1 和 c_2 的函数，计算公式为

$$\xi=\frac{2}{|2-\varphi-\sqrt{\varphi^2-4\varphi}|}\quad(\varphi=c_1+c_2,\varphi>4) \tag{5-86}$$

因此，带收缩因子的 PSO 算法的速度迭代公式为

$$\upsilon_{id}^{k+1}=\xi[\upsilon_{id}^k+c_1r_1(\mathrm{pb}_{id}^k-x_{id}^k)+c_2r_2(\mathrm{pb}_{id}^k-x_{id}^k)] \tag{5-87}$$

式(5-86)中，φ 通常取值为 4.1，从而使收缩因子 ξ 大致等于 0.729。由式(5-87)可知，收缩因子 ξ 主要用来控制与约束粒子的飞行速度，同时增强算法的局部搜索能力。

2. 粒子群算法的分析

(1) 标准 PSO 算法分析　标准 PSO 算法进化方程中，虽然 x_{id} 和 υ_{id} 是 D 维变量，但各维之间相互独立。因此，标准 PSO 算法的分析可以简化到一维进行。把式(5-83)和式(5-84)简化为一维后，就可以得到(高尚和杨静宇，2006；段晓东等，2007；李人厚和王拓，2013)

$$x_i^{k+1}=x_i^k+\upsilon_i^{k+1} \tag{5-88}$$

$$\upsilon_i^{k+1}=\omega\upsilon_i^k+c_1r_1(\mathrm{PB}_i^k-x_i^k)+c_2r_2(\mathrm{GB}^k-x_i^k) \tag{5-89}$$

令 $\varphi_1=c_1r_1$、$\varphi_2=c_2r_2$、$\varphi=\varphi_1+\varphi_2$，代入式(5-88)和式(5-89)整理得

$$\upsilon_i^{k+1}=\omega\upsilon_i^k+\varphi x_i^k+\varphi_1\mathrm{PB}_i^k+\varphi_2\mathrm{GB}^k \tag{5-90}$$

$$x_i^{k+1}=\omega\upsilon_i^k+(1-\varphi)x_i^k+\varphi_1\mathrm{PB}_i^k+\varphi_2\mathrm{GB}^k \tag{5-91}$$

对式(5-90)和式(5-91)进一步整理可得

$$\begin{pmatrix}\upsilon_i^{k+1}\\ x_i^{k+1}\end{pmatrix}=\begin{pmatrix}\omega & -\varphi\\ \omega & (1-\varphi)\end{pmatrix}\begin{pmatrix}\upsilon_i^k\\ x_i^k\end{pmatrix}+\begin{pmatrix}1 & 0\\ 0 & 1\end{pmatrix}\begin{pmatrix}\varphi_1\mathrm{PB}_i^k+\varphi_2\mathrm{GB}^k\\ \varphi_1\mathrm{PB}_i^k+\varphi_2\mathrm{GB}^k\end{pmatrix} \tag{5-92}$$

令 $G=\begin{pmatrix}\omega & -\varphi\\ \omega & (1-\varphi)\end{pmatrix}$，$B=\begin{pmatrix}1 & 0\\ 0 & 1\end{pmatrix}$，则

$$\begin{pmatrix} \upsilon_i^{k+1} \\ x_i^{k+1} \end{pmatrix} = G\begin{pmatrix} \upsilon_i^k \\ x_i^k \end{pmatrix} + B\begin{pmatrix} \varphi_1 \mathrm{PB}_i^k + \varphi_2 \mathrm{GB}^k \\ \varphi_1 \mathrm{PB}_i^k + \varphi_2 \mathrm{GB}^k \end{pmatrix} \tag{5-93}$$

式(5-93)为标准的离散时间线性系统方程。因此，标准 PSO 算法可表述为线性时间离散系统。依据线性离散时间系统稳定判据，粒子的状态取决于矩阵 G 的特征值，即当 $k \to \infty$、υ_i^k 和 x_i^k 趋于某一定值时，系统稳定的充分必要条件是 G 的全部特征值 λ_1、λ_2 的幅值均小于 1。

对标准 PSO 算法的收敛性而言，G 的特征值为等式 $\lambda^2-(\omega+1-\varphi)\lambda+\omega=0$ 的解，其解为

$$\lambda_{1,2} = \frac{(\omega+1-\varphi) \pm \sqrt{(\omega+1-\varphi)^2-4\omega}}{2} \tag{5-94}$$

下面，分三种情况对标准 PSO 算法的收敛性进行分析。

1) 当 $(\omega+1-\varphi)^2 \geqslant 4\omega$ 时，λ_1、λ_2 为实数，且 $\lambda_{1,2}=\dfrac{\omega+1-\varphi \pm \sqrt{(\omega+1-\varphi)^2-4\omega}}{2}$，此时：

$$x_i^k = A_0 + A_1\lambda_1^k + A_2\lambda_2^k \tag{5-95}$$

式中：

$A_0 = \dfrac{c_1\mathrm{PB}_i^k + c_2\mathrm{GB}^k}{c_1+c_2}$； $A_1 = \dfrac{\lambda_2(x_i^0 - A_0) - [(1-\varphi)x_i^0 + \omega\upsilon_i^0 + \varphi_1\mathrm{PB}_i^k + \varphi_2\mathrm{GB}^k - A_0]}{\lambda_2 - \lambda_1}$；

$A_2 = \dfrac{[(1-\varphi)x_i^0 + \omega\upsilon_i^0 + \varphi_1\mathrm{PB}_i^k + \varphi_2\mathrm{GB}^k - A_0] - \lambda_1(x_i^0 - A_0)}{\lambda_2 - \lambda}$。

2) 当 $(\omega+1-\varphi)^2 < 4\omega$ 时，λ_1、λ_2 为复数，且 $\lambda_{1,2}=\dfrac{\omega+1-\varphi \pm i\sqrt{4\omega-(\omega+1-\varphi)^2}}{2}$，此时：

$$x_i^k = A_0 + A_1\lambda_1^k + A_2\lambda_2^k \tag{5-96}$$

式中：

$A_0 = \dfrac{c_1\mathrm{PB}_i^k + c_2\mathrm{GB}^k}{c_1+c_2}$； $A_1 = \dfrac{\lambda_2(x_i^0 - A_0) - [(1-\varphi)x_i^0 + \omega\upsilon_i^0 + \varphi_1\mathrm{PB}_i^k + \varphi_2\mathrm{GB}^k - A_0]}{\lambda_2 - \lambda_1}$；

$A_2 = \dfrac{[(1-\varphi)x_i^0 + \omega\upsilon_i^0 + \varphi_1\mathrm{PB}_i^k + \varphi_2\mathrm{GB}^k - A_0] - \lambda_1(x_i^0 - A_0)}{\lambda_2 - \lambda}$。

3) 当 $(\omega+1-\varphi)^2 = 4\omega$ 时，且 $\lambda=\lambda_1=\lambda_2=\dfrac{\omega+1-\varphi}{2}$，此时：

$$x_i^k = (A_0 + A_1 k)\lambda^k \tag{5-97}$$

式中：$A_0 = x_i^0$；$A_1 = \dfrac{(1-\varphi)x_i^0 + \omega\upsilon_i^0 + \varphi_1\mathrm{PB}_i^k + \varphi_2\mathrm{GB}^k}{\lambda} - x_i^0$。

当 $k \to \infty$ 时，x_i^k 有极限，即趋于有限值，表示 PSO 算法收敛。因此，上述三种情况对应的式(5-95)～式(5-97)收敛的条件是 λ_1、λ_2 的幅值均小于 1。

(2) PSO 算法在二维空间的收敛分析　在二维空间域中，将 PSO 算法的第 i 个粒子 p_i 第 $k+1$ 步迭代的状态向量表示为 $[x_{i2}^{k+1}, \upsilon_{i2}^{k+1}]^{\mathrm{T}}$，并把这个状态向量在二维上分别分解。其中，粒子 p_i 位置分解为 x_i^{k+1}（x 方向位移）与 y_i^{k+1}（y 方向位移）；速度分解为 u_i^{k+1}（x 方向速度）和 υ_i^{k+1}（y 方向速度）。因此，PSO 算法在二维空间域中第 i 个粒子 p_i 的第 $k+1$ 步迭代的状态向量可写为 $[x_i^{k+1}, y_i^{k+1}, u_i^{k+1}, \upsilon_i^{k+1}]^{\mathrm{T}}$。带惯性权重的标准 PSO 算法的各方向的方程为

$$\begin{cases} x_i^{k+1}=x_i^k+u_i^{k+1} \\ y_i^{k+1}=y_i^k+\upsilon_i^{k+1} \\ u_i^{k+1}=\xi u_i^k+c_1r_1(\mathrm{px}_i^k-x_i^k)+c_2r_2(\mathrm{gx}^k-x_i^k) \\ \upsilon_i^{k+1}=\zeta\upsilon_i^k+d_1r_3(\mathrm{py}_i^k-y_i^k)+d_2r_4(\mathrm{gy}^k-y_i^k) \end{cases} \tag{5-98}$$

式中：ξ,ζ 为标准 PSO 算法中的权重系数；c_1,c_2,d_1,d_2 为加速常数；r_1,r_2,r_3,r_4 为随机数；px_i^k 为 x 方向的粒子 p_i 最优值；gx^k 为 x 方向全局最优值；py_i^k 为 y 方向的粒子 p_i 最优值；gy^k 为 y 方向的全局最优值。

为便于分析 PSO 算法在二维域内的收敛性，假定随机参数 r_1,r_2,r_3,r_4 取值为 $r_1=r_2=r_3=r_4=0.5$，并令 $c=(c_1+c_2)/2$，$d=(d_1+d_2)/2$，$\mathrm{px}=[c_1/(c_1+c_2)]\mathrm{px}_i^k+[c_2/(c_1+c_2)]\mathrm{gx}^k$，$\mathrm{py}=[d_1/(d_1+d_2)]\mathrm{py}_i^k+[d_2/(d_1+d_2)]\mathrm{gy}^k$，则方程组(5-98)可简化为

$$\begin{cases} x_i^{k+1}=x_i^k+u_i^{k+1} \\ y_i^{k+1}=y_i^k+\upsilon_i^{k+1} \\ u_i^{k+1}=\xi u_i^k+c(\mathrm{px}-x_i^k) \\ \upsilon_i^{k+1}=\zeta\upsilon_i^k+d(\mathrm{py}-y_i^k) \end{cases} \tag{5-99}$$

方程组(5-99)的矩阵形式为

$$\begin{pmatrix} x_i^{k+1} \\ y_i^{k+1} \\ u_i^{k+1} \\ \upsilon_i^{k+1} \end{pmatrix}=\boldsymbol{A}\begin{pmatrix} x_i^k \\ y_i^k \\ u_i^k \\ \upsilon_i^k \end{pmatrix}+\boldsymbol{B}\begin{pmatrix} 0 \\ \boldsymbol{p} \end{pmatrix} \tag{5-100}$$

式中：$\boldsymbol{A}=\begin{pmatrix} 1-c & 0 & \xi & 0 \\ 0 & 1-d & 0 & \zeta \\ -c & 0 & \xi & 0 \\ 0 & -d & 0 & \zeta \end{pmatrix}$。

由动态系统理论可知，粒子的时间行为依赖于动态矩阵 $\boldsymbol{A}$ 的特征值，对于给定的均衡点而言，粒子群算法收敛即最终使均衡点稳定的必要充分条件是矩阵 $\boldsymbol{A}$ 的 4 个特征值小于 1。而且，矩阵 $\boldsymbol{A}$ 的特征值 λ_1，λ_2，λ_3，λ_4（实数或者复数）是方程 $[\lambda^2-(\xi-c+1)\lambda+\xi][\lambda^2-(\zeta-d+1)\lambda+\zeta]=0$ 的解。对该方程的根进行分析可以得到：当 $\xi<1$，$c>0$，$2\xi-c+2>0$ 或 $\xi<1$，$d>0$，$2\zeta-d+2>0$ 时，对给定的任何初始位置和速度，只要算法的参数在这个区域内选定，粒子都会最终收敛于由式子所决定的均衡点。同理，可以采用类似的思想方法，分析 PSO 算法在多维空间域内的收敛性(李人厚和王拓，2013)。

5.3.3　遗传算法原理

遗传算法是基于达尔文进化论和孟德尔遗传学说思想寻找全局解的一种概率优化算法，能以概率 1 寻找到全局最优解。遗传算法能够对搜索空间进行持续搜索，特别适合于在全局优化问题中应用。遗传算法不仅能够处理连续的问题，而且能够较好地处理非连续、非线性、多目标等属于寻找全局解的问题，在算法上具有较好的收敛速率和较强的适应性。因而，在景观生态安全格局空间优化决策中有较大的应用价值。

1. 基本遗传算法概述

应用遗传算法求解问题需经过确定表示方案、确定适应值度量、设计遗传算子和确定控制算法的参数和变量 4 个主要步骤(周明和孙树栋，1999；汪晓银和周保平，2012)。

第 1 步：染色体编码。基本遗传算法使用固定长度的二进制符号串来表示群体中的个体，其等位基因由二值符号集{0,1}组成。初始群体中每个个体的基因值用均匀分布的随机数来生成，如 x：100111001000101101 就表示一个染色体长度 $L=18$ 的个体。

第 2 步：个体适应度评价(目标函数)。基本遗传算法按照与个体适应度成正比的概率来决定当前群体中每个个体遗传到下一代群体中的机会大小，而且要求所有个体的适应度必须为正数或零。因此，必须预先根据处理问题的不同确定由目标函数值到个体适应度之间的转换规则，特别是要预先确定好当目标函数值为负数时的处理方法。

第 3 步：遗传算子。基本遗传算法主要使用选择运算(使用比例选择算子)、交叉运算(使用单点杂交算子)、变异运算(使用基本位变异算子)3 种遗传算子。

第 4 步：基本遗传算法的运行参数。基本遗传算法有 4 个运行参数需要提前设定，即群体大小 N，一般取值为 20～100；终止进化代数 T，一般取值为 100～500；交叉概率 p_c，一般取值为 0.4～0.99；变异概率 p_m，一般取值为 0.0001～0.1。

值得注意的是，上述 4 个运行参数对遗传算法的求解结果和求解速率都有一定影响。但是，目前还没有合理选择它们的理论依据。在实际应用中，通常需要经过多次试算后才能确定这些参数的合理取值大小或范围。

2. 基本遗传算法实现

依据基本遗传算法的原理和步骤，可以借助计算机程序来实现这个算法，具体实现过程主要涉及编码与解码、个体适应度评价、选择算子、单点交叉算子和基本位变异算子 5 个关键问题(周明和孙树栋，1999；苑希民等，2002；汪晓银和周保平，2012)。

(1) 编码与解码

1) 编码。假设某一变量(个体)的取值范围为$[u_{\min}, u_{\max}]$，用长度为 l 位的二进制 0、1 编码符号串来表示该参数，则它总共能够产生 2^l 种不同的编码，参数编码时的对应关系如下：

$$\begin{array}{ll} 00000000\cdots00000000=0 & u_{\min} \\ 00000000\cdots00000001=1 & u_{\min}+\delta \\ \cdots & \\ 11111111\ldots11111111=2^l-1 & u_{\max} \end{array}$$

其中，δ 为二进制编码的编码精度，其计算公式为

$$\delta=\frac{u_{\max}-u_{\min}}{2^l-1} \tag{5-101}$$

2) 解码。假设某一个体的编码是 $x: b_l b_{l-1} b_{l-2}\cdots b_2 b_1$，其中 $b_i=0$ 或 1，则对应的解码公式为

$$x=u_{\min}+\left(\sum_{i=1}^{l} b_i\times 2^{i-1}\right)\times\frac{u_{\max}-u_{\min}}{2^l-1} \tag{5-102}$$

(2) 个体适应度评价　　遗传算法实现过程中，要求所有个体的适应度必须为正数或零。

当优化目标是求函数最大值，并且目标函数总取正值时，可以直接设定个体适应度 $F(x)$ 就等于相应的目标函数值 $f(x)$，即 $F(x)=f(x)$；反之，对求目标函数最小值的优化问题，理论上只需对目标函数增加一个负号就可将其转化为求目标函数最大值的优化问题，即 $\min f(x)=\max\{-f(x)\}$。但是，实际优化问题中目标函数值有正有负，优化目标有求函数最大值，也有求最小值，显然上面两种转换方式保证不了所有情况下个体适应度都是非负。因此，需要将目标函数值 $f(x)$ 变换为个体适应度 $F(x)$，主要有两种方法。其中，对于求目标函数最大值的优化问题，其变换方法为

$$F(x)=\begin{cases} f(x)+c_{\min} & f(x)+c_{\min}>0 \\ 0 & f(x)+c_{\min}\leqslant 0 \end{cases} \tag{5-103}$$

式中：$c_{\min}$ 为一个适当的相对比较小的数。选取方法为：①预先指定的一个较小的数；②进化到当前代为止的最小目标函数值的绝对值；③当前代或最近几代群体中的最小目标函数值。

对于求目标函数最小值的优化问题，其变换方法为

$$F(x)=\begin{cases} c_{\max}-f(x) & f(x)<c_{\max} \\ 0 & f(x)\geqslant c_{\max} \end{cases} \tag{5-104}$$

式中：$c_{\max}$ 为一个适当的相对比较大的数。求取方法为：①预先指定的一个较大数；②进化到当前代为止的最大目标函数值；③当前代或最近几代群体中的最大目标函数值。

(3) 选择算子　选择算子的作用是从当代群体中选择出一些比较优良的个体，并将其复制到下一代群体中。比例选择算子是最常用和最基本的选择算子，指个体被选中并遗传到下一代群体中的概率与该个体的适应度大小成正比。执行比例选择的手段是轮盘选择，其基本精髓是个体被选中的概率取决于个体的相对适应度：

$$p_i=f_i/\sum f_i \quad (i=1,2,\cdots,M) \tag{5-105}$$

式中：p_i 为个体 i 被选中的概率；f_i 为个体 i 的适应度；$\sum f_i$ 为群体的累加适应度。

显然，个体适应度越高，被选中的概率越大。但是，适应度小的个体也有可能被选中，以便增加下一代群体的多样性。轮盘选择的原理为：图 5-10 中指针固定不动，外圈的圆环可以自由转动，圆环上的刻度代表各个个体的适应度，当圆环旋转若干圈后停止，指针指定的位置便是被选中的个体。理论上，适应度大的个体，其刻度长，被选中的可能性大；反之，适应度小的个体，其刻度短，被选中的可能性小，但有时也会被“破格”选中。

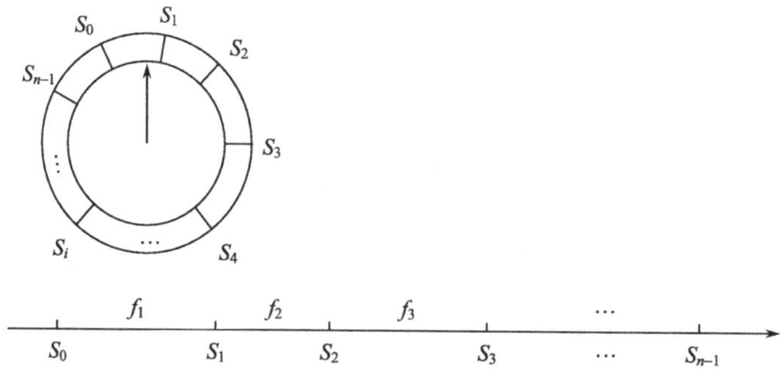

图 5-10　轮盘示意图(汪晓银和周保平，2012)

(4) 单点交叉算子　交叉算子的作用是通过交叉使得子代的基因值不同于父代。交叉是遗传算法产生新个体的主要手段。正是有了交叉操作，群体的性态才多种多样。单点交叉算子是最常用和最基本的交叉算子，其计算过程为：首先，对群体中的个体进行两两随机配对，若群体大小为 M，则共有 $[M/2]$ 对相互配对的个体组；然后，对每一对相互配对的个体，随机设置某一基因位之后的位置为交叉点(若染色体的长度为 l，则共有 $l-1$ 个可能的交叉点位置)；最后，对每一对相互配对的个体，依设定的交叉概率 p_c 在其交叉点处相互交换两个个体的部分染色体，从而产生出两个新的个体。

交叉概率的计算公式为

$$p_c = N_c / N \tag{5-106}$$

式中：N 为群体中个体的数目；N_c 为群体中被交换个体的数目。

交叉个体是随机确定的。假设某群体有 n 个个体，每个个体包含 l 个等位基因，针对每个个体产生一个[0，1]区间的均匀随机数，则随机数小于交叉概率 p_c 的对应个体与其随机确定的另一个个体交叉，交叉点随机确定。

单点交叉运算的示例如下所示。

A：10110111　00　　　A′：10110111　11

B：00011100　11　　　B′：00011100　00

(5) 基本位变异算子　基本位变异算子是最简单和最基本的变异操作算子。对基本遗传算法中用二进制编码符号串所表示的个体，若需要进行变异操作的某一基因位上的原有基因值为 0，则变异操作将该基因值变为 1；反之，若原有基因值为 1，则变异操作将其变为 0。基本位变异因子的具体执行过程如下。

1) 对个体的每一个基因位，依变异概率 p_m 指定其为变异点。

2) 对每个指定的变异点，对其基因值做取反运算或用其他等位基因值来代替，从而产生一个新的个体。

基本位变异算子中的变异是针对个体的某一个或某一些基因位上的基因值执行的，因而变异概率 p_m 也是针对基因而言的，其计算公式为

$$p_m = B / (Nl) \tag{5-107}$$

式中：B 为每代中变异的基因数目；N 为每代中群体拥有的个体数目；l 为个体中基因串长度。

变异字符的位置也是随机确定的。假设某群体有 n 个个体，每个个体含 l 个基因，针对每个个体的每个基因产生一个[0，1]区间内具有 3 位有效数字的均匀随机数，则随机数小于变异概率 p_m 的对应基因值产生变异，其余随机数大于 p_m 的基因不产生变异。

基本位变异运算的示例如下：

$$A:1010\boxed{1}01010 \xrightarrow{\text{基本位变异}} A':1010\boxed{0}01010$$

5.4　CLUE-S 综合优化模型

CLUE-S 模型是荷兰瓦赫宁根大学“土地利用变化和影响”研究小组在 CLUE 模型基础上发展起来的，由非空间模块和空间模块两部分组成，基本原理是在综合分析土地利用空间分布概率适宜图、土地利用变化规则和研究初期土地利用分布现状图的基础上，根据总概率

大小对土地利用需求进行空间分配，是目前土地利用/覆被空间分配模型中较为成熟的一种。由于土地利用空间布局与景观格局空间布局有许多相似之处，因此 CLUE-S 综合优化模型也可以用于景观格局空间优化决策。

5.4.1　CLUE-S 模型理论框架

CLUE-S 模型的假设条件是：某地区的土地利用变化受该地区的土地利用需求驱动，并且该地区的土地利用分布格局总是与土地需求及该地区的自然环境和社会经济处于动态平衡(张永民等，2003)。基于该假设，CLUE-S 模型运用系统论的方法处理不同土地利用类型之间的竞争关系，实现对不同土地利用变化的同步模拟。其理论基础包括土地利用变化的关联性、土地利用变化的等级特征、土地利用变化竞争性和土地利用变化的相对稳定性等(摆万奇等，2005)。

CLUE-S 模型包括非空间土地需求模块和土地利用变化空间分配模块两大部分(Verburg and Veldkamp，2004)。非空间土地需求模块主要计算研究区域内由土地需求驱动因素导致的土地利用类型数量的变化，或者计算设定的不同情景条件下的土地需求，这部分工作需要通过独立于 CLUE-S 模型之外的其他模型或不同假定条件下的计算来完成。空间分配模块则把非空间土地需求模块计算出的土地需求结果分配到研究区域的空间位置上，达到空间模拟的目的(张学儒等，2009)。

5.4.2　CLUE-S 模型结构组成

CLUE-S 模型由土地利用类型转换规则、土地政策与限制区域、土地需求、空间特征 4 个输入模块和 1 个空间分配模块 5 部分组成(图 5-11)。

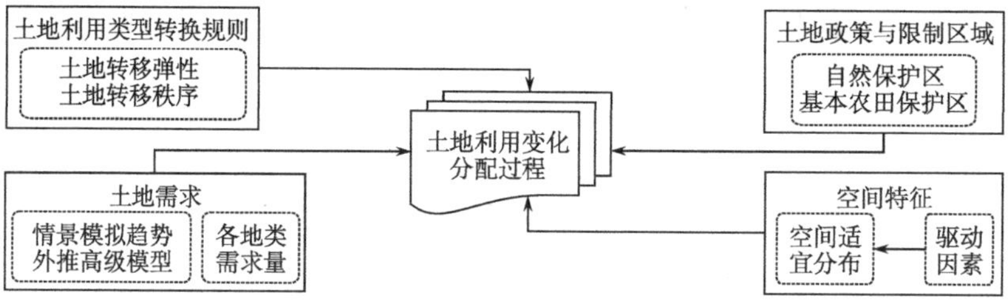

图 5-11　CLUE-S 模型结构组成(王丽艳等，2010)

1. 土地利用类型转换规则模块

土地利用类型转换规则包括土地利用类型转移弹性和土地利用类型转移次序两部分。土地利用类型转移弹性主要受土地利用类型变化可逆性的影响，一般用 0～1 的数值表示，值越接近 1 表明转移的可能性越小。一般来说，利用程度高的地类很难向利用程度低的地类转变，如建设用地很难向其他地类转变，其值可以设为 1；而土地利用程度低的地类则很容易向土地利用程度高的地类转变，如未利用地易转变为其他地类，其值可以设为 0。目前，关于该参数的设置尚无精确计算方法，通常根据区域土地利用变化实际而定，并在模型检验过程中不断调试。土地利用类型转移次序通过设定各个土地利用类型之间的转移矩阵来定义各种土地利用类型之间能否实现转变，1 表示可以转变，0 表示不能转变，该参数决定了模拟结果中的变化类型。

2. 土地政策与限制区域模块

土地政策与限制区域能够影响区域土地利用格局。在CLUE-S模型中，政策和限制因子的作用是限制土地利用格局发生变化，主要分为两类：一类为区域性限制因素，如自然保护区、基本农田保护区，这种限制因素需要以独立图层的形式输入模型中；另一类则为政策性限制因素，如禁止采伐森林的政策可以限制林地向其他土地利用类型的转变。因此，该模块对模拟结果主要产生两种影响：一是限定模拟结果中某一特定区域不发生变化，二是限定某一特定地类不发生转变。

3. 土地需求模块

土地需求通过外部模型计算或估算，用以限定模拟过程中每种土地利用类型的变化量，可以是正值也可以是负值，但必须以逐年的方式输入模型中，而且要求所有地类的总变化量为零，土地需求将决定模拟结果中各地类的面积。

4. 空间特征模块

空间特征基于土地利用类型转变发生在其最有可能出现的位置上这一理论基础，计算出各个土地利用类型在空间上的分布概率，即各种土地利用类型的空间分布适宜性，其主要受影响其空间分布因素的驱动。这些空间分布因素未必直接导致土地利用发生变化，但是土地利用变化发生的位置与这些空间分布因素间存在定量关系。在CLUE-S模型中，利用logistic回归模型，使用自变量作为预测值，通过计算事件的发生概率，可以解释土地利用类型及其驱动力因素之间的关系，优点是模型变量既可以是连续的也可以是分类的，模型表达式为

$$\ln\left(\frac{P_i}{1-P_i}\right)=\beta_0+\beta_1 X_{1i}+\beta_2 X_{2i}+\cdots+\beta_n X_{ni} \tag{5-108}$$

式中：P_i为每个栅格单元可能出现某一土地利用类型i的概率；X为各驱动因素；β为各影响因子的回归系数。

逐步回归方法有助于从许多影响土地利用格局的因子中筛选出相关性较为显著的因子，那些对解释土地利用格局不显著的变量将在最后的回归结果中被剔除。一般某一地类分布概率的高值区域将对应模拟结果中该地类的分布区域。对于每种地类回归方程的拟合度可以用ROC曲线进行检验(Pontius，2002)，根据曲线下的面积大小判断计算出的地类概率分布格局与真实的地类分布之间是否具有较高的一致性，其值介于0.5与1之间，值越大表明地类概率分布与真实地类分布之间一致性越好，回归方程对地类空间分布解释性也就越好，模型运行时的土地利用分配精确越高；反之，则说明回归方程对地类分布的解释性越差，模型运行得到的土地利用分配精度越低。

5. 空间分配模块

空间分配是在对土地利用转换规则、土地利用限制区域、土地利用空间分布概率和基期年土地利用类型图分析的基础上，根据总概率大小，通过多次迭代实现对土地利用需求进行空间分配，具体过程如下(Verburg et al.，2002；张永民等，2003；Verburg et al.，2014)。

第1步：确定参加空间分配的栅格单元。“保护栅格”、转移弹性系数为1的栅格和转移矩阵中设置为0的栅格将不参与空间分配的运算。

第2步：计算各土地利用类型在每个栅格单元上的总概率，公式为

$$\mathrm{TP}_{i,u} = P_{i,u} + \mathrm{ES}_u + \mathrm{IR}_u \tag{5-109}$$

式中：$\mathrm{TP}_{i,u}$ 为 i 栅格单元上土地利用类型 u 的总概率；$P_{i,u}$ 为通过 logistic 回归方程求得的空间分布概率；ES_u 为土地利用类型 u 的转移弹性；IR_u 为土地利用类型 u 的迭代变量。

第 3 步：对各土地利用类型赋予相同的迭代变量值 IR_u，并按照每一栅格单元上各土地利用类型分布总概率 TP 值大小，依次对各栅格土地利用变化进行初次分配。

第 4 步：对土地需求面积和各土地利用类型的初次分配面积进行比较，若土地利用初次分配面积小于土地需求面积则增大迭代变量 IR 值；反之，则减小 IR 值，然后进行土地利用变化的第二次分配。

第 5 步：重复第 2 步至第 4 步，直到各土地利用类型的分配面积等于土地需求面积为止，然后保存该年的分配图，并开始下一年土地利用变化分配(图 5-12)。

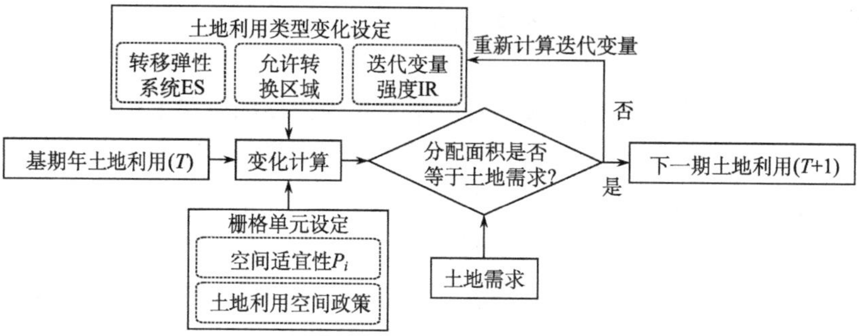

图 5-12　CLUE-S 模型空间分配过程(王丽艳等，2010)

下 篇

景观生态安全格局规划的龙泉驿案例

第 6 章 龙泉驿经济可持续发展面临的生态安全挑战

龙泉驿区是四川省会成都市市辖区之一，是国务院批准的成都城市向东发展主体区，也是国家级成都市经济技术开发区所在地和四川天府新区主要组成板块，属典型大城市近郊区，其生态安全不仅关系到成都经济技术开发区的可持续发展，更关系到四川天府新区生态屏障的建设。近年来，该区在加快推进工业化和城镇化过程中，也面临城市规模无序蔓延扩张、城市和工业“三废”污染物排放量急剧增加、大气污染、水体污染、土壤污染、森林植被遭受破坏、生物多样性下降、乡村景观破碎等生态环境问题，由于快速的工业化和城市化进程深刻改变着城市周边区域的自然景观，景观空间格局的改变又无疑会对区域自然、生态、社会经济过程产生深远影响。因此，以龙泉驿区为景观生态安全格局规划案例研究区具有较强代表性和研究价值。本章主要介绍龙泉驿区的地理环境、自然资源和社会经济状况，分析其存在的生态环境问题，找准该区域面临的生态安全挑战。

6.1 生态环境现状

龙泉驿区位于成都平原东缘、龙泉山脉西侧，面积约 556km^2，辖 12 个镇(街道、乡)。地质构造为成都断陷带与龙泉山隆褶带间的构造断块，地势由东南向西北微倾。地貌类型有平坝、丘陵、山地等。水系属长江水系支流岷江和沱江水系的支流。气候属四川盆地中亚热带湿润气候，年均温 16.5℃，降雨量 852.4mm，日照时数 1021h，水面蒸发量 984.7mm。土地利用类型以耕地、园地、城镇村及工矿用地为主。主要土壤类型为水稻土、黄泥土、紫色新冲积土和紫色土。森林植被类型属亚热带常绿阔叶林，植被多为天然次生林和人工林。龙泉驿区属成都第二经济圈，是成都城市向东发展主体区和国家级经济技术开发区所在地。2014 年，全区总人口为 63.2 万人，GDP 实现 944.6 亿元，位居全省第一。

6.1.1 地 理 环 境

1. 区位交通

龙泉驿区位于成都平原东缘、龙泉山脉西侧，东邻金堂县、东北连青白江区、东南接简阳市、西南与双流区毗邻、西与锦江区接壤、西北接成华区、北接新都区，地处北纬 30°27′52″～30°43′23″、东经 104°08′19″～104°27′09″，东西长 29.8km，南北宽 28.75km，面积 556.4km^2。区人民政府所在地距成都市人民政府(市中心天府广场)26.7km，距双流国际机场 36.9km，距成都东客站 8km，距建设中的成都第二机场 36km。龙泉驿区扼蓉城咽喉，居川渝要隘，自古有“巴蜀门户”“川东首驿”之称，是中国西部综合交通成都主枢纽重点区域。境内交通快捷、四通八达，成都地铁 2 号线直达中心城区，三环路、成都绕城高速路、成龙路、驿都大道、成洛路等大道使龙泉驿区与成都市中心紧密相连，成渝高速、成安渝高速、成南高速、成渝铁路、成昆铁路穿境而过，东连双流航空港，北接青白江国际铁路集装箱物流中心，各类交通能快速实现驳接和转换，能快速融入国家高速公路网、高速铁路网和成都地铁网，已初步形成通道密集、内联外畅、通江达海的综合交通体系(图 6-1)。

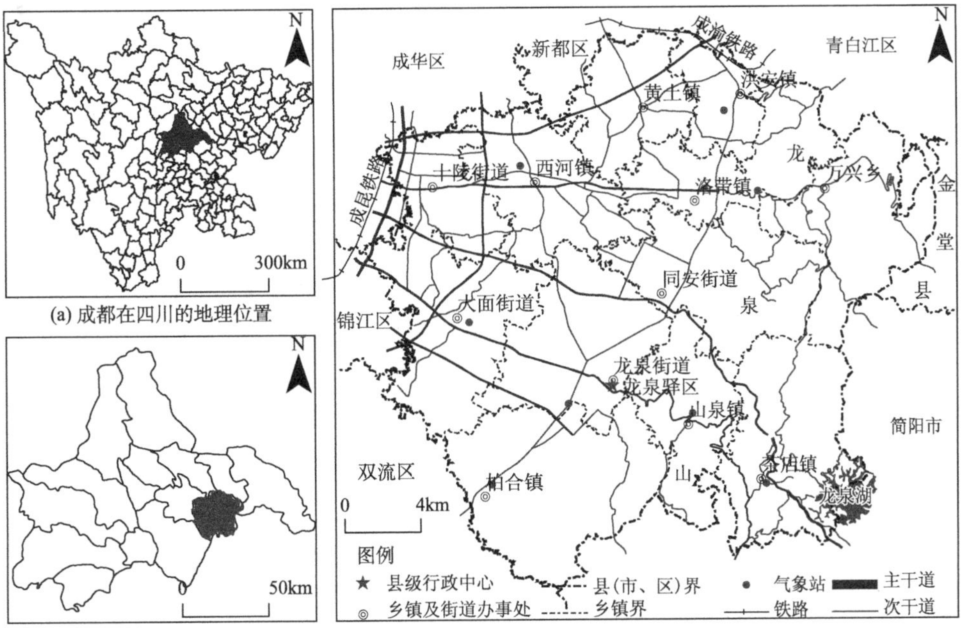

(a) 成都在四川的地理位置

(b) 龙泉驿在成都的地理位置

(c) 龙泉驿行政区划和交通路网示意图

图 6-1　龙泉驿区地理位置和交通路网示意图

2. 地质地貌

龙泉驿区出露地层为中生界侏罗系中统、上统与白垩系上统、下统，以及新生界第四系上更新统沉积物、中更新统沉积物，地质构造为成都断陷带与龙泉山隆褶带之间的构造断块。龙泉山不规则箱状背斜、苏码头背斜、龙泉驿向斜等褶皱和平行展布的断层构成了龙泉驿地质构造的基本格局。地质构造线属新华夏系构造体系，方向为北东 10°～30°，但龙泉背斜东翼近 1/5 区域为侏罗系上统灌口组(J3P)和白垩系下统大马山组(K1t)地层，东南倾斜，倾角为 14°～210°。龙泉山隆褶带是川西断陷带和川东隆起带(华蓥山以西)的分界线，呈北东-南西走向横贯全境，龙泉段、四方山、红花塘、久隆场、尖尖山和界牌等断层跨越或分布在境内，断裂断距大于 400m，是弱震相对集中地震带。境域东部大面积出露中生界侏罗系蓬莱镇组(J3P)泥岩、砂岩，特别是山坝交界地带，断裂带集中，岩层倾角大，岩石破碎，在流水和风蚀作用下，极易发生泥石流和滑坡地质灾害。

龙泉驿区地势由东南逐渐向西北微倾，最高海拔 1037m(长松山周家梁子)，最低海拔 407m(茶店镇三元村白杨沟)，相对高差 630m。龙泉山中段纵卧区境东南部，呈北东至南西走向，为成都平原与川中丘陵之界山。境内有平坝、山地、丘陵地貌类型。其中，平坝面积 317.54km^2，占区域总面积的 57.07%，分布在境域中西部，为山前冲积坝；山地面积 217.39km^2，占区域总面积的 39.07%，分布在境域东南部，山势呈北东-南西走向，南端高出东西两侧丘陵与平坝 400～600m，山脊海拔为 600～1037m，其背斜轴部多为沟谷切割；丘陵面积 21.48km^2，占区域总面积的 3.86%，散布在境内西北部和龙泉山中段东西两侧，相对高差为 20～200m。图 6-2 所示为龙泉驿区地质构造图和地貌晕渲图。

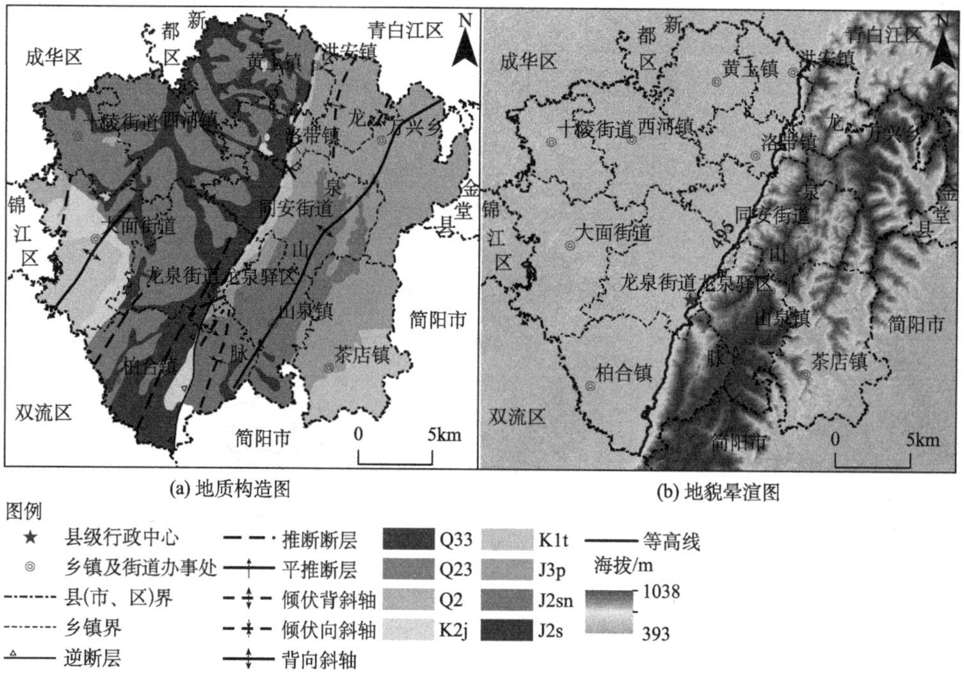

图 6-2　龙泉驿区地质构造图和地貌晕渲图

3. 河流水系

龙泉驿区位于长江流域，水系属长江水系支流岷江和沱江水系的支流。东南部芦溪河（又名鹿溪河）、陡沟河和沙河支沟为岷江水系府河支流，境内流域面积共 124km²，占总面积的 22.3%。其中，芦溪河为岷江二级支流，发源于柏合镇元包村王家湾，干流总长 77.9km，平均比降 12‰，总流域面积 675km²，境内河长 18km，流域面积 87km²，河源至宝狮口水库出口段河道长 7km，落差 160m，平均比降 23‰，宝狮口水库出口至二河村出境处河段长 11km，落差 45m，平均比降 4‰；陡沟河属岷江二级支流，源于龙泉街道东长柏村西与合龙村交界处回龙桥，区境内河长 9km，流域面积 25km²，平均比降约 2.2‰；沙河支沟为府河二级支流，区境共有两条沙河支沟，一条为双林沟，源于十陵街道西南部，境内沟长 1km，流域面积 4km²，另一条为松树沟，源于大面街道洪河村西北部，境内沟长 4km，流域面积 8km²。西北部西江河、袁家沟、跳磴河、黄水河、长安沟属沱江水系的毗河、绛溪河支流，区境流域面积 433km²，占总面积的 77.7%。其中，西江河为沱江二级支流、毗河一级支流，发源于山泉镇柏杨沟，全长 51km、总流域面积 430km²，区境内河长 36.3km，流域面积 248km²；袁家沟属沱江二级支流，源于山泉镇张飞营（关索寨）、石洞寺之间的山腰，区境段河长 15.3km，流域面积为 26.1km²；跳磴河为沱江二级支流，源于万兴乡大石村大石堰，境内河长 29.8km，流域面积 103.1km²；黄水河属于沱江一级支流，源于万兴乡观斗村大林盘，在万兴乡境内河长 10.2km，流域面积 26km²，平均比降 10‰；长安沟为沱江一级支流，源于洛带镇，区境内河段长 8km，流域面积 22km²，平均比降 12‰。长松山脊一线为岷江与沱江水系的分水岭。流域面积大于

50km^2 的有芦溪河、西江河、跳磴河。图 6-3 所示为龙泉驿区主要河流水系分布示意图。

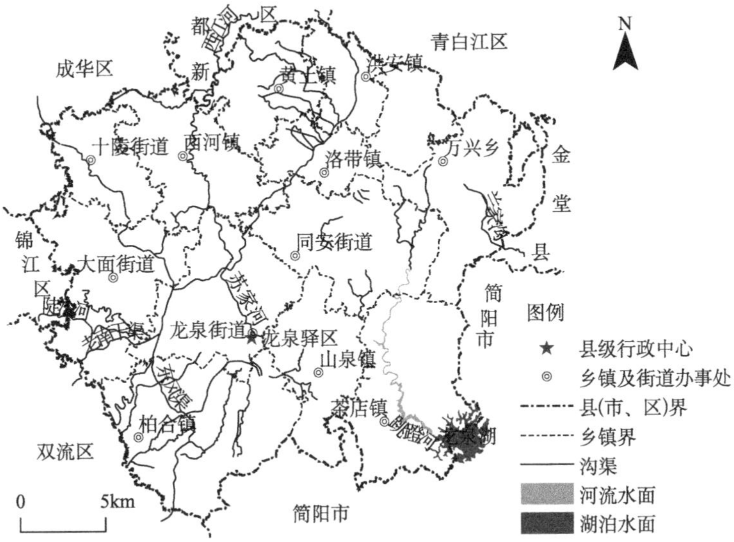

图 6-3　龙泉驿区河流水系分布示意图

4. 气候条件

龙泉驿区属四川盆地中亚热带湿润气候区，气候温和，空气潮湿，冬无严寒，夏无酷暑，春暖秋凉，四季分明，无霜期长，风力偏小。春季气温回升快而不稳，易现倒春寒，且降水少；夏秋降水多，易成洪涝；秋季多阴雨，天气偏凉；冬季多雾，积雪稀有，日照少。多年平均气温为 16.5℃、最高气温 20.8℃、最低气温 13.4℃，年极端最高气温 37.2℃、极端最低气温–4.4℃，1 月最冷为 5.8℃、7 月最热为 25.9℃。多年地面平均温度 18.6℃、最高地面温度 30.3℃、最低地面温度 13.0℃，年极端最高地面温度 63.5℃、极端最低地面温度–5.4℃。多年平均降雨量 852.4mm，一日最大降雨量 227.3mm，最长连续降雨日数 12 天，最长连续无降雨日数 56 天，同期月平均降雨量 8 月最大，为 219.3mm，12 月最少，为 6mm。多年平均蒸发量为 984.7mm、最大蒸发量为 1150.4mm、最小蒸发量为 830.7mm，月平均蒸发量 5 月最大，为 138.6mm，12 月最小，为 31.5mm，年平均蒸发量比同期年均降水量多 132.3mm，全年除 6～9 月降雨量大于同期蒸发量外，其余各月均小于蒸发量。多年平均日照总时数为 1021.0h，最多年为 1245.4h，最少年为 831.2h；同期月平均日照时数差异较大，8 月最多，为 129.9h，12 月最少，为 45.9h。多年平均日照百分率为 23.1%，最大年为 28%，最小年为 19%；历年各月之间平均日照百分率差异明显，8 月最大，为 32%，12 月最少，为 14%。多年平均相对湿度为 82%，5 月最小，为 74%、8 月最大，为 86%，极端月平均最大值为 92%、最小值为 8%。多年年平均气压为 955.1hPa，年际变化幅度为 954～955.8hPa，冬季气压高，夏季气压低，与气温成反比。境内全年以东北风为主，年均风速 0.9m/s，风向频率为 9%；月平均风速 3～5 月最大，为 1.1～1.2m/s，秋冬季最小，仅 0.6～0.8m/s。图 6-4 所示为龙泉驿区 2000～2007 年、2007～2014 年平均气温和降雨量空间分布图。

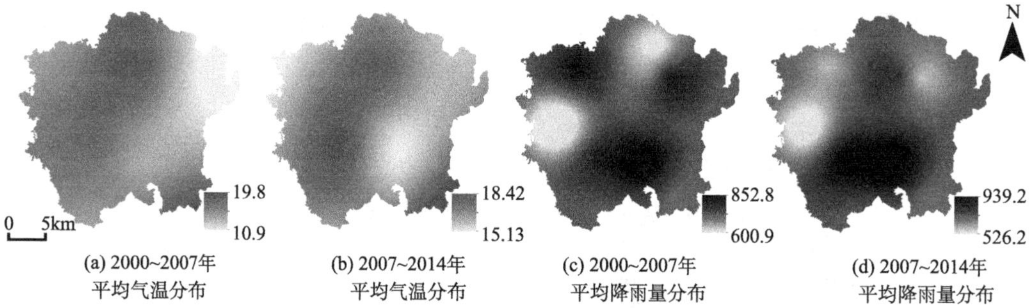

图 6-4　龙泉驿区年平均气温和年平均降雨量空间分布示意图

6.1.2　自 然 资 源

1. 土地资源

1987～2014 年，龙泉驿区土地利用结构发生了显著变化。1987 年全区土地总面积 55 583.88hm²，其中耕地 28 834.50hm²，占土地总面积的比例(以下简称“占比”)为 51.88%，园地 2678.40hm²，占比为 4.82%，林地 10 536.06hm²，占比为 18.96%，牧草场 2300.50hm²，占比为 4.14%，居民点及独立工矿用地 3341.73hm²，占比为 6.00%，交通用地 764.44hm²，占比为 1.38%，水域 2764.14hm²，占比为 4.97%，未利用地 4364.11hm²，占比为 7.85%。1997 年全区土地总面积 55 874.02hm²，其中耕地 19 648.81hm²，占比为 35.17%，园地 11 913.21hm²，占比为 21.32%，林地 10 027.19hm²，占比为 17.95%，城镇村及工矿用地 5864.54hm²，占比为 10.50%，交通用地 1308.86hm²，占比为 2.34%，水域 3326.32hm²，占比为 5.95%，未利用地 3785.09hm²，占比为 6.77%；2007 年全区土地总面积 55 569.02hm²，其中耕地 7540.21hm²，占比为 13.57%，园地 21 062.66hm²，占比为 37.90%，林地 7308.57hm²，占比为 13.15%，草地 190.25hm²，占比为 0.34%，城镇村及工矿用地 13 297hm²，占比为 23.93%，交通运输用地 1544.85hm²，占比为 2.78%，水域及水利设施用地 3183.24hm²，占比为 5.73%，其他土地 1442.24hm²，占比为 2.60%；2014 年全区土地总面积 55 569.1hm²，其中耕地 8158.29hm²，占比为 14.68%，园地 19 237.68hm²，占比为 34.62%，林地 7289.87hm²，占比为 13.12%，草地 188.28hm²，占比为 0.34%，城镇村及工矿用地 14 653.98hm²，占比为 26.37%，交通运输用地 2028.91hm²，占比为 3.65%，水域及水利设施用地 2589.92hm²，占比为 4.66%，其他土地 1422.17hm²，占比为 2.56%。总体来看，近 30 年龙泉驿区耕地、林地、未利用地呈逐年减少趋势，而城镇村及工矿用地(居民点及独立工矿用地)、园地、交通运输用地则呈逐年增加趋势，水域及水利设施用地变化较小。园地、林地、草地(牧草地)分布在东部山丘区，耕地、城镇村及工矿用地、交通运输用地分布在西部坝区，水域及水利设施用地为散布在坝区的坑塘、沟渠和山区的湖泊、水库。图 6-5 所示为龙泉驿区不同时期土地利用类型图。

2. 水资源

龙泉驿区水资源总量约 4.2 亿 m³，主要由地表水资源(不含过境水量)和地下水资源两部分组成。其中，地表径流主要由大气降水产生，境内多年平均降雨量约 977.2mm，年降雨总量约 5.43 亿 m³，降水产生的地表径流汇集后分别流经双流、新都、青白江、金堂和简阳等县(市、区)地域入岷江和沱江；多年平均径流深和地表径流总量分别为 330mm、1.83 亿 m³，

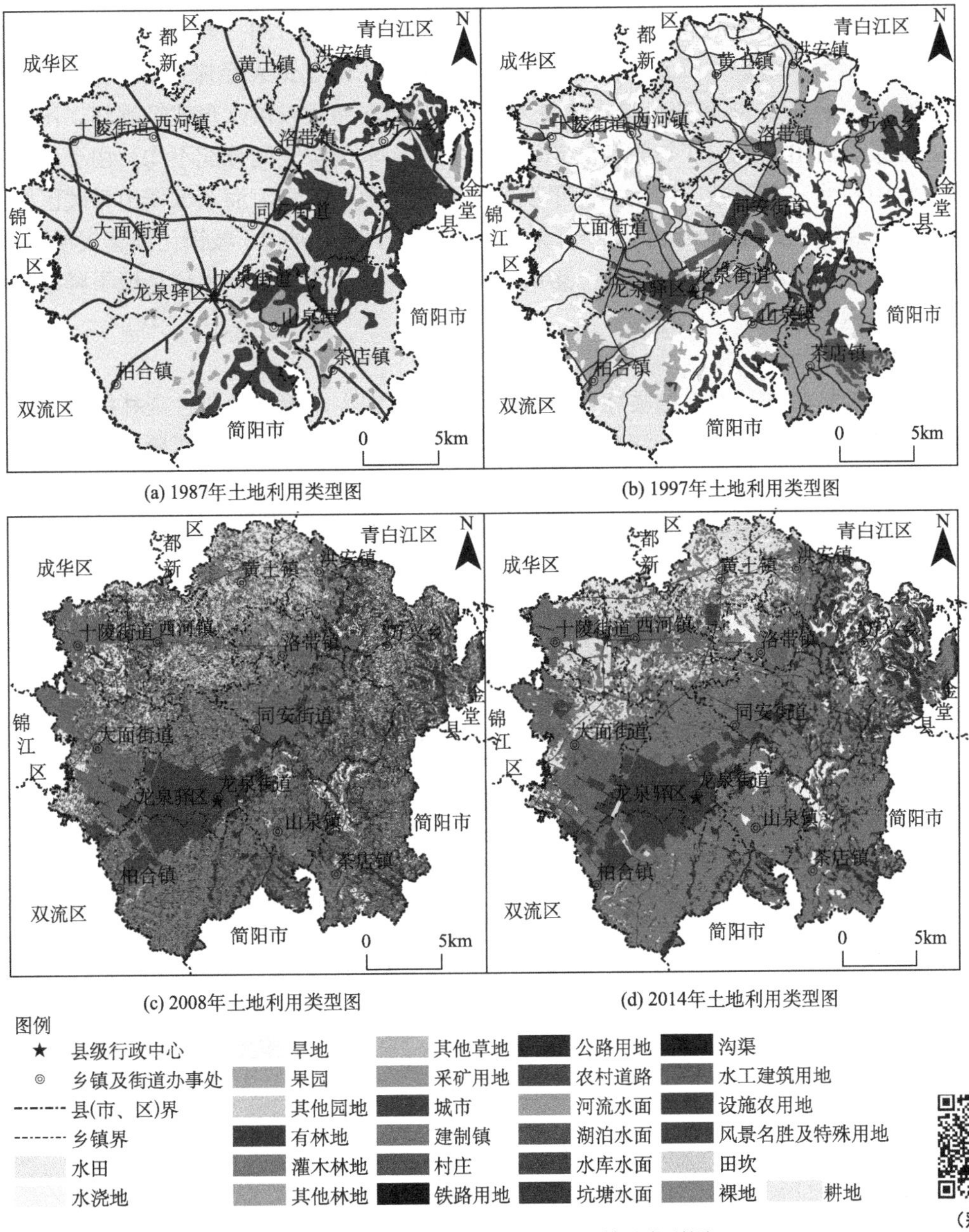

（彩图）

图 6-5　龙泉驿区不同时期土地利用类型图

正常年、干旱年、特干旱年等典型年地表径流分别为 1.74 亿 m^3、1.3 亿 m^3、0.82 亿 m^3。地下水资源天然蕴藏量 6124 万 m^3，可采总量 2136 万 m^3，在成都市浅层地下水分区中分为两水区，一个是台地区覆盖型红层砂泥岩裂隙水区，分布面积为 337km^2，平均补给模数 16.78 万 m^3/(年·km^2)，平均开采模数 5.62 万 m^3/(年·km^2)，天然蕴藏量 5655 万 m^3，可采资源量为 1894 万 m^3；另一个是龙泉山低山丘陵区红层裂隙水区，面积为 218km^2，平均补给模数 2.85 万 m^3/(年·km^2)，平均开采模数 1.1 万 m^3/(年·km^2)，地下水天然蕴藏量 469 万 m^3，可开采资源量 242 万 m^3。此外，东风渠每年为龙泉驿区提供工、农业生产和居民生活用水约 1.4 亿 m^3。总体上，龙泉驿区水资源短缺、人均占有量偏少，约为全省人均占有量的 24.1%、全国人均占有量的 32.70%、世界人均占有量的 9.3%；水资源时间分配不均，占全区水资源总量 85.7%的地表水资源由降水形成，因而受降水规律影响其地表径流年内分配不均、70%集中在汛期(6～9 月)，年际变化较大、变差系数为 0.4，并且以洪水形式经岷江、沱江水系一、二、三级支流出境入沱江与岷江，难以开发利用；水资源空间分配不均，由于年径流量和年径流深由西北向东递减，因此西部平坝区地表水资源较丰富，而东部低山丘陵区则较贫乏；地下水资源较丰富且埋藏浅，便于开采利用，但由于在工业化、城镇化快速发展进程中，大量稻田被侵占，道路及河渠被硬化，影响了地下水补给，致使地下水位呈现下降趋势并遭到不同程度的污染。

3. 森林植被资源

龙泉驿区森林植被与农田植被相间分布，山坝差异较大，境内地带性森林植被属亚热带常绿阔叶林带，由于长期受人为活动影响，自然原始森林植被早已被破坏殆尽，取而代之的是天然次生林和人工栽培的乔木林、果树林和竹林。山区以各种乔木林、果树林相间分布，平坝则为果树林与四盘树、竹并存。主要森林植被类型为天然次生柏木、马尾松、青冈林和人工栽培的桤柏混交林、林农间作的经济林。主要森林植物 57 科 145 种。其中，用材树主要有柏木、马尼松、桤木、青冈、桉树、千丈、香樟、楠木、女贞、刺槐、合欢、榆树、枫杨和近年人工栽植的湿地松、火炬松、露丝柏(墨西哥柏)、意大利杨树等；经济树主要有油桐、核桃、棕榈、桑树、桃、枇杷、葡萄、梨、柑橘、苹果、樱桃、李、杏等；竹类主要有慈竹、斑竹、硬头黄竹、金竹等。境内国家二级保护树种有银杏、杜仲，三级保护树种有楠木、红豆树。2014 年，全区森林面积 21 651.2hm²，森林覆盖率 38.86%，其中有林地面积 19 661.9hm²，灌木林地面积 326.9hm²，四旁植树折合面积 1662.4hm²。图 6-6 所示为龙泉驿区森林覆盖率变化图和森林植被类型分布图。

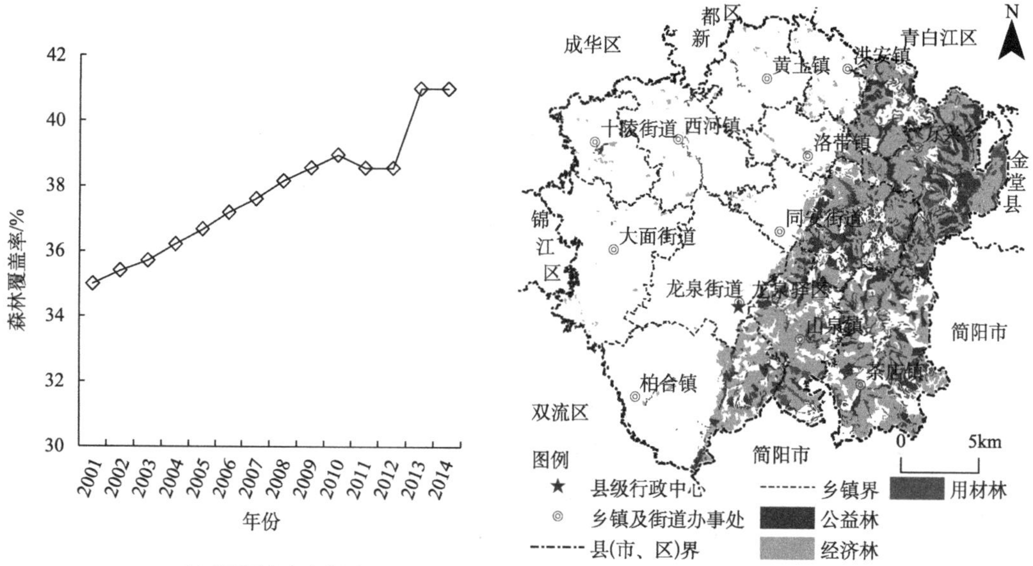

(a) 森林覆盖率变化图　　(b) 森林资源分布图

图 6-6　龙泉驿区森林覆盖率变化图和森林资源分布示意图

4. 土壤资源

龙泉驿区成土母质为侏罗系中统上沙溪庙组、中统遂宁组、上统蓬莱镇组，白垩系夹关组及第四系全新统紫色冲积物、上更新统黄色沉积物、中更新统黄色老沉积物。其中，侏罗系中统上沙溪庙组以灰紫红色厚砂岩、薄泥页岩互层为主，发育形成灰棕紫泥土；侏罗系中统遂宁组以棕红色厚泥岩和砂质泥岩薄层、泥质粉砂岩互层为主，发育形成红棕紫泥土及水稻土；侏罗系上统蓬莱镇组以棕紫色砂质泥岩和石英砂岩互层为主，发育形成棕紫泥土及水稻土；白垩系夹关组由红色厚层或块状长石、夹少量泥页岩的石英砂岩组成，发育形成红紫泥土及水稻土；第四系全新统紫色冲积物，发育形成紫色新冲积土及水稻土；第四系更新统黄色沉积物(又名成都黏土)，发育形成姜石黄泥土及水稻土；第四系中更新统黄色老冲积物(亦称雅安冰水沉积物)，发育形成老冲积黄泥与冲击黄泥土、水稻土。

龙泉驿区土壤类型有水稻土、黄泥土、紫色新冲积土和紫色土，共6个亚类、14个土属、40个土种。其中，水稻土有黄壤性、冲积性和紫色土性3个亚类、7个土属、21个土种，分布在黄土镇、西河镇、十陵街道、大面街道、龙泉街道和洪安镇、洛带镇、同安街道、柏合镇西部坝区及茶店镇东南部；黄泥土属黄壤土亚类，分姜石黄泥土和老冲积黄泥土2个土属、8个土种，分布在十陵街道、同安街道、龙泉街道、西河镇、洪安镇、洛带镇等境域；紫色新冲积土有1个亚类、1个土属、2个土种，分布在低山中的溪沟河滩及浅丘平坝冲积裙的狭窄地带；紫色土属紫色岩土亚类，有4个土属、9个土种，主要分布在东部低山区。图6-7所示为龙泉驿区土壤类型分布图。

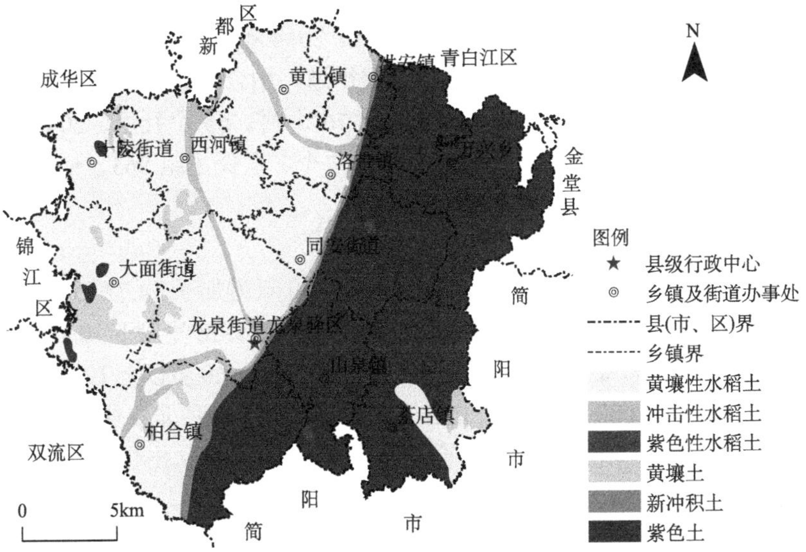

图6-7　龙泉驿区土壤类型分布示意图

5. 矿产资源

龙泉驿区分布有页岩、建筑石材、红砂、矿泉水、天然气等矿产资源。其中，页岩储量最为丰富，分布在境内中、东部，系出露的侏罗系蓬莱镇组(J3P)和白垩系灌口组(K2g)内陆河、湖相沉积的紫红色页岩、粉砂岩夹灰白色细粒长石砂岩，地层面积120km^2，厚度为666～1027m，潜在储量1亿m^3；建筑石材遍布于龙泉山北段和背斜南部两翼，系侏罗系蓬莱镇组(J3P)浅水河、湖相沉积，紫色、紫红色细-中粒砂岩与夹白灰紫色细砂岩和粉砂岩不等厚互层，厚度达 952m，储量约 285m^3；红砂零星分布在大面街道至黄土镇一线，属出露的白垩系上统夹关组(K2j)地层中棕红色、砖红色泥质胶结的中细粒砂岩、夹薄层泥岩，风化后较为疏松，是铸铁用型砂的原料；饮用天然矿泉水主要分布在境内西部，可采资源储量较大，开采年限 50 年以上，现已开采 6 处；天然气探明储量 310 亿 m^3以上，每年能开采 4 亿～6 亿 m^3；黏土分布在境内中、西部，属于第四系(Q)风化黏土矿，是烧制黏土砖的现成原料。此外，境内还发现有铜、磷、石膏、钙、芒硝、炭化木、煤、石灰岩等多种矿苗，但现探明储量尚无开采价值。

6.1.3 社会经济

1. 行政区划

龙泉驿区历史悠久，古为蜀国辖地，秦为蜀郡管辖，西汉至隋朝为成都县和广都县(双流)管辖，唐代为东阳县、灵池县治地，宋朝改称灵泉县，属成都府，元时设陆路驿站，明洪武六年(公元 1373 年)撤县，改隶简州，明正德八年(公元 1513 年)置龙泉镇巡检司、设国家级驿站“龙泉驿”，清代沿袭旧制，民国初年改置简阳行政分署，1949 年后分属简阳、华阳两县，1960 年 2 月经国务院批准将简阳县的龙泉驿区与华阳县的大面、洪河、西河、青龙 4 个乡划入成都市建立成都市龙泉驿区，为成都市最早的五城区之一(原有东城区、西城区、金牛区，1960 年龙泉驿、青白江获批建区)。龙泉驿区是四川省会成都市 11 个市辖区之一，是成都市中心城区、东部副中心，也是国务院批准的成都市城市向东发展主体区域、成都经济技术开发区所在地和天府新区龙泉片区所在区域。2014 年，龙泉驿区辖 4 个街道、7 个镇、1 个乡，即龙泉街道、大面街道、十陵街道、同安街道、柏合镇、洛带镇、西河镇、黄土镇、洪安镇、山泉镇、茶店镇、万兴乡(图 6-1)，共有 76 个村、65 个社区、2040 个村(居)民小组(城市社区 36 个、涉农社区 29 个、村民小组 1177 个、居民小组 863 个，其中城市社区居民小组 391 个、涉农社区居民小组 473 个)。

2. 区域人口

2014 年，辖区总人口 23.9 万户、63.2 万人，比 2000 年增加了 14.72 万人，增长 30.36%。总人口中，男性 31.3 万人，占 49.53%；女性 31.9 万人，占 50.47%；18 岁以下 10.5 万人，占 16.62%；18～35 岁 15.8 万人，占 25.00%；35～60 岁 24.7 万人，占 39.08%；60 岁以上 12.2 万人，占 19.30%。农业人口 33.05 万人，比 2000 年减少了 1.65 万人，减少 4.76%；非农业人口 30.15 万人，比 2000 年增加了 16.37 万人，增长 1.19 倍。全年出生人口 7227 人，出生率为 11.59‰，死亡人口 2962 人，死亡率为 4.75‰，人口自然增长率为 6.84‰；常住人口 80.9 万人，比 2001 年增加了 30.3 万人，增长 59.88%；城镇化率 66.89%，比 2001 年增加了 37.09 个百分点；人口密度为每平方公里 0.146 人，比 2001 年每平方公里 0.091 人增长了 60.44%(图 6-8)。

3. 区域经济

龙泉驿区属成都市第二经济圈层，是国家级成都经济技术开发区所在地，是国家级天府新区高端制造产业功能区和“三湖一山”国际旅游文化功能区所在地(2011 年，龙泉、大面等 5 个街道 277km^2被纳入天府新区，占天府新区规划面积的 17.5%)，也是中法成都生态园项目、中德汽车及智能制造产业园项目合作示范区。全区旅游资源丰富，拥有洛带古镇、石

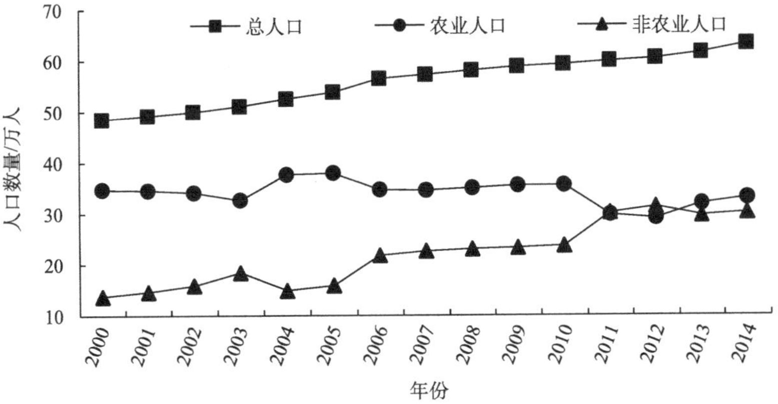

图 6-8　2000～2014 年龙泉驿区人口数量增长图

经寺、龙泉湖、桃花故里、明蜀王陵等风景名胜，是驰名中外的“水蜜桃之乡”。区域经济综合实力连续 12 年位居全省十强县(区)之列。2014 年，地区生产总值 944.6 亿元，比 2000 年增长了 19.77 倍，超过全省 8 个市(州)，占成都市总产值近 10%，规模以上工业增加值实现 740.38 亿元，比 2001 年增长了 128.89 倍，全社会固定资产投资总额 405.5 亿元，比 2000 年增长了 17.6 倍，人均地区生产总值为 149 462 元，比 2000 年增长了 14.93 倍，全口径财政收入 221.91 亿元，比 2000 年增长了 87.05 倍，地方财政收入 111.52 亿元，比 2000 年增长了 79.81 倍，地方公共财政收入 58.44 亿元，比 2000 年增长了 37.85 倍，社会消费品零售总额 102.1 亿元，比 2001 年增长了 3.74 倍，城镇居民人均可支配收入 29 799 元，比 2007 年增长了 1.67 倍，农民人均纯收入 15 649 元，比 2000 年增长了 4.14 倍。其中，第一产业增加值 27.18 亿元，比 2000 年增长了 1.73 倍，第二产业增加值 769.46 亿元，比 2000 年增长了 50.94 倍，第三产业增加值 147.96 亿元，比 2000 年增长了 6.14 倍(图 6-9)。

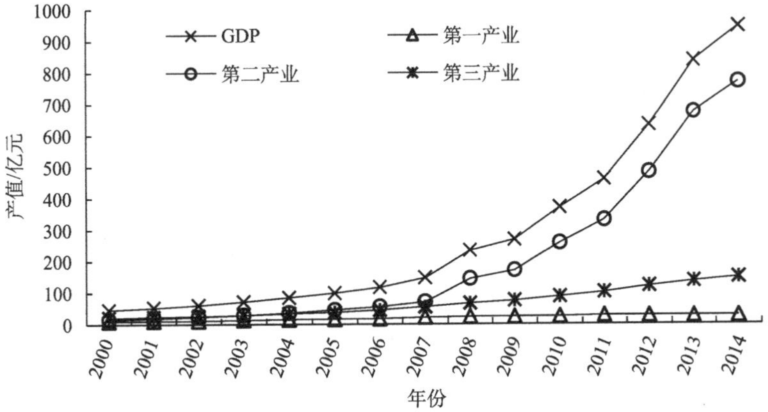

图 6-9　2000～2014 年龙泉驿区经济体量增长图

4. 区域产业

龙泉驿区是国家级成都经济技术开发区所在地，“区区合一”的成都经开区于 1990 年 7 月创办，2000 年 2 月被国务院批准为国家级经开区，目前总体规划面积约 133km^2，其中南区规划面积 56km^2、北区规划面积 77km^2。按照成都市“3+N”（高新区、天府新区、经开区加上其他区市县的工业园区）布局，龙泉驿区（成都经开区）重点发展汽车整车、零部件和工程机械产业，打造“大车都”板块。近年来，先后引进一汽大众（新捷达、新速腾）、一汽丰田（普拉多、考斯特）、东风神龙、吉利（标致 4008、全球鹰 SUV）、沃尔沃（S60L、XC60、插电式混合动力）等 11 个整车（机）制造龙头项目和一汽大众发动机、富维江森等 300 余个关键零部件项目，聚集了德国博世、美国德尔福等 67 家世界 500 强企业、上市公司 57 家，成功搭建了年产百万辆整车的生产平台，形成了年产超百万辆的整车生产平台和产值超千亿的汽车产业集群。2014 年，成都经开区综合发展水平位居全国 131 个国家级经开区第 27 位、西部第 1 位，汽车整车（含机械）产量约 90.46 万辆，比 2005 年增长了 39.68 倍，汽车产业主营收入 1600 亿元，比 2005 年增长了 49.16 倍，成为全省全市增长最快的千亿特色优势产业。其中，汽车配件产业成链发展，富维海拉车灯等一批重大项目建成投产，规模以上零部件企业突破 100 家，汽车零部件主营收入达 260 亿元；汽车后产业聚集发展，一汽大众 4S 店等一批汽贸项目建成投用，汽车后产业主营收入达 260 亿元；汽车产业高端创新发展，制定落实科技创新举措，建成投运郭孔辉院士汽车底盘研发中心等技术创新中心；招大引强取得新突破，新引进中法成都生态园等重大项目 31 个，落地建设东风神龙乘用车成都基地和一汽大众四期等重大项目，为实现全区汽车产业“南北联动、两翼齐飞”奠定了基础。同时，推动现代服务业、都市农业提升发展，分别实现增加值 148 亿元、27 亿元。

6.2　生态环境问题

龙泉驿区曾经森林繁茂、山清水秀、环境优美，素有“四时花不断，八节佳果香”之美誉。2000 年以来，该区汽车工业和城镇化发展迅速，土地开发利用强度日益增大，自然景观受人为干扰破坏严重，生态环境问题较为突出，主要表现在四个方面：其一是空气污染严重、水环境质量较差；其二是工业化进程过快、“三废”污染严重；其三是城镇空间扩张盲目、土地利用开发过度；其四是森林结构类型不合理、空间分布不均衡。

6.2.1　空气污染严重、水环境质量较差

2014 年，龙泉驿区环境空气二氧化硫（SO_2）年平均浓度为 40μg/m³，同比增长 11.11%，二氧化氮（NO_2）年平均浓度为 39μg/m³，同比下降 27.78%，可吸入颗粒物 PM_{10} 和 $PM_{2.5}$ 年平均浓度值分别为 114μg/m³和 74μg/m³，一氧化碳（CO）和臭氧（O_3）年平均浓度值分别为 2μg/m³和 127μg/m³，其中 PM_{10} 和 $PM_{2.5}$ 分别超出环境空气质量二级评价标准上限值 44μg/m³和 39μg/m³，其余指标值均达到二级评价标准。全年大气环境质量优良天数为 235 天，同比减少 28 天，优良率为 64.4%，同比减少 7.7 个百分点，优良天数和优良率大幅下降，区域环境空气质量下降趋势明显。全区地表水水质断面水质达标率为 50%，同 2013 年相比，水质下降明显（西河天平断面水质为劣Ⅴ类），地表水水质较差；饮用水源地水质监测结果均达到国家标准，达标率为 100%，与 2013 年相比，无明显变化。

6.2.2　工业化进程过快、“三废”污染严重

近年来，龙泉驿区以汽车制造业为支撑的工业经济快速发展，2014 年规模以上工业增加

值 740.38 亿元，同 2001 年比增加了 128.89 倍；工业利税总额 496.10 亿元，同 2001 年比增加了 1101.44 倍；工业利润总额 189.28 亿元，同 2001 年比增加了 292.2 倍，工业化取得了显著成效。但在工业化进程中，由于过度追求速度和效益，忽视生态环境保护，该区域工业“三废”污染较为严重。2005 年，工业废气排放 22.47 万 Nm^3，工艺废气排放 6.56 万 Nm^3，二氧化硫排放 1.85 万 t，烟尘排放 2.10 万 t，工业粉尘排放 1.47 万 t，分别是 2000 年的 2.22 倍、0.74 倍、0.71 倍、0.09 倍和 0.47 倍；“十五”期间，工业废水排放 628.65 万 t，年度化学需氧量排放 120～160t，主要集中在机械加工制造行业；产生工业固体废弃物 11.89 万 t，主要为砖瓦制造业产生的煤渣，产生各类危险废物 744t，主要有医疗垃圾、电镀污泥、废矿物油、废有机溶剂、废油漆渣等。

6.2.3　城镇空间扩张盲目、土地利用开发过度

龙泉驿区是成都现代化特大中心城市东部副中心和中心城市向东发展主体区，受大城市辐射效应和工业化聚集效应影响，城镇空间迅速扩张，2013 年主城区面积 44.51km^2，是 2001 年的 1.25 倍，城镇人口 50.86 万人，是 2001 年的 3.14 倍。但是，城镇和工业园区大幅扩张，致使耕地、园地等大量土地资源被侵占，加之产业聚集效益引起的区域人口骤增，使得区域生态环境压力倍增，仅 2005 年就产生城市生活垃圾 8.5 万 t，同 2000 年比增加了 0.27 倍。此外，由于龙泉驿地处成都市近郊区，人地矛盾尖锐，土地利用率高，开发强度大，特别是 20 世纪 90 年代进行农业种植结构大调整，大量种植传统粮食作物的农田和耕地转变为种植果树的果园，虽然农业产业效益大幅提高，但因过度追求经济效益，大量化肥、农药、农膜被用于农业生产，致使农业生态环境污染日益严重。2012 年，全区化肥施用量为 4574t，每公顷农作物播种面积化肥用量达 194.85kg。

6.2.4　森林结构类型不合理、空间分布不均衡

2014 年，龙泉驿区森林覆盖面积为 21 651.2hm^2，同 2001 年比增加了 2207hm^2，增长 11.35%。其中，生态公益林面积为 7289.87hm^2，仅占全区森林面积的 33.67%，而以果树为主的经济林面积达 14 361.33hm^2，占全区森林面积的 66.33%。受人类活动影响，境内原始森林植被消失殆尽，现有生态公益林树种以柏木纯林和桤柏混交林为主，树种单一，林分质量差，低质、低产、低效林比重较大。20 世纪 90 年代，受经济利益驱使，区内经济林种植规模迅速扩大，大量生态林遭到破坏，森林雨水涵养、水土保持等功能整体下降，加剧了区域水土流失和水资源短缺，进而影响了整个地区的生态环境，使区域可持续发展面临严峻挑战。此外，境内大面积森林植被分布在东部山泉、茶店、万兴等山区镇乡，以及同安街道、洛带镇、柏合镇境域东部山区，而西部坝区仅有零星竹林和经济林分布，区域森林植被空间分布很不均衡。

6.3　生态安全挑战

中国共产党第十八次全国代表大会召开以来，生态文明建设被提升到前所未有的高度，成为建设中国特色社会主义“五位一体”总体布局的重要组成部分。龙泉驿区拥有龙泉山脉、山间湖泊、川西林盘等自然资源，在生态文明建设上具有得天独厚的优势，有条件将生态资

源转化为经济发展的新动能和参与区域综合实力竞争的新优势。近年来，随着工业化和城镇化进程的加快，龙泉驿区人口加快聚集增加、经济快速发展、城镇无序蔓延、工业区大幅扩张，出现了工业“三废”污染物排放量急剧增加、城市无序蔓延扩张、大气污染、水体污染、森林植被遭受破坏等系列生态环境问题，给区域可持续发展带来了较大的生态安全挑战。

6.3.1 环境污染形势依然严峻带来的生态安全挑战

实现区域经济可持续发展要求在区域经济发展过程中必须实施环境保护战略，协调处理好经济发展与自然生态环境保护之间的关系，最终达到经济发展与生态平衡互促共进的双赢目标。在区域开发过程中，必须遵循自然规律、生态规律、社会规律，因地制宜地处理好开发与保护之间的关系，对自然资源和生态资源的开发利用程度不能超过生态环境容量和生态环境承载力，针对环境污染和生态破坏特别严重的地区，必须采取科学合理的人工干预措施使其恢复生态系统的自平衡能力。但是，龙泉驿区在加速发展经济的过程中，由于受客观外部环境影响，一味追求经济效益，而忽略了生态环境的保护，以牺牲环境为代价来换取经济增长的案例时有发生，区域空气污染严重、水环境质量较差，环境污染形势比较严峻，给区域可持续发展带来了较大的生态安全挑战。因此，加强生态安全格局规划理论、方法与实践，构建从空间上平衡经济发展与生态保护矛盾关系的区域生态安全格局势在必行，既可以为区域土地持续利用、城镇合理扩张、经济良性发展提供可行的空间管控依据，同时又能够为构建区域生态文明建设空间战略提供理论支撑和方法参考。

6.3.2 工业资源环境消耗较大带来的生态安全挑战

优化调整区域产业结构、提高资源配置整体效益，是从根本上协调经济发展与资源环境保护矛盾关系、实现区域经济可持续发展的重要途径。在三大产业体系中，工业产业是自然资源的主要消费者和污染物的主要制造者。因此，要限制那些资源密集、技术含量不高、资源利用水平较低、环境污染严重的产业，积极扶持和鼓励那些能源消耗少、污染小、以知识技术密集为主导的电子信息、生物工程、新能源、新材料等高科技产业，逐步提高第三产业所占比重，从而推动区域产业结构趋于合理化。龙泉驿区是天府新区重要组成部分，是国家级成都经济技术开发区所在地，重点发展汽车整车、零部件和工程机械产业。近些年来，以汽车制造业为支撑的工业经济快速发展，取得了显著成效。但是，在工业化进程中，由于专注于追求速度和效益，而忽视了生态环境保护问题，再加上一些小型工业企业生产和工艺水平落后，污染治理水平低下，致使该区域工业“三废”污染较为严重，给区域经济可持续发展带来了较大的生态安全挑战。因此，加强生态安全格局规划理论、方法与实践，编制从空间上平衡经济发展与生态保护矛盾关系的区域生态安全格局规划，可以为区域产业空间布局调整提供理论指导和方法参考。

6.3.3 城镇空间无序蔓延扩张带来的生态安全挑战

城镇可持续发展离不开科学规划的指引。区域城镇总体规划具有很强的综合性、战略性和地域性，需要综合协调社会经济发展战略、城镇体系规划及其他专项规划，对区域内部人口规模、自然资源开发与保护、环境的治理与保护、生态环境利用与恢复、社会经济良性循环发展、城镇体系、基础设施和公共服务配套建设等进行统筹谋划和合理的空间布局。近些年来，龙泉驿区在制定区域总体规划、城镇空间规划、土地利用布局规划等规划过程中，没有从空间布局上把地区生态安全格局作为一个复杂系统工程进行统筹规划，简单地把城市森林公园打造、城市绿道建设、道路景观打造简单等同于生态安全保护规划，导致部分地区生态保护进入盲目保护和低效保护误区，不但没解决经济发展和生态保护的矛盾冲突，还产生了过度利用和低效利用的新问题，既开发了应该保护的资源，又浪费了大量可供开发利用的空间，给区域经济可持续发展带来了较大的生态安全挑战。研究证实，生态安全格局规划是实现区域生态安全的基本保障和重要途径，能够避免走入盲目保护和低效保护的误区，有效化解生态保护和经济发展的矛盾冲突(俞孔坚和王思思，2009)。因此，加强生态安全格局规划理论、方法与实践，构建从空间上平衡经济发展与生态保护矛盾关系的区域生态安全格局，是实现城镇可持续发展的重要途径。

6.3.4　自然资源过度开发利用带来的生态安全挑战

自然资源的开发利用，客观上要求有一定的经济前提，顺应其发展变化规律，不仅要遵循自然、生态平衡规律，还要遵循社会经济发展规律，维持自然界固有的发展趋势和发展潜能，使自然环境的潜力与优势得到发挥，避免盲目开发给环境带来负面效应。20 世纪 90 年代，受经济利益驱使，龙泉驿区经济林种植规模迅速扩大，大量生态林遭到破坏，森林雨水涵养、水土保持、气候调节、大气净化等功能整体下降，加剧了区域水土流失、水资源短缺和大气污染，进而影响了整个地区的生态环境，使区域可持续发展面临严峻挑战。因此，加强生态安全格局规划理论、方法与应用实践，构建从空间上平衡经济发展与生态保护矛盾关系的区域生态安全格局空间方案，对地方政府科学制定资源开发利用总体规划、合理确定县域主体功能分区、有效提高自然资源综合利用率、促进资源优化配置和可持续发展具有重要的理论和现实意义。

6.4　小　　结

龙泉驿区位于成都平原东缘、龙泉山脉西侧，地处北纬 30°27′52″～30°43′23″、东经 104°08′19″～104°27′09″，面积为 556.4km^2，辖 4 个街道、7 个镇、1 个乡。地质构造为成都断陷带与龙泉山隆褶带间的构造断块，地势由东南逐渐向西北微倾，最高海拔 1037m，最低海拔 407m，相对高差 630m。有平坝、丘陵、山地等地貌类型，其中平坝 317.54km^2，分布在境域中西部，系山前冲积坝；山地 217.38km^2，分布在境域东南部，山势呈北东-南西走向；丘陵 21.48km^2，散布在境内西部和龙泉山脉中段东西两侧。气候属四川盆地中亚热带湿润气候，年均温 16.5℃、降雨量 852.4mm、日照时数 1021h、水面蒸发量 984.7mm。成土母质为侏罗系、白垩系、第四系成土母质，主要土壤类型为水稻土、黄泥土、紫色新冲积土和紫色土。森林植被类型属亚热带常绿阔叶林带，植被多为天然次生林和人工林。

龙泉驿属四川省会成都市辖区，是成都第二经济圈，区人民政府所在地距成都市中心天府广场 26.7km，典型大城市近郊区，是成都现代化特大中心城市东部副中心和中心城市向东发展主体区，也是国家级经济技术开发区和天府新区龙泉片区所在区域，还是国家级天府新区高端制造产业功能区和“三湖一山”国际旅游文化功能区所在地，重点发展汽车产业，2014 年全区国内生产总值实现 944.6 元，位居全省县域经济综合实力第一位。该区生态安全不仅关系到国家级成都经济技术开发区的可持续发展，更关系到四川天府新区生态屏障的建设。21 世纪以来，随着工业化和城镇化进程的加快，龙泉驿区人口加快聚集增加、经济快速发展、城镇无序蔓延、工业区大幅扩张，对区域生态环境产生了较大负面影响，出现了空气污染严重、水环境质量较差，工业化进程过快、“三废”污染严重，城镇空间扩张盲目、土地利用开发过度，森林结构类型不合理、空间分布不均衡等生态环境问题，面临环境污染形势依然严峻、工业资源环境消耗较大、城镇空间无序蔓延扩张、自然资源过度开发利用等生态安全挑战。而且，龙泉驿区还涵盖了平坝、丘陵、山地等基本地貌类型，景观类型多样且变化明显。因此，对其进行景观生态安全格局规划理论、方法与应用研究具有较强的代表性和一定的理论价值和现实意义。鉴于此，本书以龙泉驿区为景观生态安全格局规划案例研究区，基于景观生态学理论和景观生态规划原理，以景观格局优化为视角，在景观分类与景观格局现状分析、景观格局变化特征与驱动因子分析、景观格局变化潜力与动态模拟、区域生态安全评价与变化趋势预测研究基础上，创新提出一种基于粒子群优化算法原理的景观格局空间优化模型与算法，通过对经济发展、生态保护、统筹兼顾 3 种情景景观空间布局进行优化，构建一种在空间上有效平衡生态保护与经济发展矛盾关系的最佳景观生态安全格局，弥补景观格局空间优化理论研究不系统和方法应用创新不深入的不足，为区域土地持续利用、城镇合理扩张、经济良性发展提供可行的空间管控依据，为构建区域生态文明建设空间战略提供理论支撑和方法参考，对研究工业化和城市化进程对景观格局的影响具有理论与实践意义。

第7章 龙泉驿景观分类与景观格局现状分析

景观生态分类是根据景观生态系统内部水热状况、物质能量交换形式、自然要素、人类活动的差异，按照一定原则、依据、指标，把一系列相互区别、各具特色的景观类型进行个体划分和类型归并，从而揭示景观内部格局、分布规律、演替方向(李振鹏等，2004)，是进行景观格局分析、景观功能评价、景观生态规划和管理的基础和前提(肖笃宁和钟林生，1998)。景观生态分类理论和方法的研究进展，在很大程度上反映了整个景观生态学科发展水平，国内外研究者围绕景观生态分类理论和方法进行了大量研究(Wilson and Forman，1995；师庆东等，2014；卢浩东等，2014)。

“3S”技术的进步为研究者利用RS、GIS技术进行景观生态分类与制图研究提供了技术支持，许多研究者以遥感影像和相关地理空间数据为信息源，应用RS、GIS技术进行大量景观分类和制图研究。Nellis 和 Briggs(1989)以 MSS、TM 影像和航片为基础数据进行景观分类和空间格局分析；Coops 等(2009)基于多源遥感影像获取综合指标开展生态土地分类；李俊祥和宋永昌(2003)利用 TM 多时相数据，运用遥感影像非监督分类法进行景观分类与制图研究；庞立东等(2010)以 TM 影像为信息源，依据植被图、土地利用类型图等地理图件建立解译标志，通过遥感影像目视解译和 GIS 人工数字化制图手段进行景观分类和制图探讨。总体来看，国内研究主要应用 RS、GIS 常规技术对几类已明确的景观类型单元进行划分与制图研究，利用决策树分类、面向对象图像分类等现代遥感影像分类技术方法进行景观类型划分与制图的应用探讨还不深；在景观类型划分中，一些景观分类体系虽然能够有效融合景观类型划分理论与方法，但是其实用性不强，根据研究目的进行多种景观分类体系分类结果的实用性对比探讨还很少见；在景观类型图编制中，常将不同制图比例图件直接叠加成图，忽略了不同制图尺度图件制图精度差异对景观类型划分结果的影响。

鉴于此，有必要集成应用现代遥感影像分类方法、GIS 技术，根据多种景观分类体系进行景观类型划分方法和分类结果实用性探讨，在此基础上基于实用性较强的景观分类结果对规划案例研究区景观格局现状进行分析，弄清该地区当前景观格局现状存在的不足，找准景观资源利用中存在的问题，为后续景观格局动态变化特征与驱动因子分析、景观格局变化潜力与动态模拟、区域生态安全评价与变化趋势预测、景观生态安全格局规划研究提供方法参考和科学依据。

7.1 基于遥感影像的景观分类体系

7.1.1 分类原则

基于遥感影像的景观分类原则如下。

1）既体现综合特征又突出局部主导因素。景观是由地带性因素和非地带性因素综合作用的产物，是一定地段气候、土壤、水文、地貌、植被及人类活动等因素共同作用形成的地域综合体（肖笃宁等，2010）。因此，景观分类应在体现地域综合体特征的同时兼顾地带性和非地带性因素，选择能综合反映景观形成因素及过程的分类指标。但由于地带性和非地带性因素在相同尺度分类等级上的作用有其各自特征和主次之分，因此要注意区分主次，并以主导因子为主要分类依据。

2）既考虑景观特征又兼顾影像特征。遥感影像是地面景观特征的定量反映，在运用遥感影像对景观类型进行分类时，既要充分体现景观特征，同时又要考虑影像特征对各景观类型的表达能力，这样才能准确建立景观组成要素或景观类型的解译标志，确保景观分类精度达到既定要求。

3）既要确保分类体系的完整性又能满足生产实践的需要。景观分类体系既能把一系列相互独立又相互联系的景观类型区别开，又能满足景观类型内部差异小、类型间差异大的分类要求，并且景观分类主要目的是为进行景观格局分析、景观变化驱动因子分析、景观变化动态模拟、景观生态评价、景观生态规划与管理提供基础服务，因此，景观分类体系的级别要适当、类型要适用，这样才便于在实际研究工作和生产实践中应用。

7.1.2 分类体系

国内外研究者提出过多个景观分类体系（Zonneveld，1995；李新琪和金海龙，2007；师庆东等，2014），但由于对景观的理解、研究区域和目的不同，所提景观分类体系各不相同，因此迄今为止还没有形成一个具有普适性的景观分类体系。景观生态分类实际上是从功能着眼、从结构着手，对景观生态系统类型的划分（傅伯杰等，2011）。王仰麟（1996）指出景观生态分类应采用结构性与功能性双系列体系的分类方法。由此可见，景观分类关键在于选择能综合反映景观功能和结构特征的主导因子和依据。傅伯杰等（2011）指出地貌形态及其界线、地表覆被状况（主要包括植被和土地利用）可间接甚至直接代表景观生态系统内在特征，具有综合指标意义。其中，地貌形态是景观生态系统空间结构基础，是个体单元独立分异主要标志；地表覆被状况间接代表景观生态系统内在整体功能。二者作为显性自然要素可直观反映不同类型景观外在表征的特征差异，能体现景观结构性特征。另外，土地利用/土地覆被类型是地表覆被状况的主要反映指标，它既能反映景观自然属性，又能反映人类对景观功能的需求及人类活动对景观结构、功能、过程的影响，可体现景观功能性特征，再加上景观分类尺度差异可直观地用时空分辨率水平表达（李书娟和曾辉，2002）。因此，本研究在借鉴李新琪和金海龙（2007）、师庆东等（2014）研究成果基础上，按照"既能体现综合特征又能突出局部主导因素、既考虑景观特征又兼顾影像特征、既确保分类体系完整又满足生产应用需要"的原则，以 TM/ETM+/OLI 影像和 ASTER GDEM 数字高程模型数据上能直接解译和识别的地貌类型、土地利用/土地覆被类型作为景观类型划分主要依据，将龙泉驿区景观分类体系划分为景观类和景观型两级。

第 1 级：景观类。景观的垂直地带性表现在同一气候带内，随着海拔的变化，热量和水分也发生了变化并影响着土壤、植被及物质迁移和生态系统的总体演替和发展（沈玉昌等，1982）。因此，可以把引起区域景观产生非地带性地域分异的地质、地貌等因子作为景观类划分依据，凡地质基础和宏观地貌单元相同的景观皆联合为景观类。由于龙泉驿区处在同一地质构造带、温度带和干湿带(成都市龙泉驿区地方志编纂委员会，2013)，且地貌形态还可以体现景观结构特征，因此把地形地貌因子作为景观类划分主要依据，并结合《成都市龙泉驿区国土志》(成都市龙泉驿区国土局，1998)中地貌类型划分情况，将龙泉驿区景观类划分为平坝、丘陵、山地三大景观类。

第 2 级：景观型。土地利用/土地覆被变化与景观自然属性变化和人类活动密切相关，能够体现景观功能性特征，因此本研究以土地利用/土地覆被类型为景观型划分主要依据，并结合龙泉驿区土地利用/土地覆被状况和遥感影像光谱特征对各土地利用/土地覆被类型的解译能力，参考国内权威土地利用/土地覆被分类系统(GB/T 21010—2007《土地利用现状分类》)，将该地区划分为农田、果园、森林、城乡人居及工矿、交通运输、水体共六大景观型，龙泉驿区景观型与该土地利用/土地覆盖分类系统的对应关系如表 7-1 所示。

表 7-1　龙泉驿区景观型与土地利用/土地覆盖分类系统的对应关系

一级类		二级类		含义	景观型	
编码	类别名称	编码	类别名称		编码	类别名称
1	耕地			指种植农作物的土地，包括熟地、新开发、复垦、整理地，休闲地(轮歇地、轮作地)；以种植农作物(含蔬菜)为主，间有零星果树、桑树或其他树木的土地；平均每年能保证收获一季的已垦滩地和海涂。耕地中还包括南方宽度<1.0m、北方宽度<2.0m 固定的沟、渠、路和地坎(埂)；临时种植药材、草皮、花卉、苗木等的耕地，以及其他临时改变用途的耕地	01	农田
		11	水田	指用于种植水稻、莲藕等水生农作物的耕地。包括实行水生、旱生农作物轮种的耕地		
		12	水浇地	指有水源保证和灌溉设施，在一般年景能正常灌溉，种植旱生农作物的耕地。包括种植蔬菜等的非工厂化的大棚用地		
		13	旱地	指无灌溉设施，主要靠天然降水种植旱生家作物的耕地，包括没有灌溉设施，仅靠引洪淤灌的耕地		
2	园地			指种植以采集果、叶、根、茎、枝、汁等为主的集约经营的多年生木本和草本作物，覆盖度大于 50%或每亩株数大于合理株数 70%的土地。包括用于育苗的土地	02	果园
		21	果园	指种植果树的园地		
		23	其他园地	指种植桑树、橡胶、可可、咖啡、油棕、胡椒、药材等其他多年生作物的园地		
3	林地			指生长乔木、竹类、灌木的土地，以及沿海生长红树林的土地。包括迹地，不包括居民点内部的绿化林木用地，以及铁路、公路、征地范围内的林木，以及河流、沟渠的护堤林	03	森林
		31	有林地	指树木郁闭度≥0.2 的乔木林地，包括红树林地和竹林地		
		32	灌木林地	指灌木覆盖度≥40%的林地		
		33	其他林地	包括疏林地(指树木郁闭度≥0.1、<0.2 的林地)、未成林地、迹地、苗圃等林地		
4	草地			指生长草本植物为主的土地		
		43	其他草地	指树林郁闭度<0.1，表层为土质，生长草本植物为主，不用于畜牧业的草地	03	森林

续表

一级类		二级类		含义	景观型	
编码	类别名称	编码	类别名称		编码	类别名称
5	商服用地			指主要用于商业、服务业的土地	04	城乡人居及工矿
		51	批发零售用地	指主要用于商品批发、零售的用地。包括商场、商店、超市、各类批发(零售)市场，加油站等及其附属的小型仓库、车间、工场等的用地		
		52	住宿餐饮用地	指主要用于提供住宿、餐饮服务的用地。包括宾馆、酒店、饭店、旅馆、招待所、度假村、餐厅、酒吧等		
		53	商务金融用地	指企业、服务业等办公用地，以及经营性的办公场所用地。包括写字楼、商业性办公场所、金融活动场所和企业厂区外独立的办公场所等用地		
		54	其他商服用地	指上述用地以外的其他商业、服务业用地。包括洗车场、洗染店、废旧物资回收站、维修网点、照相馆、理发美容店、洗浴场所等用地		
6	工矿仓储用地			指主要用于工业生产、物资存放场所的土地	04	城乡人居及工矿
		61	工业用地	指工业生产及直接为工业生产服务的附属设施用地		
		62	采矿用地	指采矿、采石、采砂(沙)场，盐田，砖瓦窑等地面生产用地及尾矿堆放地		
		63	仓储用地	指用于物资储备、中转的场所用地		
7	住宅用地			指主要用于人们生活居住的房基地及其附属设施的土地	04	城乡人居及工矿
		71	城镇住宅用地	指城镇用于居住的各类房屋用地及其附属设施用地。包括普通住宅、公寓、别墅等用地		
		72	农村宅基地	指农村用于生活居住的宅基地		
8	公共管理与公共服务用地			指用于机关团体、新闻出版、科教文卫、风景名胜、公共设施等的土地	04	城乡人居及工矿
		81	机关团体用地	指用于党政机关、社会团体、群众自治组织等的用地		
		82	新闻出版用地	指用于广播电台、电视台、电影厂、报社、杂志社、通讯社、出版社等的用地		
		83	科教用地	指用于各类教育，独立的科研、勘测、设计、技术推广、科普等的用地		
		84	医卫慈善用地	指用于医疗保健、卫生防疫、急救康复、医检药检、福利救助等的用地		
		85	文体娱乐用地	指用于各类文化、体育、娱乐及公共广场等的用地		
		86	公共设施用地	指用于城乡基础设施的用地。包括给排水、供电、供热、供气、邮政、电信、消防、环卫、公用设施维修等用地		
		87	公园与绿地	指城镇、村庄内部的公园、动物园、植物园、街心花园和用于休憩及美化环境的绿化用地		
		88	风景名胜设施用地	指风景名胜(包括名胜古迹、旅游景点、革命遗址等)景点及管理机构的建筑用地。景区内的其他用地按现状归入相应地类		
9	特殊用地			指用于军事设施、涉外、宗教、监教、殡葬等的土地	04	城乡人居及工矿
		91	军事设施用地	指直接用于军事目的的设施用地		
		93	监教场所用地	指用于监狱、看守所、劳改场、劳教所、戒毒所等的建筑用地		
		94	宗教用地	指专门用于宗教活动的庙宇、寺院、道观、教堂等宗教自用地		
		95	殡葬用地	指陵园、墓地、殡葬场所用地		

续表

一级类		二级类		含义	景观型	
编码	类别名称	编码	类别名称		编码	类别名称
10	交通运输用地			指用于运输通行的地面线路、场站等的土地。包括民用机场、港口、码头、地面运输管道和各种道路用地		
		101	铁路用地	指用于铁道线路、轻轨、场站的用地。包括设计内的路堤、路堑、道沟、桥梁、林木等用地	05	交通运输
		102	公路用地	指用于国道、省道、县道和乡道的用地。包括设计内的路堤、路堑、道沟、桥梁、汽车停靠站、林木及直接为其服务的附属用地		
		103	街巷用地	指用于城镇、村庄内部公用道路(含立交桥)及行道树的用地。包括公共停车场、汽车客货运输站点及停车场等用地	04	城乡人居及工矿
		104	农村道路	指公路用地以外的南方宽度≥1.0m、北方宽度≥2.0m 的村间、田间道路(含机耕道)	05	交通运输
11	水域及水利设施用地			指陆地水域，海涂，沟渠、水工建筑物等用地。不包括滞洪区和已垦滩涂中的耕地、园地、林地、居民点、道路等用地		
		111	河流水面	指天然形成或人工开挖河流常水位岸线之间的水面，不包括被堤坝拦截后形成的水库水面	06	水体
		112	湖泊水面	指天然形成的积水区常水位岸线所围成的水面		
		113	水库水面	指人工拦截汇积而成的总库容≥10 万 m^3的水库正常蓄水位岸线所围成的水面		
		114	坑塘水面	指人工开挖或天然形成的蓄水量<10 万 m^3的坑塘常水位岸线所围成的水面		
		117	沟渠	指人工修建，南方宽度≥1.0m、北方宽度≥2.0m，用于引、排、灌的渠道，包括渠槽、渠堤、取土坑、护堤林		
		118	水工建筑用地	指人工修建的闸、坝、堤路林、水电厂房、扬水站等常水位岸线以上的建筑物用地	04	城乡人居及工矿
12	其他土地			指上述地类以外的其他类型的土地		
		121	空闲地	指城镇、村庄、工矿内部尚未利用的土地	04	城乡人居及工矿
		122	设施农业用地	指直接用于经营性养殖的畜禽舍、工厂化作物栽培或水产养殖的生产设施用地及其相应附属用地，农村宅基地以外的晾晒场等农业设施用地		
		123	田坎	主要指耕地中南方宽度≥1.0m、北方宽度≥2.0m 的地坎	01	农田
		127	裸地	指表层为土质，基本无植被覆盖的土地；或表层为岩石、石砾，其覆盖面积≥70%的土地	04	城乡人居及工矿

鉴于此，本研究建立了由平坝、丘陵、山地 3 种景观类和农田、果园、森林、城乡人居及工矿、交通运输、水体 6 种景观型组成的两级景观分类体系(表 7-2)。

表 7-2　龙泉驿区景观分类体系

景观类(地貌类型)		景观型(土地利用/土地覆盖类型)			
编码	类型名	编码	类型名	编码	类型名
A	平坝	01	农田	04	城乡人居及工矿
B	丘陵	02	果园	05	交通运输
C	山地	03	森林	06	水体

7.1.3　分类命名与编码

按照“景观类-景观型”两级命名规则进行景观类型命名，即景观类(平坝、丘陵、山地)+景观型(农田、果园、森林、城乡人居及工矿、交通运输、水体)，如“山地森林景观”中“山地”为景观类、“森林”为景观型、“山地森林景观”为该景观类型总命名。景观类型编码由1位大写字母和2位阿拉伯数字组成，左起第1位字母代表景观类、后2位数字表示景观型，比如编码“A01”表示平坝农田景观。

7.1.4　分类数据来源

本章研究基础数据为2014年8月13日龙泉驿区Landsat 8 OLI影像(图3-2)、ASTER GDEM V2数字高程模型[图6-2(b)]及国家基础地理信息系统1∶400万基础地理数据、龙泉驿区第二次全国土地调查成果、景观野外调查成果等辅助资料。其中，Landsat 8 OLI影像、ASTER GDEM V2数字高程模型数据特征和来源在本书上篇第2章已做了详细介绍，本章不再赘述；国家基础地理信息系统1∶400万基础地理数据来源于国家基础地理信息中心网站(http://ngcc.sbsm.gov.cn/)；龙泉驿区第二次全国土地调查成果由四川省土地资源信息重点实验室提供。

7.2　景观分类方法

本章在参考已有研究成果(王仰麟，1996；程维明等，2004；李新琪和金海龙，2007；师庆东等，2014)基础上，结合规划案例研究区遥感影像特征、土地利用/土地覆被和地貌分布状况及景观野外调查情况，按照前文所述景观分类原则和体系，应用RS、GIS技术进行景观类型划分。具体步骤如下：首先以相关分析法和雪氏熵值法综合确定的最佳地形因子组合为基础数据，利用ISODATA遥感影像非监督分类法进行地貌类型划分；然后把OLI影像6个原始波段(blue、green、red、NIR、SWIR-1、SWIR-2)、1个归一化植被指数(NDVI)、3个地形特征(DEM、slop、aspect)、8个常用纹理特征(mean、variance、homogeneity、contrast、dissimilarity、entropy、second、correlation)共18个特征变量组合作为基础数据，应用QUEST决策树分类法进行土地利用/土地覆被类型划分，并将其分类结果与基于相同训练样本和分类基础数据进行的C5.0决策树分类法、MLC最大似然分类法土地利用/土地覆被类型划分结果精度进行对比，将效果最佳的分类结果作为土地利用/土地覆被类型划分结果；最后以规划案例研究区地貌类型图和土地利用/土地覆被类型图为基础，综合应用ESRI ArcGIS10.0空间分析、地图编制和Python编程技术进行景观类型划分和景观图编制。

7.2.1　地貌类型划分

根据前文所述景观分类原则和体系，对景观类的划分等同于对地貌类型进行划分。为此，以相关分析法和雪氏熵值法综合确定的最佳地形因子组合为基础数据，通过利用ISODATA遥感影像非监督分类法对地貌类型进行划分来实现景观类的自动划分。

1. 初选参与分类的地形因子

为克服单一地形因子在地貌类型划分中的片面性和对微地貌的忽略，增强地貌类型划分依据，本研究选择高程、地势起伏度、地表粗糙度、地表切割度、高程变异系数 5 个宏观地形因子和坡度、坡度变率、坡向、坡向变率、地形曲率 5 个微观地形因子作为地貌类型划分的初选地形因子。

2. 计算最佳分析窗口面积并提取地形因子

在初选地形因子中，地表粗糙度、坡度、坡度变率、坡向、坡向变率、地形曲率均可利用 ESRI ArcGIS10.0 相应工具直接提取，但地势起伏度、地表切割度、高程变异系数的提取要使用邻域统计工具，因该工具涉及最佳分析窗口大小的确定，故本研究以地势起伏度最佳分析窗口面积计算为例，通过 Python 编程(程序代码见附录 1)计算 100 个不同大小分析窗口地势起伏度值(表 7-3)，按照王玲和吕新(2009)研究中介绍的均值变点分析法步骤，应用 MATLAB 编程(程序代码见附录 2)计算不同大小分析窗口地势起伏度样本离差平方和 S、以 $i(i=2,3,\cdots,100)$ 为分割点的各段样本离差平方和之差 S_i 及 S 和 S_i 的差距 $S-S_i$，绘制 $S-S_i$ 变化曲线(图 7-1)确定最佳分析窗口面积为 0.9801km²，在此基础上应用 ESRI ArcGIS10.0 领域统计工具提取地势起伏度因子，并参照该分析窗口面积提取地表切割度和高程变异系数。

表 7-3　龙泉驿区不同网格单元地势起伏度值

网格大小(像元数)	3×3	4×4	5×5	…	33×33	…	99×99	100×100	101×101	102×102
面积/m²	8 100	14 400	22 500	…	980 100	…	8 820 900	9 000 000	9 180 900	9 363 600
地势起伏度/m	9.66	14.22	18.61	…	88.98	…	155.12	159.31	162.84	164.69

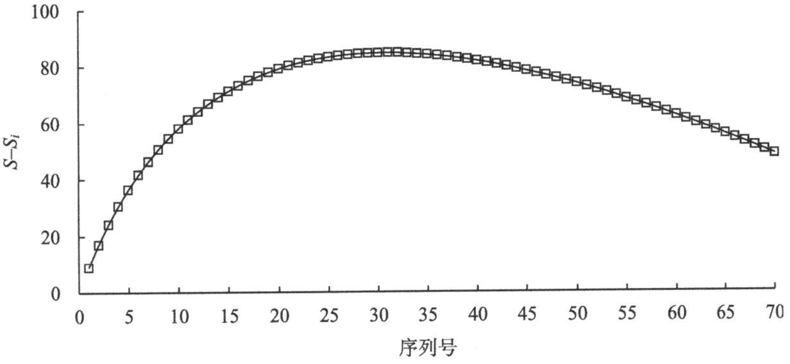

图 7-1　S–S_i 变化曲线

3. 确定最佳地形因子组合

借助 ENVI 统计工具计算确定 10 个地形因子中相关度较高的地形因子，并从中任选一个与其余地形因子组合成若干地形因子组合，再采用宋佳(2006)研究中介绍的雪氏熵值法计算每组地形因子组合信息熵，把信息熵值最大的组合作为最佳地形因子组合。经计算，相关度较高的地形因子为地势起伏度、地表切割度和高程变异系数(相关系数阈值为 0.9)(表 7-4)，与其余 7 个地形因子组合形成 3 组 8 维地形因子组合(即第 1 组为地势起伏度、高程、坡度、坡度变率、坡向、坡向变率、地表粗糙度、地形曲率；第 2 组为地表切割度、高程、坡度、坡度变率、坡向、坡向变率、地表粗糙度、地形曲率；第 3 组为高程变异系数、高程、坡度、坡度变率、坡向、坡向变率、地表粗糙度、地形曲率），信息熵大小为第 3 组(46.2845)＞第 1 组(46.1365)＞第 2 组(46.1016)，故本研究将第 3 组组合确定为最佳地形因子组合，如图 7-2(a) 所示(分别以高程、坡度、地形曲率作为 RGB 三波段显示)。

表 7-4　各地形因子间相关系数

相关系数	高程	地势起伏度	坡度	坡度变率	坡向	坡向变率	地表粗糙度	地表切割度	地形曲率	高程变异系数
高程	1.0000									
地势起伏度	0.8694	1.0000								
坡度	0.8160	0.8876	1.0000							
坡度变率	0.6649	0.7269	0.7004	1.0000						
坡向	0.4620	0.3895	0.3741	0.3730	1.0000					
坡向变率	0.4149	0.3625	0.3495	0.3669	0.4985	1.0000				
地表粗糙度	0.6089	0.5110	0.4952	0.5150	0.6988	0.7120	1.0000			
地表切割度	0.8886	0.9759	0.8692	0.6986	0.3678	0.3439	0.4873	1.0000		
地形曲率	0.5524	0.4191	0.4142	0.4228	0.5787	0.5361	0.8239	0.4051	1.0000	
高程变异系数	0.8084	0.9808	0.8801	0.7300	0.3854	0.3630	0.5100	0.9430	0.4165	1.0000

4. 应用 ISODATA 遥感影像非监督分类法进行地貌类型划分

运用 ENVI 中 ISODATA 遥感影像非监督分类工具进行地貌类型划分实验(因本研究将地貌类型划分为三大类，故把 ISODATA 分类算法最小分类数设为 3、最大分类数设为 12、迭代次数设为 15、变换阈值设为 95%)，得到包含 10 个类别的初步分类结果，经 ERDAS IMAGINE 聚类分析和去除分析工具进行零碎图斑初次归并处理后将其转化为 ESRI ArcGIS10.0 矢量数据格式，再结合 Google Earth 高分辨率卫星影像和野外调查资料，运用 ESRI ArcGIS10.0 重分类工具把初步分类结果合并为平坝、丘陵、山地 3 种地貌类型。研究采用的 ASTER GDEM 数据空间分辨率为 30m，可满足 1∶10 万比例尺地貌类型划分(马士彬和安裕伦，2012)，但为确保数据有足够信息表达既定比例地貌类型图最小制图单元内地貌形态特征，本研究按 1∶20 万比例制图精度进行地貌类型划分，根据人眼最大分辨率 0.5mm(刘洋等，2012)，计算出该制图尺度制图精度为 10 000m²，最后利用 ESRI ArcGIS10.0 系统 Eliminate 工具将面积小于制图精度的零碎图斑进行归并处理后形成龙泉驿区地貌类型图[图 7-2(b)]。

7.2.2　土地利用/土地覆被类型划分

依据前文所述景观分类原则和体系，对龙泉驿区景观型的划分等同于对土地利用/覆被类型进行划分。为此，以 OLI 影像 6 个原始波段、1 个植被指数、3 个地形特征、8 个常用纹理特征共 18 个特征变量组合作为基础数据，通过利用 QUEST 决策树分类法对龙泉驿区进行土地利用/土地覆被类型划分来实现景观型的自动划分。

1. 选择训练和检验样本数据

综合参考龙泉驿区 Google Earth 高分辨率卫星图、土地利用现状图、野外调查资料及 ISODATA 非监督分类图，按照样区分布均匀、面积最大化原则在 OLI 影像标准假彩色合成图上选取农田、果园、森林、城乡人居及工矿、交通运输、水体 6 类土地利用/土地覆被类型训练和检

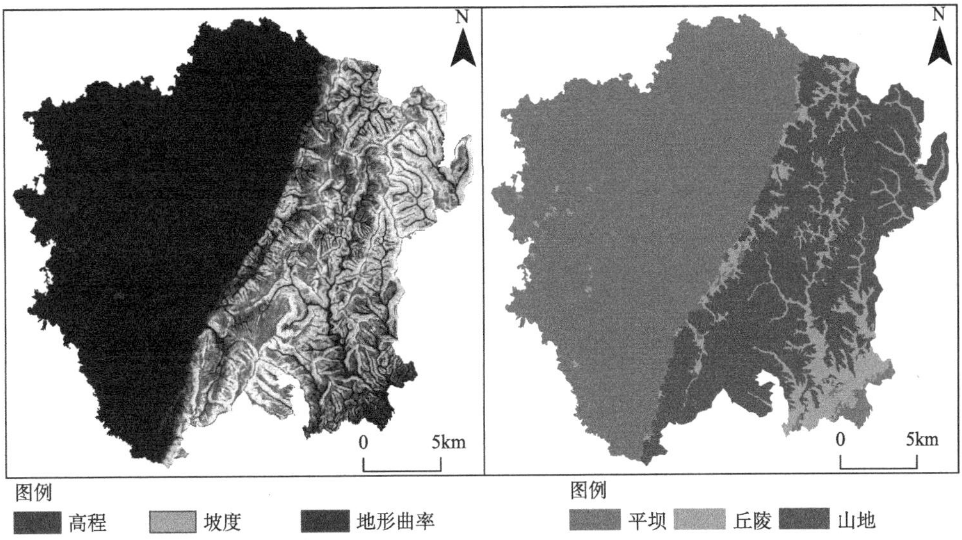

(a) 地形因子遥感多光谱假彩色合成图　　(b) 地貌类型图

图 7-2　龙泉驿区地形因子遥感多光谱假彩色合成图和地貌类型图

验样本数据，且为减小“同物异谱”“异物同谱”对土地利用/土地覆被类型划分结果的影响，根据同类土地利用/土地覆被类型因受成像环境、地物特性差异等影响导致地物光谱特征曲线(图 7-3)不同而在影像上表现出的颜色差异，将果园、城乡人居及工矿类各细分为 3 小类来选择训练(检验)样本(表 7-5)。

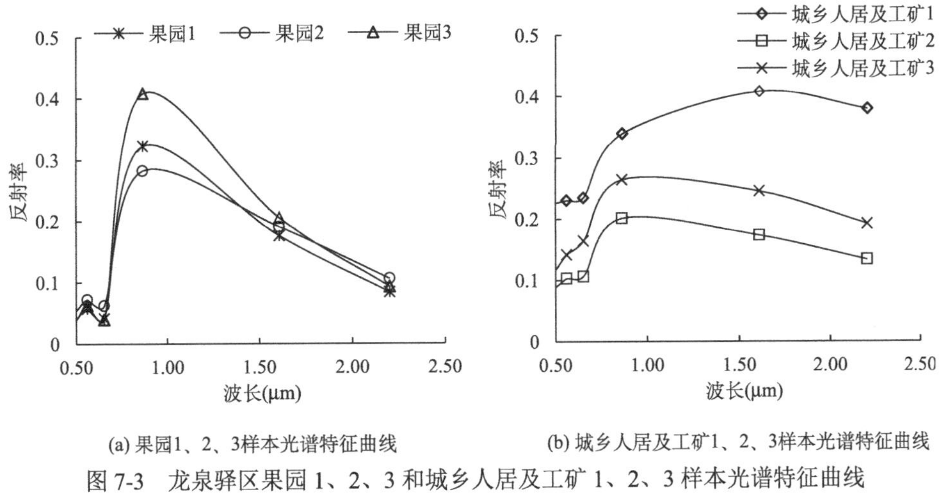

(a) 果园1、2、3样本光谱特征曲线　　(b) 城乡人居及工矿1、2、3样本光谱特征曲线

图 7-3　龙泉驿区果园 1、2、3 和城乡人居及工矿 1、2、3 样本光谱特征曲线

QUEST 决策树分类法是一种典型的遥感影像监督分类方法(申文明等，2007)，故选择样本的可分离性直接影响遥感影像土地利用/土地覆被类型的划分效果。本研究对 18 个特征变量组合形成的多波段融合数据的样本 Jeffries-Matusita 距离和转换分离度进行计算得知，各土地利用/土地覆被类型训练样本 Jeffries-Matusita 距离和转换分离度均大于 1.85(表 7-6)。根据邓书斌(2010)提出的训练样本评价标准，本研究所选样本间差异显著、可分离性好，可作为龙泉驿区遥感影像土地利用/土地覆被类型划分的训练样本。

表 7-5　龙泉驿区各土地利用/土地覆被类型训练（检验）样本数和像元数

地类名称	训练样本		检验样本	
	样本数	像元数	样本数	像元数
农田	49	1 900	75	2 410
果园 1	42	2 267	58	3 005
果园 2	41	1 861	52	2 198
果园 3	40	2 230	53	2 795
森林	48	3 152	64	4 036
城乡人居及工矿 1	39	2 076	55	2 663
城乡人居及工矿 2	36	1 748	51	2 254
城乡人居及工矿 3	36	1 948	56	2 650
交通运输	47	1 404	68	1 970
水体	46	2 214	72	2 790
合计	424	20 800	604	26 771

表 7-6　龙泉驿区各土地利用/土地覆被类型样本间 J-M 距离和转换分离度

地类名称	J-M 距离	转换分离度	地类名称	J-M 距离	转换分离度	地类名称	J-M 距离	转换分离度
农田与果园 1	1.99	2.00	果园 1 与交通运输	2.00	2.00	森林与城乡人居及工矿 1	2.00	2.00
农田与果园 2	1.98	2.00	果园 1 与水体	2.00	2.00	森林与城乡人居及工矿 2	2.00	2.00
农田与果园 3	1.98	2.00	果园 2 与果园 3	2.00	2.00	森林与城乡人居及工矿 3	2.00	2.00
农田与森林	1.99	2.00	果园 2 与森林	2.00	2.00	森林与交通运输	2.00	2.00
农田与城乡人居及工矿 1	2.00	2.00	果园 2 与城乡人居及工矿 1	2.00	2.00	森林与水体	2.00	2.00
农田与城乡人居及工矿 2	2.00	2.00	果园 2 与城乡人居及工矿 2	1.99	2.00	城乡人居及工矿 1 与城乡人居及工矿 2	2.00	2.00
农田与城乡人居及工矿 3	2.00	2.00	果园 2 与城乡人居及工矿 3	2.00	2.00	城乡人居及工矿 1 与城乡人居及工矿 3	1.99	2.00
农田与交通运输	1.99	2.00	果园 2 与交通运输	1.99	2.00	城乡人居及工矿 1 与交通运输	2.00	2.00
农田与水体	2.00	2.00	果园 2 与水体	2.00	2.00	城乡人居及工矿 1 与水体	2.00	2.00
果园 1 与果园 2	1.94	2.00	果园 3 与森林	1.99	2.00	城乡人居及工矿 2 与城乡人居及工矿 3	1.99	2.00
果园 1 与果园 3	1.98	2.00	果园 3 与城乡人居及工矿 1	2.00	2.00	城乡人居及工矿 2 与交通运输	1.87	1.99
果园 1 与森林	1.96	2.00	果园 3 与城乡人居及工矿 2	2.00	2.00	城乡人居及工矿 2 与水体	2.00	2.00
果园 1 与城乡人居及工矿 1	2.00	2.00	果园 3 与城乡人居及工矿 3	2.00	2.00	城乡人居及工矿 3 与交通运输	2.00	2.00
果园 1 与城乡人居及工矿 2	2.00	2.00	果园 3 与交通运输	2.00	2.00	城乡人居及工矿 3 与水体	2.00	2.00
果园 1 与城乡人居及工矿 3	2.00	2.00	果园 3 与水体	2.00	2.00	交通运输与水体	2.00	2.00

2. 构建 QUEST 决策树分类规则

利用 ENVI 遥感图像处理平台的决策树规则自动获取扩展工具 RuleGen 中的 QUEST 算法，基于前文初步拟定的 10 类土地利用/土地覆被类型共 424 个样本，对由 18 个特征变量组合成的多源数据集进行训练，提取龙泉驿区各土地利用/土地覆被类型的分类规则，构建决策树分类模型。由于分类基础数据组合波段多，提取的土地利用/土地覆被类型分类规则相应也较多，所构建的决策树较庞大，限于篇幅，此处仅展示 QUEST 算法构建的部分决策树及其相应的部分分类规则代码(图 7-4)。

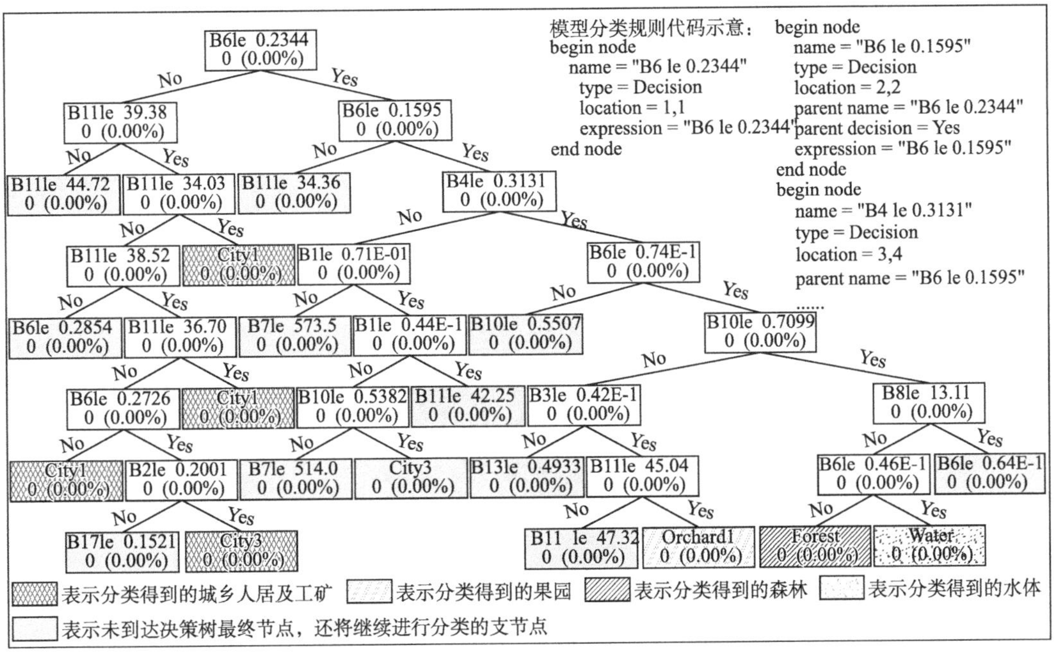

图 7-4　龙泉驿区基于多源数据的土地利用/覆被类型分类的 QUEST 决策树模型及分类规则示意

3. 应用 QUEST 决策树模型进行土地利用/土地覆被类型划分

应用 ENVI 中 Execute Existing Decision Tree 工具执行上文构建的 QUEST 决策树模型，得到龙泉驿区土地利用/土地覆被类型初步划分结果，经 ERDAS IMAGINE 聚类分析和去除分析工具进行零碎图斑归并处理后形成土地利用/土地覆被样本类型图(图 7-5)，在将其转化

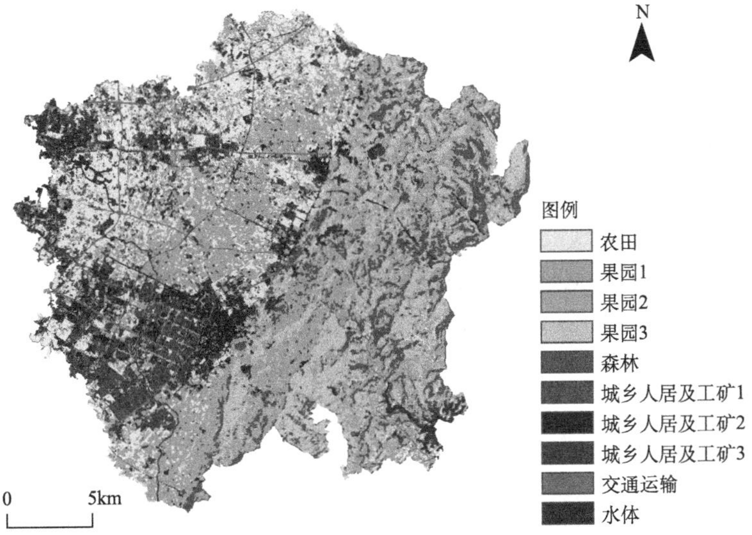

图 7-5　龙泉驿区土地利用/土地覆被样本类型图(QUEST 决策树分类法)

为 ESRI ArcGIS10.0 矢量数据格式后，根据本研究划分的 6 类土地利用/土地覆被类型，利用 ESRI ArcGIS10.0 重分类工具将果园 1、果园 2、果园 3 样本类型合并为果园类型，城乡人居及工矿 1、城乡人居及工矿 2、城乡人居及工矿 3 样本类型合并为城乡人居及工矿类型，最后运用 ESRI ArcGIS10.0 的 Eliminate 工具将面积小于 10 000m²的零碎图斑进行归并处理后形成土地利用/土地覆被类型图(图 7-6)。

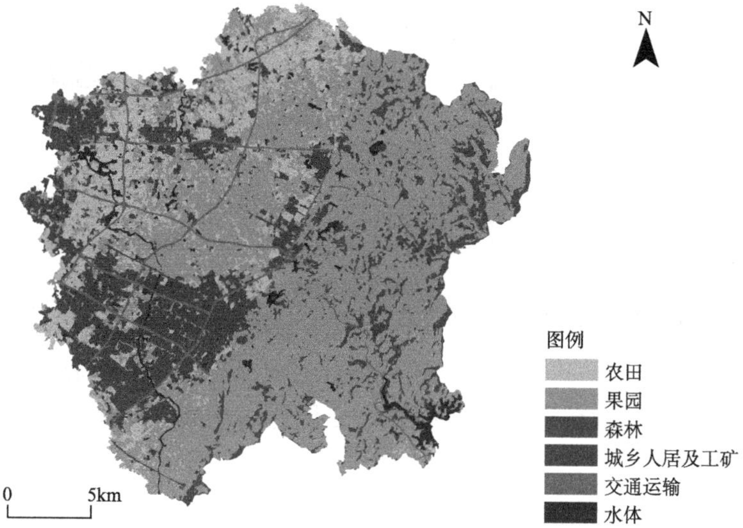

图 7-6　龙泉驿区土地利用/土地覆被类型图

7.2.3　景观类型划分与景观图编制

1. 地貌类型图和土地利用/土地覆被类型图编码与叠置分析

运用 ESRI ArcGIS10.0 重分类工具把地貌类型图中平坝编码为“A”、丘陵编码为“B”、山地编码为“C”，将土地利用/土地覆被类型图中农田编码为“1”、果园编码为“2”、森林编码为“3”、城乡人居及工矿编码为“4”、交通运输编码为“5”、水体编码为“6”。在此基础上应用 ESRI ArcGIS10.0 识别叠加工具把土地利用/土地覆被类型图作为输入图层、地貌类型图作为识别参照图层进行叠加分析，形成同时具备地貌类型图和土地利用/土地覆被类型图属性的景观类型划分底图。

2. 应用 Python 编程技术实现景观类型自动编码

由于 ESRI ArcGIS10.0 重分类工具只能依据要素某一属性进行重分类编码，而景观类型则需根据地貌类型和土地利用/土地覆被类型两个属性进行编码，手工编码不但工作量庞大且易出错，因此本研究在 ESRI ArcGIS10.0 中应用 Python 编程实现景观类型自动编码，程序代码见本书附录 3。

3. 利用 ESRI ArcGIS 地图编制技术进行景观类型图编制

利用 ESRI ArcGIS10.0 系统 Eliminate 工具将完成编码的景观类型划分底图中实际面积小于 10 000m²的零碎图斑进行归并处理，在此基础上应用 ESRI ArcGIS10.0 分类符号设置工具把处理后的景观类型划分底图以景观类型编码属性字段值 Land_code 为依据进行分类显示，最后经景观类型颜色设置、地图整饰等专题地图编制技术处理后形成龙泉驿区景观类型图(图 7-7)。

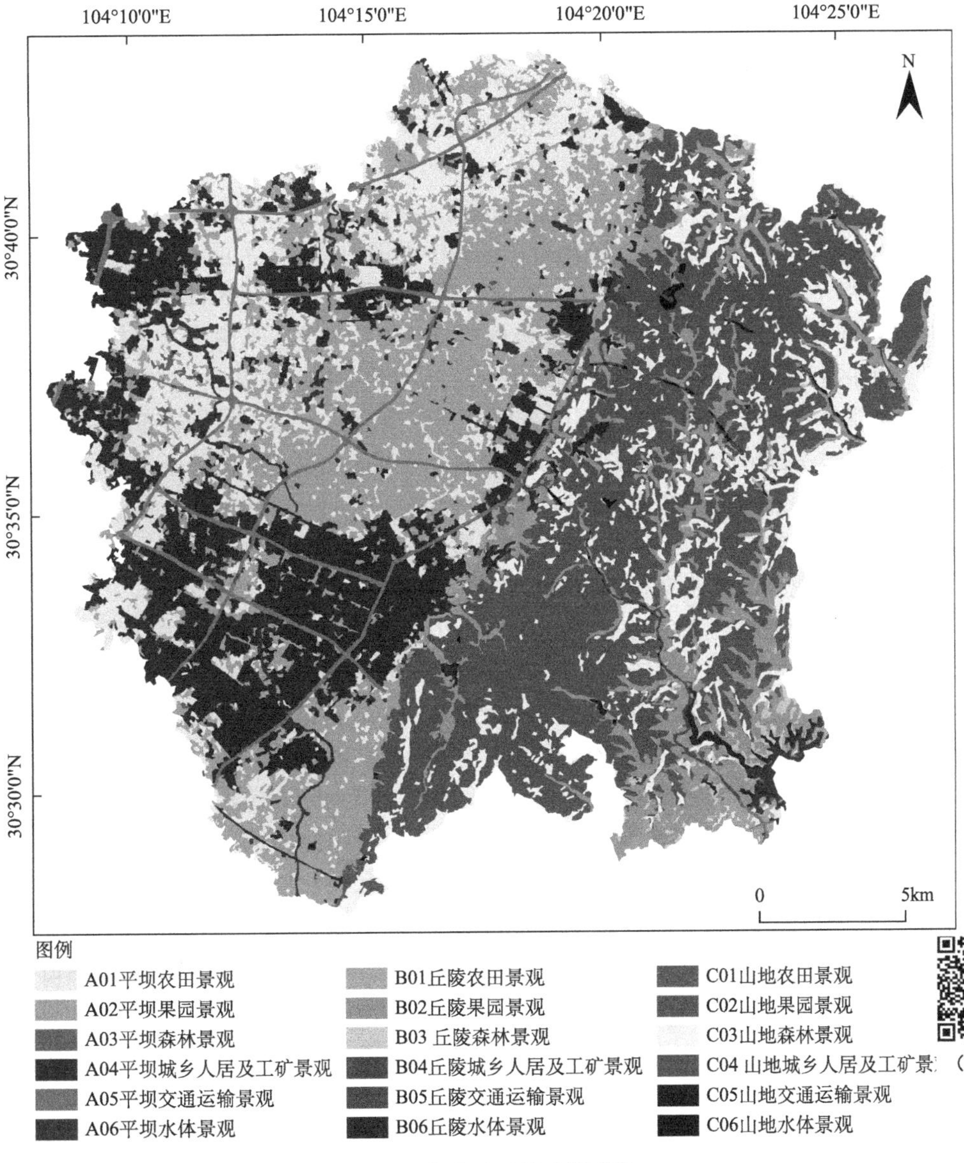

（彩图）

图 7-7　龙泉驿区景观类型图

7.3　景观分类与制图

7.3.1　地貌类型划分

通过相关性分析和信息熵计算确定规划案例研究区最佳地形因子组合，既增强了地貌类型划分依据又减少了数据冗余，并且与师庆东等(2014)单纯以某一具体海拔为依据进行地貌类型划分相比，不仅降低了地貌类型划分中人为主观因素影响，还确保了地表形态的连续性和渐变性。但与马士彬和安裕伦(2012)、常直杨等(2014)研究结果相比，本研究确定的最佳地形组合因子未包括地势起伏度，这是因为地势起伏度与高程变异系数是两个相关度很高的宏观地形因子，在植被、土壤等条件相当区域，地势起伏度越大，流水动能越大，对地表侵蚀作用越强，地表破碎程度越高，高程变异系数相应就越大，所以可从两个指标中任选一个与其他因子组合成最佳地形因子组合，而之所以选择高程变异系数是因为该因子与其他地形因子组合形成的数据集信息熵较大，包含信息量更丰富，更有利于借助遥感影像分类技术进行地貌类型划分。

龙泉驿区共划分为平坝、山地、丘陵 3 类地貌。其中，平坝地貌类型面积为 31 879.74hm²、占区域总面积的比例为 57.32%，主要分布在区域中西部的龙泉、大面、十陵、黄土、洪安的大部分地区和洛带、同安、柏合部分地区；山地地貌类型面积为 18 285.12hm²，占比为 32.88%，主要分布在区域内流水侵蚀作用大、地表破碎的龙泉山脉东部、东南部，包括万兴、山泉、茶店大部分地区和洛带、同安、柏合部分地区；丘陵地貌类型面积为 5453.96hm²，占比为 9.81%，绝大部分分布在龙泉山脉西部山麓地带和东南部，小部分零星散布在西部大面、十陵[图 6-2(b)和图 7-2(b)]。从地貌类型分布来看，应用 ISODATA 遥感影像非监督分类法得到的地貌类型分布特征与《成都市龙泉驿区志(1989～2005)》(成都市龙泉驿区地方志编纂委员会，2013)描述一致，也与龙泉驿区地形地貌格局特征相符。从地貌类型数量结构来看，平坝、丘陵、山地占龙泉驿区总面积的比例分别为 57.32%、9.8%、32.88%。其中，平坝占比与《成都市龙泉驿区志(1989～2005)》(成都市龙泉驿区地方志编纂委员会，2013)记载基本吻合、仅多 0.25%，而丘陵和山地占比与《成都市龙泉驿区志(1989～2005)》(成都市龙泉驿区地方志编纂委员会，2013)记载存在差距，丘陵占比多 6.19%、山地占比少 5.94%，这是因为本研究以 1∶10 万比例尺 DEM 为基础数据，借助遥感影像非监督分类法对地貌类型进行像元级划分，将分布在山体间的大量沟谷浅丘等小尺度地貌类型划分为丘陵，而《成都市龙泉驿区志(1989～2005)》(成都市龙泉驿区地方志编纂委员会，2013)中数据来源于 20 世纪 80 年代完成的 1∶100 万 H-48 成都幅地貌图研究成果，其分类尺度比本研究大，部分本研究分类尺度可表达的沟谷浅丘等小尺度地貌类型在 1∶100 万比例尺地貌图上不需要表达，而是被划分到周边占主要比例的山地地貌类型中，所以本研究划分结果中丘陵占比增多、山地占比减少。由此可见，基于 ISODATA 遥感影像非监督分类法的地貌类型划分结果具有较强可靠性。

7.3.2　土地利用/土地覆被类型划分与精度评价

为客观评价 QUEST 决策树分类法土地利用/土地覆被类型划分结果的准确性，本研究专门基于相同特征变量组合数据和训练样本，应用 C5.0 决策树分类法(首先应用 SPSS Clementine 数据挖掘软件 C5.0 算法提取决策树分类规则，然后将提取的决策树分类规则在 ENVI 的 Decision Tree 工具中构建决策树模型，最后利用 ENVI 的 Execute Existing Decision Tree 工具执行 C5.0 决策树模型并经 ERDAS IMAGINE 聚类分析和去除分析工具处理后形成土地利用/土地覆被类型图)和 MLC 最大似然分类法(运用 ENVI 最大似然分类器进行土地利用/土地覆被类型划分)对龙泉驿区进行土地利用/土地覆被类型划分实验(图 7-8)，并采用上文选择的检验样本(表 7-5)构建混淆矩阵，计算 QUEST 决策树分类法、C5.0 决策树分类法、MLC 最大似然分类法 3 种方法土地利用/土地覆被类型划分结果图总体分类精度、Kappa 系数、用户精度、错分误差、制图精度、漏分误差共 6 项精度评价指标(表 7-7 和表 7-8)。

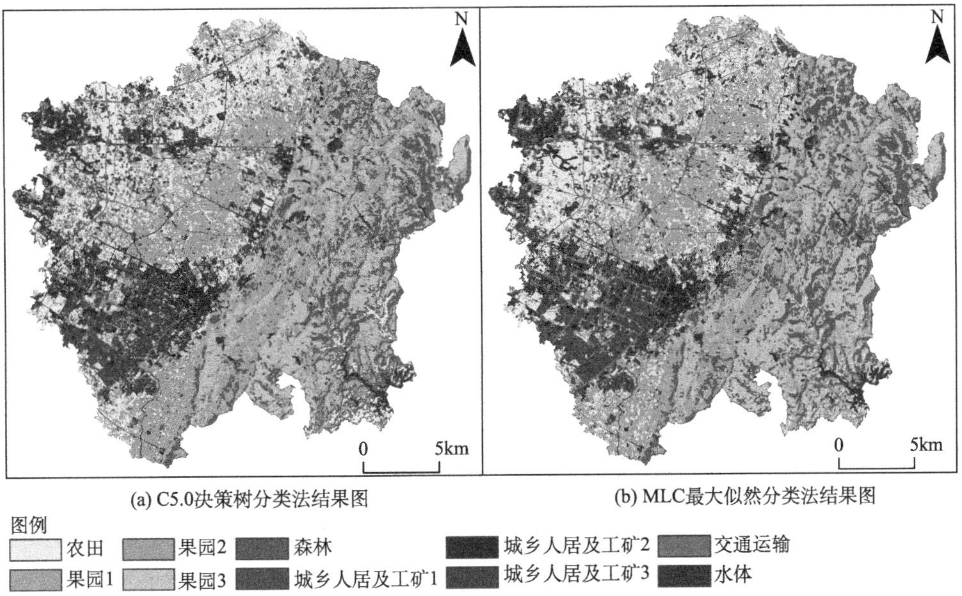

(a) C5.0决策树分类法结果图　(b) MLC最大似然分类法结果图

图 7-8　龙泉驿区土地利用/土地覆被样本类型图

表 7-7　不同分类法土地利用/土地覆被样本类型划分结果图的总体精度和 Kappa 系数

分类方法	样本类型分类结果图	
	总体分类精度(%)	Kappa 系数
QUEST	95.94	0.9546
C5.0	93.94	0.9324
MLC	91.74	0.9079

注：表中总体分类精度、Kappa 系数计算公式分别见式(3-25)和式(3-26)

表 7-8　不同分类方法各土地利用/土地覆被样本类型精度评价指标　(%)

地类名称	用户精度			错分误差			制图精度			漏分误差		
	QUEST	C5.0	MLC	QUEST	C5.0	MLC	QUEST	C5.0	MLC	QUEST	C5.0	MLC
农田	84.09	85.82	79.64	15.91	14.18	20.36	96.97	92.90	81.95	3.03	7.10	18.05
果园 1	96.39	95.80	92.72	3.61	4.20	7.28	95.17	87.22	84.76	4.83	12.78	15.24
果园 2	90.77	83.80	83.39	9.23	16.20	16.61	96.68	95.81	95.95	3.32	4.19	4.05
果园 3	99.34	97.51	88.36	0.66	2.49	11.64	86.62	88.44	88.30	13.38	11.56	11.70
森林	99.63	95.54	98.48	0.37	4.46	1.52	98.89	98.19	94.52	1.11	1.81	5.48
城乡人居及工矿 1	99.62	99.14	96.93	0.38	0.86	3.07	99.51	99.14	98.46	0.49	0.86	1.54
城乡人居及工矿 2	95.03	91.50	95.58	4.97	8.50	4.42	96.76	96.50	89.17	3.24	3.50	10.83
城乡人居及工矿 3	97.97	96.33	96.58	2.03	3.67	3.42	98.38	96.98	94.79	1.62	3.02	5.21
交通运输	94.50	91.98	81.24	5.50	8.02	18.76	89.04	84.42	94.11	10.96	15.58	5.89
水体	99.57	99.48	99.62	0.43	0.52	0.38	98.82	96.77	94.87	1.18	3.23	5.13

注：表中用户精度、错分误差、制图精度、漏分误差计算公式依次见式(3-30)、式(3-27)、式(3-29)和式(3-28)

从表 7-7 知，QUEST 总体分类精度和 Kappa 系数最大，分别为 95.94%、0.9546；C5.0 次之，分别为 93.94%、0.9324；MLC 最小，分别为 91.74%、0.9079。由表 7-8 得出，QUEST、

C5.0、MLC 三种方法分类结果图的平均用户精度大小为 QUEST(95.69%)>C5.0(93.6%)>MLC(91.25%)，平均错分误差大小为 QUEST(4.31%)<C5.0(6.31)<MLC(8.75%)，平均制图精度大小为 QUEST(95.68%)>C5.0(93.64%)>MLC(91.69%)，平均漏分误差大小为 QUEST(4.32%)<C5.0(6.36%)<MLC(8.31%)。表明 QUEST 和 C5.0 两种决策树分类法总体分类效果要优于 MLC 最大似然分类法，这是因为决策树分类法能够有效利用多维辅助信息参与遥感影像分类，从而提高了景观型划分精度(吴健生等，2012；白秀莲等，2014)。但从图 7-5 和图 7-8 可看出，在龙泉驿区东南部，C5.0 将 QUEST 和 MLC 均划分为果园类型的部分区域划分为了交通类型，经野外调查核实，C5.0 分类结果不合实际。因此，QUEST 对龙泉驿区土地利用/土地覆被类型的划分效果总体上优于 C5.0，这是因为在决策树构建时，QUEST 算法在变量选择上基本无偏，可通过多个变量构成的超平面在特征空间中区别类别成员和非类别成员，使其分类精度优于其他决策树构建算法(Lim et al.，2000；那晓东等，2009)。

从表 7-8 可知：在用户精度上，QUEST 有果园 1、果园 2、果园 3、森林、城乡人居及工矿 1、城乡人居及工矿 3、交通运输共 7 类土地利用/土地覆被样本类型用户精度均大于 C5.0 和 MLC；C5.0 仅有农田样本类型用户精度均大于 QUEST 和 MLC，有果园 1、果园 2、果园 3、城乡人居及工矿 1、交通运输共 5 类土地利用/土地覆被样本类型用户精度大于 MLC；而 MLC 只有城乡人居及工矿 2、水体共 2 类土地利用/土地覆被样本类型用户精度大于 QUEST 和 C5.0，有森林、城乡人居及工矿 3 共 2 类土地利用/土地覆被样本类型用户精度大于 C5.0。表明 QUEST 对各土地利用/土地覆被样本类型划分结果的用户精度总体最高、C5.0 相对次之、MLC 最低。在错分误差上，QUEST 仅有农田样本类型错分误差超过 10%，达 15.91%；C5.0 有农田、果园 2 共 2 类土地利用/土地覆被样本类型错分误差超过 10%，分别达 14.18%、16.20%；MLC 则有农田、果园 2、果园 3、交通运输共 4 类土地利用/土地覆被样本类型错分误差超过 10%，分别达 20.36%、16.61%、11.64%、18.76%。表明 QUEST 对各土地利用/土地覆被样本类型划分结果的错分误差总体控制最好，仅农田错分误差超过 10%，而且该类土地利用/土地覆被样本类型在 C5.0 和 MLC 分类结果中的错分误差均超过 10%，究其原因可能是因为龙泉驿区农田(主要包括水浇地、旱地和少量水田)斑块破碎化程度高、斑块面积小，与果园交错分布，使其在影像中色调混杂、纹理特征不明显，致使 3 种方法对其分类精度都较低。在制图精度上，QUEST 有农田、果园 1、果园 2、森林、城乡人居及工矿 1、城乡人居及工矿 2、城乡人居及工矿 3、水体共 8 类土地利用/土地覆被样本类型制图精度均大于 C5.0 和 MLC；C5.0 仅果园 3 样本类型制图精度均大于 QUEST 和 MLC，有农田、果园 1、森林、城乡人居及工矿 1、城乡人居及工矿 2、城乡人居及工矿 3、水体共 7 类土地利用/土地覆被样本类型制图精度大于 MLC；而 MLC 只有交通样本类型制图精度优于 QUEST 和 C5.0，果园 2 样本类型制图精度优于 C5.0，果园 3 样本类型制图精度优于 QUEST。表明 QUEST 和 C5.0 两种分类法对各土地利用/土地覆被样本类型划分结果的制图精度总体优于 MLC，其中 QUEST 又要优于 C5.0，是 3 种方法中制图精度最高的分类法。在漏分误差上，QUEST 有果园 3、交通运输共 2 类土地利用/土地覆被样本类型漏分误差较大，分别为 13.38%、10.96%；C5.0 有果园 1、果园 3、交通运输共 3 类土地利用/土地覆被样本类型漏分误差较大，分别为 12.78%、11.56%、15.58%；MLC 有农田、果园 1、果园 3、城乡人居及工矿 2 共 4 类土地利用/土地覆被样本类型漏分误差较大，分别为 18.05%、15.24%、11.70%、10.83%。表明 QUEST 对各土地利用/土地覆被样本类型划分结果的漏分误差总体控制最好，C5.0 相对次之，MLC

漏分现象最严重。

通过对 QUEST、C5.0、MLC 土地利用/土地覆被样本类型划分结果图精度评价指标的比较分析，可以认为 QUEST 土地利用/土地覆被样本类型划分结果最理想，C5.0 划分效果相对次之，MLC 划分效果不及 QUEST 和 C5.0，这一论断与吴健生等(2012)、白秀莲等(2014)的研究结论一致。因此，QUEST 决策树分类法是进行规划案例研究区遥感影像土地利用/土地覆被类型划分的最佳方法，以 QUEST 土地利用/土地覆被样本类型图为底图编制的龙泉驿区土地利用/土地覆被类型图总体效果最理想，能满足中尺度景观类型划分与制图要求。

7.3.3　景观类型划分

龙泉驿区共划分为 18 种景观类型，其中山地果园景观(C02)、平坝果园景观(A02)、平坝城乡人居及工矿景观(A04)、平坝农田景观(A01)、山地森林景观(C03)、丘陵果园景观(B02)、平坝交通运输景观(A05)、平坝水体景观(A06)为主要景观类型(图 7-7)。经统计，山地果园景观为 135.54km^2，占区域总面积的 24.39%，主要分布在东部、东南部；平坝果园景观为 123.78km^2，占区域总面积的 22.27%，主要分布在中部、西南部；平坝城乡人居及工矿景观为 89.11km^2，占区域总面积的 16.03%，主要分布在西北部、西南部；平坝农田景观为 78.28km^2，占区域总面积的 14.09%，主要分布在西部、西北部；山地森林景观为 43.55km^2，占区域总面积的 7.84%，主要散布在东部龙泉山脉过境段；丘陵果园景观为 40.76km^2，占区域总面积的 7.33%，主要分布在东南部和境内龙泉山脉西部山麓地带；平坝交通景观为 13.30km^2，占区域总面积的 2.39%，交错分布在西北部和西南部；平坝水体景观为 11.90km^2，占区域总面积的 2.14%，散布在西部平坝区。经野外调查核实，图 7-7 中景观类型分布特点符合区域景观格局实际，表明集成应用 ISODATA 遥感影像非监督分类法、QUEST 遥感影像决策树分类、GIS 空间分析和地图编制、Python 编程技术方法能够很好地利用多类景观生态分类指标进行中尺度景观类型划分，既可实现景观生态分类理论方法与现代遥感影像分类、GIS 空间分析等 RS、GIS 技术方法的有机融合，又能够统一制图尺度，消除不同比例尺制图精度差异对景观类型划分结果的影响，弥补了以往研究中的一些不足，形成的景观类型图具有较强可靠性。

7.4　景观格局现状分析

为系统进行景观分类体系和方法探讨，本章景观类型图(图 7-7)是以地貌类型、土地利用/土地覆被类型图为依据分类得到的结果。综合考虑到：①自然景观单元可以看作一种土地单元(霍华德和林晨，1983)，景观可理解为不同生态系统或不同土地利用方式或不同土地单元组成的镶嵌体(Wilson and Forman，1995；肖笃宁等，2010)；②土地是特殊生态系统，能够综合反映景观形成和发展(Zonneveld，1995)，国内学者多将土地类型理解为地表环境自然地理各要素相互作用所形成的自然综合体，实质上近似于景观类型(肖笃宁等，2010)；③区域基本地貌类型变化周期长，短期内对景观格局变化及其生态安全格局的影响不大，而土地利用/土地覆被类型受人类活动影响，在较小时空尺度内即可发生变化，对景观格局产生不同程度的影响；④根据“景观类-景观型”两级景观分类体系划分得到的景观类型过于繁多，不但因增加了景观格局优化决策变量个数而致使模型难以求解，而且部分模型构建的基础数据也较难获得，在基于景观格局优化的生态安全格局构建中的实用性不强。因此，在后续研究中主要以土地利用/土地覆被类型为依据，根据龙泉驿区景观类型与国内权威土地利用/土地覆被分类系统(GB/T21010—2007《土地利用现状分类》)的对应关系(表 7-1)，采用 QUEST 决策树分类法基于多源遥感数据进行景观类型划分，即将 7.1 节基于结构性与功能性双系列景观分类体系中景观型作为景观类型，这不仅符合相关学术观点，还可以简化景观类型，更加有利于景观生态安全格局规划理论和方法研究。

为弄清当前龙泉驿区景观格局现状存在的问题，为后续开展景观生态安全格局规划研究提供科学依据，本章基于土地利用/土地覆被分类系统获得的景观类型图，采用斑块数、多样性指数、斑块密度、形状指数、分维数等指标，对龙泉驿区景观格局现状进行分析。

7.4.1 常用景观格局指数

景观指数是指能够高度浓缩景观格局信息，反映其结构组成和空间配置某些方面特征的定量指标。景观格局特征可以在单个斑块、斑块类型、景观镶嵌体 3 个层次上分析，相应的，景观格局指数可以分为斑块水平指数、斑块类型水平指数和景观水平指数。斑块水平指数通常作为计算其他景观指数的基础，包括与单个斑块面积、形状、边界特征及距离其他斑块远近有关的一系列简单指数。在斑块类型水平上，由于同一类型常常包括多个斑块，因此可以计算斑块的平均面积、平均形状指数、面积和形状指数标准差等统计学指标。其中，斑块密度、边界密度、斑块镶嵌体形状指数、平均最近邻体指数等与斑块密度和空间相对位置有关的指数对描述和理解景观中不同类型斑块的格局特征有很重要的作用。在景观水平上，除了可以计算以上各种斑块类型水平指数外，还可以计算各种多样性指数(如 Shannon-Weaver 多样性指数、Simpson 多样性指数、均匀度指数等)和聚集度指数。

1. 斑块水平指数

(1) 斑块形状指数　斑块形状指数通常是经过某种数学转化的斑块边长与面积之比。结构最紧凑而又简单的几何形状常用来标准化边长与面积之比，从而使其具有可比性。具体而言，斑块形状指数是通过计算某一斑块形状与相同面积的圆形或正方形之间的偏离程度来测量其形状复杂程度的。常见的斑块形状指数 S 有两种形式。其中，以圆为参照几何形状的斑块形状指数的计算公式为

$$S = \frac{P}{2\sqrt{\pi A}} \tag{7-1}$$

以正方形为参照几何形状的斑块形状指数的计算公式为

$$S = 0.25P / \sqrt{A} \tag{7-2}$$

式(7-1)、式(7-2)中：P 为斑块周长；A 为斑块面积。当斑块形状为圆形时，式(7-1)的取值最小，等于 1；当斑块形状为正方形时，式(7-2)的取值最小，等于 1。对于式(7-1)而言，正方形的 S 值为 1.1283，边长分别为 1 和 2 的长方形的 S 值为 1.1968。由此可见，斑块的形状越复杂或越扁长，S 的值就越大。

(2) 斑块分维数　单个斑块形状复杂程度可用其分维数来量度。斑块分维数计算公式为

$$F_d = \frac{2\ln(P/k)}{\ln(A)} \tag{7-3}$$

式中：F_d 为分维数；P 为斑块周长；A 为斑块面积；k 为常数。对于景观栅格图而言，k=4。一般而言，欧几里得几何形状的分维为 1；具有复杂边界斑块的分维则大于 1、小于 2。

在用分维数来描述景观斑块镶嵌体的几何形状复杂性时，通常采用线性回归方法，其表达式为

$$F_d = 2s \tag{7-4}$$

式中：s 为景观中所有斑块的周长和面积的对数回归而产生的斜率。因为这种回归方法考虑不同大小的斑块，由此求得的分维数反映了所研究的景观的不同尺度特征。

2. 斑块类型水平指数

(1) 斑块数　斑块数在类型级别上等于景观中某一拼块类型的斑块总个数，在景观级别上等于景观中所有的斑块总数，反映景观空间格局，常被用来描述整个景观的异质性，其值的大小与景观破碎度也有很好的正相关性。斑块数对许多生态过程都有影响，如可以决定景观中各种物种及其次生种的空间分布特征，改变物种间相互作用和协同共生的稳定性。而且，斑块数对景观中各种干扰的蔓延程度也有重要影响，如某类拼块数目多且比较分散时，则对某些干扰的蔓延有抑制作用。斑块数通常用 NP 表示，取值范围为[1，+∞)。

(2) 斑块密度　斑块密度包括景观斑块密度和景观要素斑块密度。其中，景观斑块密度是景观中全部异质景观要素斑块的单位面积斑块数，计算公式为

$$\mathrm{PD} = (\sum_{i=1}^{m} N_i) / A \tag{7-5}$$

景观要素斑块密度是景观中某类景观要素的单位面积斑块数，计算公式为

$$\mathrm{PD}_i = N_i / A_i \tag{7-6}$$

式(7-5)、式(7-6)中：PD、PD_i 分别为景观斑块密度和景观要素斑块密度；m 为景观要素类型总数；A 为一定范围内景观总面积，$A = \sum_{i=1}^{m} A_i$；N_i 为第 i 类景观要素的斑块数；A_i 为第 i 类景观要素的总面积。

(3) 平均斑块面积　平均斑块面积等于景观中所有斑块的总面积与斑块总数的比值，计算公式为

$$\mathrm{MPS} = A / N \tag{7-7}$$

式中：MPS 为平均斑块面积，取值范围为[0,+∞)；A 为景观中所有斑块的总面积；N 为斑块总数。

(4) 平均斑块形状指数　平均斑块形状指数等于景观中每一斑块的周长除以面积的平方根，再乘以正方形校正常数，然后对所有斑块加和，再除以斑块总数，计算公式为

$$\mathrm{MSI} = \left\{ \sum_{i=1}^{m} \sum_{j=1}^{n} (0.25 P_{ij} / \sqrt{a_{ij}}) \right\} / N \tag{7-8}$$

式中：MSI 为平均斑块形状指数，取值范围为[1,+∞)，当景观中所有斑块均为正方形时，MSI =1，当斑块的形状偏离正方形时，MSI 值增大；a_{ij} 为第 i 类景观要素中第 j 个斑块的面积；P_{ij} 为第 i 类景观要素中第 j 个斑块的周长；N 为斑块总数。

(5) 平均斑块分维数　平均斑块分维数等于 2 乘以景观中每一斑块的斑块周长的 0.25(校

正常数)倍的对数，除以斑块面积的对数，对所有斑块加和，再除以斑块总数。简言之，平均斑块分维数是景观中各个斑块的分维数相加后再取算术平均值，计算公式为

$$\mathrm{MPFD}=\left\{\sum_{i=1}^{m}\sum_{j=1}^{n}\left[\frac{2\ln(0.25P_{ij})}{\ln(a_{ij})}\right]\right\}/N \tag{7-9}$$

式中：MPFD为平均斑块分维数，取值范围为[1,2]；a_{ij}为第i类景观要素中第j个斑块的面积；P_{ij}为第i类景观要素中第j个斑块的周长；N为斑块总数。

3. 景观水平指数

(1) 景观多样性指数　多样性指数是基于信息论基础之上，用来度量系统结构组成复杂程度的一些指数。常用的有两种多样性指数，其中，Shannon-Weaver 多样性指数(有时亦称 Shannon-Wiener 指数或 Shannon 多样性指数)计算公式为

$$H=-\sum_{k=1}^{m}[P_k\ln(P_k)] \tag{7-10}$$

式中：H为 Shannon-Weaver 多样性指数；P_k为斑块类型k在景观中出现的概率(通常以该类型占有的栅格细胞数或像元数占景观栅格细胞总数的比例来估算)；m为景观中斑块类型的总数。

Simpson 多样性指数计算公式为

$$H'=1-\sum_{k=1}^{m}P_k{}^2 \tag{7-11}$$

式中：H'为 Simpson 多样性指数；P_k为斑块类型k在景观中出现的概率；m为景观中斑块类型的总数。多样性指数的大小取决于两个方面的信息：一是斑块类型的多少(即丰富度)，二是各斑块类型在面积上分布的均匀程度。对于给定的n，当各类斑块的面积比例相同时(即$P_k=1/n$)，H达到最大值，即 Shannon-Weaver 多样性指数$H_{\max}=\ln(n)$，Simpson 多样性指数$H'_{\max}=1-(1/n)$。通常，随着H的增加，景观结构组成的复杂性也趋于增加。

(2) 景观优势度指数　景观优势度指数与多样性指数相反，值越大，表明该区域景观要素间的数量和面积比差异越大，占主导地位的景观要素明显。优势度指数D是多样性指数的最大值与实际计算值之差，计算公式为

$$D=H_{\max}+\sum_{k=1}^{n}P_k\ln(P_k) \tag{7-12}$$

式中：$H_{\max}$为多样性指数的最大值；P_k为斑块类型k在景观中出现的概率；n为景观中斑块类型的总数。通常，较大的D值对应于一个或少数几个斑块类型占主导地位的景观。

(3) 景观均匀度指数　均匀度指数E反映景观中各斑块在面积上分布的不均匀程度，通常以多样性指数和其最大值的比来表示。以 Shannon 多样性指数为例，均匀度计算公式可表示为

$$E = \frac{H}{H_{\max}} = \frac{-\sum_{k=1}^{n} P_k \ln(P_k)}{\ln(n)} \tag{7-13}$$

式中：H 、$H_{\max}$ 分别为 Shannon 多样性指数及其最大值。显然，当 E 趋于 1 时，景观斑块分布的均匀程度亦趋于最大。

(4) 景观形状指数　景观形状指数与斑块形状指数相似，只是将计算尺度从单个斑块上升到整个景观而已。其计算公式为

$$\text{LSI}=0.25E/\sqrt{A} \tag{7-14}$$

式中：LSI 为景观形状指数；E 为景观中所有斑块边界的总长度；A 为景观总面积。当景观中斑块形状不规则或偏离正方形时，LSI 增大。

(5) 景观聚集度指数　聚集度指数反映景观中不同斑块类型的非随机性或聚集程度。如果一个景观由许多离散的小斑块组成，其聚集度的值较小；当景观中以少数大斑块为主或同一类型斑块高度连接时，其聚集度的值则较大。与多样性和均匀度指数不同，聚集度指数明确考虑斑块类型之间的相邻关系，因此能够反映景观组分的空间配置特征，其数学表达式一般为

$$C = C_{\max} + \sum_{i=1}^{n}\sum_{j=1}^{n} P_{ij} \ln(P_{ij}) \tag{7-15}$$

式中：C 为景观聚集度；$C_{\max}$ 为聚集度指数的最大值 $[2\ln(n)]$；n 为景观中斑块类型总数；P_{ij} 为斑块类型 i 与 j 相邻的概率。在一个栅格化的景观中，P_{ij} 的一般求法是

$$P_{ij} = P_i P_{j/i} \tag{7-16}$$

式中：P_i 为一个随机抽选的栅格细胞属于斑块类型 i 的概率(可以斑块类型 i 占整个景观的面积比例来估算)，而 $P_{j/i}$ 为在给定斑块类型 i 的情况下，斑块类型 j 与其相邻的条件概率，即

$$P_{j/i} = m_{ij} / m_i \tag{7-17}$$

式中：m_{ij} 为景观栅格网中斑块 i 和 j 相邻的细胞边数；m_i 为斑块类型 i 细胞的总边数。在比较不同景观时，相对聚集度更为合理，其计算公式为

$$C' = C / C_{\max} = 1 + \frac{\sum_{i=1}^{n}\sum_{j=1}^{n} P_{ij} \ln(P_{ij})}{2\ln(n)} \tag{7-18}$$

式中：C' 为相对聚集度；C 为景观聚集度；$C_{\max}$ 为聚集度指数的最大值 $2\ln(n)$；P_{ij} 为斑块类型 i 与 j 相邻的概率；n 为景观中斑块类型总数。因为多样性、均匀度、优势度和聚集度指数都是以信息论为基础而发展起来的，有时统称为信息论指数。

7.4.2　景观格局现状特征

1. 景观数量特征

总体来看，龙泉驿区景观斑块总数为 3069 块、总面积为 55 611.45hm²，景观斑块数量较多，破碎化程度高，受外界干扰较大；景观香农多样性指数、景观均匀度指数和景观形状指数分别为 1.3383、0.7469、42.7164，景观类型多样性、异质性和形状复杂度都偏低(表 7-9)。

从各景观类型斑块面积来看，果园景观斑块面积最大，为 29 864.16hm²，占斑块总面积的 53.70%，对整个区域景观主体格局影响较大；其次为城乡人居及工矿、农田、森林景观，斑块面积分别为 9356.20hm²、8006.15hm²、5180.04hm²，占斑块总面积的比例分别为 16.82%、14.40%、9.32%；水体和交通运输景观斑块面积最少，二者斑块总面积之和为 3204.90hm²，仅占区域斑块总面积的 5.76%(表 7-10)。从各景观类型斑块数来看，农田景观斑块数最大，为 931 块，占斑块总数的 30.34%；其次为果园、森林景观，斑块数分别为 772 块、682 块，占斑块总数的比例分别为 25.15%、22.22%；再次为城乡人居及工矿、水体景观，斑块数分别为 421 块、251 块，占斑块总数的比例分别为 13.72%、8.18%；交通运输景观斑块数量最少，为 12 块，仅占该地区景观斑块总数的 0.39%(表 7-10)。

表 7-9　龙泉驿区景观总体特征指标

总面积/hm²	斑块数/hm²	香农多样性指数	香农均匀度指数	景观形状指数
55 611.45	3 069	1.338 3	0.746 9	42.716 4

表 7-10　龙泉驿区各景观类型主要数量特征、结构特征和形态特征指数

景观类型	数量特征				结构特征		形态特征	
	面积 /hm²	面积占比 /%	斑块数 /块	斑块数占比 /%	景观多样性指数	斑块密度	平均斑块形状指数	平均斑块分维数
农田	8 006.15	14.40	931	30.34	0.999 7	1.674 1	1.570 9	1.078 6
果园	29 864.16	53.70	772	25.15	0.861 4	1.388 2	1.696 8	1.087 6
森林	5 180.04	9.32	682	22.22	0.999 9	1.226 4	1.584 6	1.081 5
城乡人居及工矿	9 356.20	16.82	421	13.72	0.998 7	0.757 0	1.588 7	1.076 6
交通运输	1 593.00	2.87	12	0.39	0.999 5	0.021 6	4.422 1	1.170 3
水体	1 611.90	2.90	251	8.18	1.000 0	0.451 3	1.464 7	1.065 6

2. 景观结构特征

龙泉驿区共有农田、果园、森林、城乡人居及工矿、交通运输、水体 6 种景观类型，其中果园、城乡人居及工矿、农田景观占景观类型总面积的 84.92%，为该地区优势景观类型，森林、水体、交通运输景观相对较少，其占景观类型总面积的比重均未超过 10%，分别为 9.32%、2.90%、2.87%，该地区优势景观类型单一且皆受到人类活动较大的干扰，区域景观生态安全格局有待优化，抗干扰能力有待提升(表 7-10)。景观多样性指数能够综合反映景观要素构成状况和人类活动对自然景观的干扰程度，景观多样性指数越高，景观类型越丰富。龙泉驿区各景观类型多样性指数偏低，其中水体景观多样性指数最大，为 1.0000，果园景观多样性指数最小，为 0.8614。近年来，该地区工业化、城镇化和农业现代化发展速度较快，使得果园、城乡人居及工矿景观快速蔓延扩张，致使各类景观面积空间分布不均匀，从而导致景观类型多样性偏低(表7-10)。斑块密度是反映景观破碎化程度的重要指标，斑块密度越大，景观空间结构越复杂，破碎化程度越高，受人类活动影响越大。龙泉驿区农田景观破碎化程度最高，斑块密度为 1.6741；其次依次为果园、森林、城乡人居及工矿、水体景观，斑块密度分别为 1.3882、1.2264、0.7570、0.4513；交通运输破碎化程度最小，斑块密度仅为 0.0216(表7-10)。其中，农田、果园、森林等 3 类生态服务价值较高的景观破碎度均较高，由此可见，龙泉驿区景观生态功能较脆弱、生物多样性保护难度较大，在未来景观生态安全格局规划中应适当降低农田、果园、森林景观的破碎度，增强景观之间的连通性，提升景观结构稳定性。

3. 景观形态特征

斑块形状指数和斑块分维数是表征景观形态特征的重要参数，可以间接反映人类活动对景观的影响大小。其中，斑块形状指数是通过计算某一斑块形状与相同面积的圆或正方形之间的偏离程度来测量其形状复杂程度，形状指数越大，形状越复杂，景观结构越稳定。从龙泉驿区各类景观斑块形状指数可以看出(表 7-10)，形状指数最大的是交通运输景观，其值为 4.4221，远大于其他景观类型的形状指数(1.4647～1.6968)，表明交通运输景观的形状最为复杂；形状指数最小的是水体景观，其指数为 1.4647，说明水体景观形状接近圆形，形态最为简单；而剩余其他景观类型形状略为复杂，其指数大小依次为果园景观(1.6968)>城乡人居及工矿景观(1.5887)>森林景观(1.5846)>农田景观(1.5709)，表明这 4 类景观都不同程度地受到人类活动的较大影响。平均斑块分维数直接反映了一定尺度上斑块边界形状的复杂性程度，分维数越高，景观几何形状越复杂，分维数值越趋近于 1，斑块形状越有规律，斑块几何形状越简单，受干扰程度越大。从龙泉驿区各类景观斑块分维数可以看出(表 7-10)，交通运输景观平均斑块分维数数值稍高，为 1.1703，表明该区域交通运输景观斑块形状较复杂，稳定性较好；其他景观类型的平均斑块分维数数值相对较低，均接近于 1，表明其受人为干扰比较强烈，稳定性相对较差。

4. 景观分布特征

龙泉驿区各景观类型空间分布不均衡。其中，农田景观主要分布在黄土、洪安、十陵、西河、大面等坝区街镇，少量分布在洛带、同安、柏合等街镇东部坝区，零星散布在山区茶店镇东部；果园景观大面积分布在山泉、茶店、万兴、洛带、同安、龙泉等街镇北部及西河镇和柏合镇东部，少量散布在黄土、洪安、十陵、大面等街镇；森林景观大面积散布在山泉镇、茶店镇、万兴乡及洛带镇、同安街道、柏合镇东部；城乡人居及工矿景观大面积集中分布在大面、龙泉、柏合等街镇，少量集中分布在十陵、西河、洛带、同安、洪安等街镇，其余街镇乡亦有零星分布；交通运输景观主要分布在西部坝区，东部山区分布相对较少；水体景观为散布在东部山区湖泊和西部坝区坑塘、沟渠。

7.5　结论与建议

本章在已有景观生态分类理论和方法基础上，以地貌类型、土地利用/土地覆被类型为依据构建了“景观类-景观型”两级景观分类体系，并基于 Landsat 8 OLI 影像、ASTER GDEM 等数据，应用遥感影像分类、ESRI ArcGIS10.0 空间分析等 RS、GIS 技术方法对景观分类进行探讨，在此基础上，又以土地利用/土地覆被类型为依据分类确定了规划案例研究区景观类型，并基于该景观分类结果分析了研究区景观格局现状。主要结论如下。

1) 以地貌类型、土地利用/土地覆被类型为依据构建了两级景观分类体系，根据该分类体系将规划案例研究区划分为 18 种景观类型，其中主要景观类型有 8 种。以地貌类型、土地利用/土地覆被类型为依据，根据建立的“景观类-景观型”两级景观分类体系，应用ISODATA遥感影像非监督分类法、QUEST决策树分类法、GIS空间分析等方法将研究区分为18种景观，主要景观类型有山地果园景观、平坝果园景观、平坝城乡人居及工矿景观、平坝农田景观、山地森林景观、丘陵果园景观、平坝交通运输景观和平坝水体景观8种。景观类型分布特点符合区域景观格局实际。集成应用QUEST遥感影像决策树分类、GIS空间分析和地图编制、Python编程技术方法能够很好地利用多类景观生态分类指标进行中尺度景观类型划分，既可实现景观生态分类理论方法与现代遥感影像分类、GIS空间分析等RS、GIS技术方法的有机融合，又能够统一制图尺度，消除不同比例尺制图精度差异对景观类型划分结果的影响。

2）以土地利用/土地覆被类型为依据，参考相关土地利用/土地覆盖分类体系将规划案例研究区划分为6种景观类型，其中果园、城乡人居及工矿、农田为优势景观，整个区域景观类型空间分布不均，斑块破碎化程度高，受人类活动影响较大。由于应用“景观类-景观型”两级景观分类体系得到的分类结果涉及景观类型较多，在景观生态安全格局规划中的实用性不强。因此，在下篇后续章节中主要以土地利用/土地覆被类型为依据，采用QUEST决策树分类法进行景观类型划分。从2014年景观类型划分结果来看，规划案例研究区可分为6种景观类型，果园、城乡人居及工矿、农田景观为优势景观。其中，果园景观面积、斑块数、景观多样性指数、斑块密度、平均斑块形状指数、平均斑块分维数分别为29 864.16hm²、772块、0.8614、1.3882、1.6968、1.0876，主要分布在区域中部坝区和东部、东南部山区；城乡人居及工矿景观分别为9356.20hm²、421块、0.9987、0.7570、1.5887、1.0766，主要分布在西北部、西南部坝区；农田景观分别为8006.15hm²、931块、0.9997、1.6741、1.5709、1.0786，主要分布在西部、西北部坝区。整个区域景观多样性指数偏低，斑块密度偏大，景观类型不丰富，破碎化程度较高，受人类活动干扰比较强烈，在景观生态安全格局规划中应注重优化景观数量结构，提升景观抗干扰能力；绝大部分景观的平均斑块形状指数和平均斑块分维数皆偏小，形状趋近于简单，受干扰程度越大，景观结构稳定性较差，在景观生态安全格局规划中应注重优化景观形态结构，增强景观稳定性；景观类型空间分布不均衡，在景观生态安全格局规划中应注重优化景观空间布局，增强各景观类型空间布局的均衡性和合理性。

3）应用ISODATA遥感影像非监督分类方法进行地貌类型划分，能确保地表形态的连续性和渐变性，QUEST决策树分类法分类精度优于C5.0决策树分类法和MLC最大似然分类法，是规划案例研究区遥感影像土地利用/土地覆被类型划分的最佳方法。应用ISODATA遥感影像非监督分类方法进行地貌类型划分，不但能够降低划分中人为主观因素的影响，而且能够把沟谷浅丘等小尺度地貌类型划分出来，确保地表形态的连续性和渐变性，是进行中尺度地貌类型自动划分的可靠方法。QUEST、C5.0、MLC土地利用/土地覆被样本类型划分结果图的总体分类精度、Kappa系数、平均用户精度、平均制图精度大小依次均为QUEST＞C5.0＞MLC，平均错分误差、平均漏分误差大小依次均为QUEST＜C5.0＜MLC，表明由于QUEST、C5.0两种决策树分类法能有效利用多维辅助地理信息提高遥感影像分类精度，因此应用这两种决策树分类法对土地利用/土地覆被类型的划分结果总体优于MLC最大似然分类法，又因QUEST决策树分类法能够从多源数据组合中获得较为准确的分类规则，对土地利用/土地覆被类型的划分结果总体上优于C5.0决策树分类法，成为规划案例研究区遥感影像土地利用/覆被类型分类的最佳方法，其分类总体精度达到 95.94%；集成应用 ISODATA 遥感影像非监督分类法、QUEST 遥感影像决策树分类、GIS 空间分析等方法能够很好地利用多类景观生态分类指标进行景观类型划分，既可实现景观生态分类理论与 RS、GIS 技术的有机融合，又能够统一制图尺度，消除不同比例尺制图精度差异对景观类型划分结果的影响。

第 8 章　龙泉驿景观格局变化特征与驱动因子

景观格局变化驱动因子分析就是利用恰当的数学模型，确定景观格局变化影响因子，分析其发生变化的驱动机制。识别景观格局变化驱动因子并探究其驱动机制是深入理解地表景观格局演变过程的必要条件。目前，常用的景观变化驱动因子识别方法是传统统计分析法，如典型相关分析法(路鹏等，2006)、logistic 回归模型分析法(孙才志和闫晓露，2014)、多元线性回归模型分析法(王千等，2011)等。这类方法的应用前提是数据必须符合统计上独立且均匀分布的假设条件(Pontius et al.，2001)，而景观格局及驱动因子往往不独立，存在空间依赖关系(曾辉等，1999)，应用传统统计分析法进行驱动因子识别可能会产生偏差，所以有必要应用能体现数据空间相关性的空间回归模型进行景观格局变化驱动因子分析。

空间回归模型假设空间统计数据具有空间多维特征和时空相关性，能利用研究对象空间分布信息，较好地揭示景观格局变化影响因素及其时空分布。该模型不要求数据独立，可以充分分析数据空间属性，在国内被广泛应用于社会经济、农业环境、公共卫生等领域(杨欣和乔琳，2012；陈艳艳等，2015)，以及空间分布预测模拟(刘晓冰等，2013；刘畅等，2014)、影响因素识别分析(杨扬等，2011；曾晖和杨平，2012；孙钰和李新刚，2013)等方面，但在景观格局变化驱动因子分析中应用还比较少见。

鉴于此，本章以龙泉驿区为规划案例研究区，在景观格局变化特征分析基础上，从自然驱动因子和人文驱动因子两方面构建景观格局变化驱动因子指标体系，应用空间回归模型对 2000～2007 年、2007～2014 年两个时期该区景观格局变化驱动因子进行分析，以期能为景观格局变化潜力与动态模拟、区域生态安全评价与变化趋势预测、景观生态安全格局规划研究奠定理论基础。

8.1　景观格局变化特征

8.1.1　景观格局变化分析

1. 景观格局变化分析数据来源与处理

结合龙泉驿区土地利用/土地覆被状况，将景观类型划分为农田(水田、旱地、水浇地)、果园、森林(有林地、灌木林地、荒山荒坡)、城乡人居及工矿(城镇、农村居民点、工矿用地、特殊用地)、交通运输(公路及其附属设施)、水体(河流、水库、坑塘、沟渠)六大类，以龙泉驿区 3 期(1992/8/16、2000/05/02、2007/05/06) Landsat 5 TM 影像、1 期(2014/08/13) Landsat 8 OLI 影像(图 3-2)共 4 期 Landsat 卫星系列遥感影像和 ASTER GDEM V2 数字高程模型[图 6-2(b)]为基础数据，1987 年、1997 年龙泉驿区土地利用现状图[分别见图 6-5(a)和图 6-5(b)]、2008 年龙泉驿区土地利用现状图[图 6-5(c)]、2014 年 10～11 月景观野外调查成果为辅助数据，基于 TM/OLI 影像 6 个原始波段(blue、green、red、NIR、SWIR 1、SWIR 2)、1 个归一化植被指数(NDVI)、3 个地形特征(DEM、slop、aspect)、8 个常用纹理特征(mean、variance、homogeneity、contrast、dissimilarity、entropy、second、correlation)共 18 个特征变量组合而成的多源遥感分类数据，应用本篇第 7 章提出的 QUEST 决策树土地利用/土地覆被类型遥感影像分类方法解译得到龙泉驿区各时期景观类型图(图 8-1)。

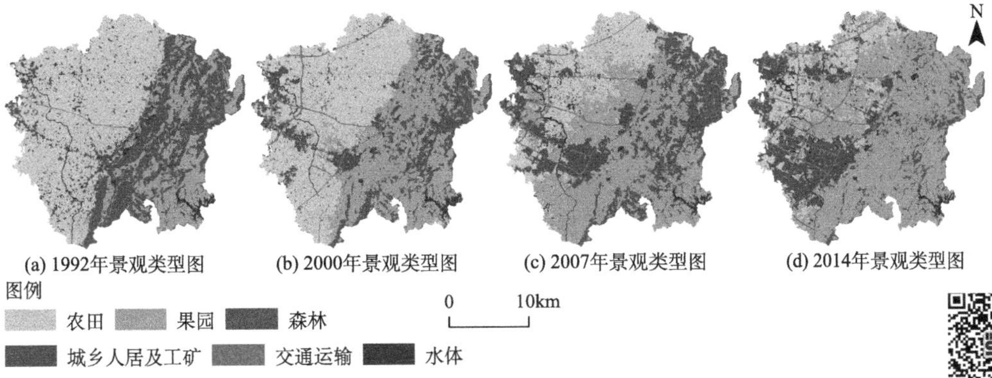

图 8-1　龙泉驿区不同时期景观类型图

(彩图)

2. 景观格局变化分析方法

根据龙泉驿区 1992 年、2014 年景观类型栅格数据[图 8-1(a)、图 8-1(d)]，利用 IDRISI Selva17.0 软件 CROSSTAB 模块和 Markov 模型，分别计算了近 22 年景观类型状态转移矩阵和 Markov 转移概率矩阵，借助 ESRI ArcGIS10.0 软件绘制了景观转移类型空间分布图，并对各景观转移类型面积进行统计，在此基础上对景观类型数量变化特点、变化类型及空间分布状况进行深入分析，定量揭示区域景观格局变化特征和转移规律，为开展景观格局变化驱动因子分析、变化潜力预测与动态模拟提供依据。

8.1.2　1992～2014 年景观格局变化特征

1. 景观数量变化特征

近 22 年，龙泉驿区景观格局变化明显(景观类型变化面积占景观总面积 56.24%)，景观类型呈“三增三减”的变化规律，即果园、城乡人居及工矿、交通运输景观增加，森林、农田、水体景观减少(表 8-1)。其中，交通运输景观面积由 371hm²增加到 1590hm²，增加了 3.29 倍，占比由 0.67%增加到 2.86%；果园景观面积由 10 522hm²增加到 29 831hm²，增加了 1.84 倍，占比由 18.95%增加到 53.73%；城乡人居及工矿景观面积由 4149hm²增加到 9340hm²，增加了 1.25 倍，占比由 7.47%增加到 16.82%。

表 8-1　龙泉驿区 1992～2014 年景观格局状态转移矩阵

类型	农田/hm²	果园/hm²	森林/hm²	城乡人居及工矿/hm²	交通运输/hm²	水体/hm²	2014 年面积/hm²	2014 年面积占比/%
农田	6 757	140	7	574	6	522	8 006	14.42
果园	10 392	9 738	7 947	1 236	45	472	29 831	53.73
森林	141	348	4 532	37	4	88	5 149	9.27

续表

类型	农田/hm²	果园/hm²	森林/hm²	城乡人居及工矿/hm²	交通运输/hm²	水体/hm²	2014 年面积/hm²	2014 年面积占比/%
城乡人居及工矿	6 170	173	245	2 080	33	638	9 340	16.82
交通运输	907	81	66	163	282	91	1 590	2.86
水体	534	41	57	60	1	917	1 610	2.90
1992 年面积	24 901	10 522	12 854	4 149	371	2 728	55 525	100.00
1992 年面积占比	44.85%	18.95%	23.15%	7.47%	0.67%	4.91%	100.00%	—

在 3 类面积增加型景观中，果园景观增加的主要原因是龙泉驿区在 20 世纪 90 年代实施农业综合开发，进行了大规模农业种植结构调整，以种植水稻、玉米等粮食作物为主的传统农业转变为发展水蜜桃、葡萄、枇杷等经济作物为主的商品农业，从而导致这一时期果园面积大幅增加；交通运输、城乡人居及工矿景观增加的主要原因是 2000 年龙泉驿经开区升级为国家级经济技术开发区后，该区以汽车产业为主导的工业经济飞速发展(2000～2014 年工业增加值年均增长 50.31 亿元)，大大促进了区域城镇化进程的推进(2001～2012 年城市建设用地面积年均增长 2.62hm²，境内公路总里程年均增长 67.72km)，区域人口聚集增长(2000～2014 年年均人口增长率为 2.02%)，工业发展、城镇扩张、人口增长必然导致工业用地、交通运输用地、居住用地需求日益增大，因而这期间城乡人居及工矿、交通运输景观面积呈现快速增长趋势。

从面积"减少型"景观来看，农田景观面积由 24 901hm²减到 8006hm²，减少了 67.85%，占比由 44.85%缩减到 14.42%；森林景观面积由 12 854hm²减到 5149hm²，减少了 59.94%，占比由 23.15%缩减到 9.27%；水体景观面积由 2728hm²减到 1610hm²，减少了 41.00%，占比由 4.91%缩减到 2.90%，3 类景观减少趋势说明区域农田、森林、水体等景观因工业发展用地增长、城镇建设用地扩张和以经济效益最大化为目标的农业产业结构调整而逐步被开发利用，农田、森林、水体等维持区域生态平衡的主要景观面积逐年缩减，生态环境保护压力增加，区域经济发展与生态环境保护的矛盾将日益突显。

2. 景观转移特点及变化类型空间特征

近 22 年，龙泉驿区主要景观类型均发生了频繁转化，其中"农田→果园""森林→果园""农田→城乡人居及工矿"3 种转移类型最显著，分别占景观总面积的 18.71%、14.32%、11.12%(表 8-1、表 8-2、图 8-2)。

表 8-2 龙泉驿区 1992～2014 年景观类型 Markov 转移概率矩阵

景观类型	农田/%	果园/%	森林/%	城乡人居及工矿/%	交通运输/%	水体/%
农田	27.08	41.76	0.56	24.8	3.64	2.16
果园	1.33	92.55	3.31	1.65	0.77	0.39
森林	0.05	61.88	35.2	1.91	0.52	0.44
城乡人居及工矿	13.84	29.8	0.89	50.1	3.93	1.44
交通运输	1.63	12.21	0.95	8.9	76.1	0.21
水体	19.16	17.31	3.23	23.42	3.35	33.53

从景观转出去向来看，近 22 年来龙泉驿区农田景观转出 18 144hm²，主要流向果园、城乡人居与工矿、交通运输 3 类景观，分别占农田景观转出面积的 57.28%、34.01%和 5.00%，其中“农田→果园”变化类型主要分布在洪安、洛带、西河、龙泉、柏合等坝区乡镇，“农田→城乡人居及工矿”变化类型主要分布在大面、龙泉、柏合等经开区所在乡镇，“农田→交通运输”变化类型主要散布在西部坝区(图 8-2)；森林景观转出 8322hm²，主要流向为果园、城乡人居及工矿 2 类景观，分别占森林景观转出面积的 95.49%和 2.94%，其中“森林→果园”变化类型主要分布在东部、东南部山区乡镇，“森林→城乡人居及工矿”变化类型主要散布在坝区往山区过渡的山麓地带(图 8-2)；水体景观转出 1812hm²，主要流向为城乡人居及工矿、农田、果园 3 类景观，分别占水体景观转出面积的 35.23%、28.83%和 26.05%，其中“水体→城乡人居及工矿”“水体→农田”“水体→果园”3 种变化类型皆散布在西北部、西南部坝区(图 8-2)。

从景观补给来源来看，果园景观新增 20 092hm²，主要来源于农田、森林、城乡人居及工矿 3 类景观，分别占果园景观新增面积的 51.72%、39.55%和 6.15%，面积增加区分布在中北部、西南部黄土、洪安、西河、同安、龙泉、柏合部分坝区乡镇和山泉、茶店、万兴部分山区乡镇(图 8-2)；城乡人居及工矿景观新增 7259hm²，主要来源于农田、水体、森林 3 类景观，分别占城乡人居及工矿景观新增面积的 84.99%、8.79%和 3.37%，面积增加区分布在西北部、西南部十陵、西河、大面、龙泉、柏合部分坝区乡镇(图 8-2)；交通运输景观新增 1308hm²，主要来源于农田、城乡人居及工矿、水体 3 类景观，分别占水体景观新增面积的 69.33%、12.44%和 6.97%，面积增加区大量集中分布在西部坝区，少量散布在西南部山区(图 8-2)。

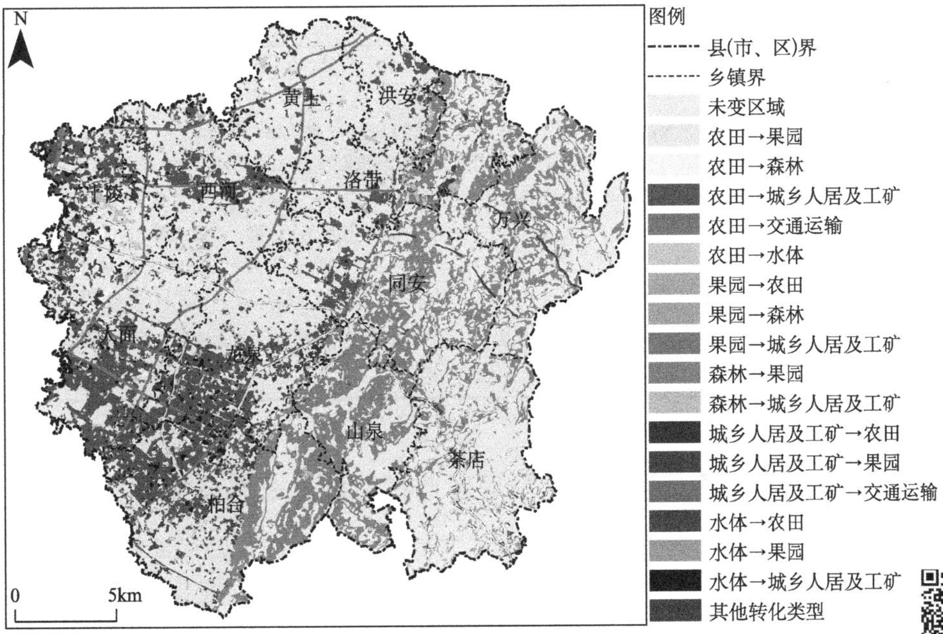

图 8-2　龙泉驿区 1992～2014 年主要景观变化类型空间分布示意图

(彩图)

总体而言，景观类型间相互转换、互为补给，补给面积大于转出面积，景观面积增加，反之景观面积减少，从表 8-2 可知，农田、水体和森林景观转出概率较大，分别为 72.92%、66.47%和 64.8%，这也是农田、水体、森林景观面积减少的主要原因。

8.2 景观格局变化驱动因子指标体系

8.2.1 景观格局变化驱动因子指标体系构建

景观格局变化驱动因子包括自然驱动因子和人文驱动因子。其中，自然驱动因子主要包括地质地貌、气候、土壤、生物、水文和自然干扰，人文驱动因子主要包括人口、技术、经济、政策和文化(傅伯杰等，2011)。本研究参考 CNKI 数据库中有关景观格局变化(孙才志和闫晓露，2014；路鹏等，2006)、土地利用/土地覆被变化(贾科利等，2008；宋开山等，2008；李月臣和刘春霞，2009；王佑汉，2009)驱动因子研究文献中构建的基础指标，结合规划案例研究区景观格局变化特征、自然生态环境状况和数据资料获取情况，按照代表性、科学性、差异性原则，从自然驱动因子、人文驱动因子两大系统中初步选取因子构建景观格局变化驱动因子指标体系(表 8-3)。

表 8-3　景观格局变化驱动因子初选指标体系

一级指标	二级指标	三级指标(变量名，单位)
自然驱动因子	气候	年均气温(x_1，℃)；年均降雨量(x_2，mm)
	地形	高程(x_3，m)；坡度(x_4，°)；坡向(x_5，°)
	土壤	土壤有机质含量(x_6，g/kg)
人文驱动因子	人口状况	总人口(x_7，人)；农业人口(x_8，人)；非农业人口(x_9，人)；人口自然增长率(x_{10}，‰)；人口密度(x_{11}，人/km^2)；农业人口密度(x_{12}，人/km^2)
	科技水平	农业机械总动力(x_{13}，10^4kW)；农村用电(x_{14}，10^4kW·h)；化肥施用量(x_{15}，t)；粮食单产(x_{16}，kg/hm^2)；耕地有效灌溉面积(x_{17}，hm^2)；第一产业产值占 GDP 比重(x_{18}，%)；第二产业产值占 GDP 比重(x_{19}，%)；第三产业产值占 GDP 比重(x_{20}，%)
	经济发展	地区生产总值(x_{21}，亿元)；人均地区生产总值(x_{22}，万元/人)；第一产业产值(x_{23}，亿元)；第二产业产值(x_{24}，亿元)；第三产业产值(x_{25}，亿元)；经济密度(x_{26}，万元 GDP/km^2)；地方财政收入(x_{27}，万元)；全社会固定资产投资(x_{28}，亿元)；社会消费品零售总额(x_{29}，亿元)；综合城镇化率(x_{30}，%)
	农业生产	粮食播种面积(x_{31}，hm^2)；粮食总产量(x_{32}，t)；水果总产量(x_{33}，t)；年末大牲畜存栏数(x_{34}，10^4头)
	生活水平	农民人均纯收入(x_{35}，元)；城镇居民人均可支配收入(x_{36}，元)

8.2.2 景观格局变化驱动因子指标数据来源与处理

在自然驱动因子指标中，2000～2007 年、2007～2014 年年均降雨量和气温空间分布图根据龙泉驿区气象局提供的 2004～2014 年该区 9 个自动气象观测站监测的降雨、气温数据，在 ESRI ArcGIS10.0 中应用空间插值法插值得到(图 6-4)；高程分布图采用 ASTER GDEM V2 数据[图 6-2(b)]；坡度图、坡向图均利用 ESRI ArcGIS10.0 空间分析工具基于 DEM 计算得到(图 3-7)；土壤有机质含量空间分布图根据龙泉驿区测土配方施肥项目测得的各地土样有机质含量数据，在 ESRI ArcGIS10.0 中利用普通克里格空间插值法模拟得到，因该区测土配方施肥项目启动较晚，只有 2008～2013 年各地土样有机质含量化验数据，故分别把 2008 年(土样 1842 个)、2013 年(土样 531 个)有机质含量空间插值结果近似作为 2000～2007 年、2007～2014 年土壤有机质含量分布数据。人文驱动因子指标中，总人口(x_7)、农业人口(x_8)、非农业人口(x_9)、地区生产总值(x_{21})、第一产业产值(x_{23})、第二产业产值(x_{24})、第三产业产值(x_{25})、地方财政收入(x_{27})、全社会固定资产投资(x_{28})、社会消费品零售总额(x_{29})、农民人均纯收入(x_{35})、城镇居民人均可支配收入(x_{36})数据来自《龙泉驿统计年鉴(2000～2012 年)》、成都统计公众信息网，人口自然增长率(x_{10})、农业机械总动力(x_{13})、农村用电(x_{14})、化肥施用量(x_{15})、耕地有效灌溉面积(x_{17})、粮食播种面积(x_{31})、粮食总产量(x_{32})、水果总产量(x_{33})、年末大牲畜存栏数(x_{34})数据由龙泉驿区统计局、农林局和各街道(镇、乡)提供，人口密度(x_{11})、农业人口密度(x_{12})、粮食单产(x_{16})、第一产业产值占 GDP 比重(x_{18})、第二产业产值占 GDP 比重(x_{19})、第三产业产值占 GDP 比重(x_{20})、人均地区生产总值(x_{22})、经济密度(x_{26})、综合城镇化率(x_{30})数据根据已有数据经简单数学运算得到。在此基础上，按照孙才志等研究中采用的统计指标栅格化方法，将各人文驱动因子指标转化为空间分布栅格数据。为便于建模分析，将所有初选驱动因子指标栅格数据分辨率统一重采样为 30m。

8.3　基于空间回归模型的景观格局变化驱动因子分析

8.3.1　景观格局变化驱动因子空间回归分析基础数据计算

景观格局变化驱动因子空间回归分析基础数据计算主要包括空间回归分析基本单元网格建立、单元网格景观面积变化率计算和单元网格驱动因子指标值计算 3 个步骤。

第 1 步：建立空间回归分析基本单元网格。景观格局变化具有尺度依赖性，研究尺度过大或过小，都会导致景观格局趋于简单、变化差异减弱，不利于找出引起景观格局变化的驱动因子，比较合适的空间分析尺度处在 0.5km 左右(徐建华等，2004；张永民等，2006)。由于本研究采用的 TM/OLI 影像、DEM 等原始数据分辨率均为 30m，若以 0.5km×0.5km 网格为空间分析尺度，则会导致部分像元跨网格而影响统计分析结果，重采样到高分辨率又会产生无价值的数据冗余，所以本研究以基础数据分辨率整数倍 0.6km 为景观格局变化驱动因子分析空间尺度，并在 ESRI ArcGIS10.0 中利用 Create Fishnet 命令构建规划案例研究区景观格局变化驱动因子空间回归分析基本单元网格矢量数据[图 8-3(a)]。整个规划案例研究区共涉及网格 1663 个，网格标识字段名为 NET_ID。

第 2 步：计算单元网格景观面积变化率。以 2000～2007 年农田景观面积变化率计算为例阐述各景观面积变化率计算步骤。首先，在 ESRI ArcGIS10.0 中应用 Extract by Attributes 工具从 2000 年景观类型图中提取出 2000 年农田景观分布图，并以该图为掩膜从 2007 年景观类型图中提取出 2007 年农田景观分布图，再应用 Raster Calculator 工具将两幅农田景观分布图相减即得 2000～2007 年农田景观变化图，再通过重分类把农田景观变化区赋值为“1”、未变区赋值为“0”，形成 2000～2007 年农田景观变化图[图 8-3(b)]；然后，应用 ESRI ArcGIS10.0 识别叠加工具把单元网格矢量图作为输入图层、2000～2007 年农田景观变

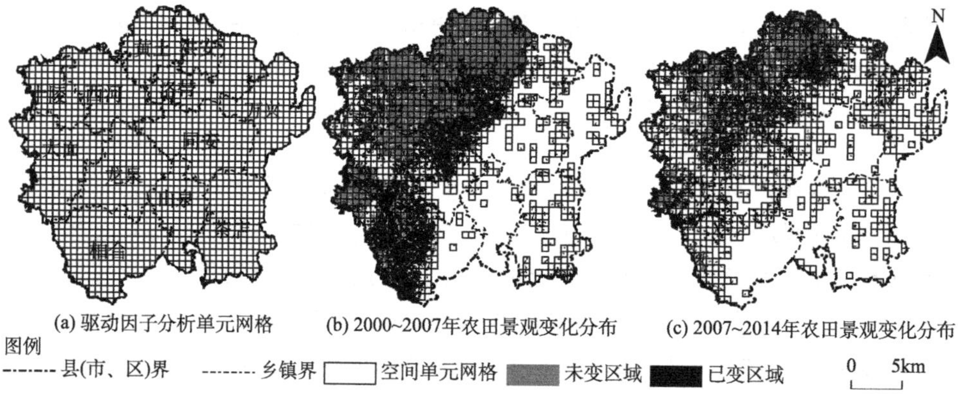

图 8-3　景观格局变化驱动因子分析单元网格图、2000～2007 年和 2007～2014 年农田景观变化分布图

化图作为识别参照图层进行叠加分析，并将叠加结果图属性表导入 Microsoft Excel 2010 中运用多条件求和函数统计各网格农田变化区、未变化区面积；最后，按式(8-1)计算 2000～2007 年各单元网格农田景观面积变化率。

$$y_{ij}=\frac{\mathrm{Ka}_{ij}-\mathrm{Kb}_{ij}}{\mathrm{Ka}_{ij}}\times\frac{1}{T}\times 100\% \tag{8-1}$$

式中：y_{ij} 为景观类型 j 在 i 个空间单元网格内的面积变化率(%)；Ka_{ij}、Kb_{ij} 分别为研究初期 a 和研究末期 b 景观类型 j 在空间单元网格 i 内的面积(m^2)；T 为研究初期和末期间隔时间(年)。

第 3 步：计算单元网格驱动因子指标值。在 ESRI ArcGIS10.0 平台支持下，应用 Python 编程调用 ZonalStatisticsAsTable_sa( ) 函数，以空间单元网格图为分区数据、NET_ID 为分区字段、各驱动因子指标栅格数据为输入数据，分阶段批量计算各指标在各单元网格中的均值(程序代码见附录 4)。

8.3.2　景观格局变化驱动因子空间回归分析步骤与方法

景观格局变化驱动因子空间回归分析的主要步骤及相应方法如下。

第 1 步：景观格局变化与驱动因子指标的相关分析。应用 SPSS19.0 对两个阶段各单元网格对应的景观面积变化率、36 个驱动指标均值进行 Z-score 标准化处理的基础上，计算各景观面积变化率与各驱动指标值间的皮尔森相关系数，删除相关系数未通过显著性检验和相关系数小于 0.2 的驱动指标，初步筛选得到对各景观格局变化影响相关的驱动指标。

第 2 步：应用 OLS 线性回归模型进行景观格局变化驱动因子初步分析。假设各景观面积变化率及其相关驱动指标间的关系为相同线性关系且各面积变化率、驱动指标不存在空间自相关性，应用普通最小二乘法(OLS)线性回归模型分析各相关驱动指标对相应景观格局变化的影响，以回归系数显著性水平 $P<0.05$、方差扩大因子 VIF <10 为依据构建 OLS 线性回归模型，筛选出基本无多重共线性问题的驱动指标，进行景观格局变化驱动因子分析。OLS 线性回归模型矩阵表达形式为

$$y = \beta X + \varepsilon$$

$$y = \begin{pmatrix} y_1 \\ y_2 \\ \vdots \\ y_n \end{pmatrix},\quad X = \begin{pmatrix} 1 & x_{11} & \cdots & x_{1p} \\ 1 & x_{21} & \cdots & x_{2p} \\ \vdots & \vdots & & \vdots \\ 1 & x_{n1} & \cdots & x_{np} \end{pmatrix},\quad \beta = \begin{pmatrix} \beta_1 \\ \beta_2 \\ \vdots \\ \beta_n \end{pmatrix},\quad \varepsilon = \begin{pmatrix} \varepsilon_1 \\ \varepsilon_2 \\ \vdots \\ \varepsilon_n \end{pmatrix} \tag{8-2}$$

式中：y为因变量，表示景观类型面积变化率；x为自变量，表示景观格局演变驱动指标值；X为自变量的$n \times (n+1)$阶回归设计矩阵；β为参数向量；ε为随机误差向量。

第 3 步：OLS 线性回归模型残差、因变量、自变量空间相关分析与判断。运用 OpenGeoDa 软件分别计算 1 次 Rook 邻接、1 次 Queen 邻接权重矩阵（汪雪格，2008）下各景观格局变化驱动因子 OLS 线性回归分析模型残差、因变量、自变量 Moran's I 值，并根据P值和Z值大小判断 Moran's I 显著性（$P<0.05$表示数据间空间相关性显著、$P<0.01$表示极显著）（梁一等，2007）。在显著性水平$\alpha = 0.05$的条件下，$Z>1.96$表示数据间存在显著空间正相关性、$Z<1.96$表示存在显著空间负相关性、$Z \in [-1.96, 1.96]$表示空间自相关性不显著（霍霄妮等，2009）。若 OLS 线性回归模型残差、因变量、自变量存在空间自相关，则说明模型分析结果可靠度较低，需在此基础上选择恰当空间回归模型进行景观格局变化驱动因子分析。

第 4 步：空间回归模型选择。常见空间回归模型包括空间滞后模型（spatial lag model，SLM）和空间误差模型（spatial error model，SEM），通用表达式为

$$\begin{aligned} \underset{n\times1}{y} &= \rho \underset{n\times n}{W_1} \underset{n\times1}{y} + \underset{n\times k}{X} \underset{k\times1}{\beta} + \underset{n\times1}{\mu} \\ \underset{n\times1}{\mu} &= \lambda \underset{n\times n}{W_2} \underset{n\times1}{\mu} + \underset{n\times1}{\varepsilon} \\ \varepsilon &\sim N(0, \sigma^2 I_n) \end{aligned} \tag{8-3}$$

式中：y为因变量；X为自变量；μ为空间回归模型残差；β为自变量空间回归系数；ε为白噪声；W_1为反映因变量自身空间趋势的权重矩阵；W_2为反映空间回归模型残差空间趋势的权重矩阵；ρ为空间滞后项$W_1 y$系数，称为空间自回归系数；λ为空间误差系数。根据ρ和λ取值，空间回归模型可分为空间滞后模型和空间误差模型，当$\rho \neq 0, \lambda = 0$时，为空间滞后模型，回归方程为$y = \rho W y + \beta X + \mu$；当$\rho = 0, \lambda \neq 0$时，为空间误差模型，回归方程为$y = \beta X + \lambda W \mu + \varepsilon$。

本研究根据拉格朗日乘数（LM-lag 和 LM-error）、稳健拉格朗日算子（Robust LM-lag 和 Robust LM-error）显著性来确定空间回归模型类型。若仅 LM-lag 检验结果显著、具有统计学意义，则拟合空间滞后模型；若仅 LM-error 检验结果显著、具有统计学意义，则拟合空间误差模型；若 LM-lag 和 LM-error 检验结果均显著、具有统计学意义，则选择P值较小的模型或者选取稳健拉格朗日算子显著的空间回归模型（刘晓冰等，2013；陈艳艳等，2015）。

第 5 步：空间回归模型拟合与效果评估。首先，应用 OpenGeoDa 软件分别计算 1 次 Rook 邻接、1 次 Queen 邻接权重矩阵下各模型拉格朗日乘数和稳健拉格朗日算子，并根据其显著性选择各权重矩阵对应的空间回归模型进行拟合；然后，依据决定系数（R^2）、赤池信息量准则（AIC）和施瓦茨准则（SC）、对数似然值（LG）等模型评估指标（其中R^2、LG 越大，AIC、SC 值越小，模型拟合效果越好）（曾晖和杨平，2012），对 1 次 Rook 邻接、1 次 Queen 邻接权重

矩阵对应的空间回归模型拟合结果进行评估，选取拟合效果最好的进行景观格局变化驱动因子分析。

8.4　景观格局变化驱动因子空间回归分析模型构建

8.4.1　景观格局变化与驱动因子指标的相关性分析

各阶段各景观面积变化率与各驱动因子指标的相关分析结果显示：2000～2007年与农田景观格局变化相关的驱动指标有年均气温(x_1)、高程(x_3)、坡度(x_4)等19个，与果园景观格局变化相关的有年均降雨量(x_2)、人口自然增长率(x_{10})、人口密度(x_{11})等13个，与森林景观格局变化相关的有年均气温(x_1)、高程(x_3)、坡度(x_4)等22个，与城乡人居及工矿景观格局变化相关的有坡度(x_4)、总人口(x_7)、非农业人口(x_9)等18个，与交通运输景观格局变化相关的有年均降雨量(x_2)、农业人口(x_8)、人口自然增长率(x_{10})等10个，与水体景观格局变化相关的有年均气温(x_1)、总人口(x_7)、农业人口(x_8)等19个；2007～2014年与农田景观格局变化相关的驱动指标有年均降雨量(x_2)、高程(x_3)、坡度(x_4)等12个，与果园景观格局变化相关的有高程(x_3)、坡度(x_4)、总人口(x_7)等21个，与森林景观格局变化相关的有年均气温(x_1)、年均降雨量(x_2)、高程(x_3)等12个，与城乡人居及工矿景观格局变化相关的有年均降雨量(x_2)、坡度(x_4)、土壤有机质含量(x_6)等12个，与交通运输景观格局变化相关的有年均气温(x_1)、高程(x_3)、土壤有机质含量(x_6)等7个，与水体景观格局变化相关的有坡度(x_4)、土壤有机质含量(x_6)、总人口(x_7)等17个。部分驱动指标两两间相关系数大于自身与景观面积变化率的相关系数，表明相关分析筛选的指标存在多重共线性问题，必须借助线性回归模型进行深入分析。

8.4.2　OLS线性回归模型构建

以景观面积变化率为因变量、对应相关分析确定的驱动因子指标为自变量，应用多元逐步线性回归法建立各阶段各景观变化驱动因子OLS线性回归分析模型(表8-4)。

表8-4　景观格局变化驱动因子OLS线性回归模型及回归系数检验指标

景观类型	时间段	回归方程	回归系数检验指标		
			T 值范围	P 值范围	VIF 范围
农田	2000～2007年	$y_1=0.1901x_4-0.1393x_{10}-0.4367x_{12}+0.3338x_{14}+0.2931x_{16}+0.0939x_{29}-0.8107x_{32}+0.2816x_{34}$	[−19.78,11.33]	[0,0.0007]	[1.8,4.82]
	2007～2014年	$y_1=0.2457x_4+0.4152x_8-0.3848x_{12}-0.0898x_{13}-0.0783x_{16}-0.2197x_{34}-0.1099x_{35}$	[−7.87,7.83]	[0,0.0327]	[2.02,4.51]
果园	2000～2007年	$y_2=0.1122x_{10}+0.4538x_{11}+0.3854x_{13}+0.1818x_{17}-0.3308x_{27}$	[−5.58,9.54]	[0,0.0038]	[1.83,5.7]
	2007～2014年	$y_2=-0.318x_4+0.1715x_{11}+0.1751x_{12}-0.2243x_{14}+0.3387x_{18}-0.1345x_{20}+0.2651x_{34}+0.3742x_{36}$	[−10.33,9.7]	[0,0]	[1.73,9.46]
森林	2000～2007年	$y_3=-0.0899x_3-0.5921x_4+0.1708x_6+0.0729x_9-0.0912x_{15}$	[−19.04,6.25]	[0,0.0048]	[1.09,1.58]
	2007～2014年	$y_3=-0.0936x_1+0.1741x_2+0.2776x_3-0.4033x_4-0.3019x_5+0.1631x_{12}+0.1737x_{17}-0.2807x_{31}+0.3558x_{32}$	[−10.48,6.49]	[0,0.0255]	[1.11,7.48]

续表

景观类型	时间段	回归方程	回归系数检验指标		
			T 值范围	P 值范围	VIF 范围
城乡人居及工矿	2000～2007 年	y_4=0.2181x_4+0.2309x_{18}+0.2159x_{31}	[4.58,5.5]	[0,0]	[1.22,1.92]
	2007～2014 年	y_4=−0.2527x_2+0.2628x_4+0.1226x_{16}	[−6.14,6.63]	[0,0.0038]	[1.06,1.2]
交通运输	2000～2007 年	y_5=0.3449x_{27}−0.2158x_{28}	[−1.73,2.76]	[0.0063,0.0856]	[3.59,3.59]
	2007～2014 年	y_5=0.1947x_3+0.4537x_{22}−0.3054x_{24}	[−1.98,3.37]	[0.0009,0.0487]	[1,7.13]
水体	2000～2007 年	y_6=−0.0824x_1+0.238x_{10}+0.2834x_{27}−0.2244x_{30}−0.16x_{31}	[−3.46,6.03]	[0,0.059]	[1.35,2.99]
	2007～2014 年	y_6=−0.1578x_4+0.1229x_6+0.1266x_{10}+0.1827x_{12}+0.1426x_{27}	[−3.41,3.48]	[0.0005,0.0779]	[1.26,3.93]

从表 8-4 可知，2000～2007 年影响农田景观格局的驱动指标为坡度(x_4)、人口自然增长率(x_{10})、农业人口密度(x_{12})、农村用电(x_{14})、粮食单产(x_{16})、社会消费品零售总额(x_{29})、粮食总产量(x_{32})、年末大牲畜存栏数(x_{34})，影响果园景观格局的为人口自然增长率(x_{10})、人口密度(x_{11})、农业机械总动力(x_{13})、耕地有效灌溉面积(x_{17})、地方财政收入(x_{27})，影响森林景观格局的为高程(x_3)、坡度(x_4)、土壤有机质含量(x_6)、非农业人口(x_9)、化肥施用量(x_{15})，影响城乡人居及工矿景观格局的为坡度(x_4)、第一产业产值占 GDP 比重(x_{18})、粮食播种面积(x_{31})，影响交通运输景观格局的为地方财政收入(x_{27})、全社会固定资产投资(x_{28})，影响水体景观格局的为年均气温(x_1)、人口自然增长率(x_{10})、地方财政收入(x_{27})、综合城镇化率(x_{30})、粮食播种面积(x_{31})；2007～2014 年影响农田景观格局的驱动指标为坡度(x_4)、农业人口(x_8)、农业人口密度(x_{12})、农业机械总动力(x_{13})、粮食单产(x_{16})、年末大牲畜存栏数(x_{34})、农民人均纯收入(x_{35})，影响果园景观格局的为坡度(x_4)、人口密度(x_{11})、农业人口密度(x_{12})、农村用电(x_{14})、第一产业产值占 GDP 比重(x_{18})、第三产业产值占 GDP 比重(x_{20})、年末大牲畜存栏数(x_{34})、城镇居民人均可支配收入(x_{36})，影响森林景观格局的为年均气温(x_1)、年均降雨量(x_2)、高程(x_3)、坡度(x_4)、坡向(x_5)、农业人口密度(x_{12})、耕地有效灌溉面积(x_{17})、粮食播种面积(x_{31})、粮食总产量(x_{32})，影响城乡人居及工矿景观格局的为年均降雨量(x_2)、坡度(x_4)、粮食单产(x_{16})，影响交通运输景观格局的为高程(x_3)、人均地区生产总值(x_{22})、第二产业产值(x_{24})，影响水体景观格局的为坡度(x_4)、土壤有机质含量(x_6)、人口自然增长率(x_{10})、农业人口密度(x_{12})、地方财政收入(x_{27})。各阶段各景观格局变化驱动因子 OLS 线性回归模型各自变量回归系数的 T 值均足够大且显著性水平 P 值均小于 0.1，表明回归系数具有统计学意义，而且各自变量方差扩大因子 VIF 皆小于 10，说明模型基本解决各自变量间的多重共线性问题。

8.4.3 空间自相关性判断

分阶段计算各景观格局变化驱动因子 OLS 线性回归分析模型残差、因变量、自变量在 1 次 Rook 邻接、1 次 Queen 邻接权重矩阵下的 Morar's Ⅰ值(图 8-4)，并对各 Morar's Ⅰ指数进行显著性检验。

图 8-4 显示：各阶段各 OLS 线性回归模型在 1 次 Rook 邻接、1 次 Queen 邻接权重矩阵下的残差 Morar's Ⅰ值相差不大，经统计，2000～2007 年各 OLS 线性回归模型在 1 次 Rook 邻接、1 次 Queen 邻接权重矩阵下的残差 Morar's Ⅰ值分别为 0.2792～0.5176、0.2292～0.4513，2007～

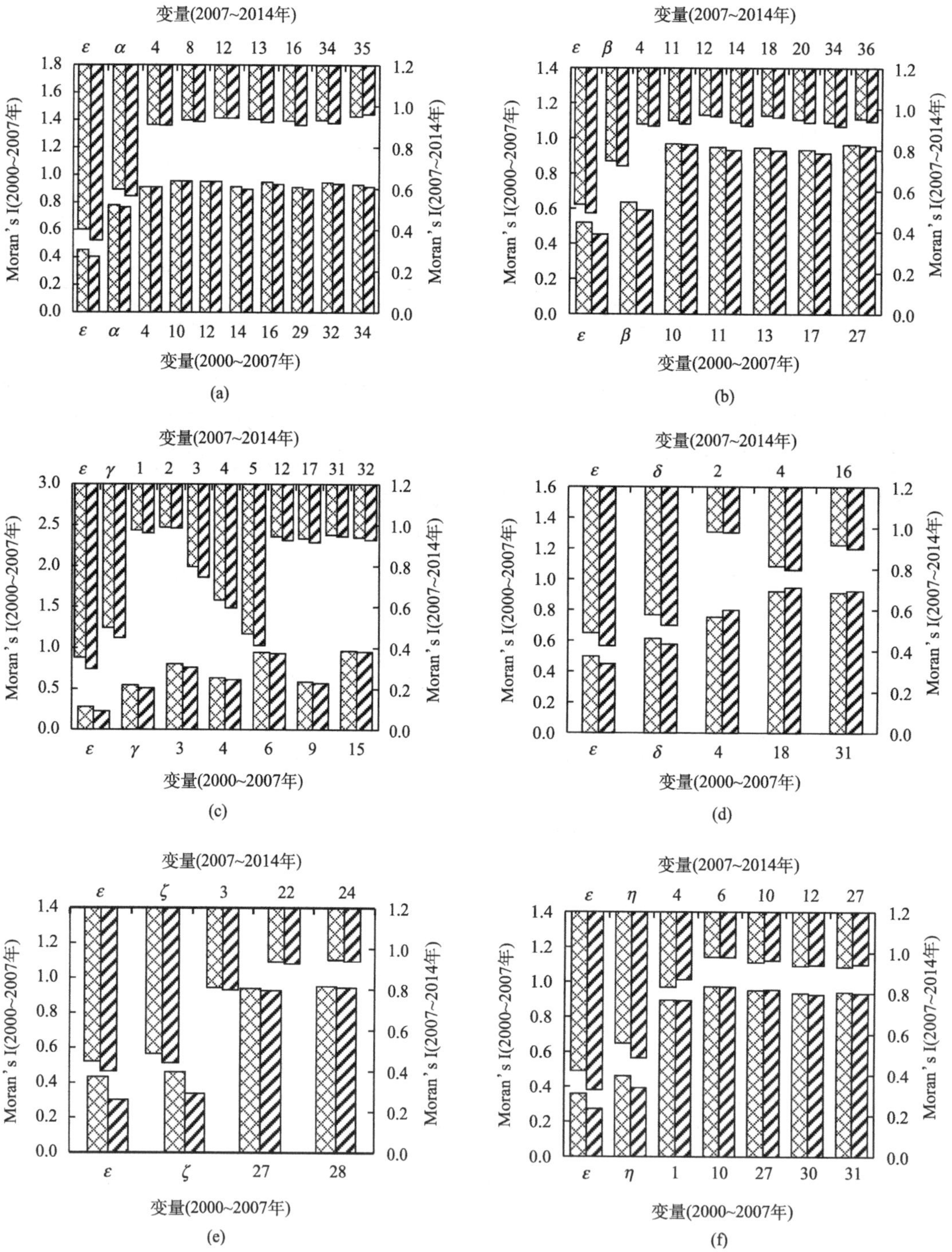

图 8-4　各阶段各景观变化驱动因子 OLS 线性回归模型残差、因变量、自变量在不同权重矩阵下 Morar's I 柱状图

(a)～(f) 分别为农田、果园、森林、城乡人居及工矿、交通运输、水域 6 种景观变化驱动因子 OLS 模型残差、因变量、自变量在不同权重矩阵下 Morar's I 值柱状图，ε 为 OLS 模型残差，α、β、γ、δ、ζ、η 分别表示 OLS 模型因变量 $y_1 \sim y_6$，1～36 表示 OLS 模型自变量 $x_1 \sim x_{36}$，网状填充、斜线填充柱体分别表示变量在 1 次 Rook 邻接、1 次 Queen 邻接权重矩阵下的 Morar's I 值

2014 年分别为 0.3525～0.5330、0.2958～0.4923，且各阶段各 OLS 线性回归模型残差 Morar's Ⅰ值显著性检验指标 $P<0.01$、$Z>1.96$，其残差存在显著空间自相关性，说明 OLS 线性回归模型对景观格局变化驱动因子的分析结果可靠性差。此外，从图 8-4 可看出，各阶段各 OLS 线性回归模型在 1 次 Rook 邻接、1 次 Queen 邻接权重矩阵下的因变量、自变量 Morar's Ⅰ值都较大且彼此差异较小，经统计得知基于 1 次 Rook 邻接(1 次 Queen 邻接)权重矩阵计算得到的 2000～2007 年各景观面积变化率及其对应驱动指标 Morar's Ⅰ指数最小值为 0.4613(0.3376)、最大值为 0.9724(0.9693)，2007～2014 年最小值为 0.4686(0.4125)、最大值为 0.9899(0.9844)，且各 Morar's Ⅰ指数显著性检验指标 $P<0.01$、$Z>1.96$，表明 2000～2014 年各景观面积变化率及其对应的驱动指标存在显著空间自相关性，必须选择恰当空间回归模型对景观格局变化驱动因子进行分析。

8.4.4　空间回归模型选择

分阶段分别计算 1 次 Rook 邻接、1 次 Queen 邻接权重矩阵下各景观格局变化驱动因子空间回归模型的拉格朗日乘数、稳健拉格朗日算子的检验统计量 P 值和 Z 值(表 8-5)，选择 1 次 Rook 邻接、1 次 Queen 邻接权重矩阵对应空间回归模型进行景观格局变化驱动因子分析。

表 8-5　景观格局变化驱动因子空间回归模型检验统计量

景观类型	时间段	LM-lag		LM-error		Robust LM-lag		Robust LM-error	
		Z 值	P 值	Z 值	P 值	Z 值	P 值	Z 值	P 值
农田	2000～2007 年	377.443 (528.109)	0 (0)	358.055 (510.189)	0 (0)	20.157 (27.954)	0 (0)	0.769 (10.033)	0.381 (0.002)
	2007～2014 年	273.207 (361.127)	0 (0)	267.246 (352.119)	0 (0)	6.291 (10.344)	0.012 (0.001)	0.33 (1.336)	0.566 (0.248)
果园	2000～2007 年	535.756 (764.205)	0 (0)	535.577 (769.334)	0 (0)	2.736 (5.443)	0.098 (0.02)	2.558 (10.571)	0.11 (0.001)
	2007～2014 年	764.274 (1229.275)	0 (0)	754.185 (1246.359)	0 (0)	12.692 (14.95)	0 (0)	2.603 (32.034)	0.107 (0)
森林	2000～2007 年	84.011 (90.62)	0 (0)	98.185 (122.351)	0 (0)	1.855 (1.515)	0.173 (0.218)	16.029 (33.246)	0 (0)
	2007～2014 年	162.647 (211.398)	0 (0)	151.504 (198.283)	0 (0)	12.53 (17.723)	0 (0)	1.387 (4.607)	0.239 (0.032)
城乡人居及工矿	2000～2007 年	198.394 (255.455)	0 (0)	193.25 (252.786)	0 (0)	5.364 (3.938)	0.021 (0.047)	0.22 (1.268)	0.639 (0.26)
	2007～2014 年	202.919 (269.911)	0 (0)	198.597 (261.678)	0 (0)	4.368 (8.233)	0.037 (0.004)	0.045 (0.001)	0.832 (0.978)
交通运输	2000～2007 年	45.912 (37.954)	0 (0)	45.195 (36.866)	0 (0)	1.173 (1.833)	0.279 (0.176)	0.455 (0.744)	0.5 (0.388)
	2007～2014 年	62.748 (82.255)	0 (0)	62.214 (81.405)	0 (0)	0.549 (0.93)	0.459 (0.335)	0.014 (0.081)	0.905 (0.776)
水体	2000～2007 年	97.776 (97.024)	0 (0)	97.072 (96.584)	0 (0)	0.705 (0.527)	0.401 (0.468)	0 (0.087)	0.986 (0.768)
	2007～2014 年	133.121 (133.773)	0 (0)	132.23 (131.809)	0 (0)	1.118 (2.119)	0.29 (0.146)	0.227 (0.155)	0.634 (0.694)

注：圆括弧内、外数据分别为 1 次 Queen 邻接、1 次 Rook 邻接权重矩阵下拉格朗日乘数和稳健拉格朗日算子检验统计量

从表 8-5 可知：在两个阶段，1 次 Queen 邻接、1 次 Rook 邻接两种权重矩阵下各景观格局变化驱动因子空间回归模型的 LM-lag 和 LM-error 检验统计量均显著，则只需比较 Robust LM-lag 和 Robust LM-error 检验统计量的显著性强弱即可确定各阶段不同权重矩阵对应的空间回归模型。2000～2007 年，基于 1 次 Rook 邻接权重矩阵的模型选择检验结果显示，农田、果园、城乡人居及工矿、水体景观格局变化驱动因子空间回归模型 Robust LM-lag 检验统计量均较 Robust LM-error 显著，所以选择空间滞后模型，而森林景观格局变化驱动因子空间回归模型 Robust LM-error 检验统计量比 Robust LM-lag 显著，则选择空间误差模型；基于 1 次 Queen 邻接权重矩阵的模型选择检验结果显示，农田、城乡人居及工矿、水体景观格局变化驱动因子空间回归模型 Robust LM-lag 检验统计量均比 Robust LM-error 显著，所以采用空间滞后模型，果园、森林景观格局变化驱动因子空间回归模型 Robust LM-error 检验统计量均比 Robust LM-lag 显著，则选择空间误差模型。2007～2014 年，基于 1 次 Rook 邻接权重矩阵的模型选择检验结果显示，各景观格局变化驱动因子空间回归模型 Robust LM-lag 检验统计量都比 Robust LM-error 显著性强，故全部采用空间滞后模型；基于 1 次 Queen 邻接权重矩阵的模型选择检验结果显示，除果园景观格局变化驱动因子空间回归模型 Robust LM-lag 检验统计量显著性较 Robust LM-error 弱，采用空间误差模型外，其余都比 Robust LM-error 强，则全部采用空间滞后模型。

8.4.5 空间回归模型构建与效果评估

根据空间回归模型选择结果，分别采用 1 次 Queen 邻接、1 次 Rook 邻接权重矩阵对应的空间回归模型对各阶段各景观格局变化驱动因子进行两次空间回归分析，比较两个分析模型 LG、AIC、SC 值(表 8-6)，择优选择一个拟合度较高的进行相应景观格局变化驱动因子分析。

表 8-6 景观格局变化驱动因子空间回归模型评估指标

景观类型	时间段	权重矩阵	模型	R^2	LG	AIC	SC	残差 Moran's I (*P*,*Z*)
农田	2000～2007 年	Rook	SLM	0.7571	−847.7310	1715.4600	1765.5500	−0.0467 (0.032,−1.9416)
		Queen	SLM	0.7577	−838.7230	1697.4500	1747.5300	−0.0284 (0.055,−1.5764)
		Rook/Queen	OLSM	0.6176	−1037.3000	2092.6100	2137.6800	0.4519 (0,19.3558)
	2007～2014 年	Rook	SLM	0.5250	−1183.5300	2385.0500	2429.9300	−0.0282 (0.144,−1.0833)
		Queen	SLM	0.5267	−1176.0600	2370.1200	2415.0000	0.0015 (0.427,0.1783)
		Rook/Queen	OLSM	0.3298	−1318.2800	2652.5500	2692.4500	0.4022 (0,16.7096)
果园	2000～2007 年	Rook	SLM	0.5754	−1266.8600	2547.7300	2583.3300	−0.051 (0.017,−2.0947)
		Queen	SEM	0.5599	−1271.4501	2554.9000	2585.4200	−0.0277 (0.053,−1.6729)
		Rook/Queen	OLSM	0.2530	−1520.8800	3053.7600	3084.2700	0.5176 (0,23.4569)
	2007～2014 年	Rook	SLM	0.7091	−1283.4400	2586.8700	2639.8000	−0.076 (0.001,−3.8539)
		Queen	SEM	0.7123	−1258.8243	2535.6500	2583.2800	−0.0329 (0.005,−2.2914)
		Rook/Queen	OLSM	0.4598	−1631.6300	3281.2700	3328.9000	0.533 (0,27.9055)
森林	2000～2007 年	Rook	SEM	0.6333	−691.3100	1394.6200	1422.1900	−0.0134 (0.319,−0.4854)
		Queen	SEM	0.6293	−691.9240	1395.8500	1423.4100	−0.0064 (0.423,−0.2314)
		Rook/Queen	OLSM	0.5563	−739.7460	1491.4900	1519.0600	0.2792 (0,10.2068)

续表

景观类型	时间段	权重矩阵	模型	R^2	LG	AIC	SC	残差 Moran's I (*P*,*Z*)
森林	2007～2014 年	Rook	SLM	0.4905	–798.3760	1618.7500	1669.0500	–0.0174 (0.283,–0.5854)
		Queen	SLM	0.4909	–796.4570	1614.9100	1665.2100	0.0036 (0.4,0.2025)
		Rook/Queen	OLSM	0.3158	–878.3610	1776.7200	1822.4500	0.3523 (0,12.8431)
城乡人居及工矿	2000～2007 年	Rook	SLM	0.5342	–662.7180	1335.4400	1357.4200	–0.0211 (0.308,–0.5304)
		Queen	SEM	0.5160	–666.1620	1342.3200	1364.3100	–0.0102 (0.416,–0.2912)
		Rook/Queen	OLSM	0.2356	–770.2820	1548.5600	1566.1500	0.498 (0,14.1243)
	2007～2014 年	Rook	SLM	0.4848	–659.0660	1328.1300	1349.8800	–0.0415 (0.124,–1.1648)
		Queen	SLM	0.4643	–698.9660	1407.9300	1429.6800	–0.0292 (0.136,–1.0983)
		Rook/Queen	OLSM	0.1585	–761.7820	1531.5600	1548.9600	0.4876 (0,14.3544)
交通运输	2000～2007 年	Rook	SLM	0.3178	–286.6220	581.2430	594.8900	0.0218 (0.318,0.421)
		Queen	SLM	0.2220	–296.0630	600.1260	613.7720	0.0029 (0.422,0.1736)
		Rook/Queen	OLSM	0.0391	–312.8770	631.7530	641.9880	0.4337 (0,6.9673)
	2007～2014 年	Rook	SLM	0.3678	–349.0400	708.0800	726.2540	–0.0148 (0.411,–0.2593)
		Queen	SLM	0.3358	–351.4780	712.9560	731.1300	–0.0241 (0.31,–0.5157)
		Rook/Queen	OLSM	0.0791	–385.2590	778.5180	793.0570	0.4471 (0,8.1734)
水体	2000～2007 年	Rook	SLM	0.3418	–750.6230	1515.2500	1546.0600	–0.0013 (0.499,–0.0056)
		Queen	SLM	0.2537	–765.9320	1545.8600	1576.6800	0.1249 (0.001,4.5032)
		Rook/Queen	OLSM	0.1632	–801.4150	1614.8300	1641.2400	0.3579 (0,10.1639)
	2007～2014 年	Rook	SLM	0.4349	–706.8110	1427.6200	1458.4000	–0.0238 (0.271,–0.6138)
		Queen	SLM	0.3169	–728.1870	1470.3700	1501.1500	0.1824 (0.001,6.0853)
		Rook/Queen	OLSM	0.2241	–774.7240	1561.4500	1587.8300	0.421 (0,11.8129)

注：*P*、*Z* 分别为 Morar's I 值显著性检验统计量 *P* 值、*Z* 值；SLM、SEM 和 OLSM 分别为空间滞后模型、空间误差模型和普通最小二乘法线性回归模型；Queen、Rook 分别表示 1 次 Queen 邻接、1 次 Rook 邻接权重矩阵

总体上，各景观格局变化驱动因子空间回归模型评估指标 R^2 、LG 值均大于 OLSM，AIC、SC 值均小于 OLSM（表 8-6），表明空间回归模型拟合效果总体上优于普通最小二乘法线性回归模型，这是因为空间回归模型残差 Morar's I 值接近为零且均小于 OLSM，基本排除残差空间自相关性，而且充分考虑了变量空间自相关性（黄秋兰等，2013）。从单个景观格局变化驱动因子空间回归模型估计效果来看，农田景观在两个阶段空间回归模型评价指标 R^2 和 LG 大小为：1 次 Queen 邻接权重矩阵对应空间滞后模型（SLM_{Queen}）＞1 次 Rook 邻接权重矩阵对应空间滞后模型（SLM_{Rook}）＞OLSM，AIC 和 SC 值大小为 SLM_{Queen}＜SLM_{Rook}＜OLSM，所以把 SLM_{Queen} 拟合结果作为农田景观格局变化驱动因子空间回归分析最终估计结果（表8-6）；果园景观在 2000～2007 年 SLM_{Rook} 的 R^2 和 LG 值最大、AIC 和 SC 值最小，在 2007～2014 年 1 次 Queen 邻接权重矩阵对应空间误差模型（SEM_{Queen}）的 R^2 和 LG 值最大、AIC 和 SC 值最小，所以分别把 SLM_{Rook} 和 SEM_{Queen} 拟合结果作为 2000～2007 年、2007～2014 年果园景观格局变化驱动因子空间回归分析最终估计结果（表 8-6）；森林景观在 2000～2007 年 1 次 Rook 邻接权重矩阵对应空间误差模型（SEM_{Rook}）的 R^2 和 LG 值最大、AIC 和 SC 值最小，在 2007～2014 年 SLM_{Queen} 的 R^2 和 LG 值最大、AIC 和 SC 值最小，所以分别把 SEM_{Rook} 和 SLM_{Queen} 拟合结果作为 2000～2007 年、2007～2014 年森林景观格局变化驱动因子空间回归分析最终

估计结果(表 8-6)；城乡人居及工矿、交通运输、水体景观在两个阶段 SLM_{Rook} 的 R^2 和 LG 值皆最大、AIC 和 SC 值皆最小，所以把 SLM_{Rook} 拟合结果作为两阶段三种景观格局变化驱动因子空间回归分析最终估计结果(表 8-7)。

表 8-7 景观格局变化驱动因子空间回归模型估计结果

景观类型	2000～2007 年					2007～2014 年				
	变量	回归系数	标准误差	Z 值	P 值	变量	回归系数	标准误差	Z 值	P 值
农田	ρ	0.6524	0.0266	24.5143	0.0000	ρ	0.6086	0.0297	20.5001	0.0000
	μ	−0.0056	0.0148	−0.3765	0.7066	μ	0.0035	0.0209	0.1696	0.8654
	x_{4}	0.0813	0.0230	3.5369	0.0004	x_{4}	0.1195	0.0349	3.4229	0.0006
	x_{10}	−0.0675	0.0253	−2.6711	0.0076	x_{8}	0.1655	0.0460	3.5991	0.0003
	x_{12}	−0.1459	0.0327	−4.4657	0.0000	x_{12}	−0.1450	0.0426	−3.4043	0.0007
	x_{14}	0.1352	0.0251	5.3961	0.0000	x_{13}	−0.0466	0.0299	−1.5583	0.1192
	x_{16}	0.1201	0.0273	4.3906	0.0000	x_{16}	−0.0264	0.0307	−0.8611	0.3892
	x_{29}	0.0378	0.0221	1.7108	0.0871	x_{34}	−0.0813	0.0351	−2.3171	0.0205
	x_{32}	−0.3109	0.0386	−8.0491	0.0000	x_{35}	−0.0323	0.0336	−0.9612	0.3364
	x_{34}	0.0974	0.0211	4.6273	0.0000					
果园	ρ	0.6453	0.0245	26.3832	0.0000	ε	0.0388	0.0604	0.6416	0.5211
	μ	0.0100	0.0189	0.5318	0.5948	x_{4}	−0.2270	0.0444	−5.1149	0.0000
	x_{10}	0.0408	0.0292	1.3970	0.1624	x_{11}	0.1629	0.0701	2.3232	0.0202
	x_{11}	0.1678	0.0461	3.6409	0.0003	x_{12}	0.2518	0.0779	3.2341	0.0012
	x_{13}	0.1493	0.0318	4.6989	0.0000	x_{14}	−0.2666	0.0675	−3.9511	0.0001
	x_{17}	0.0700	0.0258	2.7119	0.0067	x_{18}	0.2242	0.1312	1.7090	0.0874
	x_{27}	−0.1303	0.0452	−2.8803	0.0040	x_{20}	−0.0652	0.0563	−1.1571	0.2473
						x_{34}	0.2128	0.0578	3.6794	0.0002
						x_{36}	0.2801	0.1288	2.1747	0.0297
						λ	0.7712	0.0215	35.9209	0.0000
森林	ε	−0.0016	0.0397	−0.0394	0.9686	ρ	0.5840	0.0378	15.4350	0.0000
	x_{3}	−0.1339	0.0393	−3.4115	0.0006	μ	0.0040	0.0267	0.1481	0.8822
	x_{4}	−0.5451	0.0349	−15.6078	0.0000	x_{1}	−0.0513	0.0359	−1.4280	0.1533
	x_{6}	0.1728	0.0406	4.2530	0.0000	x_{2}	0.0954	0.0408	2.3369	0.0194
	x_{9}	0.0982	0.0300	3.2682	0.0011	x_{3}	0.1334	0.0369	3.6130	0.0003
	x_{15}	−0.0932	0.0401	−2.3253	0.0201	x_{4}	−0.2601	0.0342	−7.6000	0.0000
	λ	0.4381	0.0412	10.6322	0.0000	x_{5}	−0.2385	0.0289	−8.2649	0.0000
						x_{12}	0.0820	0.0317	2.5899	0.0096
						x_{17}	0.0720	0.0363	1.9811	0.0476
						x_{31}	−0.2181	0.0675	−3.2319	0.0012
						x_{32}	0.2633	0.0734	3.5870	0.0003
城乡人居及工矿	ρ	0.5711	0.0320	17.8752	0.0000	ρ	0.5916	0.0348	16.9909	0.0000
	μ	0.0110	0.0278	0.3966	0.6916	μ	0.0112	0.0300	0.3737	0.7086
	x_{4}	0.1242	0.0314	3.9488	0.0001	x_{2}	−0.0961	0.0332	−2.8950	0.0038
	x_{18}	0.1095	0.0395	2.7704	0.0056	x_{4}	0.1157	0.0319	3.6292	0.0003
	x_{31}	0.0789	0.0370	2.1336	0.0329	x_{16}	0.0577	0.0331	1.7443	0.0811

续表

景观类型	2000～2007 年					2007～2014 年				
	变量	回归系数	标准误差	Z 值	P 值	变量	回归系数	标准误差	Z 值	P 值
交通运输	ρ	0.4696	0.0554	8.4834	0.0000	ρ	0.4954	0.0487	10.1633	0.0000
	μ	0.0077	0.0551	0.1398	0.8888	μ	0.0234	0.0475	0.4922	0.6226
	x_{27}	0.1794	0.1059	1.6931	0.0904	x_3	0.1154	0.0484	2.3848	0.0171
	x_{28}	−0.1155	0.1051	−1.0987	0.2719	x_{22}	0.2659	0.1288	2.0650	0.0389
						x_{24}	−0.1992	0.1279	−1.5580	0.1192
水体	ρ	0.4237	0.0382	11.1011	0.0000	ρ	0.4678	0.0362	12.9046	0.0000
	μ	0.0173	0.0330	0.5252	0.5994	μ	0.0132	0.0307	0.4309	0.6665
	x_1	−0.0539	0.0386	−1.3960	0.1627	x_4	−0.0779	0.0395	−1.9703	0.0488
	x_{10}	0.1323	0.0534	2.4745	0.0133	x_6	0.0713	0.0348	2.0486	0.0405
	x_{27}	0.1669	0.0428	3.9022	0.0001	x_{10}	0.0551	0.0610	0.9036	0.3662
	x_{30}	−0.1236	0.0577	−2.1432	0.0321	x_{12}	0.0956	0.0450	2.1226	0.0338
	x_{31}	−0.0901	0.0462	−1.9517	0.0510	x_{27}	0.1007	0.0602	1.6736	0.0942

从表 8-7 可知，所有空间滞后模型和空间误差模型的常量 μ 和 ε 均未通过 5%水平的显著性检验且数值偏小，可在模型构建中将其作为冗余变量舍弃。各空间滞后模型的空间自回归系数 ρ 均在 1%水平下显著，表明各单元网格景观面积变化率在地理空间邻接上表现出较强溢出效益，景观格局变化空间相互作用可通过邻接地区相互传递。各空间误差模型的空间误差系数 λ 均达到高度显著($P<0.01$)且不为零，这是因为当数据存在测量误差、建模变量考虑不周全或模型不能找到足够多和准确的变量时(曾晖和杨平，2012)，就会导致误差产生空间依赖，此时采用空间误差模型进行建模更为恰当。

8.5　景观格局变化驱动因子分析

8.5.1　农田景观格局变化驱动因子分析

第一阶段(2000～2007 年)，在自变量回归系数显著性检验中，社会消费品零售总额未通过 5%水平的显著性检验，表明此阶段农田景观格局变化基本不受其影响；其余驱动因子指标均通过 1%水平的显著性检验，是此阶段农田景观格局变化的主要影响因素，其对该阶段农田景观格局变化的影响程度大小依次为粮食总产量>农业人口密度＞农村用电＞粮食单产＞年末大牲畜存栏数＞坡度＞人口自然增长率，其中农村用电、粮食单产、年末大牲畜存栏数、坡度为正效应影响，其余指标为负效应影响(表 8-7)。第二阶段(2007～2014 年)，农业机械总动力、粮食单产、农民人均纯收入 3 个解释变量回归系数均未通过 5%水平的显著性检验，表明这些驱动因子在此阶段对农田景观格局影响不大；其余解释变量回归系数均通过 1%水平的显著性检验，是本阶段农田景观格局变化的主要影响因素，其对该阶段农田景观格局变化的影响程度大小依次为农业人口＞农业人口密度＞坡度＞年末大牲畜存栏数，其中农业人口、坡度与农田景观格局变化呈正相关，其余指标则与之呈负相关(表 8-7)。对比分析两阶段驱动指标发现，除农业人口密度、坡度、年末大牲畜存栏数 3 个指标相同外，其余指标各不相同，影响度排前两位的指标是农业人口、农业人口密度和粮食总产量，表明人口状况是 2000～2014 年农田景观格局变化的主要驱动因子，这是由于人口数量、密度变化可能导致粮食需求增大而扩大耕种面积、调整农业种植结构或导致城镇扩展而侵占大量农地，从而加剧了农田景观格局变化。

8.5.2　果园景观格局变化驱动因子分析

第一阶段，在自变量回归系数显著性检验中，人口自然增长率未通过 5%水平的显著性检验，表明此阶段果园景观格局变化基本不受其影响；其余驱动因子指标均通过1%水平的显著性检验，是此阶段果园景观格局变化的主要影响因素，其对该阶段果园景观格局变化的影响程度大小依次为人口密度＞农业机械总动力＞地方财政收入＞耕地有效灌溉面积，其中除地方财政收入为负效应影响外，其余指标均为正效应影响(表 8-7)。第二阶段，第一产业产值占 GDP 比重、第三产业产值占 GDP 比重 2 个自变量回归系数均未通过 5%水平显著性检验，表明产业结构变化在 2007～2014 年对果园景观变化影响不大，这是因为这期间龙泉驿区已经完全从农业区转变为以发展汽车产业为主的工业区，农业产业结构调整基本完成，加之果园景观主要分布在山区，受布局在坝区的汽车产业发展用地扩张影响较小，所以产业结构变化对果园景观影响不大；其余自变量回归系数均通过 5%水平显著性检验，其对该阶段果园景观格局变化的影响程度大小依次为城镇居民人均可支配收入＞农村用电＞农业人口密度＞坡度＞年末大牲畜存栏数＞人口密度，其中除农村用电、坡度与果园景观格局变化呈负相关外，其余驱动指标均与之呈正相关(表 8-7)。对比分析两阶段驱动指标发现，各阶段果园景观格局变化驱动指标差异较大，仅人口密度 1 个共有驱动指标，影响程度排前三位的指标是人口密度、农业人口密度、农业机械总动力、农村用电、地方财政收入和城镇居民人均可支配收入，表明人口状况、科技水平和经济发展是 2000～2014 年果园景观格局变化的主要驱动因子。

8.5.3　森林景观格局变化驱动因子分析

第一阶段，模型所有解释变量回归系数均通过 5%水平的显著性检验，是此阶段森林景观格局变化的主要影响因素，其对该阶段森林景观格局变化的影响程度大小依次为坡度＞土壤有机质含量＞高程＞非农业人口＞化肥施用量。其中，土壤有机质含量、非农业人口与森林景观变化呈正相关，其余驱动指标与之呈负相关(表 8-7)。第二阶段，耕地有效灌溉面积、年均气温 2 个解释变量回归系数均未通过 5%水平的显著性检验，表明这些驱动因子在此阶段对森林景观格局影响不大；其余解释变量回归系数均通过 5%水平的显著性检验，是本阶段森林景观格局变化的主要影响因素，其对本阶段森林景观格局变化的影响程度大小依次为粮食总产量＞坡度＞坡向＞粮食播种面积＞高程＞年均降雨量＞农业人口密度，其中年均降雨量、高程、农业人口密度、粮食总产量呈现出正效益影响，其余指标表现为负效益影响(表 8-7)。对比分析两阶段驱动指标发现，各阶段森林景观格局变化驱动指标差异较大，只有高程、坡度 2 个共有驱动指标，影响程度排前三位的指标是高程、坡度、坡向、土壤有机质含量和粮食总产量，表明地形、土壤等自然驱动因子是 2000～2014 年森林景观格局变化的主要驱动因子，由于在海拔较低、坡度较缓地带，土壤肥力较高、水热条件较好，土地开发利用较容易，处在此地带的森林景观最先受到人为影响而发生改变，但随着时间推移，易开发区域开发殆尽，一些高程较低、坡度相对较大区域的森林景观也受到人类干扰而发生变化。

8.5.4　城乡人居及工矿景观格局变化驱动因子分析

第一阶段，模型所有解释变量回归系数均通过 5%水平的显著性检验，是此阶段城乡人居及工矿景观格局变化主要影响因素，其对该阶段城乡人居及工矿景观格局变化的影响程度大小依次为坡度>第一产业产值占 GDP 比重＞粮食播种面积，而且各驱动指标均为正效应影响(表 8-7)，表明坡度、第一产业产值占 GDP 比重、粮食播种面积较大区域，城乡人居及工矿景观变化越大，这是因为 2000～2007 年，坡度、第一产业产值占 GDP 比重、粮食播种面积较大的区域主要是农村地区，而这期间正是该区农村地区农民住房集中大量建设时期，农村建设用地空间变化幅度较大，所以呈现出该部分区域城乡人居及工矿景观格局变化明显的特点。第二阶段，粮食单产回归系数均未通过 5%水平的显著性检验，表明此阶段城乡人居及工矿景观格局变化基本不受其影响；其余解释变量回归系数均通过 1%水平的显著性检验，是本阶段城乡人居及工矿景观格局变化主要影响因素，其对本阶段城乡人居及工矿景观格局变化的影响程度大小依次为坡度>年均降雨量，其中，年均降雨量与城乡人居及工矿景观变化呈负相关，坡度与之呈正相关(表8-7)，表明坡度越大区域城乡人居及工矿景观变化越大，这是因为该区农村地区地形坡度普遍大于城市地区，2000～2014 年，伴随着城镇化、工业化进程的加快，农村人口不断向城镇聚集，城镇、工业园区不断向农村蔓延扩张，在这双重因素驱动下，龙泉驿区坡度较大区域城乡人居及工矿景观呈现出变化越大的特点。

8.5.5　交通运输景观格局变化驱动因子分析

第一阶段，模型所有自变量回归系数均未通过 5%水平显著性检验(表 8-7)，这可能是因为 2000～2007 年交通运输景观变化主要表现为其他景观类型转移为交通运输景观(转移面积达 4.23km^2)，而因交通路网扩、改建导致其自身向其他景观类型转移的空间单元网格(共涉及交通运输景观变化的网格 224 个、仅占总数的 13.47%)和面积都较小(转移面积 2.8km^2、平均面积变化率 3.9%)，从而导致景观面积变化率与各驱动指标间的相关关系不明显，模型无法建立拟合关系进行驱动因子识别。第二阶段，第二产业产值回归系数未通过 5%水平的显著性检验，表明此阶段交通运输景观格局变化基本不受其影响；其余解释变量回归系数均通过 5%水平的显著性检验，是本阶段交通运输景观格局变化主要影响因素(表 8-7)，其中，人均地区生产总值回归系数为 0.2659，远大于高程回归系数 0.1154，表明经济发展水平是 2007～2014 年交通运输景观格局变化主要驱动因子，这是因为经济越发达区域，城市化、工业化水平相对越高，地方财政势力相对越强，交通路网建设投入也较大，因而交通运输景观变化相对较大。

8.5.6　水体景观格局变化驱动因子分析

第一阶段，在自变量回归系数显著性检验中，年均气温、粮食播种面积 2 个解释变量回归系数未通过5%水平的显著性检验，表明此阶段水体景观格局变化基本不受其影响；其余驱动指标均通过5%水平的显著性检验，是此阶段水体景观格局变化的主要影响因素，其对该阶段水体景观格局变化的影响程度大小依次为地方财政收入＞人口自然增长率＞综合城镇化率，其中除综合城镇化率为负效应影响外，其余指标均为正效应影响(表 8-7)。第二阶段，坡度、人口自然增长率、地方财政收入 3 个解释变量回归系数均未通过 5%水平的显著性检验，表明这些驱动因子在此阶段对水体景观格局影响不大；其余解释变量回归系数均通过 5%水平的显著性检验，是本阶段水体景观格局变化的主要影响因素，其对该阶段水体景观格局变化的影响程度大小依次为农业人口密度＞土壤有机质含量，且各驱动指标与水体景观格局变化呈正相关(表8-7)。对比分析两阶段驱动指标发现，各阶段水体景观格局变化驱动指标差异很大，无一共同驱动指标，排在首位的指标分别是地方财政收入和农业人口密度，表明经济发展、人口状况等人文驱动因子是 2000～2014 年水体景观格局变化的主要驱动因子，这是由于这期间区域人口快速增长(2000～2014 年总人口增幅达 30.36%)、经济加速发展(2000～2014 年 GDP 年均增长 1.32 倍)的压力对水体景观变化影响越发深刻，聚集经济效益使得经济水平越高区域，产业和人口聚集越大，土地需求量亦越大，必然导致这些区域部分水体转变为耕地或建设用地，呈现出变化较其他区域大的特点。

8.5.7　区域景观格局变化驱动因子综合分析

各阶段各景观格局变化驱动因子差异较大，有部分景观在各阶段有少量共同驱动指标，但其影响程度均不尽相同(表8-8)，这表明景观格局变化驱动因子受时间尺度影响较大，同一景观格局变化驱动因子会随时间推移而发生不同程度的变化，同一驱动因子对景观格局变化的影响力也会随时间变化而发生改变。因此，在进行景观格局变化驱动因子分析时不能简单地将短期影响因子作为景观长期变化驱动因子。2000～2014 年，人文驱动因子是规划案例研究区农田、果园、交通运输、水体景观格局变化主要驱动因子(表 8-8)，其中农田景观格局主要受人口状况影响，果园景观格局主要受人口状况、科技水平、经济发展影响，交通运输景观格局主要受经济发展影响，水体景观格局主要受经济发展、人口状况影响；自然驱动因子则是规划案例研究区森林、城乡人居及工矿景观格局变化主要驱动因子(表 8-8)，其中森林景观格局主要受地形、土壤等驱动因子影响，城乡人居及工矿景观格局主要受地形驱动因子影响。人文驱动因子对规划案例研究区景观格局变化的影响程度总体上大于自然驱动因子，其中人口状况、科技水平、经济发展等因子是规划案例研究区景观格局变化主要驱动因子。

表 8-8　各阶段各景观变化驱动因子

景观类型	时间段	二级驱动因子	三级驱动因子
农田	2000～2007 年	地形	坡度[x_4]***
		人口状况	农业人口密度[x_{12}]***、人口自然增长率[x_{10}]***
		科技水平	农村用电[x_{14}]***、粮食单产[x_{16}]***
		农业生产	粮食总产量[x_{32}]***、年末大牲畜存栏数[x_{34}]***
	2007～2014 年	地形	坡度[x_4]***
		人口状况	农业人口[x_8]***、农业人口密度[x_{12}]***
		农业生产	年末大牲畜存栏数[x_{34}]**
果园	2000～2007 年	人口状况	人口密度[x_{11}]***
		科技水平	农业机械总动力[x_{13}]***、耕地有效灌溉面积[x_{17}]***
		经济发展	地方财政收入[x_{27}]***
	2007～2014 年	地形	坡度[x_4]***
		人口状况	农业人口密度[x_{12}]**、人口密度[x_{11}]**

续表

景观类型	时间段	二级驱动因子	三级驱动因子
果园	2007～2014 年	科技水平	农村用电[x_{14}]***
		农业生产	年末大牲畜存栏数[x_{34}]***
		生活水平	城镇居民人均可支配收入[x_{36}]**
森林	2000～2007 年	地形	坡度[x_4]***、高程[x_3]***
		土壤	土壤有机质含量[x_6]***
		人口状况	非农业人口[x_9]***
		科技水平	化肥施用量[x_{15}]**
	2007～2014 年	气候	年均降雨量[x_2]**
		地形	坡度[x_4]***、坡向[x_5]***、高程[x_3]***
		人口状况	农业人口密度[x_{12}]***
		农业生产	粮食总产量[x_{32}]***、粮食播种面积[x_{31}]***
城乡人居及工矿	2000～2007 年	地形	坡度[x_4]***
		科技水平	第一产业产值占 GDP 比重[x_{18}]***
		农业生产	粮食播种面积[x_{31}]**
	2007～2014 年	气候	年均降雨量[x_2]***
		地形	坡度[x_4]***
交通运输	2000～2007 年	经济发展	地方财政收入[x_{27}]*
	2007～2014 年	地形	高程[x_3]**
		经济发展	人均地区生产总值[x_{22}]**
水体	2000～2007 年	人口状况	人口自然增长率[x_{10}]**
		经济发展	地方财政收入[x_{27}]***、综合城镇化率[x_{30}]**
	2007～2014 年	土壤	土壤有机质含量[x_6]**
		人口状况	农业人口密度[x_{12}]**

*、**、***分别表示 10%、5%、1%的显著性水平

8.6 结论与建议

本章参考 CNKI 数据库中有关景观格局变化、土地利用/土地覆被变化驱动因子研究文献中构建的基础指标，结合研究区景观格局变化特征、自然生态环境状况和 TM/OLI 遥感影像、ASTER GDEM 数据、气象数据、土壤数据和相关社会经济数据资料获取情况，从自然驱动因子和人文驱动因子两方面选取指标构建景观格局变化驱动因子指标体系，应用空间回归模型对 2000～2007 年、2007～2014 年两个时期规划案例研究区景观格局变化驱动因子进行了分析，主要结论如下。

1) 规划案例研究区景观格局变化显著，呈“三增三减”的变化趋势，主要景观类型均发生了频繁转化，其中农田向果园、森林向果园、农田向城乡人居及工矿转化最明显。1992～2014 年，规划案例研究区景观格局变化显著，总体上呈“三增三减”的变化特点，其中交通运输、果园、城乡人居及工矿景观增加显著，分别增加 329%、184%、125%，农田、森林、水体景观减少明显，分别减少 67.85%、59.94%、41.00%；农田、果园、城乡人居及工矿等主要景观均发生频繁转化，其中农田向果园、森林向果园、农田向城乡人居及工矿的转化最明显，其变化面积分别占景观总面积的 18.71%、14.32%、11.12%，“农田→果园”变化类型主

要分布在洪安、洛带、西河等坝区乡镇，“农田→城乡人居及工矿”变化类型主要分布在大面、龙泉、柏合等经开区所在乡镇，“森林→果园”变化类型主要分布在东部、东南部山区乡镇。

2）在进行景观格局变化驱动因子分析时，不能简单地将短期影响因子作为景观长时期变化驱动力，人口状况、科技水平、经济发展等人文驱动因子是规划案例研究区景观变化的主要驱动因子。景观格局变化驱动因子受时间尺度影响较大，同一景观格局变化驱动因子会随时间推移而发生不同程度的变化，同一驱动因子对景观格局变化的影响力也会随时间变化而发生改变，因此在进行景观格局变化驱动因子分析时不能简单地将景观变化短期影响因子作为其长时期变化驱动力。规划案例研究区农田、果园、交通运输、水体景观格局变化主要受人文驱动因子影响，其中农田景观格局主要受人口状况影响，果园景观格局主要受人口状况、科技水平、经济发展影响，交通运输景观格局主要受经济发展影响，水体景观格局主要受经济发展、人口状况影响；森林、城乡人居及工矿景观格局变化主要受自然驱动因子影响，其中森林景观格局主要受地形、土壤等驱动因子影响，城乡人居及工矿景观格局主要受地形驱动因子影响。人文驱动因子对景观格局变化的影响程度总体上大于自然驱动因子，其中人口状况、科技水平、经济发展因子是研究区景观格局变化的主要驱动因子。

3）规划案例研究区景观格局变化存在显著空间自相关性，应用空间回归模型对景观格局变化驱动因子的估计效果总体上优于 OLS 线性回归模型。OLS 线性回归模型残差、自变量、因变量在 1 次 Rook 邻接、1 次 Queen 邻接权重矩阵下均存在显著空间自相关性，说明规划案例研究区景观格局变化不仅与相关驱动因子有关，还与邻近区域景观格局变化相关，忽略空间相关性的 OLS 线性回归分析结果存在偏差。空间回归模型在两种权重矩阵下的残差 Morar’s Ⅰ值均接近零，基本排除残差空间自相关性影响，拟合效果总体上优于 OLS 线性回归模型，这是由于空间回归模型引入空间权重矩阵，能充分挖掘数据空间特性，使分析效果更好（White and Ghosh，2009）。

4）在生态文明建设战略背景下，该地区要合理控制城镇人口规模，引导农村人口向城镇有序转移，大力发展新兴产业，推进社会经济与资源环境协调发展。尽管当前全国经济增速持续放缓，但龙泉驿区地处成都市近郊区这一特殊经济地理区位和四川高端制造产业功能区这一特殊产业布局区位，这决定了未来该地区经济仍将持续以较高速度增长。但在推进新型城镇化和工业化中，要特别注重产业结构深度调整和经济发展转型升级，加大新能源汽车、高端制造业、节能环保产业等新兴产业项目的引进和扶持。在人口方面，除加强人口管理、控制人口增长外，还要坚持用统筹城乡改革的思路和办法，促进农村人口有序向城镇转移，尤其是要通过持续实施山区生态移民，逐步减少人类对山区自然生态环境的破坏，推进区域社会经济与资源环境实现协调发展。

5）景观格局变化是一个复杂的多因素影响过程，涉及影响因子较多，驱动因子指标体系构建和驱动因子识别方法有待深化和拓展。由于部分数据较难获得及部分指标较难量化，本书在驱动指标选择时未能充分考虑水文、自然干扰、政策和文化因子，景观格局变化驱动指标体系还有待进一步完善。此外，有研究表明局部空间回归模型（地理加权回归模型）在疾病空间数据影响因素筛选中比全局空间回归模型（空间滞后模型、空间误差模型、空间杜宾模型）更可靠（黄秋兰等，2013），但本书仅对空间滞后模型、空间误差模型两种常用全局空间回归模型在景观格局变化驱动因子分析中的应用进行了探讨，下一步可尝试将地理加权回归模型应用于景观格局变化驱动因子分析中。

第9章 龙泉驿景观格局变化潜力与动态模拟

景观变化模拟可以帮助人们了解景观未来变化趋势和结果，人类可以据此制定恰当干预和调节措施，使景观向符合人类需求的方向发展(傅伯杰等，2011)。开展景观格局变化潜力分析与动态模拟研究，有助于弄清景观变化趋势，对制定符合区域实际的调控措施，促进区域可持续发展具有重要的现实意义。

常用景观变化模拟模型有元胞自动机模型(CA 模型)、人工神经网络模型、马尔可夫模型、系统动力学模型、智能体(Agent)模型、CLUE/CLUE-S 模型、灰色系统分析模型和统计回归分析模型(傅伯杰等，2011)。其中 CA 模型具有强大的空间运算能力，可有效反映景观微观格局演化特征(傅伯杰等，2011)，广泛应用于土地利用变化(White et al.，1997；黎夏和叶嘉安，1999)和城市空间扩展(Liu et al.，2014；Wu，2002)预测。但是，CA 模型主要根据自身和领域状态的组合进行模拟预测，难以反映影响景观格局变化的社会、经济等宏观因素，且因未囊括反映元胞状态、规则与领域动态特征的方法而降低了模拟精度。针对这些问题，一些研究者利用 Markov 模型计算景观变化转移概率并将其作为 CA 模型元胞转换规则进行景观变化模拟(Srinivasan，2005；王学等，2011；程刚等，2013)，一定程度上弥补了 CA 模型动态预测方面的缺陷，但景观变化不仅依靠一个时刻到另一个时刻的状态，还受变化过程中自然因素、人文因素、距离变量和景观类型等因素的综合影响，Markov 模型因无法考虑景观变化影响因素而未能彻底解决 CA 模型在景观变化模拟中的不足。于是，有研究者基于景观变化影响因子，应用 logistics(何丹等，2011；邢容容等，2014)、多准则评价(multi criteria evaluation，MCE)(汪雪格，2008)等模型建立 CA 转换规则进行景观变化模拟，取得了较好效果。但这些研究未对景观变化影响因子进行定量诊断，主要凭主观判断选择几个常见影响因子建立元胞转化规则进行模拟预测，无法充分反映影响区域景观变化的实际因素，必然会使景观变化模拟结果产生偏差。

鉴于此，本章以龙泉驿区为规划案例研究区，在 ESRI ArcGIS10.0、IDRISI Selva17.0 软件支持下，应用 Markov 模型建立景观转移概率矩阵作为 CA 模型元胞数量转化规则，利用多层感知人工神经网络模型基于克莱默 V 值确定的景观变化驱动因子组合对景观变化潜力进行模拟，并依据模拟准确率最高的潜力图和相应约束条件建立景观转化适宜性图集，作为 CA 模型元胞空间转化规则，在此基础上建立 Ann-Markov-CA 复合模型对规划案例研究区 2021 年和 2028 年景观变化趋势进行模拟预测，比单纯利用 Markov 模型转移面积矩阵和转移概率图作为元胞转化规则，以及利用 logistics、MCE 等模型基于主观判断选择景观变化驱动因子建立元胞转化规则进行景观变化模拟，更能反映影响区域景观变化的复杂自然、人文因素，模拟结果更符合区域景观变化实际，其研究结果可为景观格局优化、景观生态安全格局规划提供理论依据，同时也可为区域土地利用规划、城市发展规划、经济发展规划和生态环境保护提供参考借鉴。

9.1　景观格局变化潜力分析

9.1.1　景观格局变化驱动因子解释力

1. 景观格局变化影响因素选取及其数据来源

(1)影响因素选取　根据本篇第 8 章龙泉驿区 2000～2014 年景观格局变化驱动因子分析结果和杜云雷(2013)、汪雪格(2008)等的研究成果，以年均降雨量(x_1)、高程(x_2)、坡度(x_3)、土壤有机质含量(x_4)、人口密度(x_5)、农业人口密度(x_6)、人均地区生产总值(x_7)、地方财政收入(x_8)、到最近行政中心距离(x_9)、到最近道路距离(x_{10})、到最近水域距离(x_{11})、景观生态类型(x_{12})为规划案例研究区景观变化初选影响因素。

(2)数据来源与处理　1992 年、2000 年、2007 年、2014 年景观类型栅格数据与第 8 章相同(详见图 8-1)。在景观变化初选影响因素中，2000～2007 年、2007～2014 年年均降雨量空间分布数据是根据 2004～2014 年龙泉驿区 9 个自动气象观测站监测的降雨量，在 ESRI ArcGIS10.0 中应用普通克里格空间插值法插值得到[图 6-4(c)和(d)]；高程分布图是基于 ASTER GDEM V2 数据，利用 ESRI ArcGIS10.0 依据龙泉驿区行政边界裁剪得到[图 6-2(b)]；坡度图是应用 ESRI ArcGIS10.0 空间分析工具基于 DEM 数据计算得到(图 3-7)；2000～2007 年、2007～2014 年土壤有机质含量空间分布数据是根据龙泉驿区测土配方施肥项目测得的各地土样有机质含量数据，在 ESRI ArcGIS10.0 中应用普通克里格空间插值法插值得到；地方财政收入原始数据来自《龙泉驿统计年鉴(2000～2012 年)》、成都统计公众信息网，人口密度、农业人口密度、人均地区生产总值等影响因素数据根据已有数据经简单数学运算得到，在此基础上以龙泉驿区 12 个街道(镇、乡)行政区为统计单位，分别计算 2000～2007 年、2007～2014 年两阶段各街镇乡地方财政收入、人口密度、农业人口密度、人均地区生产总值多年平均值，最后利用 ESRI ArcGIS10.0 将其链接到行政区矢量数据属性表对应行记录并进行空间栅格化，形成各阶段地方财政收入、人口密度、农业人口密度、人均地区生产总值均值栅格数据；到最近行政中心距离(即规划案例研究区各栅格点到最近街道办或镇乡政府的距离)、到最近道路距离(即规划案例研究区各栅格点到最近高速公路或区域交通干道的距离)、到最近水域距离(即规划案例研究区各栅格点到最近水渠、水库、坑塘等水域的距离)图是在 ESRI ArcGIS10.0 中利用欧氏距离(euclidean distance)分析工具求得；景观生态类型在 IDRISI Selva17.0 软件中通过证据似然转换法(evidence likelihood transformation)定量化。为便于景观变化动态模拟，本章所有栅格数据分辨率统一为 15m×15m，坐标系统一为 WGS84，投影统一为 UTM。

2. 景观格局变化驱动因子解释力计算

利用 IDRISI Selva17.0 对 2000～2007 年、2007～2014 年各驱动因子克莱默 V 值进行计算(表 9-1)，结果表明各驱动因子在不同阶段对景观变化的解释力不同。选取克莱默 V 值大于 0.15 的驱动因子作为景观格局变化的主要驱动因子，即 2000～2007 年景观格局变化主要驱动因子为景观生态类型(x_{12})、到最近道路距离(x_{10})、人口密度(x_5)、地方财政收入(x_8)、到最近水域距离(x_{11})、高程(x_2)、农业人口密度(x_6)、到最近行政中心距离(x_9)，2007～2014 年景观格局变化主要驱动因子为景观生态类型(x_{12})、高程(x_2)、坡度(x_3)、人口密度(x_5)、农业人口密度(x_6)、地方财政收入(x_8)、人均地区生产总值(x_7)、到最近道路距离(x_{10})、到最近水域距离(x_{11})、土壤有机质含量(x_4)。

表 9-1　不同阶段各驱动因子对景观格局变化的解释力

阶段	克莱默 V 值	整体解释力	农田	果园	森林	城乡人居及工矿	交通运输	水体
2000～2007 年	x_1	0.1304	0.0000	0.2454	0.1532	0.1866	0.1166	0.0385
	x_2	0.2043	0.0000	0.2329	0.0311	0.4549	0.1735	0.0690
	x_3	0.0134	0.0000	0.0200	0.0270	0.0177	0.0092	0.0007
	x_4	0.0133	0.0000	0.0193	0.0268	0.0177	0.0093	0.0019
	x_5	0.3085	0.0000	0.5156	0.3234	0.4636	0.3476	0.0908
	x_6	0.2802	0.0000	0.4957	0.2779	0.4454	0.2510	0.0586
	x_7	0.0133	0.0000	0.0193	0.0268	0.0177	0.0092	0.0019
	x_8	0.2901	0.0000	0.4601	0.3528	0.3792	0.3950	0.0770
	x_9	0.1492	0.0000	0.1702	0.0983	0.2651	0.2171	0.0524
	x_{10}	0.2972	0.0000	0.1958	0.2136	0.4782	0.2620	0.4703
	x_{11}	0.2322	0.0000	0.2944	0.1223	0.4562	0.1492	0.0737
	x_{12}	0.5582	0.4758	0.4235	0.7014	0.4437	0.6538	0.5432
2007～2014 年	x_1	0.1335	0.0000	0.2042	0.2027	0.1251	0.1807	0.0708
	x_2	0.2761	0.0000	0.3379	0.3222	0.3427	0.3405	0.1061
	x_3	0.2738	0.0000	0.3297	0.3725	0.4472	0.3305	0.0954
	x_4	0.1625	0.0000	0.2270	0.2338	0.1702	0.2408	0.0778
	x_5	0.2727	0.0000	0.3997	0.3764	0.3179	0.3995	0.0926
	x_6	0.2710	0.0000	0.4048	0.3746	0.3143	0.3889	0.0951
	x_7	0.2548	0.0000	0.3721	0.3554	0.2695	0.3938	0.0905
	x_8	0.2666	0.0000	0.3905	0.3578	0.3160	0.3915	0.0943
	x_9	0.1351	0.0000	0.1547	0.1306	0.2243	0.1902	0.0526
	x_{10}	0.2419	0.0000	0.2328	0.3146	0.2848	0.2593	0.3553
	x_{11}	0.2380	0.0000	0.2511	0.2893	0.2769	0.2134	0.0787
	x_{12}	0.4369	0.1251	0.4188	0.2896	0.5053	0.6128	0.4616

利用 MLP-ANN 模型对不同驱动因子组合下景观格局变化潜力模拟准确率进行测试(表 9-2)，结果表明景观格局变化潜力模拟平均准确率开始随组合驱动因子个数增加而增加，但当组合驱动因子个数达到一定数量时，模拟准确率呈下降态势，组合驱动因子个数越多，其模拟准确率不一定就越高。因此，有必要结合景观变化潜力模拟准确度选择恰当驱动因子组合进行各阶段景观变化潜力分析。通过比较不同驱动因子组合对景观变化潜力模拟平均准确率，选择“景观生态类型 x_{12}+人口密度 x_5+到最近道路距离 x_{10}+地方财政收入 x_8+农业人口密度 x_6+到最近水域距离 x_{11}+高程 x_2”驱动因子组合进行 2000～2007 年景观变化潜力分析，“景观生态类型 x_{12}+高程 x_2+坡度 x_3+人口密度 x_5+农业人口密度 x_6+地方财政收入 x_8+人均地区生产总值 x_7+到最近道路距离 x_{10}+到最近水域距离 x_{11}”驱动因子组合进行 2007～2014 年景观变化潜力分析。

表 9-2 不同驱动因子组合下景观格局变化潜力模拟准确率 (单位：%)

阶段	驱动因子组合	农田	果园	森林	城乡人居及工矿	交通运输	水体	均值
2000～2007 年	x_{12},x_5,x_{10}	26.22	18.84	32.00	28.31	24.85	26.79	26.17
	x_{12},x_5,x_{10},x_8	16.67	19.49	31.55	27.30	30.26	23.50	24.80
	$x_{12},x_5,x_{10},x_8,x_6$	16.84	16.78	32.88	28.46	30.43	27.61	25.50
	$x_{12},x_5,x_{10},x_8,x_6,x_{11}$	16.71	17.04	39.08	16.79	28.99	26.00	24.10
	$x_{12},x_5,x_{10},x_8,x_6,x_{11},x_2$	16.69	17.28	45.69	37.01	36.90	35.08	31.44
	$x_{12},x_5,x_{10},x_8,x_6,x_{11},x_2,x_9$	16.73	16.74	42.14	16.82	36.22	36.13	27.46
2007～2014 年	x_{12},x_2,x_3,x_5	32.13	16.68	34.81	25.50	36.75	33.53	29.90
	x_{12},x_2,x_3,x_5,x_6	16.81	16.61	32.19	25.75	35.61	32.29	26.54
	$x_{12},x_2,x_3,x_5,x_6,x_8$	16.79	34.06	41.42	25.44	36.63	23.74	29.68
	$x_{12},x_2,x_3,x_5,x_6,x_8,x_7$	16.74	34.09	43.10	26.43	39.32	30.60	31.71
	$x_{12},x_2,x_3,x_5,x_6,x_8,x_7,x_{10}$	16.55	36.60	39.55	16.89	36.36	22.49	28.07
	$x_{12},x_2,x_3,x_5,x_6,x_8,x_7,x_{10},x_{11}$	16.72	41.59	51.03	31.84	38.66	38.65	36.42
	$x_{12},x_2,x_3,x_5,x_6,x_8,x_7,x_{10},x_{11},x_4$	16.68	41.64	54.31	16.86	40.71	17.25	31.24

9.1.2 景观格局变化潜力预测

利用 MLP-ANN 模型基于筛选的最佳驱动因子组合对 2000～2007 年、2007～2014 年景观变化潜力进行了模拟，并从景观转入变化类型角度构建了各景观类型在不同阶段的变化潜力图(图 9-1)。图 9-1 显示，不同阶段景观类型变化潜力差异较大，2000～2007 年，转化为农田景观的潜力区主要分布在西北部和东部，转化为果园景观的潜力区主要分布在西南部和东部，转化为森林景观的潜力区主要分布在中部坝区向山区过度的山麓地带，转化为城乡人居及工矿景观的潜力区零散分布在东部，转化为交通运输景观的潜力区大量分布在东部、西南部，以及少量散布在西北部，转化为水体景观的潜力区主要分布在西部坝区；2007～2014 年，转化为农地景观的潜力区主要分布在西北部和中部地区，转化为果园景观的潜力区零散分布在东部山区，转化为森林景观的潜力区主要分布在东部山区，转化为城乡人居及工矿景观的潜力区分布在中部和西南部，转化为交通运输景观的潜力区主要分布在西北部和东部山区，转化为水体景观的潜力区大量集中分布在西南部和少量零散分布在西北部。

9.2 景观格局变化的动态模拟

9.2.1 景观格局变化动态模拟模型

1. CA-Markov 复合模型

若随机过程在有限的时序 $t_1 < t_2 < t_3 < \cdots < t_n$ 中，任意时刻 t_n 的状态 a_n 只与其前一时刻 t_{n-1} 的状态 a_{n-1} 有关，称该过程具有马尔可夫性(无后效性)，具有马尔可夫性的过程称为马尔可夫过程(Markov process)。在景观格局变化研究中，可以将景观格局变化过程视为 Markov 过程，将某一时刻的景观类型对应于 Markov 过程中的可能状态，它只与其前一时刻的景观

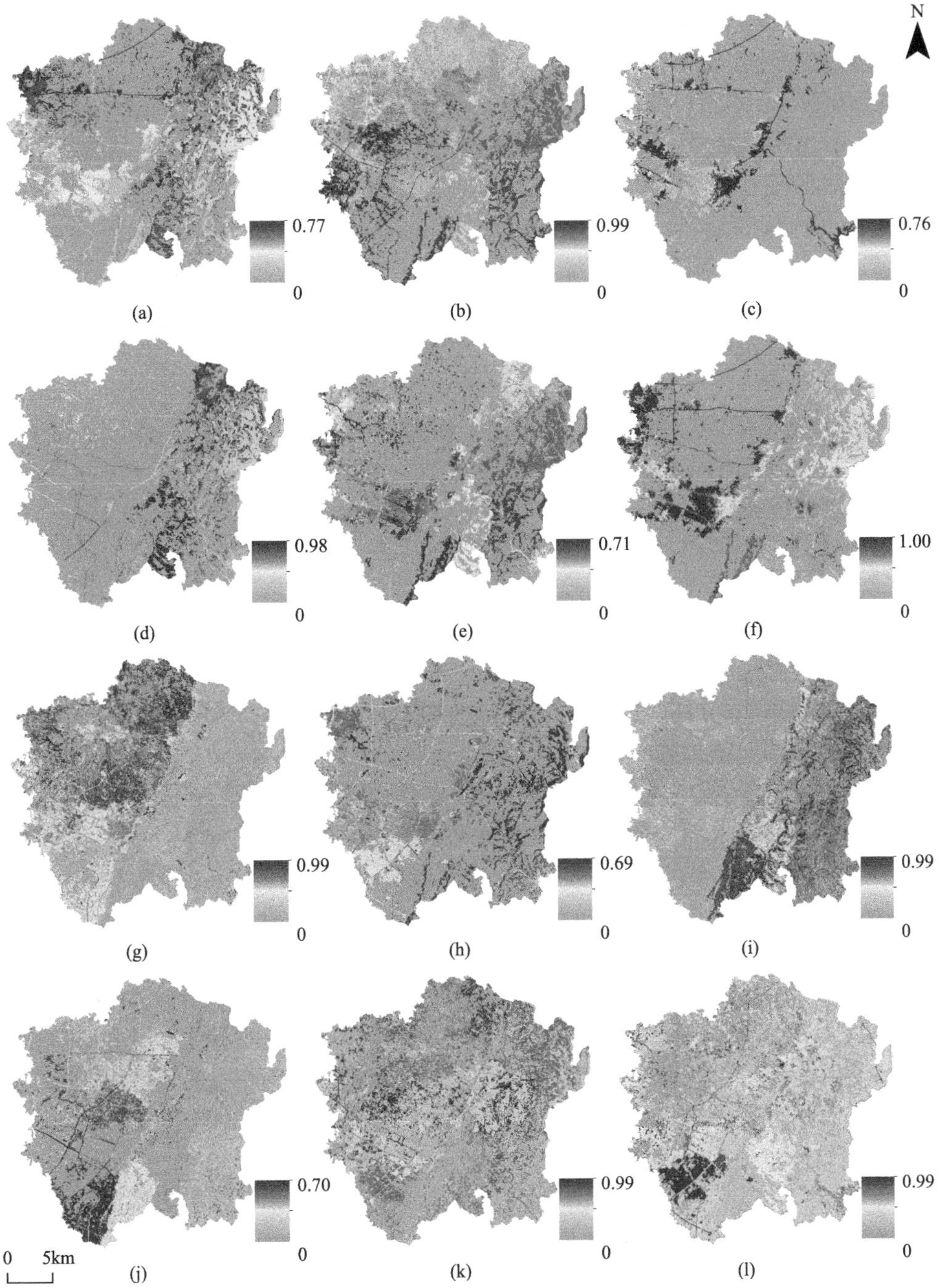

图 9-1　不同阶段各景观类型变化潜力图

(a)、(g)分别表示 2000～2007 年、2007～2014 年“其他景观→农田景观”变化潜力，(b)、(h)分别表示 2000～2007 年、2007～2014 年“其他景观→果园景观”变化潜力，(c)、(i)分别表示 2000～2007 年、2007～2014 年“其他景观→森林景观”变化潜力，(d)、(j)分别表示 2000～2007 年、2007～2014 年“其他景观→城乡人居及工矿景观”变化潜力，(e)、(k)分别表示 2000～2007 年、2007～2014 年“其他景观→交通运输景观”变化潜力，(f)、(l)分别表示 2000～2007 年、2007～2014 年“其他景观→水体景观”变化潜力

类型相关，景观类型之间相互转换的面积数量或比例即为状态转移概率。因此，Markov 模型预测景观变化的表达式为

$$S_{t+1} = P_{ij} S_t \tag{9-1}$$

式中：S_t、S_{t+1}分别为t、$t+1$时刻的景观系统状态；P_{ij}为状态转移概率，由不同状态对应的概率构成的矩阵称为景观类型转换概率矩阵，其表达式为

$$\boldsymbol{P} = \left(P_{ij}\right)_{n\times n} = \begin{pmatrix} P_{11} & P_{12} & \cdots & P_{1n} \\ P_{21} & P_{22} & \cdots & P_{2n} \\ \vdots & \vdots & & \vdots \\ P_{n1} & P_{n2} & \cdots & P_{nn} \end{pmatrix} \tag{9-2}$$

式中：P_{ij}为景观类型i转化为景观类型j的转换概率（$0 \leqslant P_{ij} \leqslant 1$），且$\sum_{j=1}^{n} P_{ij} = 1$（$i, j = 1,2,\cdots,n$）；$n$为景观类型数量。

元胞自动机是具有时空计算特征的动力学模型，模型的特点是时间、空间、状态都离散，每个变量都只有有限个状态，而且状态改变的规则在时间和空间上均表现为局部特征(周成虎等，2009)。CA 模型可用式(9-3)表示

$$S_{t+1} = f(S_t, N) \tag{9-3}$$

式中：S为元胞有限、离散的状态集合；f为局部空间元胞状态转化规则；t、$t+1$分别表示 2 个不同时刻；N为元胞邻域。

Markov 模型与 CA 模型均为时间离散、状态离散的动力学模型，但是 Markov 模型是对事件发生概率的预测，其状态转移概率矩阵是各类型间数量的转化概率，没有考虑空间格局对景观类型转化的影响；然而，CA 模型的一个元胞下一时刻的状态是上一时刻其邻域状态的函数，其状态变量与空间位置紧密相连，具有空间概念，能够模拟空间格局的复杂变化，但很难得到较高精度的模拟预测。因此，将二者结合构建 CA-Markov 复合模型，既可利用 Markov 链对长时间序列的预测优势，又可集成 CA 模型基于空间关系和规则动力学模拟的优点，能更加准确地从时间上和空间上模拟景观类型的变化情况。在景观类型栅格图中，每一个栅格就是一个元胞，每个栅格的景观类型即为元胞所处的状态，元胞状态的转移规则主要利用转换面积矩阵和条件概率图像进行运算，进而模拟景观类型格局变化。利用 CA-Markov 模型进行景观格局变化预测的具体步骤如下。

第 1 步：数据格式转换。在 ESRI ArcGIS10.0 中将景观类型栅格图转换成美国信息交换标准代码(ASCII)文件，去掉 ASCII 图像头文件信息，在 IDRISI Selva17.0 软件中将 ASCII 文件转换成 IDRISI 支持的*.rst 数据格式。

第 2 步：建立状态转移概率矩阵和面积矩阵。利用 IDRISI Selva17.0 软件 Markov 模块，得到景观类型状态转移概率矩阵和转移面积矩阵。

第 3 步：建立景观类型转化适宜性图。将第 2 步 Markov 模型输出的条件概率图像作为景观类型转化适宜性图，以较好地保持不同时期景观类型转移趋势。

第 4 步：CA 模型参数设置。将景观类型栅格图中栅格单元定义为元胞，大小为栅格图分辨率(15m×15m)。元胞状态定义为农田、果园、森林、城乡人居及工矿、交通运输和水体 6 种景观类型。采用标准 5×5 邻近滤波器，即确定每个元胞的邻域为其周围 150m×150m 的矩

形空间。利用 2000 年、2007 年景观类型栅格数据预测 2014 年景观格局状况，循环次数设为 7。利用 2007 年、2014 年景观类型栅格数据预测 2021 年、2028 年景观格局状况，循环次数分别设置为 7 和 14。

2. Ann-Markov-CA 复合模型

将 Markov 模型计算的景观变化转移概率作为 CA 模型元胞转换规则，在一定程度上弥补了 CA 模型动态预测方面的缺陷，但景观变化不仅依靠一个时刻到另一个时刻的状态，还要受变化过程中自然因素、人文因素、距离变量和景观类型等因素的综合影响，Markov 模型因无法考虑景观变化影响因素而未能彻底解决 CA 模型在景观变化模拟中的不足。因此，基于 CA-Markov 复合模型，首先应用 Markov 模型建立状态 t 到状态 $t+1$ 的景观类型转移概率矩阵(表 8-2)，将其作为 CA 模型元胞数量转化规则。然后，根据各初选景观变化驱动因子克莱默 V 值确定景观变化驱动因子，按照克莱默 V 值大小将各驱动因子组合成不同变量组合，利用 MLP-ANN 模型测试不同驱动因子变量组合景观变化潜力模拟准确率，并选择准确率高的驱动因子组合创建景观变化潜力图，依据景观变化潜力图和相应约束条件建立景观类型变化适宜性图，将其作为 CA 模型元胞空间转化规则。在此基础上建立 Ann-Markov-CA 复合模型进行景观变化模拟预测。具体步骤如下。

第 1 步：数据格式转换。在 ESRI ArcGIS10.0 中将景观类型图、高程图、坡度图、降雨量空间分布图、土壤有机质含量空间分布图等栅格数据转换成 ASCII 文件，去掉 ASCII 图像头文件信息，在 IDRISI Selva17.0 软件中将 ASCII 文件转换成 IDRISI 支持的*.rst 数据格式。

第 2 步：应用 Markov 模型建立景观类型状态转移概率矩阵。Markov 模型具有分析不确定性变化过程及预测短期变化结果的特点(韩文权和常禹，2004)，能够较好地预测景观在时间上的定量化改变(郑青华等，2010)，多用于预测无后效性特征的地理时间(朱会义和李秀彬，2003)，不能实现景观变化空间预测(郑青华等，2010)。将 Markov 模型预测中建立的状态 t 到状态 $t+1$ 的转移概率矩阵作为 CA 模型元胞数量转化规则，具体计算见式(9-2)。

第 3 步：应用 MLP-ANN 模型建立景观类型转化适宜性图。景观格局变化潜力是同一空间位置某类现状景观未来转变为另一类景观的概率，概率越大，转变成另一类景观的潜力就越大，发展另一类景观的适宜度也就越高，反之亦然，其预测基础是分析景观格局变化驱动因子，核心是模拟驱动因子与变化潜力的关系。本研究采用三层神经网络模型(图9-2)，基于定量分析确定的景观格局变化驱动因子，模拟景观类型空间变化潜力，并据此建立适宜性图集作为 CA 模型元胞空间转换规则。具体建立过程如下。

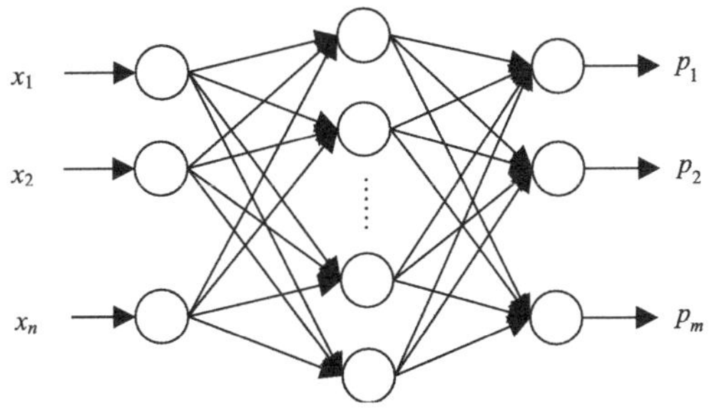

图 9-2 MLP-ANN 神经网络拓扑结构示意图

首先，利用 IDRISI Selva17.0 计算年均降雨量（x_1）、高程（x_2）、坡度（x_3）等 12 个初选驱动因子变量的克莱默 V 值，根据 V 值大小（克莱默指数 V 值越高，表明对景观变化的解释力越强；当驱动因子克莱默 V 值为 0.15 或稍高时，表明该因子对景观变化具有解释力；当克莱默 V 值为 0.4 或稍高时，表明该因子对景观变化具有良好解释力）筛选出对景观变化具有解释力的驱动因子。然后，利用证据似然转换法对筛选确定的驱动因子进行标准化处理后，依据克莱默 V 值大小形成不同变量组合，作为 MLP-ANN 模型数据输入层（第 1 层），即每个模拟单元（元胞）有 n 个属性（测试驱动因子变量），这些驱动因子变量对应 MLP-ANN 模型第 1 层 n 个神经元，它们决定了每个单元在时间 t 时景观类型转换的概率，其表达式为

$$X(k,t)=[x_1(k,t),x_2(k,t),x_3(k,t),\cdots,x_n(k,t)]^{\mathrm{T}} \tag{9-4}$$

式中：$x_i(k,t)$ 为单元 k 在模拟时间 t 时第 i 个变量，T 表示转置。输入层接收标准化信号后将它们输出到隐含层。隐含层第 j 个神经元所收到的信号为

$$\mathrm{net}_j(k,t)=\sum_i w_{i,j}x_i'(k,t) \tag{9-5}$$

式中：$\mathrm{net}_j(k,t)$ 为隐含层第 j 个神经元所收到的信号；$w_{i,j}$ 为输入层和隐含层之间的连接权重。隐含层对这些信号产生一定的响应值，并输出到输出层。其响应函数为

$$\mathrm{sigmod}_j(k,t)=\frac{1}{1+\mathrm{e}^{-\mathrm{net}_j(k,t)}} \tag{9-6}$$

那么，输出层第 l 个神经元接收到的信号为

$$\mathrm{net}_l(k,t)=\sum_j w_{j,l}\,\mathrm{sigmod}_j(k,t) \tag{9-7}$$

式中：$\mathrm{net}_l(k,t)$ 为输出层第 l 个神经元所收到的信号；$w_{j,l}$ 为隐含层和输出层之间的连接权重。输出层所输出的值，即转换概率为

$$p(k,t,l)=\frac{1}{1+\mathrm{e}^{-\mathrm{net}_l(k,t)}} \tag{9-8}$$

式中：$p(k,t,l)$ 为单元 k 在模拟时间 t 时从现状景观类型到第 l 类景观类型的转换概率，概率越大，表明变化为 l 类景观类型的潜力越大，发展 l 类景观的适宜度越高。最后，在 IDRISI Selva17.0 中利用 MLP-ANN 模型测试不同驱动因子组合景观变化模拟准确度，选择模拟准确度最高的驱动因子组合创建景观变化潜力图，将景观类型 $l\pm i(i\in[1,5])$ 转换为景观类型 l 的各变化潜力图相加得到第 l 类景观变化潜力空间分布图，并依据相应约束条件加以完善后作为第 l 类景观变化适宜性图，具体计算公式为

$$F_l=\begin{cases}[\sum_k P_l+\sum_k p_{l+1}(k,t,l)+\sum_k p_{l+2}(k,t,l)+\cdots+\sum_k p_m(k,t,l)]\cdot C_l & (l=1,m>1)\\ [\sum_k p_1(k,t,l)+\cdots+\sum_k p_{l-2}(k,t,l)+\sum_k p_{l-1}(k,t,l)+\sum_k P_m]\cdot C_l & (l=m,m>1)\\ [\sum_k p_1(k,t,l)+\cdots+\sum_k p_{l-1}(k,t,l)+\sum_k P_l+\sum_k p_{l+1}(k,t,l)+\cdots+\sum_k p_m(k,t,l)]\cdot C_l & (1<l<m,m>2)\end{cases} \tag{9-9}$$

式中：F_l 为第 l 种景观类型适宜度；$p_{l\pm i}(k,t,l)(i\in[1,5])$ 为第 k 个栅格单元（元胞）在模拟时间 t 时从第 $l\pm i$ 类景观类型到第 l 类景观类型的转换概率；$P_l=p_l(k,t,l)(l=1,2,\cdots,m)$ 为第 k 个栅

格单元(元胞)在模拟时间t时第l类景观类型转化为自身的概率，本研究将其定义为 0.9999；l为景观类型编号；m 为景观类型总数，本研究取值为 6；C_l 为第l类景观类型变化约束条件，本研究把农田、水体景观转化潜力图中现状为城乡人居及工矿、交通运输景观区域变化潜力设为 0.0001，即现状为城乡人居及工矿、交通运输景观的区域大面积转化为农田、水体景观的潜力极小，换言之农田、水体景观在该区域的发展适宜性相当小；同理，将果园、森林景观转化潜力图中现状为城乡人居及工矿、交通运输、水体景观的区域变化潜力设为 0.0001，将城乡人居及工矿、交通运输景观转化潜力图中现状为水体景观的区域变化潜力设为 0.0001。利用 IDRISI Selva17.0 软件 Collection Editor 工具将m 种景观类型适宜性图按景观类型顺序组合成适宜性图集，作为 CA 模型空间转换规则。

第 4 步：CA 模型参数设置。与 CA-Markov 复合模型参数设置一致。

3. MCE-Markov-CA 复合模型

应用 MCE-Markov-CA 复合模型进行景观格局模拟的步骤与 Ann-Markov-CA 复合模型基本一致，不同之处是该复合模型采用 IDRISI Selva17.0 软件的 MCE 方法建立景观变化适宜性图作为 CA 模型元胞空间转换规则。应用 IDRISI Selva17.0 软件的 MCE 方法建立景观变化适宜性图的主要步骤如下。

第 1 步：景观变化驱动因子标准化。由于不同的适宜性因子测量尺度不同，因此需要先对适宜性因子进行标准化，然后再进行相应计算。最简单、最常用的标准化方法是线性标准化方法。

当驱动因子值越大、景观适宜度越高时，线性标准化方法计算公式为

$$x_i = (R_i - R_{\min}) / (R_{\max} - R_{\min}) \tag{9-10}$$

当驱动因子值越大、景观适宜度越小时，线性标准化方法计算公式为

$$x_i = (R_{\max} - R_i) / (R_{\max} - R_{\min}) \tag{9-11}$$

式(9-10)、式(9-11)中：R_i为第i个景观变化驱动因子值；x_i为第i个景观变化驱动因子标准化值；$R_{\max}$、$R_{\min}$分别为规划案例研究区范围内第i个景观变化驱动因子的最大值和最小值。

实际上，由于连续型适宜性因子具有模糊性，上述线性标准化方法只是众多隶属度函数中的一种，其他标准化方法在第 4 章已经做了详细介绍，这里不再赘述。IDRISI Selva17.0 软件的 FUZZY 模块提供了一系列利用不同隶属度函数进行标准化的方法，0～1 的实数型数据和 0～255 的整型数据都可以利用该模块进行标准化。标准化后，高的适宜性数值表示高的适宜性程度。需要注意的是，在使用 FUZZY 模块对适宜性因子进行标准化时，要仔细考虑标准化范围端点即隶属度函数的关键端点的内在意义。例如，一般认为工业发展用地要远离自然保护区，而实际中影响工业发展用地布局的主要环境因素可能是噪声和附近居民的干扰，这时如果不考虑其实际影响因素，盲目地把距离自然保护区较远(100km)的点赋值为 1(或整型数值 255)，将距离自然保护区较近(5km)的点赋值为 0.05(或是整型数值 13)，就可能导致一些距离自然保护区较近的区位的适宜性被严重低估(实际上，当考虑噪声和居民干扰时，距离自然保护区 5km 和 100km 位置的工业用地适宜性相同，其标准后数值都应该是 1.0 或整型数值 255)。

第 2 步：景观变化驱动因子标准权重计算。因子权重的确定方法很多，常见的有德尔菲法、层次分析法、熵权法、统计方法等，详见第 4 章相关部分，此处不再赘述。IDRISI Selva17.0

软件采用的权重计算方法是组间两两比较法，该方法由 Saaty（1977）在层次分析法的基础上提出的新的权重计算方法，具体步骤为：首先，按照 1～9 比例标度表（表 4-5），对所有适宜性因子进行两两比较，得到不同因子对决策目标的相对重要性值；其次，将比较得到的相对重要性值填入组间两两比较矩阵中，由于矩阵是对称的，因此只需要填写矩阵对角线左下方的系数即可，对角线右上方的值可以通过对左下方矩阵求倒数得到；然后，计算两两比较矩阵的特征向量，进而计算得到最合适的特征向量，也可以通过计算每一列的权重并对所有列的权重值求均值实现权重的近似估计，IDRISI Selva17.0 软件提供了专门的 WEIGHT 模块来通过特征向量法计算权重；最后，对两两比较矩阵进行一致性检验，分析相对重要性比率标准是否前后一致，IDRISI Selva17.0 软件采用 Saaty（1977）提出的一致性比率指标 CR 来衡量评估过程中的一致性，通常 CR 值大于 0.10 需要对矩阵中的数值重新评估。

第 3 步：景观变化适宜性结果计算。当所有的准则图层（适宜性因子和约束条件）准备好之后，就可以整合各个决策准则中的信息进行评估。MCE 模块为此提供了布尔方法、加权线性合并法和有序加权平均法三种方法。

1）布尔方法。当所有的决策标准被标准化为布尔值（0 或 1）时，可以通过对条件求并集或交集实现准则图层合并。在应用布尔型约束条件时，可以将适宜性因子条件评估得到的适宜性结果乘以布尔型条件的结果，具体公式为

$$S=\sum w_i x_i \prod c_j \tag{9-12}$$

式中：c_j 为约束条件 j 的数值。

2）加权线性合并法。对于连续型的适宜性因子，一般采用加权线性合并法，在第 4 章已做了详细介绍，不再赘述。加权线性合并法将每个适宜性因子标准化后的图层乘以对应的权重值，然后相加得到结果图。由于所有条件的权重值之和是 1，得到的结果图层和标准化后的适宜性因子图层数值范围一致。利用 IDRISI Selva17.0 软件的 Image Calculator 计算器和 MCE 模块可以实现加权线性合并法。

3）有序加权平均法。在 IDRISI Selva17.0 软件中，有序加权平均法和加权线性合并法在使用上区别不大，不同之处是有序加权平均法采用控制因子权重合并方法（Eastman and Jiang，1996）设置权重。实际上，加权线性合并法可以看作有序加权平均法的一个特例。

4. logistics-Markov-CA 复合模型

logistics-Markov-CA 复合模型对景观格局变化的模拟步骤同 Ann-Markov-CA 复合模型基本一致，不同之处是该复合模型采用 logistics 回归模型建立景观变化适宜性图作为 CA 模型元胞空间转换规则。应用 logistics 回归模型建立景观变化适宜性图的具体步骤如下。

第 1 步：确定景观变化驱动因子。根据各初选景观变化驱动因子克莱默 V 值确定景观变化驱动因子，按照克莱默 V 值大小将各驱动因子组合成不同变量组合，利用 IDRISI Selva17.0 软件的 MLP-ANN 模型测试不同驱动因子变量组合景观变化潜力模拟准确率，并将模拟准确率高的驱动因子组合确定为景观变化驱动因子，具体确定过程与 Ann-Markov-CA 复合模型相同。

第 2 步：构建景观类型空间分布适宜性图。未来某一空间位置可能出现某一类景观的概率越大，预示发展该类景观的适宜度也就越高，反之亦然。本研究采用 binary logistic 回归模型对定量分析确定的景观格局变化驱动因子进行分析，构建回归方程对景观类型图中每一栅

格单元可能出现某一种景观类型的概率进行诊断(即模拟驱动因子与变化潜力的定量关系)，得到各景观类型的空间分布概率图(即景观类型空间分布适宜性图)。模型计算公式为

$$\ln\left(\frac{P_i}{1-P_i}\right)=\alpha+b_1x_1+b_2x_2+b_3x_3+\cdots+b_nx_n \tag{9-13}$$

式中：P_i为每个栅格可能出现景观类型i的概率；$x_1,x_2,\cdots,x_n$为景观变化驱动因素。logistic 回归结果，通常采用 Pontius(2002)提出的受试者工作特征曲线(relative operating characteristics，ROC)进行验证。ROC 的值介于 0.5 和 1.0 之间。当 0.5<ROC<0.7 时，模型预测效果有较低准确性；当 0.7<ROC<0.9 时，模型预测效果有一定准确性；当 ROC>0.9 时，模型预测效果有较高准确性。ROC 值越接近于 1.0，说明模型预测效果越好。当 ROC=0.5 时，说明模拟方法完全无效，无模拟价值。ROC<0.5 不符合真实情况，在实际中极少出现。一般认为当 ROC 值大于 0.7 时模拟效果较好，模拟结果可以采用，反之则模拟效果不好。

第 3 步：建立 CA 模型元胞空间转换规则。利用 IDRISI Selva17.0 软件 Collection Editor 工具将 binary logistic 回归模型得到的m种景观类型空间分布适宜性图按景观类型顺序组合为适宜性图集，作为 CA 模型空间转换规则。

9.2.2　模型模拟精度检验

Kappa 系数能从整体上验证预测结果与监测数据的一致性程度(许文宁等，2011)，已广泛应用于两个图件一致性评价和遥感解译精度评价(布仁仓等，2005)。本研究通过计算 2014 年实际景观类型图和 2014 年景观类型模拟图的 Kappa 系数来定量评价 Ann-Markov-CA 复合模型模拟精度。Kappa 系数计算公式为

$$\mathrm{Kappa}=\frac{P_0-P_c}{P_p-P_c}\quad\left(P_0=\frac{n_1}{n},P_c=\frac{1}{N}\right) \tag{9-14}$$

式中：P_0为正确模拟栅格比例；P_c为随机选择情况下期望的正确模拟栅格比例；P_p为理想分类下正确模拟栅格比例(100%)；n为景观类型现状图栅格总数；n_1为正确模拟栅格数；N为景观类型数。由于目前 Kappa 系数还没有统一分级评价标准，本研究采用 Feinstein 和 Cicchetti(1990)、Cicchetti 和 Feinstein(1990)提出的 Kappa 系数分级评价标准进行模型模拟效果评估，即当 Kappa <0.00 时，表明两图件一致性程度很差；当 0.00< Kappa <0.20 时，表明两图件一致性程度微弱；当 0.21< Kappa <0.40 时，表明两图件一致性程度弱；当 0.41< Kappa <0.60 时，表明两图件一致性程度适中；当 0.61< Kappa <0.80 时，表明两图件一致性程度显著；当 0.81< Kappa <1.00 时，表明两图件一致性程度最佳。Kappa 系数一致性程度只有达到适中以上时，才能证明模型模拟结果较理想，具有一定可信度，才可以用其进行模拟预测(许文宁等，2011)。

9.3　景观格局变化趋势预测与变化特征

9.3.1　景观格局变化动态模拟模型精度检验与比较

由于元胞转化规则是影响 CA 模型模拟效果和精度的关键因素，本研究采用 Markov、MCE、logistics 3 种常见的和 MLP-ANN 一种新提出的 CA 模型空间转化规则构建方法，基于 2000～

2007 年景观变化驱动因子组合和相同的模型参数、元胞数量转化规则，重新建立景观变化适宜性图作为 CA 模型元胞空间转化规则，构建了 CA-Markov、MCE-Markov-CA、logistics-Markov-CA、Ann-Markov-CA 4 种复合模型。为检验模型模拟效果和预测准确度，本研究基于 2000 年、2007 年景观类型图，应用 4 种复合模型分别对 2014 年景观格局进行模拟。在此基础上，利用 IDRISI Selva17.0 软件 CROSSTAB 模块，以 2014 年实际景观类型图为参考图件，分别对 CA-Markov、MCE-Markov-CA、logistics-Markov-CA、Ann-Markov-CA 4 种复合模型 2014 年景观类型模拟图进行叠加统计，经计算得各模型模拟图 Kappa 系数。对比 Kappa 系数大小发现，4 种复合模型模拟图 Kappa 系数大小依次为 Ann-Markov-CA（0.5118）＞MCE-Markov-CA（0.4785）＞CA-Markov（0.4741）＞logistics-Markov-CA（0.4435），皆达到了 Kappa 系数 0.41～0.60 的精度要求，说明 4 种复合模型模拟图与参考图一致性程度适中，模拟结果具有一定可信度。其中，Ann-Markov-CA 复合模型模拟效果最佳，Kappa 系数达到 0.5118，低于范强等（2013）、赵永华等（2013）研究中模拟图 Kappa 系数，但由于本研究采用的另 3 种复合模型模拟图 Kappa 系数亦普遍偏低，因此基本可排除模拟方法的影响，可能是由景观类型图分类精度较低、规划案例研究区景观格局变化频繁、景观破碎度较大等因素综合所致。因此，可利用 Ann-Markov-CA 复合模型对规划案例研究区景观格局变化进行进一步模拟预测。

9.3.2　2014～2028 年景观格局变化趋势与特征

基于 2007 年、2014 年龙泉驿区景观类型图，应用 Ann-Markov-CA 复合模型对 2021 年、2028 年景观格局变化进行模拟，得到龙泉驿区 2021 年、2028 年景观类型预测图（图 9-3）。

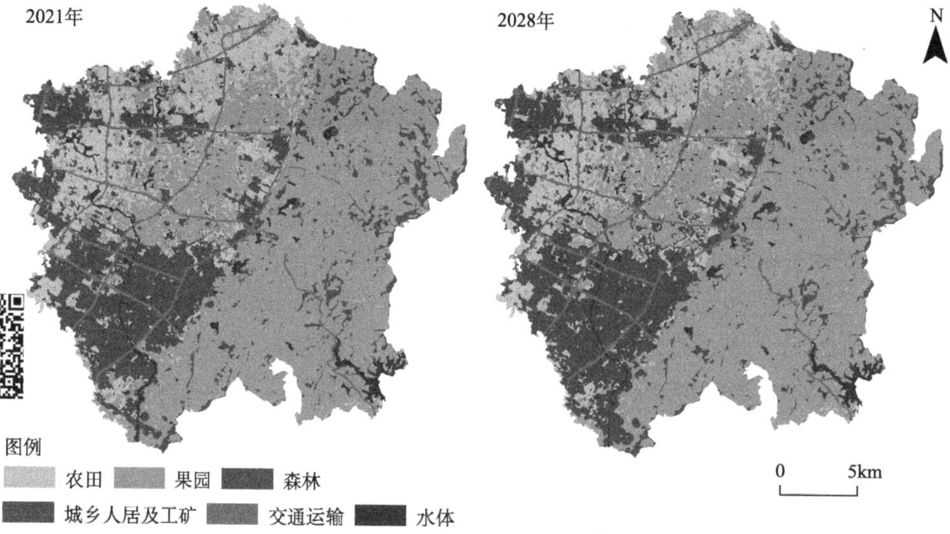

（彩图）

图 9-3　龙泉驿区景观类型预测图

2014～2028 年龙泉驿区景观格局变化总体将呈“三增三减”趋势，即农田、城乡人居及工矿、交通运输景观增加，果园、森林和水体景观减少。变化显著的是森林、交通运输、城乡人居及工矿景观，其中森林景观占比由 9.27%降到 4.14%，交通运输景观占比由 2.86%增到

4.17%，城乡人居及工矿景观占比由 16.82%增到 22.23%(表 8-1、表 9-3)。

表 9-3　2021 年和 2028 年各景观类型面积

景观类型	2021 年		2028 年	
	面积/hm²	占比/%	面积/hm²	占比/%
农田	8 800	15.86	8 526	15.37
果园	28 864	52.04	28 473	51.33
森林	3 094	5.58	2 298	4.14
城乡人居及工矿	11 218	20.22	12 332	22.23
交通运输	1 991	3.59	2 311	4.17
水体	1 503	2.71	1 528	2.76
总计	55 470	100.00	55 468	100.00

2014～2021 年城乡人居及工矿、农田、交通运输景观面积将分别增加 1878hm²、794hm²、401hm²，而森林、果园和水体景观面积将分别减少 2055hm²、967hm²、107hm²(表 8-1、表 9-3)，与 1992～2014 年变化特点(表 8-1)不同的是果园景观“不增反减”、农田景观“不减反增”，这一变化特征说明由于未来城乡人居及工矿、交通运输景观增加面积主要来源于果园景观(图 9-4)，部分果园因建设用地扩张侵占而减少，农田景观增加的原因可能是龙泉驿区 2007 年来依托国土资源部城乡建设用地增减挂钩政策规划并实施了大批统筹城乡综合配套改革试点项目，计划到 2021 年将实现 5.67 万农民转移进城安居兴业，促进 6 万余亩承包地集中流转给社会企业进行规模经营，这有可能导致部分原先种植果树的果园景观因企业都市现代农业发展需要而调整为种植果蔬的农地景观，加上农民搬迁后宅基地复垦产生的新增耕地，所以使得农地景观短期内有所增加。

2021～2028 年城乡人居及工矿、交通运输、水体景观面积将分别增加 1114hm²、320hm²、25hm²，而森林、果园、农田景观将分别减少 796hm²、391hm²、274hm²(表 9-3)，与 2014～2021 年景观变化趋势不同的是水体景观“不减反增”、农田景观“不增反减”，其中水体景观增加的原因可能是随着未来人们环保意识的逐渐增强和国家生态建设、环境保护力度的逐步增大，区域水库、坑塘、河流因得以有效保护而实现水体景观稳中有增。城乡人居及工矿、交通运输景观将继续增加，森林、果园景观将持续减少，这种变化趋势符合区域经济社会发展实际，龙泉驿区是国家级成都经济技术开发区所在地，按照 2005 年成都市政府批复的用地规模，未来经开区用地规模为 $30km^2$，将会在现有用地规模基础上新增用地约 $20km^2$，伴随工业用地的增加，居住用地、交通运输用地亦必将会随之增长，所以未来城乡人居及工矿、交通运输景观将会继续增加。此外，经开区规划范围主要涉及规划案例研究区西部龙泉、大面、柏合、十陵、西河、同安等坝区乡镇，而坝区主要是基本农田保护区，为保障区域工业化、城镇化发展空间，龙泉驿区在《土地利用总体规划(2006～2020 年)》编制中将西部坝区经开区范围内基本农田调整布局到东部山区，这必将导致山区原有部分森林、果园景观逐步转变为种植粮食作物为主的基本农田暨农田景观，再加上坝区经开区范围内果园、森林因工业用地扩张侵占而缩减，所以按当前景观变化趋势，未来规划案例研究区森林、果园景观还将会继续减少。因此，龙泉驿区在未来发展过程中要妥善处理好经济发展与生态环境保护之间的关系，在促进地方经济提质增效的同时，还要充分考虑区域生态环境承载力，为地方可持续发展保留足够的森林、果园、水体等生态景观。

9.3.3 2014～2028 年景观转移特点及变化类型空间特征

2014～2028 年的 14 年龙泉驿区景观变化剧烈程度逐渐减弱，各景观类型之间均发生了不同程度的转化(图 9-4)。

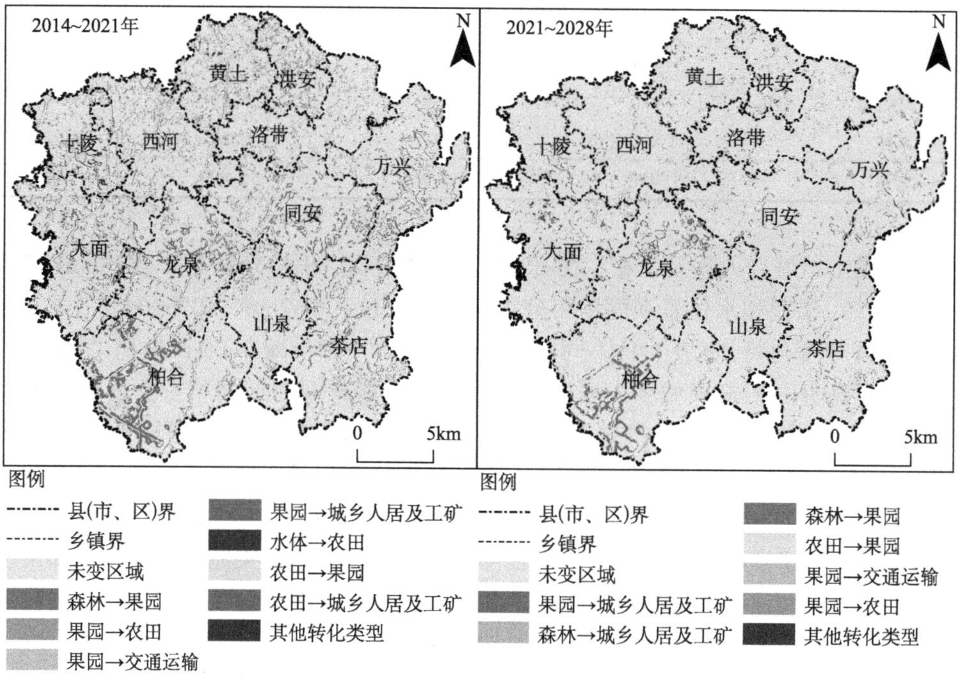

图 9-4 龙泉驿区不同时期主要景观变化类型空间分布

2014～2021 年变化较显著的有森林、果园、水体和农田景观 4 种(图 9-4)。其中，森林景观面积减少区零散分布在东部山区，变化类型以“森林→果园”类型为主；果园景观面积减少区大量散布在西部坝区和少量分布在东部山区，变化类型以“果园→城乡人居及工矿”“果园→农田”“果园→交通运输”为主，面积增加区分布在东部和西北部，变化类型以“森林→果园”“农田→果园”为主；水体景观面积减少区零星分布在西北部坝区，变化类型以“水体→农田”为主；农田景观面积减少区大量散布在西部坝区和少量零星分布在东南部山区，变化类型以“农田→果园”“农田→城乡人居及工矿”为主，面积增加区大量分布在西部坝区、少量零星分布在东南部山区，变化类型以“果园→农田”“水体→农田”为主。

2021～2028 年水体景观变化减弱，果园、森林和农田景观变化依然较显著(图 9-4)，其中果园景观面积增减区分布特征延续了 2014～2021 年分布格局，变化类型也与之相同；森林景观面积减少区分布格局与 2014～2021 年相同，但变化类型以“森林→果园”“森林→城乡人居及工矿”为主；农田景观空间格局特征与 2014～2021 年的差异较大，其面积减少区主要分布在东部山区和西北部坝区，变化类型以“农田→果园”为主，面积增加区主要分布在西北部坝区，变化类型以“森林→农田”为主。

9.3.4　过去和之后一段时期景观变化特征比较

以 2014 年为界对龙泉驿区过去 14 年(2000～2014 年)和之后 14 年(2014～2028 年)不同阶段景观类型增减情况进行比较，结果表明城乡人居及工矿、交通运输景观面积持续增加，农田、森林景观面积总体上持续缩减，果园景观面积由“增”变“减”，水体景观“增减”无明显规律，这说明农田、森林景观已成为区域其他景观面积增加的稳定补给源(图 9-5)。

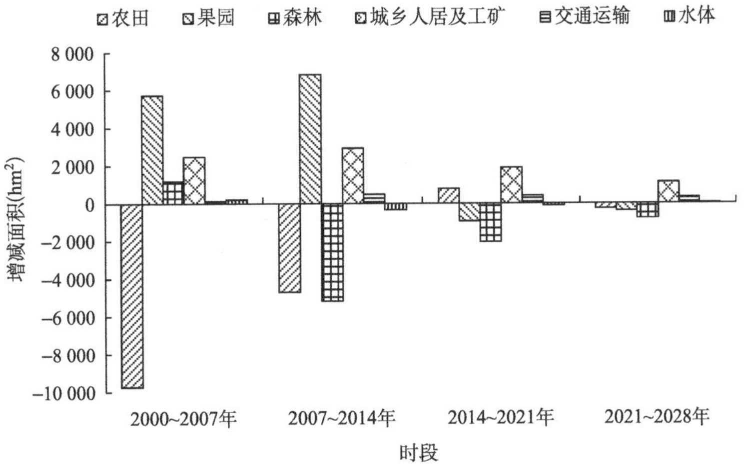

图 9-5　龙泉驿区 2000～2007 年、2007～2014 年、2014～2021 年、2021～2028 年景观类型面积变化

此外，从图 9-5 还可看出，2014 年之后景观类型面积增减幅度逐渐减小，这可能是由于龙泉驿区未来可供开发利用后备资源减少、资源开发强度减弱、“新常态”下地方经济发展速度放缓等因素综合所致，因此，切实把以“资源环境消耗为代价”的粗放型经济发展模式转变为以“科技创新驱动为支撑”的集约型经济发展模式是该地区全面健康持续发展的必然选择。

9.4　结论与建议

本章利用 4 期 Landsat TM/OLI 遥感影像、ASTER GDEM 数据及多年降雨量、有机质含量等景观变化驱动因子数据，在 ESRI ArcGIS10.0 和 IDRISI Selva17.0 软件支持下，对规划案例研究区景观变化潜力进行了分析，应用 Ann-Markov-CA 复合模型对 2021 年、2028 年景观变化趋势进行了模拟预测。主要结论如下。

1) 景观变化潜力预测组合驱动因子个数越多，其预测准确率不一定就越高，需根据预测准确率选择恰当驱动因子组合进行变化潜力模拟。景观变化潜力预测平均准确度开始随组合驱动因子个数增加而逐步提升，但当组合驱动因子个数达到一定数量时，预测准确度开始呈下降态势，说明组合驱动因子个数越多其预测准确率不一定越高，而要结合景观变化潜力模拟准确度选择恰当驱动因子组合进行景观变化潜力模拟分析。“景观生态类型+人口密度+到最近道路距离+地方财政收入+农业人口密度+到最近水域距离+高程”和“景观生态类型+高程+坡度+人口密度+农业人口密度+地方财政收入+人均地区生产总值+到最近道路距离+到最近水域距离”驱动因子组合分别为2000～2007年和2007～2014年规划案例研究区景观变化潜力分析最佳驱动因子组合。

2) Ann-Markov-CA模型能够较好地实现景观变化模拟，之后14年间规划案例研究区景观格局变化总体将呈“三增三减”特征，大部分景观保持2000～2014年的变化趋势，各景观类型之间均发生了不同程度的转化。Ann-Markov-CA模型模拟效果总体上优于已有研究常用的MCE-Markov-CA、CA-Markov和logistics-Markov-CA模型，其Kappa系数达到了0.41～0.60精度要求，具有一定可信度，能较好地实现规划案例研究区景观变化模拟。2014～2028年，规划案例研究区景观格局变化总体将呈“三增三减”趋势，即农田、城乡人居及工矿、交通运输景观面积呈增加趋势，果园、森林和水体景观面积呈减少趋势，森林、交通运输、城乡人居及工矿景观变化最显著，其中森林景观占比由9.27%降到4.14%，交通运输景观占比由2.86%增到4.17%，城乡人居及工矿景观占比由16.82%增到22.23%。绝大部分景观保持2000～2014年的变化趋势，即城乡人居及工矿、交通运输景观面积持续增加，农田、森林景观面积总体上持续缩减，但其变化剧烈程度逐渐减弱，各景观类型之间均发生了不同程度的转化，转化类型以“森林→果园、果园→城乡人居及工矿、果园→农田”为主，变化显著区集中在规划案例研究区中部龙泉、中北部黄土和洪安、中东部万兴、同安、茶店以及西南部柏合。

3) 之后14年景观变化剧烈程度将逐渐减弱，农田、森林景观长时期呈缩减趋势，成为其他景观增加的稳定补给源，遏制农田、森林景观无节制缩减，对维持区域生态平衡、实现地方生态建设与经济发展互动双赢具有重要意义。2000～2028年，城乡人居及工矿、交通运输景观面积持续增加，农田、森林景观面积总体上持续缩减，成为其他景观增加的稳定补给源，因此遏制农田、森林景观无节制缩减，对维持区域生态平衡、实现地方生态建设与经济发展互动双赢具有重要意义。与2000～2014年相比，2014～2028年景观变化剧烈程度将逐渐减弱，但各景观类型之间均发生了不同程度的转化，转化类型以“森林→果园”“果园→城乡人居及工矿”“果园→农田”为主。这可能是由于规划案例研究区未来可供开发利用后备资源减少、资源开发强度减弱、“新常态”下地方经济发展速度放缓等因素综合所致，因此，切实把以“资源环境消耗为代价”的粗放型经济发展模式转变为以“科技创新驱动为支撑”的集约型经济发展模式是龙泉驿区全面健康可持续发展的必然选择。

第 10 章　龙泉驿区域生态安全评价与变化趋势预测

区域生态安全是指在一定时空范围内，景观生态系统能够保持其结构、功能不受或少受威胁的健康状态，并能为社会经济可持续发展提供服务，从而维持区域生态系统长期协调发展(蒙吉军等，2011)，关系到区域经济的持续发展、资源的合理利用和生态的有效保护。区域生态安全评价是根据合理的评价指标和标准，运用恰当评价方法对区域生态系统状况和生态服务功能的评判，是区域生态安全预测预警、生态环境管理决策的基础(Joseph et al.，2001)。区域生态安全变化趋势预测是在区域生态安全评价和预测模型理论基础上对生态环境质量变化的动态评价和生态风险的预前警报(傅伯杰，1993)，可为区域制定有针对性的生态风险防控措施提供依据。开展区域生态安全评价和预测，对制定符合区域实际的生态建设方针和生态风险防控措施，促进地方经济与生态环境全面协调可持续发展具有重要意义。

近年来，因土地利用不合理和城镇无序扩张，部分区域陆地生态系统结构和功能遭到严重破坏，出现了一系列生态安全问题(Gao et al.，2010；Liu and Chang，2015)。伴随着区域生态安全问题的凸显，其评价和预测研究引起了国内外的广泛关注，相关研究成果不断涌现。在生态安全评价方面，由于对区域生态安全含义理解的差异，不同学者采用的指标体系、评价方法也各有不同，主要基于“自然-社会-经济”人工复合生态系统理论(孙丕苓等，2012)、压力-状态-响应(P-S-R)(徐美等，2012；Ye et al.，2011)和驱动-压力-状态-响应(D-P-S-I-R)(Karen et al.，2009；江勇等，2011)等框架模型构建指标体系，采用综合指数法(孙丕苓等，2012)、层次分析法(刘喜韬等，2007)、灰色关联法(吴晓，2014)等数学模型进行生态安全评价，其中 P-S-R 指标构建框架模型和综合指数模型评价法为大多数学者普遍接受并广泛使用(杨存建等，2009)，但集成应用 GIS 技术和数学模型进行多年生态安全动态评价和空间变化特征探寻的研究还较少。在生态安全预测方面，国外相关研究集中体现在生态预报上，如 Brown 等(2013)运用 Mechanistic-empirical 方法对切萨皮克海湾生态系统进行了短期预报，Ricciardi 等(2012)对 *Hemimysis anomala* 入侵北美的生态影响进行了预测探讨。国内大部分研究主要集中在生态安全指数变化预测，对生态安全空间变化的预测还较少见。应用广泛的预测方法有灰色 GM(1，1)模型(蒙晓等，2012)、BP 神经网络(李华生和徐瑞祥，2005)、情景分析法(沈静等，2007)、系统动力学方法(韩奇等，2006)等，多从国内外相近行业预测方法中借鉴，方法研究尚处在探索阶段，部分方法对生态安全变化的预测准确度较低(李万莲，2008)。径向基函数(RBF)神经网络具有逼近能力强、网络结构简单、学习速度快等优点，能以任意精度逼近任意非线性函数(Liu et al.，2014)，对提高生态安全预测准确度具有重要作用。

鉴于此，本章以龙泉驿区为规划案例研究区，首先采用 P-S-R 框架模型构建区域生态安全评价指标体系，然后在 GIS 空间分析法中嵌入综合评价指数模型对 2000～2014 年生态安全空间状况进行评价，在此基础上集成 RBF 神经网络和克里格插值，创新提出一种生态安全空间变化预测方法，对年生态安全空间变化状况进行模拟，探索其空间分布特点、变化特征和发展趋势，为该区制定有效的生态环境保护措施、构建合理生态安全格局奠定理论基础，也为其他地区开展类似研究提供方法参考。

10.1 区域生态安全评价指标体系

10.1.1 区域生态安全评价指标体系构建概念模型

区域生态安全评价指标体系的建立应该充分体现区域生态安全的现状与水平，特别是体现出人类活动对生态系统的影响和响应。20世纪80年代末，世界经济合作与发展组织(Organization for Economic Co-operation and Development，OECD)与联合国环境规划署(United Nations Environment Programme，UNEP)共同提出压力-状态-响应(pressure-state-response，P-S-R)模型(Allen，1995；Tong，2000)，为构建区域生态评价指标体系提供了很好的思路，得到了广泛应用。该模型的新颖之处在于能够识别施加于自然界的所有人类活动的压力，而不是仅仅局限于环境污染。基于对产生压力的人类活动同自然、社会和环境状态的变化之间的感知的因果关系，模型假设采用适当的响应，这些压力和影响可以减轻甚至得到预防。

P-S-R 指标框架模式使用原因-效应-响应逻辑思维，从人类与环境系统的相互作用与影响出发对环境指标进行组织分类(郭秀锐等，2002)，将表征生态系统安全的指标分为压力、状态、响应3个类别，其结构是人类活动对环境施以“压力”，影响到环境的质量和自然资源的数量即“状态”，社会通过环境政策、经济政策和部门政策及意识和行为的变化而对这些变化做出反应即“社会响应”，主要功能是回答发生什么、发生原因和如何应对的问题，本质上是一个用于分析和评价环境与人类活动关系的概念模型(图 10-1)。P-S-R 概念模型是在构建环境指标时发展起来的，能突出环境受到的压力和环境退化之间的因果关系，从而通过政策手段来维持环境质量，因而与区域发展的目标密切相关。

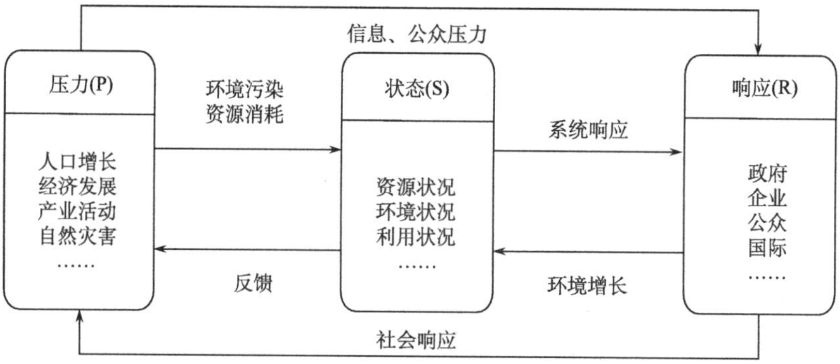

图 10-1 压力-状态-响应概念模型框架(徐美等，2012)

P-S-R 框架模型具有明显的因果关系，人类活动对环境施加一定的压力，环境的状态将发生一定的变化。对此，社会对环境状态的改变做出响应，以恢复环境的质量或防止环境退化，强调人类活动、经济运作对环境的影响，深刻反映了生态系统在自然生态系统、社会经济系统之间的相互作用机理(Rainer，2000)，能从不同角度反映生态安全评价指标间的连续反馈机制和生态安全动态评价过程。因此，本研究采用 P-S-R 概念模型构建区域生态安全评价指标体系。

10.1.2　区域生态安全评价指标体系构建

区域生态安全评价涉及经济、自然、社会、环境等各个方面，迄今还没有统一的标准体系(蒙吉军等，2011)。本研究根据区域实际、数据获得性和类似研究中使用频度较高的指标，遵循科学性、系统性、动态性和数据可获得性等原则，采用国内外学者普遍认可的 P-S-R 模型初步构建评价指标体系，在此基础上应用相关分析法对初选评价指标进行筛选后最终建立规划案例研究区生态安全评价指标体系(表 10-1)。该体系包括如下几方面。

1)“压力”表示人类活动给生态安全带来的负荷，从人口、资源、环境、社会经济 4 方面构建。其中，人口“压力”指标包括人口密度、人口自然增长率。龙泉驿区工业产业集群效益明显，吸引大量外来人口聚集该区，常住人口快速增长，加之因该区城镇、工业区集中分布在西部，致使人口空间分布不均，故选择人口自然增长率、人口密度表征“人口”压力。资源“压力”指标包括人均耕地面积、人均粮食产量。龙泉驿区耕地资源短缺问题突出，且因土地被城镇、工业区侵占而锐减，粮食安全压力较大，故选择人均耕地面积、人均粮食产量表征“资源”压力。环境“压力”指标为单位耕地化肥施用量。龙泉驿区农业以果蔬种植为主，为提高产量、获得更大经济效益，大量化肥、农药应用到果蔬种植中，严重破坏了生态环境，因单位面积农药施用量缺长期统计数据，故采用单位耕地化肥施用量表征环境“压力”。社会经济“压力”指标包括城镇化水平、农业经济比重和区域开发指数。龙泉驿区位于成都市近郊，是国家级经济技术开发区所在地，城镇化和工业化进程较快，农田、果园、水域等土地资源被城镇和工业区大量侵吞，后备资源越来越少，社会经济可持续发展压力突出，故选择城镇化水平、工业增加值、区域开发指数表征“社会经济”压力。

2)“状态”表示区域环境、自然资源和生态系统的状况，从自然、资源、生态环境 3 方面构建。其中，自然“状态”指标包括海拔、坡度、地形起伏度。龙泉驿区平坝、丘陵、山地地貌形态兼备，地形差异对生态安全状况空间分布影响较大，参考类似研究(蒙吉军等，2011；杨存建等，2009)选择海拔、坡度、地形起伏度表征自然“状态”。资源“状态”指标包括单位耕地粮食产量、人均建设用地面积、水域面积比率。近年来，龙泉驿区城镇化、工业化、农业现代化步伐加快，建设用地扩张速度加剧，大量自然水域等景观资源被侵吞或破坏，耕地利用开发强度日益提高，故选择人均建设用地面积、单位耕地粮食产量、水域面积比率表征资源“状态”。生态环境“状态”指标包括年平均降雨量、年平均气温、土壤有机质含量、土壤类型、森林覆盖率、景观破碎度、面积加权平均斑块分维数、蔓延度指数、香农均度指数、归一化植被指数(NDVI)和人口死亡率。研究表明气候、土壤、植被、景观结构、人的生命健康是反映生态环境状况的主要指标(杨姗姗等，2015；刘辉等，2016)。龙泉驿区因地表形态差异而气温、降水空间变异性特征明显，故选择年平均降雨量和气温表征气候指标；土壤类型与生态环境变化密切相关，而土壤有机质在生态环境中有降解重金属污染、固定有机污染物等作用，故选择土壤类型和土壤有机质含量表征土壤指标；NDVI、森林覆盖率是反映植被覆盖程度、生长状况、生物量的综合指标，故用其表征植被指标；景观格局空间异质性是生态环境安全的重要影响因素(郝润梅等，2006)，故参考相关研究(杨姗姗等，2015)

选择景观破碎度、面积加权平均斑块分维数、蔓延度指数和香农均度指数表征景观格局指标；生态环境质量与人类生命健康息息相关，选择人口死亡率表征人居生态环境质量。

3)“响应”表示人类面临生态安全问题时所采取的对策，主要体现在社会经济和环境指标上(徐美等，2012)，故从社会、经济、环境 3 个方面构建“响应”指标。其中，社会“响应”由农业机械化水平表征，该指标参考蒙吉军等(2011)的研究成果并结合数据获得性确定，反映维持生态安全的科技水平；经济“响应”由第三产业比重、人均 GDP、经济密度指标表征，这三个指标参考徐美等(徐美等，2012)的研究成果并结合数据获得性确定，其中第三产业比重反映面对生态环境问题时进行的产业结构调整情况，人均 GDP、经济密度反映区域经济发展状况；环境“响应”常体现在自然保护区划定、生态植被恢复、退耕还林等方面，而这些响应在景观格局变化中可得到间接反映，故采取景观格局类型表征环境“响应”。

表 10-1　龙泉驿区生态安全评价指标体系

目标层	准则层	指标层	单位	指标解释	属性	熵权重	因子分析权重	组合权重
区域生态安全指数	“人口-资源-环境-社会经济”压力指标	人口密度	人/km^2	人口总数/土地总面积，表征人口承载压力	逆	0.0176	0.0359	0.0267
		人口自然增长率	‰	表征人口增长压力	逆	0.0333	0.0473	0.0403
		人均耕地面积	hm^2/人	耕地面积/人口数，表征耕地资源保护压力	正	0.0454	0.0529	0.0491
		人均粮食产量	kg/人	粮食总产量/人口数，表征粮食安全保障压力	正	0.0436	0.0295	0.0366
		单位耕地化肥施用量	t/hm^2	化肥施用量/耕地面积，表征耕地生态环境维持压力	逆	0.0173	0.0219	0.0196
		城镇化水平	%	表征城镇扩张压力	逆	0.0217	0.0188	0.0202
		农业经济比重	%	第一产业增加值/GDP×100%，表征经济结构压力	逆	0.0301	0.0353	0.0327
		区域开发指数	%	(农业用地+建设用地面积)/土地总面积×100%，表征社会发展压力	逆	0.0595	0.0580	0.0587
	“自然-资源-生态环境”状态指标	海拔	m	表征自然地貌状况	逆	0.0030	0.0229	0.0129
		坡度	°	表征地形特征状况	逆	0.0035	0.0394	0.0214
		地形起伏度	m	表征地势起伏状况	逆	0.0128	0.0394	0.0261
		单位耕地粮食产量	t/hm^2	粮食总产量/耕地面积，表征耕地利用状况	正	0.0461	0.0291	0.0376
		人均建设用地面积	hm^2/人	建设用地面积/人口数，表征建设用地利用状况	逆	0.0310	0.0386	0.0348
		水域面积比率	%	水域面积/土地总面积，表征水资源状况	正	0.0541	0.0204	0.0373
		年平均降雨量	mm	表征气候条件	正	0.0086	0.0240	0.0163
		年平均气温	℃	表征气候条件	逆	0.0121	0.0337	0.0229
		土壤有机质含量	g/kg	表征土壤肥力状况	正	0.0201	0.0363	0.0282
		土壤类型	—	表征生态环境系统的成土功能状况	正	0.0253	0.0317	0.0285
		森林覆盖率	%	表征水土保持状况	正	0.0832	0.0526	0.0679

续表

目标层	准则层	指标层	单位	指标解释	属性	熵权重	因子分析权重	组合权重
区域生态安全指数	“自然-资源-生态环境”状态指标	景观破碎度	—	景观类型斑块个数，表征区域景观自然分割及人为切割的破碎化状况	逆	0.0342	0.0177	0.0259
		面积加权平均斑块分维数	—	表征区域景观格局总体特征，在一定程度上也反映人类活动对景观格局的影响	正	0.0245	0.0452	0.0348
		蔓延度指数	%	表征区域景观中不同斑块类型的团聚程度或蔓延趋势状况	正	0.0359	0.0243	0.0301
		香农均度指数	—	表征区域不同景观或同一景观不同时期的多样性变化状况	正	0.0287	0.0258	0.0272
		NDVI	—	表征生态环境系统活力	正	0.0041	0.0072	0.0056
		人口死亡率	‰	表征人居环境质量状况	逆	0.0445	0.0445	0.0445
	“社会-经济-环境”响应指标	农业机械化水平	kW/hm²	农业机械总动力/耕地面积，表征维持区域生态安全的科技水平	正	0.0635	0.0217	0.0426
		第三产业比重	%	第三产业增加值/GDP×100%，表征维持区域生态安全的产业发展水平	正	0.0416	0.0457	0.0436
		人均 GDP	万元/人	GDP/总人数，表征维持区域生态安全的经济发展水平	正	0.0447	0.0352	0.0399
		经济密度	万元 GDP/km²	GDP/土地总面积，表征区域资源集约利用水平	正	0.0835	0.0382	0.0608
		景观格局类型	—	表征生态环境系统的生境变化情况	正	0.0269	0.0272	0.0270

10.1.3　区域生态安全评价指标数据来源与处理

本章基础数据包括：①2000～2011 年、2013～2014 年 Landsat TM/ETM+/OLI 遥感影像(由于在 USGS、GLCF 等遥感影像获取平台上收集到的 2012 年研究区遥感影像均因云层覆盖或条带掩盖而无法正确进行影像分类和相关特征信息提取，因此未选择该年遥感影像，图 3-2)；②ASTER GDEM V2 数据[图 6-2(b)]；③2004～2014 年龙泉驿区 9 个自动气象观测站监测的气温和降雨数据，来源于龙泉驿区气象局；④土壤类型和有机质含量数据，来源于龙泉驿区农发局农技中心；⑤部分统计年鉴数据，来源于《龙泉驿统计年鉴(2000～2012 年)》、成都统计公众信息网、龙泉驿区统计局和各街镇乡。高程栅格数据由 ASTER GDEM 数据处理得到，坡度、地形起伏度图均利用 ESRI ArcGIS10.0 基于 DEM 计算得到(图 3-7)，土壤类型图通过 ESRI ArcGIS10.0 将纸质土壤图扫描数字化获得(图 6-7)，年均降雨量、年均气温和土壤有机质含量空间分布图均在 ESRI ArcGIS10.0 中通过规则样条函数空间插值法插值得到，景观格局类型栅格数据采用第 7 章提出的 QUEST 决策树分类法解译自 TM/ETM+/OLI 影像，NDVI 图在 ESRI ArcGIS10.0 中基于 TM/ETM+/OLI 影像计算得到(图 3-5)。此外，利用 Fragstats3.4 软件基于景观格局类型栅格图计算得各街镇乡景观破碎度、面积加权平均斑块分维数、蔓延度指数，整理社会经济统计数据计算得各街镇乡人口自然增长率、人口死亡率、人口密度、人均粮食产量等其他指标数据，在此基础上利用 ESRI ArcGIS10.0 将上述计算得到的各个指标数据链接到行政区矢量数据属性表对应行记录，经矢栅转化得各指标栅格数据。

最后，应用 ESRI ArcGIS10.0 平台 Resample 工具将各年指标栅格数据分辨率重采样为 30m、坐标系统一为 WGS84、投影统一为 UTM。

10.2　区域生态安全评价方法

10.2.1　区域生态安全评价指标赋值与无量纲化

土壤类型、景观格局类型属类别指标，需经赋值转化为数值型指标。参考相关研究(蒙吉军等，2011；杨姗姗等，2015)，将土壤类型中冲击性水稻土、紫色性水稻土、黄壤性水稻土、新冲积土、紫色土、黄壤土分别赋值为 80、70、60、50、40、30；将景观格局类型中城乡人居及工矿、交通运输景观均赋值为 10，将农田、果园、森林、水体景观分别赋值为 30、50、70、90。根据生态安全水平度量指标对区域生态安全的影响，将选取的指标分为正向指标和逆向指标，正向指标值越大越安全，逆向指标值越大越不安全。为消除不同指标数据量纲和单位差异对生态安全评价的影响，采用极差标准化[式(10-1)和式(10-2)]对两类指标原始数据进行无量纲化处理。

对于正向指标，计算公式为

$$x_i' = (x_i - x_{i\min}) / (x_{i\max} - x_{i\min}) \tag{10-1}$$

对于逆向指标，计算公式为

$$x_i' = (x_{i\max} - x_i) / (x_{i\max} - x_{i\min}) \tag{10-2}$$

式中：x_i 为第 i 个评价指标栅格数据；x_i' 为第 i 个评价指标标准化栅格数据；$x_{i\max}$、$x_{i\min}$ 分别为规划案例研究区范围内第 i 个评价指标最大像元值和最小像元值。

10.2.2　区域生态安全评价指标权重计算

为减少主观因素对权重确定的影响，采用因子分析法和熵权法两种常用客观赋权法对各评价指标进行组合赋权。同时，为增强评价结果在时间上的动态可比性，采用相同指标权重进行各年生态安全评价。为此，利用 ESRI ArcGIS10.0 平台 Create Random Points 工具逐年建立包含 300 个随机点的点图层，再利用 Sample 模块批量提取 12 年(2000～2011 年)共 3600 个含 30 个评价指标值的权重计算样本(图 10-2)，在此基础上，先应用 SPSS19.0 因子分析工具计算方差贡献率和因子得分系数矩阵，再按式(10-3)确定各指标组合权重。

$$w_l = \omega \left| \frac{\sum_{c=1}^{G} \alpha_{lc}\gamma_c}{\sum_{c=1}^{G} \gamma_c} \right| + \lambda \left(\frac{1 + \ln(M)^{-1} \sum_{K=1}^{M} p_{Kl} \ln p_{Kl}}{M + \sum_{l=1}^{N} \ln(M)^{-1} \sum_{K=1}^{M} p_{Kl} \ln p_{Kl}} \right) \tag{10-3}$$

式中：$p_{Kl} = x_{Kl}' / \sum_{K=1}^{M} x_{Kl}' (K = 1,2,\cdots,M; l = 1,2,\cdots,N)$，其中 x_{Kl}' 为第 K 个样本第 l 个评价指标标准化值，若 $p_{Kl} = 0$，则定义 $p_{Kl} \ln p_{Kl} = 0$；w_l 为第 l 个评价指标组合权重；ω、λ 为权重系数，本研究均取 0.5；$\alpha_{lc}(c = 1,2,\cdots,G)$ 为第 l 个评价指标样本向量 $\boldsymbol{X}_l = [x_{l1}, x_{l2}, \cdots, x_{lM}]^{\mathrm{T}}$ 在公因子 F_c 上的载荷，其中 x_{lM} 为第 l 个评价指标第 M 个样本值；γ_c 为公因子 F_c 的方差贡献率；K、l、c 分别为样本、指标、公因子编号；M、N、G 分别为样本、指标和公因子总数。

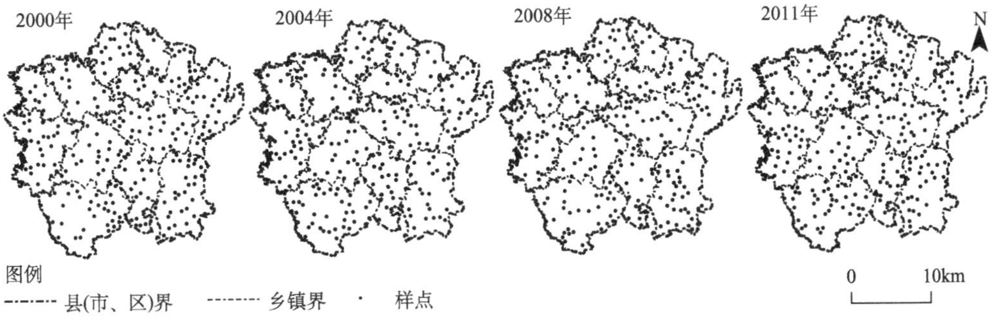

图 10-2　龙泉驿区不同年份权重计算样点分布

10.2.3　区域生态安全综合指数计算和等级划分

生态安全综合指数越大，则生态安全度越高，反之则越低。基于 2000～2011 年、2013～2014 年各评价指标栅格数据，在 ESRI ArcGIS10.0 中应用 Python 编程(程序代码见附录 5)调用 weightedsum_sa( ) 函数根据综合指数模型计算规划案例研究区生态安全综合指数空间分布图。综合指数模型表达式为

$$S=\sum_{i=1}^{n} w_i x_i' \tag{10-4}$$

式中：S 为评价区域生态安全综合指数值，w_i 为第 i 个评价指标组合权重，x_i' 的含义与式(10-1)相同，i、n 分别为指标编号和总数。

为使评价结果更直观，更便于进行空间比较分析，借鉴相关生态安全评价研究中评判等级划分(蒙吉军等，2011；孙丕苓等，2012；江勇等，2011；冯异星等，2009)，依据生态环境状况评价技术规范(HJ192—2015)，采用非等间距法(喻锋等，2006)将规划案例研究区生态安全等级分为恶劣(Ⅰ)、重警(Ⅱ)、中警(Ⅲ)、预警(Ⅳ)、风险(Ⅴ)、敏感(Ⅵ)、临界(Ⅶ)、一般(Ⅷ)、良好(Ⅸ)、理想(Ⅹ)10 个等级，明确各安全等级区间范围和生态特征(表 10-2)。最后，在 ESRI ArcGIS10.0 中应用 Python 编程(程序代码见附录 6)调用 reclassify_sa( ) 函数根据安全值区间计算得到规划案例研究区生态安全等级空间分布图。

表 10-2　龙泉驿区生态安全等级标准

生态安全等级	安全值区间	生态特征
恶劣(Ⅰ)	0.00～0.30	生态系统结构破坏极其严重，系统大部分服务功能丧失，受干扰破坏的生态环境恢复治理极其困难
重警(Ⅱ)	0.30～0.35	生态系统结构破坏特别严重，系统小部分服务功能丧失，受干扰破坏的生态环境恢复治理较困难
中警(Ⅲ)	0.35～0.40	生态系统结构极不合理，系统服务功能退化极其严重，生态环境受到极大破坏，系统抗干扰能力极差
预警(Ⅳ)	0.40～0.45	生态系统结构很不合理，系统服务功能退化特别严重，生态环境受到很大破坏，系统抗干扰能力很差
风险(Ⅴ)	0.45～0.50	生态系统结构不合理，系统服务功能退化严重，生态环境受到较大破坏，系统抗干扰能力差

续表

生态安全等级	安全值区间	生态特征
敏感(Ⅵ)	0.50～0.55	生态系统结构较不合理，系统服务功能开始退化，生态环境受到较大干扰，系统具有较低抗干扰能力
临界(Ⅶ)	0.55～0.60	生态系统结构和服务功能处于安全与不安全之间，生态环境脆弱且敏感，系统能进行部分自我恢复
一般(Ⅷ)	0.60～0.65	生态系统结构和功能处于一般状态，生态环境受到轻微干扰，系统自我恢复能力一般
良好(Ⅸ)	0.65～0.70	生态系统结构和功能处于良好状态，生态环境基本未受干扰，系统自我恢复能力较强
理想(Ⅹ)	0.70～1.0	生态系统结构和功能处于理想状态，生态环境未受干扰，系统自我恢复能力强

10.3 区域生态安全变化趋势预测方法

10.3.1 RBF 神经网络学习

RBF 神经网络是一种以函数逼近理论为基础的前馈网络，具有训练速度快、能收敛到全局最优等特点(陈德军等，2007)。RBF 神经网络包括输入层、隐含层和输出层(图 10-3)，其运行原理为：隐含层节点通过基函数执行一种非线性变化，将输入空间映射到一个新空间，输出层则在这个新空间实现线性加权组合(唐启义和冯明光，2006)。

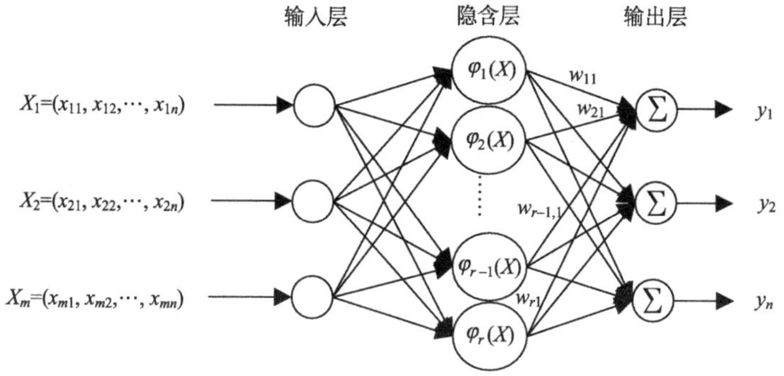

图 10-3 RBF 神经网络结构

RBF 神经网络学习过程分为非监督学习和监督学习两个阶段。非监督学习阶段采用 K-means 聚类法对训练样本输入量进行聚类，找出聚类中心参数 μ_k 与 σ_k，然后进行监督学习。当 μ_k 和 σ_k 确定后，RBF 神经网络从输入到输出就成了一个线性方程组，所以监督学习阶段采用最小二乘法求解输出权重 w_{kj}，其算法步骤如下。

1)用最小、最大规范化方法，使属性归一到网络处理范围。

2)用径向基函数计算隐含层输出值。常用径向基函数是高斯函数，对 Exact 类 RBF 网络有

$$\varphi_k[\|X_i(j)-\mu_k(i)\|]=\mathrm{e}^{-\|X_i(j)-\mu_k(i)\|/2\sigma_k^2}\quad(i=1,2,\cdots,m;j=1,2,\cdots,n;k=1,2,\cdots,r;r=m)\tag{10-5}$$

式中：$X_i(j)=[X_1(j),X_2(j),\cdots,X_m(j)]^{\mathrm{T}}$ 表示第 j 个样本 m 维输入向量；$\mu_k(i)=\frac{1}{n}\left[\sum_{j=1}^{n}x_{1j},\sum_{j=1}^{n}x_{2j},\cdots,\sum_{j=1}^{n}x_{mj}\right]^{\mathrm{T}}$，表示第 k 个隐节点高斯函数中心；$\varphi_k[\|X_i(j)-\mu_k(i)\|]$ 为隐含层第 k

个神经元节点的输出；$\sigma_k = c_{\max}/2r$ 为高斯函数方差，$c_{\max}$ 为所选中心最大距离；m、n、r 分别表示每个样本输入数据、样本个数和隐含层节点数。对 Approximate 类 RBF 网络有

$$\varphi_k[\| X_i(j) - \mu_k(i) \|] = \mathrm{e}^{\{-\frac{1}{2}[X_i(j)-\mu_k(i)]^{\mathrm{T}} C_k^{-1}[X_i(j)-\mu_k(i)]\}} \quad (i=1,2,\cdots,m; j=1,2,\cdots,n; k=1,2,\cdots,r; r \neq m) \tag{10-6}$$

式中：$C_k = \frac{1}{n-1}\sum_{j=1}^{n}\{[X_i(j)-\mu_k(i)]^{\mathrm{T}}[X_i(j)-\mu_k(i)]\}$；$X_i(j)$、$\mu_k(i)$、$r$、$n$ 含义同式(10-5)。

3) 利用最小二乘法计算隐含层和输出层间神经元的连接权值，公式为

$$w_{kj} = \mathrm{e}^{\frac{r}{c_{\max}^2}\|X_i(j)-\mu_k(i)\|^2} \quad (i=1,2,\cdots,m; j=1,2,\cdots,n; k=1,2,\cdots,r) \tag{10-7}$$

式中：w_{kj} 为隐含层到输出层的连接权值；$X_i(j)$、$\mu_k(i)$、r、$c_{\max}$ 含义同式(10-5)。

4) 求输出层第 j 个神经元的输出值，公式为

$$y_j = \sum_{k=1}^{r} w_{kj}\varphi_k[\| X_i(j) - \mu_k(i) \|] \quad (i=1,2,\cdots,m; j=1,2,\cdots,n; k=1,2,\cdots,r) \tag{10-8}$$

式中：y_j 为与输入样本对应网络的第 j 个输出结点的输出值；w_{kj}、$X_i(j)$、$\mu_k(i)$、$\varphi_k[\| X_i(j) - \mu_k(i) \|]$ 等其他变量同式(10-5)。

5) 计算输出层误差 err_j，公式为

$$\mathrm{err}_j = y_j(1-y_j)(Y_j - y_j) \tag{10-9}$$

式中：Y_j 为第 j 个神经元实际值，y_j 含义同式(10-8)。

6) 调整权重系数 w_{kj}，直到网络误差达到要求，公式为

$$w'_{kj} = w_{kj} + \varepsilon \times \mathrm{err}_j(1-y_j)(Y_j - y_j) \tag{10-10}$$

式中：w'_{kj} 为调整后权重；ε 为网络学习速率。当网络聚类中心 μ_k、权重 w_{kj} 确定后，即可运用训练好的模型进行预测(唐启义和冯明光，2006)。

10.3.2　RBF 神经网络预测精度评估

采用平均绝对误差 MAE、误差均方根 RMSE 两项指标评价 RBF 神经网络模型预测精度，公式分别为

$$\mathrm{MAE} = \frac{1}{n}\sum_{j=1}^{n}| y_j - Y_j | \tag{10-11}$$

$$\mathrm{RMSE} = \sqrt{\frac{1}{n}\sum_{j=1}^{n}(y_j - Y_j)^2} \tag{10-12}$$

式(10-11)、式(10-12)中：y_j、Y_j 分别为第 j 个神经元输出值、实际值；n 为样本数。MAE 和 RMSE 越小，误差越小，模型预测精度则越高。

10.3.3　基于 RBF 的区域生态安全变化趋势预测

RBF 神经网络能以任意精度逼近任意非线性函数，对提高样点生态安全综合指数预测准确度具有重要作用；克里格插值法是对区域化变量进行无偏最优估计的有效方法，可根据样点生态

安全综合指数值进行区域生态安全空间分布状况插值模拟。利用 MATLAB 设计程序实现基于 RBF 神经网络和克里格插值的区域生态安全空间变化预测的基本流程如下(图 10-4)。

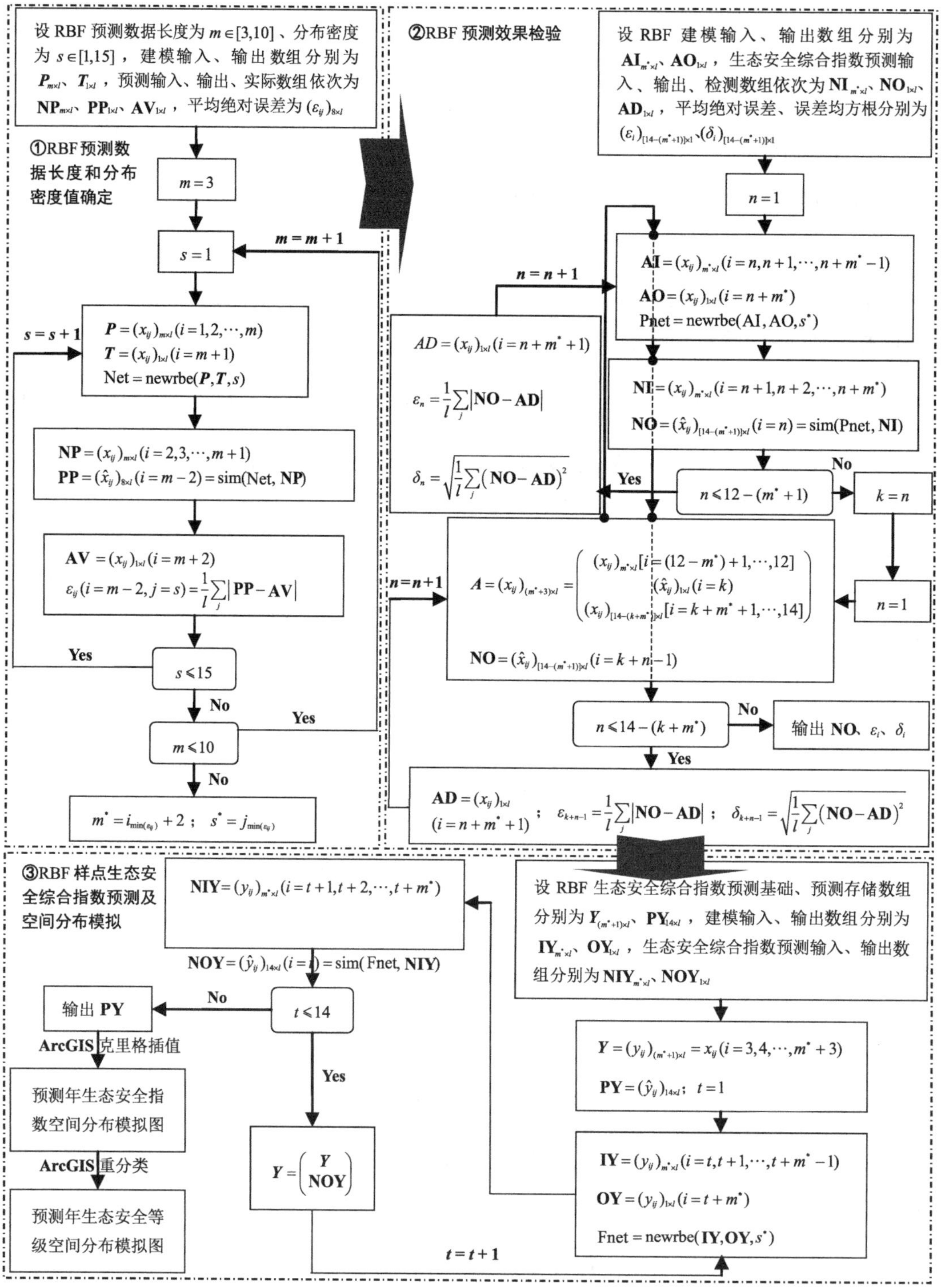

图 10-4　基于 GIS 和 RBF 的区域生态安全空间变化预测流程

首先，应用 ESRI ArcGIS10.0 平台 Create Fishnet 工具创建 0.5km×0.5km 大小的网格采样点，利用 Sample 模块批量提取 l 个(2216 个)含 14 年(2000～2011 年、2013～2014 年)区域生态安全综合评价指数值的预测基础数组 $\boldsymbol{A}=(a_{ij})_{14\times 2216}$；其次，计算 RBF 神经网络最佳预测数据长度 m^* 和分布密度 SPREAD 值 s^*；然后，基于 m^*、s^* 和预测基础数组 $\boldsymbol{A}$，检验 RBF 神经网络样点生态安全综合指数预测效果；最后，以 1 年为步长，基于 m^*、s^* 和预测基础数组 $\boldsymbol{Y}$，预测 2015～2028 年样点生态安全综合指数，并通过 ESRI ArcGIS10.0 克里格插值获得生态安全等级空间分布模拟图。

根据图 10-4 所示的集成 RBF 神经网络和 GIS 克里格插值法的区域生态安全空间变化趋势预测流程，即可设计出相应步骤的 MATLAB 程序，实现区域生态安全空间变化趋势预测，具体包括预测基础数据获取、RBF 预测数据长度和分布密度值确定、RBF 预测效果检验、RBF 样点生态安全综合指数预测和 Kriging 生态安全空间分布模拟 5 个步骤。

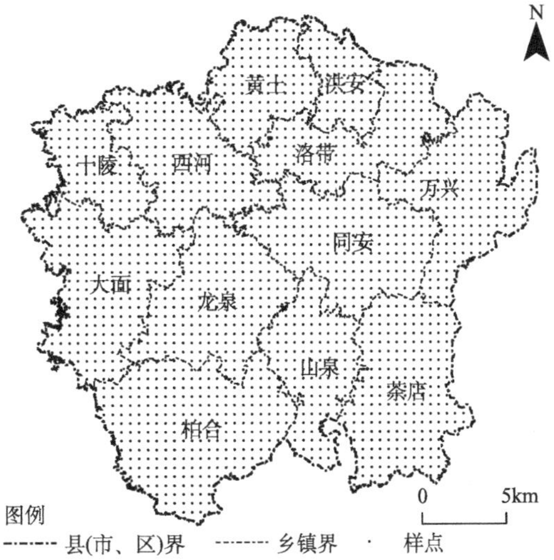

图 10-5　RBF 神经网络生态安全变化趋势预测基础数据样点分布示意图

1) 预测基础数据获取。经多次测试证实，以栅格(规划案例研究区共涉及 958 820 个栅格)为样本点进行神经网络训练和预测耗时较长。为此，应用 ESRI ArcGIS10.0 平台 Create Fishnet 工具创建 0.5km×0.5km 大小网格的预测基础数据采样点(图 10-5)，然后利用 Sample 模块批量提取 2216 个含 14 年(2000～2011 年、2013～2014 年)区域生态安全综合评价指数值的预测基础数组 $\boldsymbol{A}=(a_{ij})_{m\times n}(i=1,2,\cdots,m; j=1,2,\cdots,n)$。

2) RBF 预测数据长度和分布密度值确定。设计 MATLAB 程序计算预测数据长度和 RBF 分布密度 SPREAD 值，程序算法流程如下(对应程序代码见附录 7)。

第 1 步：设预测数据长度为 $m(3\leqslant m\leqslant 10)$、分布密度 SPREAD 值为 $s(1\leqslant s\leqslant 15)$、预测数组 $\mathbf{PP}=(\hat{x}_{ij})_{8\times 2216}(i=1,2,\cdots,8; j=1,2,\cdots,2216$，若本章下文中 j 未新赋值，则取值均为 1～2216)、平均绝对误差 $\mathbf{mae}=(\varepsilon_{ij})_{8\times 2216}(i=1,2,\cdots,8)$，令 m 初值为 3、s 初值为 1。

第 2 步：置 RBF 神经网络建模输入样本数组 $\boldsymbol{P}=(x_{ij})_{m\times 2216}(i=1,2,\cdots,m)$、期望输出样本数组 $\boldsymbol{T}=(x_{ij})_{1\times 2216}(i=m+1)$。

第 3 步：调用 MATLAB 神经网络工具箱函数 newrbe$(\boldsymbol{P},\boldsymbol{T},s)$ 建立 RBF 神经网络预测模型 Net。

第 4 步：设置 RBF 神经网络预测输入样本数组 $\mathbf{NP}=(x_{ij})_{m\times 2216}(i=2,3,\cdots,m+1)$，应用模型 Net 和函数 sim(Net, $\mathbf{NP}$) 得出预测数据长度为 m、SPREAD 值为 s 的模型预测值 $\mathbf{PP}=(\hat{x}_{ij})_{1\times 2216}(i=m-2)$。

第 5 步：根据式(10-11)计算预测值 $\mathbf{PP}$ 与实际值 $\mathbf{AV}=(x_{ij})_{1\times 2216}(i=m+2)$ 的平均绝对误差 $\varepsilon_{ij}(i=m-2, j=s)$。

第 6 步：若 $s\leqslant 15$，则置 $s=s+1$，转第 2 步，否则转第 7 步。

第 7 步：若$m \leqslant 10$，则置$m = m + 1$、$s = 1$，转第 2 步，否则转第 8 步。

第 8 步：将平均绝对误差最小值$\min \varepsilon_{ij}$对应的m、s值作为 RBF 神经网络最佳预测数据长度m^*和 SPREAD 值s^*。

3) RBF 预测效果检验。根据最佳预测数据长度m^*、最佳 RBF 分布密度 SPREAD 值s^*和预测基础数组$\boldsymbol{A}_{m \times n}$，以年为时序，应用 MATLAB 编程建立 RBF 神经网络预测模型，滚动预测 2000～2011 年、2013～2014 年样点生态安全综合指数，并计算预测值与实际值的误差，进行预测效果检验。程序算法流程如下(对应程序代码见附录 8)。

第 1 步：令循环变量n初值为 1，设生态安全综合指数预测数组$\mathbf{NO} = (\hat{x}_{ij})_{[14-(m^*+1)]\times 2216}\ [i = 1,2,\cdots,14-(m^*+1)]$，平均绝对误差为$\varepsilon_i [i = 1,2,\cdots,14-(m^*+1)]$，误差均方根为$\delta_i [i = 1,2,\cdots,14-(m^*+1)]$。

第 2 步：置 RBF 神经网络建模输入样本数组$\mathbf{AI} = (x_{ij})_{m^* \times 2216}(i = n, n+1, \cdots, n+m^*-1)$，期望输出样本数组$\mathbf{AO} = (x_{ij})_{1\times 2216}(i = n+m^*)$。

第 3 步：调用函数 newrbe$(\mathbf{AI}, \mathbf{AO}, s^*)$建立 RBF 神经网络预测模型 Pnet。

第 4 步：设置 RBF 神经网络预测输入样本数组$\mathbf{NI} = (x_{ij})_{m^* \times 2216}(i = n+1, n+2, \cdots, n+m^*)$，应用模型 Pnet 和函数 sim(Pnet, $\mathbf{NI}$) 预测出第$n+m^*+1$年生态安全综合指数$\mathbf{NO} = (\hat{x}_{ij})_{1\times 2216}(i = n)$。

第 5 步：若$n \leqslant 12-(m^*+1)$，则根据式(10-11)和式(10-12)计算第$n+m^*+1$年生态安全综合指数预测数组$\mathbf{NO}$与实际值$\mathbf{AD} = (x_{ij})_{1\times 2216}(i = n+m^*+1)$的平均绝对误差$\varepsilon_n$、误差均方根$\delta_n$。

第 6 步：若$n \leqslant 12-m^*$，则置$n = n+1$，转第 2 步，否则令$k = n$转第 7 步。

第 7 步：因 2012 年规划案例研究区遥感数据缺失，致使部分评价指标无法获取而未能计算出 2012 年生态安全综合指数，在程序执行中需忽略该年度预测准确度测试，故按式(10-13)重构预测基础数组$\mathbf{NA}$，再执行步骤 1～5[在步骤 1～5 中，重置第 4 步生态安全综合指数预测数组$\mathbf{NO} = (\hat{x}_{ij})_{1\times 2216}(i = k+n-1)$，第 5 步平均绝对误差、误差均方根为$\varepsilon_{k+n-1}$、$\delta_{k+n-1}$，其他内容不变]。

$$\mathbf{NA} = (x_{ij})_{(m^*+3)\times 2216} = \begin{pmatrix} (x_{ij})_{m^* \times 2216}[i = (12-m^*)+1, \cdots, 12] \\ (\hat{x}_{ij})_{1\times 2216}(i = k) \\ (x_{ij})_{[14-(k+m^*)]\times 2216}(i = k+m^*+1, \cdots, 14) \end{pmatrix} \tag{10-13}$$

第 8 步：若$n \leqslant 14-(k+m^*)$，置$n = n+1$，执行第 7 步中修改后的步骤 2～5，否则完成计算并输出结果$\mathbf{NO}$、ε_i、δ_i。

4) RBF 样点生态安全综合指数预测。以 1 年为步长，利用 MATLAB 编程预测 2015～2028 年 2216 个样点生态安全综合指数，算法流程如下(对应程序代码见附录 9)。

第 1 步：令循环变量t初值为 1，设基础数组$\boldsymbol{Y}$初值为$(y_{mn})_{(m^*+1)\times 2216}(m = 1,2,\cdots,m^*+1;\ n = 1,2,\cdots,2216) = x_{ij}(i = 3,\cdots,m^*+3)$，预测数组$\mathbf{PY} = (\hat{y}_{ij})_{14\times 2216}(i = 1,2,\cdots,14)$。

第 2 步：设置 RBF 神经网络建模输入样本数组$\mathbf{IY} = (y_{ij})_{m^* \times 2216}(i = t, t+1, \cdots, t+m^*-1)$，期望输出样本数组$\mathbf{OY} = (y_{ij})_{1\times 2216}(i = t+m^*)$。

第 3 步：调用函数 newrbe$(\mathbf{IY}, \mathbf{OY}, s^*)$构造 RBF 神经网络预测模型 Fnet。

第 4 步：设 RBF 神经网络预测输入样本数组 $\mathbf{NIY}=(y_{ij})_{m^*\times 2216}(i=t+1,t+2,\cdots,t+m^*)$，应用模型 Fnet 和函数 sim(Fnet,NIY) 预测出第 $t+m^*+1$ 年样点生态安全综合指数 $\mathbf{NOY}=(\hat{y}_{ij})_{1\times 2216}(i=t)$。

第 5 步：若 $t\leqslant 14$，则置 $\boldsymbol{Y}=(\boldsymbol{Y}\quad \mathbf{NOY})^{\mathrm{T}}$，令 $t=t+1$，转第 2 步，否则完成预测并输出结果 **PY**。

5) Kriging 生态安全空间分布模拟。根据各样点 2015～2028 年生态安全综合指数预测数据分布特点，运用 ESRI ArcGIS10.0 析取克里格插值法进行生态安全指数空间分布模拟，在此基础上，根据生态安全等级划分标准(表 10-2)，应用 Python 编程调用 ESRI ArcGIS10.0 重分类函数 reclassify_sa( ) 批量获得 2015～2028 年生态安全等级空间分布图(程序代码见附录 10)。

10.4　区域生态安全评价与变化趋势预测

10.4.1　2000～2014 年生态安全状况时空变化特征

根据前文所述区域生态安全评价方法得到龙泉驿区 2000～2011 年、2013～2014 年生态安全等级空间分布图(图 10-6)，利用 Python 编程(程序代码见附录 11)调用 ESRI ArcGIS10.0 平台 zonalstatisticsastable_sa( ) 函数统计得到过去 14 年(2000～2011 年、2013～2014 年)各生态安全等级面积(表 10-3)。

表 10-3　龙泉驿区 2000～2014 年各生态安全等级面积

年份	重警(Ⅱ)		中警(Ⅲ)		预警(Ⅳ)		风险(Ⅴ)		敏感(Ⅵ)		临界(Ⅶ)		一般(Ⅷ)	
	面积/hm²	占比/%	面积/hm²	占比/%	面积/hm²	占比/%	面积/hm²	占比/%	面积/hm²	占比/%	面积/hm²	占比/%	面积/hm²	占比/%
2000	0	0.0	4 067	7.3	13 962	25.2	15 170	27.3	15 813	28.5	6 494	11.7	0	0.0
2001	0	0.0	3 656	6.6	14 405	26.0	19 288	34.8	14 174	25.6	3 940	7.1	0	0.0
2002	19	0.0	6 445	11.6	12 776	23.0	15 060	27.2	11 274	20.3	9 878	17.8	6	0.0
2003	172	0.3	9 646	17.4	14 682	26.5	22 095	39.8	6 589	11.9	2 323	4.2	0	0.0
2004	8	0.0	7 043	12.7	11 714	21.1	17 301	31.2	13 004	23.4	6 436	11.6	0	0.0
2005	19	0.0	6 146	11.1	21 457	38.7	15 442	27.8	6 901	12.4	5 543	10.0	0	0.0
2006	244	0.4	6 266	11.3	23 732	42.8	18 470	33.3	6 794	12.2	0	0.0	0	0.0
2007	1 137	2.0	12 495	22.5	19 931	35.9	15 798	28.5	974	1.8	5 171	9.3	0	0.0
2008	0	0.0	7 210	13.0	34 665	62.5	8 139	14.7	3 307	6.0	2 186	3.9	0	0.0
2009	0	0.0	5 645	10.2	23 499	42.3	10 575	19.1	10 508	18.9	5 281	9.5	0	0.0
2010	3 957	7.1	18 684	33.7	8 293	14.9	13 413	24.2	10 983	19.8	176	0.3	0	0.0
2011	215	0.4	13 955	25.1	17 975	32.4	8 051	14.5	12 413	22.4	2 899	5.2	0	0.0
2013	2 334	4.2	17 276	31.1	18 465	33.3	7 652	13.8	9 779	17.6	2	0.0	0	0.0
2014	2 308	4.2	13 713	24.7	17 192	31.0	10 503	18.9	11 552	20.8	239	0.4	0	0.0

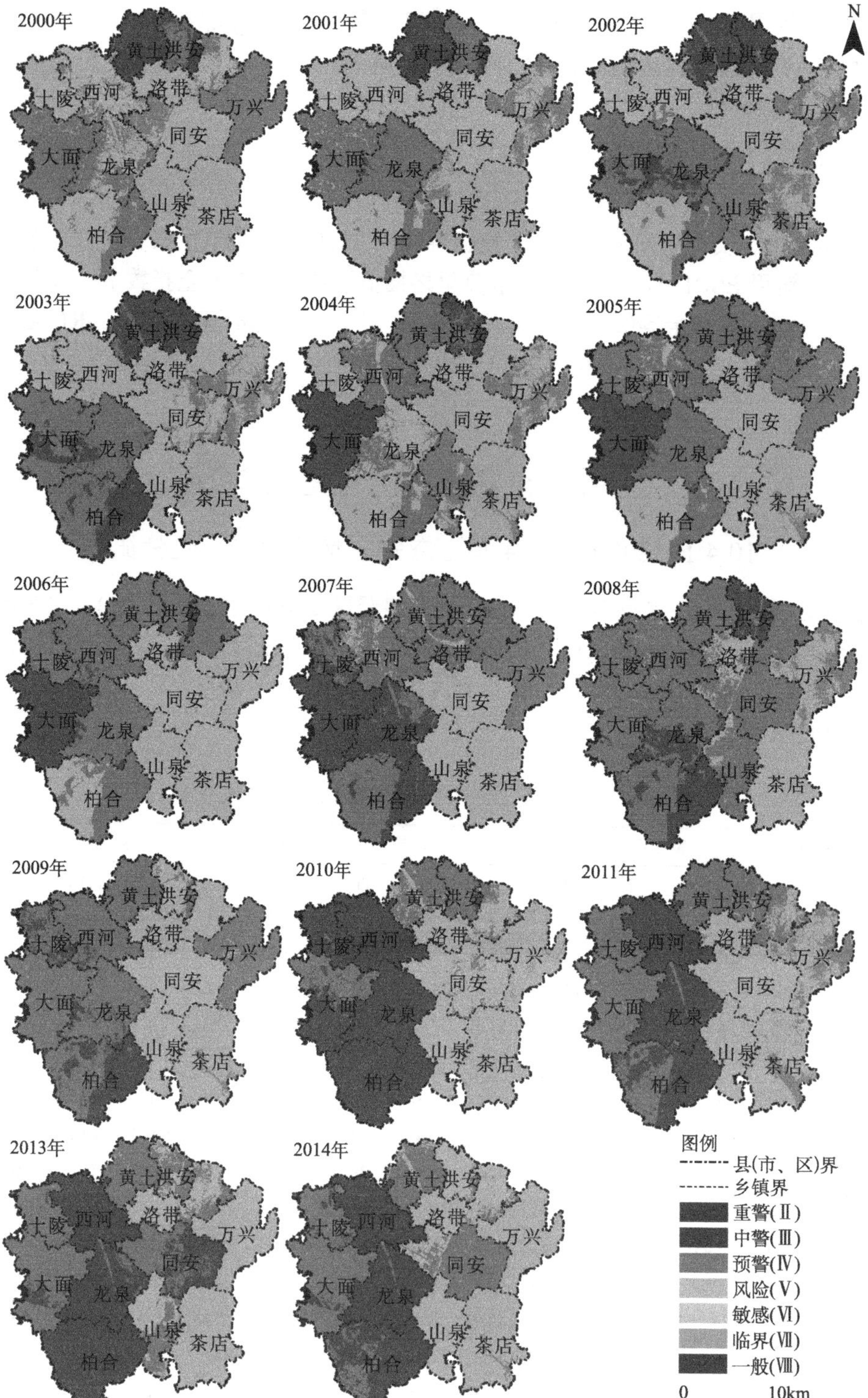

图 10-6　龙泉驿区 2000～2014 年生态安全等级空间分布示意图

（彩图）

对图 10-6 中 2000～2014 年龙泉驿区东部山区、西部坝区生态安全综合指数进行统计得知：近 14 年，东部山区生态安全综合指数多年均值(0.4919)大于西部坝区(0.4251)，表明东部山区生态安全状况总体上优于西部坝区，这是因为西部坝区是龙泉驿区工业和城市发展主体区，近 10 余年正处在该区工业化和城市化高速发展时期(据统计，龙泉驿区 2000～2014 年工业增加值年均增长 50.31 亿元，城市建设用地面积年均增长 2.62hm²，境内公路总里程年均增长 67.72km)，工业园区、城镇快速扩张对坝区果园、农地、水体等重要生态资源的大量侵吞和以经济效益最大化为目标的农业种植结构调整带来的农业面源污染，给坝区生态安全带来了巨大影响，而东部山区远离工业园区和城市主体区，以水果种植、乡村旅游等一、三产业为主，受城市化和工业化影响较小，森林覆盖率、人均耕地面积、第三产业比重等对区域生态安全影响较大的指标值均远高于西部坝区，所以东部山区生态安全水平高于西部坝区，但由于受工业化、城市化高速发展的辐射效应和以经济效益最大化为目标的农业资源掠夺式开发的综合影响，东部山区和西部坝区生态安全综合指数均呈逐年下降趋势，说明过去 14 年龙泉驿区生态安全状况总体上呈恶化趋势。

综合图 10-6 和表 10-3 可知：2000～2014 年，龙泉驿区生态安全主要处于中警(Ⅲ)、预警(Ⅳ)、风险(Ⅴ)、敏感(Ⅵ)、临界(Ⅶ)5 种状态(多年占比均值为 98.66%)，其平均占比大小依次为生态安全预警(Ⅳ)区(32.5%)＞风险(Ⅴ)区(25.4%)＞敏感(Ⅵ)区(17.3%)＞中警(Ⅲ)区(17.0%)＞临界(Ⅶ)区(6.5%)，敏感(Ⅵ)安全水平以下区域多年占比均值和为 76.2%，表明过去 14 年龙泉驿区大部分区域生态安全水平较低。各年份各主要生态安全等级空间分布范围变化较大，各生态安全等级面积呈现出“两增三减”的变化特征，即生态安全中警(Ⅲ)区、预警(Ⅳ)区面积增加，风险(Ⅴ)区、敏感(Ⅵ)区、临界(Ⅶ)区面积减少。其中，生态安全中警(Ⅲ)区面积由 4067hm²增至 13 713hm²，增加了 237%，占比由 7.3%增到 24.7%，空间分布呈逐渐扩散趋势，2000～2003 年主要分布在黄土、洪安，2004～2006 年扩张到大面，2007～2014 年先后蔓延至龙泉、柏合、十陵、西河。生态安全预警(Ⅳ)区面积由 13 962hm²增至 17 192hm²，增加了 23.1%，占比由 25.2%增到 31.0%，空间分布呈现出先扩张后缩减态势，2000～2003 年分布范围涉及大面、龙泉、柏合，2004 年涉及龙泉、柏合、西河、黄土，2005～2007 年在 2004 年基础上扩散到十陵、洪安、洛带，2008 年分布范围达到最广，共涉及十陵、大面、西河、龙泉、柏合、黄土、洛带、同安、山泉 9 个街镇乡，2009 年起空间分布范围开始缩减，到 2014 年主要分布在大面、十陵、黄土、同安 4 个街镇乡。生态安全风险(Ⅴ)区面积由 15 170hm²减至 10 503hm²，减少了 30.8%，占比由 27.3%减到 18.9%，空间分布总体上呈收缩态势，2000～2005 年分布范围最广涉及十陵、西河、洛带、同安、龙泉、柏合、山泉，2006～2008 年分布范围逐渐缩小，到 2008 年主要分布在茶店、洛带 2 个街镇乡，2009 年其分布范围又开始逐步扩大，但未超过 2000～2005 年分布范围。生态安全敏感(Ⅵ)区面积由 15 813hm²减到 11 552hm²，减少了 26.9%，占比由 28.5%减到 20.8%，空间分布表现为先收缩后扩张特征，即 2000～2007 年分布范围由山泉、茶店、万兴、同安、洛带、十陵 6 个街镇乡缩减至同安 1 个街镇乡，2008～2014 年又逐渐扩散至山泉、茶店、万兴、同安和洛带 5 个街镇乡。生态安全临界(Ⅶ)区由 6494hm²减到 239hm²，减少了 96.3%，占比由 11.7%减到 0.4%，空间分布总体上呈大幅缩减趋势，2002 年分布范围最广，覆盖山泉、茶店、万兴 3 个街镇乡，2006 年、2013 年等少数年份几乎消失殆尽，到 2014 少量散布在茶店龙泉湖区域。总体上看，生态安全低等级区范围逐步增大，高等级区范围逐渐缩小，生态安全形势不容乐观，地方生态建设任务艰巨、环境保护压力较大。因此，加大生态建设投入力度，有效促进地方经济与生态环境协调发展刻不容缓。

10.4.2　RBF 神经网络参数优化和预测精度检验

应用 RBF 神经网络进行时间序列预测的关键是确定预测数据长度和 RBF 分布密度 SPREAD 值。不同时序数据前后关联程度差异较大，不同长度数据预测结果大相径庭(张玉瑞和陈剑波，2005)。SPREAD 值对 RBF 神经网络性能影响较大，其值越小，对函数逼近越精确，但拟合过程越不光滑；其值越大，函数拟合越平滑，但逼近误差又会较大，SPREAD 值过大或过小都会导致神经元增多而使网络产生计算困难的问题(谌爱文，2007)。目前，通常凭经验或实验法确定预测数据长度和 SPREAD 值，但经验法中研究者的主观臆断和实验法中试探次数的有限等缺陷势必影响 RBF 神经网络预测效果。为此，以 2000～2011 年各样点生态安全综合指数为参数优化基础数据，根据图 10-4 中预测数据长度与 SPREAD 值优化方法计算 RBF 神经网络最佳预测数据长度与 SPREAD 值(图 10-7)。计算结果表明，在预测数据长度相同时，大多数预测数据长度对应预测平均绝对误差在 SPREAD 值较小时变化幅度较大，当 SPREAD 值增至 4 时，其平均绝对误差变化幅度开始变小，到 SPREAD 值增至 6 时，其平均绝对误差变化甚微，基本呈水平直线变化。在 SPREAD 值相同时，平均绝对误差随预测数据长度变化而无明显变化规律，当预测数据由 6 个年份数据构成时，其平均绝对误差变化曲线与垂线 SPREAD=6 的交点处绝对误差达到最小值(0.0203)。因此，RBF 神经网络最佳预测数据长度和分布密度 SPREAD 值均可确定为 6。

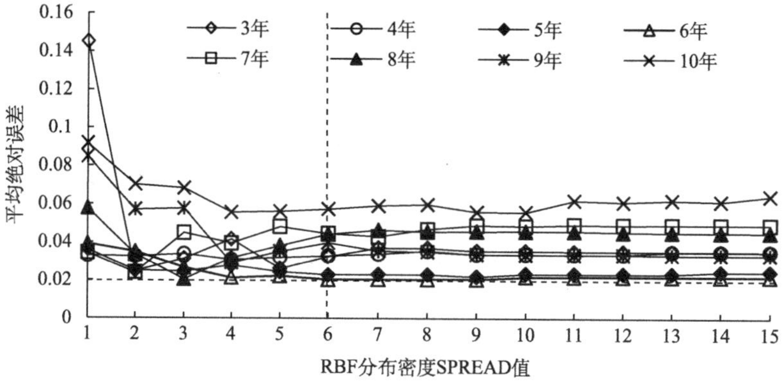

图 10-7　不同预测数据长度和 SPREAD 值 RBF 神经网络预测平均绝对误差变化曲线

以规划案例研究区 2000～2011 年、2013 年共 13 年生态安全综合指数为输入样本，2006～2011 年、2013～2014 年共 8 年生态安全综合指数为输出(检验)样本，采用最佳预测数据长度和 SPREAD 值，按照图 10-4 中 RBF 预测效果检验方法，利用 MATLAB 编程进行 RBF 神经网络预测精度检验(图 10-8、表 10-4)。检验结果表明，在 7 个年份中，平均绝对误差最大值为 0.0513、最小值为 0.0203、平均值为 0.0386，误差均方根最大值为 0.0584、最小值为 0.0275、平均值为 0.0464。平均绝对误差和误差均方根 7 年平均值皆小于 0.05，表明 RBF 神经网络模型预测效果较好，能够满足生态安全等级划分要求，可用其进行规划案例研究区生态安全变化趋势预测。

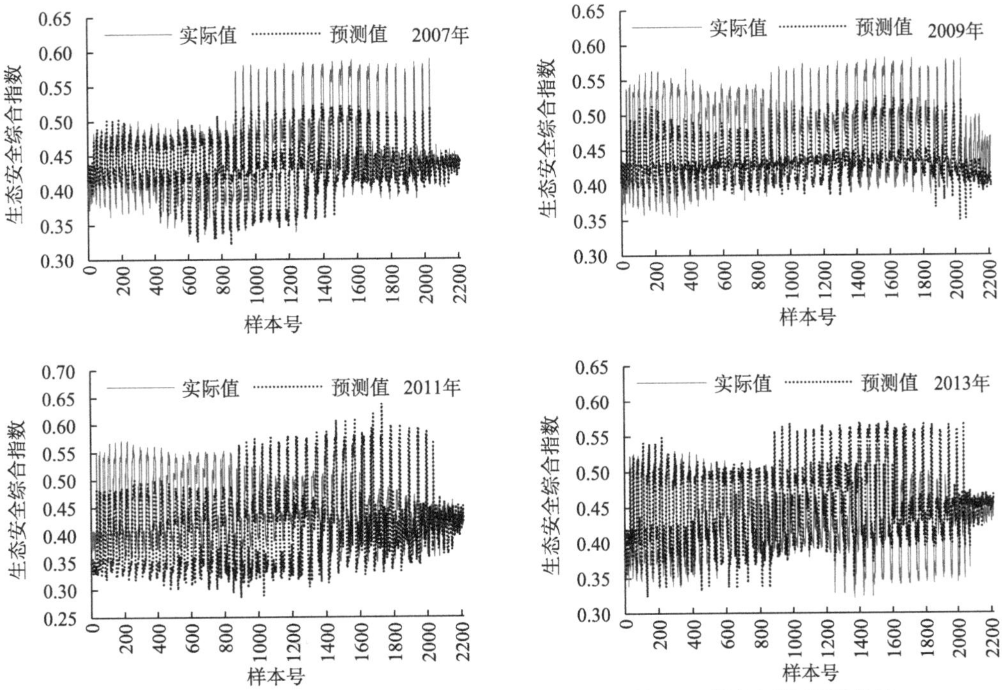

图 10-8　规划案例研究区部分年份生态安全综合指数 RBF 神经网络预测效果

表 10-4　规划案例研究区 2007～2014 年生态安全综合指数 RBF 神经网络预测精度

预测年份	2007	2008	2009	2010	2011	2013	2014
平均绝对误差	0.0203	0.0412	0.0384	0.0442	0.0513	0.0298	0.0452
误差均方根	0.0275	0.0520	0.0442	0.0525	0.0584	0.0385	0.0516

10.4.3　2015～2028 年生态安全变化趋势及时空变化特征

按照前文所述 RBF 神经网络生态安全变化趋势预测方法得到龙泉驿区 2015～2028 年生态安全等级空间分布预测图(图 10-9)，利用 Python 编程(程序代码见附录 11)调用 ESRI ArcGIS10.0 平台 zonalstatisticsastable_sa()函数统计得到 2015～2028 年各生态安全等级面积(表 10-5)。

从图 10-9 可看出，2015～2028 年龙泉驿区仍保持东部山区生态安全状况总体上优于西部的格局，东部山区生态安全综合指数将持续下降，多年均值为 0.4783，减少了 2.75%，西部坝区生态安全综合指数将呈波动上升趋势，多年均值为 0.4415，增加了 3.85%，西部坝区上升幅度大于东部山区下降幅度，表明未来整个区域生态安全状况将呈现好转迹象。但是，生态安全状况较好的东部山区生态安全水平下降势态未能得到有效遏制。因为龙泉驿区经开区、城市规划区主要分布在西部坝区，过去 10 余年受工业园区“三废”污染、城市无序蔓延扩张对生态资源的侵吞、农业过度开发对自然生态环境的破坏的综合影响，西部坝区生态安全形势日益严峻，引起了各级政府和城乡群众的高度关注，完全有可能导致地方政府在未来生态建设中将工作重心放在西部坝区，使其生态安全水平逐年上升，生态安全状况得以明显改善。东部山区生态安全水平长期优于西部坝区，可能导致地方政府忽略对其进行生态建设

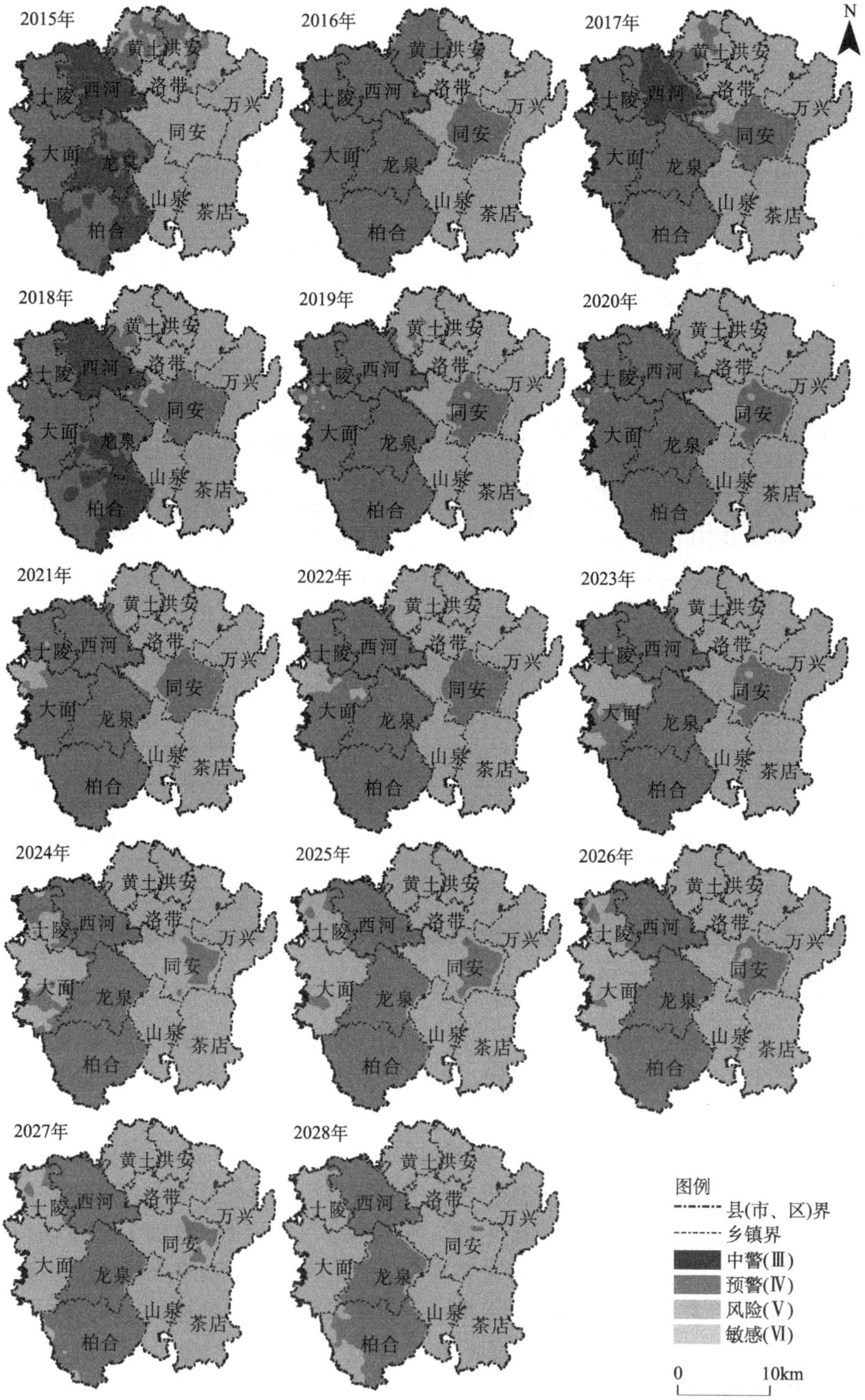

图 10-9　龙泉驿区 2015～2028 年生态安全等级空间分布示意图

（彩图）

表 10-5　龙泉驿区 2015～2028 年各生态安全等级面积

年份	中警(Ⅲ)		预警(Ⅳ)		风险(Ⅴ)		敏感(Ⅵ)	
	面积/hm²	占比/%	面积/hm²	占比/%	面积/hm²	占比/%	面积/hm²	占比/%
2015	10 090	18.2	18 902	34.0	14 209	25.6	12 377	22.3
2016	0	0.0	32 255	58.0	12 937	23.3	10 386	18.7
2017	3 142	5.7	28 071	50.5	18 332	33.0	6 033	10.9
2018	9 415	16.9	21 899	39.4	14 284	25.7	9 980	18.0
2019	0	0.0	28 749	51.7	16 306	29.3	10 524	18.9
2020	0	0.0	27 915	50.2	20 396	36.7	7 267	13.1
2021	0	0.0	28 142	50.6	19 899	35.8	7 537	13.6
2022	0	0.0	27 706	49.8	20 541	37.0	7 332	13.2
2023	0	0.0	24 816	44.7	21 807	39.2	8 956	16.1
2024	0	0.0	21 014	37.8	27 084	48.7	7 480	13.5
2025	0	0.0	19 530	35.1	30 262	54.4	5 786	10.4
2026	0	0.0	20 104	36.2	29 132	52.4	6 342	11.4
2027	0	0.0	18 186	32.7	31 135	56.0	6 257	11.3
2028	0	0.0	14 921	26.8	35 048	63.1	5 610	10.1

和环境保护，使得该区域因客观存在农业经营效益低下、人均耕地资源不足、经济发展方式粗放等生态风险因素导致其生态安全水平逐年下降。从而，整个区域陷入坝区生态安全状况改善的同时，山区生态安全水平逐步下降的困境。因此，统筹兼顾山区植被修复、生态保护和坝区环境治理、污染预防是提升整个区域生态安全水平的重要举措。

综合图 10-9 和表 10-5 可知：2015～2028 年，龙泉驿区主要生态安全状态由 5 种(中警、预警、风险、敏感、临界)减少到预警(Ⅳ)、风险(Ⅴ)、敏感(Ⅵ)3 种状态。这 3 种生态安全状态多年占比均值和达 97.1%，其平均占比大小依次为生态安全预警(Ⅳ)区(42.7%)＞风险(Ⅴ)区(40.0%)＞敏感(Ⅵ)区(14.4%)，敏感(Ⅶ)安全水平以下区域多年占比均值和达 85.6%，表明 2015～2028 年龙泉驿区大部分区域生态安全水平仍然偏低，生态安全严峻形势未能得到根本转变。各年份各主要生态安全等级空间分布范围变化较大，各生态安全等级面积将呈现出“两减一增”变化特点，即生态安全预警(Ⅳ)区、敏感(Ⅵ)区面积减少，风险(Ⅴ)区面积增加。其中，生态安全预警(Ⅳ)区面积由 18 902hm²减至 14 921hm²，减少了 21.1%，占比由 34.0%减到 26.8%，空间分布范围总体上呈缩减趋势，2015～2028 年，由 2016 年最广涉及十陵、西河、黄土、大面、龙泉、柏合、同安、洪安 8 个街镇乡(面积达 32 255hm²，占比达 58.0%)，到 2028 年分布范围缩减到西河、龙泉、柏合 3 个街镇乡。生态安全风险(Ⅴ)区面积由 14 209hm²增到 35 048hm²，增加了 146.7%，占比由 25.6%增到 63.1%，其空间分布范围总体上呈扩张势态，2015～2028 年间，分布范围将由 2016 年涉及的黄土、洪安、洛带、柏合 4 个街镇乡(覆盖面积 12 937hm²，占比 23.3%)扩大到 2028 年涉及的十陵、大面、黄土、洪安、洛带、同安、山泉、茶店、柏合 9 个街镇乡。生态安全敏感(Ⅵ)区面积由 12 377hm²减至 5610hm²，减少了 54.7%，占比由 22.3%减到 10.1%，空间分布范围总体上将呈缩减趋势，2015 年空间分布范围最广涉及山泉、茶店、万兴 3 个街镇乡，2028 年分布范围最小缩减至万兴、茶店 2 个街镇乡。

总体上看，同过去14年相比，之后14年龙泉驿区一般(Ⅷ)、临界(Ⅶ)、敏感(Ⅵ)生态安全高等级区和重警(Ⅱ)、中警(Ⅲ)生态安全低等级区面积将大幅缩减，其等级靠前的生态安全一般(Ⅷ)、临界(Ⅶ)区和等级靠后的生态安全重警(Ⅱ)区将消失殆尽，敏感(Ⅵ)区和中警(Ⅲ)区多年占比均值将分别减少2.9%、14.1%；而生态安全状态处于龙泉驿区中间水平的预警(Ⅳ)区和风险(Ⅴ)区面积将大幅增加，多年占比均值将分别增加10.2%、14.7%。这表明之后14年龙泉驿区生态安全状况将不会进一步恶化，整个区域生态安全水平将缓慢提升(根据图10-9统计得知，2015～2028年龙泉驿区生态安全综合指数从0.4502增至0.4687，年均增长约0.29%)，绝大部分区域将主要处于预警(Ⅳ)、风险(Ⅴ)两种生态安全状态，生态安全水平等级不高，仍然未能摆脱生态风险威胁困境。究其原因，可能是龙泉驿区经过10余年工业化和城市化高速发展期，经济结构基本实现从以农业经济为主向以工业经济为支持的转变(2014年全区二产业增加值占GDP比重为81.46%)，工业园区建设已经达到相当规模，加之房地产市场趋于理性化，未来该地区工业园区和城市建设用地扩张速度必将大幅放缓、规模必将大幅缩小。同时，随着国家生态文明建设和经济转型发展战略的纵深推进，地方政府必然会采取加大生态环境保护投入力度、加快转变经济增长方式、优化区域产业结构、提升资源集约利用效率等措施，大力促进区域经济和生态环境良性互动发展。因此，按当前发展势态，未来龙泉驿区生态安全状况不会进一步恶化，而会逐步得以改善，只是生态安全水平提升速度距离预期还有较大差距。因此，地方政府应在现有基础上进一步加大生态修复、环境保护、污染防治力度，促进区域生态安全状况得以根本转变，实现地方经济与环境全面协调持续发展。

10.5　结论与建议

本章基于P-S-R模型构建区域生态安全评价指标体系，利用TM/ETM+/OLI遥感影像、ASTER GDEM数据、气象数据、土壤数据和相关社会经济数据直接或间接获取各评价指标数据，在GIS空间分析方法中嵌入生态安全综合评价指数模型对2000～2011年、2013～2014年规划案例研究区生态安全空间状况进行评价，同时集成RBF神经网络和克里格插值法，创新提出一种生态安全空间变化预测方法，对2015～2028年研究区生态安全空间变化状况进行预测。主要结论如下。

1) 2000～2014年，规划案例研究区东部山区生态安全状况优于西部坝区，生态安全等级呈现出“低等级区范围逐步增大，高等级区范围逐渐缩小”的变化特征，生态安全恶化态势明显。过去14年，规划案例研究区东部山区生态安全状况总体上优于西部坝区，且随时间推移东部山区和西部坝区生态安全综合指数均呈波动下降趋势，生态安全状况总体呈恶化态势；整个区域生态安全主要处于中警、预警、风险、敏感、临界5种状态，其中敏感安全水平以下区域多年占比均值和达76.2%，大部分区域生态安全水平较低。规划案例研究区主要生态安全等级空间变化较大，总体上呈“两增三减”变化特征。生态安全中警区、预警区面积依次分别增加了237%、23.1%；生态安全临界区、风险区、敏感区面积依次减少了96.3%、30.8%和26.9%。生态安全低等级区范围逐步增大，高等级区范围逐渐缩小，生态安全形势不容乐观。

2) 2015～2028年，该地区将保持东部山区生态安全状况优于西部坝区的格局，生态安全水平将缓慢提升，但大部分区域生态安全等级仍然偏低，未能摆脱生态安全威胁境遇。之后14年，规划案例研究区西部坝区生态安全水平下降态势得以扭转，而东部山区未能得到有效遏制，但西部坝区生态安全水平上升幅度大于东部山区下降幅度，区域生态安全形势呈现出好转态势。主要生态安全状态由 5 种减到预警、风险、敏感 3 种，敏感安全水平以下区域多年占比均值和达 85.6%，生态安全严峻形势不会得到根本转变。一般、临界、敏感生态安全高等级区和重警、中警生态安全低等级区面积将大幅缩减，而处于生态安全中间水平的预警区和风险区面积将大幅增加，虽然生态安全状况不会进一步恶化，但是绝大部分地区都将处于预警、风险两种等级较低的生态安全状态，区域未能摆脱生态安全威胁境遇。

3) 合理控制人口规模、严格保护耕地、保持适度城市化增长率、优化产业结构、加快经济发展转型、提高建设用地集约利用水平、统筹植被修复和生态保护是未来一段时期该地区摆脱生态风险威胁困境的重要举措。规划案例研究区生态安全水平主要受区域人均耕地面积、人均粮食产量、单位耕地粮食产量、区域开发指数、人均建设用地面积、森林覆盖率、第三产业比重、人均 GDP、经济密度等因素影响。因此，在国家“生态文明建设”战略纵深推进的背景下，促进该地区经济持续健康发展的主要措施包括：①合理控制人口规模，将人口数量控制在资源环境承载能力范围内，充分利用区位优势，发展城郊型都市现代农业，鼓励城市资本进入农业、农村，引导人口向农业、农村流动，促进人口与资源、环境和经济协调发展。②加强耕地资源保护，严格控制建设占用耕地，鼓励新型农业经营主体投资发展适度农业规模经营，积极推进农村土地综合整治、农田生态环境建设和中低产田改造，保证耕地数量与质量的双重平衡，确保粮食安全。③积极推进建设用地节约集约利用，合理控制人均建设用地规模，科学配置城镇和工业区用地，集约利用好城镇闲置用地和低效用地、独立工矿用地中的各类园区用地；提高农村居民点用地集约利用水平，盘活农村闲置宅基地、废弃工矿用地资源，扩展建设用地资源新空间。④坚持“集约、智能、绿色、低碳”的新型城镇化道路，保持合理的城镇化增长率；发展新能源汽车、高端制造业、节能环保产业等新兴产业和商贸、物流、金融、保险等现代服务业，加快以果蔬种植为主的传统农业向以观光、休闲、旅游为特色的都市近郊休闲农业转型，促进区域城镇化、工业化、信息化、农业现代化同步协调发展。⑤加强植被恢复和生态保护，实施“退果”还林、“退耕”还林生态修复工程，保护、提升山区自然资源、生态本底；发展节能环保产业，加强生态工业园区建设，积极推进工农业清洁生产、节能减排和资源循环利用，减少工业污染和农业面源污染，整体提升区域生态安全水平。

4) RBF 神经网络预测平均绝对误差和误差均方根多年均值小于 0.05，较好地实现了研究区生态安全变化预测。集成 RBF 神经网络和克里格插值法优势，创新提出一种生态安全空间变化趋势预测方法，并基于 MATLAB 矩阵、数组运算法则和神经网络工具箱函数，构建了生态安全空间变化预测流程图，设计出具体程序，预测模拟了研究区 2015～2028 年生态安全空间变化趋势。结果证实，RBF 神经网络对研究区样点生态安全综合指数值的预测效果较好，其预测平均绝对误差和误差均方根多年均值皆小于 0.05，能够满足生态安全评价等级划分要求，空间插值模拟结果能够反映区域生态安全分布状况和整体变化趋势。因此，集成 RBF 神经网络和克里格插值的预测方法是进行该区域生态安全空间变化模拟的有效方法，对丰富区域生态安全空间变化预测方法成果具有一定意义。但是，集成 RBF 神经网络和空间插值法进行栅格细胞级的生态安全空间变化预测尚属尝试，还存在部分评价要素数据空间化精度低、预测方法求解程序运行耗时长等问题。因此，在提高社会经济统计指标数据空间化模拟精度和预测方法求解程序运行效率方面还有待进一步研究。

第 11 章　基于景观格局优化的龙泉驿景观生态安全格局规划

景观生态安全格局是指能保护和恢复生物多样性、维持生态系统结构和功能完整性、实现生态环境问题有效控制和持续改善的景观格局(马克明等，2004)，包括景观组成单元的类型、数目及空间分布与配置(邬建国，2007)。景观格局优化是借助 GIS 空间分析技术、情景分析法、空间优化模型和方法，对景观数量结构和空间布局进行优化调整，形成生态、经济等综合效益最大的景观空间配置方案。近年来，因土地利用开发不合理和城镇无序蔓延扩张，部分地区陆地生态系统结构和功能遭到严重破坏，致使区域气候、水文过程、生物地球化学循环、生物多样性发生了巨大变化(Gao et al.，2010)，出现了森林减少、“三废”污染等生态环境问题。虽部分地方通过环境整治使局部生态环境得以改善，但总体恶化趋势未得到根本遏制，究其原因主要是在生态建设中没有从空间上对景观生态安全格局进行科学规划，导致生态保护进入盲目、低效保护误区，经济发展与生态保护间矛盾愈演愈烈。如何构建合理的景观生态安全格局，从空间上平衡经济发展与生态保护二者之间的矛盾关系，成为当前落实国家生态文明建设战略亟待解决的一个现实问题。景观格局优化是构建景观安全格局、实现区域生态安全的重要手段(俞孔坚和王思思，2009)，是缓和经济发展与生态保护矛盾冲突的有效途径，具有重要现实意义。

景观安全格局数量优化方法主要包括线性规划、多目标规划等经典最优化方法和系统动力学模型法，这些方法在土地利用优化中应用较广，如 Gabriel 等(2006)采用多目标规划模型优化马里兰州蒙哥马利郡土地利用结构，Sadeghi 等(2009)建立多目标线性规划模型对伊朗克尔曼沙汗省 Brimvand 流域土地利用方式进行优化配置，李秀霞等(2013)利用 SD-MOP 模型对 2020 年吉林省西部土地利用结构进行模拟优化。随着计算机和 GIS 技术的进步，出现了大量基于元胞自动机、情景分析法、人工智能优化法和综合优化法的空间规划决策研究，如刘小平等(2007)利用元胞的“生态位”适宜度来制定概率转换规则进行土地可持续利用规划，张丁轩等(2013)运用 CLUE-S 模型对 2020 年武安市趋势发展、耕地保护、生态安全 3 种情景土地利用变化进行预测模拟，袁满和刘耀林(2014)利用多智能体遗传算法对土地利用数量结构与空间布局进行配置，陆汝成等(2009)应用 CLUE-S、Markov 复合模型对土地利用格局进行情景优化。这些研究为开展景观格局优化奠定了基础，但研究中采用的大部分模型方法仅限于实现数量结构或空间布局单方面优化，缺少二者的有机耦合；部分模型方法还缺乏对政策、经济、社会等因素的整合，操作繁杂、应用性差。因此，亟须一种能模拟景观格局数量和空间动态过程，并能反映区域社会经济现状条件、发展规划且应用方便的空间优化方法。粒子群优化算法(PSO)是一种进化算法，能对多维非连续决策空间进行并行处理，具有搜索速度快、结构简单、易于实现的特点(Shi and Eberhart，1998)，目前已有研究者将其成功应用到商场选址(杜国明等，2006)、土壤样点布局(刘殿锋等，2013)、土地利用优化(黄海，2014)等空间优化决策领域，但在景观格局优化中的应用还比较少见。

鉴于此，本章以龙泉驿为规划案例研究区，基于景观分类与景观格局现状分析(第 7 章)、景观格局变化特征与驱动因子(第 8 章)、景观格局变化潜力与动态模拟(第 9 章)、区域生态安全评价与变化趋势预测(第 10 章)研究成果，首先进行景观适宜性评价，然后应用约束最优化方法对不同情景景观格局数量结构进行优化，在此基础上基于 PSO 原理构建景观格局空间优化模型与算法，进行各情景景观格局空间布局优化，并通过对比分析确定规划案例研究区最佳景观生态安全格局空间布局方案，以期能为该区编制生态建设与环境保护规划、土地利用规划、城镇空间规划及地方构建生态文明建设空间战略奠定理论基础和提供方法参考。

11.1　景观适宜性评价

11.1.1　景观适宜性评价原则

在景观适宜性评价过程中，评价指标、评价方法的选择及评价尺度的确定是影响评价结果可靠性的关键因素。为保证景观适宜性评价结果客观可靠，在评价过程中必须遵循相关基本原则(傅伯杰等，2011)。

1. 主导因素与综合分析相结合的原则

景观是不同空间单元镶嵌的地域综合体。景观的各个组分对景观的作用大小差异较大，不同地区、不同景观类型的主导因素也存在差异。因此，在景观适宜性评价过程中需要对主导因素进行具体分析。同时，景观中各组分发挥的功能不同且相互影响，使景观功能整体大于各部分之和。因此，景观的性质和用途取决于全部构成因素的综合影响，只有对这些因素进行综合分析，才能做出符合实际的客观评价。

2. 综合自然属性与社会经济属性的原则

在进行景观适宜性评价时，要统筹考虑景观的自然属性和社会经济属性。保护生物多样性、合理开发利用自然资源的前提是保护自然景观资源、维持自然景观生态过程及功能。因此，在景观适宜性评价中，要重点考虑对保持区域基本生态过程和生命保障系统具有重要意义的景观组分。此外，评价景观适宜性的依据包括社会经济条件和人类的需要，要求在全面和综合分析景观自然条件的基础上，考虑当地经济发展战略、人口问题等社会经济条件，确保客观评价，为景观生态管理服务。

3. 定量分析与定性分析相结合的原则

定性分析是评价者根据评价任务，凭借经验和知识，对景观适宜性的性质、特点做出概略分析判断的一种方法，是进行定量分析的前提。定量分析是对定性分析的具体化，通过收集数据资料，建立数学模型，计算评价对象各项指标及其数值。两种方法相辅相成，只有定性判定景观中限制性因素的类型和特点，才能明确评价方向和正确搜集资料，否则只能进行盲目的定量分析。然而，定量分析借助数理统计分析方法，准确划分景观适宜性等级，可以增强结果的可靠性和说服力。

4. 重视尺度效应的原则

景观具有强烈的空间尺度依赖性。空间数据的幅度与粒度变化产生的尺度效应对景观适宜性评价结果影响显著，是景观适宜性评价成功与否的重要影响因素。同时，景观适宜性评价所关注的生态过程同样具有尺度性，即在不同时空尺度上，评价者关注的生态过程差别较大。因此，在进行景观适宜性评价时，应针对不同尺度的生态过程，选择相应的评价指标与方法，以获得可靠的评价结果。

11.1.2　景观适宜性评价基期年景观类型数据

结合区域土地利用/土地覆被状况，将景观类型划分为农田(水田、旱地、水浇地)、果园、森林(有林地、灌木林地、荒山荒坡)、城乡人居及工矿(城镇、农村居民点、工矿用地、特殊用地、交通运输用地)、水体(河流、水库、坑塘、沟渠)五大类，以龙泉驿区 2014 年 8 月 13 日 Landsat 8 OLI 影像(图 3-2)和 ASTER GDEM V2 数字高程模型[图 6-2(b)]为基础数据，2014 年土地利用现状图[图 6-5(d)]、2014 年 10～11 月景观野外调查成果为辅助数据，采用第 7 章提出的 QUEST 决策树分类方法进行景观分类并提取未参与景观格局优化区域的景观类型图(图 11-1)。

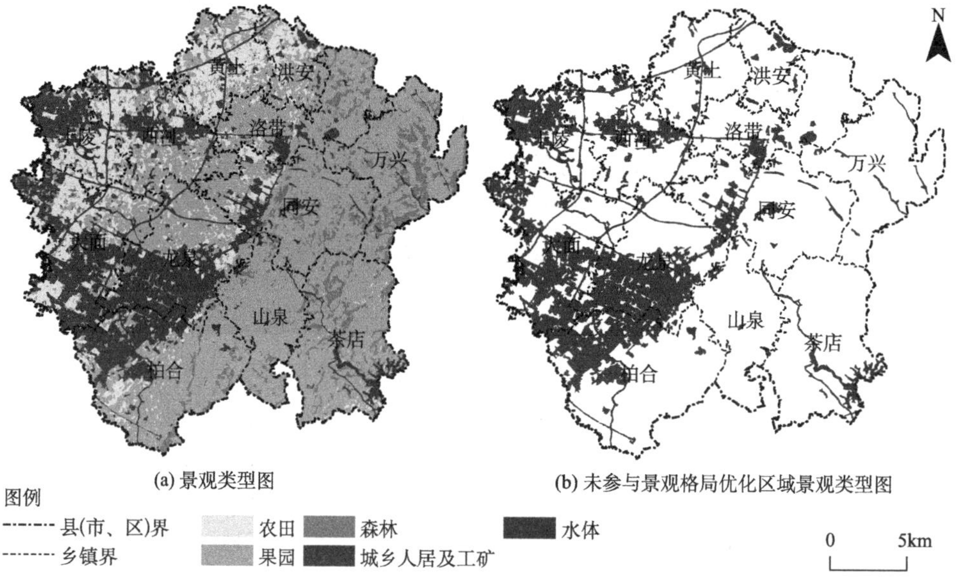

图 11-1　龙泉驿区 2014 年景观类型图和未参与景观格局优化区域景观类型图

11.1.3　景观适宜性评价指标体系及数据来源

景观适宜性评价即某类景观空间分布适宜程度大小评价，是景观格局优化的基础和依据。依据主导因子与综合分析相结合、自然属性与社会经济属性相结合、定量分析与定性分析相结合的景观适宜性评价基本原则(傅伯杰等，2011)，借鉴相关研究成果(张薇等，2014；王玥等，2014；李鑫等，2015)，从自然因子、邻域因子、社会经济因子 3 方面选取指标构建景观适宜性评价指标体系(表 11-1)。规划案例研究区平坝、山地、丘陵地貌形态兼备，地形差异对景观空间分布影响较大，参考类似研究(张薇等，2014；李鑫等，2015)选择高程、坡度、坡向、地势起伏度表征影响景观格局的地形因子。气候是决定景观分布的主要因素，规划案例研究区因地表形态差异而气温、降水空间变异性特征明显，故选择多年平均降雨量和气温表征影响景观分布的气候因子。土壤类型分布在一定程度将影响景观空间格局(陈利顶等，2003)，而土壤有机质含量是反映土壤肥力的主要指标，是土壤类型划分的重要依据(何牡丹等，2007)，故选择土壤有机质含量表征影响景观分布的土壤因子。根据地理学第一定律(刘明皓等，2014)，景观必然要受相关邻域因子影响，这在类似研究(刘淼等，2012；王玥等，2014)中已得以证实，故结合区域实际选择到城市中心最近距离、到建制镇中心最近距离、到主要道路最近距离、到主要水域最近距离来表征影响景观分布的邻域因子。在较小时空尺度

表 11-1　景观适宜性评价指标体系

一级指标	二级指标	数据来源与说明	空间化方法
自然因子	高程	ASTER GDEM V2 数据，分辨率 30m	利用 ESRI ArcGIS10.0 裁剪得到龙泉驿区高程数据，并将栅格分辨率重采样为 60m
	坡度	同高程指标	应用 ESRI ArcGIS10.0 空间分析工具基于高程数据计算坡度、坡向，分辨率 60m
	坡向	同高程指标	
	地势起伏度	同高程指标	应用 ESRI ArcGIS10.0 空间分析工具基于高程数据按公式(王利等，2014)计算地势起伏度，分辨率 60m
	多年平均降雨量	2004～2014 年龙泉驿区 9 个自动气象观测站监测的降雨、气温数据(来自区气象局)	应用 ESRI ArcGIS10.0 规则样条函数空间插值法得到降雨、气温、土壤有机质含量空间分布数据，分辨率 60m
	多年平均气温		
	土壤有机质含量	龙泉驿区测土配方施肥项目监测的有机质含量数据(来自区农林局农技中心)	
邻域因子	到城市中心最近距离	2014 年景观类型图	首先用 ESRI ArcGIS10.0 矢量工具绘制主城区范围，然后用 Feature To Point 工具获取主城区图斑几何中心点作为城市中心，最后利用欧氏距离分析工具求得景观类型图各栅格点到城市中心的最近距离，分辨率 60m
	到建制镇中心最近距离	2014 年景观类型图和各街镇乡行政中心矢量图(来自龙泉驿区第二次全国土地调查成果)	利用 ESRI ArcGIS10.0 欧氏距离分析工具求得景观类型图各栅格点到街镇乡行政中心的最近距离，分辨率 60m
	到主要道路最近距离	2014 年景观类型图	首先用 ESRI ArcGIS10.0 从景观类型图中提取高速公路、交通干道等主要道路数据，然后用欧氏距离分析工具求得景观类型图各栅格点到主要道路的最近距离，分辨率 60m
	到主要水域最近距离		首先用 ESRI ArcGIS10.0 从景观类型图中提取水渠、水库、坑塘等主要水域数据，然后用欧氏距离分析工具求得景观类型图各栅格点到主要水域的最近距离，分辨率 60m
社会经济因子	人口密度	各街镇乡行政区矢量数据(来自龙泉驿区第二次全国土地调查成果)，龙泉驿统计年鉴(2000～2012 年)、成都统计公众信息网(http://www.chdstats.chengdu.gov.cn)，以及龙泉驿区统计局、各街镇乡统计资料	首先统计 12 个街镇乡人口密度、人均地区生产总值，然后用 ESRI ArcGIS10.0 将其链接到行政区矢量数据属性表对应行记录并通过矢栅转化得到人口密度、人均地区生产总值空间数据，分辨率 60m
	人均地区生产总值		

上，社会经济因子对景观格局的影响比自然因子更强烈(傅伯杰等，2011)，规划案例研究区属大城市近郊区，受城镇化和工业化快速发展影响，人口不断向城镇聚集而城乡分布不均，经济发展地区差异明显，人口、经济对景观格局的影响程度空间差异较大，故选择人口密度、人均地区生产总值表征影响景观分布的社会经济因子。

11.1.4　景观适宜性评价方法

每类景观在一定空间范围内都有“存在”和“不存在”两种状态，适宜应用 binary logistic 回归模型进行分析，模型表达式为(王小明等，2010)

$$p=\frac{\exp(a+\beta_1X_1+\beta_2X_2+\cdots+\beta_mX_m)}{1+\exp(a+\beta_1X_1+\beta_2X_2+\cdots+\beta_mX_m)} \tag{11-1}$$

式中：p 为某类景观在区域每个栅格上出现的概率值，出现概率值越大的栅格越适合布局该类景观，换言之其景观空间分布适宜程度越高，故 p 亦表征景观空间分布适宜度，$p\in[0,1]$；$X_i(i=1,2,\cdots,m)$ 为景观空间分布影响因子；a 为回归方程常数；$\beta_i(i=1,2,\cdots,m)$ 为回归系数。采用 ROC 方法对 binary logistic 回归模型解释能力进行检验，ROC 值为 0.5～1，一般认为 ROC 值大于或等于 0.70 时模型拟合优度较高，反之则较低(Swets，1988)。

本研究首先从景观类型图中提取农田、果园、森林、城乡人居及工矿、水体景观图，把景观图中存在该景观的栅格赋值为“1”，不存在该景观的栅格赋值为“0”；然后提取景观图各栅格值及其对应 13 个评价指标空间分布图栅格值，并将其整理后导入 SPSS19.0 应用逐步回归法进行 binary logistic 分析，得到该景观空间格局影响指标及其各指标变量回归系数和相关检验指标；最后按式(11-1)用 Python 编程(程序代码见附录 12)计算得各景观空间分布概率图即景观适宜性评价图。

11.1.5　景观适宜性影响因素和空间分布

1. 景观适宜性影响因素

各景观 binary logistic 模型回归系数显著性检验(显著性水平<0.01)结果(表 11-2)表明，农田适宜性受土壤有机质含量、人均地区生产总值、地势起伏度、高程、多年平均降雨量、到建制镇中心最近距离、到主要道路最近距离、到城市中心最近距离 8 个指标影响；果园适宜性受人均地区生产总值、多年平均降雨量、高程、地势起伏度、人口密度、到城市中心最近距离 6 个指标影响；森林适宜性受多年平均气温、人均地区生产总值、多年平均降雨量、地势起伏度、高程、到主要道路最近距离、到主要水体最近距离、到城市中心最近距离 8 个指标影响；城乡人居及工矿适宜性受多年平均气温、人均地区生产总值、土壤有机质含量、多年平均降雨量、地势起伏度、到主要水体最近距离、到城市中心最近距离、到建制镇中心最近距离 8 个指标影响；水体适宜性受高程、地势起伏度、到主要水体最近距离、到建制镇中心最近距离 4 个指标影响。各景观模型预测正确率显示，农田建模、验证数据预测正确率分别为 85.1%、85.3%，果园皆为 65.6%，森林分别为 90.1%、89.5%，城乡人居及工矿分别为 82.7%、81.7%，水体分别为 97.2%、97.6%，表明 binary logistic 模型对各景观的预测精度较高，预测结果具有较强可信度(冷文芳等，2006)。同时，各景观 binary logistic 模型 ROC 值均大于 0.7，进一步证实进入回归方程的指标对各景观空间格局具有较好解释效果，可用这些指标对该类景观进行适宜性评价。

表 11-2　binary logistic 模型回归系数及显著性检验结果

评价指标	农田		果园		森林		城乡人居及工矿		水体	
	回归系数	显著性	回归系数	显著性	回归系数	显著性	回归系数	显著性	回归系数	显著性
高程	-6.37×10^{-3}	0.0000	2.34×10^{-3}	0.0000	-1.49×10^{-3}	0.0066	—	0.0630	-8.56×10^{-3}	0.0000
坡度	—	0.0470	—	0.9150	—	0.9450	—	0.4110	—	0.8970
坡向	—	0.0570	—	0.0450	—	0.0230	—	0.3100	—	0.0670
地势起伏度	-1.19×10^{-2}	0.0000	1.17×10^{-3}	0.0129	2.69×10^{-3}	0.0004	-2.86×10^{-3}	0.0003	4.83×10^{-3}	0.0002
到城市中心最近距离	6.99×10^{-5}	0.0000	9.93×10^{-5}	0.0000	1.38×10^{-4}	0.0000	-1.90×10^{-4}	0.0000	—	0.0960
到建制镇中心最近距离	2.72×10^{-4}	0.0000	—	0.7540	—	0.1220	-1.08×10^{-4}	0.0000	-1.57×10^{-4}	0.0031
到主要道路最近距离	-9.97×10^{-5}	0.0051	—	0.7550	-1.63×10^{-4}	0.0000	—	0.1400	—	0.2680
到主要水体最近距离	—	0.0160	—	0.1230	-1.59×10^{-4}	0.0005	3.45×10^{-4}	0.0000	-6.65×10^{-4}	0.0000
多年平均降雨量	-3.19×10^{-3}	0.0000	6.44×10^{-3}	0.0000	7.14×10^{-3}	0.0000	-1.10×10^{-2}	0.0000	—	0.0820
多年平均气温	—	0.1660	—	0.0400	-1.21	0.0000	3.72×10^{-1}	0.0000	—	0.2650
土壤有机质含量	2.21×10^{-2}	0.0000	—	0.1060	—	0.5790	-3.08×10^{-2}	0.0000	—	0.7210
人口密度	—	0.2770	-1.19×10^{-4}	0.0003	—	0.3910	—	0.0780	—	0.6480
人均地区生产总值	-1.72×10^{-2}	0.0001	4.25×10^{-2}	0.0000	4.42×10^{-2}	0.0000	-6.04×10^{-2}	0.0000	—	0.5980
常量	2.49	0.0001	-7.29	0.0000	1.06×10	0.0000	3.82	0.0015	1.33	0.0016
ROC	0.8040		0.7125		0.7892		0.7858		0.7000	

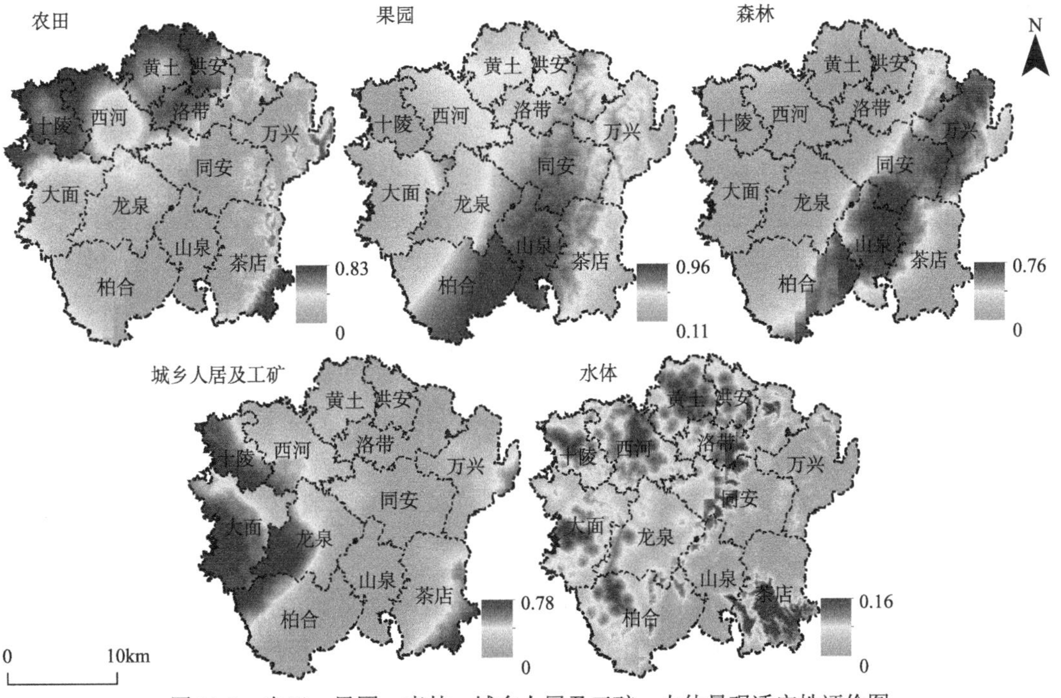

图 11-2　农田、果园、森林、城乡人居及工矿、水体景观适宜性评价图

2. 景观适宜性空间分布特征

从各景观适宜度空间分布(图 11-2)可看出，农田景观适宜度高值区主要分布在十陵、黄土、洪安、洛带、西河及万兴东部、茶店境内龙泉湖周边；果园景观适宜度高值区主要分布在山泉、同安及柏合东部、茶店和万兴西部；森林景观适宜度高值区主要分布在山泉、万兴及柏合、同安东部和茶店西部；城乡人居及工矿景观适宜度高值区主要分布在十陵、大面、西河、龙泉、柏合等坝区街镇乡；水体景观适宜度高值区主要分布在十陵、西河、黄土、洪安、洛带、大面、同安、柏合等坝区街镇乡和山区茶店南部龙泉湖及其周边地区。果园与森林景观高度适宜区交错分布，重叠区集中在山泉及柏合、同安东部和茶店西部。

11.2　景观格局数量结构优化

11.2.1　景观格局数量优化建模数据

景观格局数量优化基础数据包括景观面积数据、降雨量数据、社会经济统计数据、水果和农作物施肥量调查数据、生态安全指数数据。其中，景观面积数据来源于《成都市龙泉驿区国土志》(成都市龙泉驿区国土局，1998)、龙泉驿区第二次全国土地调查成果或通过对相应时期 TM/ETM+/OLI 遥感影像解译获取；人口、GDP、工业和农林牧副渔总产值、粮食播种面积、粮食产量等社会经济指标数据来源于《龙泉驿统计年鉴(2000～2012 年)》、成都统计公众信息网(http://www.chdstats.chengdu.gov.cn)和区统计局；降雨数据来自龙泉驿区 9 个自动气象观测站监测数据，由区气象局提供；桃树、葡萄、枇杷、水稻、油菜等主要水果和农作物施肥量通过实地调查获取；生态安全指数数据通过 ESRI ArcGIS10.0 基于第 6 章生态安全评价与变化趋势预测结果统计获得；此外，建模中还应用到了《成都市龙泉驿区土地利用总体规划(2006～2020)》《成都经济技术开发区总体规划》等地方规划成果、《城市用地分类与规划建设用地标准(GB 50137—2011)》等技术规程及相关研究成果数据。

11.2.2　景观格局数量优化模型

结合基期年(2014 年)景观格局状况[图 11-1(a)]，设计经济发展、生态保护、统筹兼顾 3 种情景，以农田(z_1)、果园(z_2)、森林(z_3)、城乡人居及工矿(z_4)、水体(z_5)5 类景观面积为决策变量，以景观面积、生态服务价值、非点源污染、产业结构为约束条件，分别将景观利用经济效益最大化、生态安全最大化、综合效益最大化作为目标建立景观格局数量优化模型，对目标年(2021 年和 2028 年)不同情景景观面积进行优化。

1. 目标函数

(1)经济发展情景与目标函数　　经济发展情景主要目标是合理利用有限景观资源生产更多产品和提供更多服务，其景观数量优化目标函数为

$$f(z) = \max \sum_{k=1}^{K} c_k z_k \tag{11-2}$$

式中：$f(z)$为各景观经济总产值(万元)；c_k为k类景观产值系数(万元/hm²)；z_k为k类景观面积；K为景观类型数。用 2014 年工业和农林牧副渔总产值与相应景观面积的比值表示景观产值系数，则规划案例研究区经济发展情景目标函数为

$$f = 5.48z_1 + 6.31z_2 + 2.04z_3 + 539.36z_4 + 3.85z_5 \tag{11-3}$$

(2) 生态保护情景与目标函数 生态保护情景的主要目标是通过合理布局景观资源使区域生态安全度达到最大，其景观数量优化目标函数为

$$g(z) = \sum_{k=1}^{K} a_k z_k \tag{11-4}$$

式中：$g(z)$为各景观生态安全指数和；a_k为k类景观单位面积生态安全指数。根据第 10 章规划案例研究区生态安全评价与变化趋势预测研究结果，生态保护情景目标函数为

$$g = 4.68z_1 + 5.03z_2 + 5.35z_3 + 4.46z_4 + 4.96z_5 \tag{11-5}$$

(3) 统筹兼顾情景与目标函数 统筹兼顾情景既要求保障生态环境安全，又要求促进经济持续稳定增长，其主要目标是通过统筹安排各类景观资源使区域景观产生最大的综合效益，其景观数量优化目标函数为

$$F(z) = \max\left(\omega_1 \sum_{k=1}^{K} v_k z_k + \omega_2 \sum_{k=1}^{K} v'_k z_k\right) \tag{11-6}$$

式中：$F(z)$为区域各景观产生的综合效益；ω_1、ω_2分别为经济发展情景、生态保护情景目标函数权重；v_k、v'_k分别为标准化的k类景观产值系数和单位面积生态安全指数。

2. 约束条件

(1) 景观面积约束

1) 总面积约束：

$$\sum_{k=1}^{K} z_k = A \tag{11-7}$$

式中：A为区域景观总面积，取 55 569hm²。

2) 农田面积约束：

$$A_L \leqslant z_1 < A \tag{11-8}$$

式中：A_L为目标年农田最低需求面积(hm²)。1988～2014 年龙泉驿最小人均农田面积为 0.0106hm²。利用龙泉驿 1978～2014 年人口数据，建立一阶线性回归模型，预测 2021 年、2028 年户籍人口分别为 68.02 万、74.28 万，经计算得 2021 年和 2028 年农田最低需求分别为 7235hm²和 7901hm²。

3) 果园面积约束：

$$A_G \leqslant z_2 < A \tag{11-9}$$

式中：A_G为目标年果园最低需求面积(hm²)。按保障区域居民水果基本需求原则确定果园最低面积。2000～2012 年龙泉驿果园平均产量 12 994kg/hm²，按成都城乡居民水果消费水平 0.25kg/(人·d)计算，2021 年、2028 年水果需求分别为 62 068 250kg、67 780 500kg，据此推算 2021 年、2028 年果园最低面积分别为 4777hm²、5216hm²。

4) 森林面积约束：

$$A_S \leqslant z_3 < A \tag{11-10}$$

式中：A_S为目标年森林最低需求面积(hm²)。为巩固龙泉驿国家级生态示范区创建成果，2021 年、2028 年森林规划面积均不低于现状面积 5167hm²。

5）城乡人居及工矿面积约束：

$$A_C \leqslant z_4 < m_1 p_1 + m_2 p_2 + \varphi + \delta \tag{11-11}$$

式中：A_C 为目标年城乡人居及工矿最低需求面积，由于规划案例研究区属成都市近郊区，未来城乡人居及工矿面积基本没有减少的可能，因此将 2021 年、2028 年目标年城乡人居及工矿最低面积确定为现状面积 16 207hm²；m_1、m_2 分别为城市和农村最高人均用地标准，分别取 110m²和 150m²(李鑫等，2014)；p_1、p_2 分别为目标年城镇和农村常住人口，根据 2001～2014 年龙泉驿城镇、农村常住人口数据，建立一阶线性回归模型，预测 2021 年城镇、农村常住人口分别为 76.82 万、20.62 万，2028 年分别为 99.54 万、14.58 万；φ 为工业用地规划面积，取成都经济技术开发区总规面积 56.34km²(来自《成都经济技术开发区总体规划》)；δ 为交通运输用地最大规划面积，取目标年城镇建设用地、农村建设用地和工业用地总和的 15%(郭大忠和冯晓，2002)。经计算，规划案例研究区 2021 年和 2028 年城乡人居及工矿面积最大值分别为 19 754hm²、21 586hm²。

6）水体面积约束：

$$A_W \leqslant z_5 < A \tag{11-12}$$

式中：A_W 为目标年水体最低需求面积(hm²)。龙泉驿东部属干旱山丘区，水资源短缺问题特别突出，为保障区域水资源安全，2021 年、2028 年水体规划面积均不低于现状面积 1610hm²。

(2) 生态服务价值约束

$$\xi_{\min} \leqslant \sum_{k=1}^{K} \varepsilon_k z_k < \xi_{\max} \tag{11-13}$$

式中：$\xi_{\min}$、$\xi_{\max}$ 分别为规划案例研究区最低、最高生态服务价值(万元)；ε_k 为 k 类景观单位面积生态服务价值(万元/hm²)。根据谢高地等(2003)建立的“中国陆地生态系统生态服务价值当量因子表”，以 2014 年全国粮食单产和市场价格为依据估算出规划案例研究区农田、果园、森林、城乡人居及工矿、水体景观每公顷生态服务价值分别为 1.40 万元、2.91 万元、4.42 万元、0.32 万元、9.30 万元，进而根据各景观面积约束可推算出 2021 年最低、最高生态服务价值分别为 66 972 万元、1 008 107 万元，2028 年分别为 69 180 万元、1 008 688 万元。

(3) 非点源污染约束

1）化学需氧量(COD_{cr})年负荷量约束：

$$COD_{\min} \leqslant 10^4 \sum_{k=1}^{K} u_k h LC_k z_k < COD_{\max} \tag{11-14}$$

式中：$COD_{\min}$、$COD_{\max}$ 分别为目标年化学需氧量最小、最大年负荷量(kg)；u_k 为 k 类景观径流系数；h 为多年平均降雨量(m)；LC_k 为 k 类景观地面径流 COD_{cr} 浓度(kg/m³)。

2）总氮(TN)年负荷量约束：

$$TN_{\min} \leqslant 10^4 \sum_{k=1}^{K} u_k h LN_k z_k < TN_{\max} \tag{11-15}$$

式中：$TN_{\min}$、$TN_{\max}$ 分别为目标年总氮最小、最大年负荷量(kg)；LN_k 为 k 类景观地面径流总氮浓度(kg/m³)。

3) 总磷（TP）年负荷量约束：

$$\mathrm{TP}_{\min} \leqslant 10^4 \sum_{k=1}^{K} u_k h \mathrm{LP}_k z_k < \mathrm{TP}_{\max} \tag{11-16}$$

式中：$\mathrm{TP}_{\min}$、$\mathrm{TP}_{\max}$ 分别为目标年总磷最小、最大年负荷量(kg)；LP_k 为 k 类景观地面径流总磷浓度($\mathrm{kg/m^3}$)。参考相关非点源污染研究成果(熊丽君，2004；万林等，2007)，根据规划案例研究区降雨监测数据和主要水果和农作物(桃树、葡萄、枇杷、水稻、油菜)施肥量调查数据，估算每公顷农田、果园、森林、城乡人居及工矿、水体景观 COD_{cr} 年负荷量分别为 87.89kg、23.12kg、16.41kg、528.84kg、6.63kg，TN 年负荷量分别为 35.08kg、22.59kg、2.57kg、18.70kg、2.64kg，TP 年负荷量分别为 3.03kg、2.66kg、0.19kg、6.30kg、0.34kg。进而根据各景观面积约束可推算出 2021 年最小、最大 COD_{cr} 年负荷量分别为 9 412 702kg、17 895 612kg，2028 年分别为 9 481 387kg、18 864 542kg；2021 年最小、最大 TN 年负荷量分别为 682 316kg、3 863 575kg，2028 年分别为 715 596kg、3 897 836kg；2021 年最小、最大 TP 年负荷量分别为 138 262kg、470 088kg，2028 年分别为 141 448kg、481 631kg。

(4) 产业结构约束

$$\zeta_{\min} \leqslant \frac{a_4 z_4}{a_1 z_1 + a_2 z_2 + a_3 z_3 + a_5 z_5} \leqslant \zeta_{\max} \tag{11-17}$$

式中：$\zeta_{\min}$、$\zeta_{\max}$ 分别为目标年第二产业产值与第一、三产业产值之和比值的最低值、最大值。结合宏观经济形势和龙泉驿产业发展状况，第一、二、三产业预计增速分别为 2%、12%、8%，进而根据龙泉驿产业发展统计数据可推算出 2021 年 $\zeta_{\min}$ 和 $\zeta_{\max}$ 值分别为 33.76、62.61，2028 年分别为 33.76、116.98。

3. 模型求解

利用 MATLAB 优化工具箱约束最优化问题求解函数 fmincon( )，编程(程序代码见附录 13)求解 2021 年、2028 年经济发展、生态保护、统筹兼顾情景景观格局数量优化模型，获得目标年 3 种情景农田、果园、森林、城乡人居及工矿和水体景观优化面积。

11.2.3　景观格局数量构成特点

经济发展情景中，目标年(2021 年和 2028 年)，果园、城乡人居及工矿均为主要景观类型，二者合计共占景观总面积的比例分别为 74.78%、73.59%；其次为农田、森林景观，合计共占景观总面积的比例分别为 22.32%、23.52%。生态保护情景中，目标年，森林、城乡人居及工矿均为主要景观类型，二者合计共占景观总面积的比例分别为 70.80%、73.50%；其次为农田、果园景观，合计共占景观总面积的比例分别为 26.30%、23.60%。统筹兼顾情景中，2021 年，城乡人居及工矿、果园、森林为主要景观类型，合计共占景观总面积的 84.08%；其次为农田景观，占景观总面积的 13.02%。2028年，城乡人居及工矿、森林、农田为主要景观类型，合计共占景观总面积的 87.72%；其次为果园景观，占景观总面积的 9.39%。在三情景两目标年中，水体景观面积均未发生变化且占比皆较小，仅为景观总面积的 2.90%(表 11-3、图 11-3)。

表 11-3　目标年各情景景观面积优化结果

目标年	规划情景	农田/hm²	果园/hm²	森林/hm²	城乡人居及工矿/hm²	水体/hm²
2021	经济发展	7 235.00	21 803.00	5 167.00	19 754.00	1 610.00
	生态保护	7 235.00	7 380.75	23 136.25	16 207.00	1 610.00
	统筹兼顾	7 235.00	16 231.31	10 738.69	19 754.00	1 610.00
2028	经济发展	7 901.00	19 305.00	5 167.00	21 586.00	1 610.00
	生态保护	7 901.00	5 216.00	24 635.00	16 207.00	1 610.00
	统筹兼顾	7 901.00	5 216.00	19 256.00	21 586.00	1 610.00
基期年（2014）	景观格局现状	6 723.00	25 862.00	5 167.00	16 207.00	1 610.00

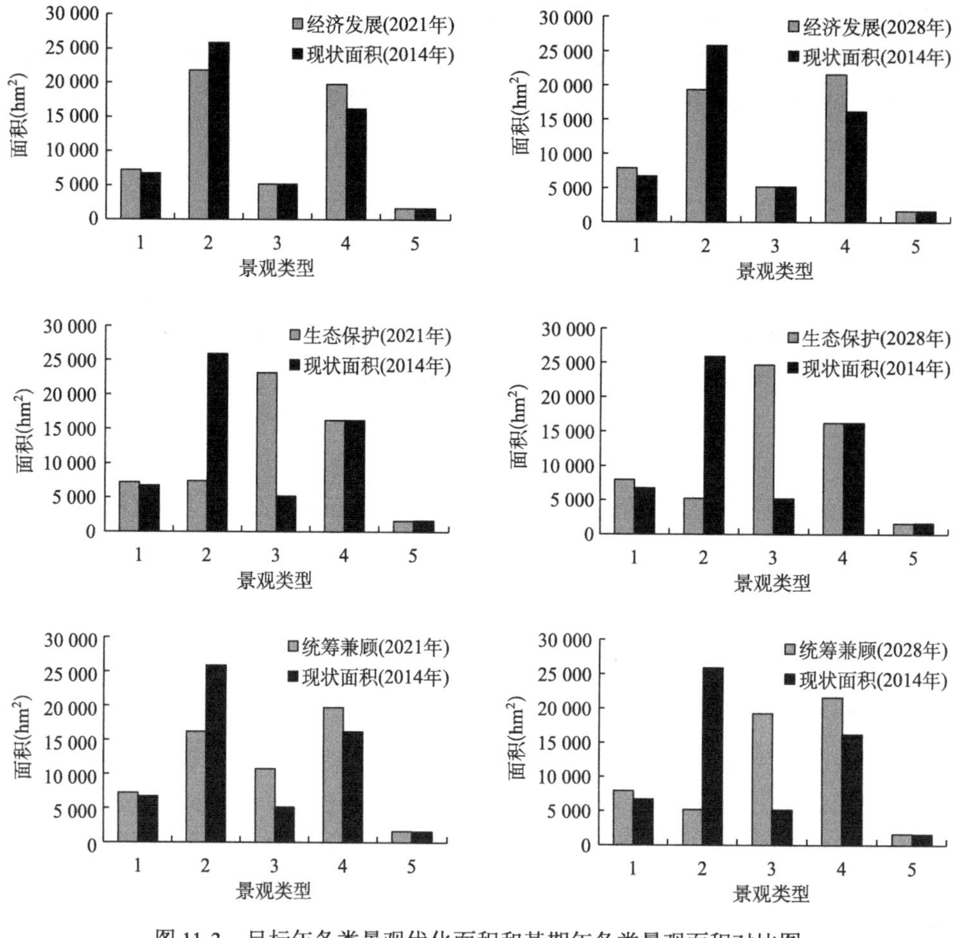

图 11-3　目标年各类景观优化面积和基期年各类景观面积对比图

"1"为农田，"2"为果园，"3"为森林，"4"为城乡人居及工矿，"5"为水体

与 2014 年景观面积相比，三情景两目标年中主要景观类型面积均发生了较大变化（表 11-3、图11-3）。在经济发展情景中，目标年城乡人居及工矿、农田面积增多，果园面积减少，森林和水体面积未变。两期规划中，城乡人居及工矿增加幅度最大，分别新增 3547hm²、5379hm²；

农田增加面积相对较少，亦分别增加 512hm²、1178hm²；果园面积减少最大，分别减少 4059hm²、6557hm²。这主要是由于城乡人居及工矿经济效益大于果园，因此为达到经济效益最大化目标而致使城乡人居及工矿大幅增加、果园大幅缩减，符合经济发展情景实际。在生态保护情景中，目标年森林、农田面积增加，果园面积缩减，城乡人居及工矿、水体面积未变。两期规划中，森林面积增加最显著，分别增加 17 969hm²、19 468hm²；农田面积增加相对较少，亦分别增加 512hm²、1178hm²；果园减少最明显，分别减少 18 481hm²、20 646hm²。这主要是因为森林生态安全水平高于果园，所以为使生态安全度达到最大而致使大面积果园调整为森林而减少，符合生态保护情景实际。在统筹兼顾情景中，目标年森林、城乡人居及工矿、农田面积增加，果园面积缩减，水体面积未变。两期规划中，森林面积增幅最大，分别增加 5572hm²、14 089hm²；城乡人居及工矿增幅相对次之，分别增加 3547hm²、5379hm²；农田增幅最小，亦分别增加 512hm²、1178hm²；而果园减少最多，分别减少 9631hm²、20 646hm²。这主要是由于森林生态安全水平、城乡人居及工矿经济效益大于果园，因此为增大区域生态、经济综合效益而致使大面积果园调整为森林和城乡人居及工矿而大幅减少，符合统筹兼顾情景实际。

11.3　景观格局空间布局优化

11.3.1　景观格局空间布局优化建模数据

景观格局空间优化基础数据主要包括基期年景观类型图[图 11-1(a)]和未参与景观格局优化区域景观类型图[图 11-1(b)]、景观适宜性评价图(图 11-2)、目标年各情景景观数量优化结果(表 11-3)及各景观类型转化规则。其中，各景观类型之间的转化规则主要依据第 9 章景观变化潜力与动态模拟研究成果中得到的“2014～2028 年景观转移特点”来拟定。

11.3.2　基于 PSO 原理的景观格局空间优化模型与算法

1. PSO 景观格局空间优化模型优化基本思路

PSO 算法原理是指在问题解空间随机分布的粒子依据其历史最优值和局部最优值(或全局最优值)，在惯性权重控制下不断更新位置和速度来搜寻问题最优解。基于景观类型栅格化数据进行空间格局优化的实质是围绕优化目标进行像元位置调整，故应用 PSO 进行景观格局空间优化的关键是利用粒子位置模拟景观类型栅格图像元空间分布。栅格图可视为一个实数矩阵，图中像元对应矩阵中元素，像元位置和属性值(景观类型编码)分别对应元素行列号和值，故对栅格图像元位置和属性值的处理相当于对矩阵元素行列号和值的处理。为此，假设矩阵 $\boldsymbol{A}_{m\times n}$ 表示景观类型栅格图，矩阵元素值表示景观类型编码，将矩阵抽象为粒子，矩阵元素值及行列号抽象为粒子元素及位置，根据粒子群优化算法原理(唐俊，2010)，无论粒子元素空间位置如何变化，粒子元素本身即景观类型编码不变，即组成矩阵的若干元素值永恒不变，仅通过 PSO 算法对元素行列值进行优化，使元素值从一个位置移动到另一个位置从而组合成一个新矩阵，当该新矩阵对应景观空间格局可使某优化目标达到最大时即实现该目标下景观格局空间优化。模型优化基本思路如图 11-4 所示。

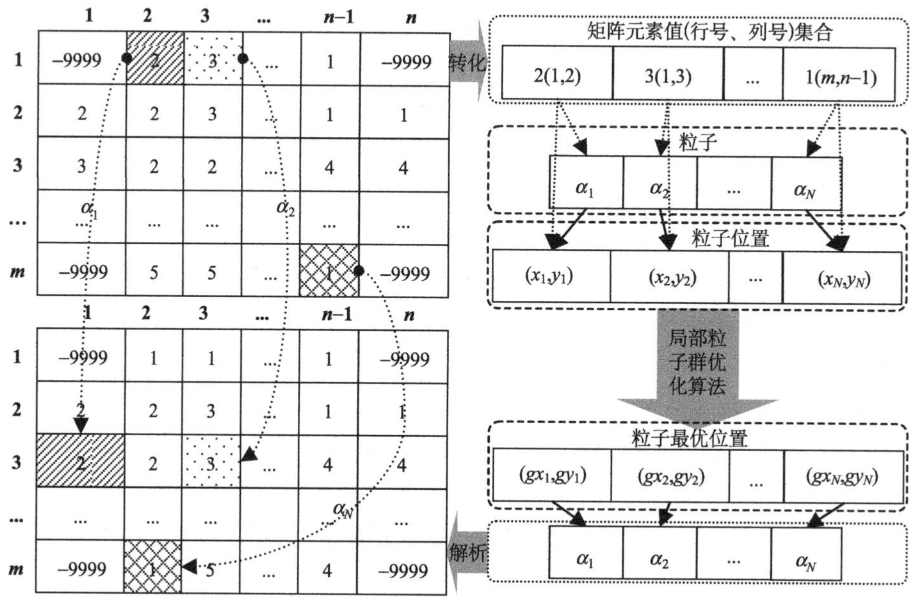

图 11-4 PSO 景观格局空间优化模型示意图

2. PSO 景观格局空间优化模型优化目标与原则

景观格局空间优化是多目标优化问题，优化目标选择过多会增加模型复杂度，难以求解，反之则有可能简化研究问题、导致优化结果脱离实际。依据第 7 章景观格局现状分析和第 8 章景观格局变化特征研究结果，规划案例研究区大部分景观均发生了不同程度的转化且利用方式粗放、斑块破碎化程度较高。为此，本研究针对城市近郊区景观资源利用方式不合理、景观斑块破碎化程度高这两个突出问题，从景观最大适宜度和最大空间紧凑度两方面构建优化目标即模型目标函数(粒子适应度函数)，其中景观适宜度采用各类景观权重与其对应适宜度的乘积和表征，空间紧凑度用景观斑块形状指数表示。在此基础上，制定了“①模型优化所得各景观面积及其面积和要与约束最优化景观数量优化模型所得对应景观面积及其面积和相一致；②保持基期年景观类型种类即不产生新景观类型；③景观类型转化规则要符合之后 14 年景观类型转移特点”三条优化原则，分别对应模型“面积约束、类型约束、转换规则约束”三个约束条件。PSO 景观格局空间优化模型目标函数和约束条件表达式为

$$\max F(A) = w_1\sum_{k=1}^{K}\sum_{l=1}^{Q}(\lambda_k p_{kl}) + w_2\sum_{k=1}^{K}\sum_{r=1}^{R}(c_{kr}/\sqrt{s_{kr}})$$

$$\text{s.t.}\begin{cases} d_k(A)=D_k^*, \sum_{k=1}^{K} d_k(A)=\sum_{k=1}^{K} D_k^* \\ \alpha_j \in [1,2,\cdots,K] \\ 0 \leqslant T_j(k\to k') \leqslant 1 \end{cases} \tag{11-18}$$

式中：λ_k 为 k 类景观权重，应用层次分析法计算出农田、果园、森林、城乡人居及工矿、水体景观在经济发展情景中的权重分别为 0.1378、0.2107、0.0606、0.5514、0.0395，在生态保护情景中的权重分别为 0.0706、0.1366、0.5071、0.0350、0.2507，在统筹兼顾情景中的权重分别为 0.0930、0.1613、0.3582、0.2072、0.1803；p_{kl} 为 k 类景观 l 个像元适宜值；c_{kr}、s_{kr} 分

别为 k 类景观斑块 r 的周长和面积；w_1、w_2 分别为景观适宜度和空间紧凑度在目标函数中的权重；k、l、r 分别为景观类型、像元和斑块编号；K、Q、R 分别为景观类型、某景观栅格和斑块个数；$d_k(\boldsymbol{A})$ 为景观格局优化方案 $\boldsymbol{A}$ 中 k 类景观像元数；D_k^* 为某情景 k 类景观数量优化所得像元数，$D_k^* = z_k^*/e^2$（z_k^* 为 k 类景观最优面积，e 为像元大小）；$\alpha_j \in [1,2,\cdots,K]$ $(j=1,2,\cdots,N)$ 为像元对应景观类型编码值域；$T_j(k \to k')$ 为像元 α_j 对应景观由 k 转化为 k' 的可能性。结合第 9 章规划案例研究区景观格局变化潜力与模拟研究成果，将景观转换规则和可能性定义为：城乡人居及工矿与农田、果园之间完全可进行相互转换，水域与农田之间完全可进行相互转换，森林与农田、果园之间完全可进行相互转换，农田与果园之间完全可进行相互转换。

3. PSO 景观格局空间优化模型建模关键技术

MATLAB 是以矩阵为基本编程单元的高级程序语言，拥有强大的矩阵运算和图像处理功能（葛哲学，2008），因此利用 MATLAB 基于上述模型优化基本思路设计 PSO 算法实现景观格局空间优化，主要涉及 3 个关键技术。

（1）景观类型栅格图与粒子的空间映射关系　设 B 为基期年景观类型图对应矩阵 $\boldsymbol{A}_{m\times n}$ 中有效元素（即栅格值为景观类型编码的元素，不包括值为空值–9999 或为景观类型编码值域范围外的元素）值存储向量$(\alpha_1,\alpha_2,\cdots,\alpha_N)$，表示一个粒子，对应一种景观格局空间布局方案；$\alpha_j \in B$ 为一个有效元素值，表示一个粒子元素，其行列号代表粒子元素位置，则模型优化过程中景观类型栅格图与粒子之间的空间映射关系可用图 11-4 简要描述。

（2）景观格局空间布局方案（粒子）的初始化　为生成与各景观数量优化像元个数均相等的初始微粒，依据景观类型转换规则和景观适宜度，基于基期年景观类型图进行各景观数量优化像元个数空间分配。设 V［结构见式（11-19）］为存储各类景观有效元素行、列值及其对应景观适宜值的元胞数组（葛哲学，2008），$\Delta d_k = |d_k(\boldsymbol{A}) - D_k^*|$ 为 k 类景观基期年像元个数 $d_k(\boldsymbol{A})$ 与某情景数量优化像元个数的绝对差，sort（Val）、sort（Val,'descend'）分别表示对变量 Val 进行升、降序排列，$\boldsymbol{A}(x,y)=\alpha$ 表示将 $\boldsymbol{A}$ 中行列号为 x、y 的某景观像元转化为编码 α 对应的景观像元，则粒子初始化流程如图 11-5 所示。

$$
\boldsymbol{V} = \left\{ \begin{pmatrix} x_1 & y_1 & p_1(x_1,y_1) & \cdots & p_K(x_1,y_1) \\ x_2 & y_2 & p_1(x_2,y_2) & \cdots & p_K(x_2,y_2) \\ \vdots & \vdots & \vdots & & \vdots \\ x_L & y_L & p_1(x_L,y_L) & \cdots & p_K(x_L,y_L) \end{pmatrix}, \cdots, \begin{pmatrix} x_1 & y_1 & p_1(x_1,y_1) & \cdots & p_K(x_1,y_1) \\ x_2 & y_2 & p_1(x_2,y_2) & \cdots & p_K(x_2,y_2) \\ \vdots & \vdots & \vdots & & \vdots \\ x_W & y_W & p_1(x_W,y_W) & \cdots & p_K(x_W,y_W) \end{pmatrix} \right\} \tag{11-19}
$$

式中：$V\{1\},V\{2\},\cdots,V\{K\}$ 依次为农田、果园、森林、城乡人居及工矿、水体景观有效元素行、列值及其对应景观适宜值；$(x_L、y_L)$、$(x_G、y_G)$、$(x_S、y_S)$、$(x_C、y_C)$、$(x_W、y_W)$ 分别为农田、果园、森林、城乡人居及工矿、水体景观在 $\boldsymbol{A}_{m\times n}$ 中的行、列号；$p_K(x_L,y_L)$、$p_K(x_G,y_G)$、$p_K(x_S,y_S)$、$p_K(x_C,y_C)$、$p_K(x_W,y_W)$ 分别为农田、果园、森林、城乡人居及工矿、水体景观元素对应的第 K 类景观适宜值。

根据图 11-5 所示粒子初始化流程，即可设计出基于 MATLAB 的粒子初始化程序，其具体步骤如下（对应程序代码见附录 14）。

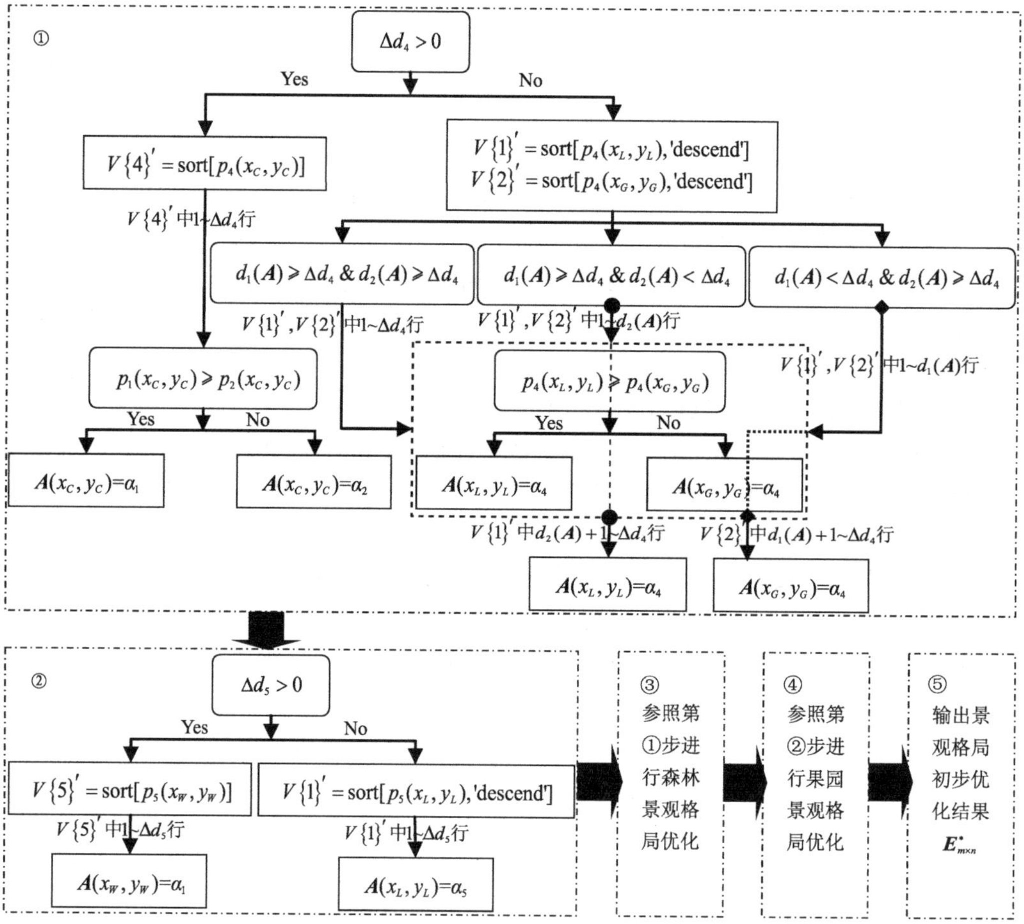

图 11-5　粒子初始化流程图

第 1 步：城乡人居及工矿景观格局优化。①计算 $A_{m\times n}$ 中城乡人居及工矿景观元素个数 $d_4(A)$ 与某情景中数量优化像元个数 D_4^* 的绝对差 $\Delta d_4=|d_4(A)-D_4^*|$；②如果 $d_4(A)>D_4^*$，那么将 $V\{4\}$ 各行按 $p_4(x_C,y_C)$ 值进行升序排列得 $V\{4\}'$，并比较 $V\{4\}'$ 中 $1\sim\Delta d_4$ 行城乡人居及工矿景观元素对应的农田景观适宜值 $p_1(x_C,y_C)$ 和果园景观适宜值 $p_2(x_C,y_C)$ 的大小，若 $p_1(x_C,y_C)\geqslant p_2(x_C,y_C)$，则 $A(x_C,y_C)=\alpha_1$（将该城乡人居及工矿景观元素转化为农田景观元素），否则 $A(x_C,y_C)=\alpha_2$（将该城乡人居及工矿景观元素转化为果园景观元素）；③如果 $d_4(A)<D_4^*$，那么将 $V\{1\}$、$V\{2\}$ 各行分别按 $p_4(x_L,y_L)$ 和 $p_4(x_G,y_G)$ 值进行降序排列得到 $V\{1\}'$、$V\{2\}'$，计算 $d_1(A)$ 和 $d_2(A)$，若 $d_1(A)\geqslant\Delta d_4\ \&\&d_2(A)\geqslant\Delta d_4$，则比较 $V\{1\}'$、$V\{2\}'$ 中 $1\sim\Delta d_4$ 行 $p_4(x_L,y_L)$ 和 $p_4(x_G,y_G)$ 的大小，若 $p_4(x_L,y_L)\geqslant p_4(x_G,y_G)$，则 $A(x_L,y_L)=\alpha_4$（将农田景观元素转化为城乡人居及工矿景观元素），否则 $A(x_G,y_G)=\alpha_4$（将果园景观元素转化为城乡人居及工矿景观元素）；若 $d_1(A)\geqslant\Delta d_4\ \&\&d_2(A)<\Delta d_4$，则先比较 $1\sim d_2(A)$ 行 $p_4(x_L,y_L)$ 和 $p_4(x_G,y_G)$ 的大小，若 $p_4(x_L,y_L)\geqslant p_4(x_G,y_G)$，则 $A(x_L,y_L)=\alpha_4$，否则 $A(x_G,y_G)=\alpha_4$，然后将 $V\{1\}'$ 中 $d_2(A)+1\sim\Delta d_4$ 个农田景观元素依次转化为城乡人居及工矿景观元素；若 $d_1(A)<\Delta d_4\ \&\&d_2(A)\geqslant\Delta d_4$，则先比较前 $1\sim d_1(A)$ 行 $p_4(x_L,y_L)$ 和 $p_4(x_G,y_G)$ 大小，若 $p_4(x_L,y_L)\geqslant p_4(x_G,y_G)$，则 $A(x_L,y_L)=\alpha_4$，否则 $A(x_G,y_G)=\alpha_4$，然后将 $V\{2\}'$ 中第

$d_1(\boldsymbol{A})+1\sim\Delta d_4$ 个果园景观元素依次转化为城乡人居及工矿景观元素。

第 2 步：水体景观格局优化。①计算 $\Delta d_5=|d_5(\boldsymbol{A})-D_5^*|$；②若 $d_5(\boldsymbol{A})>D_5^*$，则将 $V\{5\}$ 各行按 $p_5(x_W,y_W)$ 值进行升序排列得 $V\{5\}'$，将 $V\{5\}'$ 中 $1\sim\Delta d_5$ 行水体景观元素依次转化农田景观元素；③若 $d_5(\boldsymbol{A})<D_5^*$，则将 $V\{1\}$ 各行按 $p_5(x_L,y_L)$ 值进行降序排列得 $V\{1\}'$，将 $V\{1\}'$ 中 $1\sim\Delta d_5$ 行农田景观元素转化为水体景观元素。

第 3 步：森林景观格局优化。①计算 $\Delta d_3=|d_3(\boldsymbol{A})-D_3^*|$。②如果 $d_3(\boldsymbol{A})>D_3^*$，那么将 $C\{3\}$ 各行按 $p_3(x_S,y_S)$ 值进行升序排列得 $C\{3\}'$，并比较 $C\{3\}'$ 中 $1\sim\Delta d_3$ 行 $p_1(x_S,y_S)$ 和 $p_2(x_S,y_S)$ 大小，若 $p_1(x_S,y_S)>p_2(x_S,y_S)$，则 $\boldsymbol{A}(x_S,y_S)=\alpha_1$，否则 $\boldsymbol{A}(x_S,y_S)=\alpha_2$。③如果 $d_3(\boldsymbol{A})<D_3^*$，那么将 $C\{1\}$、$C\{2\}$ 各行分别按 $p_3(x_L,y_L)$ 和 $p_3(x_G,y_G)$ 值进行降序排列得 $C\{1\}'$、$C\{2\}'$，并统计农田景观元素个数 $d_1(\boldsymbol{A})$ 和果园景观元素个数 $d_2(\boldsymbol{A})$，若 $d_1(\boldsymbol{A})\geqslant\Delta d_3\ \&\&d_2(\boldsymbol{A})\geqslant\Delta d_3$，则比较 $C\{1\}'$、$C\{2\}'$ 中 $1\sim\Delta d_3$ 行 $p_3(x_L,y_L)$ 和 $p_3(x_G,y_G)$ 大小，若 $p_3(x_L,y_L)\geqslant p_3(x_G,y_G)$，则 $\boldsymbol{A}(x_L,y_L)=\alpha_3$，否则 $\boldsymbol{A}(x_G,y_G)=\alpha_3$；若 $d_1(\boldsymbol{A})\geqslant\Delta d_3\ \&\&d_2(\boldsymbol{A})<\Delta d_3$，则先比较 $C\{1\}'$、$C\{2\}'$ 中 $1\sim d_2(\boldsymbol{A})$ 行 $p_3(x_L,y_L)$ 和 $p_3(x_G,y_G)$ 值大小，若 $p_3(x_L,y_L)\geqslant p_3(x_G,y_G)$，则 $\boldsymbol{A}(x_L,y_L)=\alpha_3$，否则 $\boldsymbol{A}(x_G,y_G)=\alpha_3$，然后依次将 $C\{1\}'$ 中 $d_2(\boldsymbol{A})+1\sim\Delta d_3$ 行农田景观元素转化为森林景观元素；若 $d_1(\boldsymbol{A})<\Delta d_3\ \&\&d_2(\boldsymbol{A})\geqslant\Delta d_3$，则先比较 $C\{1\}'$、$C\{2\}'$ 中 $1\sim d_1(\boldsymbol{A})$ 行 $p_3(x_L,y_L)$ 和 $p_3(x_G,y_G)$ 值大小，若 $p_3(x_L,y_L)\geqslant p_3(x_G,y_G)$，则 $\boldsymbol{A}(x_L,y_L)=\alpha_3$，否则 $\boldsymbol{A}(x_G,y_G)=\alpha_3$，然后将 $C\{2\}'$ 中 $d_1(\boldsymbol{A})+1\sim\Delta d_3$ 行果园景观元素依次转化为森林景观元素。

第 4 步：农田、果园景观格局优化。①计算 $\Delta d_1=|d_1(\boldsymbol{A})-D_1^*|$。②若 $d_1(\boldsymbol{A})>D_1^*$，则将 $C\{1\}$ 各行按 $p_1(x_L,x_L)$ 值进行升序排列得 $C\{1\}'$，将 $C\{1\}'$ 中 $1\sim\Delta d_1$ 行农田景观元素依次转化为果园景观元素。③若 $d_1(\boldsymbol{A})<D_1^*$，则将 $C\{2\}$ 各行按 $p_1(x_G,y_G)$ 值进行降序排列得 $C\{2\}'$，将 $C\{2\}'$ 中 $1\sim\Delta d_1$ 行果园景观元素依次转化为农田景观元素。

第 5 步：约束条件检查。若 $d_k(\boldsymbol{A})=D_k^*(k=1,2,\cdots,K)$，则输出景观格局空间初步优化结果 $\boldsymbol{E}_{m\times n}^*$。

(3) 粒子速度调整和位置更新　设 $\boldsymbol{B}_{3\times N}$ 为基期年景观格局栅格图对应矩阵 $\boldsymbol{A}_{m\times n}$ 中有效元素(即值为景观类型编码的元素，不包括值为空值–9999 或为景观类型编码值域范围外的元素)行列值和元素值存储矩阵，表达式为

$$\boldsymbol{B}_{3\times N}=\begin{pmatrix} x_1 & x_2 & \dots & x_N \\ y_1 & y_2 & \dots & y_N \\ \alpha_1 & \alpha_2 & \dots & \alpha_N \end{pmatrix} \tag{11-20}$$

式中：x_N、y_N 分别为第 N 个有效元素行、列号；α_N 为第 N 个有效元素值。

设 $\boldsymbol{P}_{M\times(4N+1)}$ 为 M 个粒子位置、速度和当前目标函数值存储矩阵，其中 $1\sim 2N$ 列为粒子位置变量 $(x_{i1},x_{i2},\cdots,x_{iN},y_{i1},y_{i2},\cdots,y_{iN})(i=1,2,\cdots,M)$，$2N+1\sim 4N$ 列为粒子速度变量 $(\delta x_{i1},\delta x_{i2},\cdots,\delta x_{iN},\delta y_{i1},\delta y_{i2},\cdots,\delta y_{iN})$，$4N+1$ 列为粒子当前目标函数值 pF_i，表达式为

$$\boldsymbol{P}_{M\times(4N+1)}=\begin{pmatrix} x_{11} & x_{12} & \dots & x_{1N} & y_{11} & y_{12} & \dots & y_{1N} & \delta x_{11} & \delta x_{12} & \dots & \delta x_{1N} & \delta y_{11} & \delta y_{12} & \dots & \delta y_{1N} & \mathrm{pF}_1 \\ x_{21} & x_{22} & \dots & x_{2N} & y_{21} & y_{22} & \dots & y_{2N} & \delta x_{21} & \delta x_{22} & \dots & \delta x_{2N} & \delta y_{21} & \delta y_{22} & \dots & \delta y_{2N} & \mathrm{pF}_2 \\ \vdots & \vdots & & \vdots & \vdots & \vdots & & \vdots & \vdots & \vdots & & \vdots & \vdots & \vdots & & \vdots & \vdots \\ x_{M1} & x_{M2} & \dots & x_{MN} & y_{M1} & y_{M2} & \dots & y_{MN} & \delta x_{M1} & \delta x_{M2} & \dots & \delta x_{MN} & \delta y_{M1} & \delta y_{M2} & \dots & \delta y_{MN} & \mathrm{pF}_M \end{pmatrix} \tag{11-21}$$

式中：x_{MN}、y_{MN} 分别为 M 个粒子中第 N 个元素行、列值，α_N 对应 x_{MN} 和 y_{MN} 且其值不随 x_{MN} 和 y_{MN} 值的改变而改变，当 x_{MN} 和 y_{MN} 值确定后，可将 α_N 传递到 $\boldsymbol{A}_{m\times n}$ 中 x_{MN} 和 y_{MN} 代表的元素位置，从而实现景观格局空间优化；δx_{MN}、δy_{MN} 分别为第 M 个粒子中第 N 个元素纵、横向飞行速度；pF_M 为第 M 个粒子对应的当前目标函数值。

设 $\boldsymbol{O}_{(2M+1)\times 2N}$ 为 M 个粒子历史最优值、局部最优值和全局最优值存储矩阵，其中 $1\sim M$ 行为粒子历史最优值变量（$x_{i1},x_{i2},\cdots,x_{iN},y_{i1},y_{i2},\cdots,y_{iN}$），$M+1\sim 2M$ 行为粒子局部最优值变量（$\mathrm{lx}_{(M+i)1},\mathrm{lx}_{(M+i)2},\cdots,\mathrm{lx}_{(M+i)N},\mathrm{ly}_{(M+i)1},\mathrm{ly}_{(M+i)2},\cdots,\mathrm{ly}_{(M+i)N}$），$2M+1$ 行为粒子全局最优值变量（$\mathrm{gx}_1,\mathrm{gx}_2,\cdots,\mathrm{gx}_N,\mathrm{gy}_1,\mathrm{gy}_2,\cdots,\mathrm{gy}_N$），表达式为

$$\boldsymbol{O}_{(2M+1)\times 2N}=\begin{pmatrix} x_{11} & x_{12} & \cdots & x_{1N} & y_{11} & y_{12} & \cdots & y_{1N} \\ x_{21} & x_{22} & \cdots & x_{2N} & y_{21} & y_{22} & \cdots & y_{2N} \\ \vdots & \vdots & & \vdots & \vdots & \vdots & & \vdots \\ x_{M1} & x_{M2} & \cdots & x_{MN} & y_{M1} & y_{M2} & \cdots & y_{MN} \\ \mathrm{lx}_{11} & \mathrm{lx}_{12} & \cdots & \mathrm{lx}_{1N} & \mathrm{ly}_{11} & \mathrm{ly}_{12} & \cdots & \mathrm{ly}_{1N} \\ \mathrm{lx}_{21} & \mathrm{lx}_{22} & \cdots & \mathrm{lx}_{2N} & \mathrm{ly}_{21} & \mathrm{ly}_{22} & \cdots & \mathrm{ly}_{2N} \\ \vdots & \vdots & & \vdots & \vdots & \vdots & & \vdots \\ \mathrm{lx}_{M1} & \mathrm{lx}_{M2} & \cdots & \mathrm{lx}_{MN} & \mathrm{ly}_{M1} & \mathrm{ly}_{M2} & \cdots & \mathrm{ly}_{MN} \\ \mathrm{gx}_1 & \mathrm{gx}_2 & \cdots & \mathrm{gx}_N & \mathrm{gy}_1 & \mathrm{gy}_2 & \cdots & \mathrm{gy}_N \end{pmatrix} \tag{11-22}$$

式中：$\mathrm{lx}_{MN},\mathrm{ly}_{MN}$ 分别为第 M 个粒子中第 N 个元素领域最优行值和列值；$\mathrm{gx}_N,\mathrm{gy}_N$ 分别为第 N 个元素全局最优行值和列值。

粒子在飞行中不断根据历史最优值和局部最优值进行速度调整和位置更新。其速度更新公式为

$$\begin{cases} \boldsymbol{P}_t(i,2N+j)=\omega(t)\boldsymbol{P}_{t-1}(i,2N+j)+c_1\cdot\mu_1\cdot[\boldsymbol{O}_{t-1}(i,j)-\boldsymbol{P}_{t-1}(i,j)]+c_2\cdot\mu_2\cdot[\boldsymbol{O}_{t-1}(M+i,j)-\boldsymbol{P}_{t-1}(i,j)] \\ \boldsymbol{P}_t(i,3N+j)=\omega(t)\boldsymbol{P}_{t-1}(i,3N+j)+c_1\cdot\mu_1\cdot[\boldsymbol{O}_{t-1}(i,N+j)-\boldsymbol{P}_{t-1}(i,N+j)] \\ \qquad +c_2\cdot\mu_2\cdot[\boldsymbol{O}_{t-1}(M+i,N+j)-\boldsymbol{P}_{t-1}(i,N+j)] \end{cases} \tag{11-23}$$

式中：$\boldsymbol{P}_t(i,2N+j)$、$\boldsymbol{P}_t(i,3N+j)$ 分别为粒子在 t 次迭代时纵、横向速度；$\boldsymbol{P}_{t-1}(i,2N+j)$、$\boldsymbol{P}_{t-1}(i,3N+j)$ 分别为粒子在 $t-1$ 次迭代时纵、横向速度；t 为迭代次数，$t=1,2,\cdots,I_{\max}$，其中 $I_{\max}$ 为最大迭代次数；$\omega(t)$ 为第 t 次迭代惯性权重；c_1、c_2 为不同加速权重；μ_1、μ_2 为 $(0,1)$ 间随机数；$\boldsymbol{O}_{t-1}(i,j)$、$\boldsymbol{O}_{t-1}(i,N+j)$ 分别为粒子 $t-1$ 次迭代时历史最优位置；$\boldsymbol{O}_{t-1}(M+i,j)$、$\boldsymbol{O}_{t-1}(M+i,N+j)$ 分别为粒子 $t-1$ 次迭代局部最优位置；$\boldsymbol{P}_{t-1}(i,j)$、$\boldsymbol{P}_{t-1}(i,N+j)$ 分别为粒子 $t-1$ 次迭代当前最优位置；$\boldsymbol{P}_0$、$\boldsymbol{O}_0$ 为第 1 步中变量初始值。为防止粒子速度无限增大，对其变化速度进行约束，即粒子纵向变化速度约束为：若 $\boldsymbol{P}_t(i,2N+j)>vx_{\max}$，则 $\boldsymbol{P}_t(i,2N+j)=vx_{\max}$；若 $\boldsymbol{P}_t(i,2N+j)<vx_{\min}$，则 $\boldsymbol{P}_t(i,2N+j)=vx_{\min}$。粒子横向变化速度约束为：若 $\boldsymbol{P}_t(i,3N+j)>vy_{\max}$，则 $\boldsymbol{P}_t(i,3N+j)=vy_{\max}$；若 $\boldsymbol{P}_t(i,3N+j)<vy_{\min}$，则 $\boldsymbol{P}_t(i,3N+j)=vy_{\min}$。

粒子位置更新公式为

$$\begin{cases} \boldsymbol{P}_t(i,j) = \text{int}[\boldsymbol{P}_{t-1}(i,j) + \boldsymbol{P}_t(i,2N+j)] \\ \boldsymbol{P}_t(i,N+j) = \text{int}[\boldsymbol{P}_{t-1}(i,N+j) + \boldsymbol{P}_t(i,3N+j)] \end{cases} \tag{11-24}$$

式中：$\boldsymbol{P}_t(i,j)$、$\boldsymbol{P}_t(i,N+j)$ 分别为粒子 t 次迭代时的当前位置。为确保粒子位置更新后仍在优化区范围内，首先对粒子位置范围进行约束，即粒子纵向范围约束为：若 $\boldsymbol{P}_t(i,j) > m$，则 $\boldsymbol{P}_t(i,j) = m$；若 $\boldsymbol{P}_t(i,j) < 1$，则 $\boldsymbol{P}_t(i,j) = 1$。粒子横向范围约束为：若 $\boldsymbol{P}_t(i,N+j) > n$，则 $\boldsymbol{P}_t(i,N+j) = n$；若 $\boldsymbol{P}_t(i,N+j) < 1$，则 $\boldsymbol{P}_t(i,N+j) = 1$。该约束能确保将粒子限定在由规划案例研究区边界最长纵、横向跨度组成的矩形范围内，但由于优化范围界线是不规则多边形，部分粒子仍然会飞越范围线，故再增设一个约束条件：若 $\boldsymbol{A}[\boldsymbol{P}_t(i,j)、\boldsymbol{P}_t(i,N+j)] \leqslant 0$，则将粒子位置 $[\boldsymbol{P}_t(i,j), \boldsymbol{P}_t(i,N+j)]$ 还原为初始状态，即 $\boldsymbol{P}_t(i,j) = \boldsymbol{B}(1,j), \boldsymbol{P}_t(i,N+j) = \boldsymbol{B}(2,j)$。

4. PSO 景观格局空间优化模型求解算法流程

PSO 景观格局空间布局优化算法流程如下(对应程序代码见附录 15)。

第 1 步：初始化矩阵 $\boldsymbol{P}_{M\times(4N+1)}$。①将 $\boldsymbol{E}^*_{m\times n}$ 中有效元素行列值和元素值按预设数据结构存入 $\boldsymbol{B}_{3\times N}$，用 $\boldsymbol{B}_{3\times N}$ 中存储的有效元素行列值初始化 $\boldsymbol{P}_{M\times(4N+1)}$ 中粒子位置元素，即 $\boldsymbol{P}(i,1:N) = \boldsymbol{B}(1,1:N), \boldsymbol{P}(i,N+1:2N) = \boldsymbol{B}(2,1:N)(i=1,2,\cdots,M)$；②利用 MATLAB 自带 randint$(m,n,rg)$ 函数生成粒子速度约束范围 rg 内的随机整数初始化 $\boldsymbol{P}_{M\times(4N+1)}$ 中粒子速度元素，即 $\boldsymbol{P}(1:M,2N+1:4N) = \text{randint}(M,2N,rg)$；③建立临时矩阵 $\boldsymbol{H}_{m\times n}$，令 $\boldsymbol{H}_{m\times n} = \boldsymbol{A}_{m\times n}$，依据 $\boldsymbol{P}_{M\times(4N+1)}$ 中粒子位置元素值将粒子存储到 $\boldsymbol{H}_{m\times n}$ 中对应元素位置，即 $\boldsymbol{H}[\boldsymbol{P}(i,j), \boldsymbol{P}(i,N+j)] = \boldsymbol{B}(3,j)(j=1,2,\cdots,N)$，再按式(11-18)计算粒子当前目标函数初始化值 pF_i。

第 2 步：初始化矩阵 $\boldsymbol{O}_{(2M+1)\times 2N}$。①利用 $\boldsymbol{P}_{M\times(4N+1)}$ 中粒子位置信息初始化 $\boldsymbol{O}_{(2M+1)\times 2N}$ 中历史最优值，即 $\boldsymbol{O}(1:M,1:2N) = \boldsymbol{P}(:,1:2N)$；②采用环形拓扑结构(潘峰等，2013)提取第 i 个粒子领域为 1 的局部最优值，初始化 $\boldsymbol{O}_{(2M+1)\times 2N}$ 中对应元素，即 $\boldsymbol{O}(M+i,1:2N) = (\text{lx}_{i1}, \text{lx}_{i2}, \cdots, \text{lx}_{iN}, \text{ly}_{i1}, \text{ly}_{i2}, \cdots, \text{ly}_{iN})$；③利用 $\boldsymbol{P}_{M\times(4N+1)}$ 中当前目标函数最大值 $\max \text{pF}_i$ 对应粒子位置信息初始化 $\boldsymbol{O}_{(2M+1)\times 2N}$ 中粒子全局最优值，即 $\boldsymbol{O}(2M+1,:) = \boldsymbol{P}(i_{\max \text{pF}}, 1:2N)$。

第 3 步：应用惯性权重线性减小策略计算粒子惯性权重，公式为

$$\omega(t) = \omega_{\max} - t(\omega_{\max} - \omega_{\min}) / I_{\max} \tag{11-25}$$

式中：$\omega(t)$ 为第 t 次迭代惯性权重，随迭代次数增加而减小；$\omega_{\max}$、$\omega_{\min}$ 分别为最大、最小权重，t 为当前迭代次数，初始值取 1，$I_{\max}$ 为最大迭代次数。

第 4 步：按式(11-23)、式(11-24)进行粒子速度调整和位置更新。

第 5 步：更新粒子历史最优值。①设临时矩阵 $\boldsymbol{H}_{m\times n}$ 和 $\boldsymbol{Q}_{m\times n}$，令 $\boldsymbol{H}_{m\times n} = \boldsymbol{A}_{m\times n}$、$\boldsymbol{Q}_{m\times n} = \boldsymbol{A}_{m\times n}$；②依据 $\boldsymbol{P}_{M\times(4N+1)}$ 中粒子当前位置将粒子存储到 $\boldsymbol{H}_{m\times n}$ 中对应位置，即 $\boldsymbol{H}[\boldsymbol{P}_t(i,j), \boldsymbol{P}_t(i,N+j)] = \boldsymbol{B}(3,j)$，再按式(11-18)计算 t 次迭代粒子当前最优函数值 $\text{pF}_i(t)$；③依据 $\boldsymbol{O}_{(2M+1)\times 2N}$ 中粒子历史最优位置将粒子存储到 $\boldsymbol{Q}_{m\times n}$ 中对应位置，即 $\boldsymbol{Q}[\boldsymbol{O}_t(i,j), \boldsymbol{O}_t(i,N+j)] = \boldsymbol{B}(3,j)$，再按式(11-18)计算 t 次迭代粒子历史最优函数值 $\text{hF}_i(t)$；④若 $\text{pF}_i(t) > \text{hF}_i(t)$，则进行粒子历史最优值更新，即 $\boldsymbol{O}_t(i,j) = \boldsymbol{P}_t(i,j), \boldsymbol{O}_t(i,N+j) = \boldsymbol{P}_t(i,N+j)$。

第 6 步：更新粒子局部最优值。①采用环形拓扑结构(潘峰等，2013)提取 i 个粒子 t 次迭代领域内的局部最优值和最优函数值 $\text{lF}_i(t)$；②设临时矩阵 $\boldsymbol{H}_{m\times n}$，令 $\boldsymbol{H}_{m\times n} = \boldsymbol{A}_{m\times n}$，依据 $\boldsymbol{O}_{(2M+1)\times 2N}$ 中 $t-1$ 次迭代粒子局部最优位置将 $M+i$ 个粒子存储到 $\boldsymbol{H}_{m\times n}$ 中，即

$\boldsymbol{H}[\boldsymbol{O}_{t-1}(M+i,j),\boldsymbol{O}_{t-1}(M+i,N+j)]=\boldsymbol{B}(3,j)$，按式(11-18)计算$t-1$次迭代粒子局部最优函数值$\mathrm{lF}_i(t-1)$；③若$\mathrm{lF}_i(t)>\mathrm{lF}_i(t-1)$，则进行粒子局部最优值更新，即$\boldsymbol{O}_t(M+i,j)=\boldsymbol{P}_t(i,j)$、$\boldsymbol{O}_t(M+i,N+j)=\boldsymbol{P}_t(i,N+j)$。

第7步：更新粒子全局最优值。①提取t次迭代$\boldsymbol{P}_{M\times(4N+1)}$中当前目标函数最大值$\max\mathrm{pF}_i(t)$及其对应粒子位置；②设临时矩阵$\boldsymbol{H}_{m\times n}$，令$\boldsymbol{H}_{m\times n}=\boldsymbol{A}_{m\times n}$，将$t-1$次迭代$\boldsymbol{O}_{(2M+1)\times 2N}$中全局最优位置存储到$\boldsymbol{H}_{m\times n}$，即$\boldsymbol{H}[\boldsymbol{O}_{t-1}(2M+1,j),\boldsymbol{O}_{t-1}(2M+1,N+j)]=\boldsymbol{B}(3,j)$，按式(11-18)计算$t-1$次迭代粒子全局最优函数值$\mathrm{gF}(t-1)$；③若$\max\mathrm{pF}_i(t)>\mathrm{gF}(t-1)$，则进行粒子全局最优值更新，即$\boldsymbol{O}_t(2M+1,j)=\boldsymbol{P}_t(i_{\max\mathrm{pF}},j)$、$\boldsymbol{O}_t(2M+1,N+j)=\boldsymbol{P}_t(i_{\max\mathrm{pF}},N+j)$。

第8步：迭代终止条件判断。若$t\leqslant I_{\max}$，则令$t=t+1$，执行第3～7步，否则执行第9步。

第9步：解析成图。设临时矩阵$\boldsymbol{H}_{m\times n}$，令$\boldsymbol{H}_{m\times n}=\boldsymbol{A}_{m\times n}$，将$I_{\max}$次迭代得到的粒子全局最优值按图11-4所示映射关系存储到$\boldsymbol{H}_{m\times n}$，即$\boldsymbol{H}[\boldsymbol{O}_{I_{\max}}(2M+1,j),\boldsymbol{O}_{I_{\max}}(2M+1,N+j)]=\boldsymbol{B}(3,j)$，并将$\boldsymbol{H}_{m\times n}$存储为ASCII格式后在ESRI ArcGIS10.0中解析成图，即为求解的景观格局空间优化图。

11.3.3 景观格局空间优化模型精度分析

各情景景观优化面积(表11-3)经PSO景观格局空间优化模型分配后均存在误差(表11-4)。2028年经济发展情景中森林面积空间优化误差最大，相对误差为3.47%，城乡人居及工矿误差最小，相对误差为0.08%，说明PSO景观格局空间优化模型求解结果未能完全满足等式约束，这是因为部分粒子元素在飞行中发生碰撞，即当某类景观粒子元素飞行到达某一优化位置后，另一类景观粒子元素飞行到达同一优化位置将其替代，导致前类景观减少、后类景观增多，致使求解结果未完全满足等式约束。根据本研究设计的PSO景观格局空间优化算法原理，首批粒子是经景观格局空间初步优化而完全满足等式约束的，之所以突破等式约束，是因为突破等式约束粒子对应目标函数值大于首批粒子对应目标函数值，实质上这使景观格局空间布局得到进一步优化，并且一定误差范围的等式约束突破也有可能是解决数量和空间优化目标函数耦合难题的一种策略。因此，可应用该模型进行景观格局空间布局优化。

表11-4 目标年各情景PSO景观格局空间优化模型求解结果

景观类型		基期年(2014)	目标年(2021)			目标年(2028)		
		景观格局现状	经济发展	生态保护	统筹兼顾	经济发展	生态保护	统筹兼顾
农田	面积/hm²	7 968.96	7 153.20	7 126.56	7 160.40	7 831.44	7 851.60	7 862.40
	面积(栅格)	22 136	19 870	19 796	19 890	21 754	21 810	21 840
	相对误差	—	0.98%	1.35%	0.88%	0.73%	0.47%	0.34%
果园	面积/hm²	29 850.12	21 843.72	7 542.00	16 243.56	19 177.56	5 304.24	5 231.88
	面积(栅格)	82 917	60 677	20 950	45 121	53 271	14 734	14 533
	相对误差	—	0.34%	2.34%	0.23%	0.51%	1.85%	0.46%

续表

景观类型		基期年(2014)	目标年(2021)			目标年(2028)		
		景观格局现状	经济发展	生态保护	统筹兼顾	经济发展	生态保护	统筹兼顾
森林	面积/hm²	5 136.48	5 256.00	23 133.96	10 859.40	5 338.44	24 568.56	19 285.20
	面积(栅格)	14 268	14 600	64 261	30 165	14 829	68 246	53 570
	相对误差	—	1.88%	0.14%	1.28%	3.47%	0.12%	0.31%
城乡人居及工矿	面积/hm²	10 958.04	19 634.76	16 079.04	19 634.04	21 537.00	16 165.80	21 493.80
	面积(栅格)	30 439	54 541	44 664	54 539	59 825	44 905	59 705
	相对误差	—	0.45%	0.64%	0.46%	0.08%	0.10%	0.28%
水体	面积/hm²	1 570.68	1 596.60	1 602.72	1 586.88	1 599.84	1 594.08	1 611.00
	面积(栅格)	4 363	4 435	4 452	4 408	4 444	4 428	4 475
	相对误差	—	0.67%	0.29%	1.28%	0.47%	0.83%	0.22%

注：相对误差指景观格局空间优化结果与数量优化结果的景观面积相对误差，栅格大小为 60m×60m

11.3.4　景观生态安全空间优化格局

1. 各情景景观优化格局数量、结构和空间特征

(1) 各情景景观数量和构成特点　　经济发展情景中(表11-4、图11-6)，果园、城乡人居及工矿为优势景观类型，对该情景景观生态安全格局起主导作用。2021 年，果园景观面积最大，为 21 843.72hm²，占景观总面积的 39.37%；城乡人居及工矿景观相对次之，面积为 19 634.76hm²，占比为 35.39%；农田、森林、水体景观面积都不大，分别为 7153.20hm²、5256.00hm²、1596.60hm²，占比分别为 12.89%、9.47%、2.88%。2028 年，城乡人居及工矿景观面积最大，为 21 537.00hm²，占景观总面积的 38.82%；果园景观面积相对次之，为 19 177.56hm²，占比为 34.56%；农田、森林、水体景观面积亦都不大，分别为 7831.44hm²、5338.44hm²、1599.84hm²，占比分别为 14.11%、9.62%、2.88%。

生态保护情景中(表 11-4、图 11-6)，森林、城乡人居及工矿为优势景观类型，对该情景景观生态安全格局起主导作用。两期规划中，森林景观面积均最大，分别为 23 133.96hm²、24 568.56hm²，占景观总面积的比例分别为 41.69%、44.28%；城乡人居及工矿景观相对次之，面积分别为 16 079.04hm²、16 165.80hm²，占景观总面积的比例分别为 28.98%、29.14%；农田、森林、水体景观面积都不大，面积之和分别为 16 271.28hm²、14 749.92hm²，合计占景观总面积的比例分别为 29.33%、26.58%。

统筹兼顾情景中(表 11-4、图 11-6)，城乡人居及工矿、森林和果园为优势景观类型，对该情景景观生态安全格局起主导作用。2021 年，城乡人居及工矿面积最大，为 19 634.04hm²，占景观总面积的比例为 35.39%；果园、森林景观相对次之，面积分别为 16 243.56hm²、10 859.40hm²，占比分别为 29.28%、19.57%；农田景观面积为 7160.40hm²，占比为 12.91%；水体景观面积为 1586.88hm²，占比为 2.86%。2028 年，面积最大的仍然为城乡人居及工矿景观，达 21 493.80hm²，占景观总面积的比例为 38.74%；其次为森林景观，面积为 19 285.20hm²，占比为 34.76%；再次为农田景观，面积为 7862.40hm²，占比为 14.17%；果园景观面积为 5231.88hm²，占比为 9.43%；水体景观面积为 1611.00hm²，占比为 2.90%。

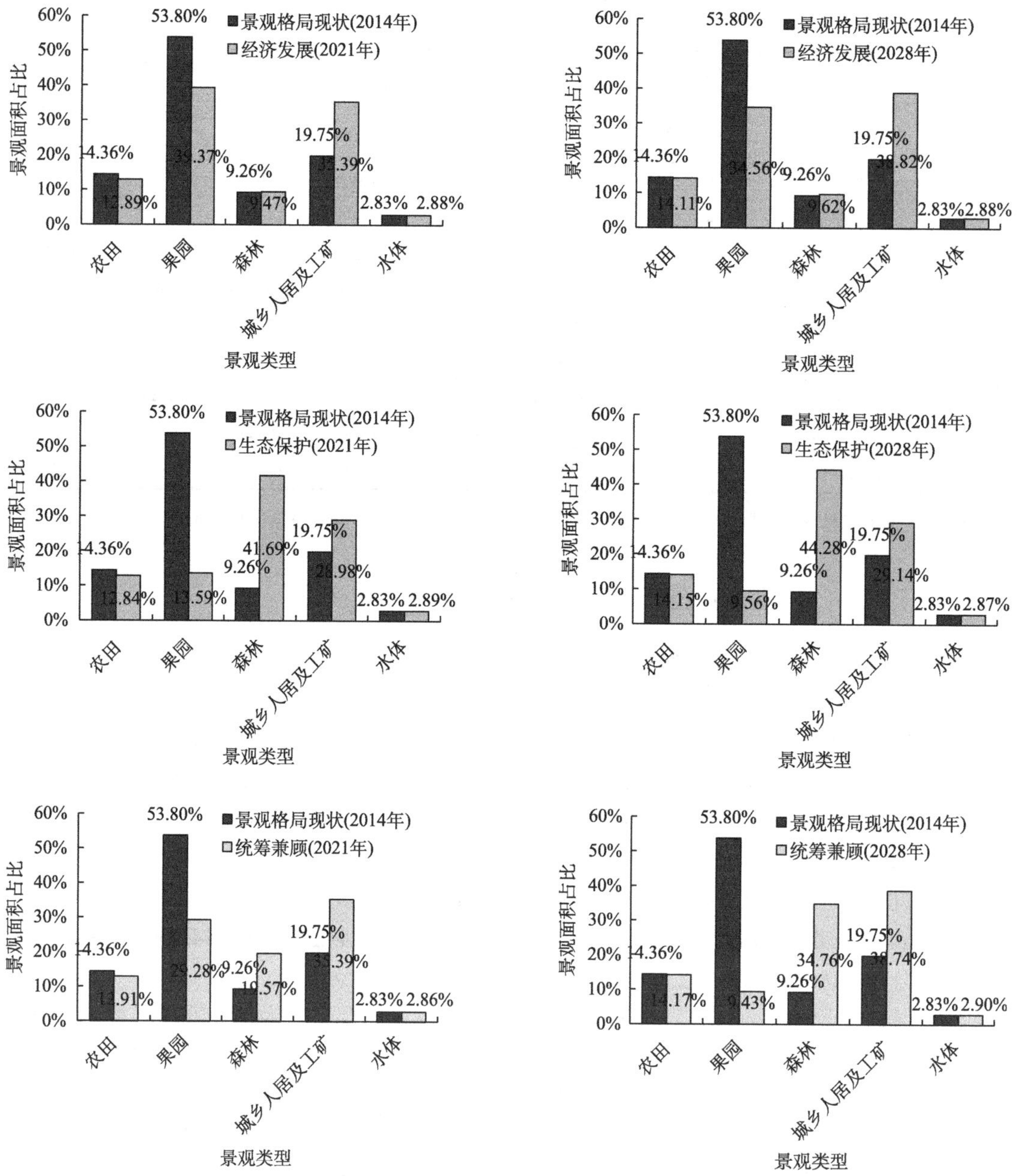

图 11-6　目标年各类景观面积占比和基期年各类景观面积占比对比图

(2) 各情景景观空间分布特征　　在经济发展情景中(图 11-7)，2021 年农田散布在黄土、洪安、西河等坝区街镇乡，以及山区万兴、茶店东部；果园分布在山泉、茶店、万兴等山区街镇乡，以及洛带、同安、柏合东部；森林散布在万兴、茶店，以及洛带、同安、柏合东部；城乡人居及工矿集中分布在十陵、西河、大面、龙泉、黄土、洪安，以及洛带、同安、柏合西部；水体为东部山区湖泊和西部坝区坑塘、沟渠。2028 年景观布局与 2021 年的区别表现为城乡人居及工矿、农田覆盖范围进一步扩大，果园布局区域进一步缩小。

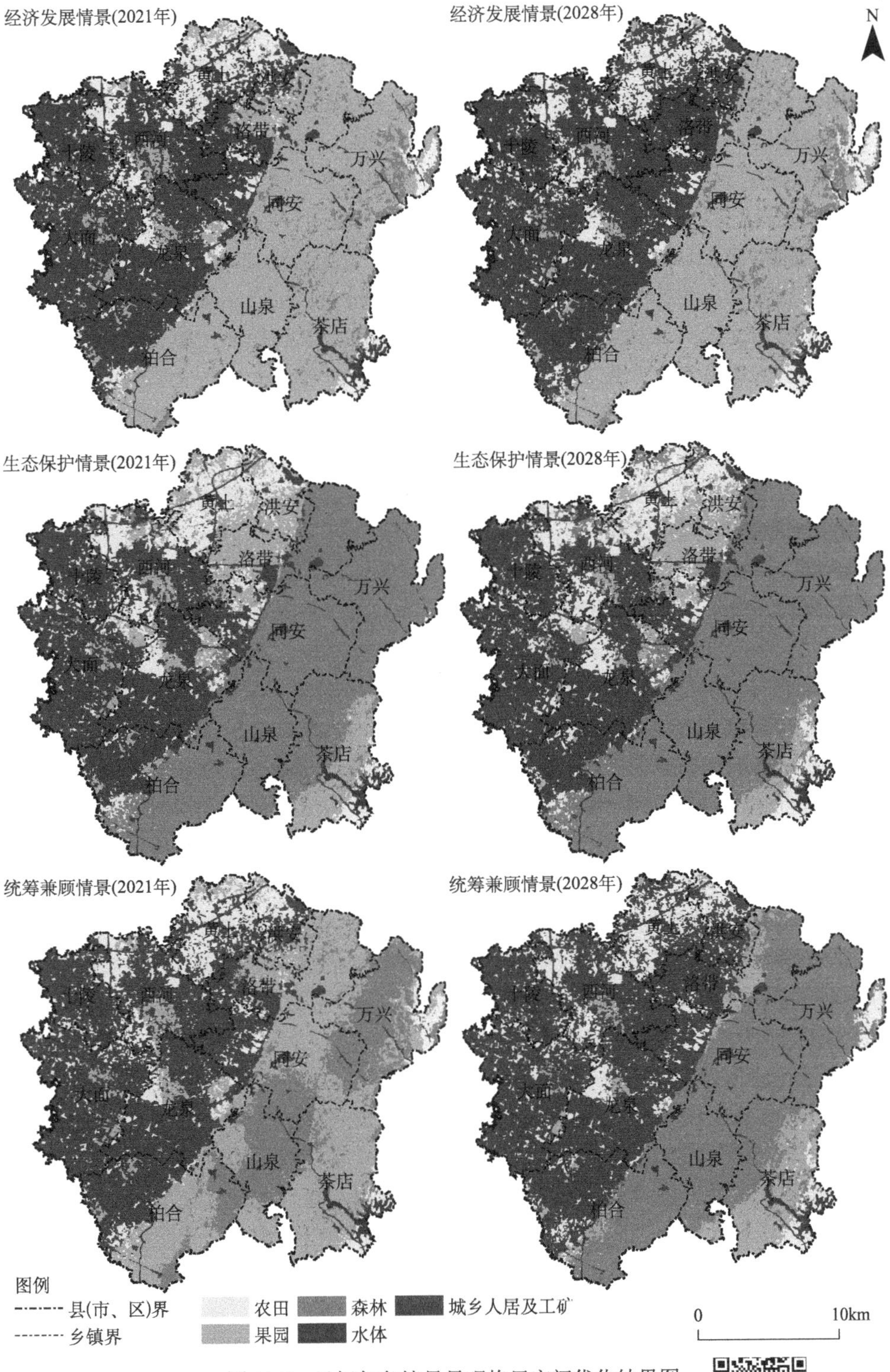

图 11-7　目标年各情景景观格局空间优化结果图

（彩图）

在生态保护情景中(图 11-7)，2021 年农田散布在黄土、洪安、西河、龙泉等坝区街镇乡及山区茶店境内龙泉湖周边；果园分布在黄土、洪安、洛带等坝区街镇乡及山区茶店东南部；森林覆盖山泉、万兴全境，以及柏合、同安、洛带东部和茶店西北部；城乡人居及工矿集中分布在十陵、西河、大面、龙泉，以及同安、柏合西部；水体分布特征与经济发展情景相同。2028 年景观布局与 2021 年的差异表现为森林和农田覆盖范围进一步扩大，果园布局区域进一步缩小。

在统筹兼顾情景中(图 11-7)，2021 年农田散布在黄土、洪安、西河等坝区街镇乡，以及山区万兴、茶店东部；果园大量分布在洛带、茶店和同安、柏合东部，少量分布在山泉、万兴、黄土、西河、龙泉；森林主要分布在万兴、山泉等山区街镇乡，以及同安、柏合东部；城乡人居及工矿大量分布在十陵、西河、大面、龙泉，以及同安、柏合、洛带西部，少量分布在黄土、洪安；水体分布特征亦与经济发展情景相同。2028 年景观布局与 2021 年的最大区别是森林布局区域大幅扩张，覆盖山泉、万兴全境和洛带、同安、柏合东部及茶店西北部，果园覆盖范围大面积缩减，主要分布在茶店东南部和洛带东部山麓地带。

2. 各情景景观优化格局变化特征

(1) 各情景景观变化特点　与 2014 年景观构成情况相比，三情景两目标年中主要景观类型构成比例均发生了较大变化(表 11-4、图 11-6)。在经济发展情景中，目标年城乡人居及工矿、森林、水体构成比例增大，果园、农田构成比例减少。两期规划中，城乡人居及工矿构成比例增幅最大，分别增加 15.64%、19.07%；果园构成比例减幅最大，分别减少 14.43%、19.24%；农田、森林、水体景观构成比例变化幅度不大。在生态保护情景中，目标年森林、城乡人居及工矿、水体构成比例增大，果园、农田构成比例减少。两期规划中，森林构成比例增幅最大，分别增加 32.44%、35.02%；城乡人居及工矿构成比例增幅次之，分别增加 9.23%、9.39%；果园构成比例减幅最大，分别减少 40.21%、44.24%；农田、水体景观构成比例变化幅度不大。在统筹兼顾情景中，目标年城乡人居及工矿、森林、水体构成比例增大，果园、农田构成比例减少。两期规划中，2021 年城乡人居及工矿构成比例增幅最大，增加了 15.64%，森林构成比例增幅次之，增加了 15.64%，果园构成比例减幅最大，减少了 24.52%；2028 年森林构成比例增幅最大，增加了 25.50%，城乡人居及工矿构成比例增幅次之，增加了 18.99%，果园构成比例减幅最大，减少了 44.37%。

(2) 各情景景观格局变化特征分析　与基期年相比，经济发展情景两期规划景观格局均呈现出城乡人居及工矿大幅增加、果园大幅减少、森林和水体略微增加、农田略有减少的变化特征[表 11-4、图 11-1(a)、图 11-7]。根据 PSO 景观格局空间优化算法，数量优化面积小于基期年的景观中适宜度较低的部分将被调整为适宜度高且数量优化面积大于基期年的其他景观。因此，城乡人居及工矿因数量优化面积大于基期年而增加，果园因数量优化面积小于基期年而减少，而农田虽数量优化面积大于基期年，但空间优化面积略微减少，森林和水体虽数量优化面积等于基期年，但空间优化面积略微增加的原因可能是模型算法通过适当缩减农田、增加森林和水体可使优化目标进一步提高，也可能是因粒子碰撞引起的误差。

生态保护情景两期规划景观格局均呈现出森林和城乡人居及工矿增加、农田和果园减少、水体基本未变的变化特征[表11-4、图11-1(a)、图11-7]。其中，森林增加原因是其数量优化面积大于基期年面积而致使模型算法将森林适宜度较高的其他景观转化为森林，果园减少的原因是其数量优化面积小于基期年面积而让模型算法将其适宜度较低的区域转化为其他景观。农田虽数量优化面积大于基期年，但空间优化面积减少，城乡人居及工矿虽数量优化面积等于基期年，但空间优化面积增加，其可能也是由模型算法进一步提高优化目标和粒子碰撞误差所致。

统筹兼顾情景两期规划景观格局均呈现出城乡人居及工矿、森林大幅增加，果园大幅减少，农田略有减少，水体基本未变的变化特征[表 11-4、图 11-1(a)、图 11-7]。人类对景观资源的需求是无限的，然而承载景观资源的土地的有限性迫使空间优化时不得不进行景观选择博弈。所以，在统筹兼顾情景中，权重较大的城乡人居及工矿、森林在博弈中占优势地位，优先扩张到预设面积；水体虽权重不高，但因采取水资源保护策略[图 11-1(b)]，其空间变化不大；果园权重虽与农田相差甚微，但因果园与森林景观高度适宜区重叠(图 11-2)，其在与权重高于自身的森林进行空间扩张博弈中失去优势地位而大幅缩减。

3. 各情景景观优化格局比较

(1) 各情景景观格局优化方案效益变化及比较分析　与基期年相比，经济发展情景两期规划景观格局数量优化(空间优化)经济效益变化幅度分别为 21.10%(17.09%)、32.00%(12.03%)，生态效益变化幅度分别为–0.82%(3.26%)、–1.29%(–1.95%)，综合效益变化幅度分别为 12.20%(8.36%)、18.47%(3.21%)；生态保护情景两期规划景观格局数量优化(空间优化)经济效益变化幅度分别为–0.86%(–27.87%)、–0.94%(–31.60%)，生态效益变化幅度分别为 2.07%(45.55%)、2.16%(44.20%)，综合效益变化幅度分别为 0.33%(18.49%)、0.32%(16.26%)；统筹兼顾情景两期规划景观格局数量优化(空间优化)经济效益变化幅度分别为 20.84%(2.04%)、31.32%(2.57%)，生态效益变化幅度分别为 0.16%(24.07%)、0.38%(34.38%)，综合效益变化幅度分别为 12.31%(15.95%)、18.75%(12.25%)。通过对比不难发现，无论景观格局数量优化还是空间优化，两期规划经济发展情景方案皆因强调经济效益而使生态效益呈负增长，生态保护情景方案亦皆因重视生态效益而使经济效益呈负增长，然而统筹兼顾情景弥补了前两种情景方案的缺陷，经济、生态、综合效益都得以提升，是未来龙泉驿区最理想的景观格局空间布局方案。

(2) 各情景景观格局优化方案潜在可能性对比分析　虽然当前全国经济增速持续放缓，但龙泉驿区地处成都市近郊区这一特殊经济地理区位和四川高端制造产业功能区这一特殊产业布局区位，这决定未来该区经济体量和人口数量仍将持续增加，人口增多势必导致居住、公共服务设施用地需求增大，经济发展必然增加产业和配套用地需求，故未来该区城乡人居及工矿景观增长潜在可能性特别大。承载景观的土地资源的有限性特征决定了城乡人居及工矿用地大幅扩张必然导致农田、果园等其他景观相应缩减，但由于该区为国家级生态区，未来生态建设力度减弱的可能性不大，因此生态效益较高的森林、水体景观面积增大的潜在可能性较大，因而农田、果园大量增加的可能性也就很大。三种情景景观格局优化方案中，经济发展情景方案因追求经济效益最大化而使城乡人居及工矿大幅扩张，果园大幅缩减，森林、水体、农田变化较小，特别是生态价值较高的森林增幅甚微，与该区森林面积增大潜在可能性较大的实际不符，因此未来该情景方案潜在可能性较小；生态保护情景方案因强调生态安全水平最大化而使森林大量扩张，保持经济稳定增长的必备城乡人居及工矿用地未得到充足保障，不符合城乡人居及工矿用地扩张潜在可能性特别大的实际，因此未来该情景方案潜在可能性也很小；统筹兼顾情景方案既考虑了保持经济增长的基本土地资源供给，又筹划了促进环境质量提升的必备生态资源空间，使得保持经济发展的城乡人居及工矿用地和维系生态安全的森林资源均得以足够保障，既符合区域景观变化潜在可能性，也符合该区经济发展、生态建设实际，是未来潜在可能性最大的情景方案。

11.4　结论与建议

本章基于景观分类与景观格局现状分析、景观格局变化特征与驱动因子分析、景观格局变化潜力与动态模拟、区域生态安全评价与变化趋势预测等前述章节研究成果以及 TM/OLI 遥感影像、ASTER GDEM 数据、气象数据、土壤数据和相关社会经济数据，首先应用 binary logistic 回归模型进行景观适宜性评价，然后应用约束最优化方法对经济发展、生态保护、统筹兼顾三种情景景观格局数量结构进行优化，在此基础上基于 PSO 原理构建景观格局空间优化模型与算法，进行各情景景观格局空间布局优化，并通过对比分析确定规划案例研究区最佳景观生态安全格局。主要结论如下。

1）PSO 景观格局空间优化模型与算法能有效耦合景观数量优化结果和相关政策、经济、社会因素进行景观格局优化，可在区域层面景观生态安全格局规划中推广。基于 PSO 原理和 MATLAB 矩阵运算理论，建立了景观类型栅格图与粒子间的空间映射关系，构建了景观格局空间优化模型与算法，在龙泉驿区景观生态安全格局构建实证研究中证实，该模型与算法能够利用粒子位置模拟景观分布及有效耦合景观数量优化结果和相关政策、经济、社会因素进行景观格局优化，并且从理论上实现了基于高分辨率栅格图的景观格局优化。从模型运算结果来看，模型所得景观优化面积未能完全满足面积约束条件，与事先设置的景观数量优化结果的相对误差小于 4.00%，可以在区域层面景观安全格局宏观规划中推广应用。但在实际应用中，随着栅格图分辨率的提高或研究范围的扩大，该优化方法计算量呈数倍增长，程序运行时间成倍增加，因此在应用该方法进行空间优化决策时要根据研究范围和尺度选择恰当的栅格图分辨率。

2）经济发展情景优势景观为城乡人居及工矿、果园，景观格局为西部坝区以城乡人居及工矿、农田为主，东部山区以果园为主，并呈现城乡人居及工矿大幅增加、果园大幅减少、森林和水体略微增加、农田略有减少的变化特征。经济发展情景优势景观为城乡人居及工矿、果园，2021 年，城乡人居及工矿景观面积为 19 634.76hm²，占景观总面积的 35.39%，果园景观面积为 21 843.72hm²，占比为 39.37%，农田、森林、水体景观面积分别为 7153.20hm²、5256.00hm²、1596.60hm²，占比分别为 12.89%、9.47%、2.88%；2028 年，城乡人居及工矿景观面积为 21 537.00hm²，占景观总面积的 38.82%，果园景观面积为 19 177.56hm²，占比为 34.56%，农田、森林、水体景观面积分别为 7831.44hm²、5338.44hm²、1599.84hm²，占比分别为 14.11%、9.62%、2.88%。景观格局呈现出西部坝区以城乡人居及工矿、农田为主，东部山区以果园为主的分布特征，与基期年相比，景观格局均呈现出城乡人居及工矿大幅增加、果园大幅减少、森林和水体略微增加、农田略有减少的变化特征。

3）生态保护情景优势景观为森林、城乡人居及工矿，景观格局为西部坝区以城乡人居及工矿、果园、农田为主，东部山区以森林为主，并呈现森林和城乡人居及工矿增加、农田和果园减少、水体基本未变的变化特征。生态保护情景优势景观为森林、城乡人居及工矿，两期规划中，森林景观面积均最大，分别为 23 133.96hm²、24 568.56hm²，占景观总面积的比例分别为 41.69%、44.28%；城乡人居及工矿景观相对次之，面积分别为 16 079.04hm²、

16 165.80hm²，占景观总面积的比例分别为 28.98%、29.14%；农田、森林、水体景观面积都不大，面积之和分别为 16 271.28hm²、14 749.92hm²，合计占景观总面积的比例分别为 29.33%、26.58%。景观格局呈现出西部坝区以城乡人居及工矿、果园、农田为主，东部山区以森林为主的分布特征，与基期年相比，景观格局均呈现出森林和城乡人居及工矿增加、农田和果园减少、水体基本未变的变化特征。

4) 统筹兼顾情景优势景观为城乡人居及工矿、森林和果园，景观格局为西部坝区以城乡人居及工矿、农田为主，东部山区以森林、果园为主，并呈现城乡人居及工矿、森林大幅增加，果园大幅减少，农田略有减少，水体基本未变的变化特征。统筹兼顾情景优势景观为城乡人居及工矿、森林和果园，2021 年，城乡人居及工矿面积为 19 634.04hm²，占景观总面积的 35.39%，森林景观面积为 10 859.40hm²，占比为 19.57%，果园景观面积为 16 243.56hm²，占比为 29.28%，农田景观面积为 7160.40hm²，占比为 12.91%，水体景观面积为 1586.88hm²，占比为 2.86%；2028 年，城乡人居及工矿景观面积为 21 493.80hm²，占景观总面积的 38.74%，森林景观面积为 19 285.20hm²，占比为 34.76%，农田景观面积为 7862.40hm²，占比为 14.17%，果园景观面积为 5231.88hm²，占比为 9.43%，水体景观面积为 1611.00hm²，占比为 2.90%。景观格局呈现出西部坝区以城乡人居及工矿、农田为主，东部山区以森林、果园为主的分布特征，与基期年相比，景观格局均呈现出城乡人居及工矿、森林大幅增加，果园大幅减少，农田略有减少，水体基本未变的变化特征。

5) 统筹兼顾情景景观格局优化方案潜在可能性和经济、生态、综合效益均优于其余两种情景方案，是规划案例研究区最理想的景观生态安全格局。经济发展情景景观格局优化方案因追求经济效益最大化而使生态价值较高的森林增幅甚微，生态效益呈负增长，并且与该区森林面积增大潜在可能性较大的实际不符；生态保护情景景观格局优化方案因强调生态安全水平最大化而使森林大量扩张，保持经济稳定增长的必备城乡人居及工矿用地未得到充足保障，经济效益呈负增长，而且不符合城乡人居及工矿用地扩张潜在可能性特别大的实际；统筹兼顾情景景观格局优化方案既考虑了保持经济增长的基本土地资源供给，又谋划了促进环境质量提升的必备生态资源空间，符合区域景观变化潜在可能性和规划案例研究区经济发展、生态建设实际，未来潜在可能性最大，其经济、生态、综合效益均得以优化提升，是目标年规划案例研究区最理想的景观生态安全格局规划方案。

参考文献

白秀莲, 巴雅尔, 哈斯其其格. 2014. 基于C5.0的遥感影像决策树分类实验研究. 遥感技术与应用, 29(2): 338-343

摆万奇, 张永民, 阎建忠, 等. 2005. 大渡河上游地区土地利用动态模拟分析. 地理研究, 24(2): 206-213

鲍士旦. 2000. 土壤农化分析. 3版. 北京: 中国农业出版社

布仁仓, 常禹, 胡远满, 等. 2005. 基于Kappa系数的景观变化测度——以辽宁省中部城市群为例. 生态学报, 25(4): 778-784

蔡福, 于贵瑞, 祝青林, 等. 2005. 气象要素空间化方法精度的比较研究——以平均气温为例. 资源科学, 27(5): 173-179

蔡丽艳. 2013. 数据挖掘算法及其应用研究. 成都: 电子科技大学出版社

常直杨, 王建, 白世彪, 等. 2014. 基于SRTM DEM数据的三峡库区地貌类型自动划分. 长江流域资源与环境, 23(12): 1665-1670

陈德军, 胡华成, 周祖德. 2007. 基于径向基函数的混合神经网络模型研究. 武汉理工大学学报, 29(2): 122-125

陈浩, 周金星, 陆中臣, 等. 2003. 荒漠化地区生态安全评价——首都圈怀来县为例. 水土保持学报, 17(1): 58-62

陈俊, 宫鹏. 1998. 实用地理信息系统. 北京: 科学出版社

陈利顶, 张淑荣, 傅伯杰, 等. 2003. 流域尺度土地利用与土壤类型空间分布的相关性研究. 生态学报, 23(12): 2497-2505

陈学刚. 2005. 基于细胞自动机的城市增长模拟研究. 乌鲁木齐: 新疆大学硕士学位论文

陈艳艳, 刘建兵, 肖瑛, 等. 2015. 钉螺感染率与气候因素的空间回归关系研究. 中国血吸虫病防治杂志, 27(2): 125-128

陈卓全. 2004. 植物挥发性气体与人类的健康安全. 生态环境, 13(3): 385-389

谌爱文. 2007. 基于BP和RBF神经网络的数据预测方法研究. 长沙: 中南大学硕士学位论文

成都市龙泉驿区地方志编纂委员会. 2013. 成都市龙泉驿区志(1989-2005). 北京: 方志出版社

成都市龙泉驿区国土局. 1998. 成都市龙泉驿区国土志. 成都: 四川大学出版社

程刚, 张祖陆, 吕建树. 2013. 基于CA-Markov模型的三川流域景观格局分析及动态预测. 生态学杂志, 32(4): 999-1005

程维明, 柴慧霞, 龙恩, 等. 2004. 中国1∶100万景观生态制图设计. 地球信息科学, 6(4): 19-24

邓明. 2014. 变系数空间面板数据模型及其应用的研究. 厦门: 厦门大学出版社

邓书斌. 2010. ENVI遥感图像处理方法. 北京: 科学出版社

董伟, 张向晖, 苏德, 等. 2008. 基于主成分投影法的长江上游水源涵养区生态安全评价. 环境保护, (20): 64-67

都业军. 2008. 人工神经网络在遥感影像分类中的应用与对比研究. 呼和浩特: 内蒙古师范大学硕士学位论文

杜国明, 陈晓翔, 黎夏. 2006. 基于微粒群优化算法的空间优化决策. 地理学报, 61(12): 1290-1298

杜强, 贾丽艳, 严先锋, 等. 2014. SPSS统计分析: 从入门到精通. 北京: 人民邮电出版社

杜艺, 刘文国, 葛帅. 2014. 基于傅里叶变换的条带噪声去除方法研究. 测绘与空间地理信息, 37(8): 165-167

杜云雷. 2013. 基于Ann-CA-Markov的福州城市用地变化建模与模拟研究. 福州: 福建农林大学硕士学位论文

段晓东, 王存睿, 刘向东. 2007. 粒子群算法及其应用. 沈阳: 辽宁大学出版社

范强, 杨俊, 吴楠, 等. 2013. 海岸旅游小镇景观格局演变与动态模拟——以大连市金石滩国家旅游度假区为例. 地理科学, 33(12): 1467-1475

范弢, 杨世瑜. 2009. 旅游地生态地质环境. 北京: 冶金工业出版社

范玉妹, 徐尔, 赵金玲, 等. 2009. 数学规划及其应用. 3版. 北京: 冶金工业出版社

冯异星, 罗格平, 尹昌应, 等. 2009. 干旱区内陆河流域土地利用程度变化与生态安全评价——以新疆玛纳斯河流域为例. 自然资源学报, 12(11): 1921-1932

傅伯杰. 1985. 土地生态系统的特征及其研究的主要方面. 生态学杂志, 4(1): 32-34

傅伯杰. 1993. 区域生态环境预警的理论及其应用. 应用生态学报, 4(4): 436-439

傅伯杰, 陈利顶, 马克明, 等. 2011. 景观生态学原理及应用. 北京: 科学出版社

傅和玉. 2001. 农药的生态安全特性指标Q方程的研究. 昆虫知识, 38(4): 296-299

高长波, 陈新庚, 韦朝海, 等. 2006. 区域生态安全: 概念及评价理论基础. 生态环境, 15(1): 169-174

高尚, 杨静宇. 2006. 群智能算法及其应用. 北京: 中国水利水电出版社

高升, 孙会荟. 2013. 基于模糊综合评判法平潭岛生态安全动态评价及驱动力分析. 福建林学院学报, 33(3): 213-219
葛哲学. 2008. 精通MATLAB. 北京: 电子工业出版社
巩敦卫, 孙晓燕. 2010. 智能控制技术简明教程. 北京: 国防工业出版社
关连珠. 2007. 普通土壤学. 北京: 中国农业大学出版社
郭达志. 2002. 地理信息系统原理与应用. 徐州: 中国矿业大学出版社
郭大忠, 冯晓. 2002. 城市规划中合理路网密度问题的探讨. 重庆交通学院学报(社科版), 2(1): 52-55
郭秀锐, 杨居荣, 毛显强. 2002. 城市生态系统健康评价初探. 环境科学, 22(6): 525-529
韩荡. 2003. 城市景观生态分类——以深圳市为例. 城市环境与城市生态, 16(2): 50-52
韩力群. 2006. 人工神经网络教程. 北京: 北京邮电大学出版社
韩奇, 谢东海, 陈秋波. 2006. 社会经济——水安全SD预警模型的构建. 热带农业科学, 26(1): 31-34
韩文权, 常禹. 2004. 景观动态的Markov模型研究——以长白山自然保护区为例. 生态学报, 24(9): 1958-1965
郝润梅, 海春兴, 雷军. 2006. 农牧交错带农田景观格局对土地生态环境安全的影响——以呼和浩特市为例. 干旱区地理, 29(5): 700-704
何春阳, 史培军, 李景刚, 等. 2004. 中国北方未来土地利用变化情景模拟. 地理学报, 59(4): 599-607
何丹, 金凤君, 周璐. 2011. 基于Logistic-CA-Markov的土地利用景观格局变化——以京津冀都市圈为例. 地理科学, 31(8): 903-910
何牡丹, 李志忠, 刘永泉. 2007. 土壤有机质研究方法进展. 新疆师范大学学报(自然科学版), 26(3): 249-251
胡宝清. 2006. 土地系统工程. 北京: 中国大地出版社
胡永宏, 贺思辉. 2000. 综合评价方法. 北京: 科学出版社
黄昌勇. 2000. 土壤学. 北京: 中国农业出版社
黄超. 2011. 基于CA-Markov模型的福州市景观格局动态模拟研究. 福州: 福建农林大学硕士学位论文
黄海. 2014. 基于改进粒子群算法的低碳型土地利用结构优化——以重庆市为例. 土壤通报, 45(2): 303-306
黄海, 刘长城, 陈春. 2013. 基于生态足迹的土地生态安全评价研究. 水土保持研究, 20(1): 193-196
黄辉玲, 罗文斌. 2010. 基于物元分析的土地生态安全评价. 农业工程学报, 26(3): 316-322
黄秋兰, 唐咸艳, 周红霞, 等. 2013. 四种空间回归模型在疾病空间数据影响因素筛选中的比较研究. 中国卫生统计, 30(3): 334-338
霍华德 J A, 林晨. 1983. 景观的植被——地貌分类. 地理科学进展, 2(4): 17-21
霍霄妮, 李红, 张微微, 等. 2009. 北京耕作土壤重金属含量的空间自相关分析. 环境科学学报, 29(6): 1339-1344
贾科利, 常庆瑞, 张俊华. 2008. 陕北农牧交错带土地利用变化及驱动机制分析. 资源科学, 30(7): 1053-1060
江勇, 付梅臣, 杜春艳, 等. 2011. 基于DPSIR模型的生态安全动态评价研究——以河北永清县为例. 资源与产业, 13(1): 61-65
蒋耿明, 牛铮, 阮伟利, 等. 2003. MODIS影像条带噪声去除方法研究. 遥感技术与应用, 18(6): 393-398
焦李成. 1990. 神经网络系统理论. 西安: 西安电子科技大学出版社
冷文芳, 贺红士, 布仁仓, 等. 2006. 气候变化条件下东北森林主要建群种的空间分布. 生态学报, 26(12): 4257-4266
黎夏, 叶嘉安. 1999. 约束性单元自动演化CA模型及可持续城市发展形态的模拟. 地理学报, 54(4): 289-298
李传哲, 于福亮, 刘佳. 2009. 分水后黑河干流中游地区景观动态变化及驱动力. 生态学报, 29(11): 5832-5842
李华生, 徐瑞祥. 2005. 南京城市人居环境质量预警研究. 经济地理, 25(5): 658-661
李晖, 白杨, 杨树华, 等. 2009. 基于马尔柯夫模型的怒江流域中段植被动态变化预测. 生态学杂志, 28(2): 371-376
李晶, 蒙吉军, 毛熙彦. 2013. 基于最小累积阻力模型的农牧交错带土地利用生态安全格局构建——以鄂尔多斯市准格尔旗为例. 北京大学学报: 自然科学版, 49(4): 707-715
李俊祥, 宋永昌. 2003. 浙江天童国家森林公园景观的遥感分类与制图. 生态学杂志, 22(4): 102-106
李丽, 牛奔. 2009. 粒子群优化算法. 北京: 冶金工业出版社
李利红, 张华国. 2013. 基于RS/GIS的西门岛海洋特别保护区滩涂湿地景观格局变化分析. 遥感技术与应用, 28(1): 129-136
李人厚, 王拓. 2013. 智能控制理论和方法. 2版. 西安: 西安电子科技大学出版社
李书娟, 曾辉. 2002. 遥感技术在景观生态学研究中的应用. 遥感学报, 6(3): 233-240
李双成, 赵志强, 高江波. 2008. 基于空间小波变换的生态地理界线识别与定位. 生态学报, 28(9): 4313-4322
李素, 庄大方. 2006. 基于RS和GIS的人口估计方法研究综述. 地理科学进展, 25(1): 109-121
李万莲. 2008. 我国生态安全预警研究进展. 安全与环境工程, 15(3): 78-81

李玮, 秦大庸, 褚俊英, 等. 2010. 基于情景分析法的污染物排放趋势研究. 水电能源科学, 28(5): 36-39
李新琪, 金海龙. 2007. 基于 CBERS-2 遥感数据的艾比湖流域景观生态分类系统. 干旱区地理, 30(5): 736-741
李鑫, 马晓冬, 肖长江, 等. 2015. 基于 CLUE-S 模型的区域土地利用布局优化. 经济地理, 35(1): 162-172
李鑫, 欧名豪, 刘建生, 等. 2014. 基于不确定性理论的区域土地利用结构优化. 农业工程学报, 30(4): 176-184
李秀霞, 徐龙, 江恩赐. 2013. 基于系统动力学的土地利用结构多目标优化. 农业工程学报, 29(16): 247-254
李旭, 程涛, 曹卫星, 等. 2017. 基于 QUEST 决策树的 Landsat 8 遥感影像的南京市土地分类研究. 湖北农业科学, 56(1): 35-38
李璇琼, 何政伟, 陈晓杰, 等. 2013. RS 和 GIS 支持下的县域生态安全评价. 测绘科学, 38(1): 68-71
李月臣, 刘春霞. 2009. 1987—2006 年北方 13 省土地利用/覆盖变化驱动力分析. 干旱区地理, 32(1): 37-46
李振鹏, 刘黎明, 张虹波, 等. 2004. 景观生态分类的研究现状及其发展趋势. 生态学杂志, 23(4): 150-156
李宗尧. 2010. 经济快速发展地区区域生态安全评价与调控研究——以长江三角洲地区为例. 北京: 中共中央党校出版社
梁一, 王小彬, 蔡典雅, 等. 2007. 河南省土壤有机碳分布空间自相关分析. 应用生态学报, 18(6): 1305-1310
廖谌婳. 2012. 矿区农田景观生态适宜性评价——以徐州市潘安采煤塌陷区为例. 资源与产业, 14(3): 36-42
廖顺宝, 李泽辉. 2003. 基于人口分布与土地利用关系的人口数据空间化研究——以西藏自治区为例. 自然资源学报, 18(6): 659-665
廖顺宝, 孙九林. 2003. 基于 GIS 的青藏高原人口统计数据空间化. 地理学报, 58(1): 25-33
廖一兰, 王劲峰, 孟斌, 等. 2007. 人口统计数据空间化的一种方法. 地理学报, 62(10): 1110-1119
林超, 李昌文. 1980. 北京山区土地类型研究的初步总结. 地理学报, 35(3): 187-198
林剑, 彭顺喜, 邓吉秋, 等. 2011. 多光谱遥感图像土地利用分类方法. 长沙: 中南大学出版社
林彰平, 刘湘南. 2002. 东北农牧交错带土地利用生态安全模式案例研究. 生态学杂志, 21(6): 15-19
刘畅, 李凤日, 甄贞. 2014. 空间误差模型在黑龙江省森林碳储量空间分布的应用. 应用生态学报, 25(10): 2779-2786
刘殿锋, 刘耀林, 赵翔. 2013. 多目标微观邻域粒子群算法及其在土壤空间优化抽样中的应用. 测绘学报, 42(5): 722-728
刘红, 王慧, 张兴卫. 2006. 生态安全评价研究述评. 生态学杂志, 25(1): 74-78
刘虹. 2008. 风景名胜区村落景观适宜性评价——以金华双龙洞风景区洞前村为例. 城市问题, (3): 53-57
刘辉, 车高红, 高辰晶, 等. 2016. 河北省生态环境质量变化及影响因素分析. 生态科学, 35(2): 89-97
刘吉平, 吕宪国, 杨青, 等. 2009. 三江平原东北部湿地生态安全格局设计. 生态学报, 29(3): 1083-1090
刘纪远, 岳天祥, 王英安, 等. 2003. 中国人口密度数字模拟. 地理学报, 58(1): 17-24
刘进超. 2009. 县级尺度农村居民点景观格局时空分异研究——以徐州市睢宁县为例. 南京: 南京农业大学硕士学位论文
刘莉君. 2011. 农村土地流转模式的绩效比较研究. 北京: 中国经济出版社
刘淼, 胡远满, 孙凤云, 等. 2012. 土地利用模型 CLUE-S 在辽宁省中部城市群规划中的应用. 生态学杂志, 31(2): 413-420
刘明, 王克林. 2008. 洞庭湖流域中上游地区景观格局变化及其驱动力. 应用生态学报, 19(6): 1317-1324
刘明皓, 陶媛, 夏保宝, 等. 2014. 邻域因子对城市土地开发强度模拟效果的影响分析——基于 BP 人工神经网络模拟的结果对比. 西南师范大学学报(自然科学版), 39(2): 1-8
刘荣堂. 1997. 草原野生动物学. 北京: 中国农业出版社
刘邵权, 陈国阶, 陈治谏. 2001. 农村聚落生态环境预警——以万州区茨竹乡茨竹五组为例. 生态学报, 21(2): 295-311
刘喜韬, 鲍艳, 胡振琪, 等. 2007. 闭矿后矿区土地复垦生态安全评价研究. 农业工程学报, 23(8): 102-106
刘小平, 黎夏, 彭晓鹃. 2007. "生态位"元胞自动机在土地可持续规划模型中的应用. 生态学报, 27(6): 2391-2402
刘晓冰, 程道全, 刘鹏飞, 等. 2013. 空间回归分析在土壤属性预测制图中的应用. 土壤, 45(3): 533-539
刘彦随, 郑伟元. 2008. 中国土地可持续利用论. 北京: 科学出版社
刘洋, 辛蕊, 孙晓明. 2012. 人眼分辨率和卫星数据分辨率与成图比例尺的适用性分析. 黑龙江农业科学, (9): 126-129
刘耀林. 2003. 土地信息系统. 北京: 中国农业出版社
龙子泉. 2014. 运筹学高级教程. 武汉: 武汉大学出版社
卢浩东, 潘剑君, 付传城, 等. 2014. 面向土系调查制图的小尺度区域景观分类——以宁镇丘陵区中一小区域为例. 生态学报, 34(9): 2356-2366
陆汝成, 黄贤金, 左天惠, 等. 2009. 基于 CLUE-S 和 Markov 复合模型的土地利用情景模拟研究——以江苏省环太湖地区为例. 地理科学, 29(4): 577-581
路鹏, 苏以荣, 牛铮, 等. 2006. 湖南省桃源县县域景观格局变化及驱动力典型相关分析. 中国水土保持科学, 4(5): 71-76
吕川. 2011. 基于 DPSIR 模型的农业生态安全评价指标体系的构建——以辽河源头流域为例. 安全与环境学报, 11(6): 122-125

吕一河, 陈利顶, 傅伯杰. 2007. 景观格局与生态过程的耦合途径分析. 地理科学进展, 26(3): 1-10
马红莉. 2014. 基于熵权物元模型的青海省土地生态安全评价. 中国农学通报, 30(2): 208-214
马克明, 傅伯杰, 黎晓亚, 等. 2004. 区域生态安全格局: 概念与理论基础. 生态学报, 24(4): 761-768
马士彬, 安裕伦. 2012. 基于 ASTER GDEM 数据喀斯特区域地貌类型划分与分析. 地理科学, 32(3): 368-373
毛汉英, 余丹林. 2001. 区域承载力定量研究方法探讨. 地球科学进展, 16(4): 549-555
毛良祥. 2004. 区域土地资源安全评价研究——以金坛市为例. 南京: 南京农业大学硕士学位论文
蒙吉军, 赵春红, 刘明达. 2011. 基于土地利用变化的区域生态安全评价——以鄂尔多斯市为例. 自然资源学报, 26(4): 578-590
蒙吉军, 朱利凯, 杨倩, 等. 2012. 鄂尔多斯市土地利用生态安全格局构建. 生态学报, 32(21): 6755-6766
蒙晓, 任志远, 戴睿. 2012. 基于压力-状态-响应模型的宝鸡市生态安全动态评价及预测. 水土保持通报, 32(3): 231-235
孟亚宾, 李淼. 2006. 扫描数字化地图数据的误差分析及控制. 测绘与空间地理信息, 29(3): 84-86
孟优, 周益民, 侯秀玲, 等. 2014. 干旱区绿洲生态安全评价研究——以新疆生产建设兵团为例. 干旱区地理, 37(1): 163-169
明冬萍, 王群, 杨建宇. 2008. 遥感影像空间尺度特性与最佳空间分辨率选择. 遥感学报, 12(4): 529-536
那晓东, 张树清, 李晓峰, 等. 2009. 基于 QUEST 决策树兼容多源数据的淡水沼泽湿地信息提取. 生态学杂志, 28(2): 357-365
牛翠娟. 2007. 基础生态学. 北京: 高等教育出版社
欧定华, 夏建国, 张莉, 等. 2015. 区域生态安全格局规划研究进展及规划技术流程探讨. 生态环境学报, 24(1): 163-173
潘峰, 李位星, 高琪, 等. 2013. 粒子群优化算法与多目标优化. 北京: 北京理工大学出版社
潘志强, 刘高焕. 2002. 面插值的研究进展. 地理科学进展, 21(2): 146-152
庞立东, 刘桂香, 刘建强. 2010. 遥感与 GIS 技术在草地景观分类与制图中的应用——以西乌珠穆沁为例. 内蒙古农业大学学报(自然科学版), 31(2): 304-309
秦昆. 2010. GIS 空间分析理论与方法. 武汉: 武汉大学出版社
邱炳文, 陈崇成. 2008. 基于多目标决策和 CA 模型的土地利用变化预测模型及其应用. 地理学报, 63(2): 166-174
任雪松, 于秀林. 2011. 多元统计分析. 北京: 中国统计出版社
邵峰晶, 于忠清. 2003. 数据挖掘原理与算法. 北京: 中国水利水电出版社
邵洪伟. 2008. 深圳市景观格局演变及驱动力研究. 天津: 天津师范大学硕士学位论文
邵振峰. 2009. 城市遥感. 武汉: 武汉大学出版社
申文明, 王文杰, 罗海江. 2007. 基于决策树分类技术的遥感影像分类方法研究. 遥感技术与应用, 22(3): 333-338
沈静, 陈振楼, 王军, 等. 2007. 上海市崇明主要城镇生态环境安全预警初探. 城市环境与城市生态, 20(2): 8-12
沈玉昌, 苏时雨, 尹泽生. 1982. 中国地貌分类、区划与制图研究工作的回顾与展望. 地理科学, 2(2): 97-104
沈泽昊. 2004. 景观生态学的实验研究方法综述. 生态学报, 24(4): 769-774
师庆东, 王智, 贺龙梅, 等. 2014. 基于气候、地貌、生态系统的景观分类体系——以新疆地区为例. 生态学报, 34(12): 3359-3367
施光燕, 董加礼. 1999. 最优化方法. 北京: 高等教育出版社
施彦, 韩力群, 廉小亲. 2009. 神经网络设计方法与实例分析. 北京: 北京邮电大学出版社
史舟, 李艳. 2006. 地统计学在土壤学中的应用. 北京: 中国农业出版社
宋佳. 2006. 基于 DEM 的我国地貌形态类型自动划分研究. 西安: 西北大学硕士学位论文
宋开山, 刘殿伟, 王宗明, 等. 2008. 1954 年以来三江平原土地利用变化及驱动力. 地理学报, 63(1): 93-104
苏方林. 2007. 省域 R&D 知识溢出的 GWR 实证分析. 数量经济技术经济研究, 24(2): 145-153
苏琦, 杨凤海, 王明亮, 等. 2010. 基于 K-T 变换的 NDVI 提取方法研究. 测绘与空间地理信息, 33(1): 150-152
苏为华. 2005. 综合评价学. 北京: 中国市场出版社
孙才志, 闫晓露. 2014. 基于 GIS-Logistic 耦合模型的下辽河平原景观格局变化驱动机制分析. 生态学报, 34(24): 7280-7292
孙洪波, 杨桂山, 苏伟忠, 等. 2009. 生态风险评价研究进展. 生态学杂志, 28(2): 335-341
孙立, 李俊清. 2008. 北京市自然保护区空间布局与三区二带理念. 生态学报, 28(12): 6379-6384
孙丕苓, 杨海娟, 刘庆果. 2012. 南水北调重要水源地的土地生态安全动态研究——以陕西省商洛市为例. 自然资源学报, 27(9): 1520-1530
孙然好, 陈利顶, 张百平, 等. 2009. 山地景观垂直分异研究进展. 应用生态学报, 20(7): 1617-1624
孙钰, 李新刚. 2013. 基于空间回归分析的城市土地综合承载力研究——以环渤海地区城市群为例. 地域研究与开发, 32(5): 128-132
汤国安, 杨昕. 2006. ARCGIS 地理信息系统空间分析实验教程. 北京: 科学出版社

唐俊. 2010. PSO 算法原理及应用. 计算机技术与发展, 20(2): 213-216
唐启义, 冯明光. 2006. DPS 数据处理系统: 实验设计、统计分析及模型优化. 北京: 科学出版社
田永中, 陈述彭, 岳大祥, 等. 2004. 基于土地利用的中国人口密度模拟. 地理学报, 59(2): 283-292
万林, 胡庆年, 林星, 等. 2007. 基于水库流域非点源防治的用地规划. 水资源保护, 23(5): 71-74
汪晓银, 周保平. 2012. 数学建模与数学实验. 北京: 科学出版社
汪雪格. 2008. 吉林西部生态景观格局变化与空间优化研究. 长春: 吉林大学博士学位论文
王耕, 王利, 吴伟. 2007. 区域生态安全概念及评价体系的再认识. 生态学报, 27(4): 1627-1637
王汉花, 刘艳芳. 2009. 基于 MOP-CA 整合模型的土地利用优化研究. 武汉大学学报(信息科学版), 34(2): 174-177
王洪芬. 2001. 计量地理学概论. 济南: 山东教育出版社
王济川, 郭志刚. 2001. Logistic 回归模型——方法与应用. 北京: 高等教育出版社
王丽艳, 张学儒, 张华, 等. 2010. CLUE-S 模型原理与结构及其应用进展. 地理与地理信息科学, 26(3): 73-77
王利, 王慧鹏, 任启龙, 等. 2014. 关于基准地形起伏度的设定和计算——以大连旅顺口区为例. 山地学报, 32(3): 277-283
王玲, 吕新. 2009. 基于 DEM 的新疆地势起伏度分析. 测绘科学, 34(1): 113-116
王千, 金晓斌, 周寅康. 2011. 江苏沿海地区耕地景观生态安全格局变化与驱动机制. 生态学报, 31(20): 5903-5909
王桥, 王文杰. 2006. 基于遥感的宏观生态监控技术研究. 北京: 中国环境科学出版社
王让虎, 李晓燕, 张树文, 等. 2014. 东北农牧交错带景观生态安全格局构建及预警研究——以吉林省通榆县为例. 地理与地理信息科学, 30(2): 111-115
王瑞玲, 陈印军. 2007. 城郊农田生态环境质量预警体系研究及应用——以郑州市为例. 土壤学报, 44(6): 994-1001
王小明, 敖为赳, 陈利苏, 等. 2010. 基于 GIS 和 Logistic 模型的香榧生态适宜性评价. 农业工程学报, 26(S1): 252-257
王学, 张祖陆, 张超. 2011. 基于 CA-Markov 模型的白马河流域景观格局分析及预测. 水电能源科学, 29(12): 111-115
王仰麟. 1996. 景观生态分类的理论方法. 应用生态学报, 7(S1): 121-126
王永骥, 涂健. 1998. 神经元网络控制. 北京: 机械工业出版社
王佑汉. 2009. 半城市化地区土地利用变化及驱动力分析——以成都市龙泉驿区为例. 资源与产业, 11(2): 61-65
王玥, 周旺明, 王绍先, 等. 2014. CLUE-S 模型在长白山自然保护区外围规划中的应用. 生态学报, 34(19): 5635-5641
王云才. 2014. 景观生态规划原理. 北京: 中国建筑工业出版社
王政权. 1999. 地统计学及在生态学中的应用. 北京: 科学出版社
邬建国. 2007. 景观生态学——格局、过程、尺度与等级. 2 版. 北京: 高等教育出版社
吴桂平, 曾永年, 冯学智, 等. 2010. CLUE-S 模型的改进与土地利用变化动态模拟: 以张家界市永定区为例. 地理研究, 29(3): 460-470
吴健生, 潘况, 彭建, 等. 2012. 基于 QUEST 决策树的遥感影像土地利用分类——以云南省丽江市为例. 地理研究, 31(11): 1973-1980
吴晓. 2014. 基于灰色关联模型的山地城市生态安全动态评价——以重庆市巫山县为例. 长江流域资源与环境, 23(3): 385-391
吴信才. 2004. MAPGIS 地理信息系统. 北京: 电子工业出版社
吴玉鸣, 李建霞. 2006. 基于地理加权回归模型的省域工业全要素生产率分析. 经济地理, 26(5): 748-752
武鹏. 2008. 新农村建设过程中的居民点空间合并对策——以浙江省嘉兴市海盐县五圣村为例. 经济地理, 28(3): 464-468
郗凤明, 贺红士, 胡远满, 等. 2010. 辽宁中部城市群城市增长时空格局及其驱动力. 应用生态学报, 21(3): 707-713
夏爱生, 刘俊峰. 2016. 数学建模与 MATLAB 应用. 北京: 北京理工大学出版社
肖笃宁. 1991. 景观生态学: 理论、方法及应用. 北京: 中国林业出版社
肖笃宁, 陈文波, 郭福良. 2002. 论生态安全的基本概念和研究内容. 应用生态学报, 13(3): 354-358
肖笃宁, 李秀珍, 高峻, 等. 2010. 景观生态学. 北京: 科学出版社
肖笃宁, 钟林生. 1998. 景观分类与评价的生态原则. 应用生态学报, 9(2): 217-221
肖长来, 曹剑峰, 卞建民. 2005. 水文与水资源工程教学实习指导. 长春: 吉林大学出版社
谢高地, 鲁春霞, 冷允法, 等. 2003. 青藏高原生态资产的价值评估. 自然资源学报, 18(2): 189-196
邢容容, 马安青, 张小伟, 等. 2014. 基于 Logistic-CA-Markov 模型的青岛市土地利用变化动态模拟. 水土保持研究, 21(6): 111-115
熊丽君. 2004. 基于 GIS 的非点源污染研究——张家港西南片地区非点源污染负荷计算. 南京: 河海大学硕士学位论文
徐光辉. 1999. 运筹学基础手册. 北京: 科学出版社
徐建华, 岳文泽, 谈文琦. 2004. 城市景观格局尺度效应的空间统计规律——以上海中心城区为例. 地理学报, 59(6): 1058-1067

徐美, 朱翔, 刘春腊. 2012. 基于 RBF 的湖南省土地生态安全动态预警. 地理学报, 67(10): 1411-1422
徐昔保, 杨桂山, 张建明. 2009. 兰州市城市土地利用优化研究. 武汉大学学报(信息科学版), 34(7): 878-881
许文宁, 王鹏新, 韩萍, 等. 2011. Kappa 系数在干旱预测模型精度评价中的应用——以关中平原的干旱预测为例. 自然灾害学报, 20(6): 81-86
薛毅. 2001. 最优化原理与方法. 北京: 北京工业大学出版社
闫利. 2010. 遥感图像处理实验教程. 武汉: 武汉大学出版社
闫庆武, 卞正富. 2007. 基于 GIS 的社会统计数据空间化处理方法. 云南地理环境研究, 19(2): 92-97
阎平凡, 张长水. 2000. 人工神经网络与模拟进化计算. 北京: 清华大学出版社
杨存建, 陈静安, 白忠, 等. 2009. 利用遥感和 GIS 进行四川省生态安全评价研究. 电子科技大学学报, 38(5): 700-706
杨海波, 贺添, 李建峰. 2010. 基于模糊集对分析的黄河三角洲景观评价研究. 人民黄河, 32(5): 1-3
杨行峻, 郑君里. 1992. 人工神经网络. 北京: 高等教育出版社
杨励雅, 邵春福, 聂伟. 2008. 基于混合遗传算法的城市土地利用形态与交通结构的组合优化. 上海交通大学学报, 42(6): 896-899
杨莉, 何腾兵, 林昌虎, 等. 2009. 基于系统动力学的黔西县土地利用结构优化研究. 山地农业生物学报, 28(1): 24-27
杨妮, 吴良林, 邓树林, 等. 2014. 基于 DMSP/OLS 夜间灯光数据的省域 GDP 统计数据空间化方法——以广西壮族自治区为例. 地理与地理信息科学, 30(4): 108-111
杨青生, 乔纪纲, 艾彬. 2013. 基于元胞自动机的城市生态安全格局模拟——以东莞市为例. 应用生态学报, 24(9): 2599-2607
杨姗姗, 邹长新, 沈渭寿, 等. 2015. 基于 RS 和 GIS 的江西省区域生态安全动态评价. 林业资源管理, 2(2): 100-108
杨少俊, 刘孝富, 舒俭民. 2009. 城市土地生态适宜性评价理论与方法. 生态环境学报, 18(1): 380-385
杨晓华, 刘瑞民, 曾勇. 2008. 环境统计分析. 北京: 北京师范大学出版社
杨欣, 乔琳. 2012. 珠三角地区区域经济水平的水环境影响研究——基于空间回归模型的实证分析. 能源与节能, 82(7): 45-47
杨扬, 杨建宇, 李绍明, 等. 2011. 玉米倒伏胁迫影响因子的空间回归分析. 农业工程学报, 27(6): 244-249
杨子雄. 2009. 复杂空间决策模型在区域土地利用规划布局中的应用研究. 北京: 中国大地出版社
姚永慧, 张百平, 罗扬, 等. 2006. 格网计算法在空间格局分析中的应用——以贵州景观空间格局分析为例. 地球信息科学学报, 8(1): 73-78
叶公强. 2002. 地籍管理. 北京: 中国农业出版社
伊萨钦科 A Г. 1987. 景观调查与景观图的编制. 长春: 吉林科学技术出版社
易征, 李蜀庆, 周丹丹. 2009. 情景分析法在长江上游环境污染治理中的应用. 环境科学与管理, 34(2): 90-92
尤飞, 薛文平. 2013. 大连市自然资源生态安全评价. 大连工业大学学报, 32(2): 118-121
于成学. 2013. 基于“3S”技术的生态安全评价研究进展. 华东经济管理, 27(4): 149-154
于俊年. 2014. 计量经济学. 3 版. 北京: 对外经济贸易大学出版社
余晓红. 2001. 地图扫描数字化的误差分析. 测绘科学, 26(4): 49-52
俞孔坚. 1987. 论景观概念及其研究的发展. 北京林业大学学报, 9(4): 433-439
俞孔坚, 李海龙, 李迪华, 等. 2009. 国土尺度生态安全格局. 生态学报, 29(10): 5163-5175
俞孔坚, 王思思. 2009. 北京市生态安全格局及城市增长预景. 生态学报, 29(3): 1189-1204
俞孔坚, 王思思, 李迪华. 2012. 区域生态安全格局: 北京案例. 北京: 中国建筑工业出版社
喻定权, 尹长林, 陈群元, 等. 2008. 城市空间形态与动态预测系统研究. 长沙: 湖南大学出版社
喻锋, 李晓兵, 王宏, 等. 2006. 皇甫川流域土地利用变化与生态安全评价. 地理学报, 6(6): 645-653
袁金国. 2006. 遥感图像数字处理. 北京: 中国环境科学出版社
袁满, 刘耀林. 2014. 基于多智能体遗传算法的土地利用优化配置. 农业工程学报, 30(1): 191-199
苑希民, 李鸿雁, 刘树坤, 等. 2002. 神经网络和遗传算法在水科学领域的应用. 北京: 中国水利水电出版社
曾晖, 杨平. 2012. 南京市住宅价格的空间回归分析. 西南大学学报(自然科学版), 34(5): 141-145
曾辉, 郭庆华, 喻红. 1999. 东莞市风岗镇景观人工改造活动的空间分析. 生态学报, 19(3): 298-303
曾衍伟. 2003. 地形图扫描数字化精度分析. 测绘, 26(2): 82-85
曾衍伟. 2004. 地形图扫描数字化图纸定向精度探讨. 测绘通报, (5): 49-52
詹长根, 唐祥云, 刘丽. 2011. 地籍测量学. 3 版. 武汉: 武汉大学出版社
张超, 杨秉赓. 1985. 计量地理学基础. 2 版. 北京: 高等教育出版社
张丁轩, 付梅臣, 陶金, 等. 2013. 基于 CLUE-S 模型的矿业城市土地利用变化情景模拟. 农业工程学报, 29(12): 246-256

张景雄. 2010. 地理信息系统与科学. 武汉: 武汉大学出版社
张立明. 1993. 人工神经网络的模型及其应用. 上海: 复旦大学出版社
张前勇, 鲁胜平, 徐伟声. 2001. 地形图扫描数字化成图过程及相关问题探讨. 湖北民族学院学报(自然科学版), 19(4): 23-25
张秋菊, 傅伯杰, 陈利顶. 2003. 关于景观格局演变研究的几个问题. 地理科学, 23(3): 264-270
张思锋. 2010. 生态风险评价方法述评. 生态学报, 30(10): 2735-2744
张廷斌, 唐菊兴, 刘登忠. 2006. 卫星遥感图像空间分辨率适用性分析. 地球科学与环境学报, 28(1): 79-82
张薇, 刘淼, 戚与珊. 2014. 基于CLUE-S模型的昆明市域土地利用预案模拟. 生态学杂志, 33(6): 1655-1662
张学儒, 王卫, Verburg P H, 等. 2009. 唐山海岸带土地利用格局的情景模拟. 资源科学, 31(8): 1392-1399
张永民, 赵士洞, Verburg P H. 2003. CLUE-S 模型及其在奈曼旗土地利用时空动态变化模拟中的应用. 自然资源学报, 18(3): 310-318
张永民, 周成虎, 郑纯辉, 等. 2006. 沽源县土地利用格局的多尺度模拟与分析. 资源科学, 28(2): 88-96
张玉瑞, 陈剑波. 2005. 基于RBF神经网络的时间序列预测. 计算机工程与应用, 41(11): 74-76
赵宏波. 2014. 东北粮食主产区耕地生态安全的时空格局及障碍因子——以吉林省为例. 应用生态学报, 25(2): 515-524
赵清, 杨志峰, 陈彬. 2009. 城市自然生态安全动态评价方法及其应用. 生态学报, 29(8): 4138-4146
赵雪雁. 2004. 西北干旱区城市化进程中的生态预警初探. 干旱区资源与环境, 18(6): 1-5
赵英时. 2013. 遥感应用分析原理与方法. 北京: 科学出版社
赵永华, 贾夏, 刘建朝, 等. 2013. 基于多源遥感数据的景观格局及预测研究. 生态学报, 33(8): 2556-2564
赵宇明, 熊惠霖, 周越, 等. 2013. 模式识别. 上海: 上海交通大学出版社
郑春燕, 邱国锋, 张正栋, 等. 2011. 地理信息系统原理、应用与工程. 2版. 武汉: 武汉大学出版社
郑度. 2008. 中国生态地理区域系统研究. 北京: 商务印书馆
郑青华, 罗格平, 朱磊, 等. 2010. 基于CA-Markov模型的伊犁河三角洲景观格局预测. 应用生态学报, 21(4): 873-882
周成虎, 欧阳, 马延, 等. 2009. 地理系统模拟的CA模型理论探讨. 地理科学进展, 28(6): 833-838
周成虎, 孙战利, 谢一春. 1999. 地理元胞自动机研究. 北京: 科学出版社
周汉良, 范玉妹. 1995. 数学规划及其应用. 北京: 冶金工业出版社
周继成, 周青山, 韩飘扬. 1993. 人工神经网络——第六代计算机的实现. 北京: 科学普及出版社
周明, 孙树栋. 1999. 遗传算法原理及应用. 北京: 国防工业出版社
周锐, 苏海龙, 胡远满, 等. 2011. 不同空间约束条件下的城镇土地利用变化多预案模拟. 农业工程学报, 27(3): 300-308
周婷. 2009. 区域生态风险评价方法研究进展. 生态学杂志, 28(4): 762-767
朱会义, 李秀彬. 2003. 关于区域土地利用变化指数模型方法的讨论. 地理学报, 58(5): 643-650
朱明. 2008. 数据挖掘. 2版. 合肥: 中国科学技术大学出版社
朱卫红, 苗承玉, 郑小军, 等. 2014. 基于3S技术的图们江流域湿地生态安全评价与预警研究. 生态学报, 34(6): 1379-1390
朱钰, 杨殿学, 鲁玲等. 2012. 统计学. 北京: 国防工业出版社
祝伟民. 2009. 基于小波神经网络的区域景观生态评价研究. 南京: 南京农业大学博士学位论文
宗跃光. 2011. 空间规划决策支持技术及其应用. 北京: 科学出版社
宗跃光, 刘英姿, 武鹏. 2009. 南京中心市区居住用地水系可达性分析. 西南交通大学学报, 44(6): 799-805
宗跃光, 王莉, 曲秀丽. 2004. 基于蒙特卡罗模拟法的北京地区非典时空变化特征. 地理研究, 23(6): 815-824
左伟, 周慧珍, 王桥. 2003. 区域生态安全评价指标体系选取的概念框架研究. 土壤, 35(1): 2-7
Allen H. 1995. Environmental Indicators: A Systematic Approach to Measuring and Reporting on Environmental Policy Performance in the Context of Sustainable Development. Washington: World Resource Institute
Anselin L. 1980. Estimation methods for spatial autoregressive structures. New York: Cornell University Ph. D. thesis
Anselin L. 1988. Spatial Econometrics: Methods and Models. Boston: Kluwer Academic Publishers
Anselin L. 1992. Space and applied econometrics: an introduction. Regional Science and Urban Economics (Special Issue), 22(3): 307-316
Anselin L, Florax R J G M. 1995. Small sample properties of tests for spatial dependence in regression models: some further results// Anselin L, Florax R J G M. New Directions in Spatial Econometrics. Berlin: Springer-Verlag
Anselin L, Moreno R. 2003. Properties of tests for spatial error components. Regional Science and Urban Economics, 33(5): 595-618
Ayres E, Knapp E, Lieberman S, et al. 2003. Assessment of stressors on fall-run chinook salmon in Secret Ravine Creek (Placer County, CA) //Donald Bren School of Environmental Science and Management. Group project brief of the master of environmental science &

management class of 2003[2018-7-10]. https://trapdoor. bren. ucsb. edu/research/documents/fish_brief.pdf

Bailey R G. 1996. Multi-scale ecosystem analysis. Environmental Monitoring & Assessment, 39(1-3): 21-24

Banet A I, Trexler J C. 2013. Space-for-Time substitution works in everglades ecological forecasting models. Plos One, 8(11): 995-998

Banse M, Meijl H V, Tabeau A, et al. 2011. Impact of EU biofuel policies on world agricultural production and land use. Biomass & Bioenergy, 35(6): 2385-2390

Bastian O. 2000. Landscape classification in Saxony(Germany)—a tool for holistic regional planning. Landscape & Urban Planning, 50(S1-3): 145-155

Batisani N, Yarnal B. 2009. Urban expansion in centre country, Pennsylvania: spatial dynamics and landscape transformations. Applied Geography, 29(2): 235-249

Bavaud F. 1998. Models for spatial weights: a systematic look. Geographical Analysis, 30(2): 153-171

Berry B L J, Marble D F. 1968. Spatial Analysis: A Reader in Statistical Geography. New Jersey: Prentice-Hall, Englewood Cliffs

Bodson P, Peeters D. 1975. Estimation of the coefficients of a linear regression in the presence of spatial autocorrelation. An application to a Belgian labour-demand function. Environment and Planning A, 7(4): 455-472

Bormann F H, Likens G E. 1979. Pattern and Process in A Forested Ecosystem. New York: Springer-Verlag: 253

Britz W, Verburg P H, Leip A. 2011. Modelling of land cover and agricultural change in Europe: Combining the CLUE and CAPRI-Spat approaches. Agriculture Ecosystems & Environment, 142(1-2): 40-50

Brown C W, Hood R R, Long W, et al. 2013. Ecological forecasting in Chesapeake Bay: using a mechanistic-empirical modeling approach. Journal of Marine Systems, 125(9): 113-125

Burton G A, Chapman P M, Smith E P. 2002. Weight-of-Evidence approaches for assessing ecosystem impairment. Human and Ecological Risk Assessment, 8(7): 939-972

Campbell J B. 1987. Introduction to remote sensing. Geocarto International, 2(4): 64

Carpenter S R, Chisholm S W, Krebs C J, et al. 1995. Ecosystem experiments. Science, 269: 324-327

Chen K. 2002. An approach to linking remotely sensed data and areal census data. International Journal of Remote Srnsing, 23(1): 37-48

Chen X D, Yang W N, Luo H. 2004. Research on algorithm of road routing model based on grid data. Highway, 5: 6-9

Chen Y, Xu Y P, Yin Y X. 2009. Impacts of land use change scenarios on storm-runoff generation in Xitiaoxi basin, China. Quaternary International, 208(1-2): 121-128

Childress W M, Coldren C L, McLendon T. 2002. Applying a complex, general ecosystem model(EDYS) in large-scale land management. Ecological Modelling, 153(1): 97-108

Cicchetti D V, Feinstein A R. 1990. High agreement but low Kappa: II. Resolving the paradoxes. Journal of Clinical Epidemiology, 43(6): 551-558

Clark J S, Carpenter S R, Barber M, et al. 2001. Ecological forecasts: an emerging imperative. Science, 293(5530): 657-660

Clarke K C, Gaydos L J. 1998. Loose-coupling a cellular automation model and GIS: long-term urban growth prediction for San Francisco and Washington-Baltimore. International Journal of Geographic Information Science, 12(7): 699-714

Clerc M, Kennedy J. 2002. The particle swarm—explosion, stability, and convergence in a multidimensional complex space. IEEE Transactions on Evolutionary Computation, 6(1): 58-73

Cliff A D, Ord J K. 1973. Spatial Autocorrelation. London: Pion

Cliff A D, Ord J K. 1981. Spatial processes: models and applications. Journal of the Royal Statistical Society, 147(3): 238

Collinge S K, Palmer T M. 2002. The influences of patch shape and boundary contrast on insect response to fragmentation in California grasslands. Landscape Ecology, 17(7): 647-656

Colnar A M, Landis W G. 2007. Conceptual model development for invasive species and a regional risk assessment case study: the european green crab, Carcinus maenas, at Cherry Point, Washington, USA. Human and Ecological Risk Assessment, 13(26): 120-155

Cook B I, Terando A, Steiner A. 2010. Ecological forecasting under climatic data uncertainty: a case study in phenological modeling. Environmental Research Letters, 5(4): 141-213

Coops N C, Wulder M A, Iwanicka D. 2009. An environmental domain classification of Canada using earth observation data for biodiversity assessment. Ecological Informatics, 4(1): 8-22

Dooley J L J, Bowers M A. 1998. Demographic responses to habitat fragmentation: experimental tests at the landscape and patch scale. Ecology, 79(3): 969-980

Dronova I, Gong P, Clinton N E, et al. 2012. Landscape analysis of wetland plant functional types: the effects of image segmentation scale, vegetation classes and classification methods. Remote Sensing of Environment, 127 (140) : 357-369

Feinstein A R, Cicchetti D V. 1990. High agreement but low Kappa: I. The problems of two paradoxes. Journal of Clinical Epidemiology, 43 (6) : 543-549

Forman R T T, Godron M. 1986. Landscape Ecology. New York: John Wiley & Sons

French J W. 1963. The relationship of problem-solving styles to the factor composition of tests. Educational and Psychological Measurement, (1) : 9-28

Gabriel S A, Faria J A, Moglen G E. 2006. A multiobjective optimization approach to smart growth in land development. Socio-Economic Planning Sciences, 40 (3) : 212-248

Gaines K F, Porter D E, Dyer S A. 2004. Using wildlife as receptor species: a landscape approach to ecological risk assessments. Environmental Management, 4 (4) : 528-545

Gao Q Z, Kang M Y, Xu H M, et al. 2010. Optimization of land use structure and spatial pattern for the semi-arid loess hilly-gully region in China. Catena, 81 (3) : 196-202

Gause G F. 1934. The Struggle for Existence. Baltimore: Williams & Wilkins

Goodchild M F. 1986. Spatial Autocorrelation. Norwich: Geo Books

Grime J P, Mackey J M L, Hillier S H, et al. 1987. Floristic diversity in a model system using experimental microcosms. Nature, 328: 420-422

Hakanson L. 1980. An ecological risk index for aquatic pollution control: a sedimentological approach. Water Research, 14 (8) : 975-1001

Hanafi-Bojd A A, Vatandoost H, Oshaghi M A, et al. 2012. Spatial analysis and mapping of malaria risk in an endemic area, south of Iran: a GIS based decision making for planning of control. Acta Tropica, 122 (1) : 132-137

Hare T S. 2004. Using measures of cost distance in the estimation of polity boundaries in the post classic Yautepec valley, Mexico. Journal Archaeological Science, 31 (6) : 799-814

Harvey J T. 2002. Population estimation models based on individual tm pixels. Photogrammetric Engineering and Remote Sensing, 68 (11) : 1181-1192

Hayes E, Landis W. 2004. Regional ecological risk assessment of a near shore marine environment: cherry point, WA. Human and Ecological Risk Assessment, 10 (2) : 299-325

Hayes J J, Robeson S M. 2009. Spatial variability of landscape pattern change following a ponderosa pine wildfire in northeastern new Mexico, USA. Physical Geography, 30 (5) : 410-429

Heuvelink G B, Burrough P A. 1993. Error propagation in cartographic modeling using boolean logic and continuous classification. Geographical Information Systems, 7 (3) : 231-246

Hoede C. 1979. A new status score for actors in a social network. Enschede: Internet report, department of applied mathematics, Twente University of Technology

Huffaker C B. 1958. Experimental studies on predation: dispersion factors and predator-prey oscillations. Hilgardia, 27: 343-383

Iisaka J, Hegedus E. 1982. Population estimation from landsat imagery. Remote Sensing of Environment, 12: 259-272

Jaimes N B P, Sendra J B, Delgado M G, et al. 2010. Exploring the driving forces behind deforestation in the state of Mexico using geographically weighted regression. Applied Geography, 30 (4) : 576-591

Jerome E D, Edward A B, Phillip R C, et al. 2000. Landscan: a global population database for estimating populations at risk. Photogrammetric Engineering and Remote Sensing, 66 (7) : 849-857

Jiang Y N, Wang Y, Liao M S. 2015. Study of coastal wetland classification based on decision rules using ALOS AVNIR-2 images and ancillary geospatial data. Geocarto International, 19 (3) : 1172-1188

Joseph A, Mareel B E, Frank K, et al. 2001. The GLASS model: a strategy for quantifying global environmental security. Environmental Science & Policy, 4 (1) : 1-12

Karen A B J, Shinji K, Ryo F, et al. 2009. Urbanization and subsurface environmental issues: an attempt at DPSIR model application in Asian cities. Science of the Total Environment, 407 (9) : 3089-3104

Kasper K. 2009. The potential of fuzzy cognitive maps for semi-quantitative scenario development, with an example from Brazil. Global Environmental Change, 19 (1) : 122-133

Kaundinya D P, Balachandra P, Ravindranath N H, et al. 2013. A GIS (Geographical Information System) -based spatial data mining approach for optimal location and capacity planning of distributed biomass power generation facilities: a case study of Tumkur district, India. Energy, 52(2): 77-88

Kauth R J, Thomas G S. 1976. The tasselled cap—a graphic description of the spectral-temporal development of agricultural crops as seen by LANDSAT. LARS Symposia: 159

Kelejian H H, Robinson D P. 1993. A suggested method of estimation for spatial interdependent models with autocorrelated errors, and an application to a county expenditure model. Papers in Regional Science, 72(3): 297-312

Kooistra L, Leuven R S E W, Nienhuis P H, et al. 2001. A procedure for incorporating spatial variability in ecological risk assessment of Dutch River Floodplains. Environmental Management, 28(3): 359-373

Lam N S. 1983. Spatial interpolation methods: A review. The American Cartographer, 10(2): 129-149

Landis W G, Duncan P B, Hayes E H, et al. 2004. A regional retrospective assessment of the potential stressors causing the decline of the Cherry Point Pacific Herring run. Human and Ecological Risk Assessment, 10(2): 271-297

Lee L F. 2004. Asymptotic distributions of quasi-maximum likelihood estimators for spatial econometric models. Econometrica, 72(6): 1899-1925

Lee L F. 2007. GMM and 2SLS estimation of mixed regressive, spatial autoregressive models. Journal of Econometrics, 137(2): 489-514

Liang X, Xie Z. 2001. A new surface runoff parameterization with subgrid-scale soil heterogeneity for land surface models. Advances in Water Resources, 24(9): 1173-1193

Lim T S, Loh W Y, Shih Y S. 2000. A comparison of prediction accuracy, complexity, and training time of thirty-three old and new classification algorithms. Machine Learning, 40(3): 203-228

Liu D F, Wang D, Wu J C, et al. 2014. A risk assessment method based on RBF artificial neural network-cloud model for urban water hazard. Journal of Intelligent & Fuzzy Systems, 27(5): 2409-2416

Liu D, Chang Q. 2015. Ecological security research progress in China. Acta Ecologica Sinica, 35(5): 111-121

Liu X , Clarke K C. 2002. Estimation of residential population using high resolution satellite imagery. Proceedings of the 3rd Symposium in Remote Sensing of Urban Areas//Maktav D, Juergens C, Sunar E. Turkey: Istanbul Technical University: 153-160

Liu Y, Feng Y J, Pontius J R G. 2014. Spatially-explicit simulation of urban growth through self-adaptive genetic algorithm and cellular automata modeling. Land, 3(3): 719-738

Lo C P. 1995. Automated population and dwelling unit estimation from high resolution satellite image—a GIS approach. International Journal of Remote Sensing, 16(1): 17-34

Lo C P. 2002. Urban indicators of China from Radiance-calibrated digital DMSP-OLS nighttime image. Annals of the Association of American Geographers, 92(2): 224-240

Lo C P, Welch R. 1977. Chinese urban population estimates. Annals of the Association of American Geographers, 67(2): 246-253

Löw F, Conrad C, Michel U. 2015. Decision fusion and non-parametric classifiers for land use mapping using multi-temporal RapidEye data. Isprs Journal of Photogrammetry and Remote Sensing, 108: 191-204

Lu H Y, Axe L, Tyson T A. 2003. Development and application of computer simulation tools for ecological risk assessment. Environmental Modeling and Assessment, 8(4): 311-322

Makowski D, Hendrix E M T, Ittersum M K, et al. 2000. A framework to study nearly optimal solutions of linear programming models developed for agricultural land use exploration. Ecological Modeling, 1(131): 65-77

Martin C M, Guvanasen V, Saleam Z A. 2003. The 3RMA risk assessment framework: a flexible approach for performing multimedia multipathway and multireceptor risk assessments under uncertainty. Human and Ecological Risk Assessment, 9(7): 1655-1677

Martin D. 1989. Mapping population data from zone centroid locations. Transactions of the Institute of British Geographers, 14(1): 90-97

Mathey A H, Krcmar E, Dragicevic S, et al. 2008. An object-oriented cellular automata model for forest planning problems. Ecological Modelling, 212(S3-4): 359-371

Mcgarigal K, Cushman S A. 2002. Comparative evaluation of experimental approaches to the study of habitat fragmentation effects. Ecological Applications, 12(2): 335-345

Mennis J. 2003. Generating surface models of population using dasymetric mapping. Professional Geographer, 55 (1): 31-42

Moraes R, Landis W G, Molander S. 2002. Regional risk assessment of a Brazilian rain forest reserve. Human and Ecological Risk Assessment, 8(7): 1779-1803

Moran PAP. 1948. The interpretation of statistical maps. Journal of the Royal Statistical Society, 10(2): 243-251

Nadeau L B, Li C, Hans H. 2004. Ecosystem mapping in the lower foothills subregion of Alberta: application of fuzzy logic. Forestry Chronicle, 80(3): 359-365

Navarro-Cerrillo R M, Guzman-Alvarez J R, Clavero-Rumbao I. 2013. A spatial pattern analysis of landscape changes between 1956-1999 of *Pinus halepensis* miller plantations in montes de malaga state park(Andalusia, Spain). Applied Ecology and Environmental Research, 11(2): 293-311

Nellis M D, Briggs J M. 1989. The effect of spatial scale on Konza landscape classification using textural analysis. Landscape Ecology, 2(2): 93-100

Niu Z G, Li B G, Zhang F R. 2002. Optimum land-use patterns based on regional available soil water. Transactions of the Chinese Society of Agricultural Engineering, 18(3): 173-177

Nordbeck S. 1965. The law of allometric growth. Ann Arbor: Michigan Inter-University Community of Mathematical Geographers. Department of geography, University of Michigan

Obery A M, Landis W G. 2002. A regional multiple stressor risk assessment of the Codorus Creek watershed applying the Relative Risk Model. Human and Ecological Risk Assessment, 8(2): 405-428

Odum H T. 1957. Trophic structure and productivity of Silver Springs, Florida. Ecological Monographs, 27(1): 55-112

Ord J K. 1975. Estimation methods for models of spatial interaction. Journal of the American Statistical Association, 70(349): 120-126

Ozkan K, Mert A. 2011. Ecological land classification and mapping of Yazili Canyon nature park in the Mediterranean region, Turkey. Journal of Environmental Engineering & Landscape Management, 19(4): 296-303

Pallottino S, Sechi G M, Zuddas P. 2005. A DSS for water resources management under uncertainty by scenario analysis. Environmental Modelling & Software, 20(8): 1031-1042

Pannatier Y. 1996. VARIOWIN: Software for Spatial Data Analysis in 2D. New York: Springer-Verlag

Pickett S T A, Cadenasso M L. 1995. Landscape ecology: spatial heterogeneity in ecological systems. Science, 269(21): 331-334.

Pontius R G. 2002. Statistical methods to partition effects of quantity and location during comparison of categorical maps at multiple resolution. Photogrammetric Engineering & Remote Sensing, 68(10): 1041-1049

Pontius R G, Cornell J D, Hall C A S. 2001. Modeling the spatial pattern of land-use change with GEOMOD2: application and validation for Costa Rica. Agriculture Ecosystems & Environment, 85(1): 191-203

Porter P W. 1956. Population distribution and land use in Liberia. London: London School of Economic and Political Science Ph. D. thesis

Rainer W A L Z. 2000. Development of environmental indicator systems: experiences from Germany. Environmental Management, 25(6): 613-623

Rash W. 2001. Volume-preserving interpolation of a smooth surface from polygon-related data. Journal of Geographical Systems, 3(2): 199-213

Record N R, Pershing A J, Runge J A, et al. 2010. Improving ecological forecasts of copepod community dynamics using genetic algorithms. Journal of Marine Systems, 82(3): 96-110

Ricciardi A, Avlijas S, Marty J. 2012. Forecasting the ecological impacts of the *Hemimysis anomala* invasion in North America: lessons from other freshwater mysid introductions. Journal of Great Lakes Research, 38(2): 7-13

Robinson G R, Holt R D, Gaines M S, et al. 1992. Diverse and contrasting effects of habitat fragmentation. Science, 257: 524-526

Roetter R P, Hoanh C T, Laborte A G, et al. 2005. Integration of systems network(SysNet) tools for regional land use scenario analysis in Asia. Environmental Modelling & Software, 20(3): 291-307

Rudel T K, Coomes O T, Moran E. 2005. Forest transitions: towards a global understanding of land use change. Global Environmental Change, 15(1): 23-31

Saaty T L. 1977. A scaling method for priorities in hierarchical structures. Journal of Mathematical Psychology, 15(3): 234-281

Sadeghi S H R, Jalili K H, Nikkami D. 2009. Land use optimization in watershed scale. Land Use Policy, 26(2): 186-193

Scheller R M, Mladenoff D J. 2007. An ecological classification of forest landscape simulation models: tools and strategies for understanding broad-scale forested ecosystems. Landscape Ecology, 22(4): 491-505

Schipper C A, Smit M G D, Kaag N H B M, et al. 2008. A weight-of-evidence approach to assessing the ecological impact of organotin pollution in Dutch marine and brackish water: combining risk prognosis and field monitoring using common periwinkles(*Littorina littorea*). Marine Environmental Research, 66(2): 231-239

Seppelt R, Voinov A. 2002. Optimization methodology for land use patterns using spatially explicit landscape models. Ecological

Modelling, 151 (2-3) : 125-142

Shi Y H, Eberhart R. 1998. A modified particle swarm optimizer//Piscataway N J. IEEE world congress on computational intelligence. The 1998 IEEE international conference on evolutionary computation proceedings. New York : IEEE Press: 69-73

Snijders A B. 1996. Stochastic actor-oriented dynamic network analysis. Journal of Mathematical Sociology, 21 (1) : 149-172

Srinivasan S. 2005. Linking land use and transportation in a rapidly urbanizing context: a study in Delhi, India. Transportation, (32) : 87-104

Swets J A. 1988. Measuring the accuracy of diagnostic systems. Science, 240 (4857) : 1285-1293

Syphard A D, Clarke K C, Franklin J. 2005. Using a cellular automaton model to forecast the effects of urban growth on habitat pattern in southern California. Ecological Complexity, 2 (2) : 185-203

Tibshirani R, Hastie T. 1987. Local likelihood estimation. Journal of the American Statistical Association, 82 (398) : 559-567

Tober W R. 1969. Satellite confirmation of settlement size coefficients. Area, 1 (31) : 30-34

Tobler W R. 1970. A computer movie simulating urban growth in the detroit region. Economic Geography, 46 (supl) : 234-240

Tolber W R. 1979. Smooth pyncophylactic interpolation for geographical regions. Journal of the American Statistical Association, 74 (367) : 519-530

Tong C. 2000. Review on enviromental indicator research. Research on Environmental Science, 13 (4) : 53-55

Trisurat Y, Alkemade R, Verburg P H. 2010. Projecting land-use change and its consequences for biodiversity in Northern Thailand. Environmental Management, 45 (3) : 626-639

Udvardy M D F. 1975. A Classification of The Biogeographical Provinces of The World. Morges: IUCN

Van Dam M, Weesie J. 1991. Intergemeentelijke beinvloeding bij lokaal arbeidsmarktbeleid. Utrecht: ICS Prepublicatie

Verburg P, Veldkamp T, Lesschen J P. 2014. Exercises for the CLUE-S model. [2018-7-10]. https: //www. researchgate. net/publication/239533664_Exercises_for_the_CLUE-S_model

Verburg P H, Soepboer W, Veldkamp A, et al. 2002. Modeling the spatial dynamics of regional land use: the CLUE-S model. Environmental Management, 30 (3) : 391-405

Verburg P H, Veldkamp A. 2004. Projecting land use transitions at forest fringes in the Philippines at two spatial scales. Landscape Ecology, 19 (1) : 77-98

Walker R, Craighead L. 1997. Analyzing wildlife movement corridors in montana using GIS//Environmental Sciences Research Institude. Proceedings of the 1997 International ESRI User Conference Copenhagen: ESRI, Inc: 1-18

Wallcer R, Landis W, Brave P. 2001. Developing a regional risk assessment: a case study of a Tasmania Agricultural Catchment. Human and Ecological Risk Assessment, 7 (2) : 417-439

Ward D P, Murray A T, Phin S R. 2000. A stochastically constrained cellular model of urban growth. Computers, Environment and Urban Systems, 24 (6) : 539-558

Webster C J. 1996. Population and dwelling unit estimation from space. Third World Planning Review, 18 (2) : 155-176

White G, Ghosh S K. 2009. A stochastic neighborhood conditional auto-regressive model for spatial data. Computational Statistics & Data Analysis, 53 (8) : 3033-3046

White R, Engelen G, Uijee I. 1997. The use of constrained cellular automata for high-resolution modeling of urban land use dynamic. Environment and Planning Design, 24 (3) : 323-343

Wiens J A, Milne B T. 1989. Scaling of ‘landscapes’ in landscape ecology, or, landscape ecology from a beetle’s perspective. Landscape Ecology, 3 (2) : 87-96

Wilson E O, Forman R T T. 1995. Land Mosaics: The Ecology of Landscapes and Regions. Cambridge: Cambridge University Press

Wu F. 2002. Calibration of stochastic cellular automata: the application to rural-urban land conversions. International Journal of Geographical Information Science, 16 (8) : 795-818

Wu J, Vankat J L. 1995. Island biogeography: theroy and applications//Nierrenberg W A. Encyclopedia of Environmental Biology. San Diego: Academic Press: 371-379

Wu J G, Hobbs R. 2002. Key issues and research priorities in landscape ecology. Landscape Ecology, 17 (4) : 355-365

Wu J G, Levin S A. 1994. A spatial patch dynamic modeling approach to pattern and process in an annual grassland. Ecological Monographs, 64 (4) : 447-464

Ye H, Ma Y, Dong L. 2011. Land ecological security assessment for Bai Autonomous Prefecture of Dali based using PSR model—with data in 2009 as case. Energy Procedia, 5 (22): 2172-2177

Zhang W, Ping Z W, Zhang H Y, et al. 2013. Application of gray clustering method in the ecological classification of the cities in China// IEEE. Proceedings of 2013 IEEE International Conference on Grey systems and Intelligent Services (GSIS). New York: IEEE Press: 325-329

Zhang X R, Gui W Y. 2010. Prediction in urban planning based on artificial neural network//Watada J, Watanabe T, Phillips-Wren G, et al. Proceedings of 2010 4th International Conference on Intelligent Information Technology Application (Volume 2). Berlin: Springer-Verlag: 115-118

Zonneveld I S. 1995. Land Ecology: An Introduction to Landscape Ecology as a Base for Land Evaluation, Land Management and Conservation. Amsterdam: SPB Academic Publishing

附录 程序代码

附录 1 不同大小分析窗口地势起伏度计算程序(Python)

```
# DEM_data 表示 DEM 数据
# Zone_data 表示 DEM 数据最大纵横向距离构成的网格矢量数据
# Result_data 表示存储计算结果的*.xls 文件
# dxqfd_max 表示计算得到的领域内最大高程数据
# dxqfd_min 表示计算得到的领域内最小高程数据
# dxqfd_n 表示计算得到的领域内的地势起伏度数据
# aver_dxqfd_table 表示统计得到的区域地势起伏度平均值等相关数据
import sys, string, os, arcpy
from dbfpy import dbf
from time import sleep
from win32com import client
arcpy.CheckOutExtension("spatial")
DEM_data = "E:\\TopographyUndulation\\DataSource\\DEM2009_GLCF.tif"
Zone_data = "E:\\TopographyUndulation\\DataSource\\Zone_fishnet.shp"
Result_data = "E:\\TopographyUndulation\\ResultDatabase\\compute_result.xls"
ex = client.Dispatch('Excel.Application')
wk = ex.Workbooks.Add()
ws = wk.ActiveSheet
ex.Visible = False
sleep(1)
n = 3
while n<102:
    # 计算地势起伏度值
    dxqfd_max = "E:\\TopographyUndulation\\TempDatabase\\dxqfd_max_"+str(n)
    dxqfd_min = "E:\\TopographyUndulation\\TempDatabase\\dxqfd_min_"+str(n)
    dxqfd_n = "E:\\TopographyUndulation\\TempDatabase\\dxqfd_"+str(n)
    aver_dxqfd_table = "E:\\TopographyUndulation\\TempDatabase\\aver_dxqfd_table_"+str(n)+".dbf"
    tempvar = "Rectangle"+" "+str(n)+" "+str(n)+" "+"CELL"
    arcpy.gp.BlockStatistics_sa(DEM_data, dxqfd_max, tempvar, "MAXIMUM", "DATA")
    arcpy.gp.BlockStatistics_sa(DEM_data, dxqfd_min, tempvar, "MINIMUM", "DATA")
    arcpy.gp.Minus_sa(dxqfd_max, dxqfd_min, dxqfd_n)
    arcpy.gp.ZonalStatisticsAsTable_sa(Zone_data, "Id", dxqfd_n, aver_dxqfd_table, "DATA")
    # 将计算得到的地势起伏度从分散的*.dbf 文件集中存储到一个*.xls 文件
    database = dbf.Dbf(aver_dxqfd_table, True)
    colum = n-1
    for record in database:
```

```
            for fldName in database.fieldNames:
                if fldName=="MEAN":
                    ws.Cells(1,colum).Value = str(n)+"X"+str(n)
                    ws.Cells(2,colum).Value = n*n*900
                    ws.Cells(3,colum).Value = record[fldName]
        n = n+1
ws.Cells(1,1).Value = "网格大小"
ws.Cells(2,1).Value = "面积/平方米"
ws.Cells(3,1).Value = "平均起伏度/米"
# 将计算结果存储到指定*.xls 文件
wk.SaveAs(Result_data)
wk.Close(False)
ex.Application.Quit()
database.close()
```

附录 2　均值变点分析法计算程序(MATLAB)

```
function dispartpoint_comput()
%% dispartpoint_comput()表示高差突变点计算函数
%% var_Ti 表示分析窗口下的单位地势起伏度值
%% var_X 表示 var_Ti 的对数值
%% var_S 表示总的样本离差平方和
%% var_Si 表示每段样本离差平方和之差
    clc;
    clear;
    loaddata = xlsread('E:\TopographyUndulation\ResultDatabase\dispart_compute.xls','Sheet1');
    var_Ti = loaddata(2,:)./loaddata(1,:);
    var_X = log(var_Ti);
    var_S = sumS(var_X);
    var_Si = sumSi(var_X);
    m = size(var_X);
    outputdata = zeros(2,m(2)-1);
for j = 1:m(2)-1
    outputdata(1,j)=var_Si(j);
    outputdata(2,j)=var_S-var_Si(j);
end
disp(outputdata)
xlswrite('E:\TopographyUndulation\ResultDatabase\dispart_compute.xls',outputdata,'Sheet2');
end

function Si_data = sumSi(Xvar)
%% sumSi()表示每段样本的离差平方和之差计算函数
   Xvar_col = size(Xvar);
   tempSi = zeros(1,Xvar_col(2)-1);
   for n=2:Xvar_col(2)
        Xi1 = Xvar(1:n-1);
        Xi2 = Xvar(n:Xvar_col(2));
```

```
        tempSi(n-1) = sumS(Xi1)–sumS(Xi2);
    end
    Si_data = tempSi;
end

function S_data = sumS(X)
%% sumSi()表示总的样本离差平方和计算函数
      sum_S = 0;
      mean_Xba = mean(X);
      col = size(X);
      for index=1:col(2)
            sum_S = sum_S + (X(index)-mean_Xba)^2;
      end
      S_data = sum_S;
end
```

附录 3　景观类型自动编码程序(Python)

```
def code_caculate(landclass,landtype):
# code_caculate( )表示景观类型代码计算函数
# landform 表示地貌类型代码属性数据
# landtype 表示土地利用/土地覆被类型代码属性数据
    if landclass == 1:  # 表示当地貌类型为平坝时，执行条件体“if landtype == 11:……”
        if landtype == 11:  # 表示土地利用/土地覆被类型为农田时，执行条件体“index_code = 101”
            index_code = 101  # index_code 表示景观类型编码，该语句表示当地貌为平坝、土地利
                              #用/土地覆被为农田同时成立时将景观类型编码为 101
        elif landtype == 21:
            index_code = 102
        elif landtype == 31:
            index_code = 103
        elif landtype == 51:
            index_code = 104
        elif landtype == 61:
            index_code = 105
        elif landtype == 71:
            index_code = 106
        else:
            index_code = NULL  # 表示列举条件都不符合时，景观类型编码为 NULL
    elif landclass == 2:
        if landtype == 11:
            index_code = 201
        elif landtype == 21:
            index_code = 202
        elif landtype == 31:
            index_code = 203
        elif landtype == 51:
            index_code = 204
```

```
            elif landtype == 61:
                index_code = 205
            elif landtype == 71:
                index_code = 206
            else:
                index_code = NULL
        elif landclass == 3:
            if landtype == 11:
                index_code = 301
            elif landtype == 21:
                index_code = 302
            elif landtype == 31:
                index_code = 303
            elif landtype == 51:
                index_code = 304
            elif landtype == 61:
                index_code = 305
            elif landtype == 71:
                index_code = 306
            else:
                index_code = NULL
        else:
                index_code = NULL
return index_code  # 表示将景观类型代码变量 index_code 作为返回值返回给函数 code_caculate()作为函数值。
```

Land_code = **code_caculate**(!LS_LANDCLASS! , !LS_LANDTYPE!)　#利用 ArcGIS10.0 在景观类型划分底图属性表中新建景观类型编码字段 Land_code，并在该字段的字段计算器中将地貌类型代码属性数据 LS_LANDCLASS 和土地利用/土地覆被类型代码属性数据 LS_LANDTYPE 作为函数 code_caculate( )输入参数进行景观类型代码计算，并将结果赋值给 Land_code 属性字段，实现规划案例研究区景观类型代码自动编码。

附录 4　景观变化分析单元网格驱动指标均值计算程序(Python)

```
# zonedata 表示基本单元网格矢量数据
# inputdata 表示驱动指标栅格数据
# index_aver_table 计算得到的驱动指标在各单元网格中的均值
import sys, string, os, arcpy
from dbfpy import dbf
from time import sleep
from win32com import client
arcpy.CheckOutExtension("spatial")
zonedata = "E:\\DriveFactor\\NET600\\netgrid600_Per1.shp"
ex = client.Dispatch('Excel.Application')
wk = ex.Workbooks.Add()
ws = wk.ActiveSheet
ex.Visible = False
sleep(1)
n = 7
c = 2
```

```
while n < 37:
    # 计算驱动指标在各单元网格中的均值
    inputdata = "E:\\DriveFactor\\Index00T07\\humandrive.mdb\\gx" + str(n)
    index_aver_table = "E:\\DriveFactor\\Index00T07\\tempfile\\aver_table" + str(n) + ".dbf"
    arcpy.gp.ZonalStatisticsAsTable_sa(zonedata, "Id", inputdata, index_aver_table, "DATA", "MEAN")
    # 将计算得到的驱动指标在单元网格中的均值从分散的*.dbf文件集中存储到一个*.xls文件
    database = dbf.Dbf(index_aver_table, True)
    r = 2
    for record in database:
        for fldName in database.fieldNames:
            if fldName=="MEAN":
                ws.Cells(r,c).Value = record[fldName]
        r = r + 1
    ws.Cells(1,c).Value = "X"+ str(n)
    c = c + 1
    n = n + 1
ws.Cells(1,1).Value = "net_code"
m = 2
for record in database:
    for fldName in database.fieldNames:
        if fldName=="ID":
            ws.Cells(m,1).Value = record[fldName]
    m = m + 1
# 将计算结果存储到指定*.xls文件中
wk.SaveAs("E:\DriveFactor\Index00T07\compute_result2.xlsx")
wk.Close(False)
ex.Application.Quit()
database.close()
```

附录5 生态安全综合指数空间分布图计算程序(Python)

```
# -*- coding: cp936 -*-
# 该程序为2000～2011年生态安全综合指数空间分布图计算程序，其他年份计算程序类似，只需重新定义inputdata、
# outputdata、m等变量值即可。
# inputdata表示生态安全评价指标栅格数据
# outputdata表示计算得到的生态安全综合指数空间分布图
import arcpy, string
arcpy.CheckOutExtension("spatial")
inputdata = "E:\\asindex_result\\asindex"
outputdata = "E:\\asindex_asresult\\assesmentMap.mdb\\asmap"
weight = ['.0267','.0403','.0491','.0366','.0196','.0202',\
          '.0327','.0587','.0129','.0214','.0261','.0376',\
          '.0348','.0373','.0163','.0229','.0282','.0285',\
          '.0679','.0259','.0348','.0301','.0272','.0056',\
          '.0445','.0426','.0436','.0399','.0608','.0270']
m = 0
while m <= 11:
```

```
    if m < 10:
        tempinput = inputdata + str(0) + str(m) + ".mdb\\x"
    else:
        tempinput = inputdata + str(m) + ".mdb\\x"
    i = 1
    inputgrid = ""
    while i <= 30:
        if i < 30:
            tempgrid = tempinput + str(i) + " " + "VALUE" + " " + weight[i-1] + ";"
        else:
            tempgrid = tempinput + str(i) + " " + "VALUE" + " " + weight[i-1]
        inputgrid = inputgrid + tempgrid
        i = i + 1
    tempout = outputdata + str(2000+m)
# 生态安全综合指数空间分布图计算
    arcpy.gp.WeightedSum_sa(inputgrid, tempout)
    print str(2000+m) + "年已经成功完成计算"
    m = m + 1
print "所有年份已经计算完毕"
```

附录 6　2000～2014 年生态安全等级空间分布图计算程序(Python)

```
# -*- coding: cp936 -*-
# inputdata 表示 2000～2014 年生态安全指数空间分布图
# outputdata 表示 2000～2014 年生态安全等级空间分布图
import arcpy,string
arcpy.CheckOutExtension("spatial")
inputdata = "E:\\asindex_asresult\\assesmentMap.mdb\\asmap"
outputdata = "E:\\asindex_asresult\\assesment_Result.mdb\\reasmam"
classva ="0.00 0.30 1;0.30 0.35 2;0.35 0.40 3;0.40 0.45 4;0.45 0.50 5;\
0.50 0.55 6;0.55 0.60 7;0.60 0.65 8;0.65 0.70 9;0.70 1.00 10"
# 2000～2014 年生态安全等级空间分布图计算
m = 2000
while m <= 2014:
    if m == 2012:
        m = m + 1
        continue
    else:
        tempinput = inputdata + str(m)
        tempout = outputdata + str(m)
    arcpy.gp.Reclassify_sa(tempinput, "Value", classva, tempout, "DATA")
    print str(m) + "*********************"
    m = m + 1
print "2000～2014 年生态安全等级空间分布图计算完毕！"
```

附录 7　RBF 神经网络预测数据长度和 SPREAD 参数计算程序(MATLAB)

```
function [pre_len,pre_spread,mae,rmse] = TrainParament(ndata)
%% TrainParament()表示 RBF 神经网络预测所需的数据长度和 SPREAD 参数计算函数
%% ndata 表示样点生态安全综合指数数据集
%% pre_len 表示 RBF 神经网络预测所需的数据长度
%% pre_spread 表示 RBF 神经网络预测所需的 SPREAD 参数
%% mae 和 rmse 分别表示平均绝对误差和误差均方根
    mae = zeros(8,15); rmse =zeros(8,15); i = 1;
    for m = 3:1:10
        j = 1;
        for spread = 1:1:15
            train_indata = ndata(:,1:m)';
            train_outdata = ndata(:,m+1)';
            net = newrbe(train_indata,train_outdata,spread);
            test_data = ndata(:,2:m+1)';
            pre_result = sim(net,test_data);
            actual_result = ndata(:,m+2)';
            n = size(pre_result);
            mae(i,j) = sum(abs(actual_result-pre_result),2)/n(2);
            rmse(i,j) =sqrt(sum((actual_result-pre_result).^2,2)/n(2));
            j = j + 1;
        end
        i = i +1;
    end
    % 绘制预测数据长度和 SPREAD 参数计算过程图
    figure(1);
    plot(mae','r-','LineWidth',1.5);
    hold on;
    plot(rmse','g-','LineWidth',2);
    hold on;
    plot(r','b-.','LineWidth',2.5);
    axis();
    %寻找误差和最小的预测数据长度和 SPREAD 参数
    minMAE = mae(1,1); mn = size(mae);
    for i = 1:mn(1)
        for j = 1:mn(2)
            if mae(i,j) < minMAE
                minMAE = mae(i,j);
                pre_len = i + 2;
                pre_spread = j;
            end
        end
    end
    clc; disp(pre_len); disp(pre_spread);
end
```

附录 8 RBF 神经网络生态安全综合指数预测精度检验程序(MATLAB)

```
function [predatabase,actudata,predata,mae,rmse] = trainnet(length,xspread,checkdata)
%% trainnet()表示 RBF 神经网络生态安全综合指数预测精度检验函数
%% length 表示 RBF 神经网络预测所需的最佳数据长度
%% xspread 表示 RBF 神经网络预测所需的最佳 SPREAD 参数
%% checkdata 表示样点生态安全综合指数数据集
%% predatabase 表示 2015～2028 年样点生态安全综合指数预测基础数据集
%% actudata 表示样点生态安全指数实际值
%% predata 表示样点生态安全指数预测值
%% mae 和 rmse 分别表示平均绝对误差和误差均方根
    l = size(checkdata); n = 1;
    predata = zeros(l(2)-length-1,l(1)); actudata = zeros(l(2)-length-1,l(1));
    mae = zeros(l(2)-length-1,1); rmse = zeros(l(2)-length-1,1);
    for m = length:l(2)-4
        indata = checkdata(:,n:m)';
        outdata = checkdata(:,m+1)';
        net = newrbe(indata,outdata,xspread);
        predata(n,:) = sim(net,checkdata(:,n+1:m+1)');
        actudata(n,:) = checkdata(:,m+2)';
        T = size(predata);
        mae(n) = sum(abs(actudata(n,:)-predata(n,:)),2)/T(2);
        rmse(n) =sqrt(sum((actudata(n,:)-predata(n,:)).^2,2)/T(2));
        n = n+1;
    end
    net = newrbe(checkdata(:,n:m+1)',checkdata(:,m+2)',xspread);
    pre2012 = sim(net,checkdata(:,n+1:m+2)');
    temparry = zeros(l(1),l(2)-n+1);
    temparry(:,1:length) = checkdata(:,n+1:m+2);
    temparry(:,length+1) = pre2012';
    temparry(:,length+2:(l(2)-n+1)) = checkdata(:,m+3:l(2));
    xy = size(temparry); i = 1;
    for j = length:xy(2)-2
        nindata = temparry(:,i:j)';
        noutdata = temparry(:,j+1)';
        nnet = newrbe(nindata,noutdata,xspread);
        predata(n+i-1,:) = sim(nnet,temparry(:,i+1:j+1)');
        actudata(n+i-1,:) = temparry(:,j+2)';
        TT = size(predata);
        mae(n+i-1) = sum(abs(actudata(n+i-1,:)-predata(n+i-1,:)),2)/TT(2);
        rmse(n+i-1) =sqrt(sum((actudata(n+i-1,:)- predata(n+i-1,:)).^2,2)/TT(2));
        i = i+1;
    end
    predatabase = temparry(:,(xy(2)-length):xy(2));
    clc;
end
```

附录 9　RBF 神经网络生态安全综合指数预测程序(MATLAB)

```
function [outpredata] = forecastRBF(length,xspread,inpredata,preyear)
%% forecastRBF()表示 2015～2028 年 RBF 神经网络生态安全综合指数预测函数
%% length 表示 RBF 神经网络预测所需的最佳数据长度
%% xspread 表示 RBF 神经网络预测所需的最佳 SPREAD 参数
%% inpredata 表示 2015～2028 年样点生态安全综合指数预测基础数据集
%% preyear 表示预测年份数
%% outpredata 表示 2015～2028 年样点生态安全综合指数预测结果
    l = size(inpredata); forecastdata = zeros(l(1),preyear);
    for n = 1:preyear
        NNet = newrbe(inpredata(:,n:(n+length-1))',inpredata(:,n+length)',xspread);
        tempdata = sim(NNet,inpredata(:,n+1:n+length)');
        inpredata = [inpredata,tempdata'];
        forecastdata(:,n) = tempdata';
    end
    outpredata = forecastdata;
    clc;
end
```

附录 10　2015～2028 年生态安全等级空间分布图计算程序(Python)

```
# -*- coding: cp936 -*-
# inputdata1 表示 2015～2028 年生态安全指数空间分布图
# outputdata1 表示 2015～2028 年生态安全等级空间分布图
import arcpy,string
arcpy.CheckOutExtension("spatial")
inputdata1 = "E:\\asindex_asresult\\preasvalueMap.mdb\\Pred"
outputdata1 = "E:\\asindex_asresult\\assesment_Result.mdb\\reprmam"
classva ="0.00 0.30 1;0.30 0.35 2;0.35 0.40 3;0.40 0.45 4;0.45 0.50 5;\
0.50 0.55 6;0.55 0.60 7;0.60 0.65 8;0.65 0.70 9;0.70 1.00 10"
2015～2028 年生态安全等级空间分布图计算
n = 2015
while n <= 2028:
    lsindata = inputdata1 + str(n)
    lsoutdata = outputdata1 + str(n)
    arcpy.gp.Reclassify_sa(lsindata, "Value", classva, lsoutdata, "DATA")
    print str(n) + "********************"
    n = n + 1
print "2015～2028 年生态安全等级空间分布图计算完毕！"
```

附录 11　生态安全等级面积统计程序(Python)

```
# zone_data 表示规划案例研究区矢量数据
# inputdata 表示生态安全等级空间分布栅格图
# outputdata 表示计算得到的生态安全等级面积
```

```
# dbf_result 表示用于存储生态安全等级面积的*.dbf 文件
# Result_data 表示用于存储生态安全等级面积的*.xls 文件
import arcpy,sys, string, os, arcpy
from dbfpy import dbf
from time import sleep
from win32com import client
arcpy.CheckOutExtension("spatial")
zone_data = "E:\\clip_WGS84\\xzq.shp"
inputdata = "E:\\asindex_asresult\\assesment_Result.mdb\\"
outputdata = "E:\\asindex_asresult\\assesment_Result.mdb\\area"
dbf_result = "E:\\asindex_asresult\\Temp_result"
Result_data = "E:\\asindex_asresult\\Area.xlsx"
ex = client.Dispatch('Excel.Application')
wk = ex.Workbooks.Add()
ws = wk.ActiveSheet
ex.Visible = False
sleep(1)
n = 2000
while n <= 2028:
    if n == 2012:
        n = n + 1
        continue
    else:
        if n <= 2014:
            tempindata = inputdata + "reasmam" + str(n)
            tempoutdata = outputdata + str(n)
        else:
            tempindata = inputdata + "reprmam" + str(n)
            tempoutdata = outputdata + str(n)
    # 生态安全等级面积统计
    arcpy.gp.TabulateArea_sa(zone_data, "GB", tempindata, "Value", tempoutdata, "30")
    # 将计算得到的生态安全等级面积存储到*.dbf 文件
    arcpy.TableToTable_conversion(tempoutdata, dbf_result, "zarea"+str(n)+".dbf", "", "", "")
    # 将计算得到的生态安全等级面积从分散的*.dbf 文件集中存储到一个*.xls 文件
    tempdbftable = dbf_result + "\\zarea" + str(n) + ".dbf"
    database = dbf.Dbf(tempdbftable, True)
    row = n-1998
    for record in database:
        for fldName in database.fieldNames:
            cn = 1
            while cn <= 10:
                tempV = "VALUE_"+str(cn)
                if fldName==tempV:
                    ws.Cells(row,cn+1).Value = record[fldName]
                cn = cn + 1
    ws.Cells(row,1).Value = str(n)+"year"
    print str(n)+" has successfully computed"
```

```
        n = n+1
i = 1
while i <= 10:
        ws.Cells(1,i+1).Value = "Grade" + str(i)
        i = i + 1
# 将计算结果存储到指定*.xls 文件
wk.SaveAs(Result_data)
wk.Close(False)
ex.Application.Quit()
database.close()
```

附录 12　景观适宜性评价程序(Python)

```
# -*- coding: cp936 -*-
import arcpy,string
from arcpy import env
from arcpy.sa import *
arcpy.CheckOutExtension("spatial")
def sigmaComput(inputfile,outputfile,weight,sigmaX,n):
# sigmaComput()表示 β1X1+β2X2+...+βmXm 中间变量计算函数
    i = 1
    inputgrid = ""
    while i <= 13:
        if i < 13:
            tempgrid = inputfile + str(i) + " " + "VALUE" + " " + weight[i-1] + ";"
        else:
            tempgrid = inputfile + str(i) + " " + "VALUE" + " " + weight[i-1]
        inputgrid = inputgrid + tempgrid
        i = i + 1
    outgrid = outputfile + sigmaX[n-1]
    arcpy.gp.WeightedSum_sa(inputgrid, outgrid)
    print sigmaX[n-1] + " has computed successfull!"
    return

# inputdata 表示景观适宜性评价指标栅格数据
# outputfile1 表示用于存储计算所得的 β1X1+β2X2+...+βmXm 中间变量值
# outputfile2 表示景观适宜性图计算结果
# beta_nt,beta_gy,beta_sl,beta_cs,beta_st 分别表示农田、果园、森林、城乡人居及工矿、水体景观评价指标回
# 归系数值
# constant 表示 logistics 回归模型常量
inputdata = "E:\\LS_LogistFitEvaluate\\spatial2014\\impactindex14.mdb\\a"
outputfile1 = "E:\\LS_LogistFitEvaluate\\TempGeodatabase.mdb\\"
outputfile2 = "E:\\LS_LogistFitEvaluate\\LandFitMap.mdb\\"
beta_nt = ['-0.0064','0.0000','0.0000','-0.0119','0.0001','0.0003',\
           '-0.0001','0.0000','-0.0032','0.0000','0.0221','0.0000','-0.0172']
beta_gy = ['0.0023','0.0000','0.0000','0.0012','0.0001','0.0000',\
           '0.0000','0.0000','0.0064','0.0000','0.0000','-0.0001','0.0425']
```

```
beta_sl = ['0.0015','0.0000','0.0000','0.0027','0.0001','0.0000',\
        '–0.0002','–0.0002','0.0071','–1.2067','0.0000','0.0000','0.0442']
beta_cs = ['0.0000','0.0000','0.0000','–0.0029','–0.0002','–0.0001',\
        '0.0000','0.0003','–0.0110','0.3720','–0.0308','0.0000','–0.0604']
beta_st = ['–0.0086','0.0000','0.0000','0.0048','0.0000','–0.0002',\
        '0.0000','–0.0007','0.0000','0.0000','0.0000','0.0000','0.0000']
betaname = [beta_nt,beta_gy,beta_sl,beta_cs,beta_st]
constant = ['2.4933','-7.2855','10.6327','3.8248','1.3285']
sigmaXname = ['sigma_nt','sigma_gy','sigma_sl','sigma_city','sigma_water']
fitmapname = ['FitMap_nt','FitMap_gy','FitMap_sl','FitMap_city','FitMap_water']
# 景观适宜性评价图计算
m = 1
while m <= 5:
    sigmaComput(inputdata,outputfile1,betaname[m–1],sigmaXname,m)
    sigma_name = outputfile1 + sigmaXname[m–1]
    rastercalc = outputfile2 + fitmapname[m–1]
    # 景观类型空间分布概率图计算
    outPlus1 = Plus(string.atof(constant[m–1]), sigma_name)
    outExp = Exp(outPlus1)
    outPlus2 = Plus(1, outExp)
    outDivide = Divide(outExp, outPlus2)
    outDivide.save(rastercalc)
    print fitmapname[m–1] + "已经完成计算!"
    m = m + 1
print "所有景观类型适宜性评价图已经完成计算!"
```

附录 13 景观格局数量优化模型计算程序（MATLAB）

```
%% 2021 年经济发展情况景观格局数量优化模型计算主程序
clc
clear all
ff = optimset;
ff.Display = 'iter';
ff.LargeScale = 'off';
ff.TolFun = 1e–30; ff.TolX = 1e–15; ff.TolCon = 1e–20;
x0 = [8000,7000,6000,17000,1700];
A = [1.40,2.91,4.42,0.32,9.30;...
    87.89,23.12,16.41,528.84,6.63;...
    35.08,22.59,2.57,18.70,2.64;...
    3.03,2.66,0.19,6.30,0.34;...
    –1.40,–2.91,–4.42,–0.32,–9.30;...
    –87.89,–23.12,–16.41,–528.84,–6.63;...
    –35.08,–22.59,–2.57,–18.70,–2.64;...
    –3.03,–2.66,–0.19,–6.30,–0.34];
b = [1008107;17895612;3863575;470088;...
    –66972;–9412702;–682316;–138262];
Aeq = [1,1,1,1,1];
```

```
beq = 55569;
LB = [7235;4777;5167;16207;1610];
UB = [55569;55569;55569;19754;55569];
[x,fval,exitflag,output] = fmincon(@economic,x0,A,b,Aeq,beq,LB,UB,@nonlconf2021,ff)

%% 2021 年生态保护情况景观格局数量优化模型计算主程序
clc
clear all
ff = optimset;
ff.Display = 'iter';
ff.LargeScale = 'off';
ff.TolFun = 1e-30; ff.TolX = 1e-15; ff.TolCon = 1e-20;
x0 = [8000,7000,6000,17000,1700];
A = [1.40,2.91,4.42,0.32,9.30;...
    87.89,23.12,16.41,528.84,6.63;...
    35.08,22.59,2.57,18.70,2.64;...
    3.03,2.66,0.19,6.30,0.34;...
    -1.40,-2.91,-4.42,-0.32,-9.30;...
    -87.89,-23.12,-16.41,-528.84,-6.63;...
    -35.08,-22.59,-2.57,-18.70,-2.64;...
    -3.03,-2.66,-0.19,-6.30,-0.34];
b = [1008107;17895612;3863575;470088;...
    -66972;-9412702;-682316;-138262];
Aeq = [1,1,1,1,1];
beq = 55569;
LB = [7235;4777;5167;16207;1610];
UB = [55569;55569;55569;19754;55569];
[x,fval,exitflag,output] = fmincon(@ecological,x0,A,b,Aeq,beq,LB,UB,@nonlconf2021,ff)

%% 2021 年统筹兼顾情况景观格局数量优化模型计算主程序
clc
clear all
ff = optimset;
ff.Display = 'iter';
ff.LargeScale = 'off';
ff.TolFun = 1e-30; ff.TolX = 1e-13; ff.TolCon = 1e-10;
x0 = [8000,7000,6000,17000,1700];
A = [1.40,2.91,4.42,0.32,9.30;...
    87.89,23.12,16.41,528.84,6.63;...
    35.08,22.59,2.57,18.70,2.64;...
    3.03,2.66,0.19,6.30,0.34;...
    -1.40,-2.91,-4.42,-0.32,-9.30;...
    -87.89,-23.12,-16.41,-528.84,-6.63;...
    -35.08,-22.59,-2.57,-18.70,-2.64;...
    -3.03,-2.66,-0.19,-6.30,-0.34];
b = [1008107;17895612;3863575;470088;...
    -66972;-9412702;-682316;-138262];
```

```
Aeq = [1,1,1,1,1];
beq = 55569;
LB = [7235;4777;5167;16207;1610];
UB = [55569;55569;55569;19754;55569];
[x,fval,exitflag,output] = fmincon(@zonghe12,x0,A,b,Aeq,beq,LB,UB,@nonlconf2021,ff)

%% 2021 年产业结构约束函数
function [cx,cx1] = nonlconf2021(x)
    cx = [539.36*x(4)/(5.48*x(1)+6.31*x(2)+2.04*x(3)+3.85*x(5))-62.61;...
          -(539.36*x(4)/(5.48*x(1)+6.31*x(2)+2.04*x(3)+3.85*x(5)))+33.76];
    cx1 = [];
end

%% 2028 年经济发展情况景观格局数量优化模型计算主程序
clc
clear all
ff = optimset;
ff.Display = 'iter';
ff.LargeScale = 'off';
ff.TolFun = 1e-30; ff.TolX = 1e-15; ff.TolCon = 1e-20;
x0 = [8000,7000,6000,17000,1700];
A = [1.40,2.91,4.42,0.32,9.30;...
    87.89,23.12,16.41,528.84,6.63;...
    35.08,22.59,2.57,18.70,2.64;...
    3.03,2.66,0.19,6.30,0.34;...
    -1.40,-2.91,-4.42,-0.32,-9.30;...
    -87.89,-23.12,-16.41,-528.84,-6.63;...
    -35.08,-22.59,-2.57,-18.70,-2.64;...
    -3.03,-2.66,-0.19,-6.30,-0.34];
b = [1008688;18864542;3897836;481631;...
    -69180;-9481387;-715596;-141448];
Aeq = [1,1,1,1,1];
beq = 55569;
LB = [7901;5216;5167;16207;1610];
UB = [55569;55569;55569;21586;55569];
[x,fval,exitflag,output] = fmincon(@economic,x0,A,b,Aeq,beq,LB,UB,@nonlconf2028,ff)

%% 2028 年生态保护情况景观格局数量优化模型计算主程序
clc
clear all
ff = optimset;
ff.Display = 'iter';
ff.LargeScale = 'off';
ff.TolFun = 1e-30; ff.TolX = 1e-15; ff.TolCon = 1e-20;
x0 = [8000,7000,6000,17000,1700];
A = [1.40,2.91,4.42,0.32,9.30;...
    87.89,23.12,16.41,528.84,6.63;...
```

```
    35.08,22.59,2.57,18.70,2.64;...
    3.03,2.66,0.19,6.30,0.34;...
    -1.40,-2.91,-4.42,-0.32,-9.30;...
    -87.89,-23.12,-16.41,-528.84,-6.63;...
    -35.08,-22.59,-2.57,-18.70,-2.64;...
    -3.03,-2.66,-0.19,-6.30,-0.34];
b = [1008688;18864542;3897836;481631;...
    -69180;-9481387;-715596;-141448];
Aeq = [1,1,1,1,1];
beq = 55569;
LB = [7901;5216;5167;16207;1610];
UB = [55569;55569;55569;21586;55569];
[x,fval,exitflag,output] = fmincon(@ecological,x0,A,b,Aeq,beq,LB,UB,@nonlconf2028,ff)

%% 2028年统筹兼顾情况景观格局数量优化模型计算主程序
clc
clear all
ff = optimset;
ff.Display = 'iter';
ff.LargeScale = 'off';
ff.TolFun = 1e-30; ff.TolX = 1e-15; ff.TolCon = 1e-20;
x0 = [8000,7000,6000,17000,1700];
A = [1.40,2.91,4.42,0.32,9.30;...
    87.89,23.12,16.41,528.84,6.63;...
    35.08,22.59,2.57,18.70,2.64;...
    3.03,2.66,0.19,6.30,0.34;...
    -1.40,-2.91,-4.42,-0.32,-9.30;...
    -87.89,-23.12,-16.41,-528.84,-6.63;...
    -35.08,-22.59,-2.57,-18.70,-2.64;...
    -3.03,-2.66,-0.19,-6.30,-0.34];
b = [1008688;18864542;3897836;481631;...
    -69180;-9481387;-715596;-141448];
Aeq = [1,1,1,1,1];
beq = 55569;
LB = [7901;5216;5167;16207;1610];
UB = [55569;55569;55569;21586;55569];
[x,fval,exitflag,output] = fmincon(@zonghe12,x0,A,b,Aeq,beq,LB,UB,@nonlconf2028,ff)

%% 2028年产业结构约束函数
function [cx,cx1]=nonlconf2028(x)
    cx = [539.36*x(4)/(5.48*x(1)+6.31*x(2)+2.04*x(3)+3.85*x(5))-116.98;...
          -(539.36*x(4)/(5.48*x(1)+6.31*x(2)+2.04*x(3)+3.85*x(5)))+33.76];
    cx1 = [];
end

%% 经济发展情景目标函数
function y = economic(x)
```

```
    fx = 5.48*x(1)+6.31*x(2)+2.04*x(3)+539.36*x(4)+3.85*x(5);
    y = -fx;
end

%% 生态保护情景目标函数
function y = ecological(x)
    fx = 4.68*x(1)+5.03*x(2)+5.35*x(3)+4.46*x(4)+4.96*x(5);
    y = -fx;
end

%% 统筹兼顾情景目标函数
function y = zonghe12(x)
    a0 = [5.48,6.31,2.04,539.36,3.85];
    b0 = [4.68,5.03,5.35,4.46,4.96];
    a = a0./sum(a0);
    b = b0./sum(b0);
    fx = 0.5*((a(1)+b(1))*x(1)+(a(2)+b(2))*x(2)+(a(3)+b(3))*x(3)+...
        (a(4)+b(4))*x(4)+(a(5)+b(5))*x(5));
    y = -fx;
end
```

附录 14　景观格局空间布局方案(粒子)初始化程序(MATLAB)

```
function OptimalPlanData = ...
        InitialLandOptimalPlan(IdentifyData,LandCellValue,LandCount,varargin)
%% InitialLandOptimalPlan()表示景观格局空间布局方案(粒子)初始化主函数
%% IdentifyData 表示基期年景观类型栅格图(未含未参与景观格局优化区景观类型图)对应矩阵
%% LandCellValue 表示景观类型编码向量
%% LandCount 表示目标年景观面积优化结果
%% varargin{1}, varargin{2}, varargin{3}, varargin{4}, varargin{5}依次表示农田、果园、森林、城乡人居及工矿
%%      水体景观适宜性评价结果数据
%% OptimalPlanData 表示景观格局初步优化结果
if nargin < 4
    error('未按要求输入函数参数')
end
Dim1 = size(LandCount,2);
Dim2 = size(LandCellValue,2);
FitCN = size(varargin,2);
if Dim1 ~= FitCN||Dim2 ~= FitCN||Dim1 ~= Dim2
    error('景观面积约束个数、景观类型编码个数与景观适宜性评价结果数据个数不等')
end
InCellCN = 0;
for CN = 1:Dim2
    InCellCN = InCellCN + LandtypeCellCount(IdentifyData,LandCellValue(CN));
end
ConstrCellCN = sum(LandCount);
if InCellCN ~= ConstrCellCN
```

```
    error('输入景观类型图栅格个数与设置的面积约束栅格个数不等')
end
% 城乡人居及工矿景观格局初始化
CityTempVal = cell(1,FitCN);
[CityTempVal{1},CityTempVal{2},CityTempVal{3},CityTempVal{4},CityTempVal{5}] = ...
    LandtypeTempValConstr(IdentifyData,LandCellValue,varargin{:});
if LandtypeCellCount(IdentifyData,LandCellValue(4)) > LandCount(4)
    [sA,index] = sort(CityTempVal{4}(:,6));
    for i = 1:(LandtypeCellCount(IdentifyData,LandCellValue(4))-LandCount(4))
        row = index(i);
        rows = CityTempVal{4}(row,1);
        cols = CityTempVal{4}(row,2);
        if CityTempVal{4}(row,3) >= CityTempVal{4}(row,4)
            IdentifyData(rows,cols) = LandCellValue(1);
        else
            IdentifyData(rows,cols) = LandCellValue(2);
        end
    end
else
    [sA1,index1] = sort(CityTempVal{1}(:,6),'descend');
    [sA2,index2] = sort(CityTempVal{2}(:,6),'descend');
    CountA1 = size(sA1,1);
    CountA2 = size(sA2,1);
    TempGap = LandCount(4)-LandtypeCellCount(IdentifyData,LandCellValue(4));
    for i = 1:TempGap
        if CountA1 >= TempGap && CountA2 >= TempGap
            if sA1(i) >= sA2(i)
                row = index1(i);
                rows = CityTempVal{1}(row,1);
                cols = CityTempVal{1}(row,2);
                IdentifyData(rows,cols) = LandCellValue(4);
            else
                row = index2(i);
                rows = CityTempVal{2}(row,1);
                cols = CityTempVal{2}(row,2);
                IdentifyData(rows,cols) = LandCellValue(4);
            end
        elseif CountA1 >= TempGap && CountA2 < TempGap
            if i <= CountA2
                if sA1(i) >= sA2(i)
                    row = index1(i);
                    rows = CityTempVal{1}(row,1);
                    cols = CityTempVal{1}(row,2);
                    IdentifyData(rows,cols) = LandCellValue(4);
                else
                    row = index2(i);
                    rows = CityTempVal{2}(row,1);
```

```
                    cols = CityTempVal{2}(row,2);
                    IdentifyData(rows,cols) = LandCellValue(4);
                end
            else
                row = index1(i);
                rows = CityTempVal{1}(row,1);
                cols = CityTempVal{1}(row,2);
                IdentifyData(rows,cols) = LandCellValue(4);
            end
        elseif CountA1 < TempGap && CountA2 >= TempGap
            if i <= CountA1
                if sA1(i) >= sA2(i)
                    row = index1(i);
                    rows = CityTempVal{1}(row,1);
                    cols = CityTempVal{1}(row,2);
                    IdentifyData(rows,cols) = LandCellValue(4);
                else
                    row = index2(i);
                    rows = CityTempVal{2}(row,1);
                    cols = CityTempVal{2}(row,2);
                    IdentifyData(rows,cols) = LandCellValue(4);
                end
            else
                row = index2(i);
                rows = CityTempVal{2}(row,1);
                cols = CityTempVal{2}(row,2);
                IdentifyData(rows,cols) = LandCellValue(4);
            end
        else
            error('城乡人居及工矿景观规划面积大于农田、果园景观面积之和，需调整');
        end
    end
end
% 水体景观格局初始化
WaterTempVal = cell(1,FitCN);
[WaterTempVal{1},WaterTempVal{2},WaterTempVal{3},WaterTempVal{4},WaterTempVal{5}] = ...
    LandtypeTempValConstr(IdentifyData,LandCellValue,varargin{:});
if LandtypeCellCount(IdentifyData,LandCellValue(5)) > LandCount(5)
    [sA,index] = sort(WaterTempVal{5}(:,7));
    for i = 1:(LandtypeCellCount(IdentifyData,LandCellValue(5))-LandCount(5))
        row = index(i);
        rows = WaterTempVal{5}(row,1);
        cols = WaterTempVal{5}(row,2);
        IdentifyData(rows,cols) = LandCellValue(1);
    end
else
    [sA,index] = sort(WaterTempVal{1}(:,7),'descend');
```

```
    for i = 1:(LandCount(5)-LandtypeCellCount(IdentifyData,LandCellValue(5)))
        row = index(i);
        rows = WaterTempVal{1}(row,1);
        cols = WaterTempVal{1}(row,2);
        IdentifyData(rows,cols) = LandCellValue(5);
    end
end
% 森林景观格局初始化
ForestTempVal = cell(1,FitCN);
[ForestTempVal{1},ForestTempVal{2},ForestTempVal{3},ForestTempVal{4},ForestTempVal{5}] = ...
    LandtypeTempValConstr(IdentifyData,LandCellValue,varargin{:});
if LandtypeCellCount(IdentifyData,LandCellValue(3)) > LandCount(3)
    [sA,index] = sort(ForestTempVal{3}(:,5));
    for i = 1:(LandtypeCellCount(IdentifyData,LandCellValue(3))-LandCount(3))
        row = index(i);
        rows = ForestTempVal{3}(row,1);
        cols = ForestTempVal{3}(row,2);
        if ForestTempVal{3}(row,3) > ForestTempVal{3}(row,4)
            IdentifyData(rows,cols) = LandCellValue(1);
        else
            IdentifyData(rows,cols) = LandCellValue(2);
        end
    end
else
    [sA1,index1] = sort(ForestTempVal{1}(:,5),'descend');
    [sA2,index2] = sort(ForestTempVal{2}(:,5),'descend');
    CountA1 = size(sA1,1);
    CountA2 = size(sA2,1);
    TempGap = LandCount(3)-LandtypeCellCount(IdentifyData,LandCellValue(3));
    for i = 1:TempGap
        if CountA1 >= TempGap && CountA2 >= TempGap
            if sA1(i) > sA2(i)
                row = index1(i);
                rows = ForestTempVal{1}(row,1);
                cols = ForestTempVal{1}(row,2);
                IdentifyData(rows,cols) = LandCellValue(3);
            else
                row = index2(i);
                rows = ForestTempVal{2}(row,1);
                cols = ForestTempVal{2}(row,2);
                IdentifyData(rows,cols) = LandCellValue(3);
            end
        elseif CountA1 < TempGap && CountA2 >= TempGap
            if i <= CountA1
                if sA1(i) > sA2(i)
                    row = index1(i);
                    rows = ForestTempVal{1}(row,1);
```

```
                    cols = ForestTempVal{1}(row,2);
                    IdentifyData(rows,cols) = LandCellValue(3);
                else
                    row = index2(i);
                    rows = ForestTempVal{2}(row,1);
                    cols = ForestTempVal{2}(row,2);
                    IdentifyData(rows,cols) = LandCellValue(3);
                end
            else
                row = index2(i);
                rows = ForestTempVal{2}(row,1);
                cols = ForestTempVal{2}(row,2);
                IdentifyData(rows,cols) = LandCellValue(3);
            end
        elseif CountA1 >= TempGap && CountA2 < TempGap
            if i <= CountA2
                if sA1(i) > sA2(i)
                    row = index1(i);
                    rows = ForestTempVal{1}(row,1);
                    cols = ForestTempVal{1}(row,2);
                    IdentifyData(rows,cols) = LandCellValue(3);
                else
                    row = index2(i);
                    rows = ForestTempVal{2}(row,1);
                    cols = ForestTempVal{2}(row,2);
                    IdentifyData(rows,cols) = LandCellValue(3);
                end
            else
                row = index1(i);
                rows = ForestTempVal{1}(row,1);
                cols = ForestTempVal{1}(row,2);
                IdentifyData(rows,cols) = LandCellValue(3);
            end
        else
             error('森林景观规划面积大于农田、果园面积之和，需调整');
        end
    end
end
% 果园、农田景观格局初始化
OrchardTempVal = cell(1,FitCN);
[OrchardTempVal{1},OrchardTempVal{2},OrchardTempVal{3},OrchardTempVal{4},...
OrchardTempVal{5}] = LandtypeTempValConstr(IdentifyData,LandCellValue,varargin{:});
if LandtypeCellCount(IdentifyData,LandCellValue(2)) > LandCount(2)
    [sA,index] = sort(OrchardTempVal{2}(:,4));
    for i = 1:(LandtypeCellCount(IdentifyData,LandCellValue(2))-LandCount(2))
        row = index(i);
        rows = OrchardTempVal{2}(row,1);
```

```
            cols = OrchardTempVal{2}(row,2);
            IdentifyData(rows,cols) = LandCellValue(1);
        end
    else
        [sA,index] = sort(OrchardTempVal{1}(:,4),'descend');
        for i = 1:(LandCount(2)-LandtypeCellCount(IdentifyData,LandCellValue(2)))
            row = index(i);
            rows = OrchardTempVal{1}(row,1);
            cols = OrchardTempVal{1}(row,2);
            IdentifyData(rows,cols) = LandCellValue(2);
        end
    end
    % 检查是否满足约束条件
    for j = 1:Dim2
        if LandCount(j) ~= LandtypeCellCount(IdentifyData,LandCellValue(j))
            error('编码为%d 的景观面积不满足约束条件！\n', LandCellValue(j));
        end
    end
    OptimalPlanData = IdentifyData;
end
%%
function varargout = LandtypeTempValConstr(InputVal,LandCode,varargin)
%% LandtypeTempValConstr()表示粒子初始化所需临时数据构建函数
%% InputVal 表示基期年景观类型栅格图(未含未参与景观格局优化区景观类型图)对应矩阵
%% LandCode 表示景观类型编码向量
%% varargin{1}，varargin{2}，varargin{3}，varargin{4}，varargin{5}依次表示农田、果园、森林
%%        城乡人居及工矿、水体景观适宜性评价结果数据
%% varargout{1}，varargout{2}，varargout{3}，varargout{4}，varargout{5}依次表示农田、果园
%%        森林、城乡人居及工矿、水体景观初始化所需临时数据构建结果
if nargin < 3
    error('未按要求输入函数参数')
end
Dim = size(LandCode,2);
FitCN = size(varargin,2);
if Dim ~= FitCN
    error('景观类型编码个数与景观适宜性评价结果数据个数不相等')
end
[row,col] = size(InputVal);
FarmlandR = 1;OrchardR = 1;ForestR = 1;CityR = 1;WaterR = 1;
for m = 1:row
    for n = 1:col
        if InputVal(m,n) == LandCode(1)
            varargout{1}(FarmlandR,:) =Assignment(m,n,varargin{:});
            FarmlandR = FarmlandR + 1;
        elseif InputVal(m,n) == LandCode(2)
            varargout{2}(OrchardR,:) =Assignment(m,n,varargin{:});
            OrchardR = OrchardR + 1;
```

```
            elseif InputVal(m,n) == LandCode(3)
                varargout{3}(ForestR,:) =Assignment(m,n,varargin{:});
                ForestR = ForestR + 1;
            elseif InputVal(m,n) == LandCode(4)
                varargout{4}(CityR,:) =Assignment(m,n,varargin{:});
                CityR = CityR + 1;
            elseif InputVal(m,n) == LandCode(5)
                varargout{5}(WaterR,:) =Assignment(m,n,varargin{:});
                WaterR = WaterR + 1;
            end
        end
end
    function TemplandVal = Assignment(Row,Col,varargin)
        TemplandVal = [];
        FitCount = size(varargin,2);
        TemplandVal(1) = Row;
        TemplandVal(2) = Col;
        for c = 1:FitCount
            TemplandVal(c+2) = varargin{c}(Row,Col);
        end
    end
end
%%
function LandCellCount = LandtypeCellCount(IdentifiedData,Flag)
%% LandtypeCellCount()表示景观类型图栅格数量统计函数
%% IdentifiedData 表示基期年景观类型栅格图(未含未参与景观格局优化区景观图)对应矩阵
%% Flag 表示待统计景观类型编码
%% LandCellCount 表示 IdentifiedData 数据中 Flag 编码对应景观类型栅格数据
if nargin < 2
    error('未按要求输入函数参数')
end
[row,col] = size(IdentifiedData);
LandCellCount = 0;
for m = 1:row
    for n = 1:col
        if IdentifiedData(m,n) == Flag
            LandCellCount = LandCellCount + 1;
        end
    end
end
end
```

附录 15　PSO 景观格局空间布局优化程序(MATLAB)

```
function PsoMainFun()
%% PsoMainFun()表示 PSO 景观格局空间布局优化主函数
clc;clear all;
```

```
% 输入基础数据
[ncol,nrow,xcorn,ycorn,cell,landscapetype] = ...
    ArcgridToArrayData('E:\LS_PSOProgram\ProjectData\landscape2014.hdr',...
    'E:\LS_PSOProgram\ProjectData\landscape2014.flt');
[ncols,nrows,xmin,ymin,cellsize,noregion] = ...
    ArcgridToArrayData('E:\LS_PSOProgram\ProjectData\noregion.hdr',...
    'E:\LS_PSOProgram\ProjectData\noregion.flt');
[ncols,nrows,xmin,ymin,cellsize,fitmap_nt] = ...
    ArcgridToArrayData('E:\LS_PSOProgram\ProjectData\fitmap_nt.hdr',...
    'E:\LS_PSOProgram\ProjectData\fitmap_nt.flt');
[ncols,nrows,xmin,ymin,cellsize,fitmap_gy] = ...
    ArcgridToArrayData('E:\LS_PSOProgram\ProjectData\fitmap_gy.hdr',...
    'E:\LS_PSOProgram\ProjectData\fitmap_gy.flt');
[ncols,nrows,xmin,ymin,cellsize,fitmap_sl] = ...
    ArcgridToArrayData('E:\LS_PSOProgram\ProjectData\fitmap_sl.hdr',...
    'E:\LS_PSOProgram\ProjectData\fitmap_sl.flt');
[ncols,nrows,xmin,ymin,cellsize,fitmap_cs] = ...
    ArcgridToArrayData('E:\LS_PSOProgram\ProjectData\fitmap_cs.hdr',...
    'E:\LS_PSOProgram\ProjectData\fitmap_cs.flt');
[ncols,nrows,xmin,ymin,cellsize,fitmap_st] = ...
    ArcgridToArrayData('E:\LS_PSOProgram\ProjectData\fitmap_st.hdr',...
    'E:\LS_PSOProgram\ProjectData\fitmap_st.flt');
% 标识 landtype 数据中未参与景观格局优化区栅格值为-9998
[OringinNoRegion, IdentifyLandData] = IdentifyingNoRegion(noregion,landscapetype);
% 设置基本参数
SwarmSize = 10;
[IDVec, ExcludeNoRegionVec] = MatrixToVector(IdentifyLandData);
ParticleSize = size(ExcludeNoRegionVec,2)*2;
WScope = [1,478;1,502];
VScope = [-6,6];
MaxW = 0.9;
MinW = 0.4;
C1 = 2;
C2 = 2;
CellSize = 60;
LandCode = [1,2,3,4,5];
LandWeight = [0.1378, 0.2107, 0.0606, 0.5514, 0.0395];%经济发展情景权重
% LandWeight = [0.0706, 0.1366, 0.5071, 0.0350, 0.2507];%生态保护情景权重
% LandWeight = [0.0930, 0.1613, 0.3582, 0.2072, 0.1803];%统筹兼顾情景权重
LandCount = [20067, 60472, 14330, 26029, 1491];%经济发展情景景观数量优化结果
% LandCount = [20067, 20471, 64169, 16191, 1491];%生态保护情景景观数量优化结果
% LandCount = [20067, 45018, 29784, 26029, 1491];%统筹兼顾情景景观数量优化结果
LoopCount = 20;
IsStep = 0;
IsPlot = 0;
% 检查优化区景观类型图栅格个数是否等于设置的各景观面积优化值之和
if ParticleSize/2 ~= sum(LandCount)
```

```
    error('优化区景观类型图栅格个数与设置的各景观面积优化值之和不等，程序自动终止！')
end
% PSO 景观格局空间布局优化
[Result,OnLine,OffLine,MinMaxMeanAdapt,BestofStep] = ...
    LocalPsoProcessByCircle(SwarmSize,ParticleSize,WScope,VScope,MaxW,MinW,...
    C1,C2,CellSize,LandCode,LandWeight,LandCount,...
    IdentifyLandData,@LocalInitSwarm,@LocalStepPsoByCircle,@AdaptiveFunc,...
    LoopCount,IsStep,IsPlot,fitmap_nt,fitmap_gy,fitmap_sl,fitmap_cs,fitmap_st);
% 将 PSO 景观格局空间布局优化结果转化为 ArcGIS 支持的 ASC 格式
XResult = VectorToMatrix(IdentifyLandData, Result(1:end-1));
% 将未参与优化区景观类型编码数据进行还原处理
LandResult = RestoreNoDataRegion(XResult,OringinNoRegion);
button = questdlg('是否需要将优化结果转化成 ASC 文件？','文件转化设置对话框','Yes');
if strcmp(button,'Yes')
    [filename, pathname] = uiputfile({'*.asc','ArcGrid File';...
        '*.*','All Files' },'Save File As',...
        'E:\LS_YouhuaResult\???.asc');
    temsfilepath = strcat(pathname,filename);
    MatlabDataToArcgrid(temsfilepath,nrow,ncol,xcorn,ycorn,cell,LandResult);
end
button1 = questdlg('是否需要保存算法优化过程监控参数？','文件保存设置对话框','Yes');
if strcmp(button1,'Yes')
    [filename1, pathname1] = uiputfile({'*.xlsx','Excel2007 File';'*.xls',...
        'Excel2003 File';'*.*','All Files' },'Save File As',...
        'E:\LS_YouhuaResult\???.xlsx');
    temsfilepath1 = strcat(pathname1,filename1);
    warning off MATLAB:xlswrite:AddSheet;
    s1 = xlswrite(temsfilepath1, Result(end), 'YResult');
    s2 = xlswrite(temsfilepath1, OnLine', 'OnLine');
    s3 = xlswrite(temsfilepath1, OffLine', 'OffLine');
    s4 = xlswrite(temsfilepath1, MinMaxMeanAdapt, 'MinMaxMeanAdapt');
    s5 = xlswrite(temsfilepath1, BestofStep', 'BestofStep');
    if s1 == 1 && s2 == 1 && s3 == 1 && s4 == 1 && s5 == 1
        msgbox('模型运行过程监控数据保存成功！','信息提示');
    end
end
end

function [ncols,nrows,xmin,ymin,cellsize,griddata] = ArcgridToArrayData(hdr_file,flt_file)
%% ArcgridToArrayData()函数实现将 ArcGIS 栅格数据转化为 MATLAB 可处理的矩阵数据
%% hdr_file 表示栅格数据头文件路径名
%% flt_file 表示栅格数据文件路径名
%% ncols、nrows、xmin、ymin、cellsize 分别为列数、行数、最小横坐标、最小纵坐标和分辨率
%% griddata 表示转化得到的 MATLAB 可以处理的矩阵数据
if nargin < 2
    error('未按要求输入函数参数')
end
```

```
[names,headvalue] = textread(hdr_file,'%s%f',5);
ncols = headvalue(1);
nrows = headvalue(2);
xmin = headvalue(3);
ymin = headvalue(4);
cellsize = headvalue(5);
fid = fopen(flt_file,'r');
griddata = fread(fid,[ncols,nrows],'float');
griddata = griddata';
fclose(fid);
end
```

```
function [OringinNoRegion, IdentifyData] = IdentifyingNoRegion(NoRegion,PredictData)
%% IdentifyingNoRegion()表示未参与景观格局优化区景观类型标识函数
%% NoRegion 表示未参与景观格局优化区景观类型栅格图对应矩阵数据
%% PredictData 表示基期年景观类型栅格图对应矩阵数据
%% OringinNoRegion 表示未参与景观格局优化区景观类型图对应原始栅格值(景观编码)数据
%% IdentifyData 表示经标识处理的基期年景观类型栅格图对应矩阵数据
if nargin < 2
    error('未按要求输入函数参数')
end
[rowN,colN]=size(NoRegion);
[rowP,colP]=size(PredictData);
if rowN  ~= rowP||colN  ~= colP
    error('输入数据行列大小不一致');
end
OringinNoRegion = zeros(rowP,colP);
for m = 1:rowP
    for n = 1:colP
        if NoRegion(m,n) == -9998
            OringinNoRegion(m,n) = PredictData(m,n);
            PredictData(m,n) = NoRegion(m,n);
        elseif (NoRegion(m,n) == -9999) || (NoRegion(m,n) == 0)
            OringinNoRegion(m,n) = NoRegion(m,n);
        else
            error('未参与景观格局优化区景观类型数据存在异常值');
        end
    end
end
IdentifyData = PredictData;
end
```

```
function [IDVec, ExcludeNoRegionVec] = MatrixToVector(IdentifiedData)
%% MatrixToVector()函数实现将 IdentifiedData 矩阵转化为向量
%% IdentifiedData 表示经标识处理的基期年景观类型栅格图对应矩阵数据
%% IDVec 表示矩阵 IdentifiedData 转化所得向量数据
%% ExcludeNoRegionVec 表示未含未参与景观格局优化区景观类型编码值的矩阵数据对应向量
```

```
if nargin < 1
    error('未按要求输入函数参数')
end
[row,col] = size(IdentifiedData);
IDVec = zeros(1,row*col);
%计算 IdentifiedData 有效数据个数;
count = 0;
for i = 1:row
    for j = 1:col
        if IdentifiedData(i,j) > 0
            count = count + 1;
        end
    end
end
ExcludeNoRegionVec = zeros(1,count);
DimID = 1;
DimNo = 1;
for m = 1:row
    for n = 1:col
        IDVec(DimID) = IdentifiedData(m,n);
        DimID = DimID + 1;
        if IdentifiedData(m,n) > 0
            ExcludeNoRegionVec(DimNo) = IdentifiedData(m,n);
            DimNo = DimNo + 1;
        end
    end
end
end

function [Result,OnLine,OffLine,MinMaxMeanAdapt,BestofStep] = ...
    LocalPsoProcessByCircle(SwarmSize,ParticleSize,WScope,VScope,MaxW,MinW,...
    C1,C2,CellSize,LandCode,LandWeight,LandCount,...
    IdentifyData,InitFunc,StepFindFunc,AdaptFunc,LoopCount,IsStep,IsPlot,varargin)
%% LocalPsoProcessByCircle()表示局部粒子群优化算法主函数
%% SwarmSize 表示粒子群种群规模
%% ParticleSize 表示粒子维数
%% WScope 表示粒子位置范围，即像元值范围
%% VScope 表示粒子速度范围，即像元值变化区间
%% MaxW、MinW 分别表示最大、最小惯性权重
%% C1、C2 分别为个体信息参数和社会信息参数
%% CellSize 表示像元值，单位为 m
%% LandCode 表示地类编码值，顺序与 LandWeight、varargin 记录顺序一致
%% LandWeight 表示各景观类型权重向量
%% LandCount 表示目标年景观面积数量优化结果
%% IdentifyData 表示经标识处理的基期年景观类型栅格图对应矩阵数据
%% InitFunc 表示粒子群初始化函数
%% StepFindFunc 表示粒子速度、位置单步更新函数
```

```
%% AdaptFunc 表示目标函数(粒子适应度函数)
%% LoopCount 表示迭代总数，缺省迭代 100 次
%% IsStep 表示每次迭代是否暂停，IsStep=0 为不暂停，否则暂停，缺省值 0
%% IsPlot 表示是否显示在线或离线性能图形，IsPlot=0 为不显示，IsPlot=1 为显示，缺省值 1
%% varargin{1}、varargin{2}、varargin{3}、varargin{4}、varargin{5}依次为农田、果园、森林、城乡人居及工矿
%% 水体景观适宜性评价结果数据
%% Result 表示粒子最后一次迭代所得全局最优值
%% OnLine、OffLine 分别表示在线性能和离线性能数据
%% MinMaxMeanAdapt 表示本次迭代获得的最小与最大平均目标函数值
%% BestofStep 表示每次迭代获得的粒子全局最优值
if nargin < 20
    error('未按要求输入函数参数')
end
[row,colum]=size(ParticleSize);
if row>1||colum>1
    error('输入粒子维数错误');
end
Dim1 = size(LandCode,2);
Dim2 = size(LandWeight,2);
Dim3 = size(LandCount,2);
FitCN = size(varargin,2);
if Dim1  ~= Dim2||Dim1  ~= Dim3||Dim1  ~= FitCN||Dim2  ~= Dim3||Dim2  ~= FitCN||Dim3  ~= FitCN
    error('景观类型编码、权重、约束面积个数、景观适宜性评价结果数据维度不等')
end
%设置缺省值
if isempty(LoopCount)
   LoopCount = 20;
end
if isempty(IsStep)
   IsStep = 0;
end
if isempty(IsPlot)
   IsPlot = 1;
end
% 构建记录景观类型图原始栅格值及其对应行、列值矩阵
global EqualityConstrMari OriginalValue
EqualityConstrMari = InitialLandOptimalPlan(IdentifyData,LandCode,LandCount,varargin{:});
OriginalValue = GridOriginalValue(EqualityConstrMari);
%粒子种群初始化
[ParSwarm,OptSwarm] = ...
    InitFunc(SwarmSize,ParticleSize,VScope,CellSize,LandCode,...
    LandWeight,LandCount,IdentifyData,AdaptFunc,varargin{:});
%调用更新算法
MeanAdapt = zeros(1,LoopCount);
BestofStep = zeros(1,LoopCount);
h = waitbar(0,'局部微粒群算法正在运行，请耐心等待>>>>>>');
for k = 1:LoopCount
```

```
    % 调用一步迭代算法
    [ParSwarm,OptSwarm] = ...
        StepFindFunc(ParSwarm,OptSwarm,WScope,VScope,MaxW,MinW,...
        C1,C2,CellSize,LandCode,LandWeight,LandCount,...
        IdentifyData,AdaptFunc,k,LoopCount,varargin{:});
    % 将栅格像元行、列值还原为对应栅格数据
    TempIdentifyVal = EqualityConstrMari;
    for ky = 1:ParticleSize/2
        TempIdentifyVal(OptSwarm(2*SwarmSize+1,ky),OptSwarm(2*SwarmSize+1,...
            ParticleSize/2+ky)) = OriginalValue(3,ky);
    end
    [IDVec, XResult] = MatrixToVector(TempIdentifyVal);
    YResult = AdaptFunc(XResult,CellSize,LandCode,LandWeight,IdentifyData,varargin{:});
    % 记录每一步平均目标函数值(粒子适应度)
    MeanAdapt(1,k) = mean(ParSwarm(:,2*ParticleSize+1));
    BestofStep(1,k) = YResult;
    if IsStep  ~= 0 && k < LoopCount
        disp('下次迭代，按任意键继续');
        pause
    end
    if LoopCount-k <= 1
        waitbar(k/LoopCount,h,'局部粒子群优化算法即将完成运算');
    else
        PerStr=fix(k/LoopCount*100);
        str=strcat('局部粒子群优化算法运行完成',num2str(PerStr),'%');
        waitbar(k/LoopCount,h,str);
    end
end
close(h);
%记录最小与最大平均目标函数值(粒子适应度)
MinMaxMeanAdapt = [min(MeanAdapt),max(MeanAdapt)];
% 计算离线与在线性能
OnLine = zeros(1,LoopCount);
OffLine = zeros(1,LoopCount);
for k = 1:LoopCount
    OnLine(1,k) = sum(MeanAdapt(1,1:k))/k;
    OffLine(1,k) = max(MeanAdapt(1,1:k));
end
for k = 1:LoopCount
    OffLine(1,k) = sum(OffLine(1,1:k))/k;
end
%绘制离线性能与在线性能曲线
if 1 == IsPlot
    figure
    hold on
    title('离线性能曲线图')
    xlabel('迭代次数');
```

```
        ylabel('离线性能');
        grid on
        plot(OffLine);
        figure
        hold on
        title('在线性能曲线图')
        xlabel('迭代次数');
        ylabel('在线性能');
        grid on
        plot(OnLine);
    end
    Result = [XResult,YResult];
end
```

function OriginalVal = GridOriginalValue(EqualityConstrMari)

```
%% GridOriginalValue()表示景观格局栅格图有效元素行列值和元素值存储矩阵构建函数
%% EqualityConstrMari 表示景观格局空间布局方案(粒子)初始化矩阵
%% OriginalVal 表示景观格局栅格图有效元素行列值和元素值存储矩阵
if nargin < 1
    error('未按要求输入函数参数')
end
[row,col] = size(EqualityConstrMari);
ParticleSize = 0;
for m = 1:row
    for n = 1:col
        if EqualityConstrMari(m,n) > 0
            ParticleSize = ParticleSize + 1;
        end
    end
end
OriginalVal = zeros(3,ParticleSize);
DimID = 1;
for m = 1:row
    for n = 1:col
        if EqualityConstrMari(m,n) > 0
            if DimID <= ParticleSize
                OriginalVal(1,DimID) = m;
                OriginalVal(2,DimID) = n;
                OriginalVal(3,DimID) = EqualityConstrMari(m,n);
                DimID = DimID + 1;
            else
                error('有效数据个数不一致')
            end
        end
    end
end
```

```
function [ParSwarm,OptSwarm] = ...
    LocalInitSwarm(SwarmSize,ParticleSize,VScope,CellSize,LandCode,...
    LandWeight,LandCount,IdentifyData,AdaptFunc,varargin)
%% LocalInitSwarm()表示局部粒子群优化算法粒子群初始化函数
%% SwarmSize 表示粒子群种群规模
%% ParticleSize 表示粒子维数
%% VScope 表示粒子速度范围，即坐标变化区间
%% CellSize 表示像元值，单位为 m
%% LandCode 表示景观类型编码
%% LandWeight 表示景观类型权重向量
%% LandCount 表示目标年景观面积数量优化结果
%% IdentifyData 表示经标识处理的基期年景观类型栅格图对应矩阵数据
%% AdaptFunc 表示目标函数(粒子适应度函数)
%% varargin{1}、varargin{2}、varargin{3}、varargin{4}、varargin{5}依次为农田、果园、森林、城乡人居及工矿
%%        水体景观适宜性评价结果数据
%% ParSwarm 表示初始化粒子群
%% OptSwarm 表示粒子群当前最优值与各粒子邻域最优值
if nargin < 11
    error('未按要求输入函数参数')
end
if nargout < 2
    error('未按要求定义函数输出参数');
end
[row1,col1] = size(SwarmSize);
if row1>1||col1>1
    error('输入粒子个数错误');
end
[row2,col2] = size(ParticleSize);
if row2>1||col2>1
    error('输入粒子维数错误');
end
Dim1 = size(LandCode,2);
Dim2 = size(LandWeight,2);
Dim3 = size(LandCount,2);
FitCN = size(varargin,2);
if Dim1 ~= Dim2||Dim1 ~= Dim3||Dim1 ~= FitCN||Dim2 ~= Dim3||Dim2 ~= FitCN||Dim3 ~= FitCN
    error('景观类型编码、权重、约束面积、景观适宜性评价结果数据维度不等')
end
% 粒子群初始化
global EqualityConstrMari OriginalValue
RandWx = zeros(SwarmSize,ParticleSize/2);
RandWy = zeros(SwarmSize,ParticleSize/2);
for i = 1:SwarmSize
    for j = 1:ParticleSize/2
        RandWx(i,j) = OriginalValue(1,j);
        RandWy(i,j) = OriginalValue(2,j);
    end
```

```
end
RandVx = randint(SwarmSize,ParticleSize/2,[VScope(1), VScope(2)]);
RandVy = randint(SwarmSize,ParticleSize/2,[VScope(1), VScope(2)]);
RandF = rand(SwarmSize,1);
ParSwarm = [RandWx, RandWy, RandVx, RandVy, RandF];
% 计算粒子对应目标函数值
TempParSwarm = zeros(SwarmSize,ParticleSize/2);
for kx = 1:SwarmSize
    TempIdentifyVal = EqualityConstrMari;
    for ky = 1:ParticleSize/2
        TempIdentifyVal(ParSwarm(kx,ky),ParSwarm(kx,ParticleSize/2+ky)) = OriginalValue(3,ky);
    end
    [IDVec, ExcludeNoRegionVec] = MatrixToVector(TempIdentifyVal);
    TempParSwarm(kx,:) = ExcludeNoRegionVec;
end
for k = 1:SwarmSize
    ParSwarm(k,2*ParticleSize + 1) = ...
        AdaptFunc(TempParSwarm(k,:),CellSize,LandCode,LandWeight,IdentifyData,varargin{:});
end
% 粒子历史最优值、局部最优值和全局最优值存储矩阵初始化
OptSwarm = zeros(SwarmSize*2 + 1,ParticleSize);
OptSwarm(1:SwarmSize,:) = ParSwarm(1:SwarmSize,1:ParticleSize);
% 计算粒子邻域为 1 的局部最优值
linyu = 1;
    for row = 1:SwarmSize
        if row-linyu > 0&&row + linyu <= SwarmSize
            tempM = [ParSwarm(row - linyu:row - 1,:); ParSwarm(row + 1:row + linyu,:)];
            [maxValue,linyurow] = max(tempM(:,2*ParticleSize + 1));
            OptSwarm(SwarmSize + row,:) = tempM(linyurow,1:ParticleSize);
        else
            if row-linyu <= 0
                if row == 1
                    tempM = [ParSwarm(SwarmSize + row - linyu:end,:);
                    ParSwarm(row + 1:row + linyu,:)];
                    [maxValue,linyurow] = max(tempM(:,2*ParticleSize + 1));
                    OptSwarm(SwarmSize + row,:) = tempM(linyurow,1:ParticleSize);
                else
                    tempM = [ParSwarm(1:row - 1,:); ParSwarm(SwarmSize + row - linyu:end,:);
                    ParSwarm(row + 1:row + linyu,:)];
                    [maxValue,linyurow] = max(tempM(:,2*ParticleSize + 1));
                    OptSwarm(SwarmSize + row,:) = tempM(linyurow,1:ParticleSize);
                end
            else
                if row == SwarmSize
                    tempM = [ParSwarm(SwarmSize - linyu:row - 1,:); ParSwarm(1:linyu,:)];
                    [maxValue,linyurow] = max(tempM(:,2*ParticleSize + 1));
                    OptSwarm(SwarmSize + row,:) = tempM(linyurow,1:ParticleSize);
```

```
                else
                    tempM = [ParSwarm(row - linyu:row - 1,:); ParSwarm(row + 1:end,:);
                    ParSwarm(1:linyu - (SwarmSize-row),:)];
                    [maxValue,linyurow] = max(tempM(:,2*ParticleSize + 1));
                    OptSwarm(SwarmSize + row,:) = tempM(linyurow,1:ParticleSize);
                end
            end
        end
    end
[maxValue,row] = max(ParSwarm(:,2*ParticleSize + 1));
OptSwarm(SwarmSize*2+1,:) = ParSwarm(row,1:ParticleSize);
end

function [ParSwarm,OptSwarm] = ...
    LocalStepPsoByCircle(ParSwarm,OptSwarm,WScope,VScope,MaxW,MinW,...
    C1,C2,CellSize,LandCode,LandWeight,LandCount,...
    IdentifyData,AdaptFunc,CurCount,LoopCount,varargin)
%% LocalStepPsoByCircle()表示局部粒子群优化算法粒子单步位置、速度更新函数
%% SwarmSize 表示粒子群种群规模
%% ParticleSize 表示粒子维数
%% WScope 表示粒子位置范围，即像元值范围
%% VScope 表示粒子速度范围，即像元值变化区间
%% MaxW、MinW 分别表示最大、最小惯性权重
%% C1、C2 分别为个体信息参数和社会信息参数
%% CellSize 表示像元值，单位为 m
%% LandCode 表示地类编码值，顺序与 LandWeight、varargin 记录顺序一致
%% LandWeight 表示各景观类型权重向量
%% LandCount 表示目标年景观面积数量优化结果
%% IdentifyData 表示经标识处理的基期年景观类型栅格图对应矩阵数据
%% AdaptFunc 表示目标函数(粒子适应度函数)
%% CurCount 表示当前迭代次数
%% LoopCount 表示迭代总次数
%% varargin{1}、varargin{2}、varargin{3}、varargin{4}、varargin{5}依次为农田、果园、森林、城乡人居及工矿
%%      水体景观适宜性评价结果数据
if nargin < 17
    error('未按要求输入函数参数')
end
if nargout ~= 2
    error('未按要求定义函数输出参数')
end
Dim1 = size(LandCode,2);
Dim2 = size(LandWeight,2);
Dim3 = size(LandCount,2);
FitCN = size(varargin,2);
if Dim1 ~= Dim2||Dim1 ~= Dim3||Dim1 ~= FitCN||Dim2 ~= Dim3||Dim2 ~= FitCN||Dim3 ~= FitCN
    error('景观类型编码、权重、约束面积、景观适宜性数据维度不等')
end
```

```
% 构建记录景观类型图栅格原始值及其对应行、列值矩阵
global EqualityConstrMari OriginalValue
% 开始单步更新操作
% 线形递减策略
W = MaxW – CurCount*((MaxW – MinW)/LoopCount);
[ParRow,ParCol] = size(ParSwarm);
ParSize = (ParCol – 1)/2;
SubTract1 = OptSwarm(1:ParRow,:) –ParSwarm(:,1:ParSize);
SubTract2 = OptSwarm(ParRow + 1:end – 1,:) - ParSwarm(:,1:ParSize);
for row = 1:ParRow
    TempV = W.*ParSwarm(row,ParSize + 1:2*ParSize) + C1*unifrnd(0,1).*SubTract1(row,:) ...
        + C2*unifrnd(0,1).*SubTract2(row,:);
    % 速度限制
     for h = 1:ParSize
        if TempV(:,h) > VScope(2)
            TempV(:,h) = VScope(2);
        end
        if TempV(:,h )< VScope(1)
            TempV(:,h) = VScope(1);
        end
     end
    % 粒子速度更新
    ParSwarm(row,ParSize+1:2*ParSize) = TempV;
    % 粒子位置限制
    TempPos = fix(ParSwarm(row,1:ParSize) + TempV);
     for h = 1:ParSize/2
        if TempPos(:,h) > WScope(1,2)
            TempPos(:,h) = WScope(1,2);
        end
        if TempPos(:,h) < WScope(1,1)
            TempPos(:,h) = WScope(1,1);
        end
     end
     for h = ParSize/2+1:ParSize
        if TempPos(:,h) > WScope(2,2)
            TempPos(:,h) = WScope(2,2);
        end
        if TempPos(:,h) < WScope(2,1)
            TempPos(:,h) = WScope(2,1);
        end
     end
    % 粒子位置更新
    ParSwarm(row,1:ParSize) = TempPos;
    for n = 1:ParSize/2
        if IdentifyData(ParSwarm(row,n),ParSwarm(row,ParSize/2 + n)) < 0
            ParSwarm(row,n) = OriginalValue(1,n);
            ParSwarm(row,ParSize/2 + n) = OriginalValue(2,n);
```

```
            end
        end
         % 将粒子历史最优值还原成对应栅格数据
         TempIdentifyVal = EqualityConstrMari;
         for ky = 1:ParSize/2
             TempIdentifyVal(ParSwarm(row,ky),ParSwarm(row,ParSize/2+ky)) = OriginalValue(3,ky);
         end
         [IDVec, TempParSwarm] = MatrixToVector(TempIdentifyVal);
         TempIdentifyVal = EqualityConstrMari;
         for ky = 1:ParSize/2
             TempIdentifyVal(OptSwarm(row,ky),OptSwarm(row,ParSize/2+ky)) = OriginalValue(3,ky);
         end
         [IDVec, TempOptSwarm] = MatrixToVector(TempIdentifyVal);
        ParSwarm(row,2*ParSize + 1) = AdaptFunc(TempParSwarm,...
            CellSize,LandCode,LandWeight,IdentifyData,varargin{:});
        if ParSwarm(row,2*ParSize + 1) > AdaptFunc(TempOptSwarm,...
                CellSize,LandCode,LandWeight,IdentifyData,varargin{:})
            OptSwarm(row,1:ParSize) = ParSwarm(row,1:ParSize);
        end
    end
    % 确定粒子邻域范围
    linyurange = fix(ParRow/2);
    jiange = ceil(LoopCount/linyurange);
    linyu = ceil(CurCount/jiange);
    for row = 1:ParRow
        if row - linyu > 0&&row + linyu <= ParRow
            tempM = [ParSwarm(row - linyu:row - 1,:);ParSwarm(row + 1:row + linyu,:)];
            [maxValue,linyurow] = max(tempM(:,2*ParSize + 1));
            TempIdentifyVal = EqualityConstrMari;
            for xy = 1:ParSize/2
                TempIdentifyVal(OptSwarm(ParRow + row,xy),OptSwarm(ParRow + row,...
                    ParSize/2+ky)) = OriginalValue(3,ky);
            end
            [IDVec, TempOptFunVal] = MatrixToVector(TempIdentifyVal);
            if maxValue > AdaptFunc(TempOptFunVal,CellSize,LandCode,LandWeight,...
                    IdentifyData,varargin{:})
                OptSwarm(ParRow+row,:) = tempM(linyurow,1:ParSize);
            end
        else
            if row-linyu <= 0
                if row == 1
                    tempM = [ParSwarm(ParRow + row-linyu:end,:);...
                        ParSwarm(row + 1:row + linyu,:)];
                    [maxValue,linyurow] = max(tempM(:,2*ParSize + 1));
                    TempIdentifyVal = EqualityConstrMari;
                    for xy = 1:ParSize/2
                        TempIdentifyVal(OptSwarm(ParRow + row,xy),OptSwarm(ParRow + ...
```

```
                row,ParSize/2+ky)) = OriginalValue(3,ky);
            end
            [IDVec, TempOptFunVal] = MatrixToVector(TempIdentifyVal);
            if maxValue > AdaptFunc(TempOptFunVal,...
                CellSize,LandCode,LandWeight,IdentifyData,varargin{:})
                OptSwarm(ParRow + row,:) = tempM(linyurow,1:ParSize);
            end
        else
            tempM = [ParSwarm(1:row - 1,:);ParSwarm(ParRow + row - linyu:end,:);...
                ParSwarm(row + 1:row + linyu,:)];
            [maxValue,linyurow] = max(tempM(:,2*ParSize + 1));
            TempIdentifyVal = EqualityConstrMari;
            for xy = 1:ParSize/2
                TempIdentifyVal(OptSwarm(ParRow + row,xy),OptSwarm(ParRow + row,...
                    ParSize/2+ky)) = OriginalValue(3,ky);
            end
            [IDVec, TempOptFunVal] = MatrixToVector(TempIdentifyVal);
             if maxValue > AdaptFunc(TempOptFunVal,...
                     CellSize,LandCode,LandWeight,IdentifyData,varargin{:})
                OptSwarm(ParRow + row,:) = tempM(linyurow,1:ParSize);
             end
        end
    else
        if row == ParRow
            tempM = [ParSwarm(ParRow - linyu:row - 1,:);ParSwarm(1:linyu,:)];
            [maxValue,linyurow] = max(tempM(:,2*ParSize + 1));
            TempIdentifyVal = EqualityConstrMari;
            for xy = 1:ParSize/2
                TempIdentifyVal(OptSwarm(ParRow + row,xy),OptSwarm(ParRow + row,...
                    ParSize/2+ky)) = OriginalValue(3,ky);
            end
            [IDVec, TempOptFunVal] = MatrixToVector(TempIdentifyVal);
             if maxValue > AdaptFunc(TempOptFunVal,...
                     CellSize,LandCode,LandWeight,IdentifyData,varargin{:})
                OptSwarm(ParRow + row,:) = tempM(linyurow,1:ParSize);
             end
        else
            tempM = [ParSwarm(row - linyu:row - 1,:);ParSwarm(row + 1:end,:);...
                ParSwarm(1:linyu - (ParRow - row),:)];
            [maxValue,linyurow] = max(tempM(:,2*ParSize + 1));
            TempIdentifyVal = EqualityConstrMari;
            for xy = 1:ParSize/2
                TempIdentifyVal(OptSwarm(ParRow + row,xy),OptSwarm(ParRow + row,...
                    ParSize/2+ky)) = OriginalValue(3,ky);
            end
            [IDVec, TempOptFunVal] = MatrixToVector(TempIdentifyVal);
             if maxValue > AdaptFunc(TempOptFunVal,...
```

```
                        CellSize,LandCode,LandWeight,IdentifyData,varargin{:})
                    OptSwarm(ParRow+row,:) = tempM(linyurow,1:ParSize);
                end
            end
        end
    end
end
% 更新粒子全局最优值
[maxValue,maxRow] = max(ParSwarm(:,2*ParSize + 1));
TempIdentifyVal = EqualityConstrMari;
for ky = 1:ParSize/2
    TempIdentifyVal(ParSwarm(maxRow,ky),ParSwarm(maxRow,ParSize/2+ky)) ...
        = OriginalValue(3,ky);
end
[IDVec, TempParSwarm1] = MatrixToVector(TempIdentifyVal);
TempIdentifyVal = EqualityConstrMari;
for ky = 1:ParSize/2
    TempIdentifyVal(OptSwarm(2*ParRow+1,ky),OptSwarm(2*ParRow+1,ParSize/2+ky)) ...
        = OriginalValue(3,ky);
end
[IDVec, TempOptSwarm1] = MatrixToVector(TempIdentifyVal);
if AdaptFunc(TempParSwarm1,CellSize,LandCode,LandWeight,IdentifyData,varargin{:}) > ...
        AdaptFunc(TempOptSwarm1,CellSize,LandCode,LandWeight,IdentifyData,varargin{:})
    OptSwarm(2*ParRow+1,:) = ParSwarm(maxRow,1:ParSize);
end
end
function GoalFunValue = ...
    AdaptiveFunc(PsoIterPosValue,CellSize,LandCode,LandWeight,IdentifyData,varargin)
%% AdaptiveFunc()表示粒子适宜度(目标函数值)计算函数
%% PsoIterPosValue 表示粒子对应景观格局栅格图对应向量数据
%% CellSize 表示栅格分辨率，单位 m
%% LandCode 表示景观类型编码向量
%% LandWeight 表示景观类型权重向量
%% IdentifyData 表示经标识处理的基期年景观类型栅格图对应矩阵数据
%% varargin{1}、varargin{2}、varargin{3}、varargin{4}、varargin{5}依次为农田、果园、森林、城乡人居及工矿
%%        水体景观适宜性评价结果数据
%% GoalValue 表示粒子目标函数值(适宜度)
if nargin < 6
    error('未按要求输入函数参数')
end
if size(LandCode,2) ~= size(varargin,2)||size(LandWeight,2) ~= size(varargin,2)
    error('权重值个数、景观类型编码个数与景观适宜度数据个数不一致')
end
% 将粒子转化为矩阵数据格式
MatrixPlanData = VectorToMatrix(IdentifyData, PsoIterPosValue);
landCN = size(LandCode,2);
% 计算粒子景观适宜度和
```

```
[row, col] = size(MatrixPlanData);
Fmcb = 0;
for m = 1:row
    for n = 1:col
        for ID = 1 : landCN
            if MatrixPlanData(m,n) == LandCode(ID)
                Fmcb = Fmcb + varargin{ID}(m,n)*LandWeight(ID);
            end
        end
    end
end
TempVal = cell(1, landCN);
for m = 1:row
    for n = 1:col
        for LC = 1:landCN
            if MatrixPlanData(m,n) == LandCode(LC)
                TempVal{LC}(m,n) = 1;
            elseif MatrixPlanData(m,n) == -9999
                TempVal{LC}(m,n) = -9999;
            else
                TempVal{LC}(m,n) = 0;
            end
        end
    end
end
% 计算各景观形状指数和
Fmsc = 0;
for i = 1:landCN
    sumSI = SHAPE_MN(TempVal{i},CellSize);
    Fmsc = Fmsc + sumSI;
end
GoalFunValue = 0.5*Fmcb + 0.5*Fmsc;
end

function sumSI = SHAPE_MN(griddata,cellsize)
%% SHAPE_MN() 表示景观斑块形状指数计算函数
%% griddata 表示待计算景观类型栅格图对应矩阵数据
%% cellsize 表示栅格分辨率，单位为 m
%% countPD 表示斑块个数
%% sumSI 表示景观类型形状指数
MapData = uint8(griddata);
% 计算周长和面积
Labeled = bwlabel(MapData,8);
C = regionprops(Labeled,'Perimeter');
S = regionprops(Labeled,'Area');
ZC = AssignmentValue(C,'Perimeter');
MJ = AssignmentValue(S,'Area');
```

```
zhouchang = ZC.*cellsize;
mianji = MJ.*cellsize^2;
SI = (0.25.*zhouchang)./sqrt(mianji);
sumSI = sum(SI);
end
function NewData = AssignmentValue(ValData1,ValData2)
[m,n] = size(ValData1);
NewData = zeros(m,n);
for i =1:m
    for j = 1:n
        if strcmp(ValData2, 'Perimeter')
            NewData(i,j) = ValData1(i,j).Perimeter;
        elseif strcmp(ValData2, 'Area')
            NewData(i,j) = ValData1(i,j).Area;
        else
            error('输入参数有误')
        end
    end
end
end
```

function MatrixPlanData = VectorToMatrix(IdentifiedData, ProjectData)

```
%% VectorToMatrix()函数实现将 PSO 景观格局优化结果向量转化为矩阵
%% IdentifiedData 表示经标识处理后的基期年景观类型栅格图对应矩阵数据
%% ProjectData 表示 PSO 景观格局优化结果向量
%% MatrixPlanData 表示向量 ProjectData 对应矩阵数据
if nargin < 2
    error('未按要求输入函数参数')
end
[row,col] = size(IdentifiedData);
MatrixPlanData = zeros(row,col);
Dim = size(ProjectData,2);
DimCount = 1;
for m = 1:row
    for n =1:col
        if IdentifiedData(m,n) == -9999
            MatrixPlanData(m,n) = -9999;
        elseif IdentifiedData(m,n) == -9998
            MatrixPlanData(m,n) = -9998;
        else
            if DimCount <= Dim
                MatrixPlanData(m,n) = ProjectData(DimCount);
                DimCount = DimCount + 1;
            else
                error('标识数据有效栅格数与优化数据维数不一致')
            end
        end
```

```
    end
end
end

function LandResult = RestoreNoDataRegion(OptimizedResult,NoRegionValue)
%% RestoreNoDataRegion()函数实现将未参与景观格局优化区景观类型图原始栅格值还原
%% OptimizedResult 表示 PSO 景观格局优化结果矩阵数据
%% NoRegionValue 表示未参与景观格局优化区景观类型栅格图原始栅格值对应矩阵数据
%% LandResult 表示景观格局最终优化结果
if nargin < 2
    error('未按要求输入函数参数')
end
[row,col] = size(OptimizedResult);
[rows,cols] = size(NoRegionValue);
if row ~= rows||col ~= cols
    error('输入数据的行列数不一致')
end
for m = 1:row
    for n = 1:col
        if OptimizedResult(m,n) == -9998
            OptimizedResult(m,n) = NoRegionValue(m,n);
        end
    end
end
LandResult = OptimizedResult;
end

function MatlabDataToArcgrid(fileName,nrow,mcol,xllcorner,yllcorner,cellsize,Z)
%% MatlabDataToArcgrid()函数用于将 MATLAB 矩阵数据转化为 ASC 文件
%% filename 表示文件存放路径，例如：fileName = 'D:/workDir/new6.asc'
%% nrow、mcol、xllcorner、yllcorneer 分别表示行大小、列大小、左下角横坐标、左下角纵坐标
%% cellsize 表示栅格分辨率，单位 m
%% Z 表示待写入的矩阵数据
fid = fopen(fileName,'wt');
% 写头文件
fprintf(fid,'%s\t','ncols');
fprintf(fid,'%d\n',mcol);
fprintf(fid,'%s\t','nrows');
fprintf(fid,'%d\n',nrow);
fprintf(fid,'%s\t','xllcorner');
fprintf(fid,'%11.4f\n',xllcorner);
fprintf(fid,'%s\t','yllcorner');
fprintf(fid,'%12.4f\n',yllcorner);
fprintf(fid,'%s\t','cellsize');
fprintf(fid,'%d\n',cellsize);
fprintf(fid,'%s\t','NODATA_value');
fprintf(fid,'%d\n',-9999);
```

```
%输出具体数据
for i = 1:nrow
    for j = 1:mcol
        if j == mcol
            if Z(i,j) < -1000
                fprintf(fid,'%d\n',Z(i,j));
            else
                fprintf(fid,'%8.6f\n',Z(i,j));
            end
        else
            if Z(i,j) < -1000
                fprintf(fid,'%d\t',Z(i,j));
            else
                fprintf(fid,'%8.6f\t',Z(i,j));
            end
        end
    end
end
fclose(fid);
end
```